本书配套学习资源

超值赠送：①赠送 1500 个 PPT 商务办公模板；②赠送 12 课共 150 分钟的《电脑办公综合应用从新手到高手》教学视频；③赠送 11 课共 100 分钟的《新手学电脑组装、维护与故障排除一本通》教学视频。

一、赠送：1500 个 PPT 商务办公模板

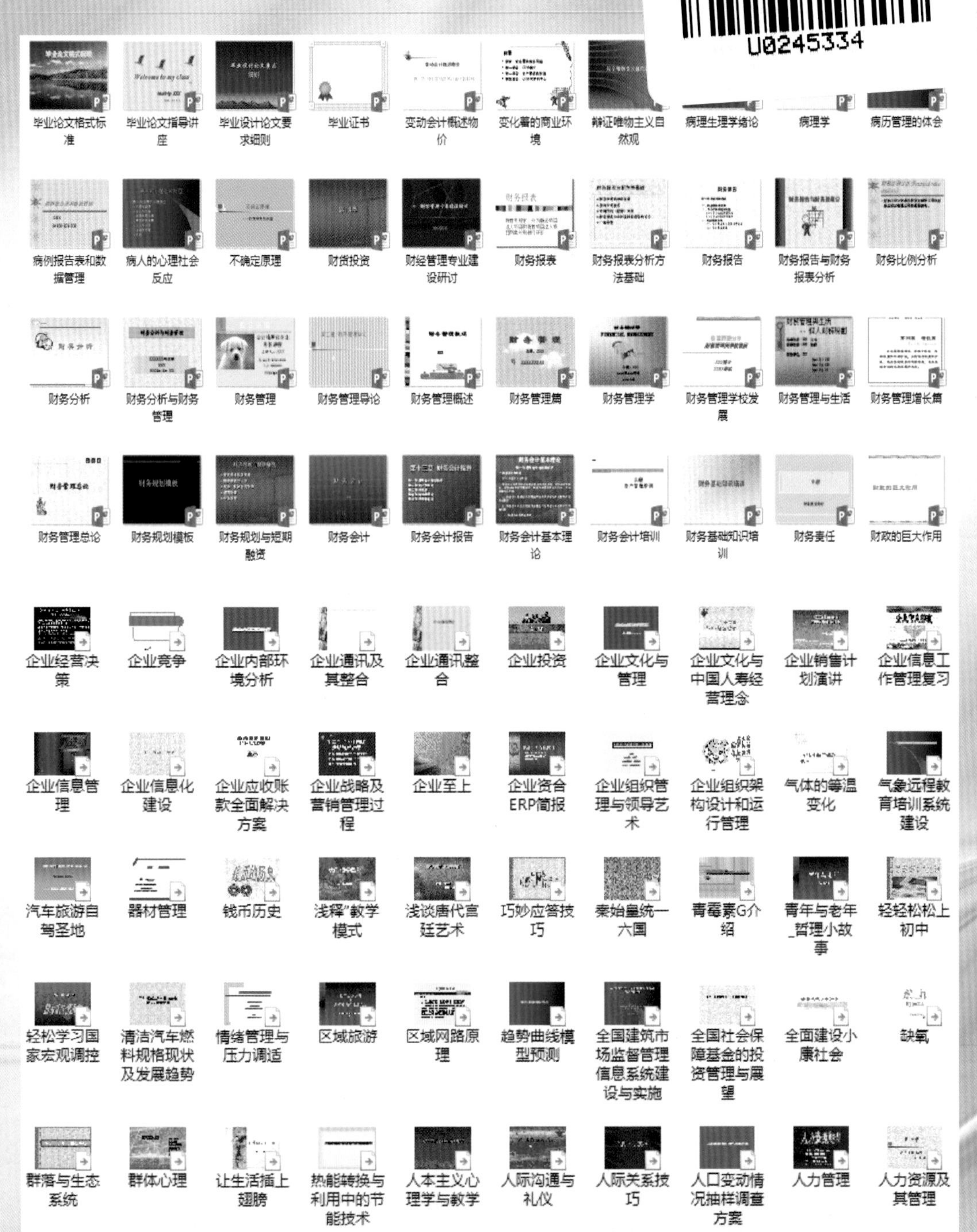

二、赠送：12 课《电脑办公综合应用从新手到高手》教学视频（150 分钟）

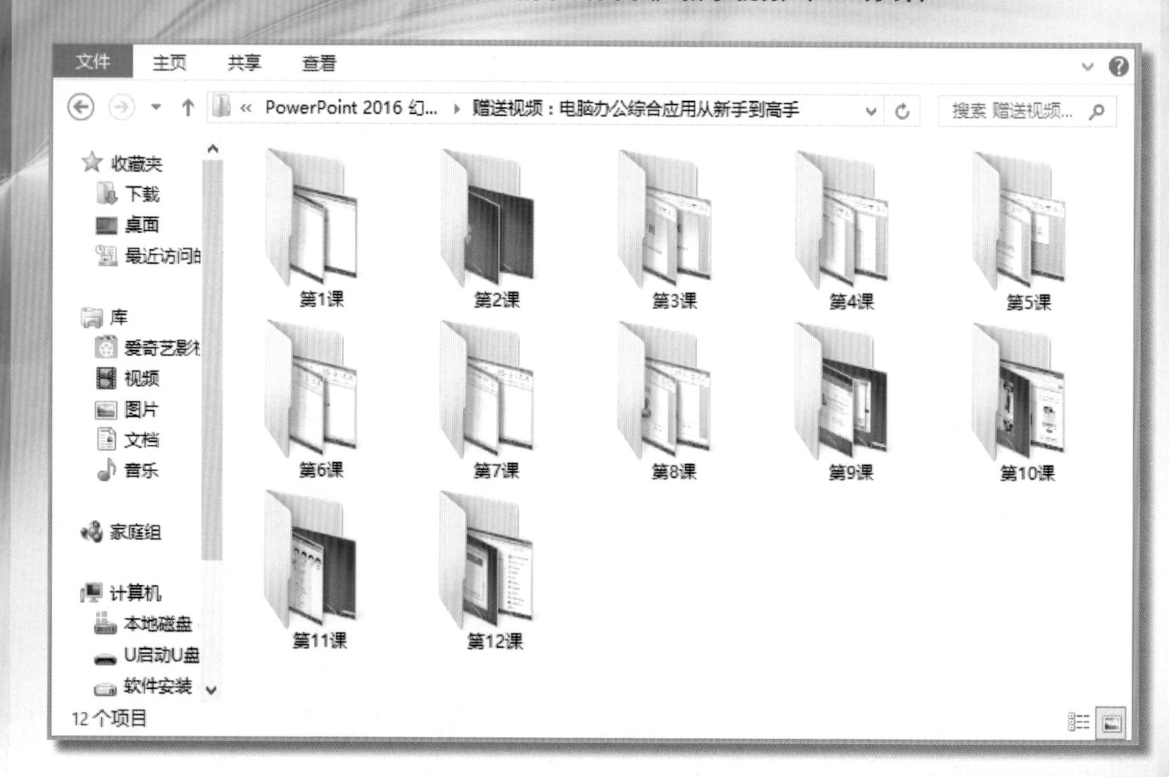

三、赠送：11 课《新手学电脑组装、维护与故障排除一本通》教学视频（100 分钟）

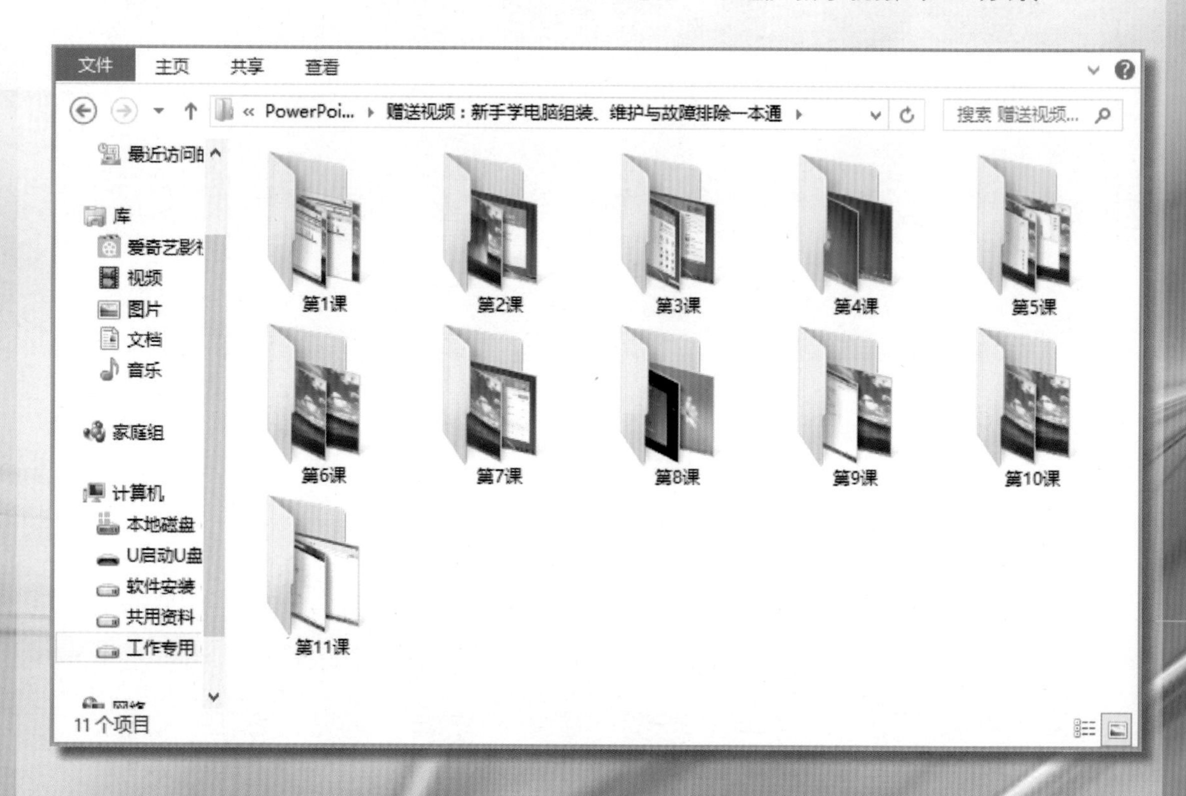

PowerPoint 2016 幻灯片设计从入门到精通

Office培训工作室 编著

PowerPoint 2016（简称 PPT2016）是微软公司出品的 Office 办公软件中的重要组件，它是一款功能非常强大的演示文稿（俗称“幻灯片”）制作软件。其界面友好、操作简便、功能强大，被广泛地应用于产品宣传推广、教育培训、工作总结、会议演示等领域。

本书共分 14 章，第 1～11 章系统地讲解了 PowerPoint 2016 软件的应用与操作技能，包括幻灯片的创建、内容的编辑与美化、图形及图表的应用、多媒体幻灯片的制作、动画的设置、幻灯片的管理与放映等内容；第 12～14 章分别讲解了 PowerPoint 2016 在教育培训、市场销售、总结汇报应用领域中的实战应用。

本书既适合零基础又想快速掌握 PowerPoint 2016 办公应用的读者阅读，也可作为广大职业院校、电脑培训班的教学用书。

图书在版编目（CIP）数据

PowerPoint 2016 幻灯片设计从入门到精通 / Office 培训工作室编著. —北京：机械工业出版社，2016.8
（高效办公不求人）
ISBN 978-7-111-54427-2

Ⅰ. ①P…　Ⅱ. ①O…　Ⅲ. ①图形软件　Ⅳ. ①TP391.41

中国版本图书馆 CIP 数据核字（2016）第 174582 号

机械工业出版社（北京市百万庄大街 22 号　邮政编码 100037）
策划编辑：王海霞　　责任编辑：王海霞
责任校对：张艳霞　　责任印制：李　洋
三河市国英印务有限公司印刷
2016 年 9 月第 1 版 • 第 1 次印刷
184mm×260mm • 20.75 印张 • 1 插页 • 502 千字
0001－4000 册
标准书号：ISBN 978-7-111-54427-2
定价：55.00 元

前　言

PowerPoint 2016（简称 PPT 2016）是微软公司出品的 Office 办公软件中的重要组件，它是一款功能非常强大的演示文稿（俗称“幻灯片”）制作软件。其界面友好、操作简便、功能强大，被广泛地应用于产品宣传推广、教育培训、工作总结、会议演示等领域。

为了方便读者学习 PowerPoint 2016，我们精心策划并编写了本书，旨在让读者快速掌握 PowerPoint 2016 办公应用的基本技能，更重要的是，让读者掌握一些 PPT 办公应用的相关实战技巧。

本书具有以下特色与特点。

● **讲解版本最新，内容常用实用**

本书以最新版本 PowerPoint 2016 为例进行编写，详细讲解了 PowerPoint 2016 在办公应用中的相关技能与应用。在内容安排上，本书遵循“常用、实用”的原则，力求让读者“看得懂、学得会、用得上”。

● **内容系统全面，案例丰富，操作性强**

为了方便初学读者学习，本书采用“图解操作+步骤引导”的方式进行讲解，省去了烦琐而冗长的文字叙述，真正做到简单明了、直观易学。具体内容如下：

第 1 章　PowerPoint 2016 快速入门
第 2 章　幻灯片中文本的创建与编辑操作
第 3 章　幻灯片的主题应用及版式设计
第 4 章　幻灯片中图片及图形的插入与编辑
第 5 章　幻灯片中 SmartArt 图形的应用
第 6 章　幻灯片中表格的创建与编辑
第 7 章　在幻灯片中用图表来表达内容
第 8 章　制作声色并茂的多媒体幻灯片
第 9 章　设置幻灯片的动态效果
第 10 章　幻灯片的链接管理与审阅
第 11 章　放映与输出演示文稿
第 12 章　实战应用——PowerPoint 在教育培训工作中的应用
第 13 章　实战应用——PowerPoint 在市场销售工作中的应用
第 14 章　实战应用——PowerPoint 在总结汇报工作中的应用

● **商务办公技巧与实战，一网打尽**

本书恪守“学以致用”的原则，在书中精心地安排了“高手秘籍”新手提示、专家点拨等栏目，并配有上机实战应用案例，帮助读者快速掌握幻灯片设计技巧与经验、应用与实战的相关知识，真正让读者达到“从入门到精通”的学习境界。

● **超值教学资源，学习更轻松**

为了方便读者学习，本书配备了丰富的教学资源，内容包括：❶全书所有操作范例的素材文件与结果文件；❷360 分钟的同步教学视频文件；❸1500 个 PPT 商务办公模板，读者在办公中可参考使用；❹12 节课共 150 分钟的《电脑办公综合应用从新手到高手》教学视频，❺11 节

课共 100 分钟的《新手学电脑组装、维护与故障排除一本通》教学视频。

凡够买本书的读者，即可申请加入读者学习交流与服务 QQ 群（群号：363300209），可获得免费教学视频及学习交流指导服务。

参与本书编写的人员具有非常丰富的实战经验和一线教学经验，并已出版过多本计算机相关的书籍，他们是马东琼、胡芳、奚弟秋、刘倩、温静、汪继琼、赵娜、曹佳、文源、马杰、李林、王天成、康艳等。在此向所有参与本书编写的人员表示感谢！

最后，感谢读者购买本书。您的支持是我们最大的动力，我们将不断努力，为您奉献更多、更优秀的图书！由于计算机技术发展非常迅速，加上编者水平有限、时间仓促，错误之处在所难免，敬请广大读者和同行批评指正。

编　者

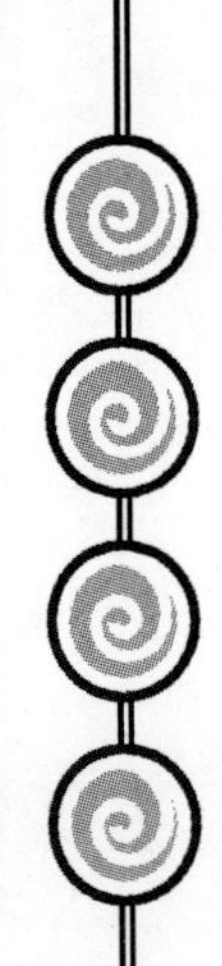

目 录

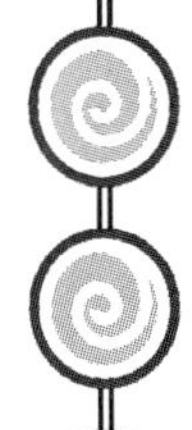

第 1 章　PowerPoint 2016 快速入门

●本章导读●

随着信息技术的飞速发展，PPT 在各行各业的应用显得越来越重要。相较于大段的文字，PPT 具有更加直观、生动的特点，更容易被理解和接受。无论是职场老手还是刚入职的新人，一份美观、有说服力的 PPT 已经成为职场人士的一项必备技能。PowerPoint 2016 是 Office 2016 套装软件的一个重要组件，本章将介绍 PowerPoint 2016 的入门知识。

●知识要点●

- PowerPoint 2016 新特性
- 启动 PowerPoint 2016
- 自定义快速访问工具栏
- 创建演示文稿
- 保存演示文稿
- 幻灯片的基本操作
- 更改幻灯片的显示比例与版式

●效果展示

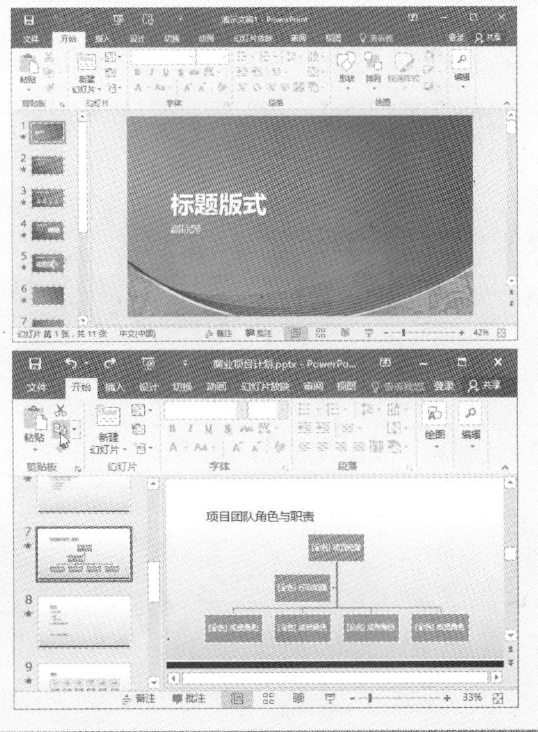

▷▷ 1.1 课堂讲解——PowerPoint 2016 新特性

微软的 Office 2016 是一个庞大的办公软件集合，其中包括了 Word、Excel、PowerPoint、OneNote、Outlook、Skype、Project、Visio 以及 Publisher 等组件和服务。下面来看一看 Office 2016 中 PowerPoint 的新特性。

1.1.1 丰富的 Office 主题

Office 2016 除了保留 Office 2013 中的白色（默认）、浅灰色、深灰色方案之外，增加了彩色、中灰色，其中彩色是默认的。而可用于 PowerPoint 2016 的主题颜色为彩色、深灰色和白色。如果要查看或更改 PowerPoint 2016 的主题颜色，可以在“文件”选项卡的“账户”组（如下左图所示）中或“PowerPoint 选项”对话框的“常规”选项卡（如下右图所示）中查看。

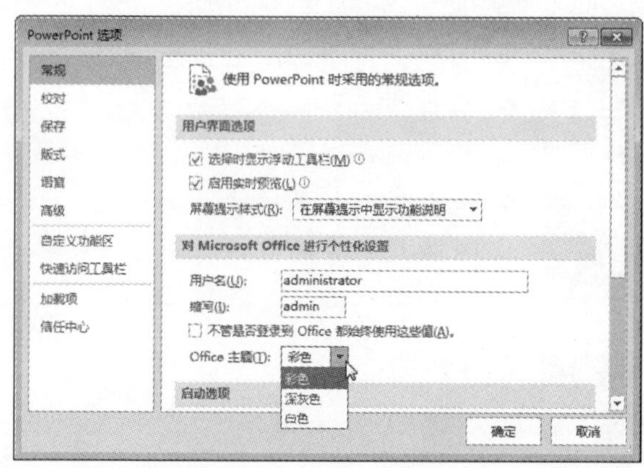

1.1.2 TellMe 功能

在 PowerPoint 2016 功能区上有一个搜索框“告诉我您想要做什么”（TellMe），如下图所示。在这个搜索框中输入关键词，可以快速获得想要使用的功能和想要执行的操作，还可以获取相关的帮助。用户在使用一些不太熟悉的功能时，灵活地使用新增的 TellMe 功能，可以快速地定位功能菜单，提高工作效率。

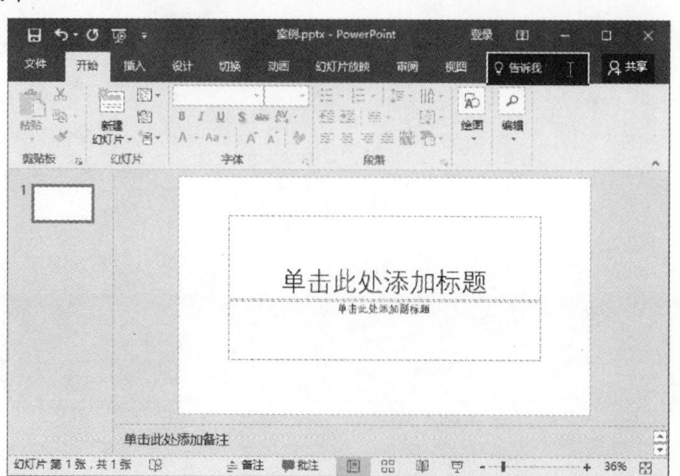

1.1.3　屏幕录制功能

如果需要在幻灯片中插入计算机屏幕上的某些操作，不再需要使用第三方软件，使用 PowerPoint 2016 自带的屏幕录制功能（如下左图所示）即可。使用屏幕录制功能，不仅可以录制鼠标的移动轨迹，还可以录制音频，具体录制选项可以在打开的录制控制面板（如下右图所示）中选择。

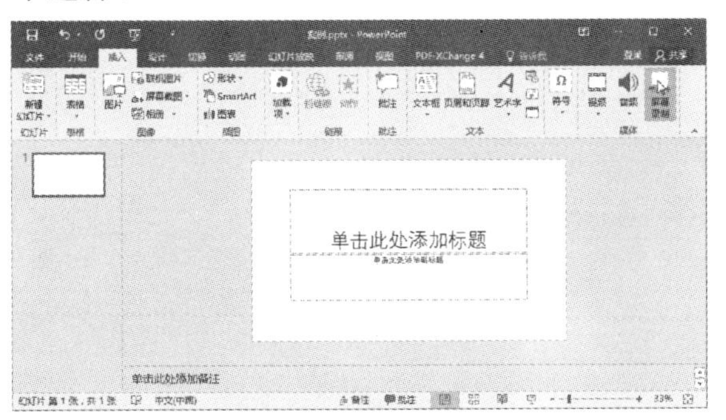

1.1.4　墨迹公式功能

教育、科研人员在制作 PPT 时，往往需要输入很多公式。在 PowerPoint 2016 之前的版本中，输入公式比较复杂。在 PowerPoint 2016 中，使用墨迹公式功能可以手写输入公式，输入后系统将自动识别公式，如下图所示，十分方便。

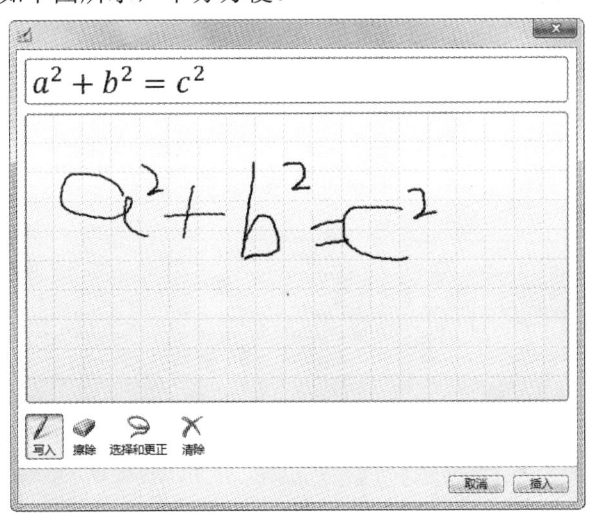

⊳⊳ 1.2　课堂讲解——初识 PowerPoint 2016

PowerPoint 2016 作为 Office 2016 系列办公软件中的一个重要组件，用于制作和播放多媒体演示文稿。在使用 PowerPoint 2016 制作演示文稿之前，有必要了解其启动方法和界面。

1.2.1　启动 PowerPoint 2016

使用 PowerPoint 制作演示文稿前，需要先启动该软件。启动方法主要有以下两种。

1. 从“开始”菜单启动

计算机中安装了 Microsoft Office 软件后，即可从“开始”菜单的程序项中启动 PowerPoint 2016：打开“开始”菜单，依次选择“所有程序”→“Microsoft Office”→“Microsoft PowerPoint 2016”命令即可，如下图所示。

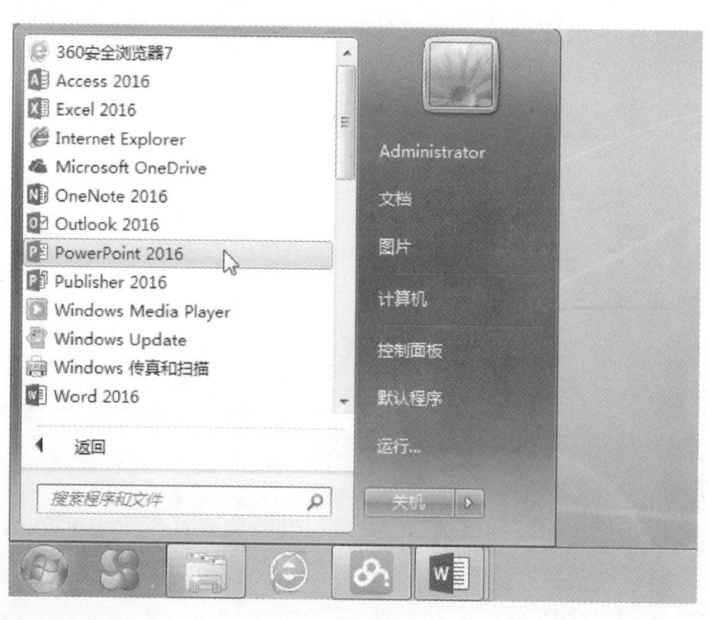

2. 通过桌面快捷图标启动

在桌面上双击 PowerPoint 2016 的快捷图标即可启动 PowerPoint 2016。如果桌面上没有 PowerPoint 2016 的快捷图标，可以通过以下方法来创建：在“开始”菜单中依次选择“所有程序”→“Microsoft Office”命令，在其下的“Microsoft PowerPoint 2016”命令上单击鼠标右键，在弹出的快捷菜单中选择“发送到”→“桌面快捷方式”命令即可，如下图所示。

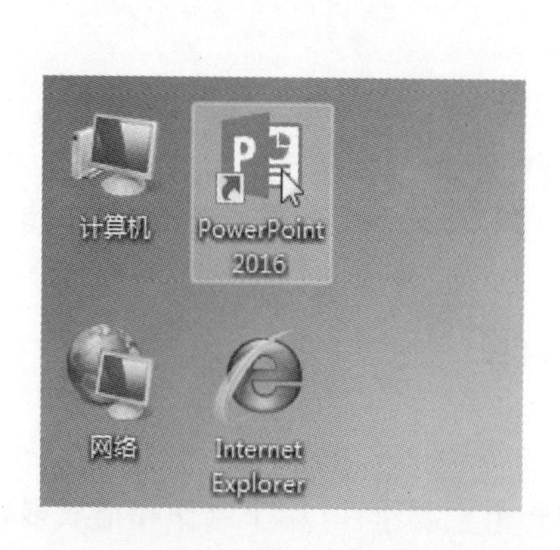

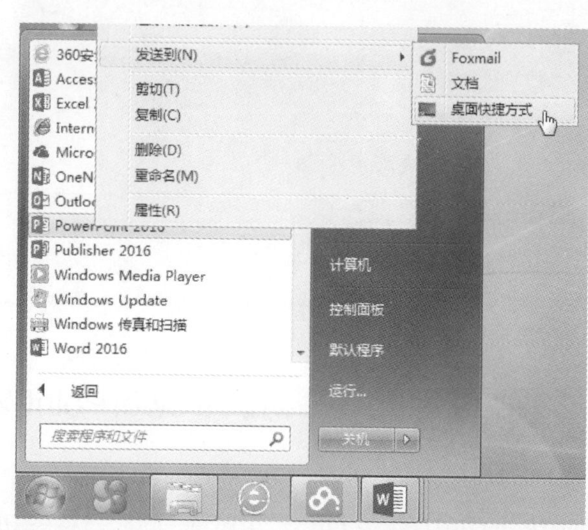

1.2.2 了解 PowerPoint 2016 工作界面

启动 PowerPoint 2016 后，即可看到程序主界面。PowerPoint 2016 程序主界面主要由快速访问工具栏、标题栏、功能区、幻灯片编辑区、视图窗格、备注窗格和状态栏等几个部分组成，如下图所示。下面分别进行介绍。

1. 快速访问工具栏

程序窗口左上角为“快速访问工具栏”，用于显示常用的工具。默认情况下，快速访问工具栏中包含了“保存”“撤销”“恢复”和“从头开始”4 个快捷按钮，用户还可以根据需要进行添加。单击某个按钮即可实现相应的功能。

2. 标题栏

标题栏主要由标题和窗口控制按钮组成。标题用于显示当前编辑的演示文稿名称。控制按钮由“最小化”“最大化/还原”和“关闭”按钮组成，用于实现窗口的最小化、最大化、还原及关闭。

3. 功能区

PowerPoint 2016 的功能区由多个选项卡组成，每个选项卡中包含了不同的工具按钮。选项卡位于标题栏下方，由“开始”“插入”和“设计”等选项卡组成。单击各个选项卡名，即可切换到相应的选项卡。

4. 幻灯片编辑区

PowerPoint 窗口中间的白色区域为幻灯片编辑区，该部分是演示文稿的核心部分，主要用于显示和编辑当前显示的幻灯片。

5. 视图窗格

视图窗格位于幻灯片编辑区的左侧，用于显示演示文稿的幻灯片数量及位置。视图窗格中默认显示的是“幻灯片”选项卡，它会在该窗格中以缩略图的形式显示当前演示文稿中的所有幻灯片，以便查看幻灯片的设计效果。在“大纲”选项卡中，将以大纲的形式列出当前演示文稿中的所有幻灯片。

6. 备注窗格

位于幻灯片编辑区的下方，通常用于为幻灯片添加注释说明，比如幻灯片的内容摘要等。

> **新手注意**
>
> 将鼠标指针停放在视图窗格或备注窗格与幻灯片编辑区之间的窗格边界线上，拖动鼠标可调整窗格的大小。

7. 状态栏

状态栏位于窗口底端，用于显示当前幻灯片的页面信息。状态栏右端为视图按钮和缩放比例按钮，用鼠标拖动状态栏右端的缩放比例滑块，可以调节幻灯片的显示比例。单击状态栏右侧的按钮，可以使幻灯片显示比例自动适应当前窗口的大小。

1.2.3 自定义快速访问工具栏

快速访问工具栏提供了一些常用命令的快捷按钮，用户只需单击快速访问工具栏中的某个按钮，即可执行该命令。默认的快速访问工具栏包括“保存”、“撤销”、“恢复”和“从头开始”四个按钮。如果用户需要使用其他功能，也可以将其添加到快速访问工具栏，具体的操作方法如下。

Step01: 打开 PowerPoint 软件，单击“文件”选项卡，如下图所示。

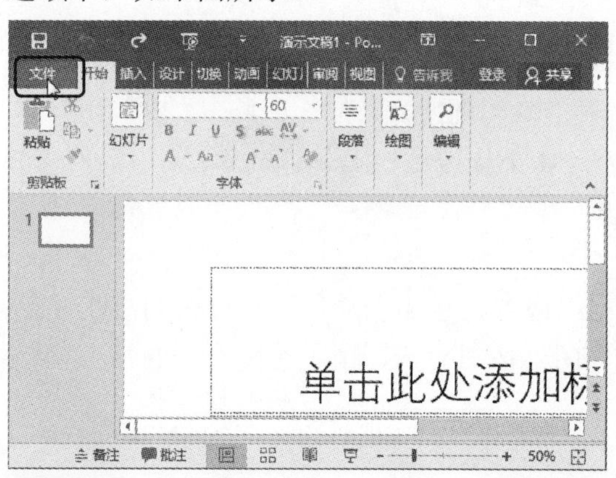

Step02: 在打开的“文件”选项卡中选择“选项”命令，如下图所示。

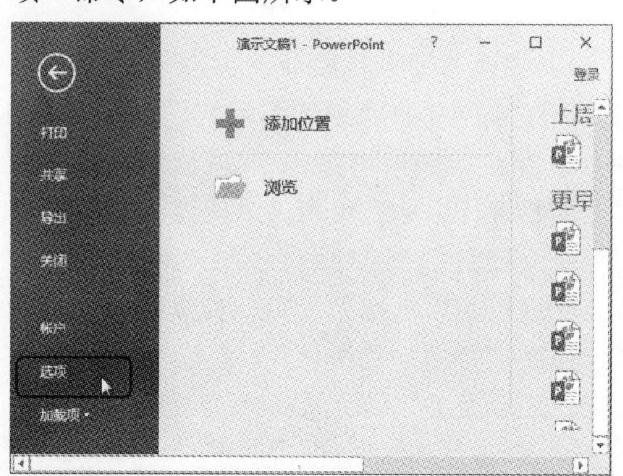

Step03: 打开“PowerPoint 选项”对话框，❶切换到“快速访问工具栏”选项卡；❷在左侧命令列表中选择要添加到快速访问工具栏中的命令；❸单击“添加”按钮，将其添加至右侧的列表中；❹单击“确定”按钮，如下图所示。

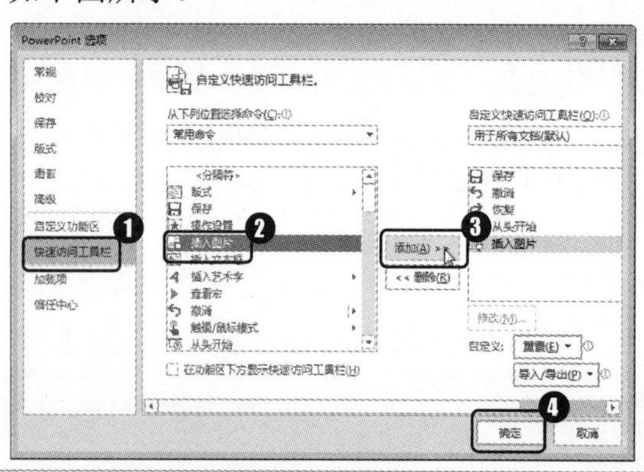

Step04: 返回演示文稿即可查看到快速访问工具栏中已经成功添加了所选命令按钮，如下图所示。

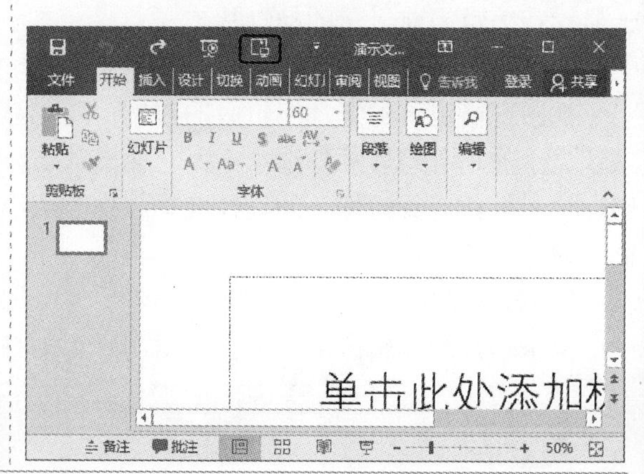

1.2.4 最小化功能区

编辑演示文稿时，为了使幻灯片的显示区域更大，可以将功能区最小化，只显示选项卡名称，当选择选项卡时才显示其中的功能按钮。将功能区最小化的具体操作如下。

Step01: ❶在功能区单击鼠标右键；❷在弹出的快捷菜单中选择“折叠功能区”命令如下图所示。

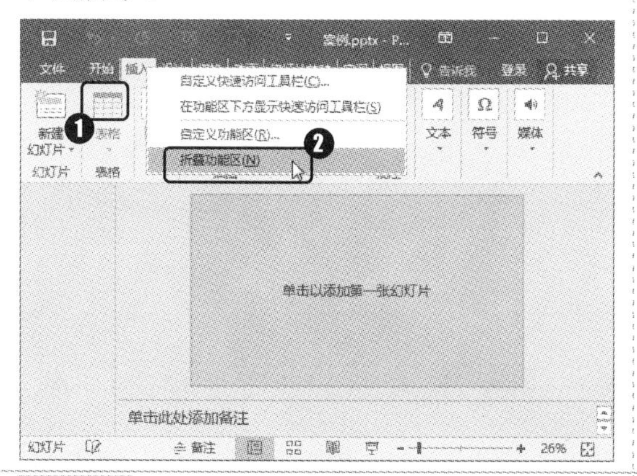

Step02: 此时，在 PowerPoint 的工作界面中可看到功能区已经被隐藏，如下图所示。

Step03: ❶选择任意选项卡，弹出选项卡对应的各个功能组；❷在幻灯片编辑区中单击鼠标，可再次自动隐藏功能区如右图所示。

> **新手注意**
>
> 单击功能区右下角的折叠功能区按钮，或按〈Ctrl+F1〉组合键可以快速隐藏功能区。

1.2.5 退出 PowerPoint 2016

使用 PowerPoint 2016 之后，如果要关闭 PowerPoint 演示文稿，可以使用以下的方法来退出。

- 单击标题栏中的“关闭”按钮可以关闭当前演示文稿，如下左图所示。
- 在标题栏单击鼠标右键，在弹出的快捷菜单中选择“关闭”命令，可以关闭当前演示文稿，如下右图所示。

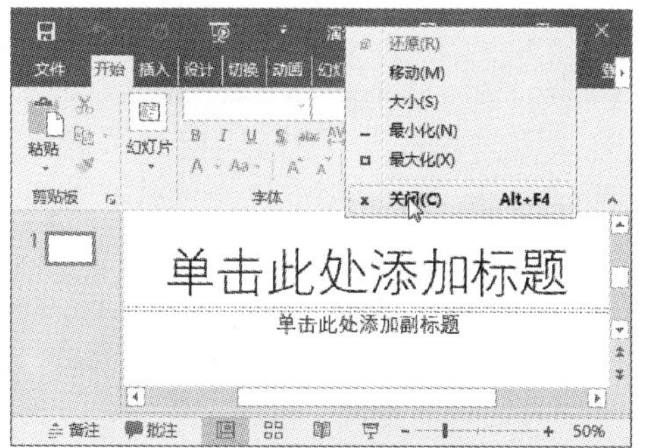

- 切换到“文件”选项卡，然后选择左下角的“关闭”命令，可以关闭所有打开的演示文稿，如下左图所示。

- 在计算机的任务栏中的 PowerPoint 演示文稿图标上单击鼠标右键，在弹出的快捷菜单中选择“关闭窗口”命令可以关闭所有打开的演示文稿，如下右图所示。

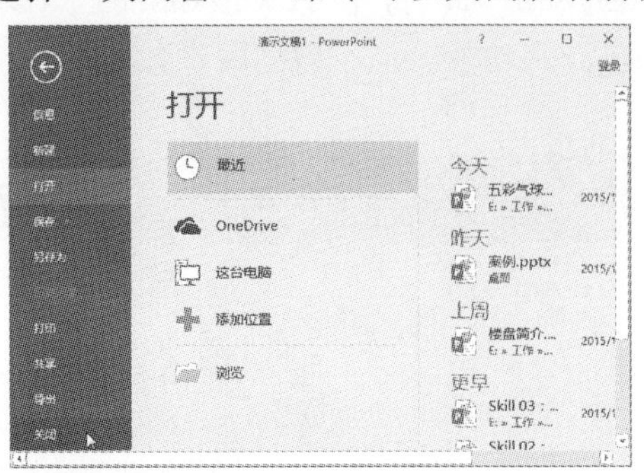

▷▷ 1.3 课堂讲解——创建演示文稿

使用 PowerPoint 编辑演示文稿前，首先需要创建演示文稿，除了可以新建空白文档之外，还可以通过模板、主题等方式创建演示文稿。

1.3.1 创建空白演示文稿

创建空白演示文稿是最常用的文稿创建方法，具体方法如下。

Step01: ❶单击“开始”按钮，打开“开始”菜单；❷依次选择“所有程序”→“Microsoft Office”→“Microsoft PowerPoint 2016”命令，如下图所示。

Step02: 在启动的 PowerPoint 中选择“空白演示文稿”选项，如下图所示。

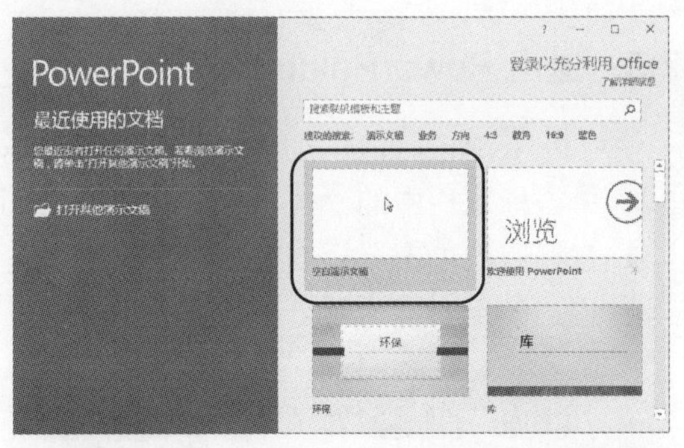

Step03: 系统会创建一个名为“演示文稿 1”的空白演示文稿。重复执行以上操作，系统会以“演示文稿 2”“演示文稿 3”……的顺序对新演示文稿进行命名，如右图所示。

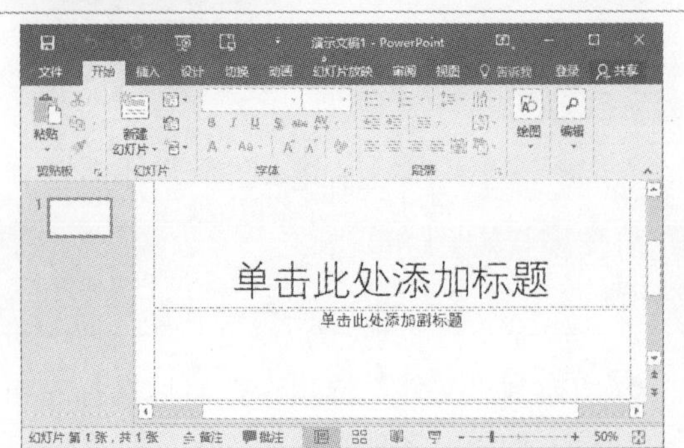

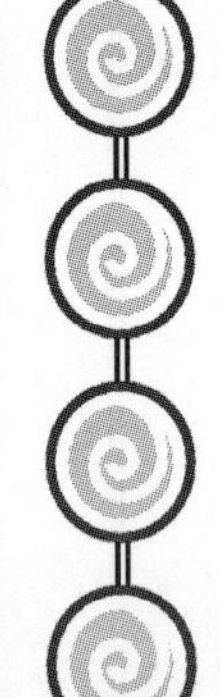

除了上述方法，使用以下的方法也可以创建空白文档。

- 在 PowerPoint 环境下，按〈Ctrl+N〉组合键。
- 在 PowerPoint 窗口中切换到“文件”选项卡，在左侧窗格选择“新建”命令，在右侧窗格中选择“空白演示文稿”选项，如下左图所示，然后单击“创建”按钮即可。
- 在桌面或文件夹窗口中的空白处单击鼠标右键，在弹出的快捷菜单中选择“新建”命令，在弹出的扩展菜单中选择“Microsoft PowerPoint 演示文稿”即可创建一个 PowerPoint 空白演示文稿，如下右图所示。

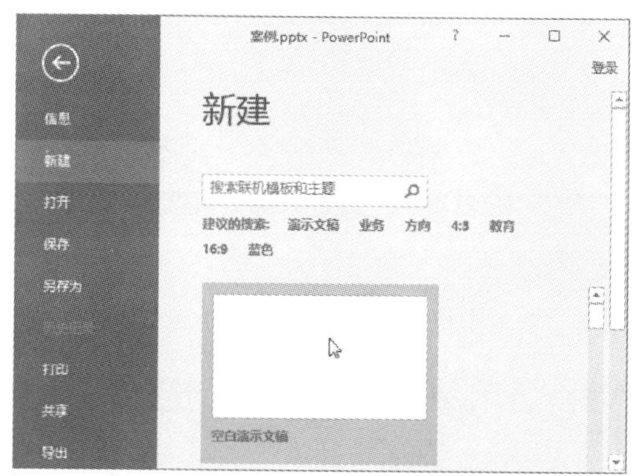

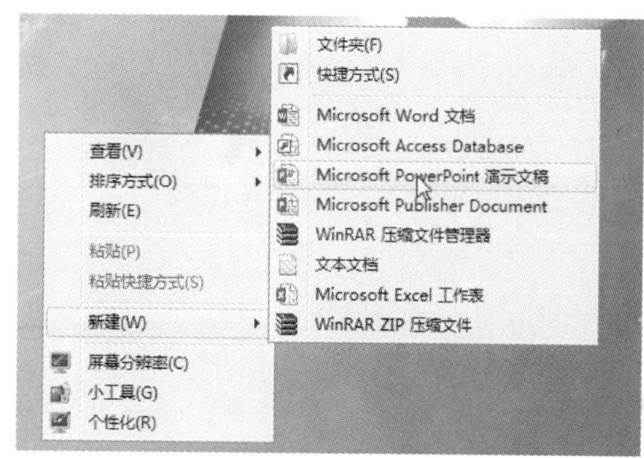

1.3.2 根据现有模板创建演示文稿

PowerPoint 2016 提供了多种模板类型，利用这些模板，用户可快速创建各种专业的演示文稿。根据模板创建演示文稿的具体操作方法如下。

Step01: ❶启动 PowerPoint 2016 程序，在搜索栏中输入关键字；❷单击“开始搜索”按钮，如下图所示。

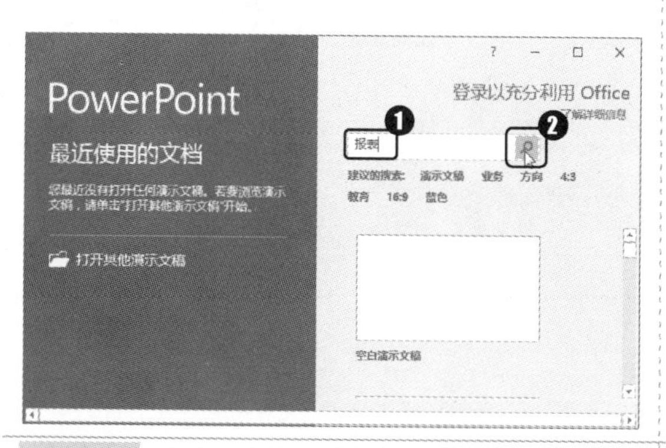

Step02: 在搜索结果中选择想要的模板样式，如下图所示。

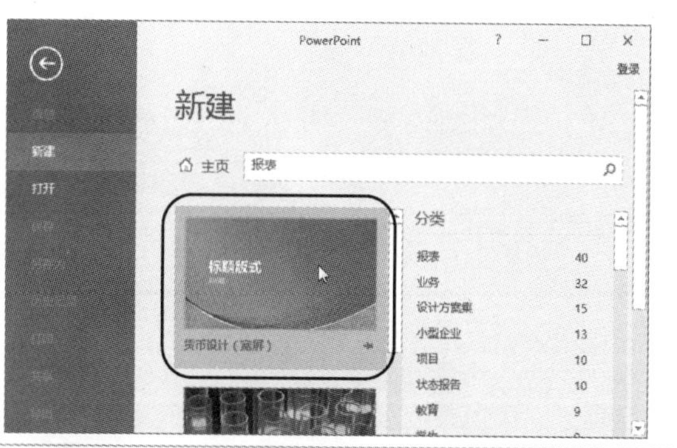

Step03: 在打开的对话框中将显示模板的介绍及预览效果，单击“创建”按钮，如下图所示。

Step04: 将自动下载模板，下载完成后即根据该模板创建新的演示文稿，创建完成后效果如下图所示。

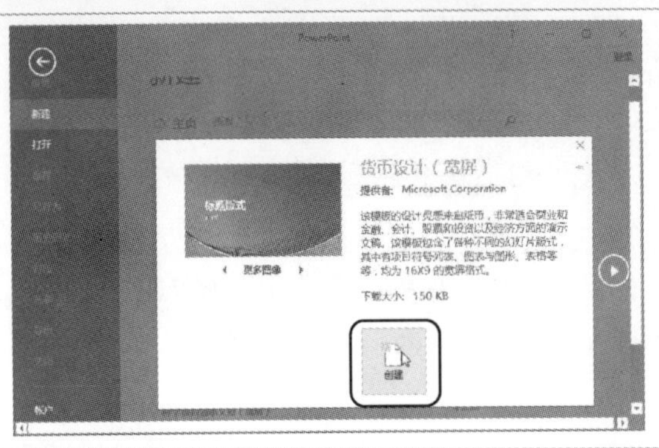

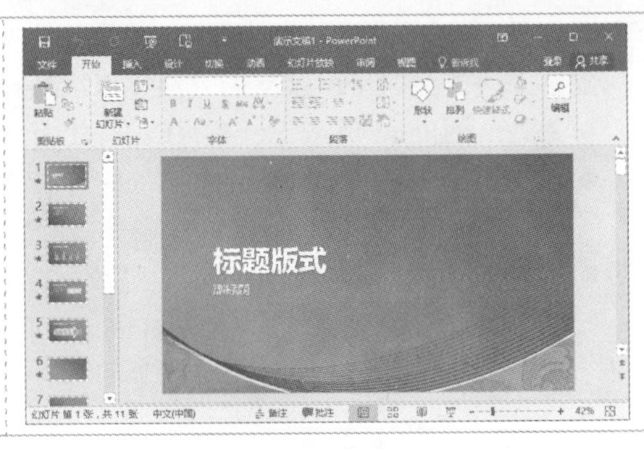

1.3.3 根据主题创建演示文稿

幻灯片的背景设计和配色是新手面临的一大难题，如果想要合理地配色，又不知道如何设计，可以使用内置的多种不同的主题风格，方便地制作美观大方的演示文稿。根据主题创建演示文稿的操作方法如下。

Step01: 启动 PowerPoint 2016 程序，在右侧选择一种主题类型，如下图所示。

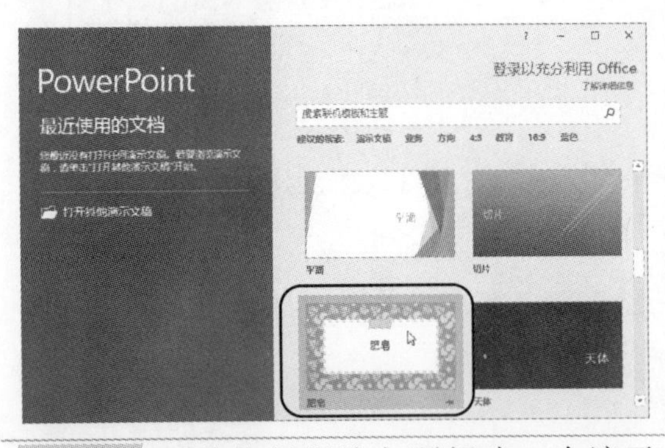

Step02: 在打开的对话框中查看预览效果，确定使用该主题后单击“创建”按钮，如下图所示。

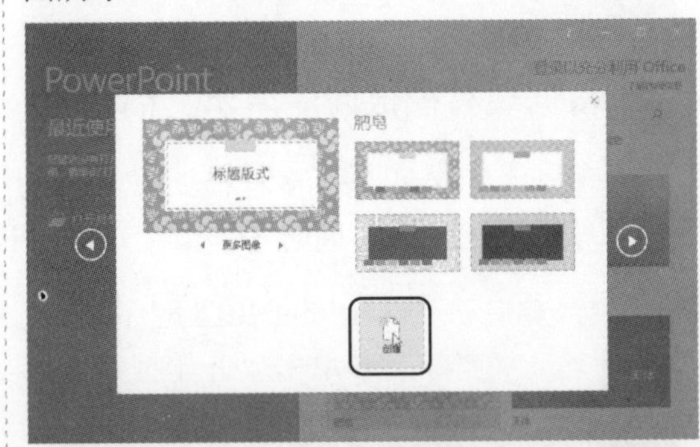

Step03: 系统将根据该主题新建一个演示文稿，如右图所示。

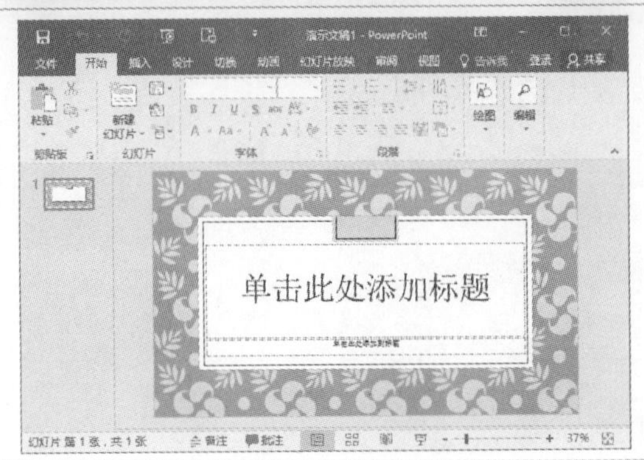

▷▷ 1.4 课堂讲解——打开与保存演示文稿

在编辑演示文稿之前，需要先打开演示稿，在编辑完成之后，还需要保存演示文稿。本节将介绍打开和保存演示文稿的方法。

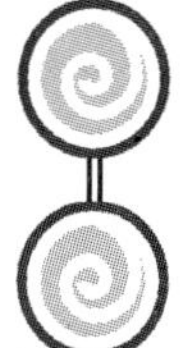

1.4.1　打开演示文稿

保存在计算机中的演示文稿可以随时打开以进行编辑、查看或放映等操作。打开演示文稿的方法很多，除了直接双击文件打开之外，也可以通过命令在 PowerPoint 2016 工作界面中打开演示文稿。具体操作方法如下。

Step01: 在 PowerPoint 窗口中切换到“文件”选项卡，❶在左侧窗格中选择“打开”命令；❷选择“浏览”选项，如下图所示。

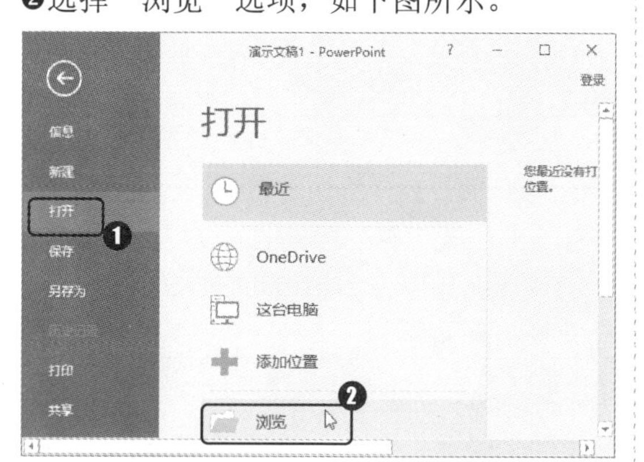

Step02: 在弹出的“打开”对话框中，找到演示文稿的保存路径，❶选择演示文稿；❷单击“打开”按钮，如下图所示。

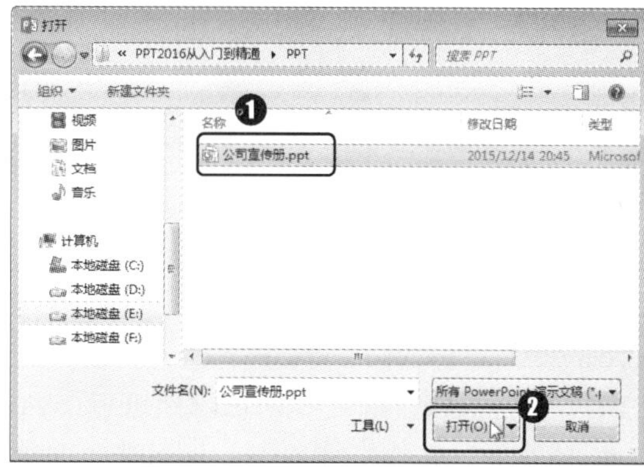

新手注意

在 PowerPoint 程序中，按〈Ctrl+O〉或〈Ctrl+F12〉组合键可快速弹出“打开”对话框。

1.4.2　保存演示文稿

在处理演示文稿的过程中，保存演示文稿也是非常重要的。及时、正确地保存，方可随时查看已经编辑好的演示文稿。

1. 保存演示文稿

无论是新建演示文稿，还是已有的演示文稿，对其进行相应的编辑后，都应进行保存，以便日后查看。如果是保存新建演示文稿，可按下面的操作步骤实现。

Step01: 单击快速访问工具栏中的“保存”按钮，如下图所示。

Step02: 在打开的“文件”选项卡中自动切换到“另存为”选项卡，选择右侧的“浏览”选项，如下图所示。

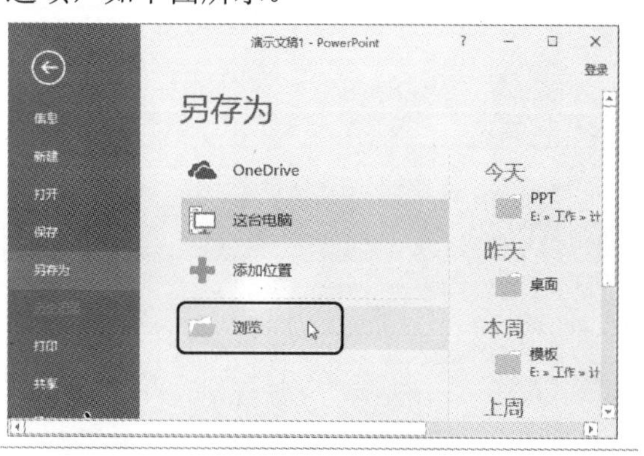

Step03: ❶在弹出的“另存为”对话框中设置保存位置、文件名等保存参数；❷单击“保存”按钮进行保存即可，如右图所示。

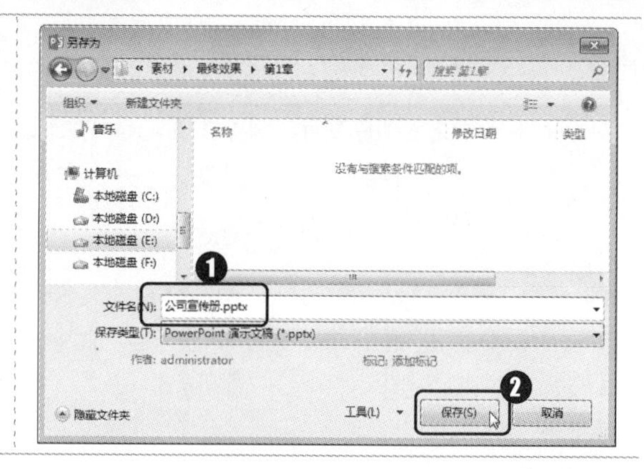

新手注意

在“另存为”对话框的“保存类型”下拉列表框中，若选择“PowerPoint97-2003 演示文稿”选项，可将在 PowerPoint 2016 中制作的演示文稿另存为 PowerPoint 97-2003 兼容模式，从而可通过早期版本的 PowerPoint 程序打开并编辑该文档。

除了上述操作方法之外，还可通过以下两种方法保存演示文稿。

- 切换到“文件”选项卡，然后选择左侧窗格中的“保存”命令。
- 按〈Ctrl+S〉或〈Shift+F12〉组合键。

对于已有的演示文稿，对其进行编辑后也应进行保存。已有演示文稿与新建演示文稿的保存方法相同，只是对它进行保存时，仅将对演示文稿的更改保存到原演示文稿中，因而不会弹出“另存为”对话框，但会在状态栏中显示“PowerPoint 正在保存……”的提示，保存完成后提示立即消失。

2. 另存为演示文稿

对原演示文稿进行修改后，如果希望不改变原演示文稿的内容，可将修改后的演示文稿以不同名称进行另存，或另存一份副本到计算机的其他位置。

在要进行另存的演示文稿中，在弹出的“另存为”对话框中设置与当前演示文稿不同的保存位置、不同的保存名称或不同的保存类型，设置完成后单击“保存”按钮即可。

Step01: ❶切换到“文件”选项卡，选择左侧窗格中的“另存为”命令；❷在右侧选择“浏览”选项，如下图所示。

Step02: ❶在弹出的“另存为”对话框中设置保存位置、文件名等保存参数；❷单击“保存”按钮进行保存即可，如下图所示。

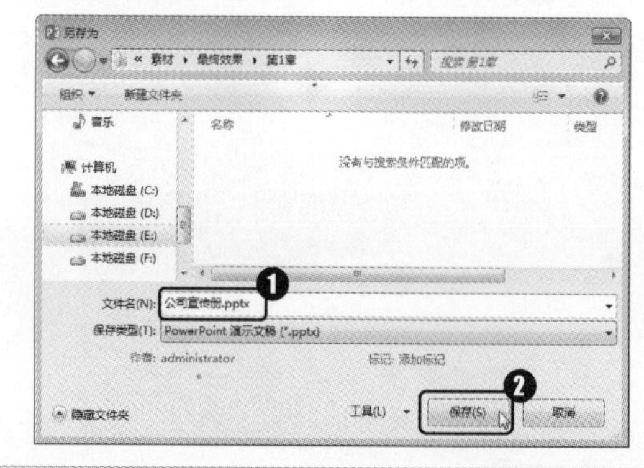

1.4.3　设置演示文稿的自动保存

在编辑演示文稿时，有时候会忽略对文档的保存，如果发生死机、断电等意外情况，可能会损失编辑内容，此时，PowerPoint 的自动保存功能就显得非常重要。设置自动保存的操作方法如下。

Step01: 切换到“文件”选项卡，单击左侧窗格中的“选项”命令，如下图所示。

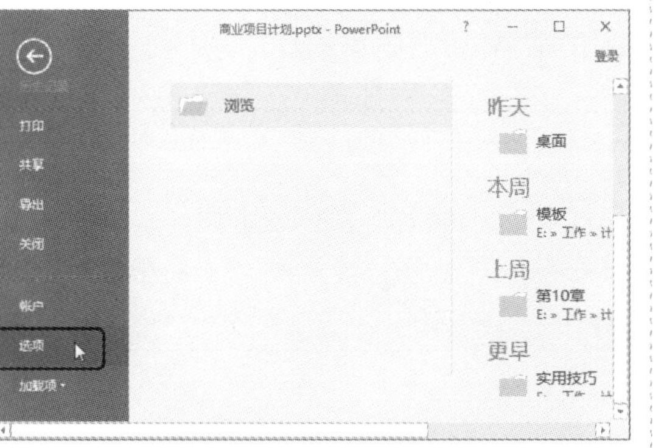

Step02: 打开“PowerPoint 选项”对话框，❶切换到“保存”选项卡；❷在右侧的“保存演示文稿”栏中设置自动保存的时间、位置；❸单击“确定”按钮，如下图所示。

1.5　课堂讲解——幻灯片的基本操作

使用 PowerPoint 编辑演示文稿前，首先需要创建演示文稿，除了可以新建空白文档之外，还可以通过模板、主题等创建演示文稿。

1.5.1　更改幻灯片的显示比例

调节幻灯片的比例可以有效地使用屏幕资源，方便进行细微的修改和整体布局的查看。更改幻灯片显示比例的具体操作方法如下。

在文档的右下角显示了文档的当前显示比例，单击“+”或“-”按钮，或拖动滑块即可调整显示比例，如右图所示。

除了可以通过以上方法更改幻灯片的显示比例外，还可以使用以下方法。

- 将鼠标光标放在幻灯片编辑区中，按住〈Ctrl〉键的同时滑动鼠标滚轮。
- 单击右下角的比例显示数值，在打开的“缩放”对话框中选择显示比例。

1.5.2 选择幻灯片

对幻灯片进行相关操作前必须先将其选中。选中操作主要分为选择单张幻灯片、选择多张幻灯和选择全部幻灯片。

1. 选择单张幻灯片

选择单张幻灯片的方法主要有以下两种。

- 在视图窗格中单击某张幻灯片的缩略图，即可选中该幻灯片，同时会在幻灯片编辑区中显示该幻灯片。
- 在视图窗格中单击某张幻灯片相应的标题或序列号，可选中该幻灯片，同时会在幻灯片编辑区中显示该幻灯片。

> **新手注意**
>
> 在幻灯片编辑区右侧的滚动条下端，单击“上一张幻灯片”按钮或“下一张幻灯片”按钮，可选中当前幻灯片的上一张或下一张幻灯片。

2. 选择多张幻灯片

选择多张幻灯片可分以下两种情况。

- 选择多张连续的幻灯片：在视图窗格中选中第一张幻灯片后按住〈Shift〉键不放，同时单击要选择的最后一张幻灯片，即可选中第一张和最后一张幻灯片之间的所有幻灯片。
- 选择多张不连续的幻灯片：在视图窗格中选中第一张幻灯片，然后按住〈Ctrl〉键不放，依次单击其他需要选择的幻灯片即可。

3. 选择全部幻灯片

在视图窗格中按〈Ctrl+A〉组合键，即可选中当前演示文稿中的全部幻灯片。

1.5.3 添加与删除幻灯片

默认情况下，在新建的空白演示文稿中只有一张幻灯片，而一篇演示文稿通常需要使用多张幻灯片来表达需要演示的内容，这时就需要在演示文稿中添加新的幻灯片。而在演示文稿编辑完成后，如果在后期检查中发现有多余的幻灯片，需要将其删除掉。

1. 添加幻灯片

添加幻灯片的操作方法如下。

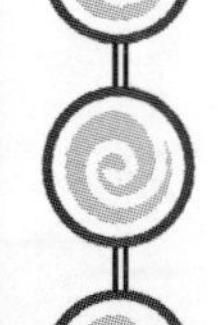

在视图窗格中选择某张幻灯片后，在“开始”选项卡的“幻灯片”组中直接单击“新建幻灯片”按钮，可在该演示文稿的最后添加一张同样版式的幻灯片，如右图所示。

此外，还可通过以下几种方法添加新幻灯片。

- 在视图窗格中使用鼠标右击某张幻灯片，在弹出的快捷菜单中选择“新建幻灯片”命令，即可在当前幻灯片的后面添加一张同样版式的幻灯片。
- 在视图窗格中选择某张幻灯片后按〈Enter〉键，可快速在该幻灯片的后面添加一张同样版式的幻灯片。
- 在“幻灯片浏览”视图模式下选中某张幻灯片，然后执行上面任意一种操作，也可在当前幻灯片的后面添加一张新幻灯片。
- 在视图窗格中选择某张幻灯片，然后在“开始”选项卡的“幻灯片”组中单击“新建幻灯片”按钮下方的下拉按钮，在弹出的下拉列表中选择需要的幻灯片版式，例如“比较”，如下图所示，即可在所选幻灯片的后面添加一张“比较”版式的新幻灯片。

2. 删除幻灯片

在编辑演示文稿的过程中，对于多余的幻灯片，可将其删除，操作方法如下。

❶选中需要删除的幻灯片，❷单击鼠标右键，在弹出的快捷菜单中选择“删除幻灯片”命令，如右图所示。

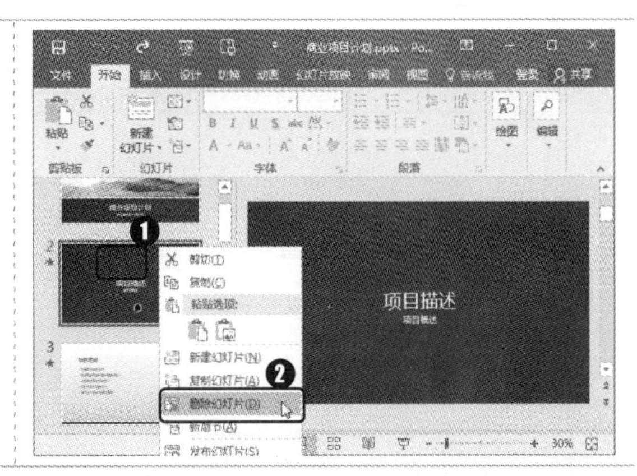

1.5.4　移动与复制幻灯片

在编辑演示文稿时，可将某张幻灯片复制或移动到同一演示文稿的其他位置或其他演示文稿中，从而加快制作幻灯片的速度。

1．移动幻灯片

在 PowerPoint 2016 中，可通过下面几种方法对演示文稿中的某张幻灯片进行移动操作。

- 在幻灯片窗格中选择需要移动的幻灯片，按住鼠标左键不放并拖动鼠标，当拖动到需要的位置后释放鼠标左键即可，如下左图所示。
- 在幻灯片浏览视图模式中，选中要移动的幻灯片，按住鼠标左键不放并拖动鼠标，当拖动到需要的位置后释放鼠标左键即可，如下右图所示。

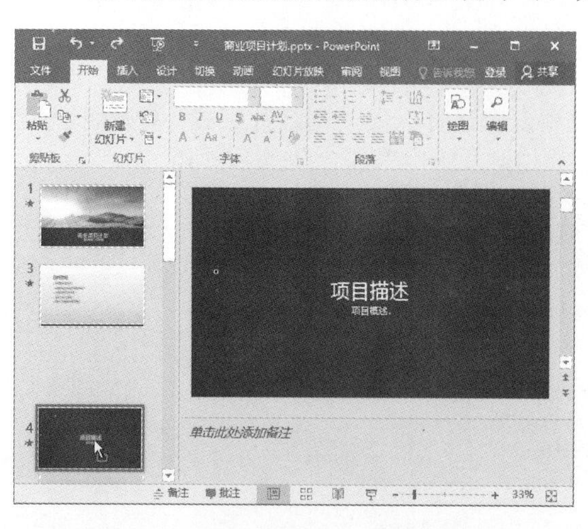

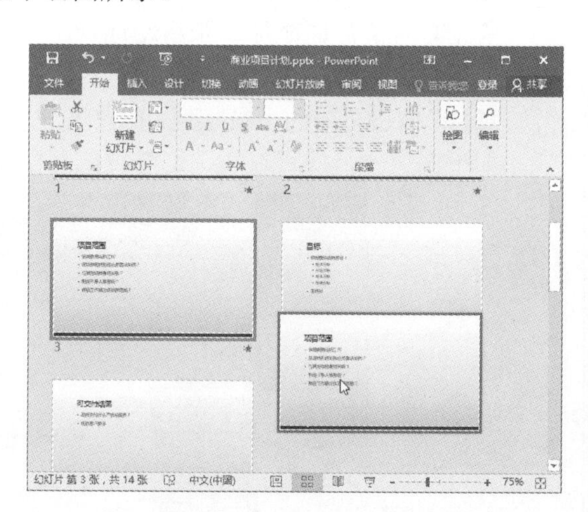

- 选中要移动的幻灯片，按〈Ctrl+X〉组合键剪切，将光标定位在需要移动的目标幻灯片前，按〈Ctrl+V〉组合键粘贴即可。

2．复制幻灯片

如果要在演示文稿的其他位置或其他演示文稿中插入一页已制作完成的幻灯片，可通过复制操作大大提高工作效率。

Step01: ❶选中需要复制的幻灯片；❷在“开始”选项卡的“剪贴板”组中单击“复制”按钮进行复制，如下图所示。

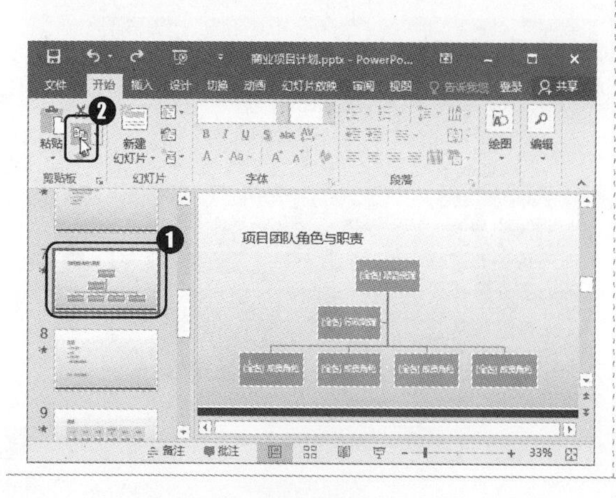

Step02: ❶在视图窗格中选择目标幻灯片；❷在“开始”选项卡的“剪贴板”组中单击“粘贴按钮”按钮，即可将幻灯片粘贴至所选的幻灯片后，如下图所示。

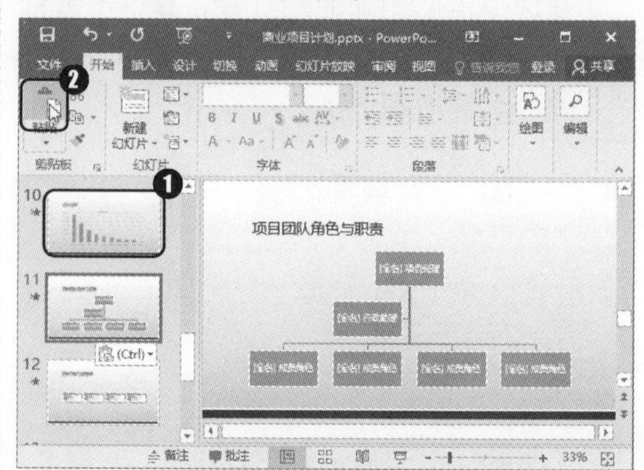

1.5.5 更改幻灯片的版式

幻灯片版式是幻灯片内容的布局结构，并指定某张幻灯片上使用哪些占位符框，以及应该摆放在什么位置。在编辑幻灯片的过程中，如果需要将它们更改为其他版式，可通过以下几种方式实现。

- 在“普通视图”或“幻灯片浏览”视图模式下，选中需要更换版式的幻灯片，在“开始”选项卡的“幻灯片”组中单击“幻灯片版式”按钮，在弹出的下拉列表中选择需要的版式即可，如下左图所示。
- 在视图窗格中，右击需要更换版式的幻灯片，在弹出的快捷菜单中展开“版式”子菜单，在其中选择需要的版式即可，如下右图所示。

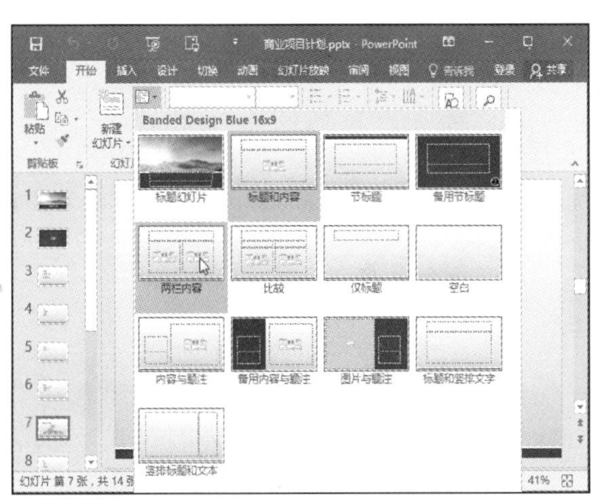

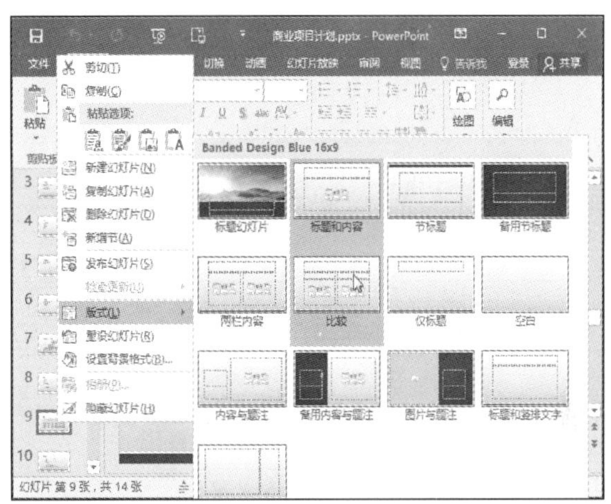

▷▷ 高手秘籍——实用操作技巧

通过前面知识的学习，相信读者朋友已经掌握了 PowerPoint 2016 的基本操作。下面结合本章内容介绍一些实用技巧。

同步文件

视频文件：视频文件\第 1 章\高手秘籍.mp4

技巧 01 显示/隐藏网格参考线

标尺主要用于在编辑幻灯片时对齐或定位各对象，使用网格和参考线可以对对象进行辅助定位。网格即为幻灯片中显示的方格，参考线是幻灯片中央的水平和垂直参考线。下面将讲解如何显示和隐藏标尺、网格及参考线。

Step01: ❶选择“视图”选项卡；❷在“显示”组中选中“标尺”和“网格线”复选框，幻灯片编辑区中即显示标尺和网格线，如下图所示。

Step02: ❶在幻灯片编辑区中单击鼠标右键；❷在弹出的快捷菜单中选择“网格线和参考线”命令；❸在弹出的子菜单中选择合适的选项即可，如下图所示。

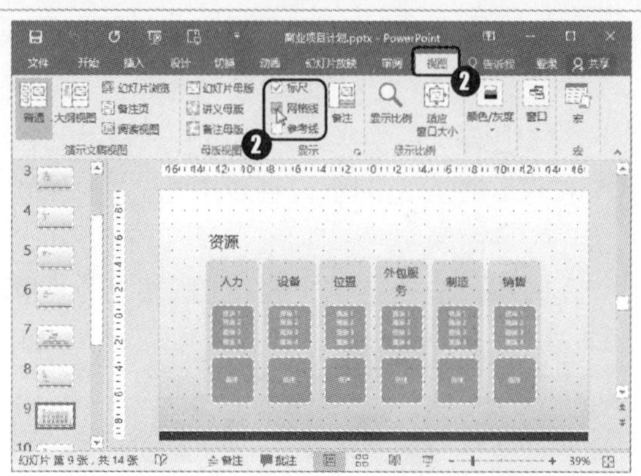

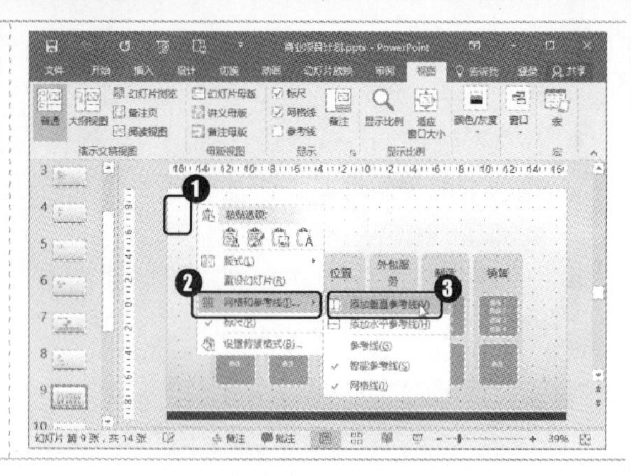

新手注意

用同样的方法取消选中“标尺”和“网格线”复选框，标尺和网格线即被隐藏。

技巧 02 更改 PowerPoint 2016 的默认保存路径

默认情况下，PowerPoint 的保存路径是“C:\Users\Administrator\Documents\”（其中，“Administrator”为当前登录系统的用户名），用户可根据操作需要将常用存储路径设置为默认保存位置，其方法为：选择“文件”→“选项”命令，在打开的“PowerPoint 选项”对话框中切换到“保存”选项卡，在“保存演示文稿”栏的“默认本地文件位置”文本框中输入常用存储路径，然后单击“确定”按钮即可，如下图所示。

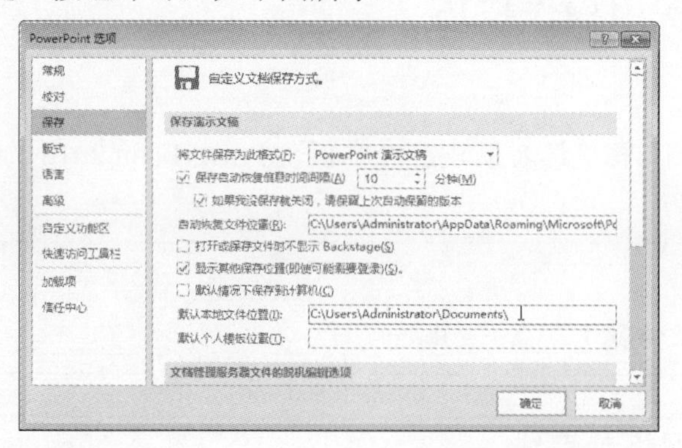

技巧 03 增加 PPT 的撤销次数

编辑演示文稿时，如果操作错误，可以单击工具栏中的“撤销”按钮进行恢复。默认情况下，PPT 可以恢复最近的 20 次操作，通过以下的操作，可以允许用户最多撤销 150 次，具体操作方法如下。

Step01: 切换到“文件”选项卡，单击左侧窗格中的“选项”命令，如下图所示。

Step02: 打开“选项”对话框，❶切换到“高级”选项卡；❷在“编辑选项”栏的“最多可取消操作数”数值框中输入想要撤销的次数；❸单击“确定”按钮，如下图所示。

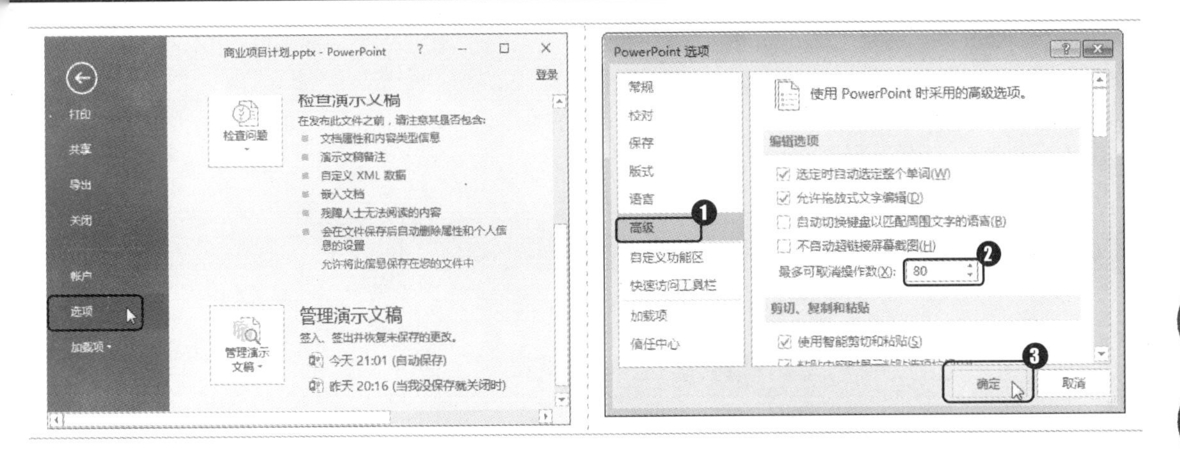

▷▷ 上机实战——创建“公司宣传册”演示文稿

上机介绍

制作演示文稿的第一步是创建演示文稿。创建演示文稿的方法很多，对于新手来说，最方便快捷的方法是使用模板创建。下面就使用模板创建一个“公司宣传册”演示文稿，最终效果如下图所示。

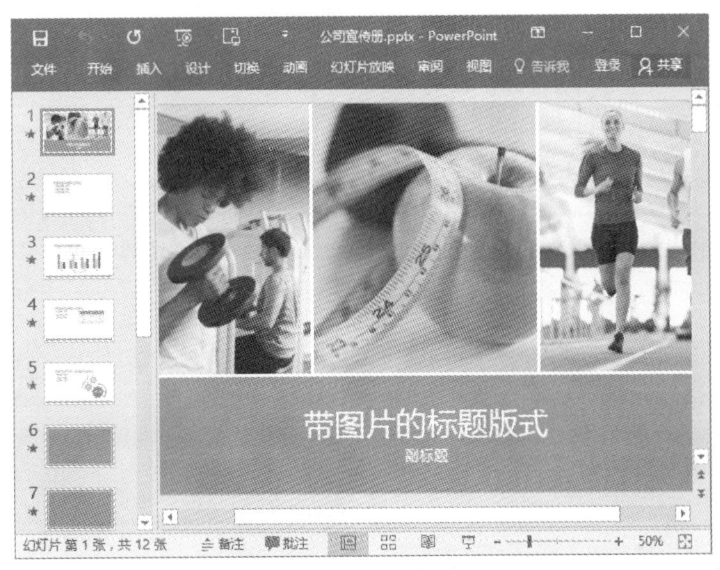

同步文件

视频文件：视频文件\第 1 章\上机实战.mp4

步骤详解

本实例的具体制作步骤如下。

Step01: ❶单击“开始”按钮，打开“开始”菜单；❷依次选择“所有程序”→“Microsoft Office”→“Microsoft PowerPoint 2016”命令，如下图所示。

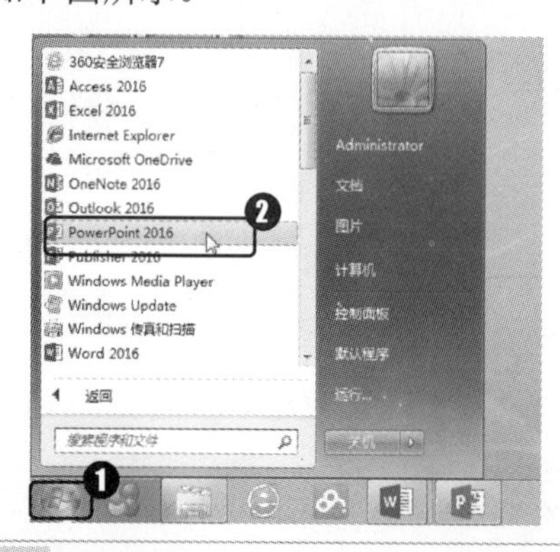

Step02: ❶启动 PowerPoint 2016 程序，在搜索栏中输入“宣传”；❷单击“开始搜索”按钮🔍，如下图所示。

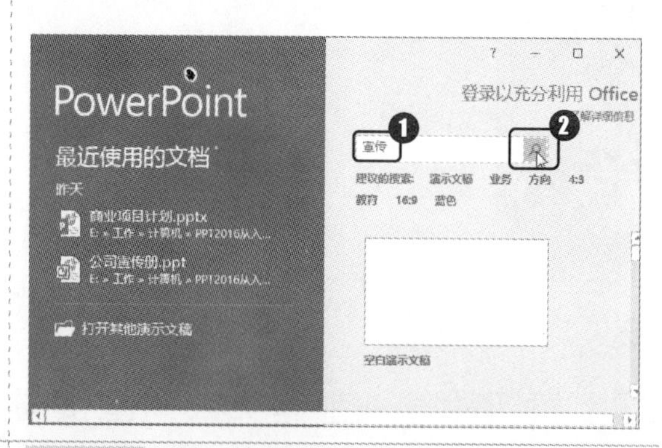

Step03: 在搜索结果查看并选择想要的模板样式，如下图所示。

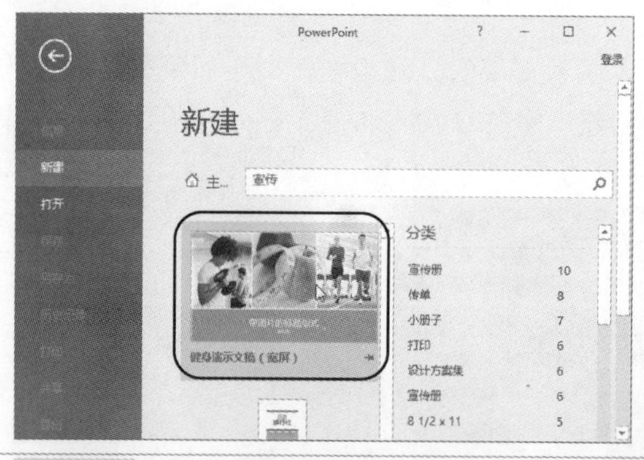

Step04: 在打开的对话框中将显示模板的介绍及预览效果，单击“创建”按钮，如下图所示。

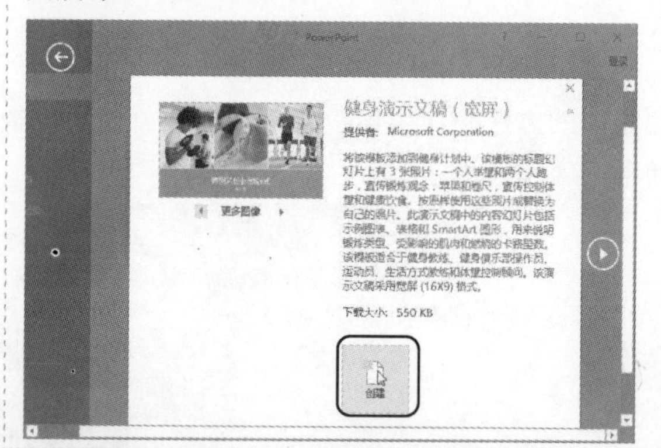

Step05: 自动下载模板，下载完成后根据该模板创建新演示文稿，创建成功后单击快速访问工具栏中的“保存”按钮💾，如下图所示。

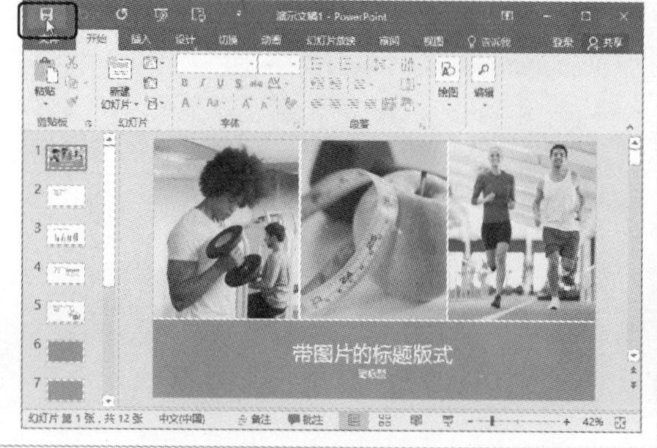

Step06: 在打开的“文件”选项卡中自动切换到“另存为”选项卡，选择右侧的“浏览”选项，如下图所示。

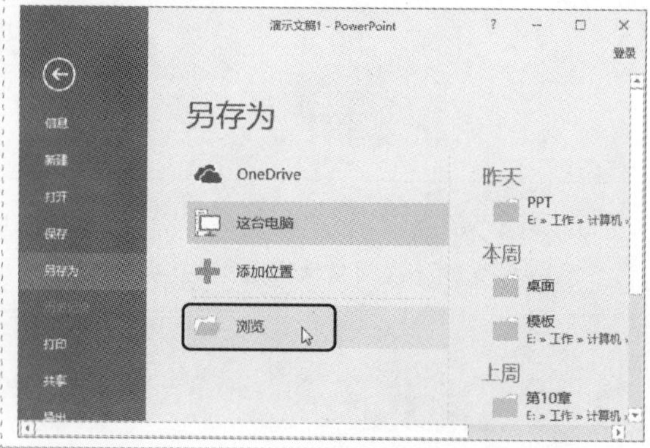

Step07: ❶在弹出的“另存为”对话框中设置保存位置、文件名等保存参数；❷单击“保存”按钮进行保存即可，如右图所示。

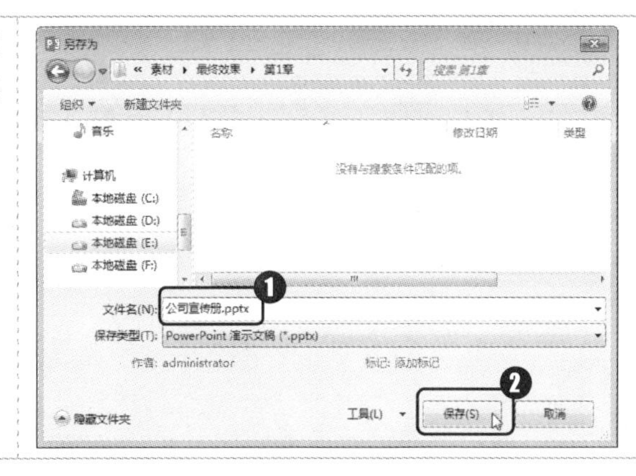

▷▷ 本章小结

本章主要介绍了 PowerPoint 2016 的新特性和基本操作方法，包括熟悉 PowerPoint 2016 工作界面、打开与关闭 PowerPoint 演示文稿、保存演示文稿和幻灯片的基本操作。希望读者通过本章的学习能够熟悉 PowerPoint 2016 的基本操作，能够快速创建和保存演示文稿，掌握幻灯片的基本操作。

第 2 章　幻灯片中文本的创建与编辑操作

本章导读

文本是 PPT 最重要、最基本的元素之一，它在一定程度上决定了 PPT 的精美程度，对文本进行组织和美化是十分重要的。为了使幻灯片看起来更具特色，还需要熟悉一些文本的编辑及排版技巧。

知识要点

- 输入幻灯片文本
- 从外部文档导入文本
- 文本的基本操作
- 设置段落的对齐方式
- 设置段落分栏
- 使用项目符号和编号
- 在大纲视图中编辑文本

效果展示

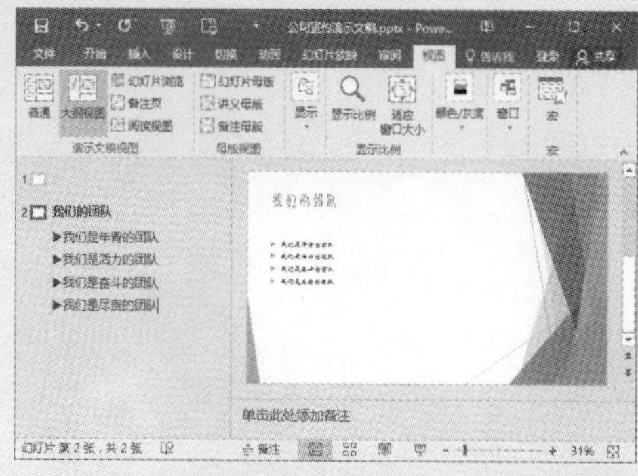

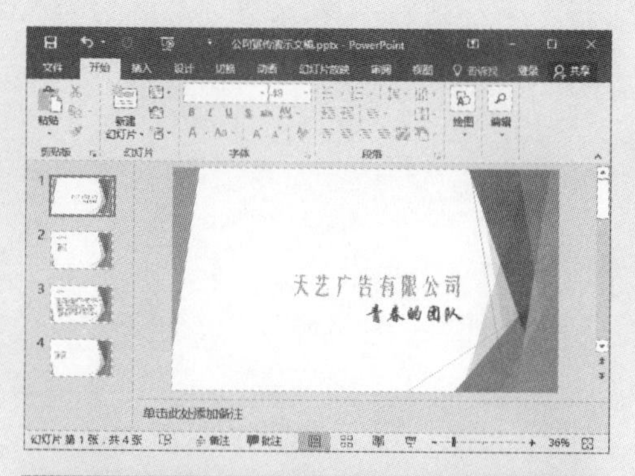

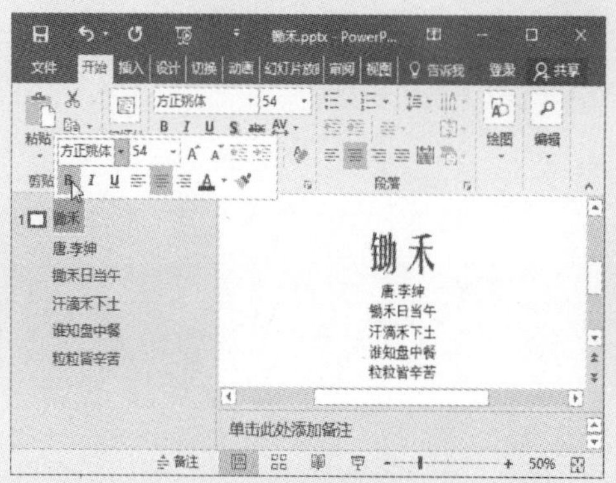

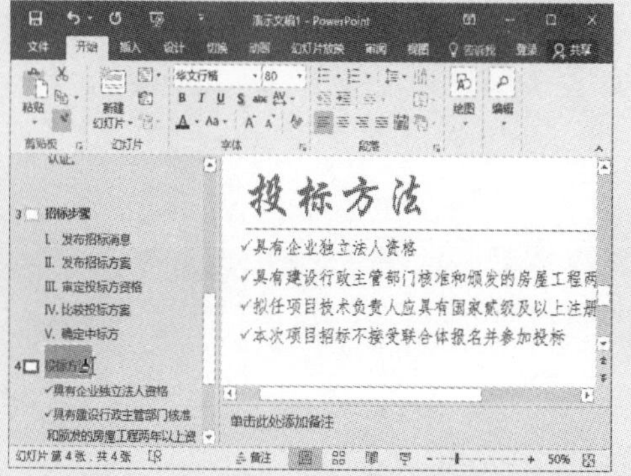

2.1　课堂讲解——输入幻灯片文本

打开 PowerPoint 后，就可以进行文本输入了。输入幻灯片文本的方法很多，下面依次介绍几种输入方法。

2.1.1　在文本占位符中输入文本

在幻灯片中经常可以看到包含“单击此处添加标题”“单击此时添加文本”等有虚线边框的文本框，这些文本框都被称为“占位符”，框内已经预设了文字的属性和样式，用户只需按照自己的需要在相应的占位符中添加内容即可。在占位符中添加文本的方法如下。

Step01: 新建 PowerPoint 演示文稿，默认显示第 1 张幻灯片，单击“单击此处添加标题”文本占位符，此时该占位符中将出现闪烁的光标，如下图所示。

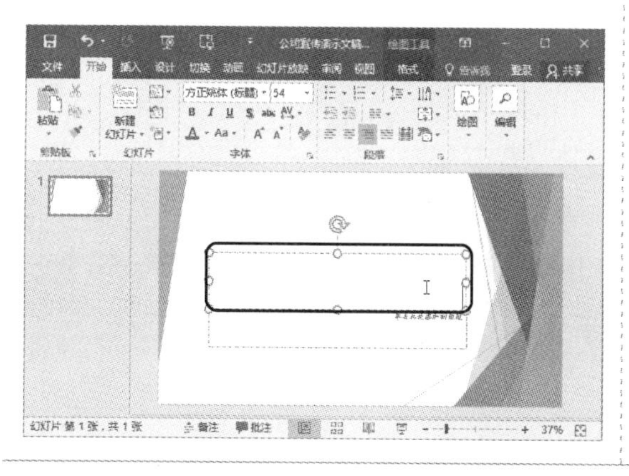

Step02: ❶在占位符中输入标题文字；❷用同样的方法在“单击此处添加副标题”文本占位符中输入副标题文字，如下图所示。

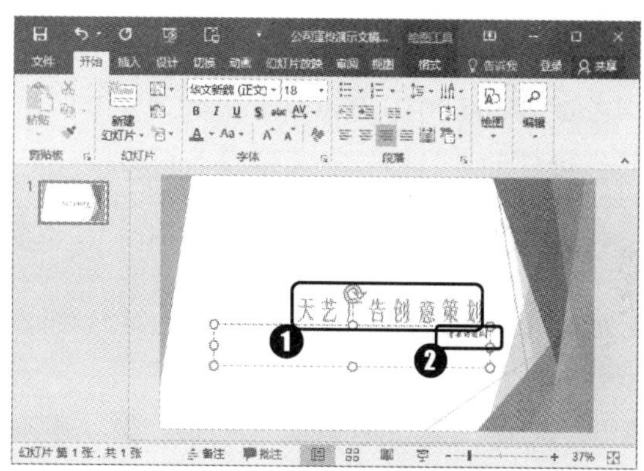

2.1.2　在“大纲”窗格中输入文本

在编辑演示文稿的过程中，运用“大纲”窗格则可以很方便地观察演示文稿中前后的文本内容是否连贯。通过“大纲”窗格可以快速输入大量文本，具体操作方法如下。

Step01: ❶切换到“视图”选项卡；❷单击“演示文稿视图”组中的“大纲视图”按钮，切换到大纲视图，如下图所示。

Step02: 光标将自动定位到大纲窗格中，❶直接输入标题文本；❷按〈Enter〉键创建新幻灯片，此时再按〈Tab〉键删除幻灯片，光标将定位到幻灯片的标题下一级，直接输入文字即可，如下图所示。

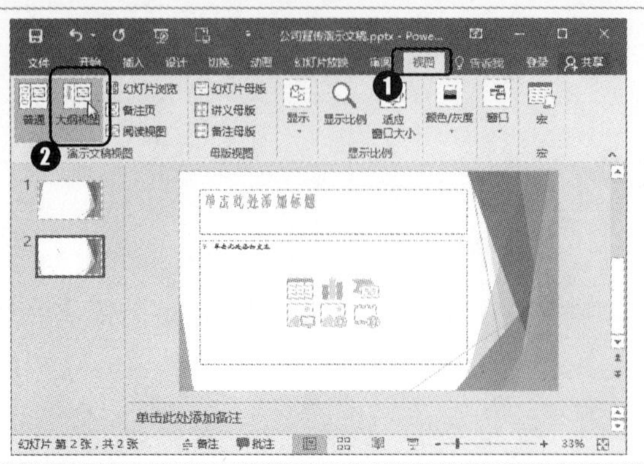

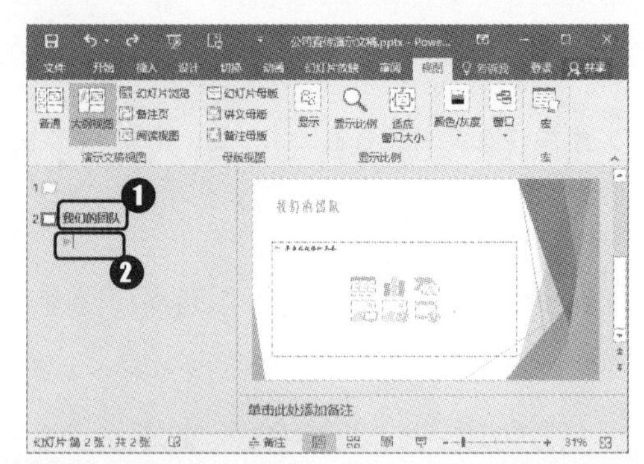

Step03: 一行输入完成后，按〈Enter〉键换行即可继续下一行的输入，全部输入完成后，如右图所示。

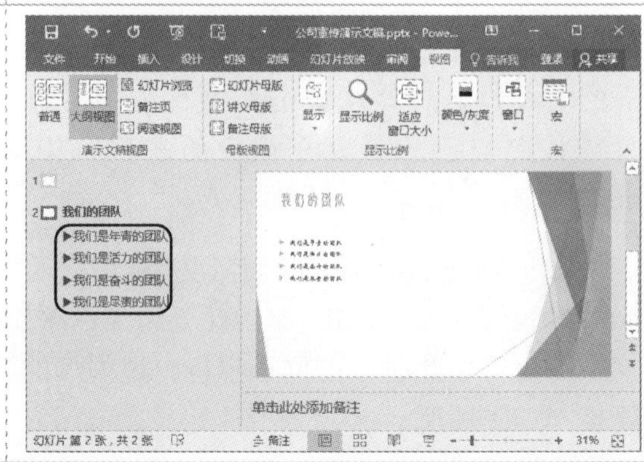

2.1.3 从外部文档导入文本

PowerPoint 2016 并不是专门处理文字的工具，当需要处理长篇文档时，可以使用专业的文字软件进行处理，然后将文档导入到幻灯片中，具体操作方法如下。

Step01: ❶将光标定位到要插入文本的文本框中；❷单击“插入”选项卡“文本”组中的“对象”命令，如下图所示。

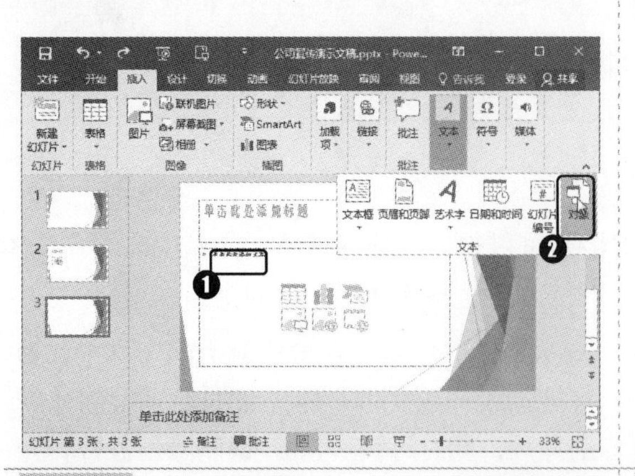

Step02: 打开“插入对象”对话框，❶选择“由文件创建”单选按钮；❷单击“浏览”按钮，如下图所示。

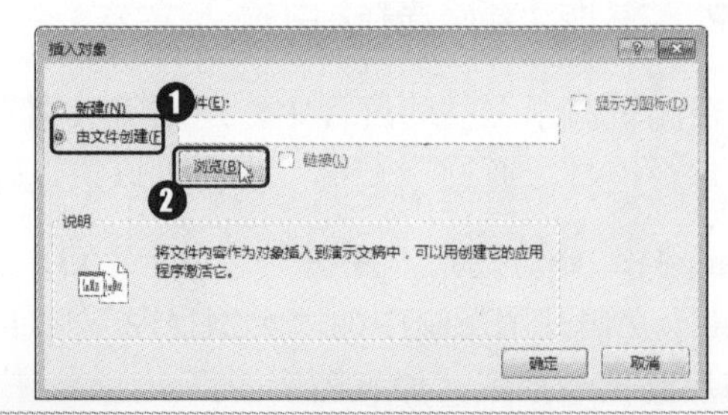

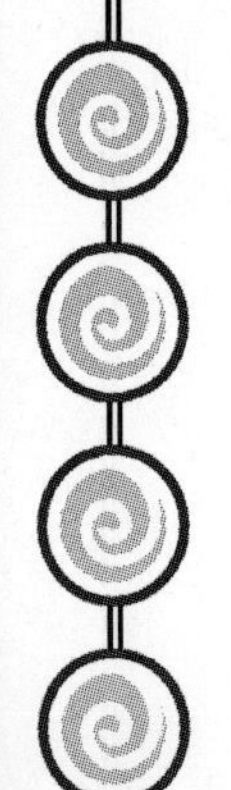

Step03: 打开“浏览”对话框，❶选择要导入幻灯片中的文档；❷单击“确定”按钮，如下图所示。

Step04: 返回“插入对象”对话框，单击“确定”按钮，如下图所示。

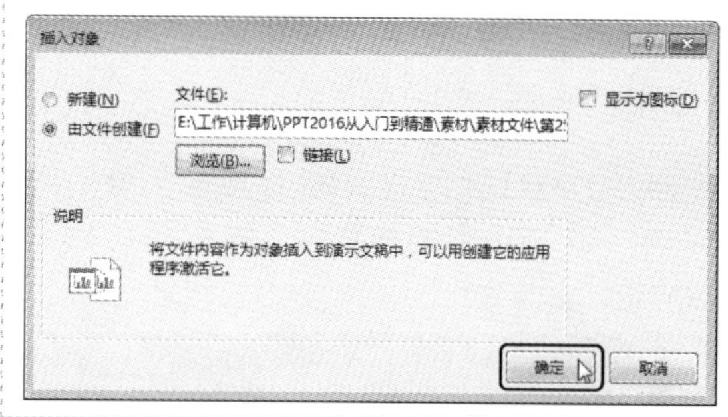

Step05: 返回演示文稿中，即可查看到文档中的文字已经导入幻灯片中，如右图所示。

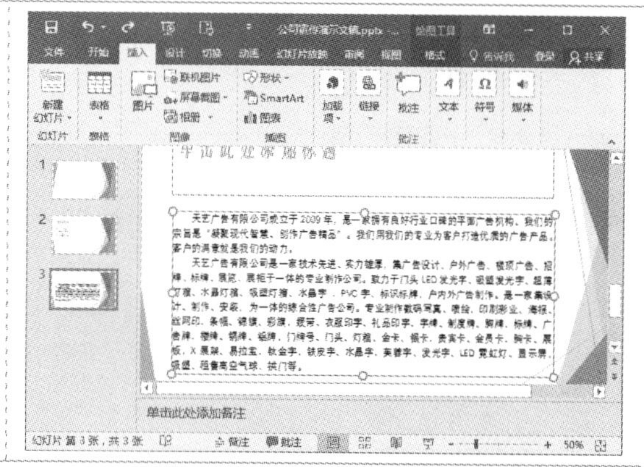

新手注意

从外部文档导入的文本将以图片的形式插入幻灯片中。

>> 2.2　课堂讲解——文本的基本操作

在幻灯片中输入文本之后，为了使幻灯片更加精美和准确还可以对文本进行各种操作。文本的基本操作包括文本的选择、复制、粘贴、移动、查找和替换等，下面依次介绍。

2.2.1　选择文本

如果要对文本进行操作，首先需要选择文本，选择文本的方法很多，根据不同的需求，可以使用以下几种方法来选择文本。

- 鼠标拖动精确选择：将鼠标指针定位在起点位置，按住鼠标左键进行拖动，至结束点位置后松开鼠标左键即可。
- 选择一个单词或词组：双击鼠标左键。
- 选择一段内容：指针指向段落中，快速单击鼠标左键三次。
- 选择整篇文档：将光标定位到文本框中，按〈Ctrl + A〉组合键。
- 选择连续的内容：将光标定位在要选择文档内容范围的最前端，然后按住〈Shift〉键，再单击要选择范围的末端。
- 选择不连续的内容：先选择一部分内容后按住〈Ctrl〉键，再选择其他内容。

2.2.2　移动与复制文本

在编辑文档的过程中，如果其他地方需要使用相同的文本，或者需要将文本移动到其他位置，可以使用复制、移动等方法，加快文本的编辑速度。

1. 复制文本

如果演示文稿的其他位置也需要使用相同的文本，可以将文本复制到目标位置，操作方法如下。

Step01: ❶选择需要复制的文本；❷单击“开始”选项卡中的“复制”按钮，如下图所示。

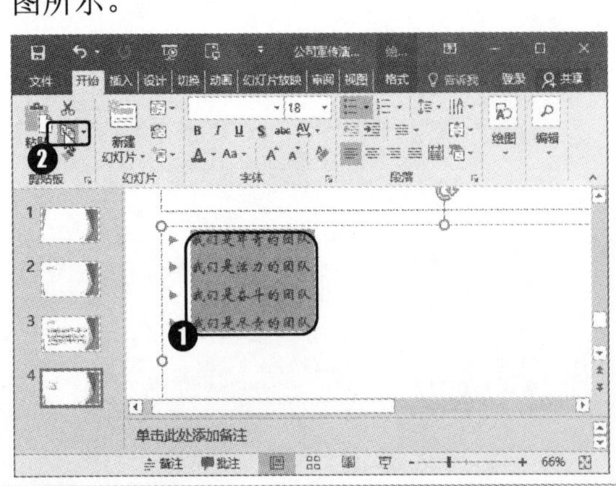

Step02: ❶将光标定位到目标位置；❷单击“开始”选项卡“剪贴板”组中的“粘贴”按钮即可复制文本，如下图所示。

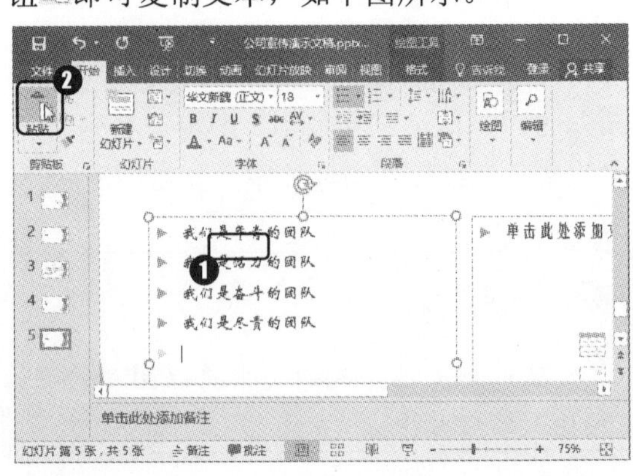

除了上述方法外，使用以下的方法也可以快速复制文本。

- 选择文本后单击鼠标右键，在弹出的快捷菜单中选择“复制”命令，然后将光标定位到目标位置，单击鼠标右键，在弹出的快捷菜单中选择“粘贴”命令。
- 选择文本后按〈Ctrl+C〉组合键，然后将光标定位到目标位置后按〈Ctrl+V〉组合键。

2. 移动文本

如果文本的位置不正确，可以在选择文本后将其移动到正确的位置，操作方法如下。

Step01: ❶选择需要移动的文本；❷单击“开始”选项卡中的“剪切”按钮，如下图所示。

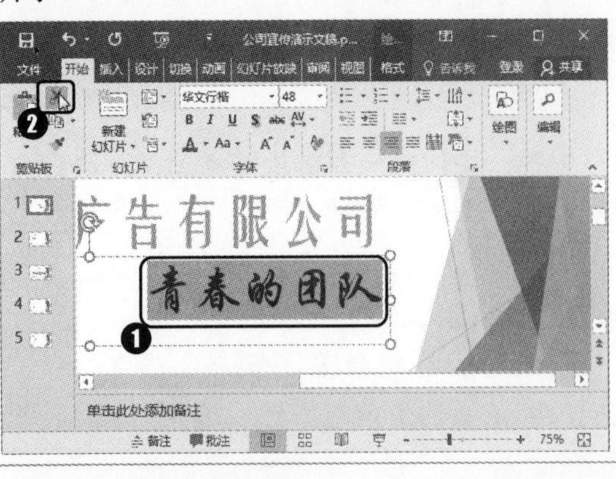

Step02: ❶将光标定位到目标位置；❷单击“开始”选项卡“剪贴板”组中的“粘贴”按钮即可将文本移动到目标位置，如下图所示。

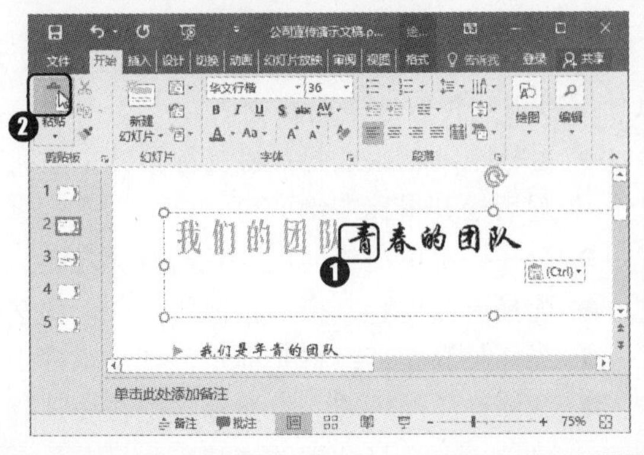

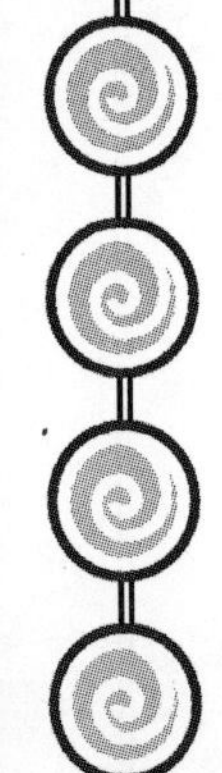

除了上述方法外，使用以下的方法也可以快速的移动文本。

- 选择文本后单击鼠标右键，在弹出的快捷菜单中选择“剪切”命令，然后将光标定位到目标位置，单击鼠标右键，在弹出的快捷菜单中选择“粘贴”命令。
- 选择文本后按〈Ctrl+X〉组合键，然后将光标定位到目标位置后按〈Ctrl+V〉组合键。

2.2.3　设置文本字体格式

在制作演示文稿时，如果全篇使用默认的文本字体格式，制作出来的演示文稿显得千篇一律，可以通过设置文本的字体格式使演示文稿焕然一新，具体操作方法如下。

Step01: ❶选择需要设置字体格式的文本；❷单击“开始”选项卡“字体”组中的“字号”下拉按钮；❸在弹出的下拉列表中选择合适的字号，如“48”，如下图所示。

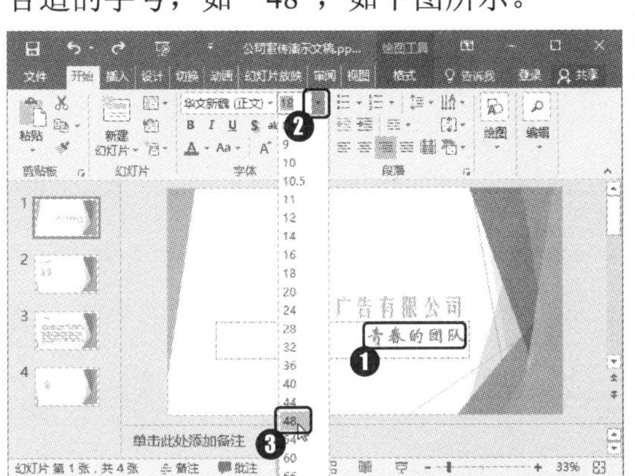

Step02: 保持文字的选中状态，❶单击“开始”选项卡“字体”组中的“字体”下拉按钮；❷在弹出的下拉列表中选择合适的字体，如“华文行楷”，如下图所示。

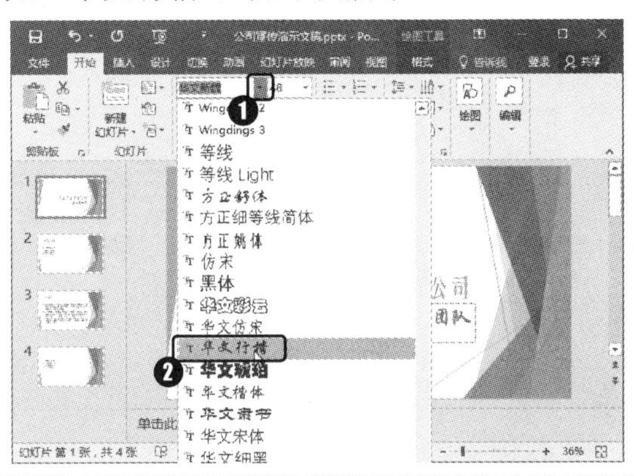

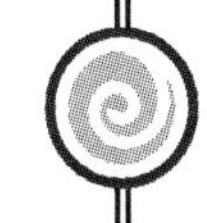

Step03: 保持文字的选中状态，❶单击“开始”选项卡“字体”组中的“字体颜色”下拉按钮A·；❷在弹出的下拉列表中选择一种字体颜色，如下图所示。

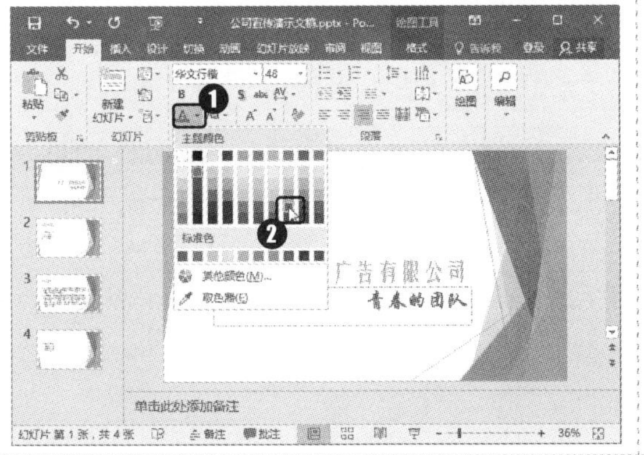

Step04: 设置完成后，效果如下图所示。

新手注意

选择文本后单击鼠标右键，在弹出的快捷菜单中选择“字体”命令，在打开的“字体”对话框中可对文本进行字体、字号、颜色及字体效果等设置。

2.2.4　查找和替换文本

在演示文稿制作完成后，若要修改文稿中的某些文字，可以通过查找来快速搜索目标。如果需要修改多处相同的文本，使用替换功能可以快速地完成。

1. 查找文本

在制作演示文稿时，有时候需要查找文稿中的某些文字，当文字较多时，使用查找功能可以快速地找到文字，操作方法如下。

Step01: 单击“开始”选项卡“编辑”组中的“查找”按钮，如下图所示。

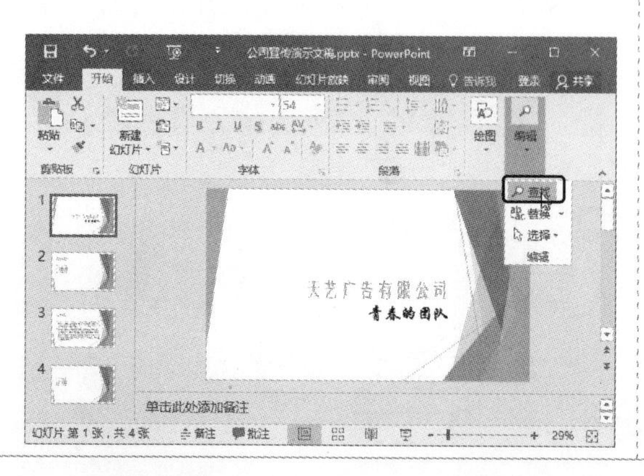

Step02: 打开“查找”对话框，❶在“查找内容”文本框中输入需要查找的文本；❷单击“查找下一个”按钮即可将匹配的文字反白显示，如下图所示。

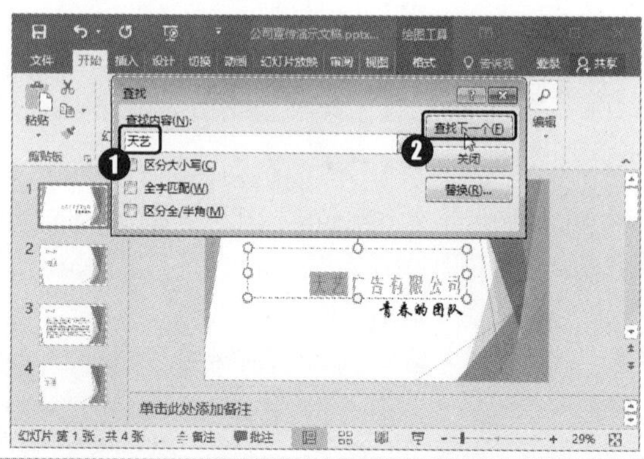

2. 替换文本

如果不仅要查找文本，还需要对查找的文本进行替换，可以执行替换操作。

Step01: 单击“开始”选项卡“编辑”组中的“替换”按钮，如下图所示。

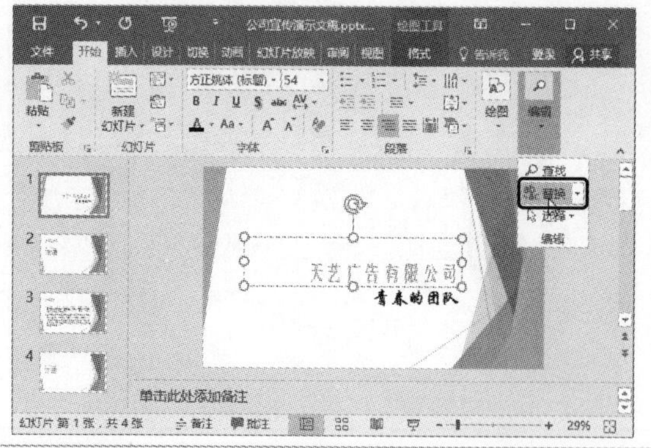

Step02: 打开“替换”对话框，❶分别在“查找内容”和“替换为”文本框中输入要查找和替换的文本；❷单击“查找下一处”按钮，即可反白显示查找内容；❸如果需要替换该文本，单击“替换”按钮，如下图所示。

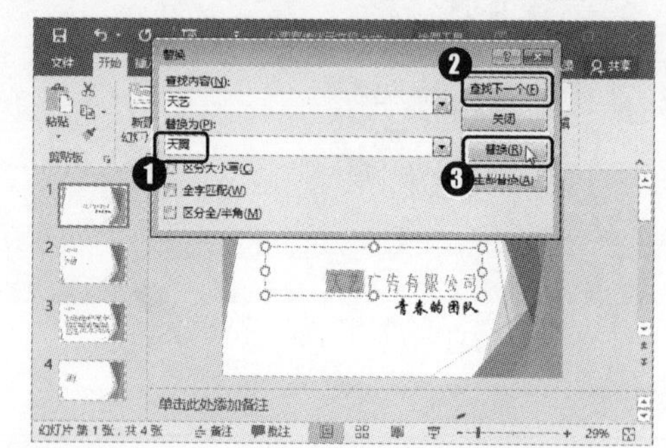

Step03: 如果需要全部替换演示文稿中的文本，则单击“全部替换”按钮，如下图所示。

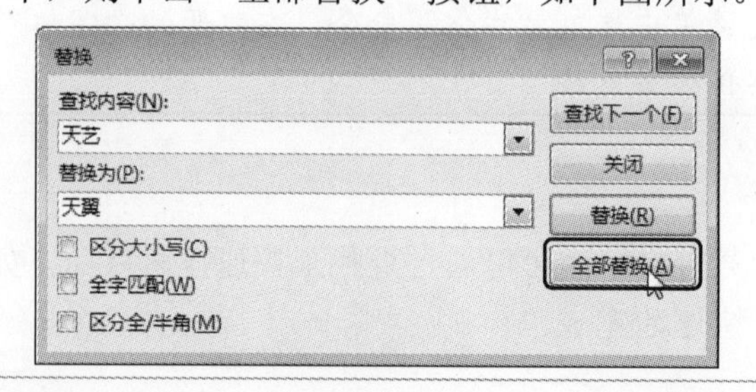

Step04: 替换完成后会弹出提示信息，单击“确定”按钮即可，如下图所示。

2.3 课堂讲解——段落格式的设置

制作完成的演示文稿中会有很多段落，为段落设置合适的格式，可以使页面看起来更加简洁明了，整齐划一。段落格式是指以段落为单位的格式设置，主要包括段落的对齐、缩进，以及项目符号和编号的应用等。

2.3.1 设置段落的对齐方式

段落的对齐方式主要包括左对齐（）、居中对齐（）、右对齐（）、两端对齐（）和分散对齐（），使用不同的段落对齐方式将直接影响文档的版面效果。例如，将标题文本设置为居中对齐，操作方法如下。

Step01: ❶将光标定位到需要设置对齐方式的段落中；❷单击“开始”选项卡“段落”组中的对齐方式按钮，如“居中”按钮，如下图所示。

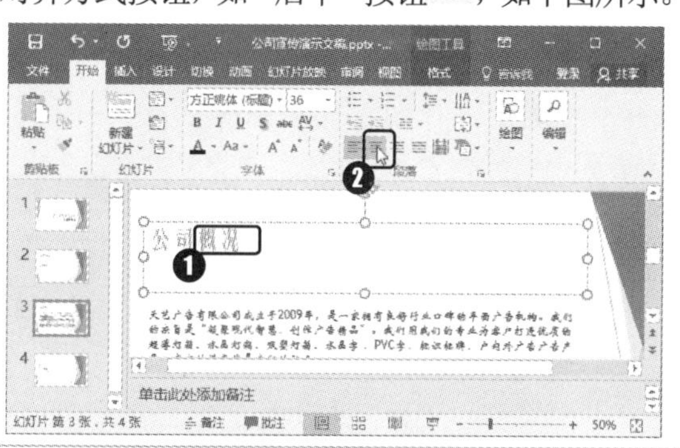

Step02: 该段落将根据所选对齐方式对齐，如下图所示。

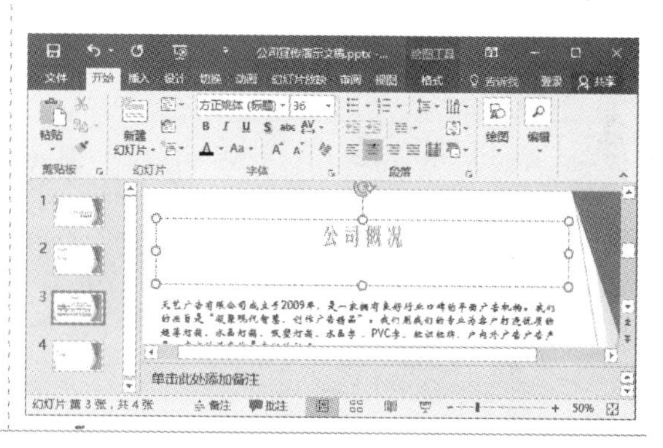

2.3.2 设置段落缩进和行距

设置段落缩进主要是为了让段落看起来错落有致，而行距的大小也决定了文本的疏密，下面介绍设置段落缩进和行距的方法。

Step01: ❶选择需要设置段落格式的文本；❷单击“开始”选项卡“段落”组中对话框启动器按钮，如下图所示。

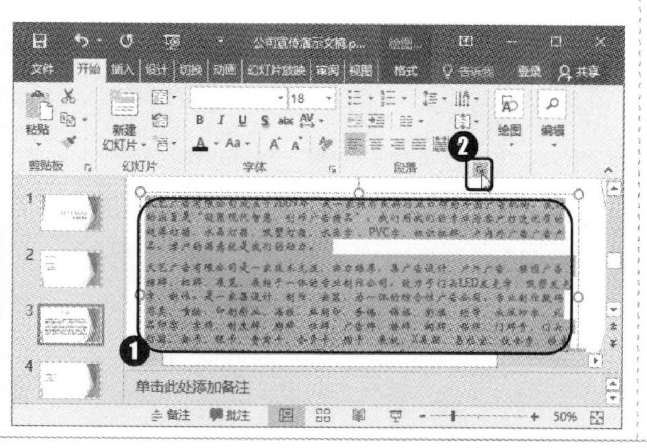

Step02: 打开“段落”对话框，❶在“缩进和间距”选项卡中，设置“缩进”栏的“特殊格式”为“首行缩进”；❷在“间距”栏设置需要的行距，如“1.5倍行距”；❸设置完成后单击“确定”按钮，如下图所示。

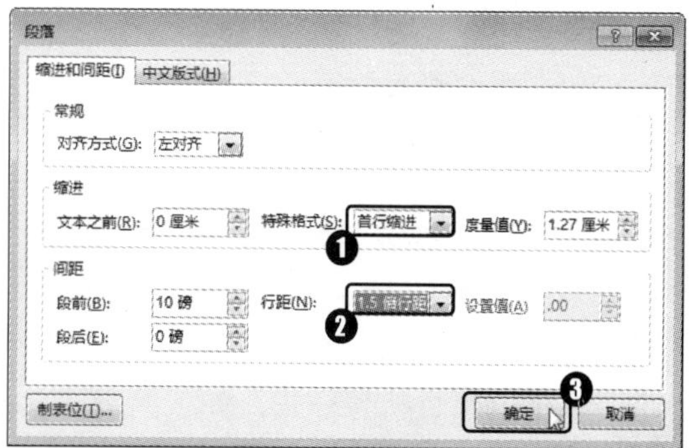

Step03: 返回演示文稿，最终效果如右图所示。

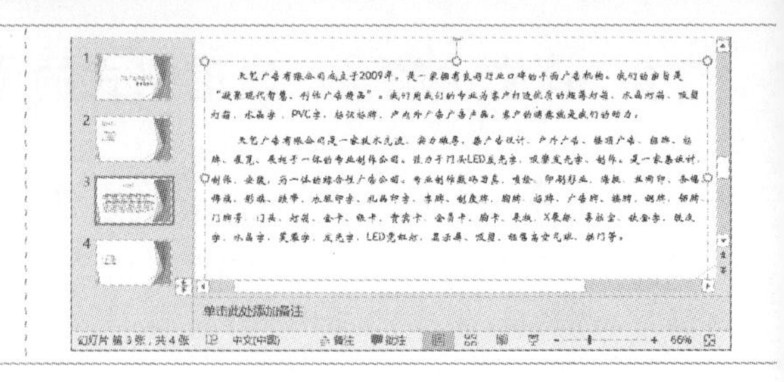

2.3.3 设置段落分栏

在 PowerPoint 中，文本默认为一栏，当文本过多时，可以进行分栏排版，使文本更加清晰。设置段落分栏的操作方法如下。

Step01: ❶选择需要设置分栏的文本；❷单击“开始”选项卡“段落”组中的“添加或删除栏”下拉按钮；❸在弹出的下拉列表中选择需要的栏数，如“两列”，如下图所示。

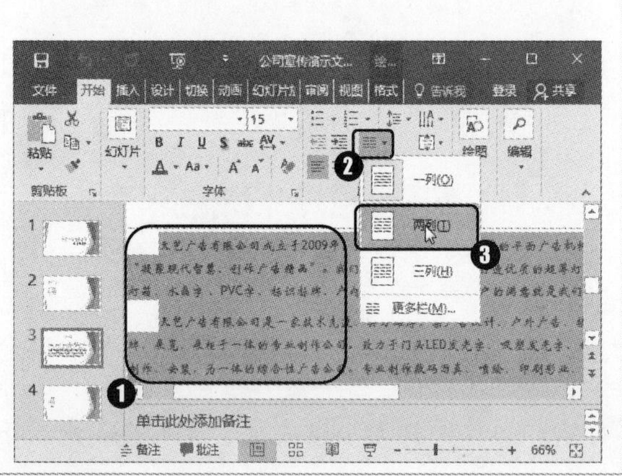

Step02: 两栏之间默认没有间距，如果要设置间距，❶单击“开始”选项卡“段落”组中的“添加或删除栏”下拉按钮；❷在弹出的下拉列表中选择“更多栏”选项；❸在打开的“分栏”对话框中设置“间距”；❹单击“确定”按钮，如下图所示。

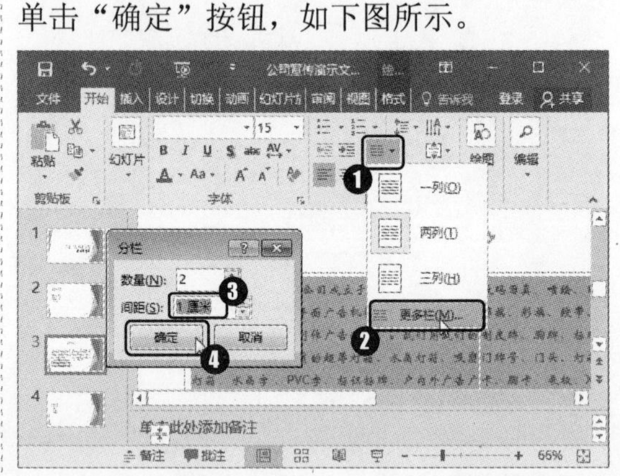

Step03: 设置完成后，效果如右图所示。

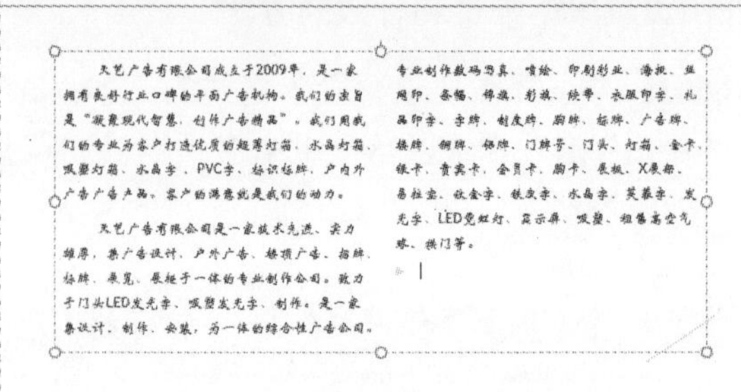

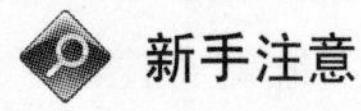

新手注意

如果需要设置三栏以上的分栏，可以在“分栏”对话框的“数量”数值框中设置分栏数量。

2.3.4 设置项目符号

为了让并列的文本内容看起来更整齐，可以添加项目符号，下面介绍使用项目符号的方法。

Step01: ❶选择需要设置项目符号的文本；❷单击“开始”选项卡“段落”组中的“项目符号”下拉按钮；❸在弹出的下拉列表中选择合适的项目符号样式，如下图所示。

Step02: 设置完成后，效果如下图所示。

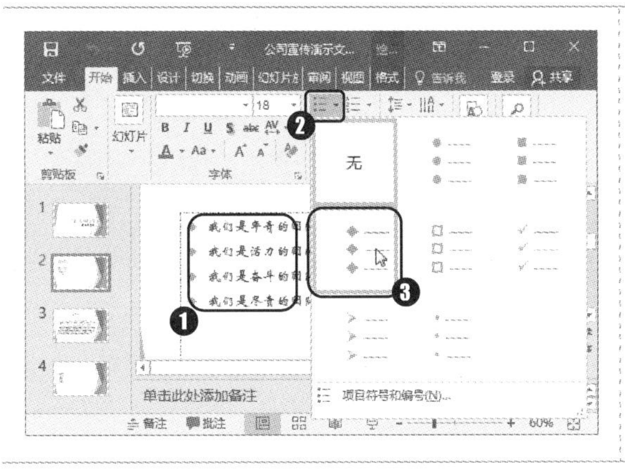

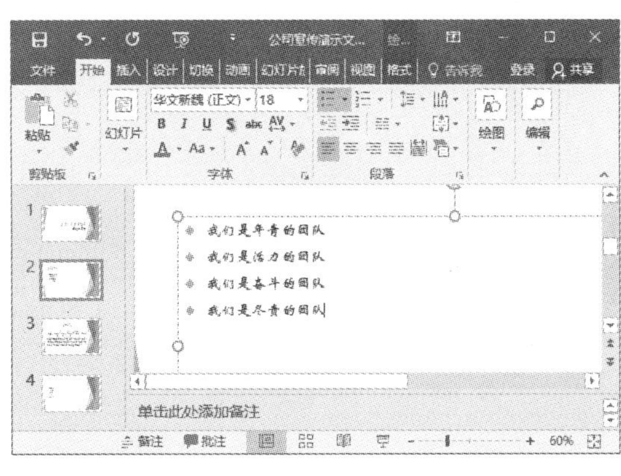

2.3.5　设置编号

当幻灯片中的文本需要使用数字或字母排序时，可以使用自动编号。设置编号的操作方法如下。

Step01: ❶输入需要编号的文本；❷单击“开始”选项卡“段落”组中的“编号”下拉按钮；❸在弹出的下拉列表中选择合适的项目编号样式，如下图所示。

Step02: 按〈Enter〉键，将自动创建编号“2”，继续输入其他文本内容即可，如下图所示。

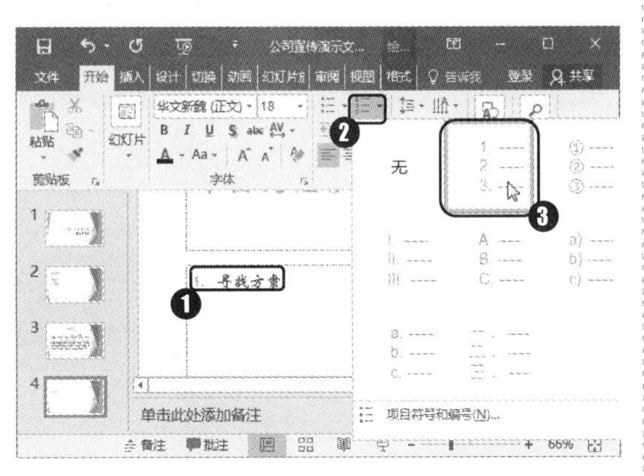

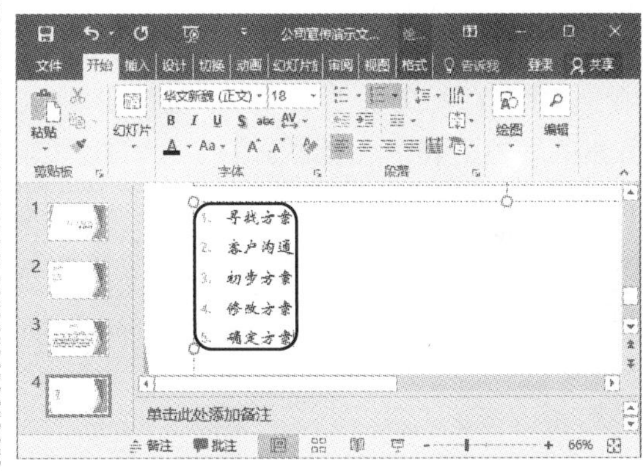

新手注意

输入需要设置编号的所有文本后，再单击“开始”选项卡“段落”组中的“编号”下拉按钮，在弹出的下拉列表中选择编号样式，也可以为文本编号。

▷▷ 2.4　课堂讲解——使用大纲视图编辑演示文稿

除了可以在幻灯片中直接编辑演示文稿外，也可以在大纲视图中很方便地为演示文稿设置段落样式、文本格式等。

2.4.1 设置大纲视图中的文字样式

在大纲视图中设置文字的样式，需要先切换到大纲视图中，在大纲视图中设置文字样式的方法与普通视图中基本相同。例如，要为“锄禾”演示文稿设置字体样式，操作方法如下。

Step01: ❶切换到“视图”选项卡；❷单击“演示文稿视图”组中的“大纲视图”按钮，切换到大纲视图，如下图所示。

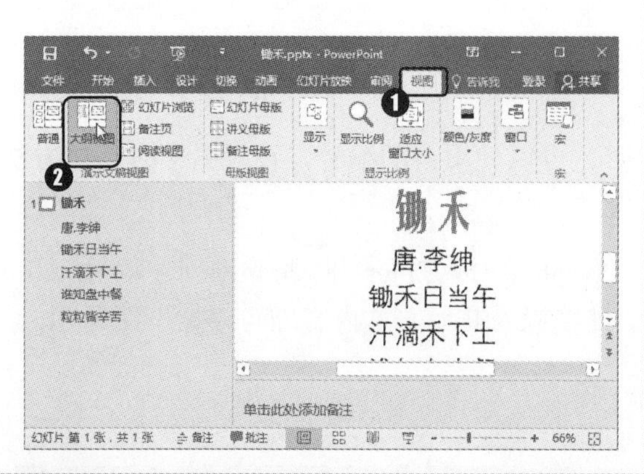

Step02: ❶选择“锄禾”文本；❷出现浮动工具栏，在其中设置字体为“方正姚体”，设置字号为“54”；❸单击“加粗”按钮 **B**，如下图所示。

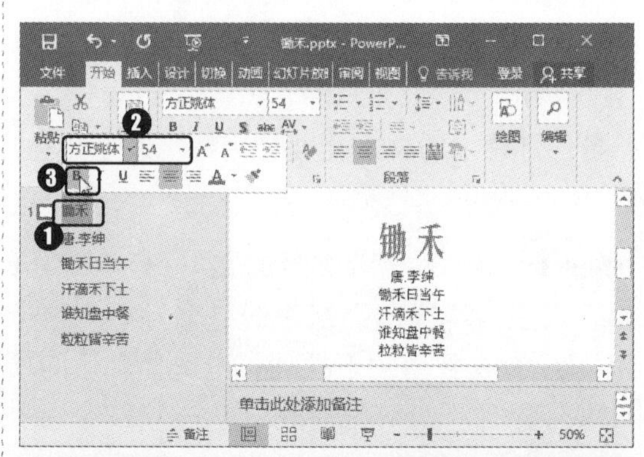

Step03: ❶选择正文文本；❷单击“开始”选项卡“字体”组中的“字号”下拉按钮；❸在弹出的下拉列表中选择合适的字号，如“32”，如右图所示。

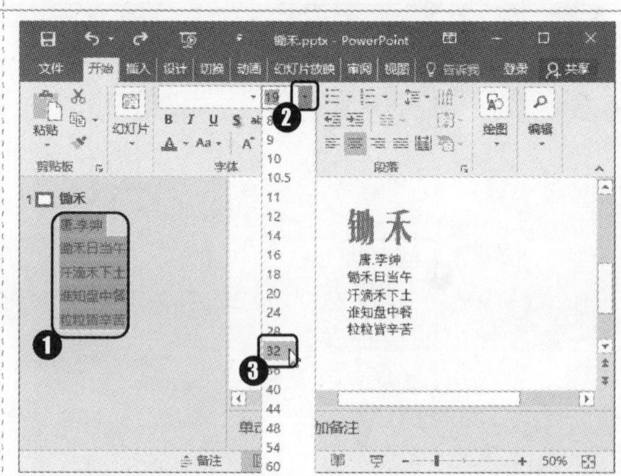

2.4.2 设置大纲视图中的段落样式

在大纲视图中，不仅可以设置文字样式，也可以设置段落样式，下面以上一节的演示文稿为例介绍设置段落样式的操作方法。

Step01: ❶选择需要设置段落的文本；❷单击“开始”选项卡“段落”组中的“项目符号”下拉按钮 ☰ ▾；❸在弹出的下拉列表中选择“项目符号和编号”选项，如下图所示。

Step02: 打开“项目符号和编号”对话框，❶在列表框中选择一种项目符号样式；❷在“颜色”下拉列表框中选择项目符号的颜色；❸单击“确定”按钮，如下图所示。

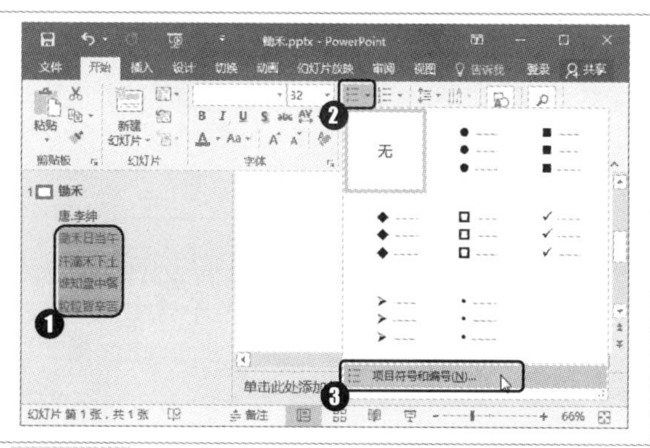

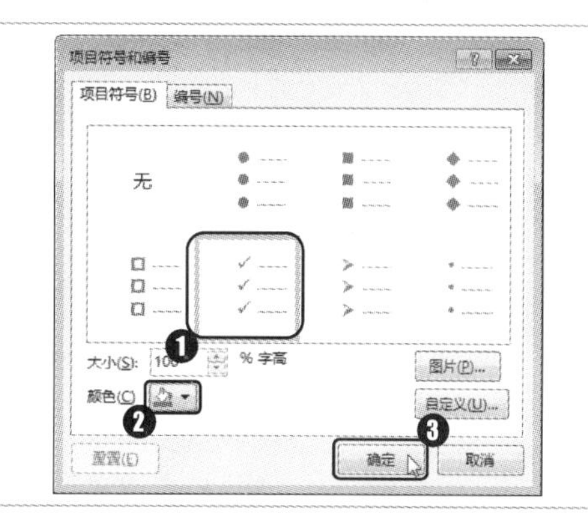

Step03: 返回演示文稿中即可查看到设置了项目符号的效果，保持文本的选中状态，❶在文本上单击鼠标右键；❷在弹出的快捷菜单中选择"降级"命令，可以将诗句的正文降为次级标题，如右图所示。

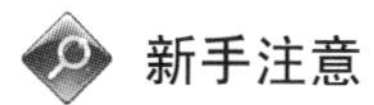

新手注意

若需要用图片作为项目符号，则可在"项目符号"选项卡内单击"图片"按钮，根据提示添加图片即可。

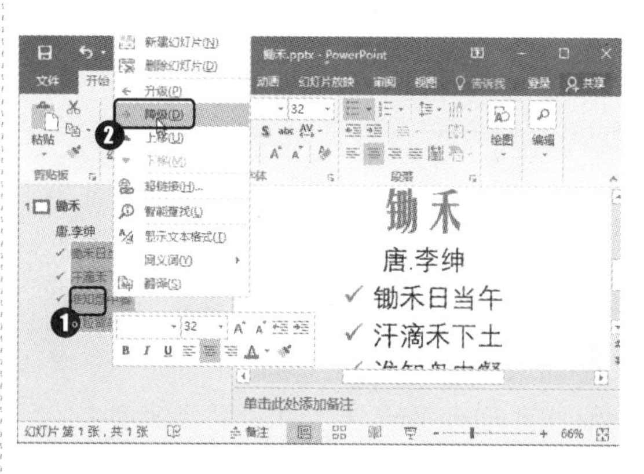

2.4.3　折叠与展开大纲视图中的标题

当大纲视图中的内容过多时，就会显得杂乱无章，此时可以将内容折叠，使其只显示主标题。折叠标题的操作方法如下。

Step01: ❶在幻灯片主标题上单击鼠标右键；❷在弹出的快捷菜单中选择"折叠"命令；❸在打开的扩展菜单中选择"全部折叠"命令，如下图所示。

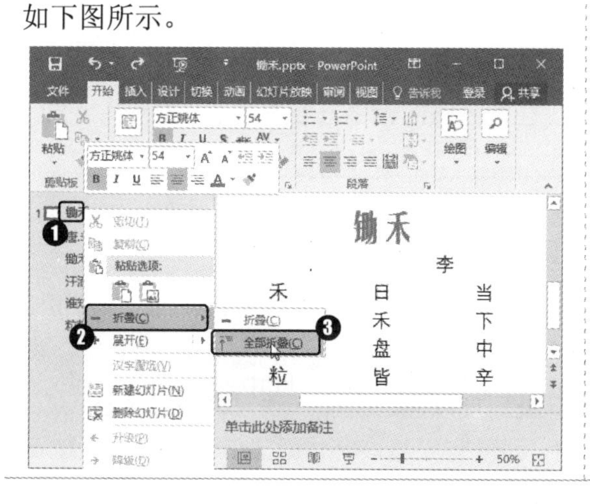

Step02: 完成折叠操作后，即可查看到大纲窗格中只显示了主标题，如下图所示。

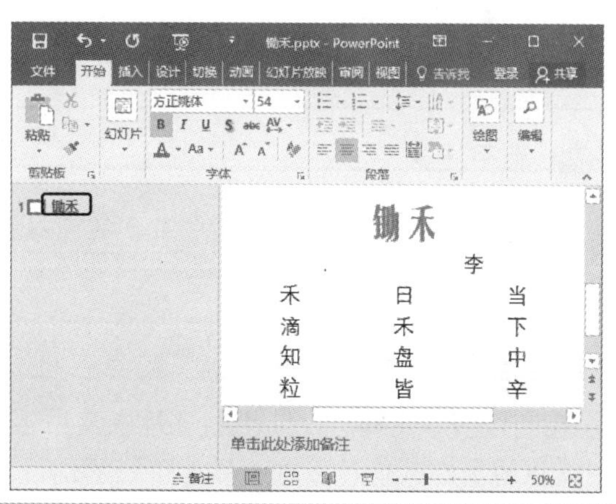

▷▷ 高手秘籍——实用操作技巧

通过前面知识的学习，相信读者朋友已经掌握了 PowerPoint 2016 文本的基本操作。下面结合本章内容介绍一些实用技巧。

同步文件

视频文件：视频文件\第 2 章\高手秘籍.mp4

技巧 01 快速调节文字字号

在 PowerPoint 中输入文字后要调节其大小，通常需要返回“开始”选项卡重新为其设置字号，下面介绍一种更快捷的调整文字字号的方法。

Step01: 如果要增大字号，❶选择需要调整字号的文本；❷单击“开始”选项卡“字体”组中的“增大字号”按钮 可以快速增大字号，如下图所示。

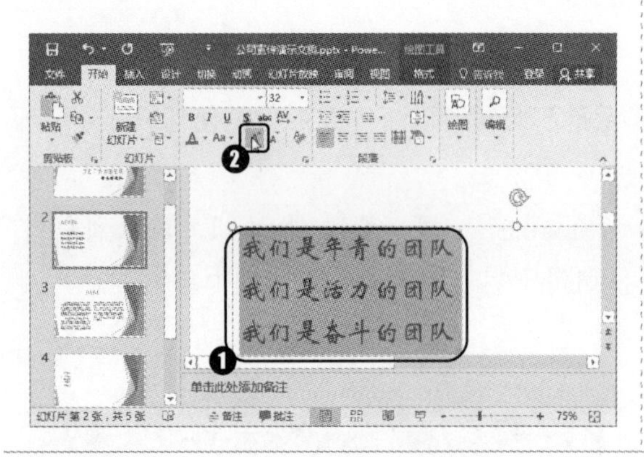

Step02: 如果要减小字号，❶选择需要调整字号的文本；❷单击“开始”选项卡“字体”组中的“减小字号”按钮 可以快速减小字号，如下图所示。

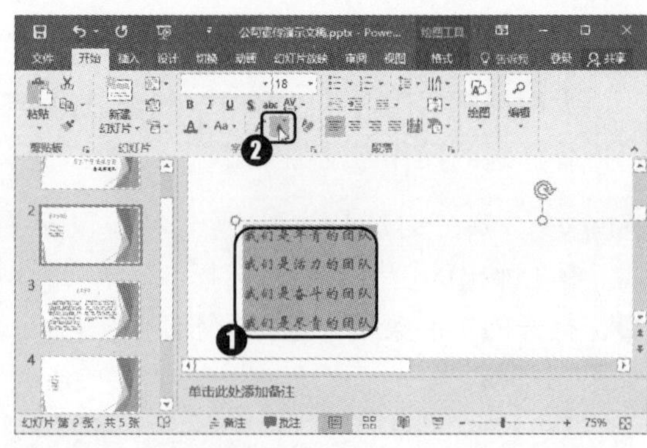

新手注意

选中文字后，按〈Ctrl+]〉组合键可以放大文字，按〈Ctrl+[〉组合键可以缩小文字。

技巧 02 将字体嵌入幻灯片

在制作演示文稿时，如果幻灯片中使用了计算机预设以外的字体，则需要将字体嵌入幻灯片中，以避免在其他计算机上播放自己的幻灯片时，因没有安装该字体而降低幻灯片的表现力。嵌入字体的操作方法如下。

Step01: 在“文件”选项卡中单击“选项”命令，如下图所示。

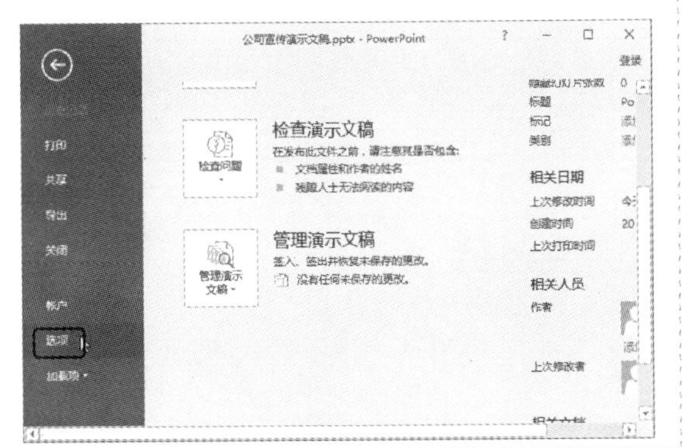

Step02: 打开“PowerPoint 选项”对话框，❶切换到“保存”选项卡；❷勾选“将字体嵌入文件”复选框；❸单击“确定”按钮即可，如下图所示。

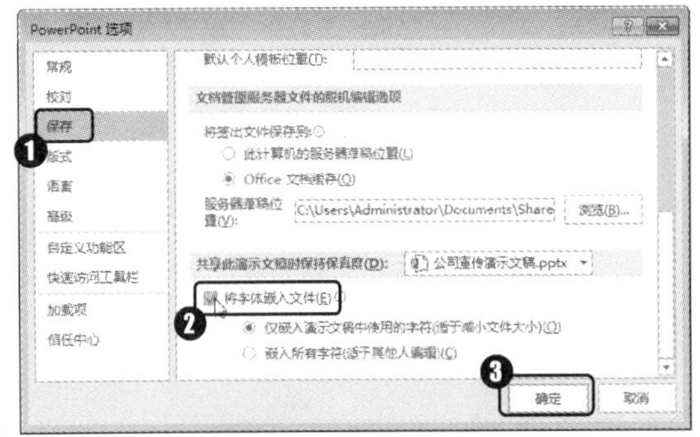

技巧 03 批量替换字体

创建多张幻灯片后，在每张幻灯片中都可能有多种不同的字体，使用 PowerPoint 提供的替换字体功能，则可以将幻灯片中同一种字体方便、快速地替换成其他字体。具体操作步骤如下。

Step01: ❶单击“开始”选项卡“编辑”组中的“替换”下拉按钮；❷在弹出的下拉列表中选择“替换字体”选项；❸在打开的“替换字体”对话框中分别设置“替换”和“替换为”的字体；❹单击“替换”按钮，如下图所示。

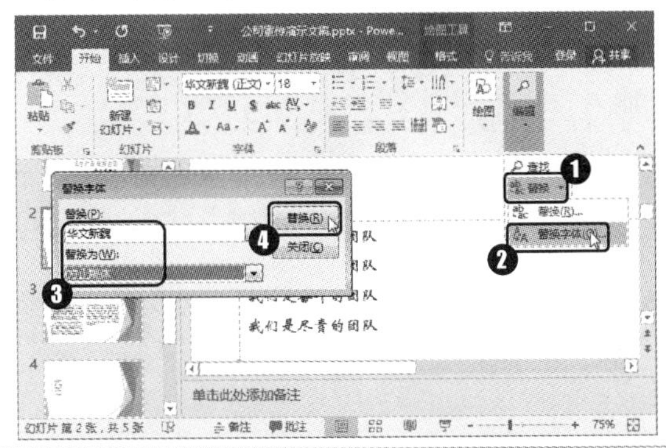

Step02: 返回演示文稿中即可查看到字体已经被替换，如下图所示。

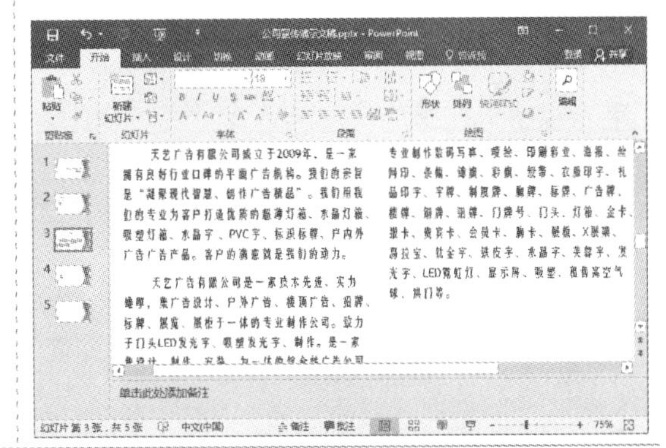

▷▷ 上机实战——制作“招标方案”演示文稿

>> 上机介绍

使用 PowerPoint 2016 制作演示文稿时，只要掌握了基本的文本处理方法，就可以制作出条理清晰的幻灯片。下面制作一个“招标方案”演示文稿，最终效果如下图所示。

招标方案

江西省建工集团

招标单位简介

□江西省建工集团公司是省国资委出资监管的省属国有企业，是江西建工集团的核心企业。

□承建范围遍及轻纺、化工、机械、建材、电力、交通、卫生、体育以及科技、文教等经济领域和社会事业。

□获得“江西省先进施工企业”、“江西省质量管理先进企业”、“江西省质量信得过企业”、“江西省施工安全管理先进企业”等荣誉称号，并已通过质量、环境、职业健康安全管理体系认证。

招标步骤

I. 发布招标消息
II. 发布招标方案
III. 审定投标方资格
IV. 比较投标方案
V. 确定中标方

投标方法

✓具有企业独立法人资格
✓具有建设行政主管部门核准和颁发的房屋工程两年以上资质
✓拟任项目技术负责人应具有国家贰级及以上注册建筑师资格
✓本次项目招标不接受联合体报名并参加投标

同步文件

视频文件：视频文件\第 2 章\上机实战.mp4

步骤详解

本实例的具体制作步骤如下。

Step01: 新建一个演示文稿，❶切换到“设计”选项卡；❷在“主题”组中单击一个主题样式，如下图所示。

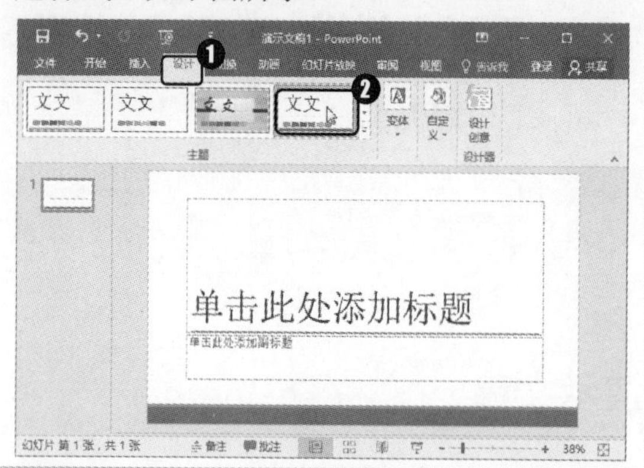

Step02: 将光标定位到标题文本点位符中，输入标题和副标题，如下图所示。

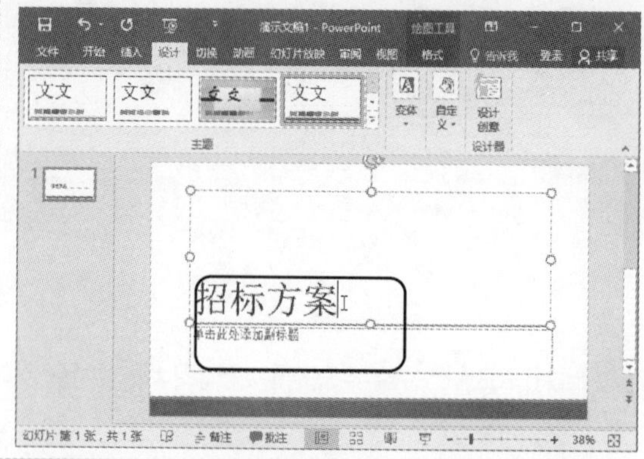

Step03: ❶选择标题文本；❷在“开始”选项卡的“字体”组中设置字体、字号和颜色；❸在“开始”选项卡的“段落”组中单击“居中”按钮☰，如下图所示。

Step04: ❶选择副标题文本；❷在“开始”选项卡的“字体”组中设置字体、字号和颜色；❸在“开始”选项卡的“段落”组中单击“右对齐”按钮☰，如下图所示。

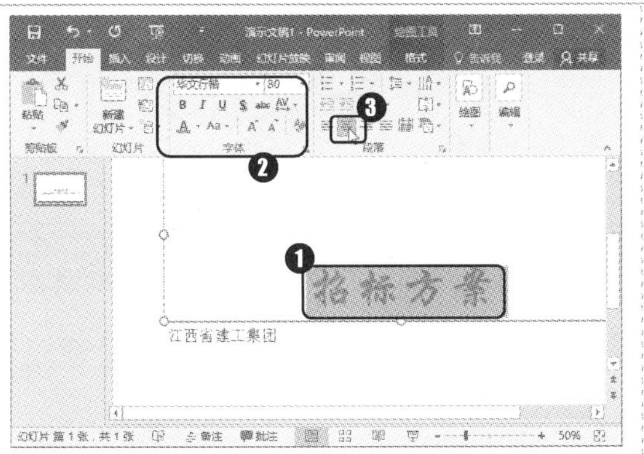

Step05: ❶单击“开始”选项卡“幻灯片”组中的“新建幻灯片”下拉按钮；❷在弹出的下拉列表中选择“标题和内容”选项，如下图所示。

Step06: 在新建的幻灯片中输入文本内容，如下图所示。

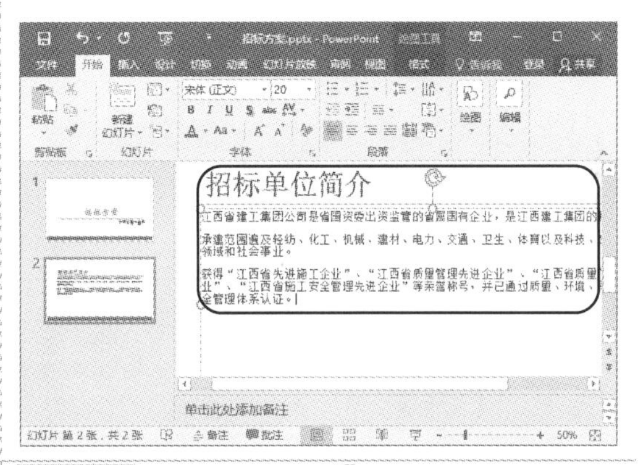

Step07: ❶选择第一张幻灯片，将光标定位到标题文本中；❷单击“开始”选项卡“剪贴板”组中的“格式刷”按钮复制文本格式，如下图所示。

Step08: 当光标变为形状时，选择第二张幻灯片，拖动鼠标选择标题文字，然后释放鼠标，即可获得文本格式，如下图所示。

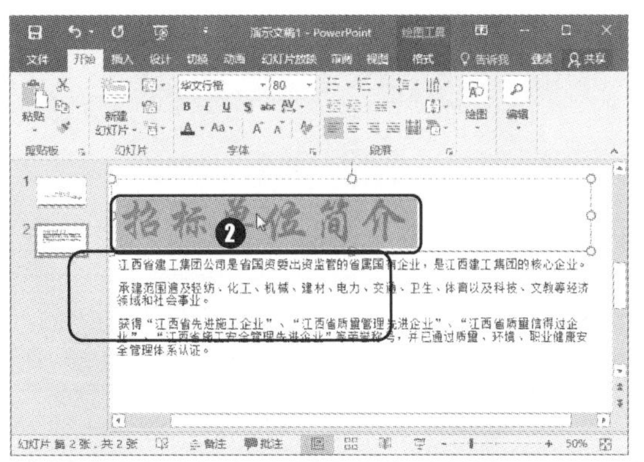

Step09: ❶选择正文文本；❷单击“开始”选项卡“段落”组中的“项目符号”下拉按钮；❸在弹出的下拉列表中选择一种项目符号样式，如下图所示。

Step10: 保持文本选中状态，❶在“开始”选项卡的“字体”组中设置字体颜色；❷单击“开始”选项卡“字体”组中的“增大字号”按钮A˄，设置合适的字号，如下图所示。

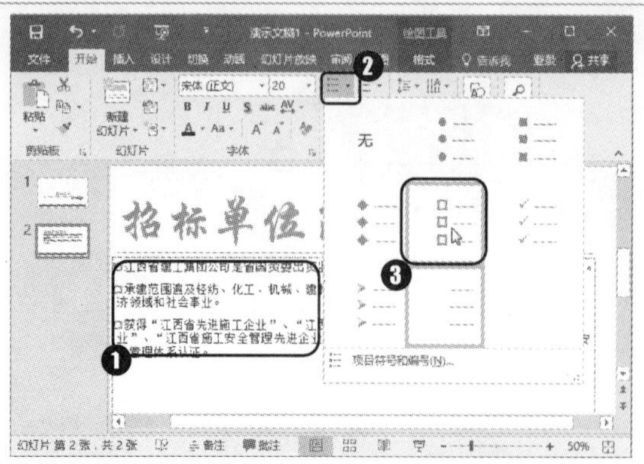

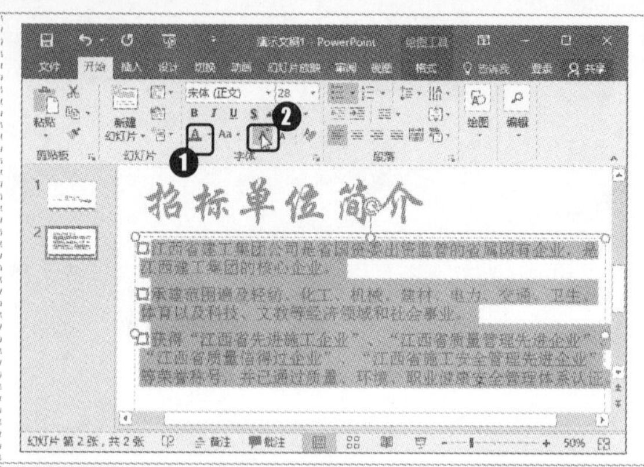

Step11: 使用相同的方法创建新幻灯片后输入幻灯片文本，并将第二张幻灯片的字体样式复制到该幻灯片中，❶选择幻灯片正文文本；❷单击“开始”选项卡“段落”组中的“编号”下拉按钮；❸在弹出的下拉列表中选择一种编号样式，如下图所示。

Step12: ❶切换到“视图”选项卡；❷单击“演示文稿视图”组中的“大纲视图”按钮，切换到大纲视图，如下图所示。

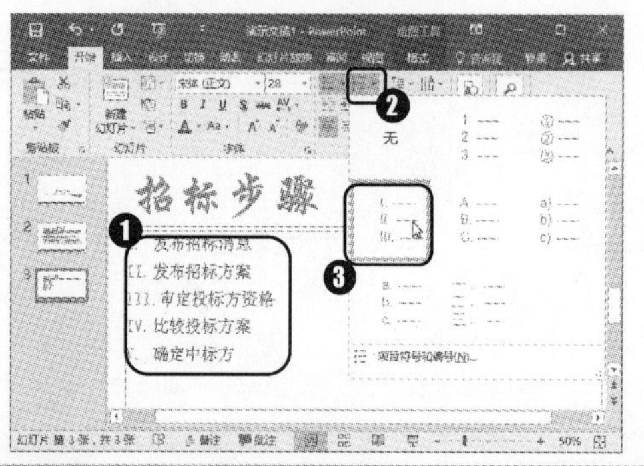

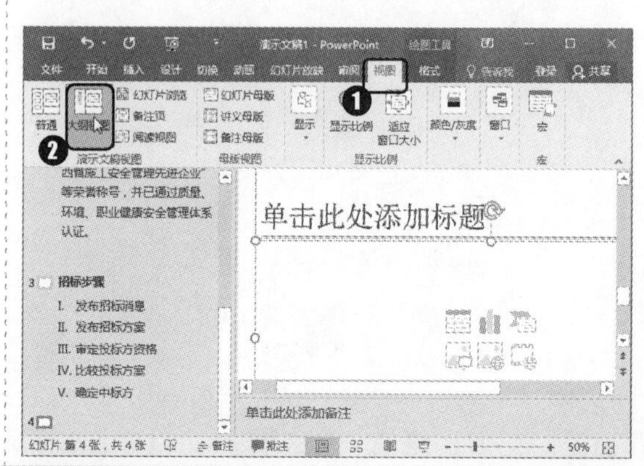

Step13: ❶在大纲视图中输入标题文本；❷依次按〈Enter〉键和〈Tab〉键，输入文本内容，如下图所示。

Step14: ❶选择内容文本；❷单击“开始”选项卡“段落”组中的“项目符号”下拉按钮；❸在弹出的下拉列表中选择一种项目符号样式，如下图所示。

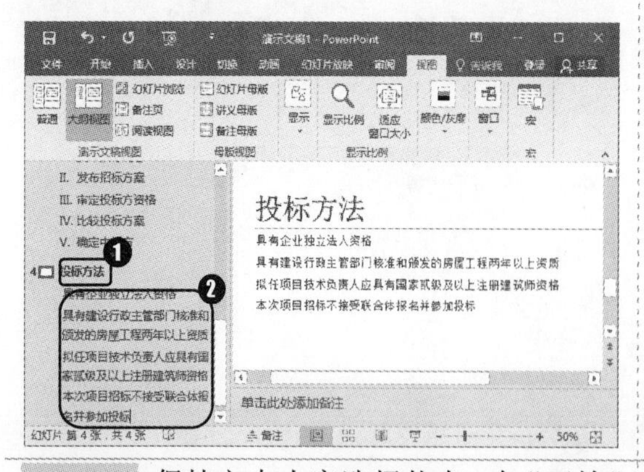

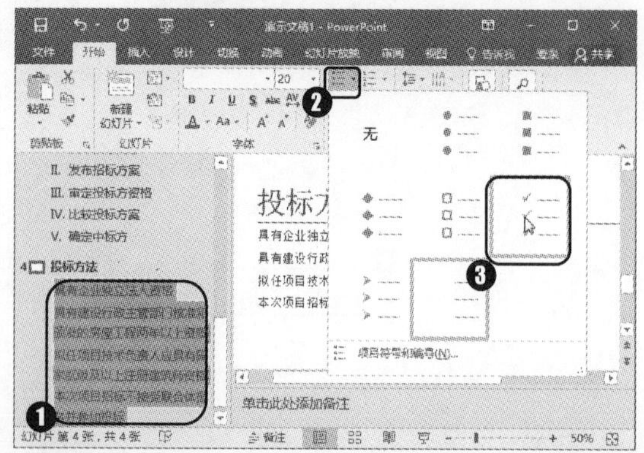

Step15: 保持文本内容选择状态，在“开始”选项卡的“字体”组中设置字体、字号，如下图所示。

Step16: ❶将光标定位到幻灯片片 3 的标题文本处；❷单击“开始”选项卡“剪贴板”组中的“格式刷”按钮，如下图所示。

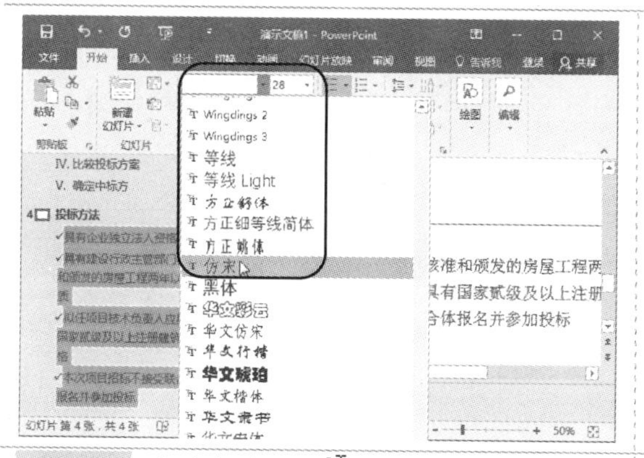

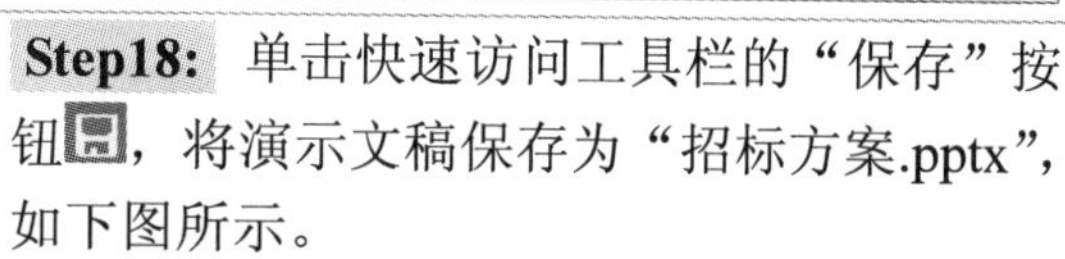

Step17: 当光标变为 形状时，在幻灯片4的标题文本处拖动鼠标，选择标题文字，然后释放鼠标即可，如下图所示。

Step18: 单击快速访问工具栏的“保存”按钮，将演示文稿保存为“招标方案.pptx”，如下图所示。

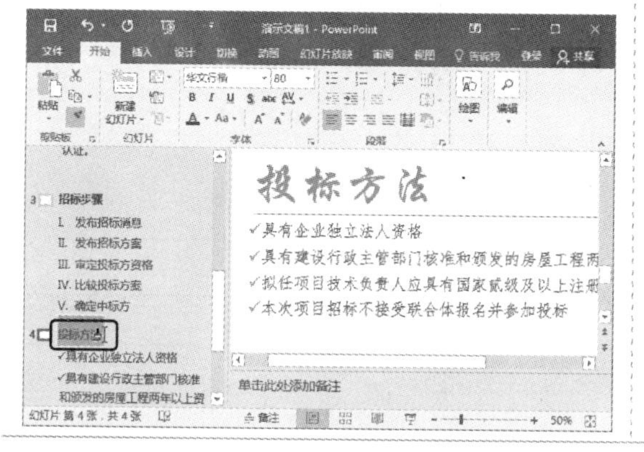

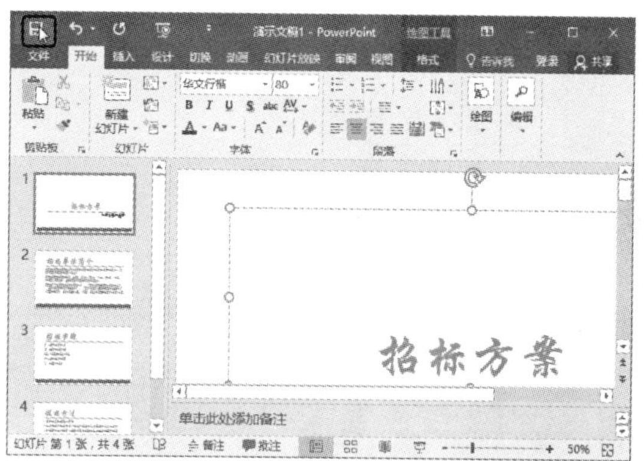

本章小结

本章的重点在于 PowerPoint 2016 演示文稿中编辑文本的相关操作，包括文本的基本操作、字体格式与段落格式的设置、项目符号和编号的应用，以及在大纲视图中编辑文本的方法。希望读者通过本章的学习能够熟练地掌握 PowerPoint 2016 中文本的操作技巧，可以快速地设置适合幻灯片的各种文本。

第 3 章　幻灯片的主题应用及版式设计

本章导读

在播放演示文稿时，幻灯片是否能够吸引观看者的注意，画面色彩和图案尤为重要。在 PowerPoint 2016 中，为用户提供了大量的内置主题、背景样式和图案等，以便于用户快速地创建出精美的演示文稿。本章将详细介绍幻灯片的主题应用与版式设计的方法。

知识要点

- 应用内置主题
- 自定义主题样式
- 创建母版
- 编辑母版
- 设置母版样式

效果展示

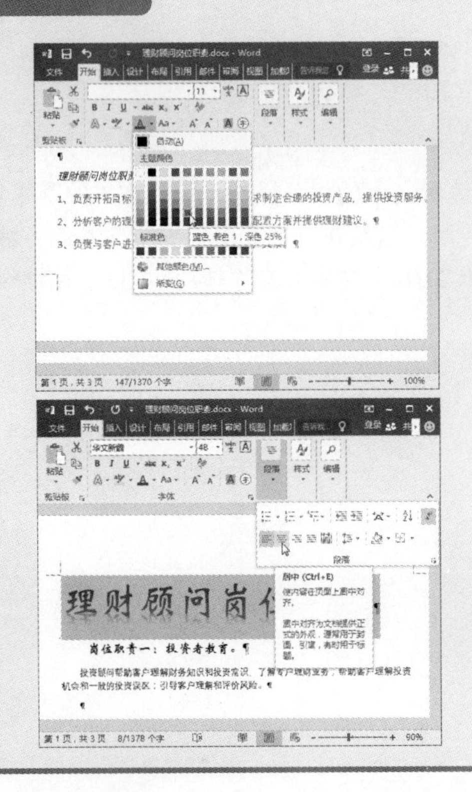

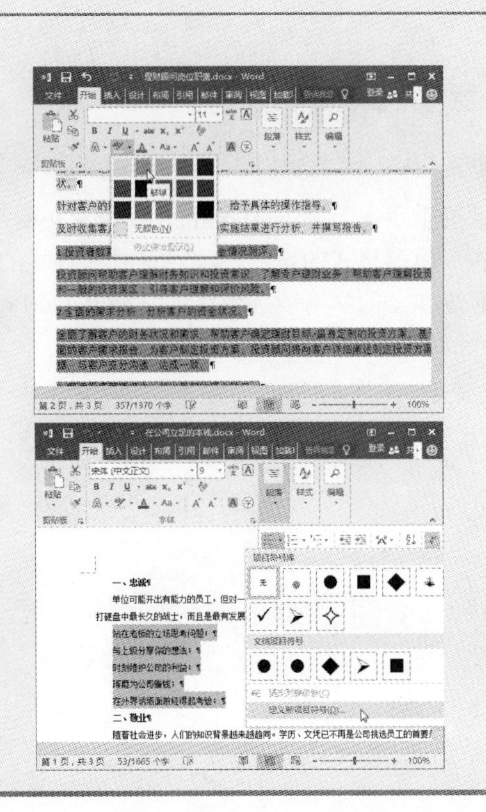

>> 3.1　课堂讲解——应用演示文稿的主题

在 PowerPoint 2016 中提供了大量的主题样式，不同的主题样式设置了不同的颜色、字体样式和对象样式，用户可以根据不同的需求选择不同的主题应用于演示文稿中。

3.1.1　应用内置主题

使用 PowerPoint 的内置主题是制作出精美演示文稿的捷径，内置主题的配色方案和字体样式让非专业设计人员也可以制作出专业的幻灯片。下面介绍“企业宣传”演示文稿使用内置主题的操作方法。

Step01: ❶切换到“设计”选项卡；❷单击“主题”组中的“其他”按钮，如下图所示。

Step02: 在打开的主题下拉列表中选择一种主题样式即可应用该主题，如下图所示。

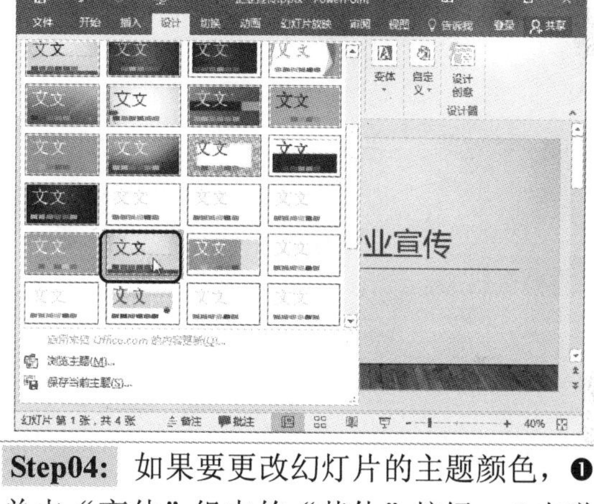

Step03: ❶单击“变体”下拉按钮；❷在弹出的下拉列表中选择一种变体样式，可以更改主题部分的颜色和背景，如下图所示。

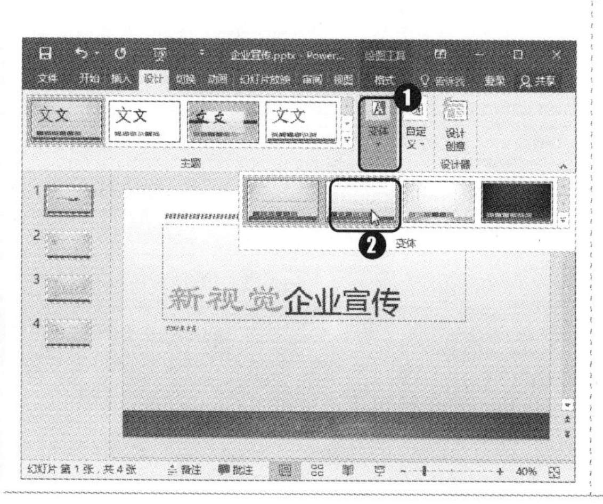

Step04: 如果要更改幻灯片的主题颜色，❶单击“变体”组中的“其他”按钮；❷在弹出的下拉列表中选择“颜色”选项；在弹出的列表中选择一种主题颜色即可，如下图所示。

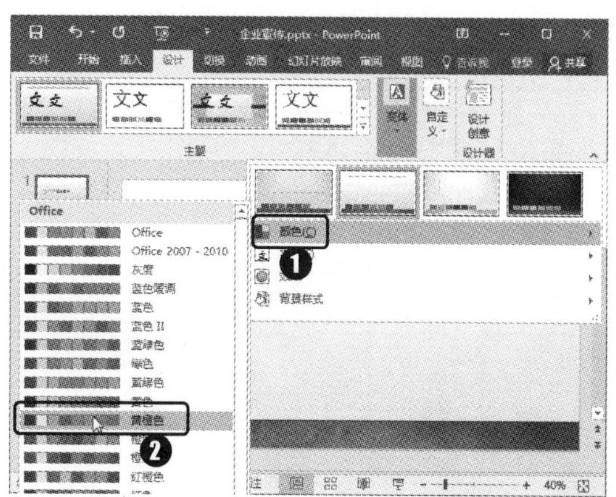

Step05: 设置完成后，效果如右图所示。

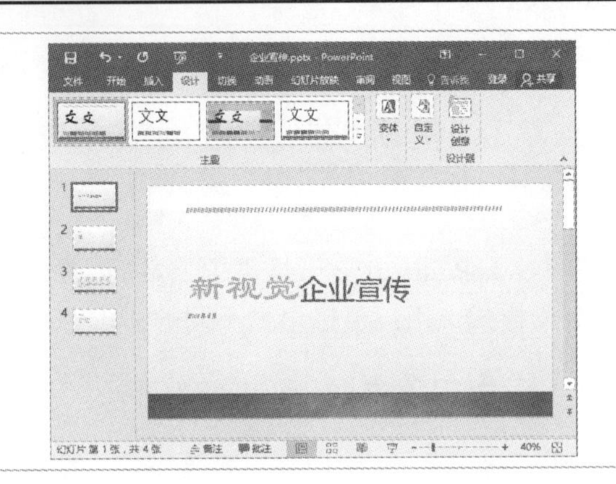

新手注意

在“变体”下拉列表中，使用同样的方法还可以更改幻灯片的字体、效果和背景样式等。

3.1.2 自定义主题颜色

如果内置的主题颜色不能满足需求，用户可以自定义主题颜色，定制属于自己的颜色方案，操作方法如下。

Step01: ❶切换到“设计”选项卡；❷单击“变体”组中的“其他”按钮，如下图所示。

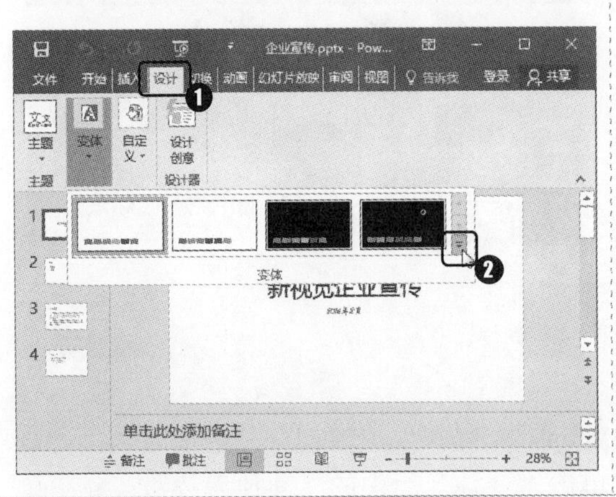

Step02: ❶在弹出的下拉列表中选择“颜色”选项；❷在弹出的列表中选择“自定义颜色”选项，如下图所示。

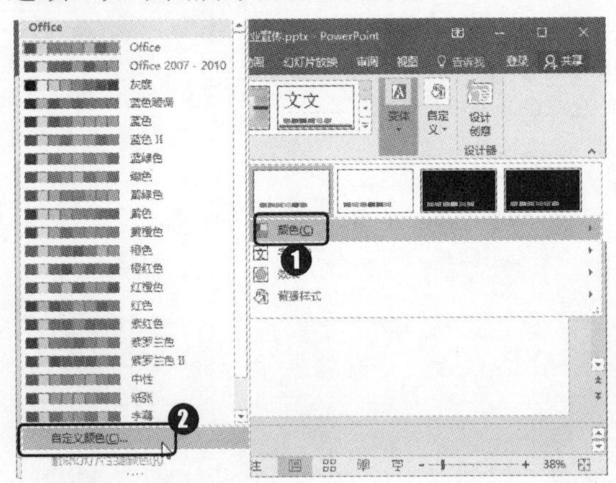

Step03: 弹出“新建主题颜色”对话框，❶在“主题颜色”栏中设置需要的主题颜色；❷在“名称”文本框中输入新建主题颜色名称；❸单击“保存”按钮，如下图所示。

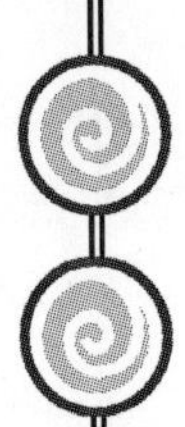

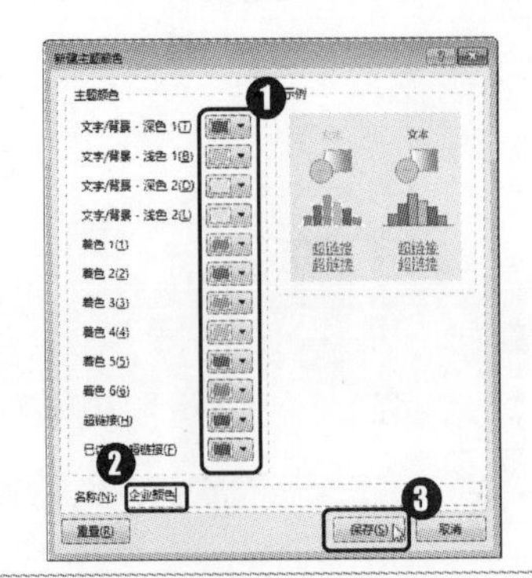

Step04: 返回演示文稿，打开“颜色”下拉列表即可查看新建的自定义主题颜色，如下图所示。

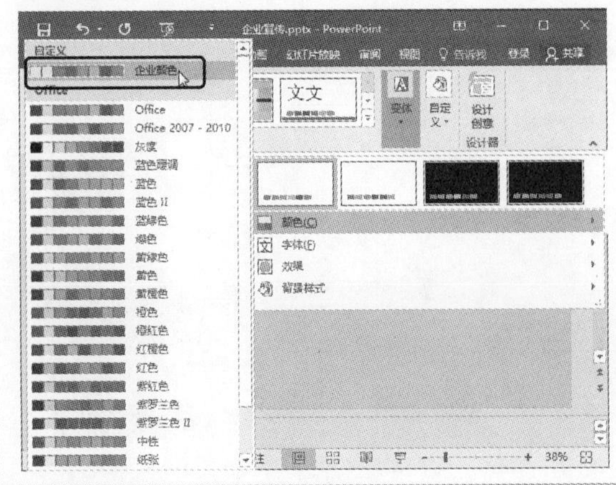

新手注意

在设置主题颜色时，可以先在“主题颜色”栏中选择一种与需要颜色相似的内置颜色样式，然后在“新建主题颜色”对话框中对不符合要求的颜色进行修改，可以提高工作效率。

3.1.3　自定义主题字体

创建自定义主题字体的方法与创建自定义主题颜色的方法相似，如果用户需要新建自定义主题字体，操作方法如下。

Step01: 在“设计”选项卡中单击“变体”组中的“其他”按钮，❶在弹出的下拉列表中选择“字体”选项；❷在弹出的下拉列表中选择“自定义字体”选项，如下图所示。

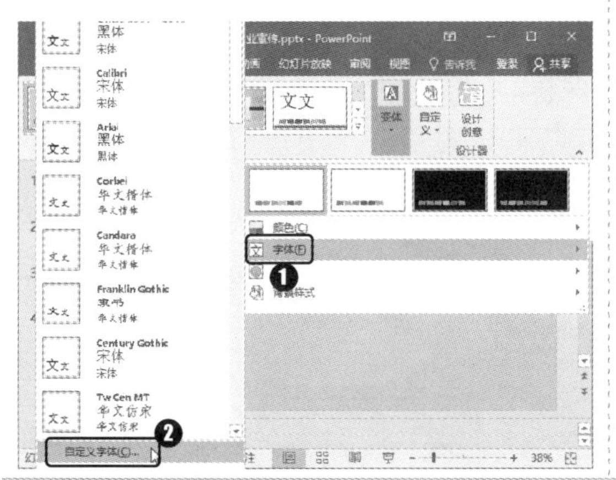

Step02: 打开“新建主题字体”对话框，❶在“西文”栏中分别设置“标题字体（西文）”和“正文字体（西文）”；❷在“中文”组中分别设置“标题字体（中文）”和“正文字体（中文）”；❸在“名称”文本框中输入字体名称；❹单击“保存”按钮，如下图所示。

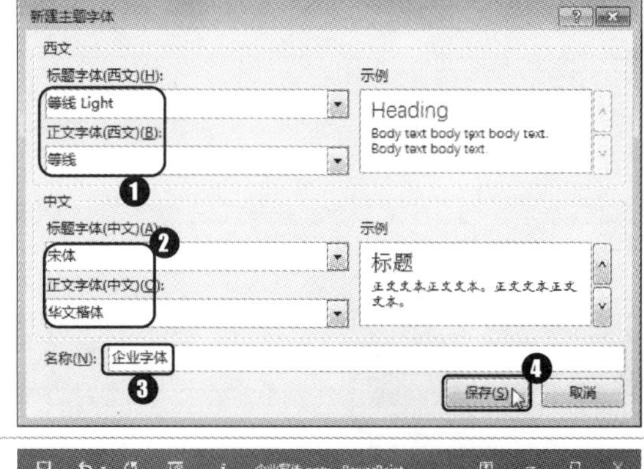

Step03: 返回演示文稿，在“字体”下拉列表中即可查看到新建自定义字体，如右图所示。

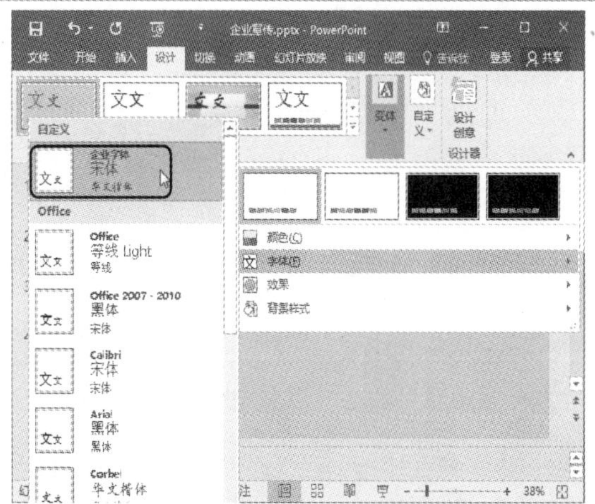

新手注意

使用右键单击新建的自定义颜色和自定义字体，在弹出的快捷菜单中可以对自定义颜色和自定义字体进行应用、编辑、删除等操作。

3.1.4　设置幻灯片背景

幻灯片的背景默认为白色，如果只使用白色的背景，难免单调乏味，此时可以为其设置背

景格式，操作方法如下。

Step01: 单击“设计”选项卡“自定义”组中的“设置背景格式”按钮，如下图所示。

Step02: 打开“设置背景格式”窗格，❶在“填充”中选择背景填充样式，如“图片或纹理填充”选项；❷在下方单击“文件”按钮，如下图所示。

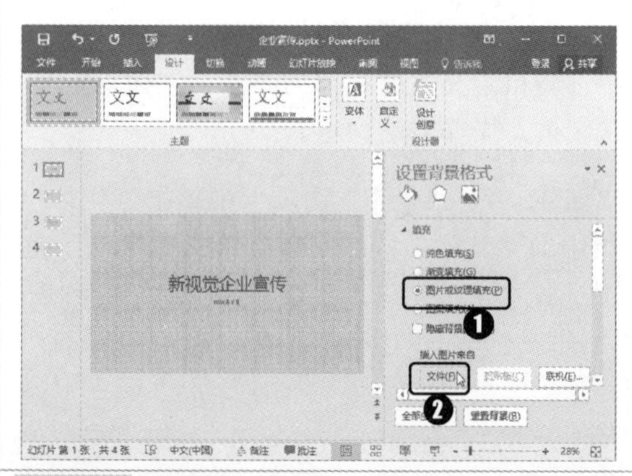

Step03: 打开“插入图片”对话框，❶选择设置为背景的图片；❷单击“插入”按钮，如下图所示。

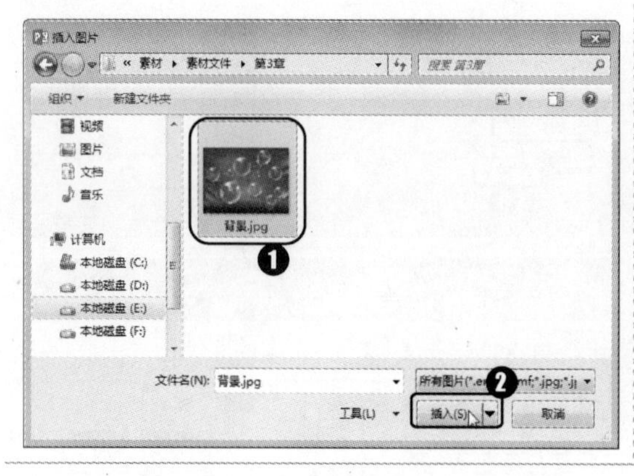

Step04: 返回演示文稿，即可查看设置了背景图片的效果，单击“全部应用”按钮，可以将该图片应用于所有幻灯片，如下图所示。

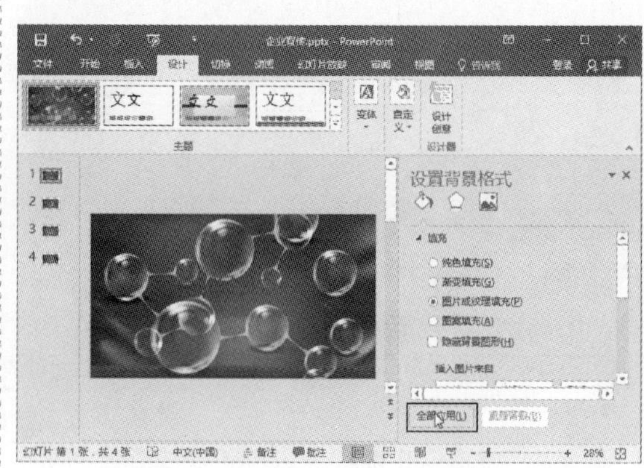

3.1.5　幻灯片的页面设置

PowerPoint 2016 演示文稿的页面默认设置为 16∶9 的横向页面，如果用户需要其他大小和方向的幻灯片，可以通过设置来完成。例如，要将幻灯片设置为纵向，操作方法如下。

Step01: ❶在“设计”选项卡中单击“自定义”组中的“幻灯片大小”下拉按钮；❷在弹出的下拉列表中选择“自定义幻灯片大小”选项，如下图所示。

Step02: 打开“幻灯片大小”对话框，❶在“方向”栏中选择幻灯片为“纵向”；❷单击“确定”按钮，如下图所示。

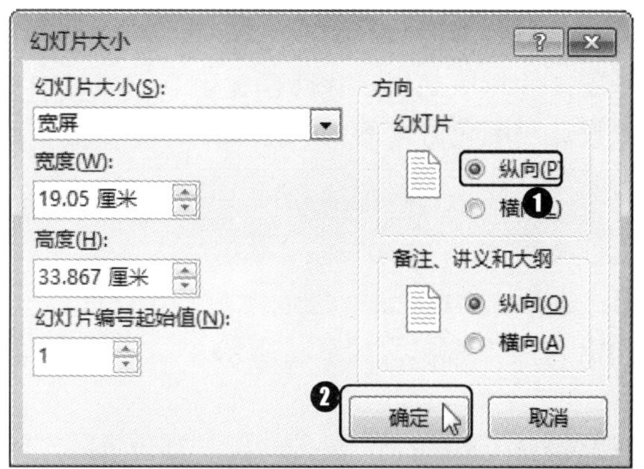

Step03: 在打开的对话框中选择“确保适合”选项，如下图所示。

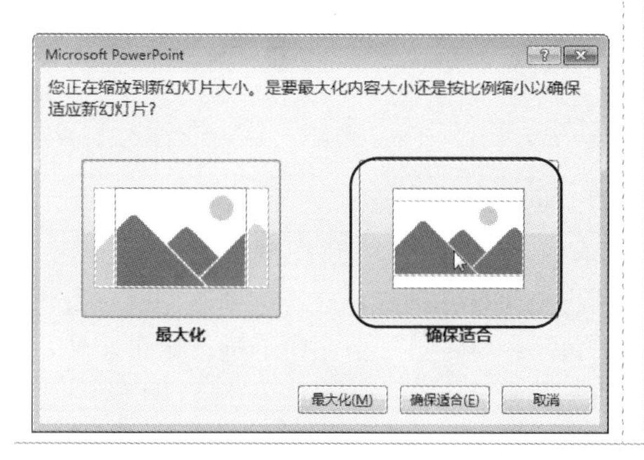

Step04: 返回演示文稿，即可看到幻灯片已经设置为纵向，如下图所示。

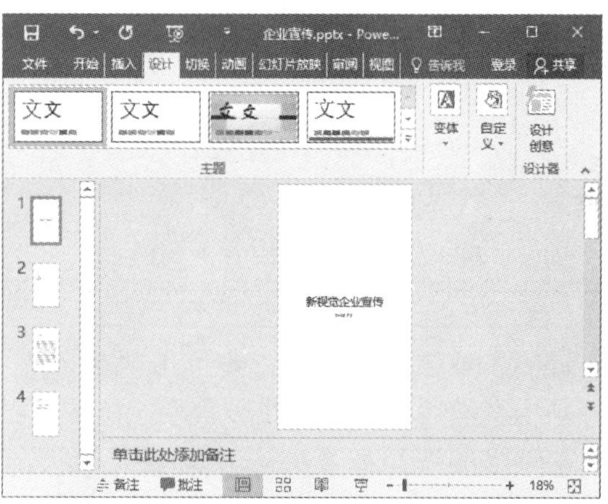

专家点拨——设置幻灯片编号的起始值

默认的幻灯片编号起始值为 1，如果需要其他的起始值，可以在“幻灯片大小”对话框的“幻灯片编号起始值”微调框中设置。

3.2　课堂讲解——创建母版

母版是演示文稿中重要的组成部分，使用母版可以使整个幻灯片具有统一的风格和样式。使用母版时，无需对幻灯片再进行设置，只需在相应的位置输入需要的内容即可，以减少重复性工作，提高工作效率。

3.2.1　创建幻灯片的母版

母版可用来为所有幻灯片设置默认的版式和格式，在 PowerPoint 2016 中有 3 种母版，分别为幻灯片母版、讲义母版和备注母版。设置演示文稿的母版既可以在创建演示文稿前进行，也可以在将所有幻灯片的内容和动画都设置完成后再进行。

1. 创建幻灯片母版

幻灯片母版是用于存储模板信息的设计模板，这些模板信息包括字形、占位符大小和位置、背景设计和配色方案等，下面以制作一个简单样式的母版为例讲解幻灯片母版的制作，具体操作方法如下。

Step01: ❶新建一个演示文稿，切换到“视图”选项卡；❷单击“母版视图”组中的“幻灯片母版”按钮，如下图所示。

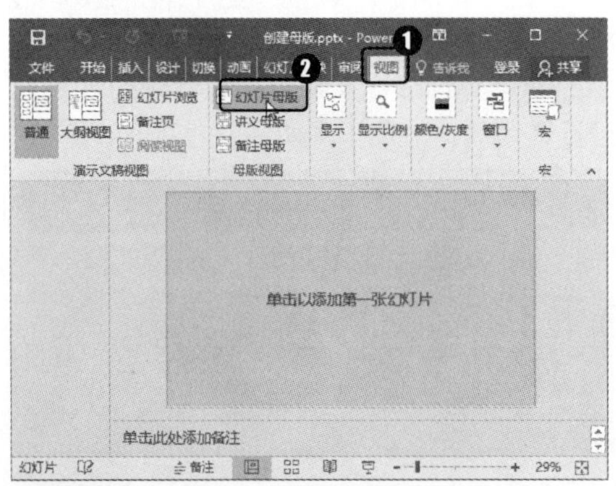

Step02: 此时，系统会自动切换到幻灯片母版视图，并在功能区最前方显示“幻灯片母版”选项卡，如下图所示。

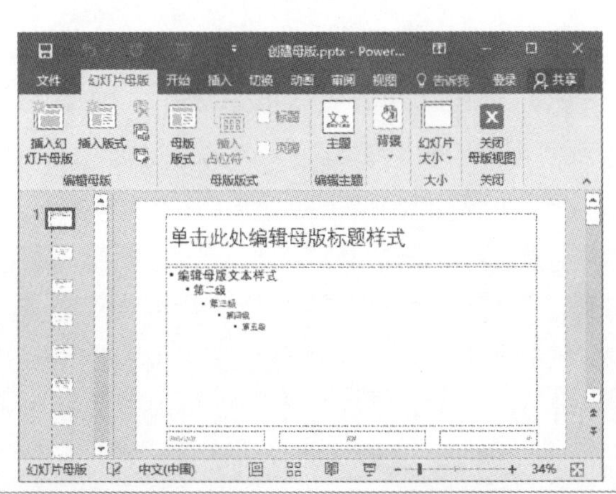

Step03: ❶选择主母版；❷单击“插入”选项卡“插图”组中的“形状”下拉按钮；❸在弹出的下拉列表中选择需要的形状，本例选择“直角三角形”，如下图所示。

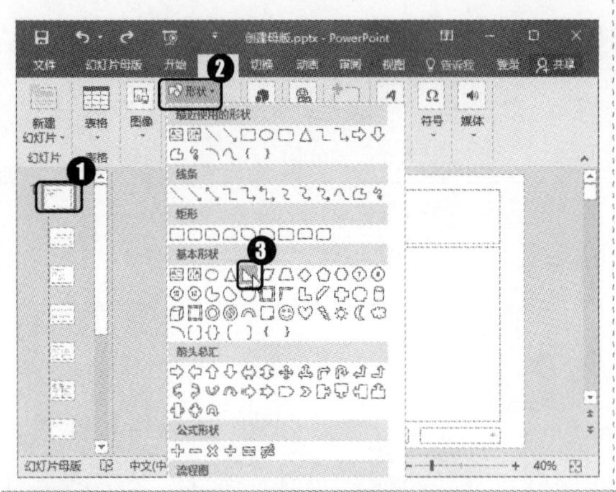

Step04: ❶在幻灯片底端分别绘制两个直角三角形；❷将第二个三角形进行水平翻转，如下图所示。

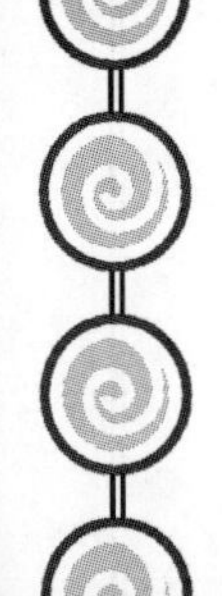

Step05: 分别设置两个三角形的形状样式（设置形状样式的方法详见本书第 4.3 节），如下图所示。

Step06: ❶按〈Ctrl〉键选中两个三角形，然后单击鼠标右键；❷在弹出的快捷菜单中选择“置于底层”→“置于底层”命令，如下图所示。

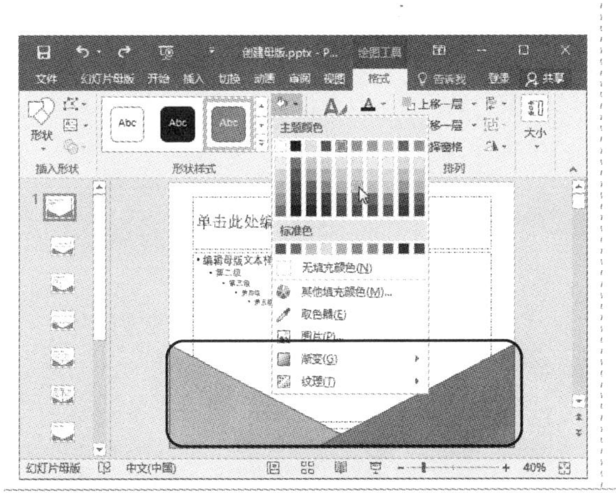

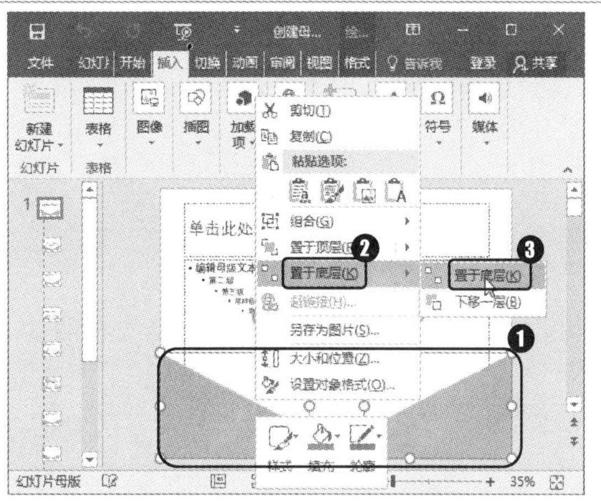

Step07: ❶选择“标题幻灯片”母版；❷单击标题占位符将其选中；❸在“开始”选项卡的“字体”组中设置文本格式；❹选中副标题占位符，使用同样的方法设置文本格式，如下图所示。

Step08: ❶选择“标题和内容”母版；❷使用与上一步相同的方法分别设置文本样式，如下图所示。

Step09: 设置完成后，单击“幻灯片母版”选项卡“关闭”组中的“关闭母版视图”按钮，返回普通视图模式，如下图所示。

Step10: 新建演示文稿只有一张幻灯片，默认为“标题幻灯片”版式，因此会自动应用标题母版的设置，如下图所示。

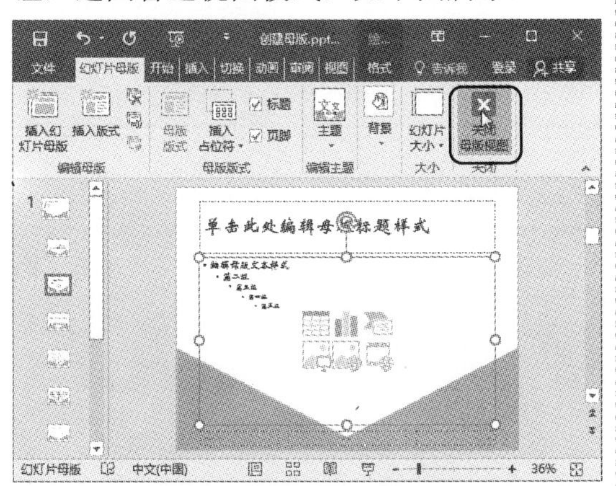

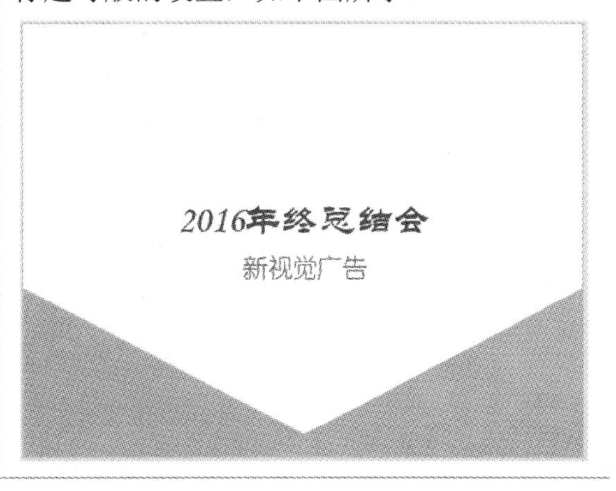

Step11: 再新建一张幻灯片，默认为“标题和内容”版式，并自动应用标题和内容母版的设置，如右图所示。

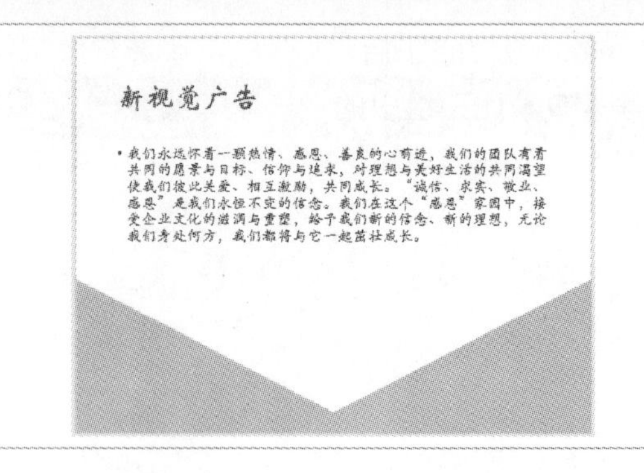

2．创建讲义母版

讲义是演讲者在演讲时使用的纸稿，纸稿中显示了每张幻灯片的大致内容、要点等。讲义母版就是设置该内容在纸稿中的显示方式。创建讲义母版主要包括设置每页纸张上显示的幻灯片数量、排列方式以及页面和页脚等信息。下面介绍创建讲义母版的方法。

Step01: 打开任意一个演示文稿，❶在演示文稿中切换到“视图”选项卡；❷单击“母版视图”组中的“讲义母版”按钮，如下图所示。

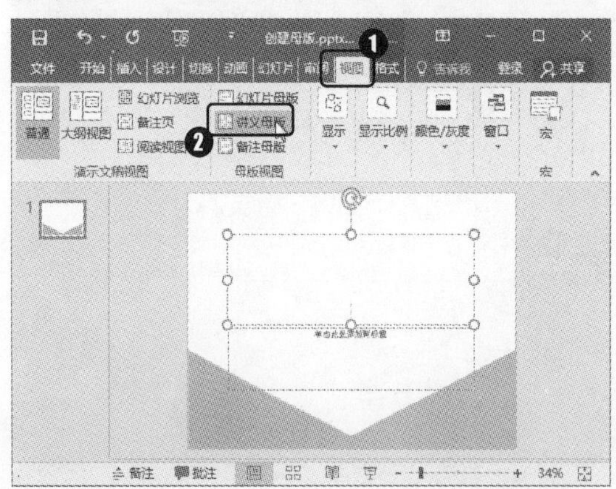

Step02: 此时，系统会自动切换到讲义母版视图，❶单击“页面设置”组中的“每页幻灯片数量”下拉按钮；❷在弹出的下拉列表中选择“2 张幻灯片”选项，如下图所示。

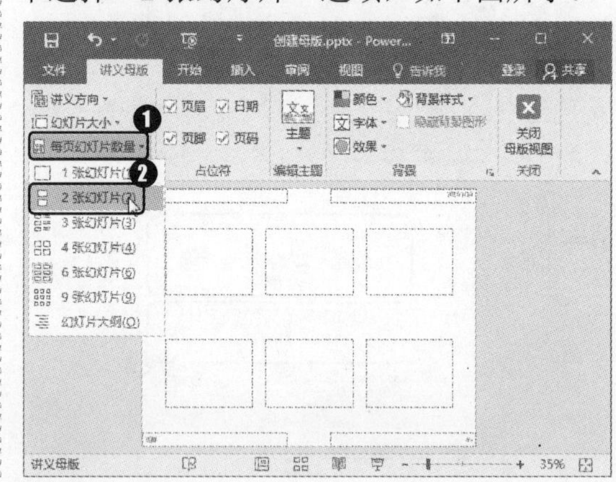

Step03: ❶在“讲义母版”选项卡的“占位符”组中取消勾选“日期”“页脚”和“页码”复选框；❷拖动页眉文本框到幻灯片上方中央位置，如下图所示。

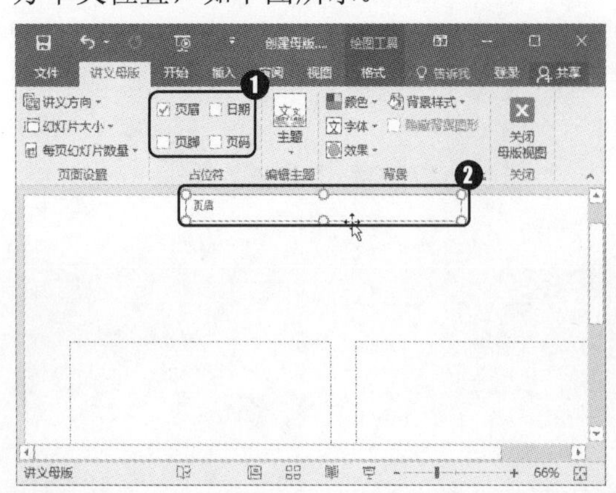

Step04: ❶在页眉文本框中输入演示文稿的名称；❷在“开始”选项卡的“字体”和“段落”组中设置字体样式和段落样式，如下图所示。

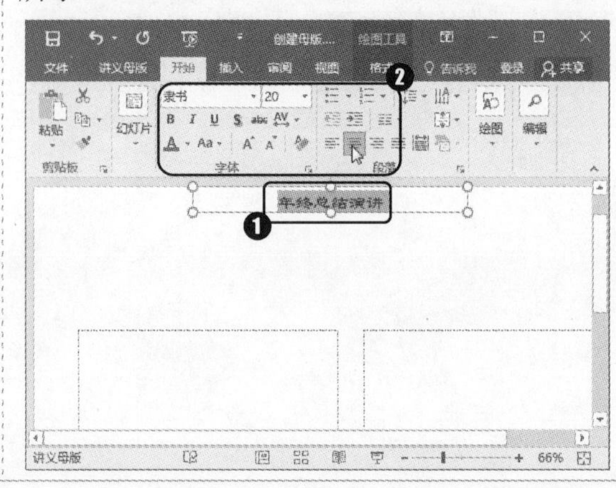

Step05: 设置完毕后，单击“幻灯片母版”选项卡“关闭”组中的“关闭母版视图”按钮即可，如右图所示。

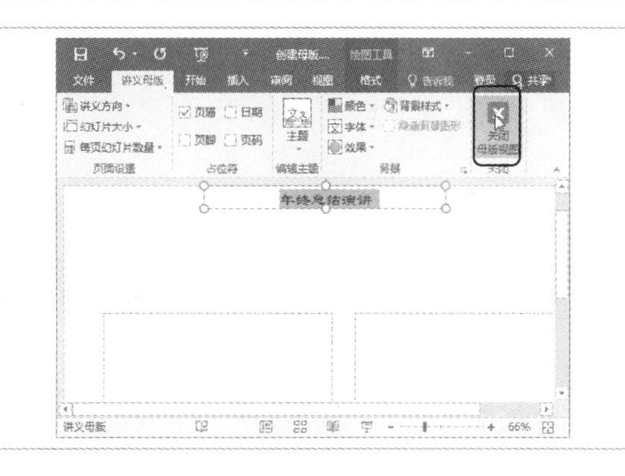

3. 创建备注母版

备注是指演讲者在幻灯片下方输入的内容，根据需要可以将这些内容打印出来。此时，为了让备注更具特色，就需要设置备注母版。创建备注母版的操作方法如下。

Step01: ❶在演示文稿中切换到“视图”选项卡；❷单击“母版视图”组中的“备注母版”按钮，如下图所示。

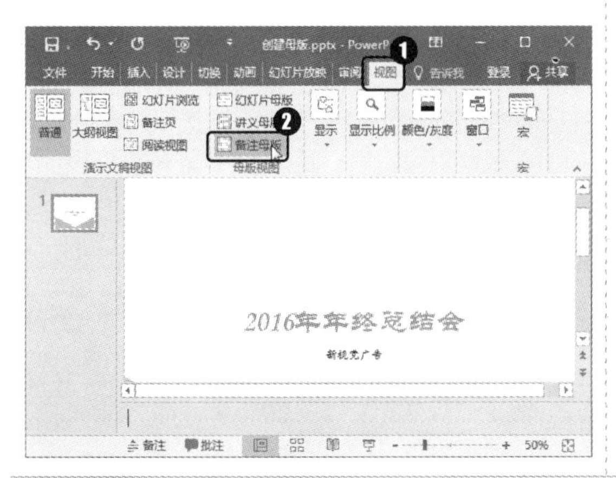

Step02: 此时，系统会自动切换到备注母版视图，❶选中页面下方占位符中的所有文字；❷在“开始”选项卡的“字体”组中设置字体格式，如下图所示。

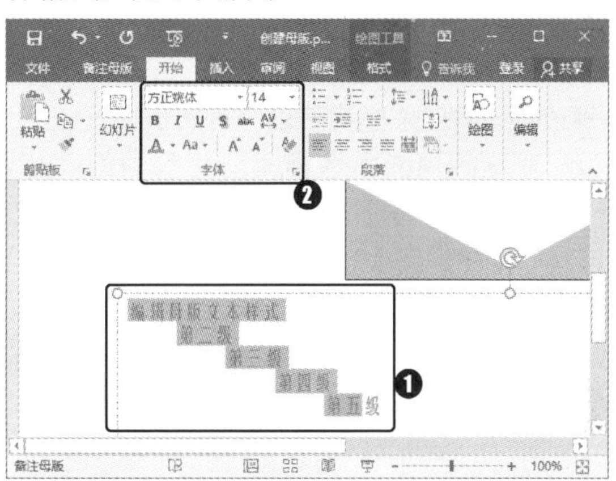

Step03: ❶单击“视图”选项卡“演示文稿视图”组中的“普通”按钮，切换到普通视图模式；❷在下方的备注框中输入备注信息，如下图所示。

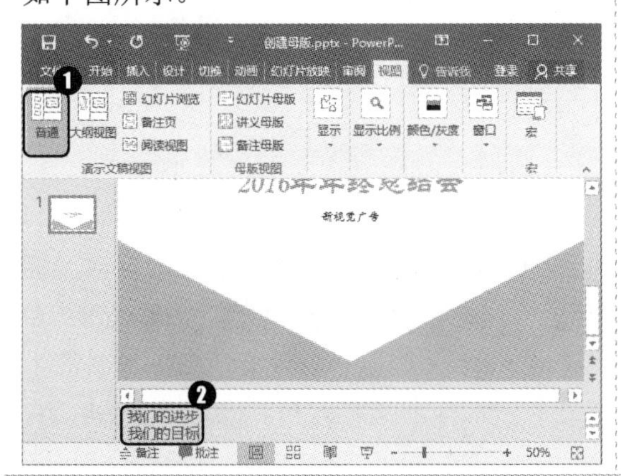

Step04: 幻灯片制作完成后，在“视图”选项卡中单击“演示文稿”视图组中的“备注页”按钮，即可看到完成的备注内容，如下图所示。

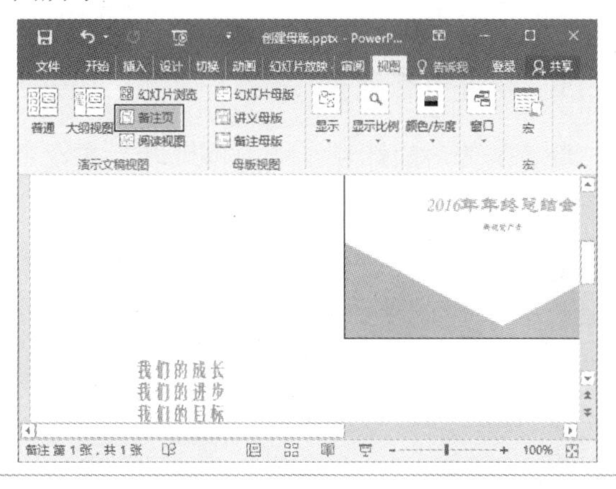

3.2.2 添加与删除幻灯片的母版

母版和普通幻灯片相同，也可以进行添加和删除操作。

Step01: ❶新建一个幻灯片母版，在“幻灯片母版”选项卡的“编辑母版”组中单击“插入幻灯片母版”按钮；❷此时即可插入一张新的幻灯片母版，单击“关闭”组中的“关闭母版视图”按钮，如下图所示。

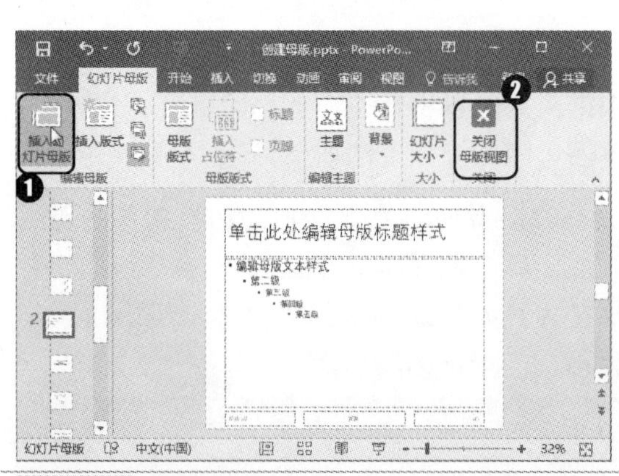

Step02: ❶单击“开始”选项卡“幻灯片”组中的“幻灯片版式”下拉按钮；❷在弹出的下拉列表中即可看到增加的“自定义设计方案”组，如下图所示。

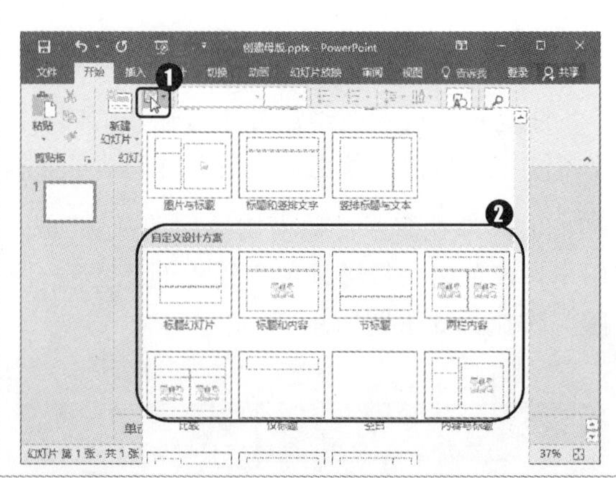

Step03: ❶如果要删除幻灯片母版，可以在幻灯片母版视图中选择需要删除的幻灯片母版；❷单击“幻灯片母版”选项卡“编辑母版”组中的“删除”按钮，如下图所示。

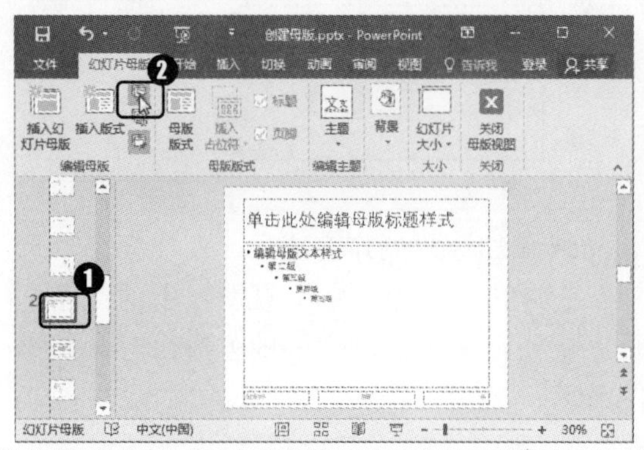

Step04: 此时再打开“开始”选项卡“幻灯片”组中的“幻灯片版式”下拉按钮，即可查看到“自定义设计方案”组已被删除，如下图所示。

3.2.3 设置母版背景

母版与普通幻灯片一样，也可以为其设置背景，例如要为母版设置渐变背景，操作方法如下。

Step01: 新建一个母版幻灯片，❶在“幻灯片母版”选项卡的“背景”组中单击“背景样式”下拉按钮；❷在弹出的下拉列表中可以选择背景颜色，如果需要更丰富的背景，可以选择击“设置背景样式”选项，如下图所示。

Step02: ❶打开“设置背景格式”窗格，在“填充”栏中选择“渐变填充”单选按钮；❷单击“预设渐变”下拉按钮；❸在弹出的下拉列表中选择渐变样式和颜色，如下图所示。

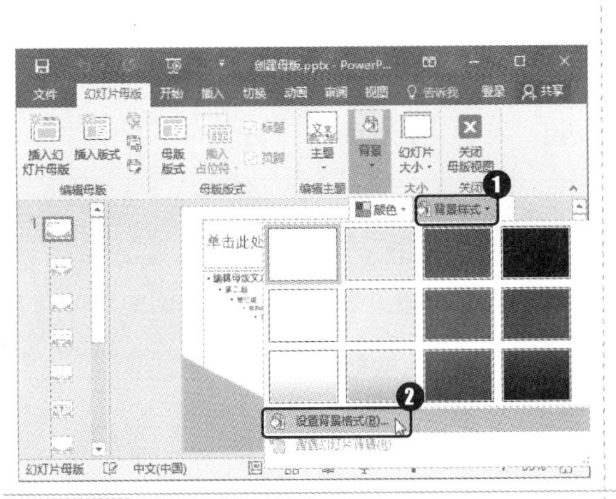

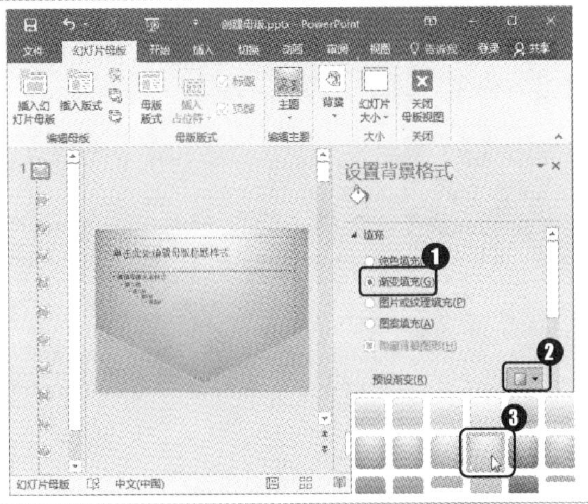

Step03: 背景设置完成后的效果如右图所示。

在“设置背景格式”窗格中，有多种填充方法可以设置母版背景，如纯色、图案填充、图片或纹理填充等。

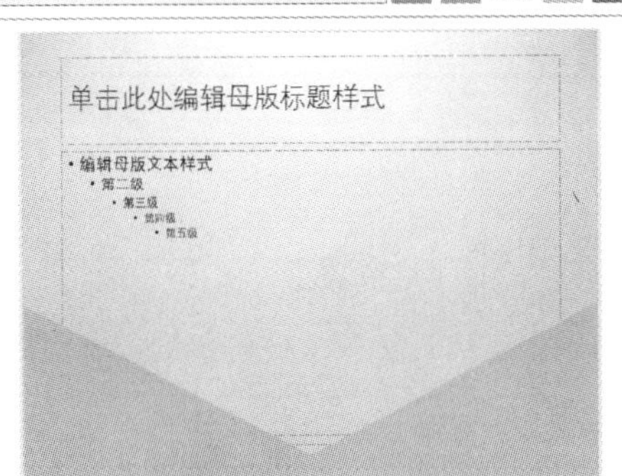

3.2.4　重命名母版

每个幻灯片版式都应该拥有属于自己的名称，所以在创建完母版后，可以对其进行重命名，操作方法如下。

Step01: ❶选择需要重命名的幻灯片母版；❷在“幻灯片母版”选项卡的“编辑母版”组中单击“重命名”按钮；❸打开“重命名版式”对话框，在“版式名称”文本框中输入名称；❹单击“重命名”按钮，如下图所示。

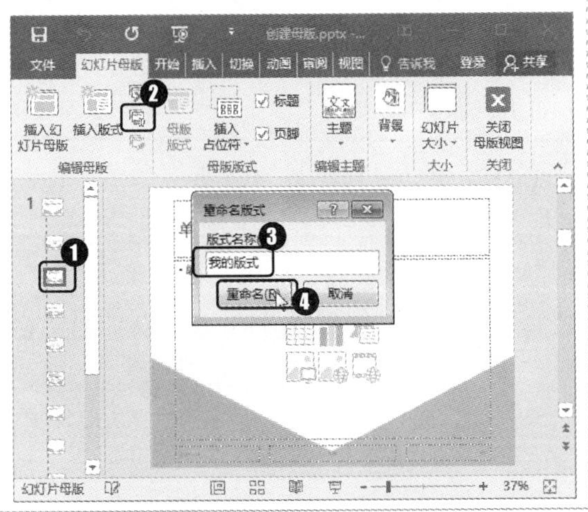

Step02: 关闭母版视图，单击“开始”选项卡“幻灯片”组中的“新建幻灯片”下拉按钮，在弹出的下拉列表中即可看到所选版式已经被重新命名，如下图所示。

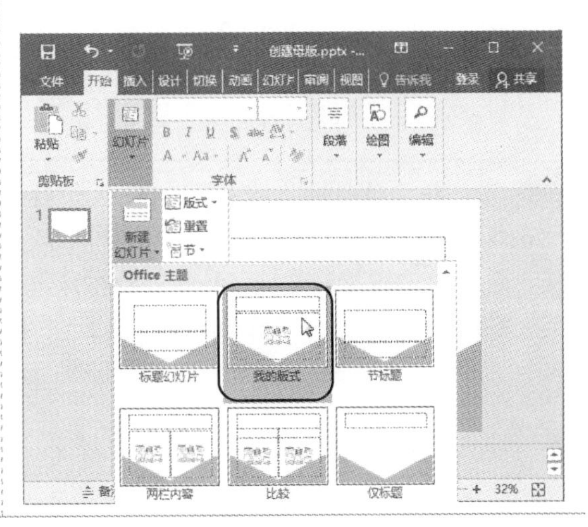

3.2.5 保存母版

母版制作完成后，需要保存母版，以供下次使用，保存母版的操作方法如下。

Step01: ❶在“文件”选项卡中单击“另存为”选项；❷选择“浏览”选项，如下图所示。

Step02: 打开“另存为”对话框，❶设置文件的保存位置和文件名；❷设置保存类型为“PowerPoint 模板（*.potx）”；❸单击“保存”按钮，如下图所示。

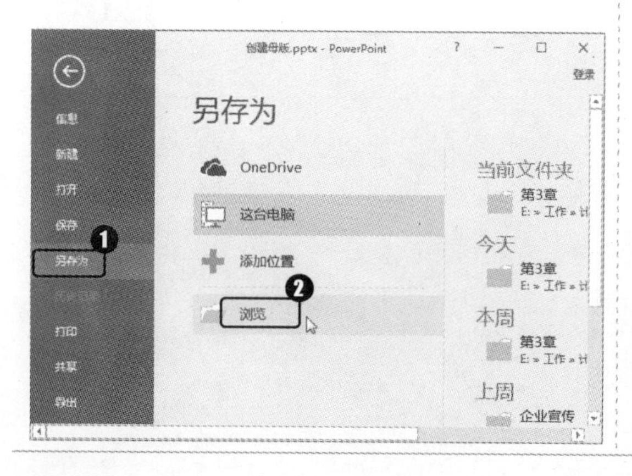

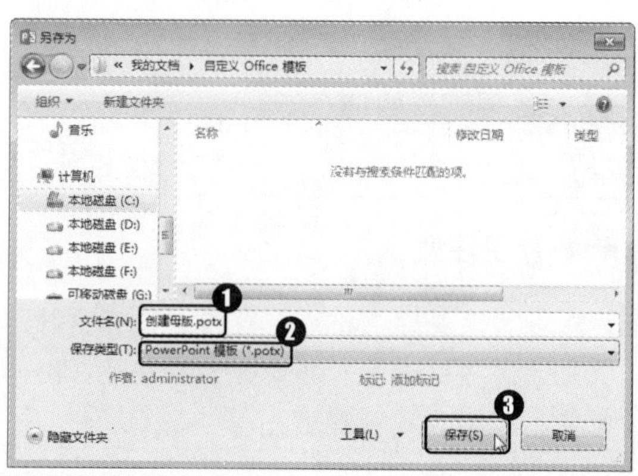

▷▷ 3.3 课堂讲解——设置幻灯片母版

虽然在创建幻灯片母版时，其中已经内置了多种版式，但是为了更加符合用户的实际需求，可以对母版版式进行设置，例如插入点位符、设置页眉页脚和设置主题等。

3.3.1 插入与删除占位符

占位符是幻灯片的重要组成部分，如果用户需要经常使用一种占位符，可以将其插入母版中，以提高工作效率。相反，如果不需要使用某种占位符，也可以将其删除。

1. 插入占位符

如果要在幻灯片母版中插入占位符，操作方法如下。

Step01: ❶选择要插入占位符的母版幻灯片；❷单击“幻灯片母版”选项卡“母版版式”组中的“插入占位符”按钮；❸在弹出的下拉列表中选择占位符的类型，如“图表”，如下图所示。

Step02: 此时鼠标光标将变为十字形，拖动鼠标光标绘制占位符，如下图所示。

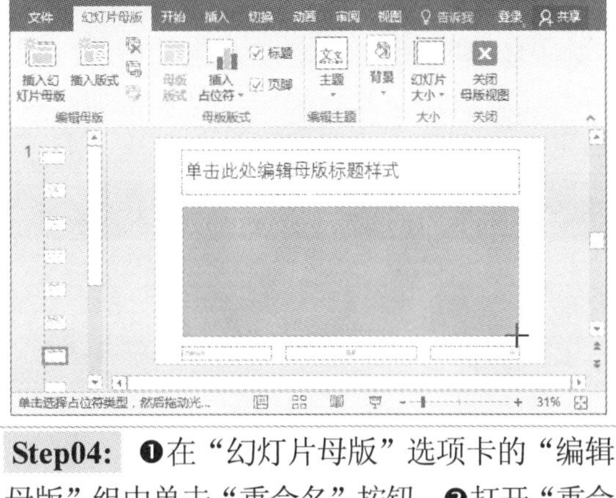

Step03: 绘制完成后松开鼠标左键，即可看到占位符已经成功插入，如下图所示。

Step04: ❶在“幻灯片母版”选项卡的“编辑母版”组中单击“重命名”按钮；❷打开“重命名版式”对话框，在“版式名称”文本框中输入名称；❸单击“重命名”按钮，如下图所示。

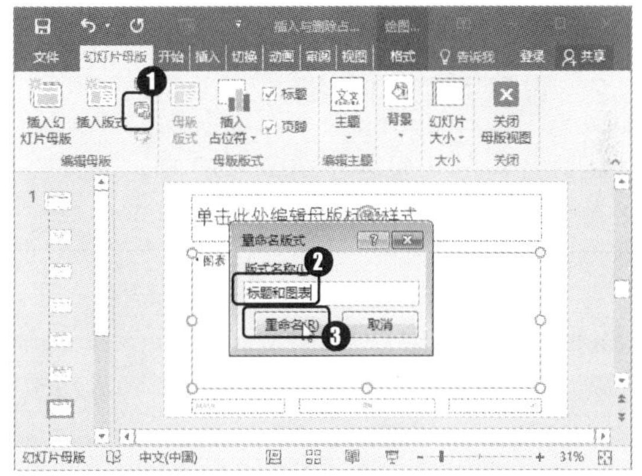

Step05: 关闭母版视图，单击“开始”选项卡“幻灯片”组中的“新建幻灯片”下拉按钮，在弹出的下拉列表中即可看到插入占位符的母版，如右图所示。

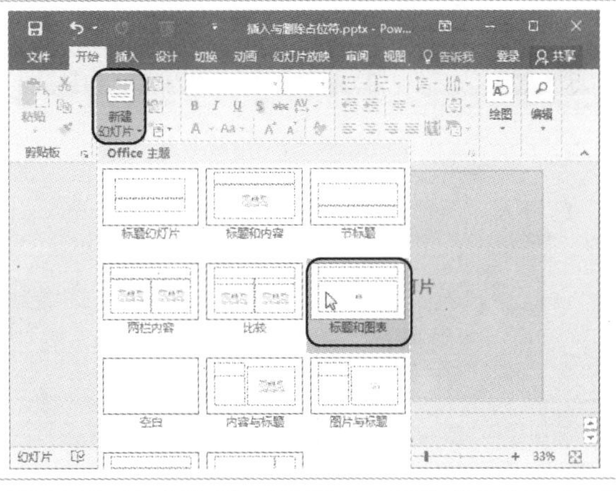

> **新手注意**
>
> 在选择任意一种占位符时，都需要拖动鼠标进行绘制。如果插入图片占位符且用于插入背景图片，应将该占位符放置在最底层，以免遮盖主幻灯片中的标题文本框，影响文本输入。

2. 删除占位符

如果不再需要使用母版中的某个占位符，也可以将其删除。删除占位符的方法很简单，操作方法如下。

Step01: ❶选择需要删除占位符的母版幻灯片；❷选择需要删除的占位符，如下图所示。

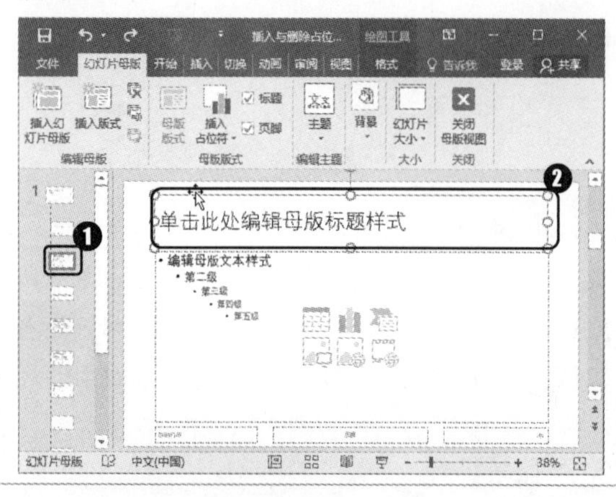

Step02: 按〈Delete〉键即可删除该占位符，删除完成后为该幻灯片重新命名即可，如下图所示。

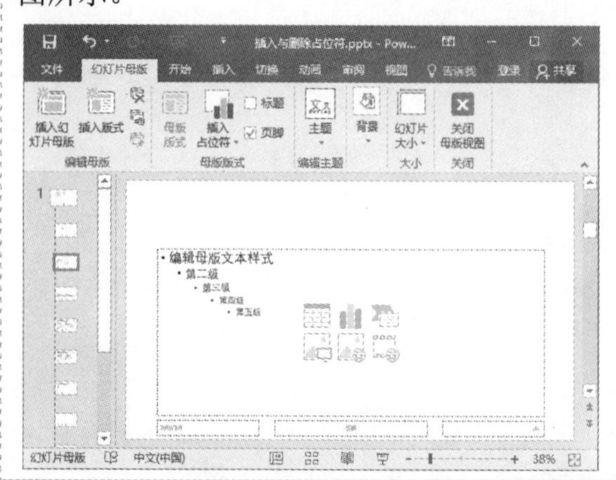

3.3.2 设置页眉和页脚

幻灯片母版中包含了页眉和页脚，如果需要在每一张幻灯片的页眉和页脚中都插入固定内容，可以在母版中进行设置。而如果不需要显示页眉和页脚，也可以将其隐藏。设置页眉和页脚的操作方法如下。

Step01: 进入幻灯片母版视图，然后单击“插入”选项卡“文本”组中的“页眉和页脚”按钮，如下图所示。

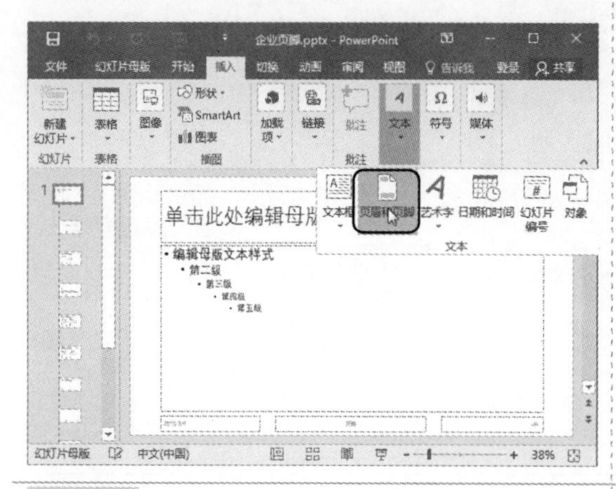

Step02: 打开“页眉和页脚”对话框，❶在“日期和时间”栏中选择日期格式；❷在“页脚”栏中的文本框中输入页脚文字；❸单击“全部应用”按钮，如下图所示。

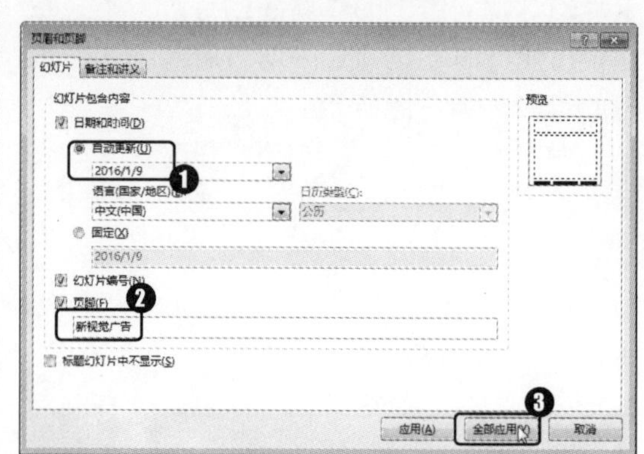

Step03: 返回幻灯片母版页面，即可看到设置已经被应用，如下图所示。

Step04: ❶如果某一个母版不需要显示页脚，可以选中该母版；❷取消勾选“幻灯片母版”选项卡“母版版式”组中的“页脚”复选框，如下图所示。

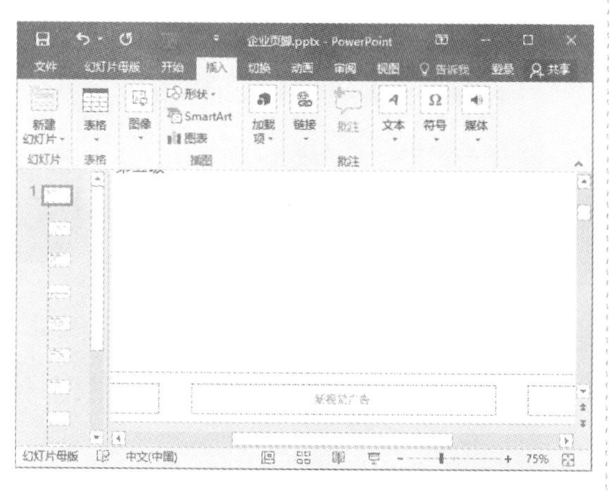

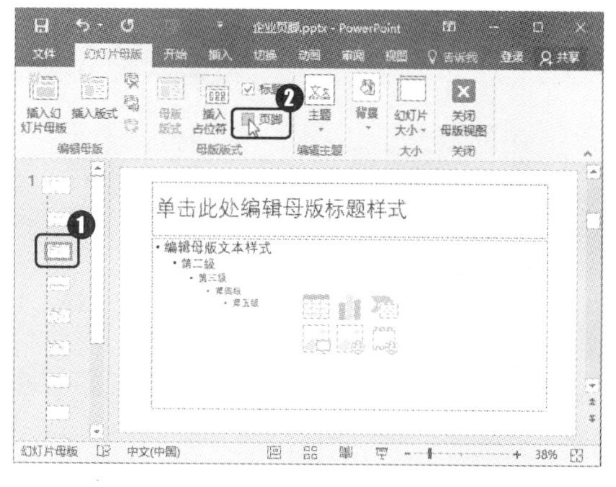

3.3.3　设置母版主题颜色

与幻灯片相同，在母版中创建完成后，也可以对其主题进行修改，使母版的颜色更加丰富，操作方法如下。

Step01: 切换到母版视图，❶单击“背景”组的“颜色”下拉按钮；❷在弹出的下拉列表中选择“自定义颜色”选项，如下图所示。

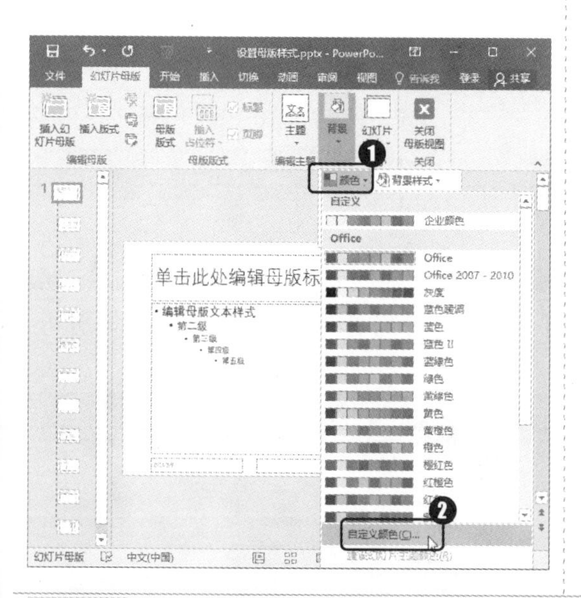

Step02: 打开“新建主题颜色”对话框，分别设置主题颜色，如果没有合适的颜色选项，可以在颜色列表中选择“其他颜色”选项，如下图所示。

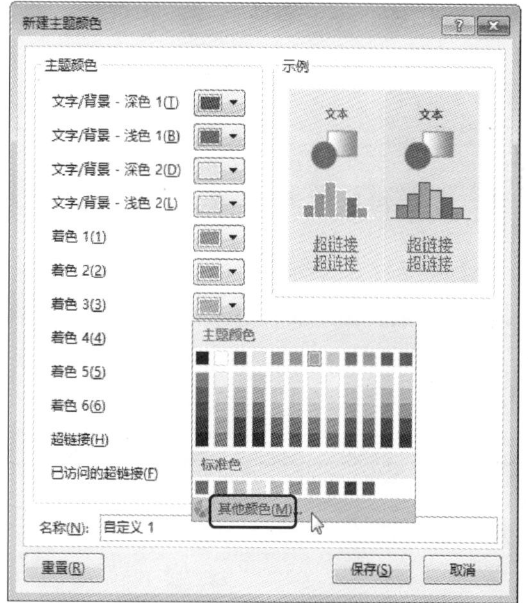

Step03: 打开“颜色”对话框，❶在“自定义”选项卡中选择合适的颜色；❷单击“确定”按钮，如下图所示。

Step04: 返回“新建主题颜色”对话框，❶在“名称”框中输入主题颜色的名称；❷单击“保存”按钮，如下图所示。

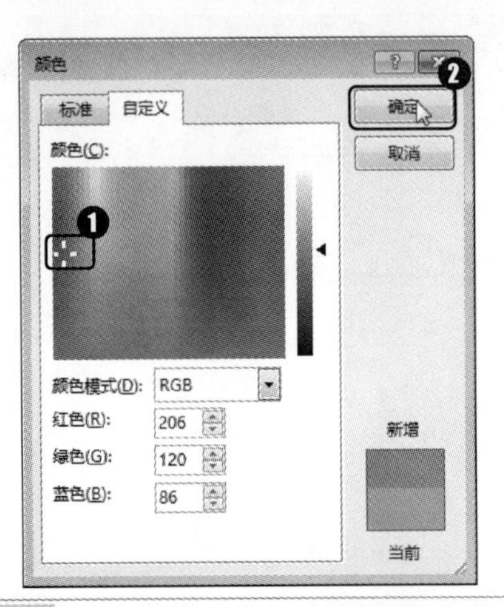

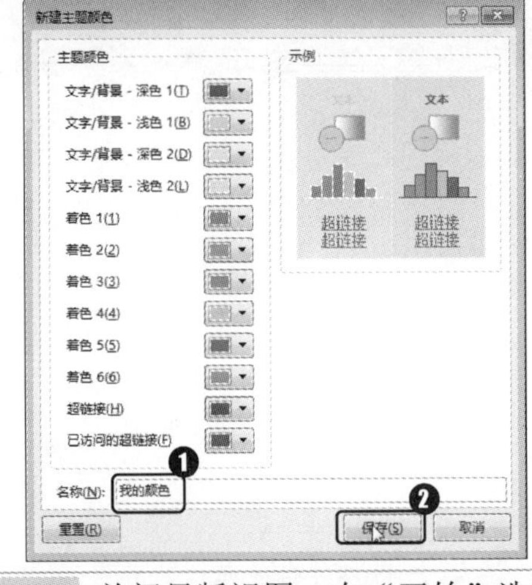

Step05: 返回幻灯片母版视图，即可看到母版的主题颜色已经更改，如下图所示。

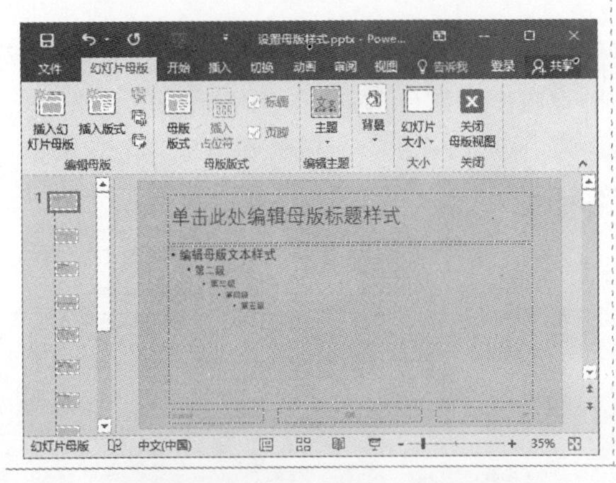

Step06: 关闭母版视图，在“开始”选项卡“幻灯片”组中的“新建幻灯片”下拉列表中即可看到版式颜色已经更改，如下图所示。

3.3.4 设置母版主题字体

除了可以设置母版的主题颜色，也可以设置主题字体，操作方法如下。

Step01: ❶在母版视图中单击“背景”组中的“字体”下拉按钮；❷在弹出的下拉列表中选择一种字体样式，如下图所示。

Step02: 选择完成后，即可发现幻灯片母版中的幻灯片字体样式已经更改，如下图所示。

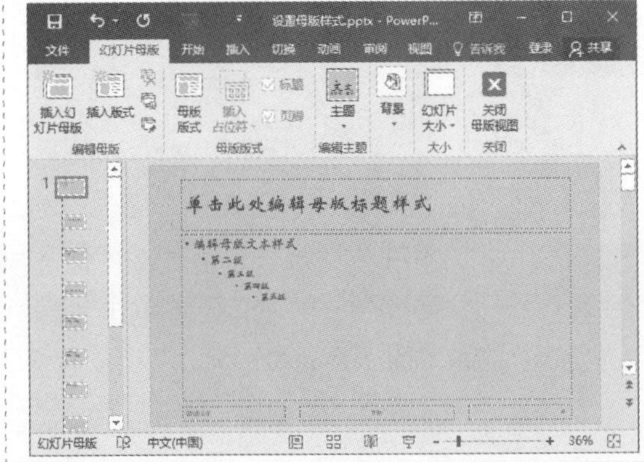

>> 高手秘籍——实用操作技巧

通过前面知识的学习，相信读者朋友已经掌握了如何在 PowerPoint 2016 中使用主题和母版。下面结合本章内容介绍一些实用技巧。

同步文件

视频文件：视频文件\第 3 章\高手秘籍.mp4

技巧 01　单个演示文稿应用多个主题

一个演示文稿中只有一个主题会显得单调，为了丰富幻灯片的表达效果，可以在单个幻灯片中应用多个主题效果，具体操作方法如下。

Step01: 打开素材文件“企业宣传.pptx”，❶按住〈Ctrl〉键选择要应用其他主题的多张幻灯片；❷在“设计”选项卡的“主题”组中右击想要应用的主题样式；❸在弹出的快捷菜单中选择“应用于选定幻灯片”命令，如下图所示。

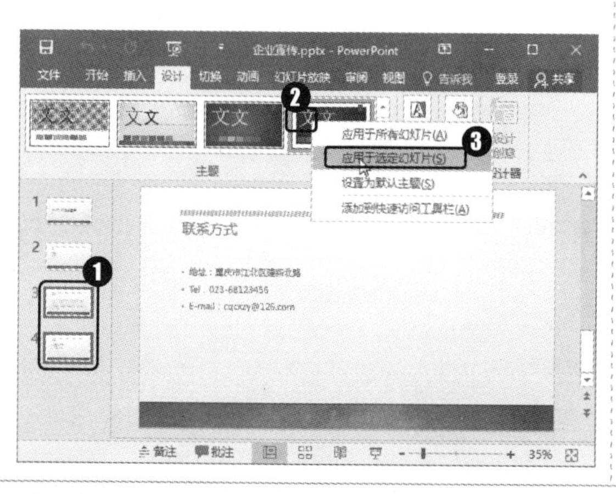

Step02: 操作完成后，即可发现幻灯片已经应用了两种不同的主题，效果如下图所示。

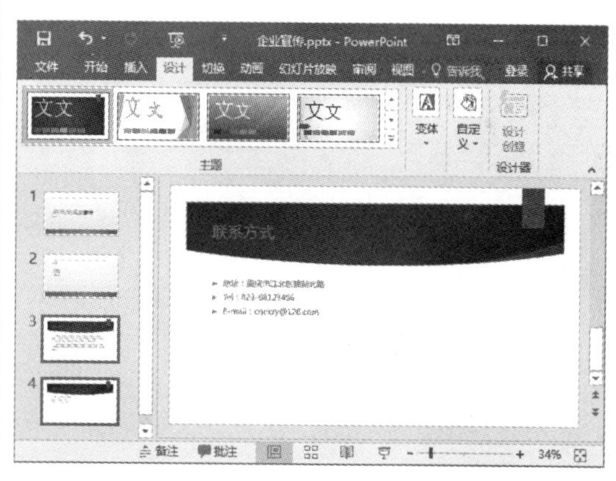

技巧 02　隐藏幻灯片母版中的形状

在制作幻灯片母版时，有时候需要隐藏母版的背景图形，此时可以通过以下的方法来完成。

Step01: 打开素材文件“创建母版.pptx”，❶选择需要隐藏形状的幻灯片母版；❷取消勾选“幻灯片母版”选项卡“背景”组中的“隐藏背景图形”复选框，如下图所示。

Step02: 经过上步操作后，该母版中的背景图形已经被隐藏，效果如下图所示。

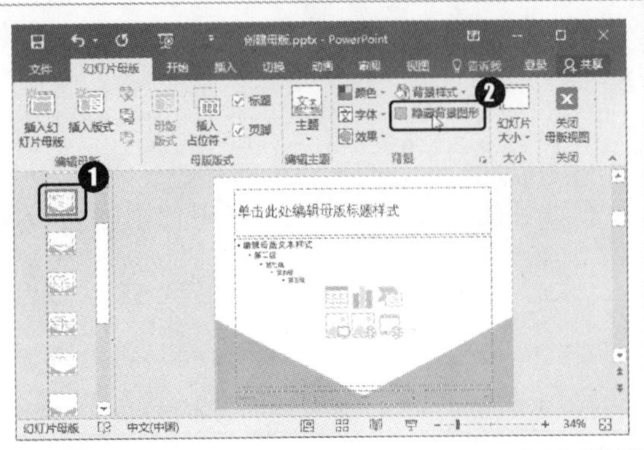

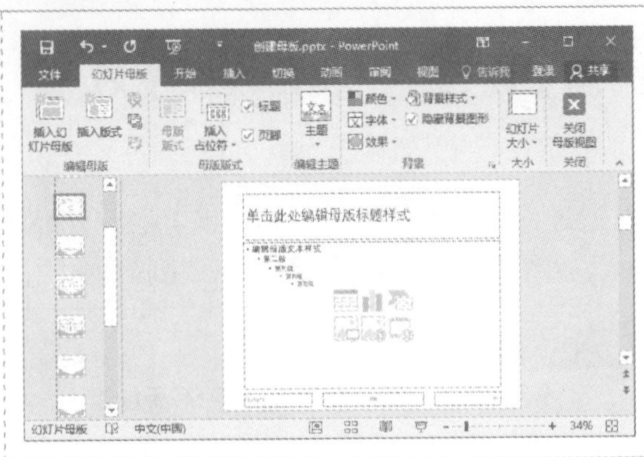

技巧 03 美化背景图片

在为幻灯片母版设置背景时，除了可以使用形状、颜色等填充外，也可以使用图片作为背景。在插入图片背景后，还可以设置图片的艺术效果来美化图片，操作方法如下。

Step01: 打开素材文件“设置背景图片.pptx”，❶在母版幻灯片上右击；❷在弹出的快捷菜单中选择“设置背景格式”命令，如下图所示。

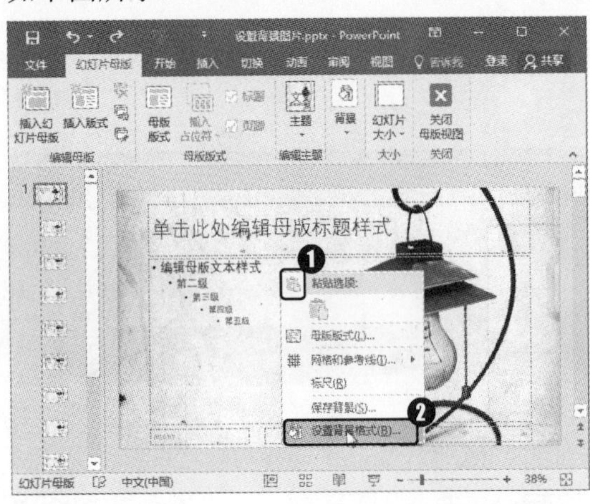

Step02: 打开“设置背景格式”窗格，❶切换到“效果”选项卡；❷在“艺术效果”中单击“艺术效果”下拉按钮；❸在弹出的下拉列表中选择一种效果样式，如下图所示。

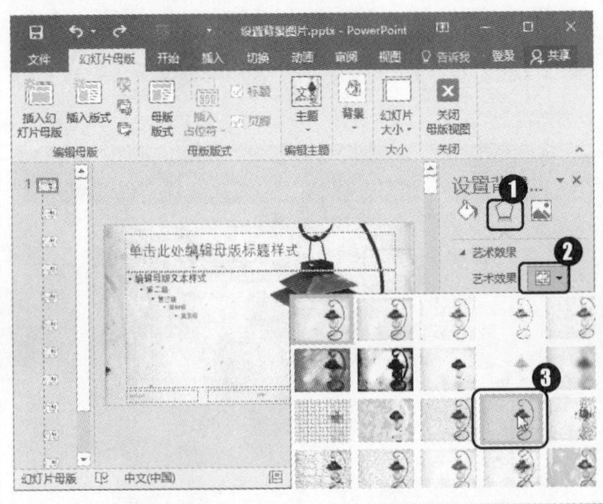

Step03: 经过以上的操作，母版背景的最终效果如右图所示。

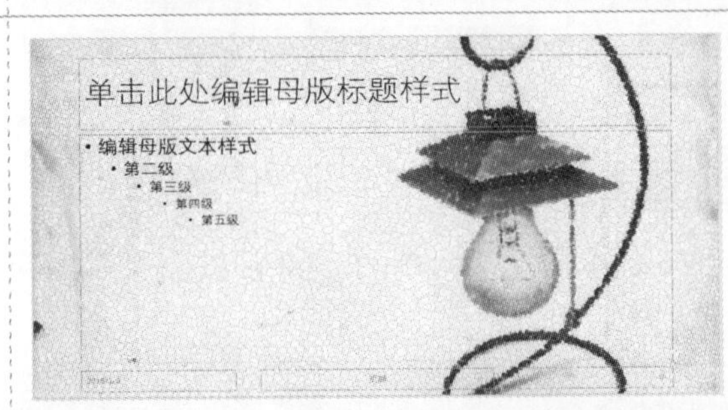

技巧 04 修改自定义主题颜色

在设置了主题颜色之后，如果对某一种颜色不满意，可以直接修改主题颜色。修改主题颜色的操作方法如下。

Step01: 打开素材文件“设置母版样式.pptx”，❶单击“幻灯片母版”选项卡“背景”组中的“颜色”下拉按钮；❷在弹出的下拉列表中右击需要修改的主题颜色；❸在弹出的快捷菜单中选择“编辑”命令，如下图所示。

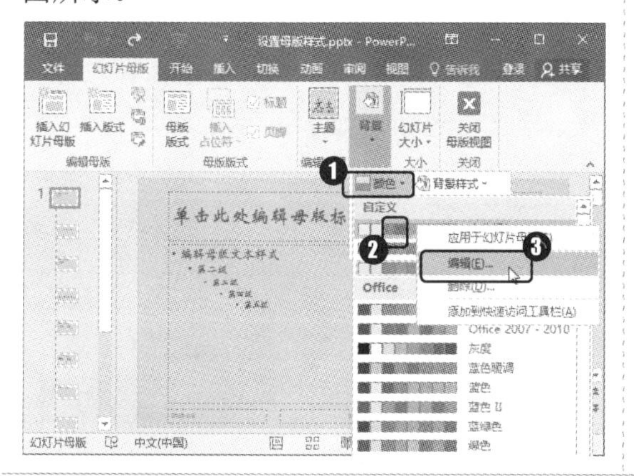

Step02: 打开“编辑主题颜色”对话框，❶在“主题颜色”栏中修改主题颜色；❷单击“保存”按钮，效果如下图所示。

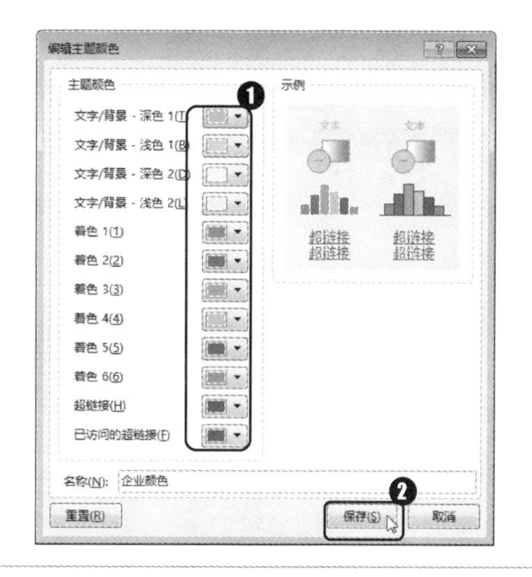

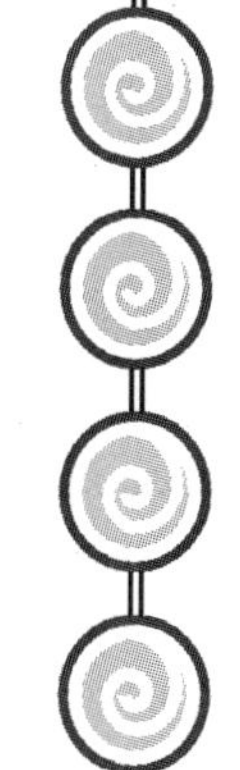

▷▷ 上机实战——制作“销售报告”母版

>>> 上机介绍

在制作报告类演示文稿时，统一演示文稿的样式可以让工作报告显得更加专业，所以，需要在幻灯片母版中制作出与公司主题密切相关的演示文稿母版。本次以制作“销售报告”母版为例，最终效果如下图所示。

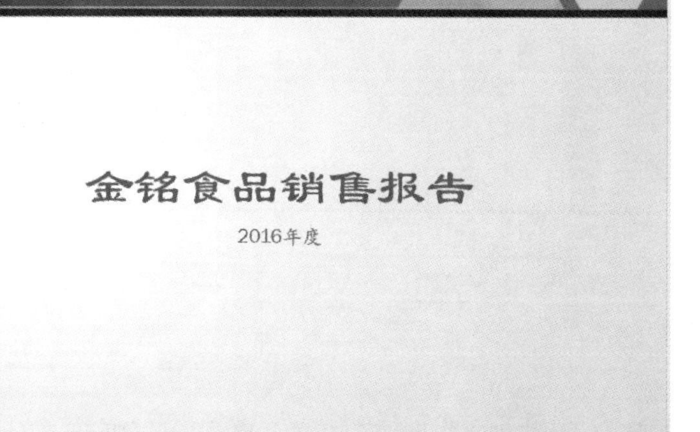

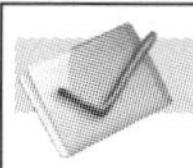

同步文件

视频文件：视频文件\第 3 章\上机实战.mp4

步骤详解

本实例的具体制作步骤如下。

Step01: 新建一个名为“销售报告”的演示文稿，单击“视图”选项卡“母版视图”组中的“幻灯片母版”按钮，如下图所示。

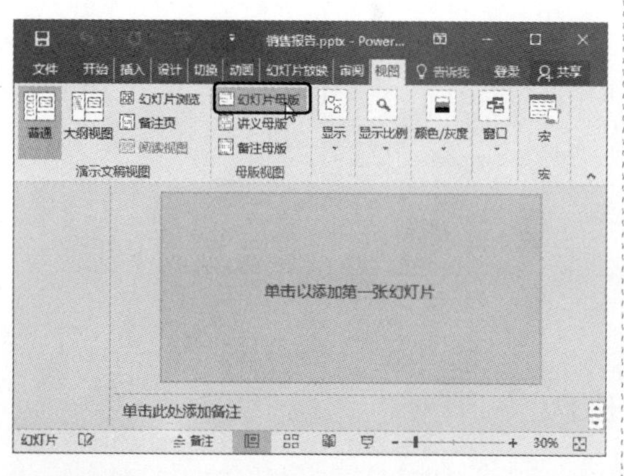

Step02: ❶选择主母版；❷单击“幻灯片母版”选项卡“背景”组中的“背景样式”下拉按钮；❸在弹出的下拉列表中选择“设置背景格式”选项，如下图所示。

Step03: 打开“设置背景格式”窗格，❶在“填充”选项卡“填充”中选择“图片或纹理填充”单选按钮；❷单击“文件”按钮，如下图所示。

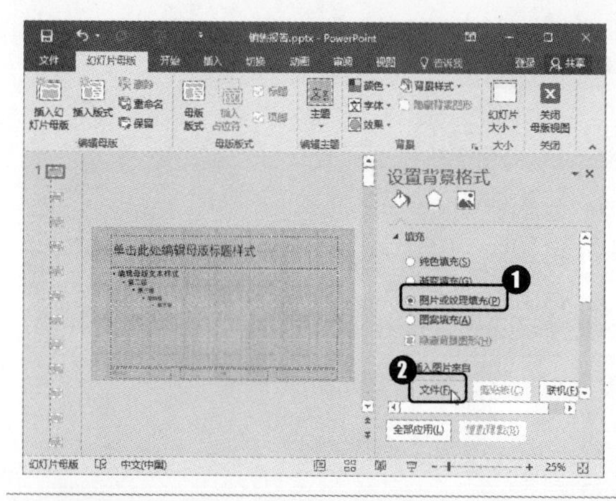

Step04: 打开“插入图片”对话框，❶选择作为背景的图片；❷单击“插入”按钮，如下图所示。

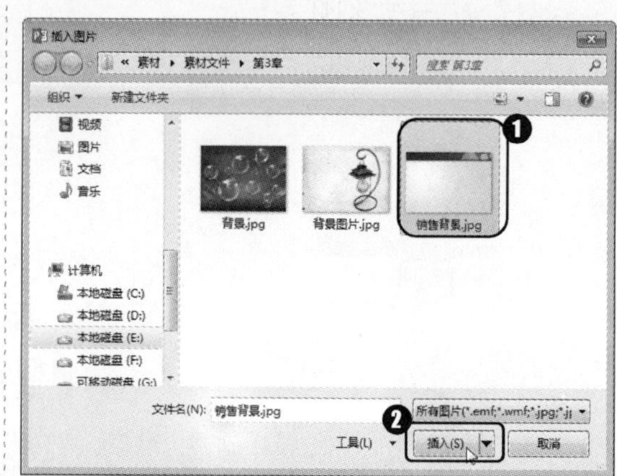

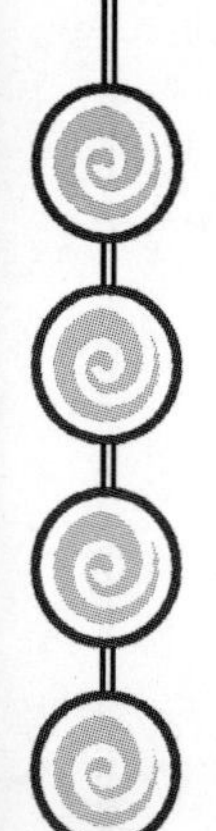

Step05: ❶单击“幻灯片母版”选项卡“背景”组中的“字体”下拉按钮；❷在弹出的下拉列表中选择一种主题字体，如下图所示。

Step06: ❶单击“幻灯片母版”选项卡“背景”组中的“颜色”下拉按钮；❷在弹出的下拉列表中选择“自定义颜色”选项，如下图所示。

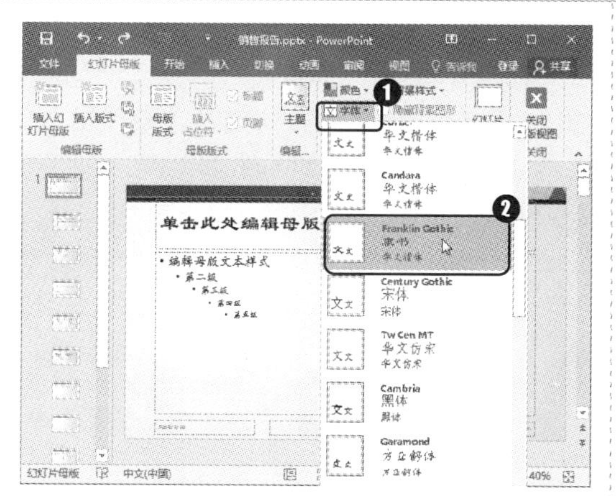

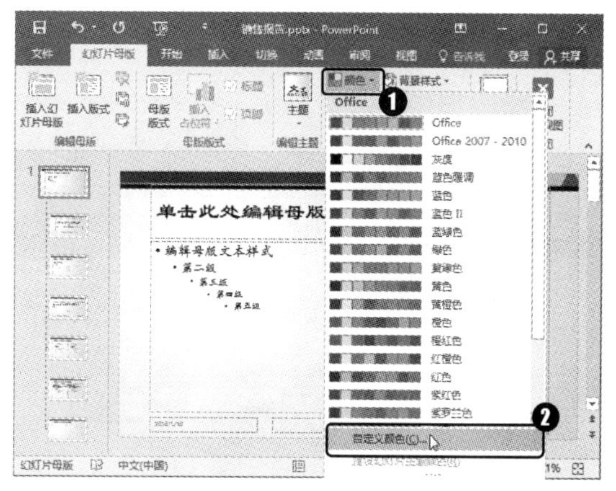

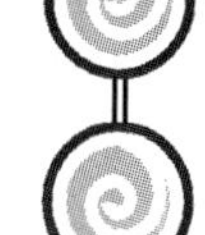

Step07: 打开“新建主题颜色”对话框，❶设置主题颜色；❷输入主题名称；❸单击“保存”按钮，如下图所示。

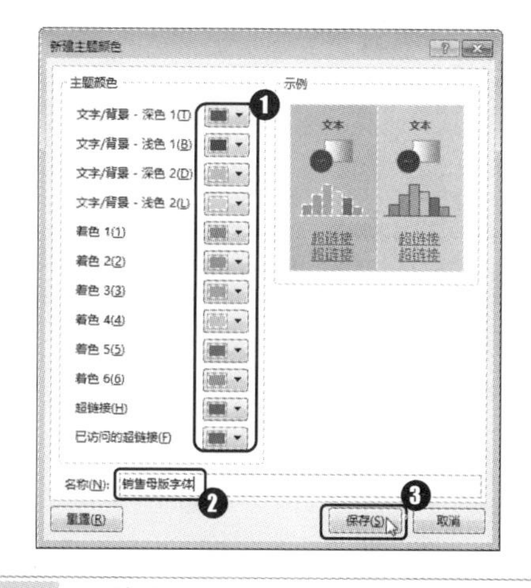

Step08: ❶选择第三张幻灯片母版；❷选择内容占位符，然后按〈Delete〉键删除该占位符，如下图所示。

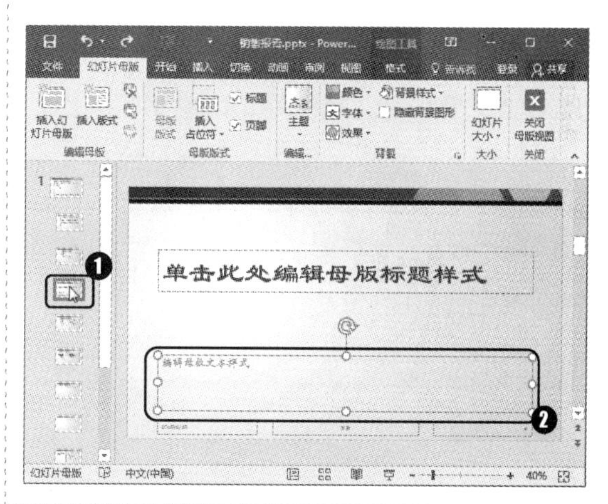

Step09: ❶单击“幻灯片母版”选项卡“母版版式”组中的“插入占位符”按钮；❷在弹出的下拉列表中选择占位符的类型，如下图所示。

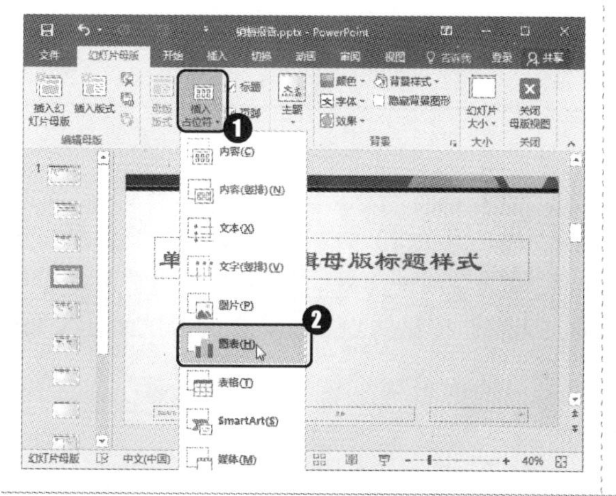

Step10: 此时鼠标光标将变为十字形，拖动鼠标光标绘制占位符，如下图所示。

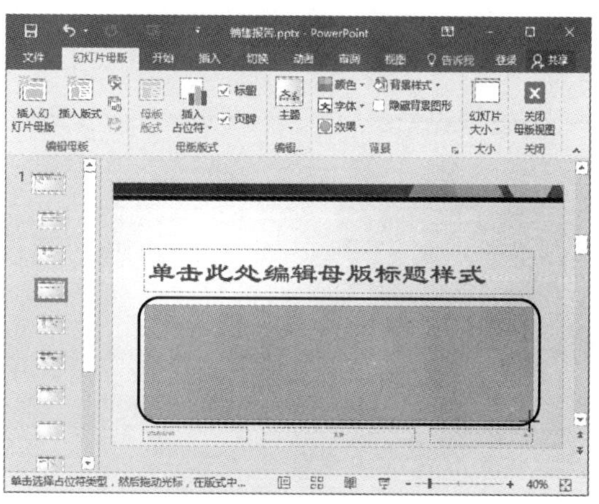

Step11: ❶在“幻灯片母版”选项卡的“编辑母版”组中单击“重命名”按钮；❷打开“重命名版式”对话框，在“版式名称”文本框中输入版式名称；❸单击“重命名”按钮，如下图所示。

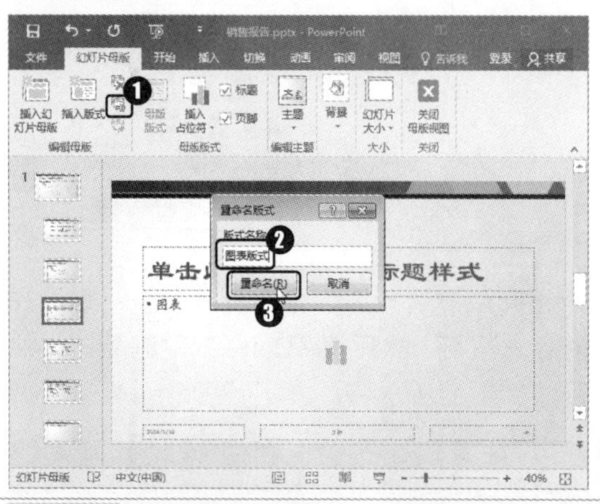

Step12: ❶选择最后 5 张母版幻灯片；❷单击“幻灯片母版”选项卡“编辑母版”组中的“删除”按钮，删除幻灯片；❸单击“关闭母版视图”按钮返回普通视图，如下图所示。

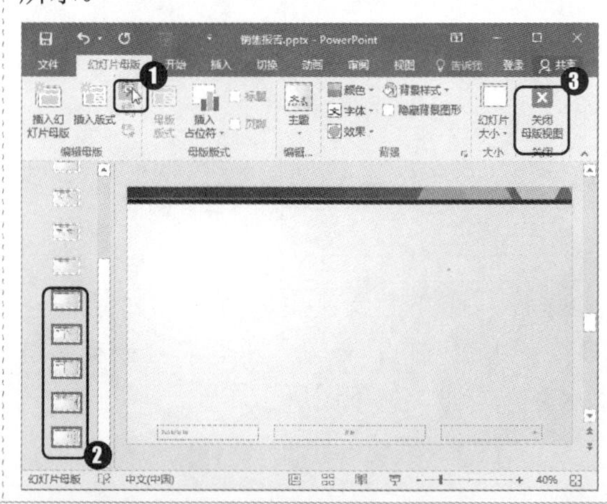

Step13: 返回普通视图中，创建第一张幻灯片，并输入标题和副标题，会自动应用“标题幻灯片”版式，如下图所示。

Step14: 创建第二张幻灯片，输入标题和内容，会自动应用“标题和内容幻灯片”母版的样式，如下图所示。

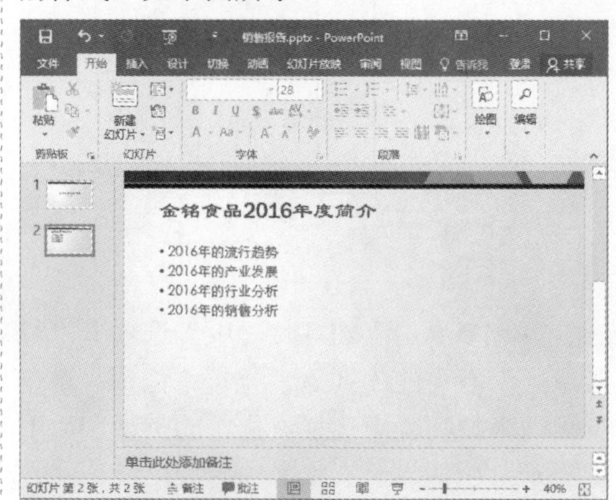

▷▷ 本章小结

本章的重点在于掌握 PowerPoint 2016 演示文稿主题应用及版式设计，主要包括使用系统主题美化演示文稿、自定义主题样式、创建母版和设置母版样式的方法。通过本章的学习，希望读者能够熟练地掌握主题和母版的使用方法，能够快速制作出格式统一、美观大方的演示文稿。

第 4 章　幻灯片中图片及图形的插入与编辑

本章导读

在制作幻灯片时，图形是必不可少的元素，图文并茂的幻灯片不仅形象生动，而且更容易引起观众的兴趣，并更能表达演讲人的思想，图形运用得当、合理，就可以更直观、准确地表达事物之间的关系。

知识要点

- 插入与编辑图片
- 美化插入的图片
- 绘制与编辑自选图形
- 添加与编辑艺术字
- 绘制、编辑与旋转文本框
- 使用相册功能

效果展示

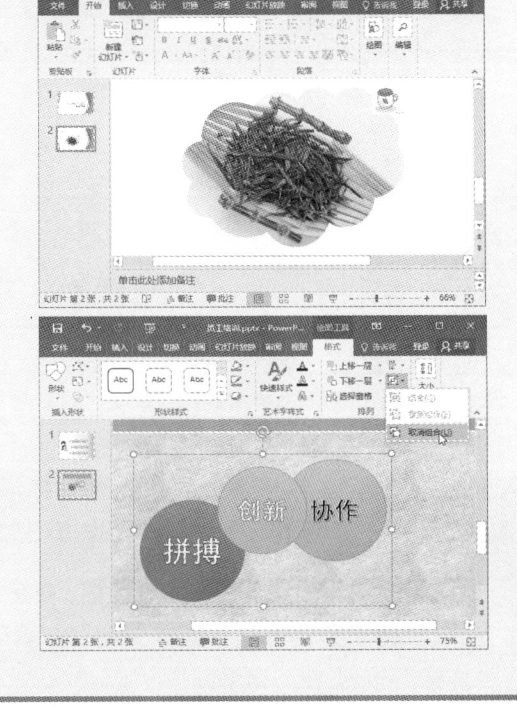

▷▷ 4.1 课堂讲解——插入与编辑图片

PowerPoint 2016 中提供了丰富的图片处理功能，可以轻松插入计算机中的图片文件、联机图片等，并可以根据需要对图片进行大小和位置的调整、裁剪和设置叠放次序等编辑操作。

4.1.1 插入计算机中的图片

在制作幻灯片时，如果需要插入计算机中的本地图片，操作方法如下。

Step01: ❶选择需要插入图片的幻灯片；❷在“插入”选项卡中单击“图像”组中的“图片”按钮，如下图所示。

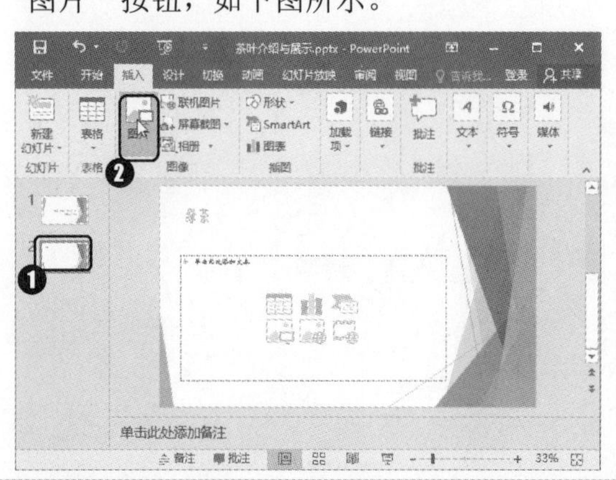

Step02: 打开“插入图片”对话框，❶选择需要插入的图片；❷单击“插入”按钮，如下图所示。

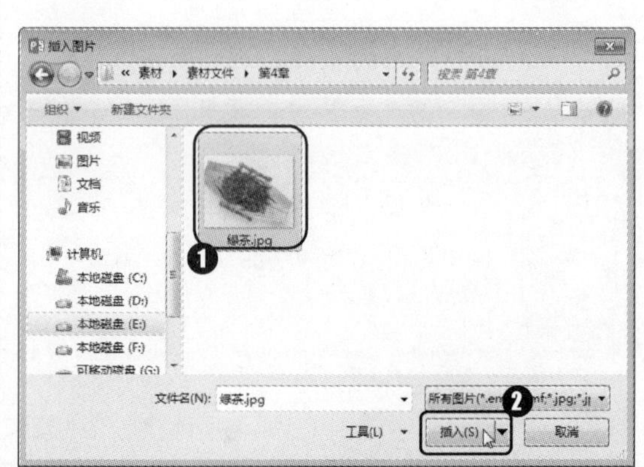

Step03: 返回演示文稿中即可看到已经将图片插入幻灯片，如右图所示。

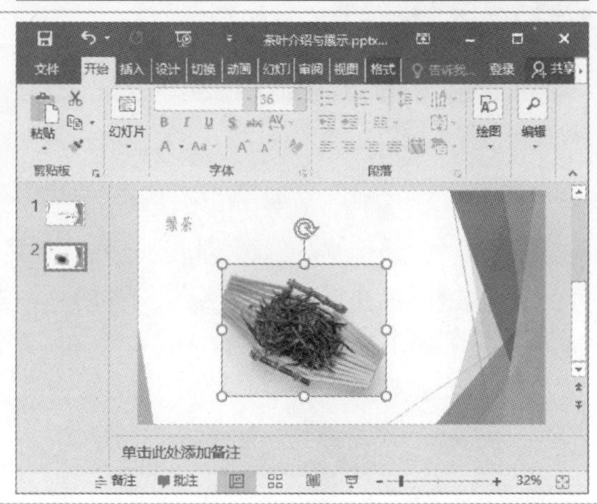

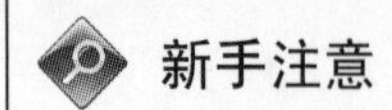
新手注意

打开图片存放文件夹，复制需要插入的图片，然后直接粘贴到幻灯片中也可将图片插入幻灯片。

4.1.2 插入联机图片

除了插入计算机中的图片，还可以使用插入联机图片功能将素材库中的图片快速地插入幻灯片中，这样就不需要先下载到本地计算机再插入幻灯片，提高了工作效率，操作方法如下。

Step01: ❶选择要插入图片的幻灯片；❷在“插入”选项卡中单击“图像”组中的“联机图片”按钮，如下图所示。

Step02: 打开“插入图片”对话框，❶在“必应图像搜索”搜索框中输入关键字；❷单击“搜索”按钮 ，如下图所示。

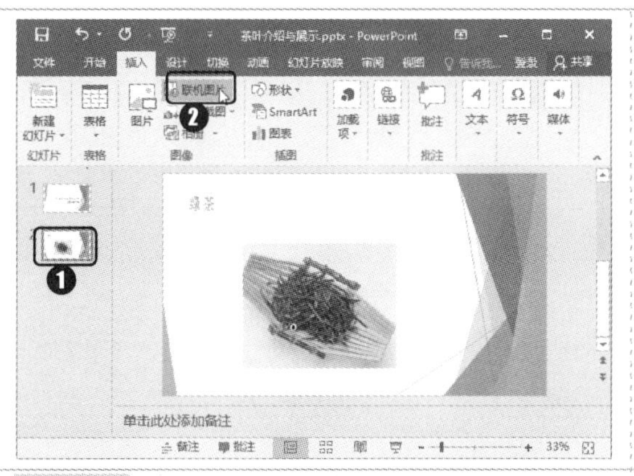

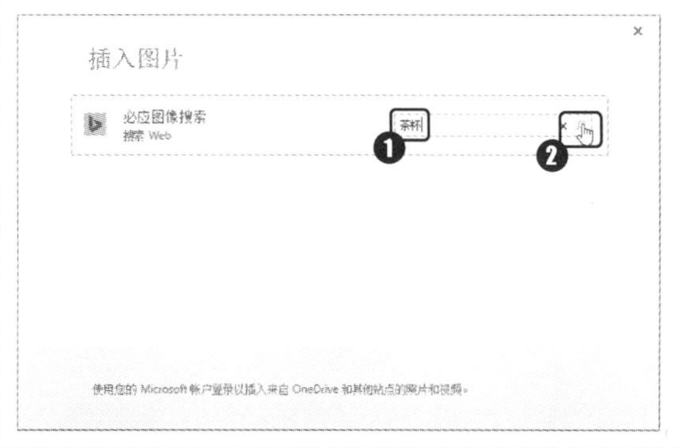

Step03: 下方将显示图片搜索结果，❶选择要插入的图片；❷单击“插入”按钮将自动下载图片并插入幻灯片，如下图所示。

Step04: 返回演示文稿中即可看到图片已经插入幻灯片，如下图所示。

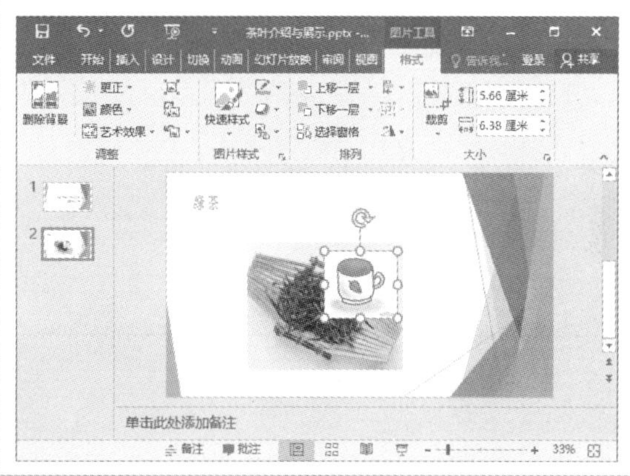

4.1.3 调整图片的大小和位置

将图片插入幻灯片中后，图片将以默认的大小显示，用户需要手动调整图片的大小和位置，操作方法如下。

Step01: 选中图片，在图片的四周将出现8个控制点，将鼠标光标移动到四个角的控制点上，按住鼠标左键拖动鼠标，即可调整图片的大小，如下图所示。

Step02: 选中图片，将鼠标移动到图片上，当鼠标光标变为✥形状时，按住鼠标左键将图片拖动到合适的位置，如下图所示。

4.1.4 裁剪图片

在 PPT 中，对于插入到文档中的图片，如果只需要保留图片的某一部分，则可将其余部分裁剪掉。裁剪图片的操作方法如下。

Step01: ❶双击图片，切换到“绘图工具-格式”选项卡；❷在“大小”组中单击“裁剪”按钮，如下图所示。

Step02: 此时图片四边的控制点变成线条形状，四个角的控制点变成直角形状，将鼠标指针移至控制点上，按住左键进行拖动，然后按〈Enter〉键即可，如下图所示。

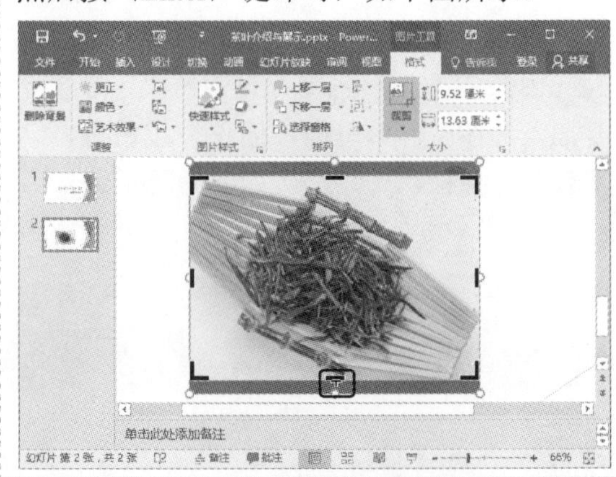

新手注意

执行以上裁剪图片操作后，图片并不是真的被剪掉了，而是隐藏了部分图片，若需要还原图片，只需反方向拖动即可。

除了自定义裁剪之外，还可以根据需要将图片剪裁为合适的比例及形状等，具体操作方法如下。

Step01: ❶选中需要裁剪的图片；❷切换到“绘图工具-格式”选项卡，在“大小”组中单击“裁剪”下拉按钮；❸在弹出的下拉列表中选择“裁剪为形状”选项；❹选择需要的形状，如下图所示。

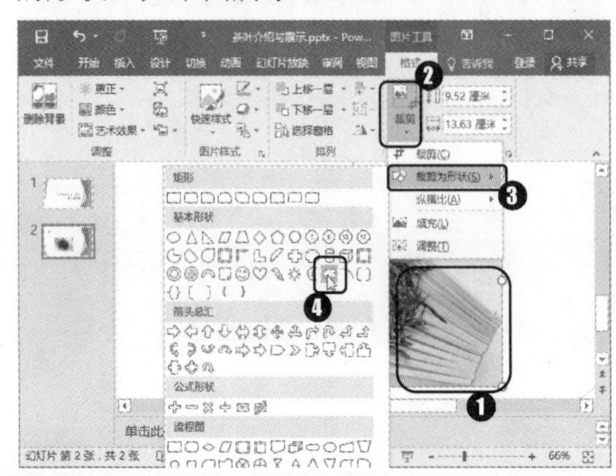

Step02: 此时，所选图片将被裁剪为所选形状，如下图所示。

4.1.5　调整图片的叠放次序

在放映幻灯片时，若幻灯片中的多张图片或图形重叠放置，放在下层的图片将被上层的图片遮挡部分内容，为了更好地显示幻灯片的内容，需要调整多个对象的叠放次序，具体操作方法如下。

Step01: ❶选中需要放置在最顶层的图片，然后单击“开始”选项卡，在“绘图”组中单击“排列”下拉按钮；❷在弹出的下拉列表中选择“置于顶层”选项，如下图所示。

Step02: 所选图片将被放置于最顶层，该图片将显示出来，如下图所示。

Step03: ❶选择需要暂时隐藏的一张图片，单击鼠标右键；❷在弹出的快捷菜单中依次选择“置于底层”→“下移一层”命令，如下图所示。

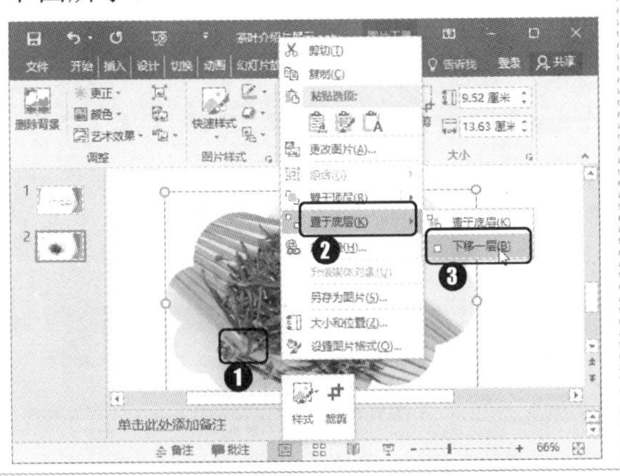

Step04: 此时，图片将向下移动一层，显示出被覆盖的图片，如下图所示。

▷▷ 4.2　课堂讲解——美化插入的图片

将图片插入幻灯片中之后，除了可以对图片进行简单的编辑之外，还可以使用 PowerPoint 的美化功能美化图片，提高图片的美观性和表现力。

4.2.1 调整图片饱和度和色温

色彩饱和度是色彩的构成要素之一，指的是色彩的纯度，纯度越高，表现越鲜明；纯度越低，表现越黯淡。色温是表示光源光谱质量最通用的指标。不同的饱和度和色温能给人不一样的感觉，具体操作方法如下。

Step01: ❶选中演示文稿中的图片，在“图片工具-格式”选项卡中单击“调整”组中的“颜色”下拉按钮；❷在弹出的下拉列表中设置图片的饱和度、色调、颜色，如下图所示。

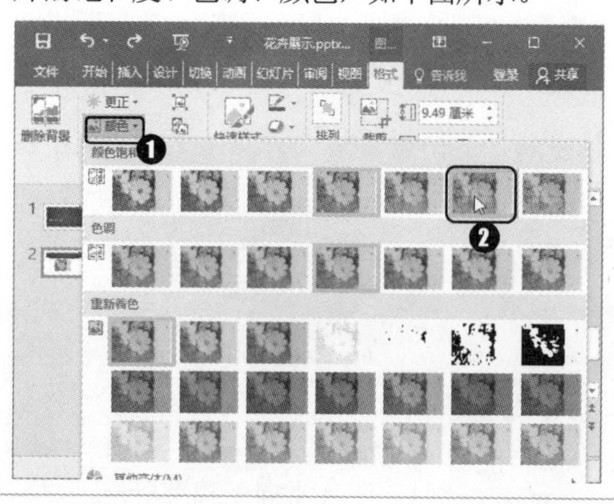

Step02: 设置完成后即可查看最终效果，如下图所示。

4.2.2 设置图片边框

为图片添加的边框可以起到画框的作用，如果有多张图片，边框也可以起到区分图片的作用。为图片设置边框的具体操作方法如下。

Step01: ❶选中演示文稿中的图片，在“图片工具-格式”选项卡的“图片样式”组中单击“图片边框”下拉按钮；❷在弹出的下拉列表中选择“粗细”选项；❸再选择合适的边框大小，如下图所示。

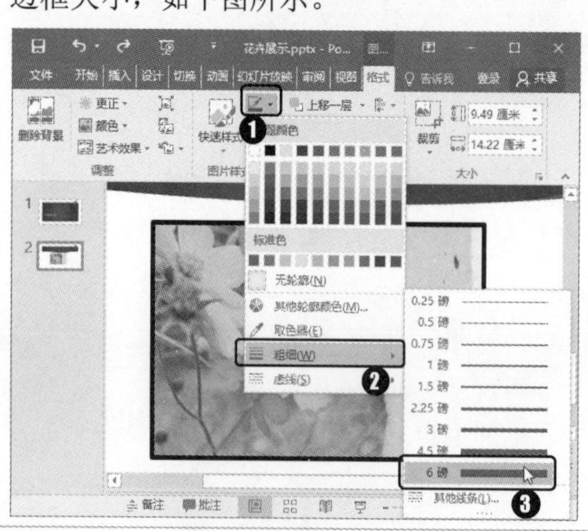

Step02: ❶再次单击“图片边框”下拉按钮；❷在弹出的下拉列表中选择一种主题颜色，如下图所示。

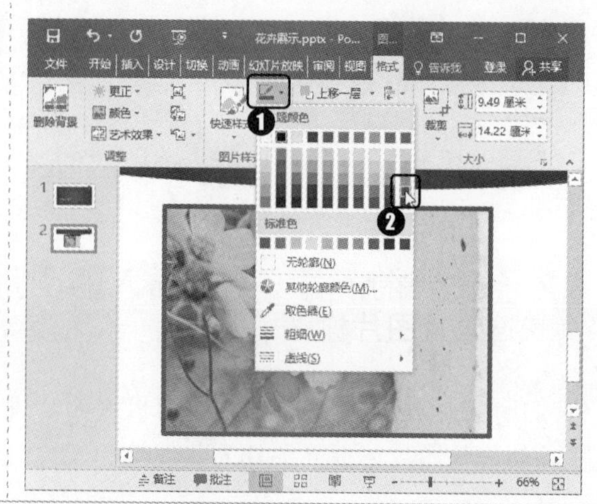

Step03: 为图片添加边框的效果如右图所示。

4.2.3　设置图片的特殊效果

绘制好图形后，可以为图形添加一些特殊效果，例如阴影、发光、映像、棱台等，下面以设置映像和三维效果为例进行介绍。

Step01: ❶选中需要更改样式的图片；❷单击“图片工具-格式”选项卡“图片样式”组中的“图片效果”下拉按钮；❸在弹出的下拉列表中选择“映像”选项；❹再选择一种映像变体，如下图所示。

Step02: ❶再次单击“图片工具-格式”选项卡“图片样式”组中的“图片效果”下拉按钮；❷在弹出的下拉列表中选择“三维旋转”选项；❸再选择一种三维样式，如下图所示。

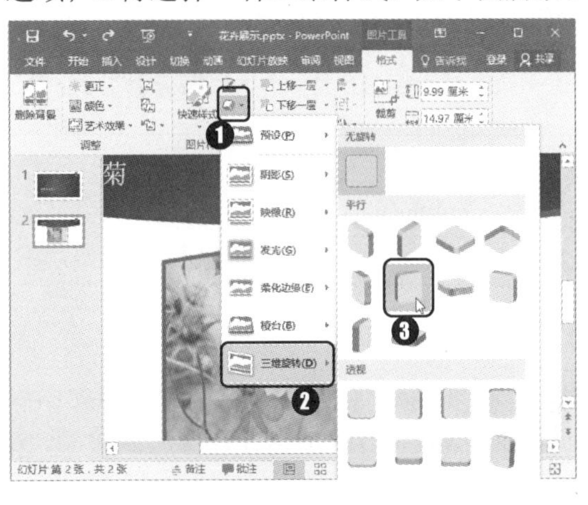

Step03: 设置完成后，图片的效果如右图所示。

4.2.4　快速设置图片样式

如果想要为图片设置样式，又不知道该如何设置，不妨使用快速样式功能。PowerPoint 2016内置了多种图片样式，可以简单快捷地为图片设置边框、阴影、三维等效果，操作方法如下。

Step01: ❶选中需要更改样式的图片，切换到“图片工具-格式”选项卡，单击“图片样式”组中的“快速样式”下拉按钮；❷在弹出的下拉列表中选择一种合适的图片样式，如下图所示。

Step02: 设置完成后即可查看最终效果，如下图所示。

▷▷ 4.3　课堂讲解——绘制与编辑自选图形

PowerPoint 2016 提供了非常强大的绘图工具，包括线条、几何形状、箭头、公式形状、流程图形状、星、旗帜、标注以及按钮等。用户可以使用这些工具绘制自己需要的图形。

4.3.1　绘制自选图形

在 PPT 中非常实用的一种图表为概念图表，也就是由多个形状组合而成的图表。所以要掌握图表，首先需要熟练掌握各种图形的绘制。在 PowerPoint 2016 中提供了多种类型的绘图工具，用户可以使用这些工具在幻灯片中绘制应用于不同场合的图形。具体操作方法如下。

Step01: ❶选择要绘制图形的幻灯片；❷单击“插入”选项卡“插图”组中的“形状”下拉按钮；❸在弹出的下拉列表中选择需要的图形，如下图所示。

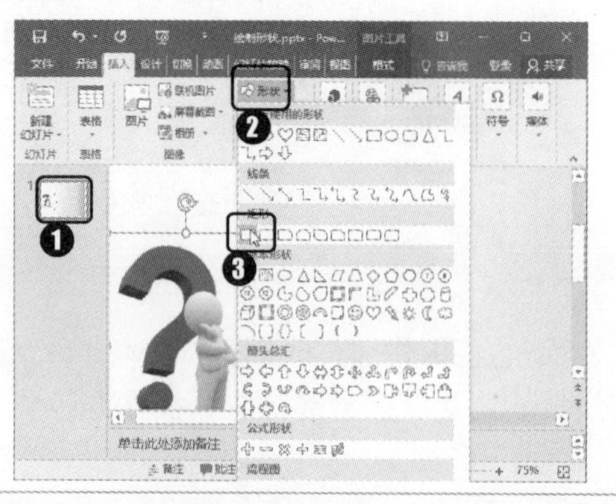

Step02: 此时鼠标呈＋形状，按住鼠标左键并拖动即可绘制出图形，绘制完成后的效果如下图所示。

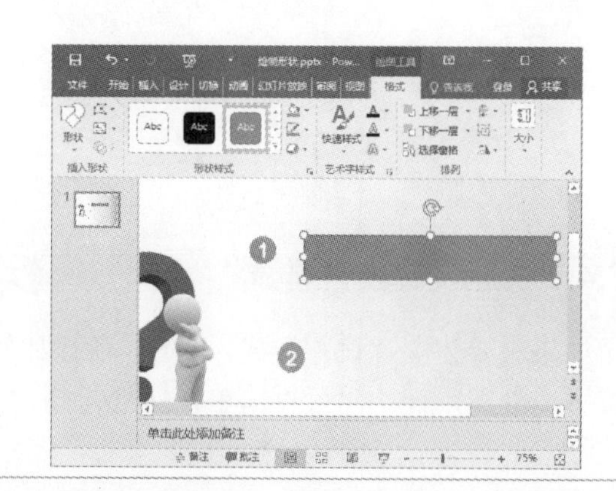

4.3.2 更改形状

在创建并设置好图形后，如果对图形的形状不满意，可以直接将其替换为其他形状，而无须重新绘制，具体操作方法如下。

Step01: ❶选中幻灯片中需要更改形状的图形；❷在“图片工具-格式”选项卡中依次单击“编辑形状”→“更改形状”按钮；❸选择需要的形状，如下图所示。

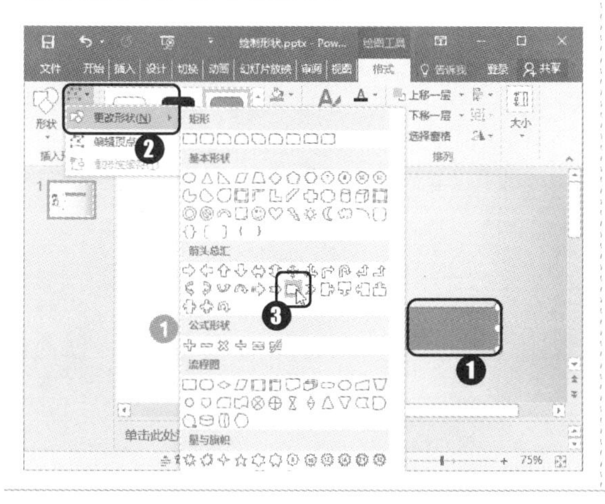

Step02: 操作完成后，幻灯片中的形状已经更改为所选形状，如下图所示。

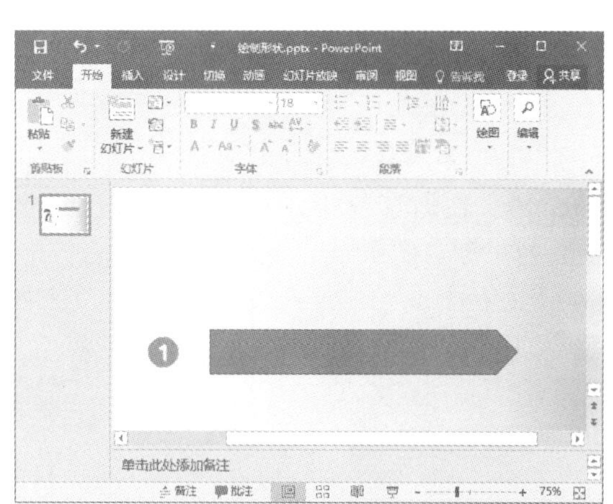

4.3.3 设置图形效果

绘制好图形后，可以为图形添加一些特殊效果，例如阴影、发光、映像、棱台等，设置图形效果的操作方法如下。

Step01: ❶选中需要设置图形效果的图形；❷单击“图片工具-格式”选项卡“形状样式”组中的“形状填充”下拉按钮；❸在弹出的下拉列表中选择合适的颜色，如下图所示。

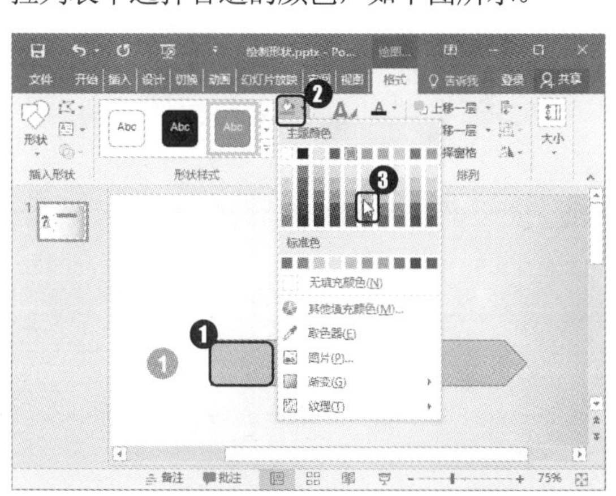

Step02: ❶单击“图片工具-格式”选项卡“形状样式”组中的“形状轮廓”下拉按钮；❷在弹出的下拉列表中选择“无轮廓”选项，如下图所示。

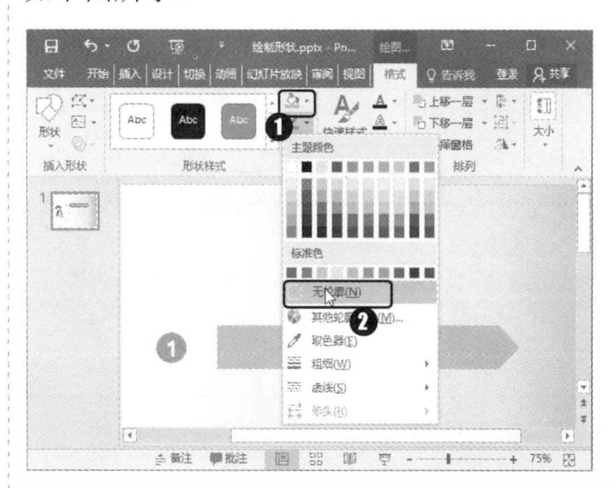

Step03: ❶单击“图片工具-格式”选项卡“形状样式”组中的“形状效果”下拉按钮；

Step04: ❶单击“图片工具-格式”选项卡“形状样式”组中的“形状效果”下拉按钮；

❷在弹出的下拉列表中选择“阴影”选项；❸选择一种阴影样式，如下图所示。

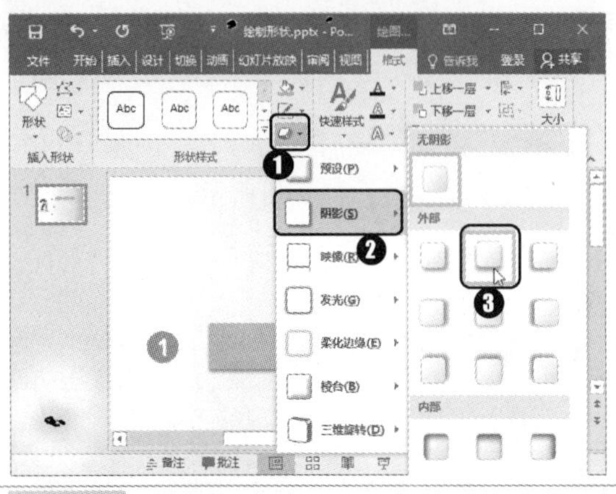

❷在弹出的下拉列表中选择“棱台”选项；❸选择一种棱台样式，如下图所示。

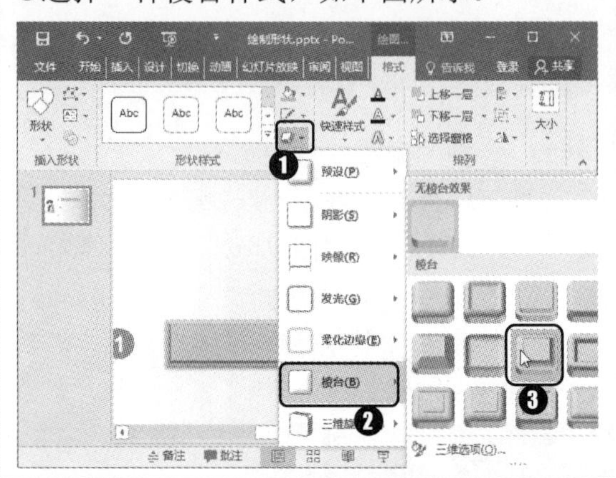

Step05: 在幻灯片中，可看到形状已经更改，效果如右图所示。

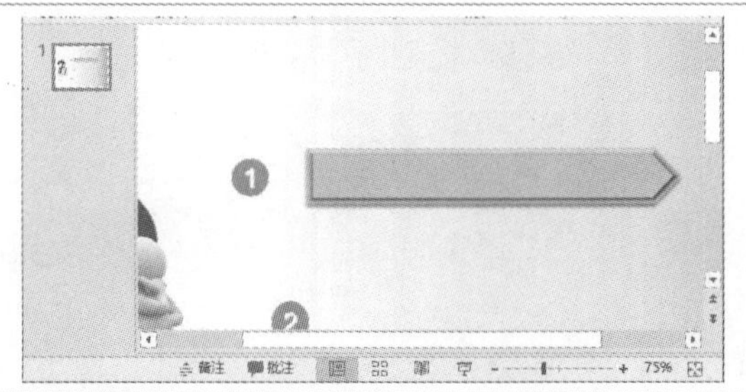

4.3.4 在图形上添加文字

绘制图形之后，可以在图形上直接添加文字，具体操作方法如下。

Step01: ❶在形状上单击鼠标右键；❷在弹出的快捷菜单中选择“编辑文字”命令，如下图所示。

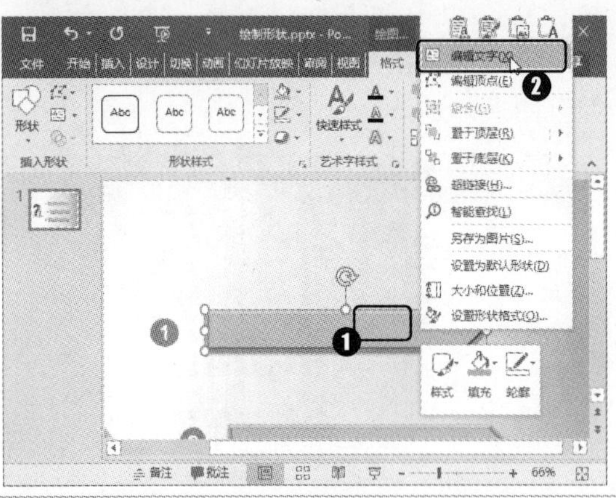

Step02: 此时图形中间将出现闪烁的光标，直接输入文字即可，如下图所示。

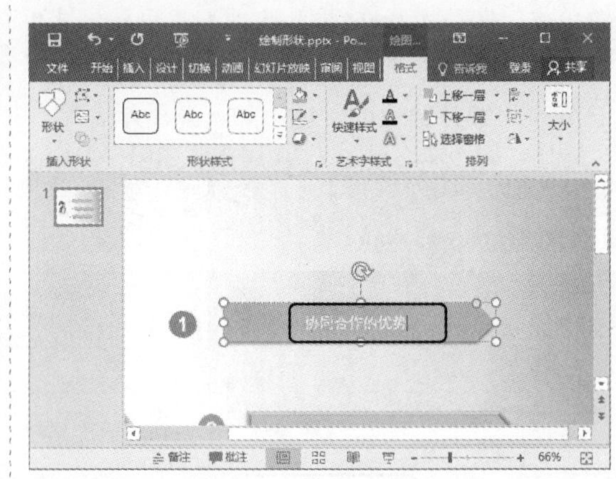

新手注意

在形状上添加的文字默认为居中对齐，如果需要其他更有特色的对齐方式，如左上角、右下角等位置，可以使用文本框添加文字。

.3.5 设置图形的叠放次序

多张图片叠加在一起的时候，会出现后插入的图片遮挡先插入的图片的情况。绘制图形也一样，后插入的图形位于顶层，遮挡了已有的图片或文字，此时可以设置图形的叠放次序。体操作方法如下。

Step01: 如果需要将一个图形置于顶层，❶选中该图形，然后在图形上单击鼠标右键；❷在弹出的快捷菜单中选择“置于顶层”命令；❸在弹出的扩展菜单中选择“上移一层”命令，如下图所示。

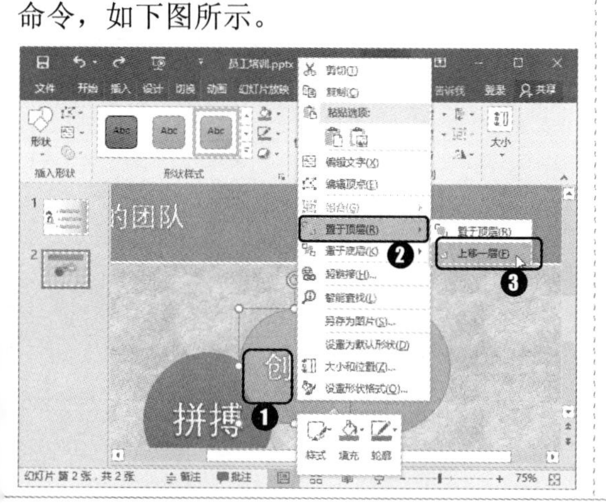

Step02: 操作完成后，幻灯片中的形状已经上移了一层，如下图所示。如果要下移一层或将图片置于顶层或底层，操作方法与此类似。

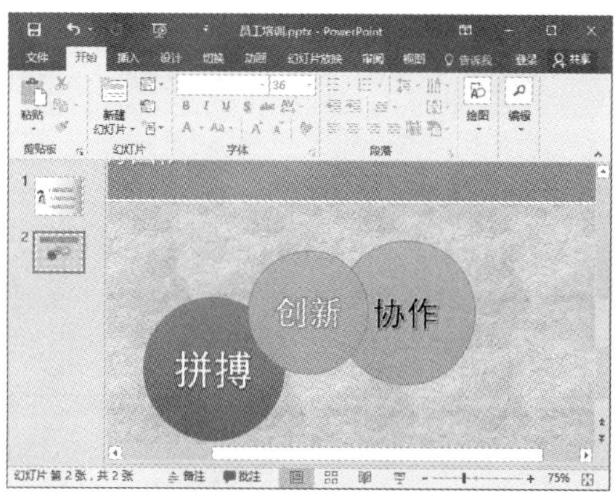

.3.6 合并形状

合并形状是自 PowerPoint 2013 起加入的新功能，可以将两个不同的图形合并为一个形状，作方法如下。

Step01: ❶选中需要合并的形状；❷单击“绘图工具-格式”选项卡中“插入形状”组中的“合并形状”下拉按钮；❸在弹出的下拉列表中选择合并命令，如“组合”，如下图所示。

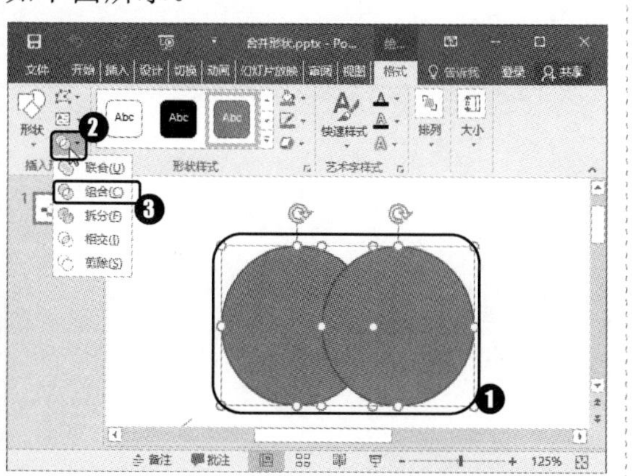

Step02: 操作完成后即可合并形状，分别将该形状执行不同的合并命令，其最终效果如下图所示。

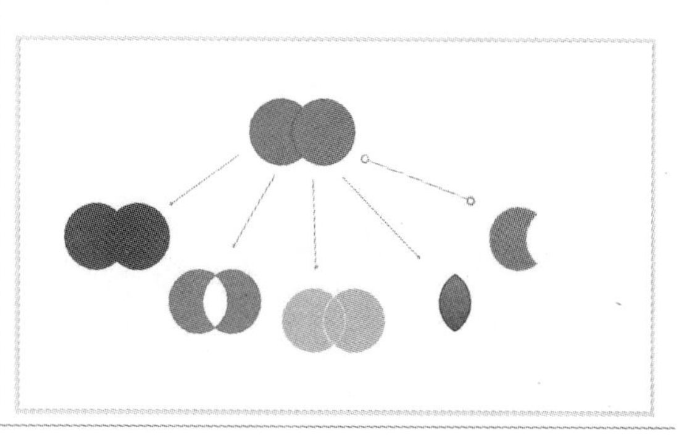

4.3.7 组合多个图形

当幻灯片中的图形较多时，容易出现选择和拖动的混乱和不便，这时可以将属于一个整体的多个对象进行组合，使之成为一个独立的对象。组合图形的操作方法如下。

Step01: ❶选中多个图形；❷单击“绘图工具-格式”选项卡“排列”组中的“组合”下拉按钮；❸在弹出的下拉列表中选择“组合”选项即可，如下图所示。

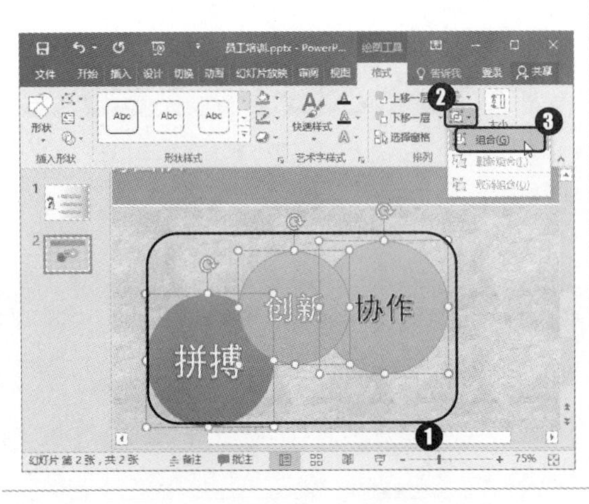

Step02: 如果不再需要将图形组合，❶选中组合图形；❷单击“绘图工具-格式”选项卡“排列”组中的“组合”下拉按钮；❸在弹出的下拉列表中选择“取消组合”选项，操作如下，如下图所示。

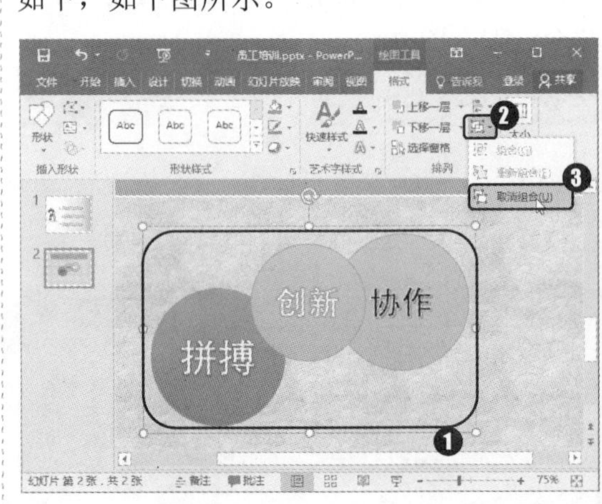

4.3.8 设置自选图形的三维格式

一个简单的几何图形在幻灯片中可以利用三维格式和三维旋转将其设置成具有三维效果的立体图形。在设置三维格式时还可以设置图形顶端和底端的效果、三维角度、图形的材质和照明等选项。

Step01: ❶在图形上单击鼠标右键；❷在弹出的快捷菜单中选择“设置形状格式”命令，如下图所示。

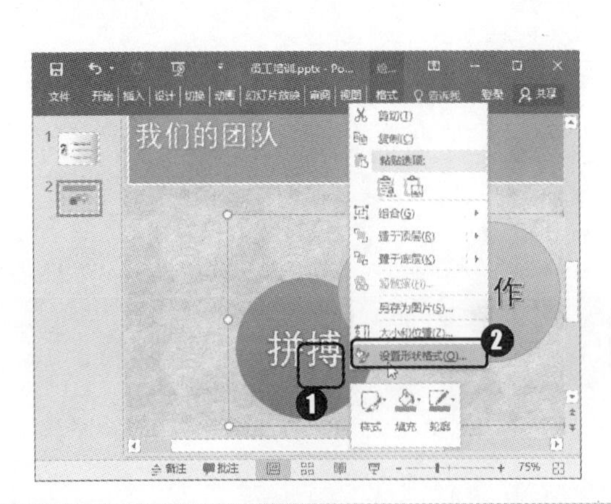

Step02: 打开“设置形状格式”窗格，在“效果”选项卡“三维格式”栏设置深度大小，如下图所示。

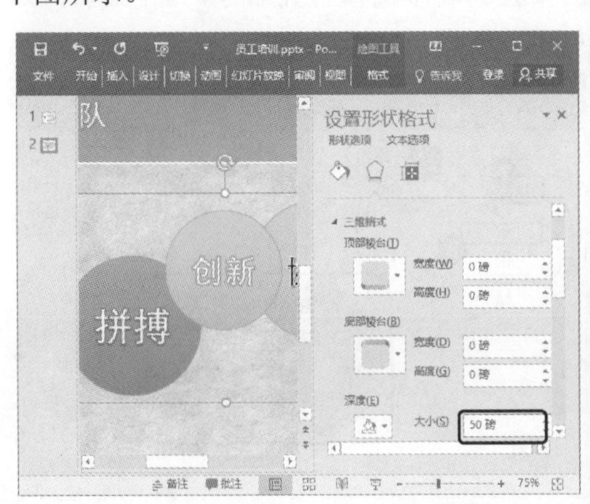

Step03: 在“三维旋转”栏设置 X 轴和 Y 轴的旋转角度，如下图所示。

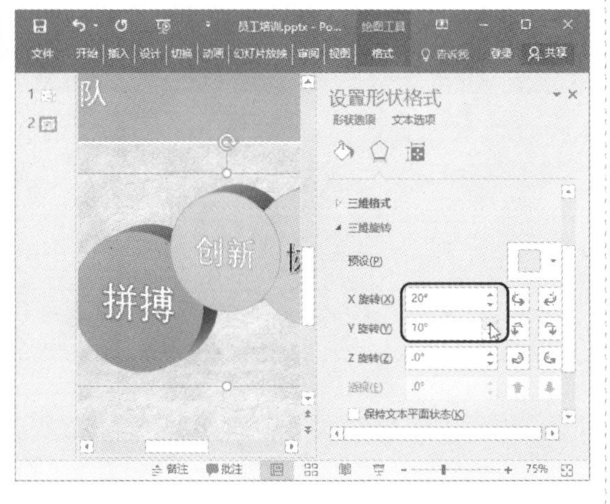

Step04: 返回“三维格式”栏，❶单击“顶部棱台”下拉按钮；❷在弹出的下拉列表中选择一种棱台样式，如下图所示。

Step05: 关闭“设置形状格式”窗格，幻灯片中设置了三维格式的效果如右图所示。

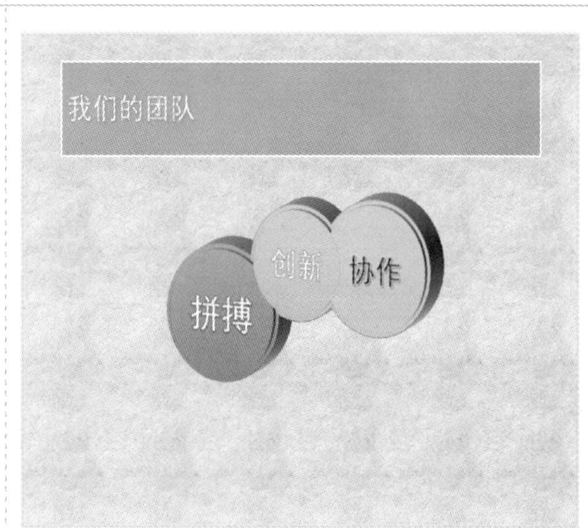

4.4 课堂讲解——使用艺术字与文本框

艺术字广泛应用于幻灯片的标题和需要重点讲解的部分，用户可以根据需要对文本框中的文本设置艺术字样式。而文本框使用灵活，它可以任意移动，是制作幻灯片时经常使用的工具之一。用户可以选择自行绘制文本框，然后在文本框输入所需文本。

4.4.1 添加艺术字

用户可以为已有的文本设置艺术字样式，也可以直接创建艺术字。下面介绍在演示文稿中添加艺术字的方法。

Step01: ❶切换到“插入”选项卡；❷在“文本”组中单击“艺术字”下拉按钮；❸在弹出的下拉列表中选择一种艺术字样式，如下图所示。

Step02: 幻灯片中将出现一个艺术字文本框，占位符“请在此放置您的文字”为选中状态，如下图所示。

Step03: 直接输入艺术字内容，输入完成后，使用鼠标将艺术字文本框拖动到合适的位置即可，如右图所示。

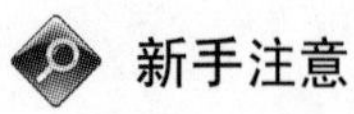

新手注意

在一张幻灯片中不宜添加太多艺术字，要视情况而定，艺术字太多反而会影响演示文稿的整体风格。

4.4.2　编辑艺术字

在制作演示文稿的过程中，可以根据演示文稿的整体效果来编辑艺术字，如设置艺术字带阴影、扭曲、旋转或拉伸等特殊效果，操作方法如下。

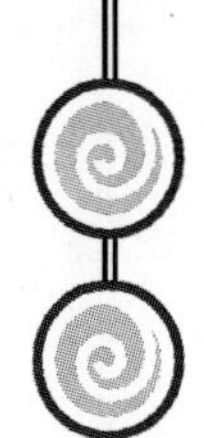

Step01: ❶选择插入的艺术字；❷在“绘图工具-格式”选项卡的“形状样式”组中选择一种艺术字的快速样式，如下图所示。

Step02: ❶单击“绘图工具-格式”选项卡的“形状效果”下拉按钮；❷在弹出的下拉列表中选择“预设”；❸选择一种预设样式，如下图所示。

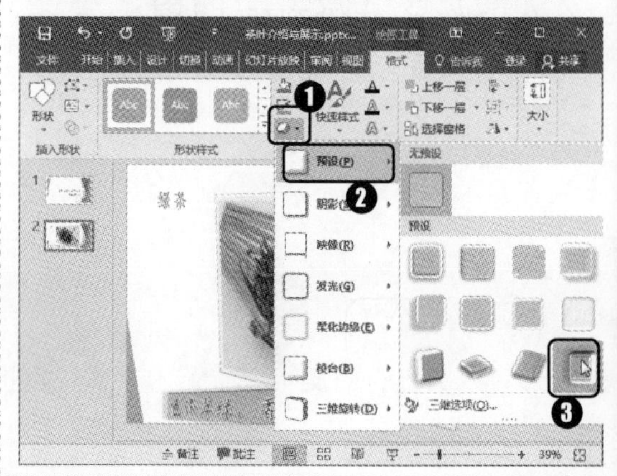

Step03: ❶切换到“开始”选项卡；❷在“字体”组中设置字体格式，如下图所示。

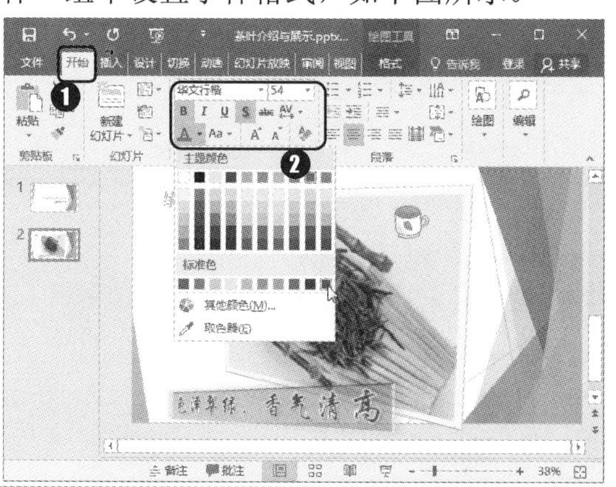

Step04: 设置完成后即可查看最终效果，如下图所示。

4.4.3 绘制文本框

文本框分为横排文本框和竖排文本框两种，在横排文本框中输入的文本以横排显示，在竖排文本框中输入的文本则以竖排显示。用户可以根据实际需要在制作幻灯片的过程中绘制任意大小和方向的文本框。下面以绘制竖排文本框为例，介绍绘制文本框的操作方法。

Step01: ❶单击“插入”选项卡“文本”组中的“文本框”下拉按钮；❷在弹出的下拉列表中选择“竖排文本框”选项，如下图所示。

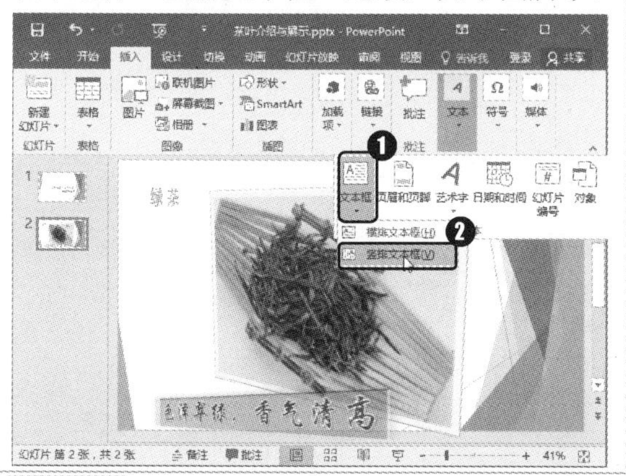

Step02: 此时鼠标呈＋形状，按住鼠标左键并拖动即可绘制文本框，如下图所示。

Step03: 将光标定位到文本框中，直接输入文字即可，如下图所示。

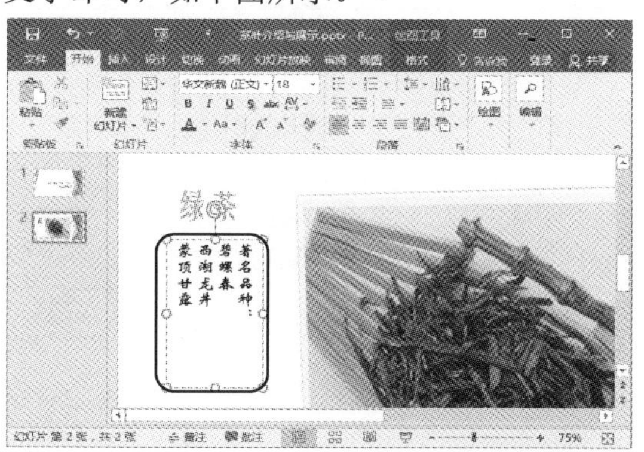

Step04: 输入完成后，可以在“开始”选项卡的字体组中设置字体格式，如下图所示。

4.4.4 编辑文本框

默认的文本框样式单调且不够美观，用户可以对其进行各种编辑操作。在“格式”选项卡中可以对文本框进行编辑，包括设置文本框边框、填充颜色以及文本效果等，下面将详细介绍。

1. 设置填充样式

PowerPoint 2016 提供了多种主题填充效果，其中设置了边框与填充色的搭配效果，任意选择一种即可制作出专业的效果。操作方法如下。

Step01: ❶选中文本框；❷在“绘图工具-格式”选项卡“形状样式”组的快速样式中选择一种填充样式，如下图所示。

Step02: 如果对快速样式的填充颜色不满意，还可以❶单击“形状填充”下拉按钮；❷在弹出的下拉列表中选择一种合适的颜色，如下图所示。

2. 设置文本边框样式

用户可以根据自己的喜好自定义轮廓线效果，如轮廓线的颜色、线型和粗细等，操作方法如下。

Step01: ❶选中文本框；❷单击“绘图工具-格式”选项卡“形状样式”组中的“形状轮廓”下拉按钮；❸在弹出的下拉列表中选择一种轮廓颜色，如下图所示。

Step02: ❶再次单击“绘图工具-格式”选项卡“形状样式”组中的“形状轮廓”下拉按钮；❷在弹出的下拉列表中选择“粗细”选项；❸选择轮廓线条的粗细，如下图所示。

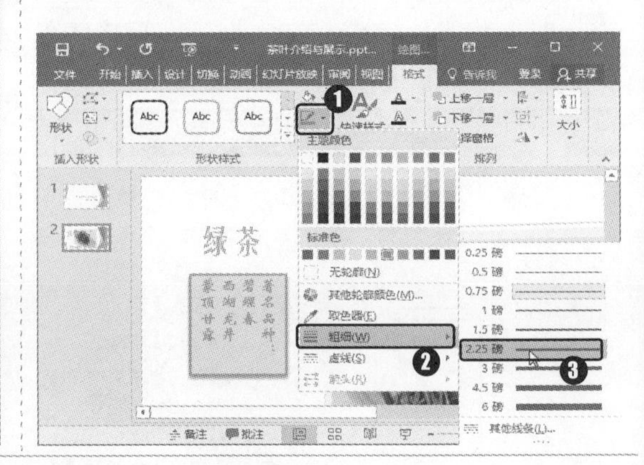

3. 设置文本样式

设置文本效果是指设置文本框中的文字格式，如快速设置样式、填充效果、轮廓效果和文本的特殊效果，操作方法如下。

Step01: ❶选中文本框；❷单击“绘图工具-格式”选项卡“艺术字样式”组中的“快速样式”下拉按钮；❸在弹出的下拉列表中选择一种艺术字样式，如下图所示。

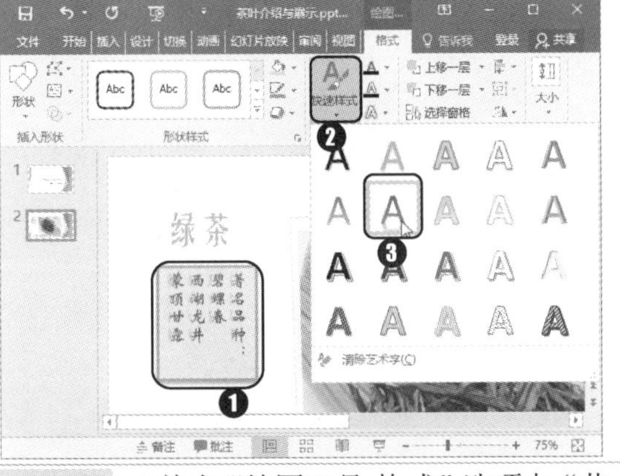
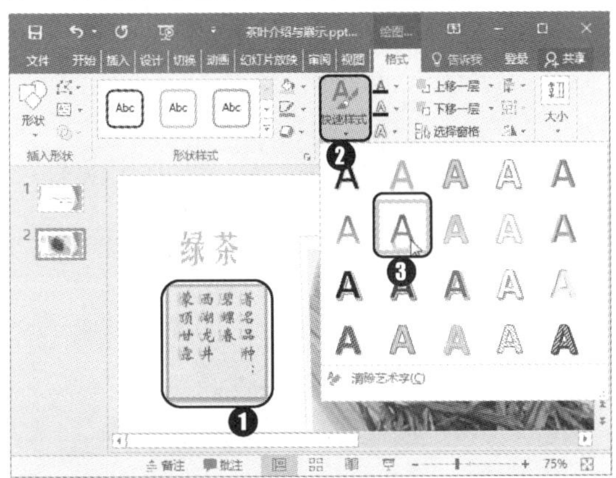

Step02: ❶单击“绘图工具-格式”选项卡“艺术字样式”组中的“文本填充”下拉按钮；❷在弹出的下拉列表中选择一种填充颜色，如下图所示。

Step03: ❶单击“绘图工具-格式”选项卡“艺术字样式”组中的“文本效果”下拉按钮；❷在弹出的下拉列表中选择“转换”选项；❸选择一种弯曲样式，如下图所示。

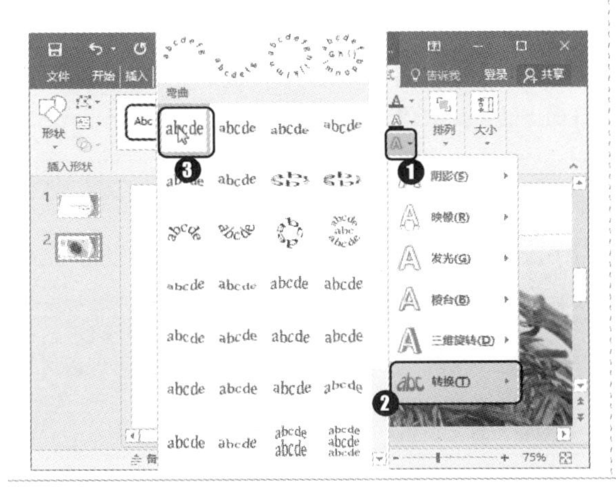

Step04: 设置完成后即可查看最终效果，如下图所示。

4.4.5 旋转文本框

通过旋转文本框，可以达到文本以不同角度排列的效果，使幻灯片更加活泼。旋转文本框的操作方法如下。

Step01: ❶选中文本框；❷单击“绘图工具-格式”选项卡中“排列”组中的“旋转”下拉按钮；❸在弹出的下拉列表中选择旋转方向，如下图所示。

Step02: 设置完成后，该形状在幻灯片中的效果如下图所示。

Step03: 如果需要自由旋转文本框，选中要旋转的文本框后，将鼠标指向文本框上方的锚点，此时鼠标变为↻形状，按住鼠标左键并拖动鼠标即可使文本框旋转，如右图所示。

▷▷ 4.5　课堂讲解——使用相册功能

PowerPoint 2016 中的相册功能非常强大，通过创建相册，用户可以方便地制作展示型演示文稿。而在使用相册时，使用其中的主题和相框可以更好地美化相册，使其更具个性。

4.5.1　创建相册

在使用相册之前，首先需要创建一个相册，使用 PowerPoint 2016 相册功能可以自动建立多张幻灯片，并可以指定每张幻灯片中插入几张图片。创建相册的操作方法如下。

Step01: 启动 PowerPoint 2016，单击“插入”选项卡“图像”组中的“相册”按钮，如下图所示。

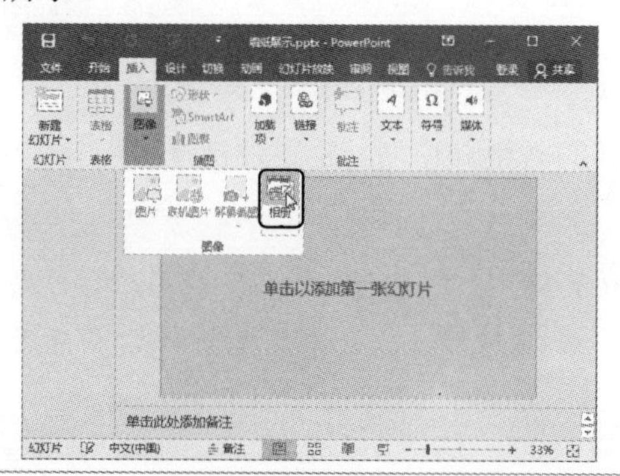

Step02: 弹出“相册”对话框，单击“文件/磁盘”按钮，如下图所示。

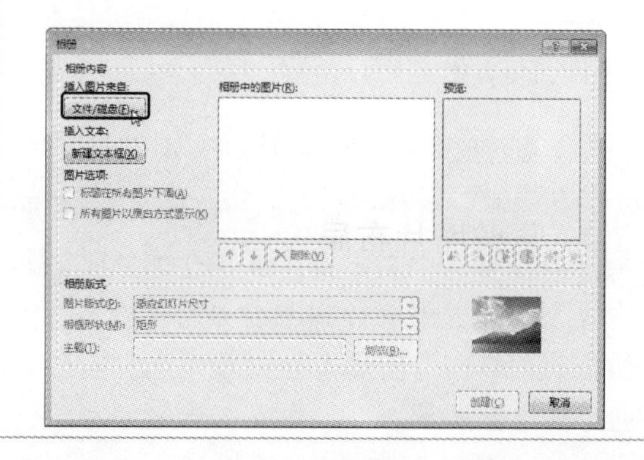

Step03: 弹出“插入新图片”对话框，❶选择要插入相册的图片；❷单击“插入”按钮，如下图所示。

Step04: 返回“相册”对话框，❶在“相册版式”栏中设置图片版式和相框形状；❷单击“主题”文本框右侧的“浏览”按钮，如下图所示。

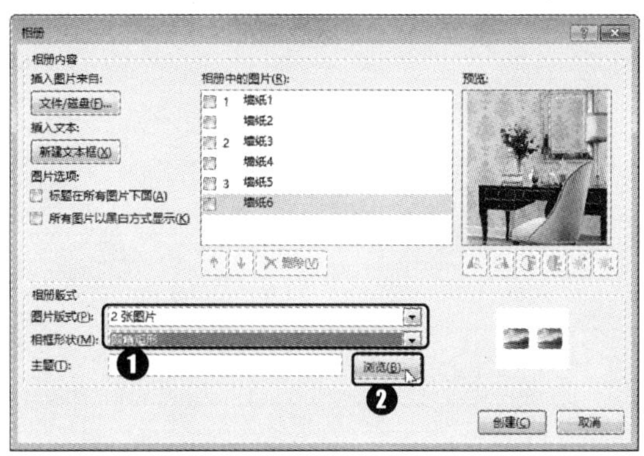

Step05: 打开“选择主题”对话框，❶选择一种主题样式；❷单击“选择”按钮，如下图所示。

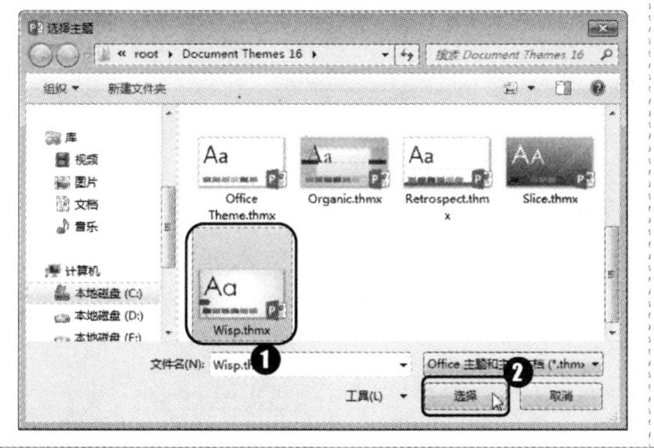

Step06: 返回“相册”对话框后，单击“创建”按钮，如下图所示。

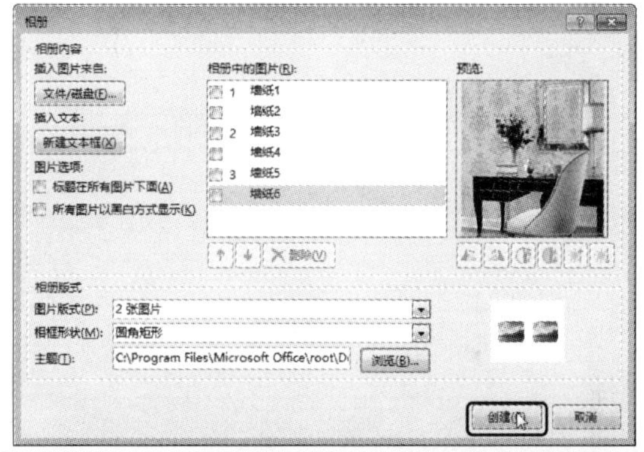

Step07: 在返回的演示文稿中即可生成相册演示文稿，如右图所示。

4.5.2　更改图片布局

相册创建完成后，如果对相册的版式、排列顺序等不满意，可以通过编辑相册的方法更改图片的布局，操作方法如下。

Step01: ❶单击“插入”选项卡“图像”组中的“相册”下拉按钮；❷在弹出的下拉列表中选择“编辑相册”选项，如下图所示。

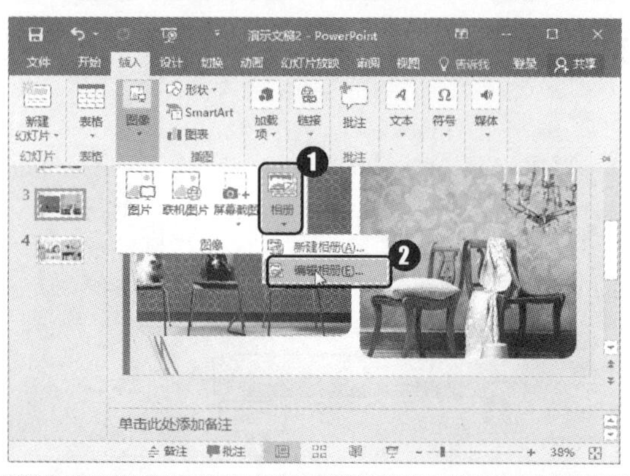

Step02: 打开“编辑相册”对话框，❶勾选需要调整排列顺序的图片；❷单击列表框下方的方向键按钮调整排列顺序，如下图所示。

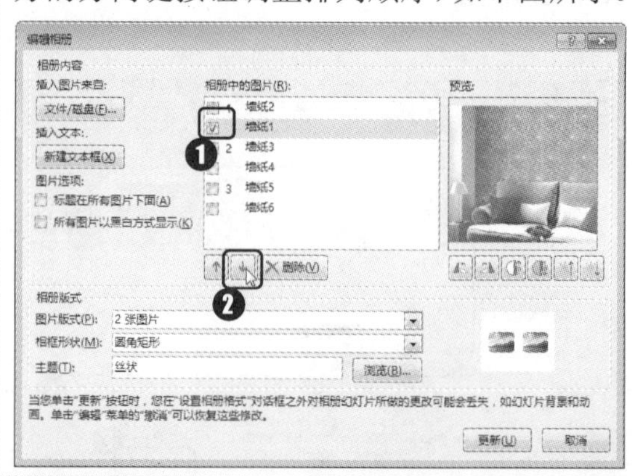

Step03: ❶在“相册版式”栏中重新选择图片版式；❷单击“更新”按钮，如下图所示。

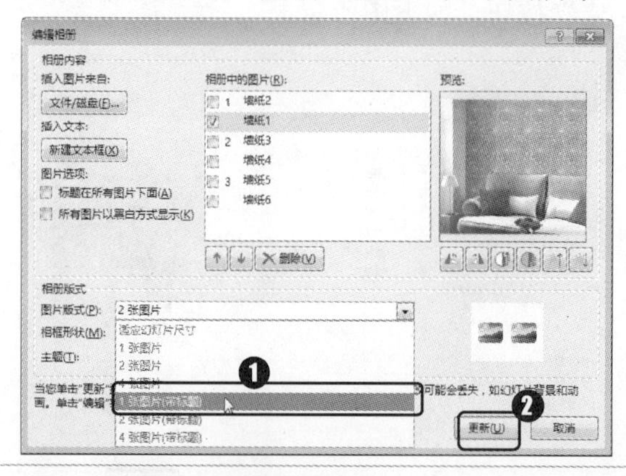

Step04: 设置完成后即可查看最终效果，如下图所示。

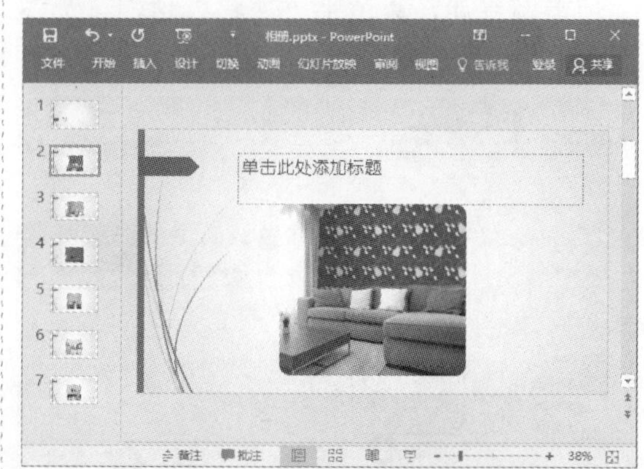

4.5.3 在相册中输入文字

相册修改完成后，可以在其中输入文字，以便对相册中的图片加以说明，使观看者能更明白其中的意思。在相册中输入文字，可以使用文本框的形式来插入，操作方法如下。

Step01: 单击“单击此处添加标题”文本框，将光标定位到文本框中，如下图所示。

Step02: 直接输入文字即可，输入完成后也可以在“开始”选项卡中设置文字格式，如下图所示。

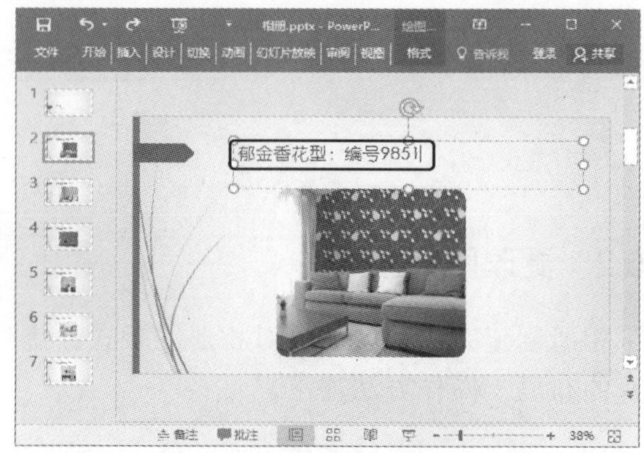

▷▷ 高手秘籍——实用操作技巧

通过前面知识的学习，相信读者朋友已经掌握了在幻灯片中插入图形图像的基本操作方法。下面结合本章内容介绍一些实用技巧。

同步文件

视频文件：视频文件\第 4 章\高手秘籍.mp4

技巧 01　将文本保存为图片

在制作文字的动画效果时，为了让文字动作更加自然，需要将编辑后的文本框另存为图片格式，再对其进行动作设置，具体操作方法如下。

Step01: ❶选中文本框内的文字，单击鼠标右键；❷在弹出的快捷菜单中选择“剪切”命令，或按〈Ctrl+X〉组合键剪切文本，如下图所示。

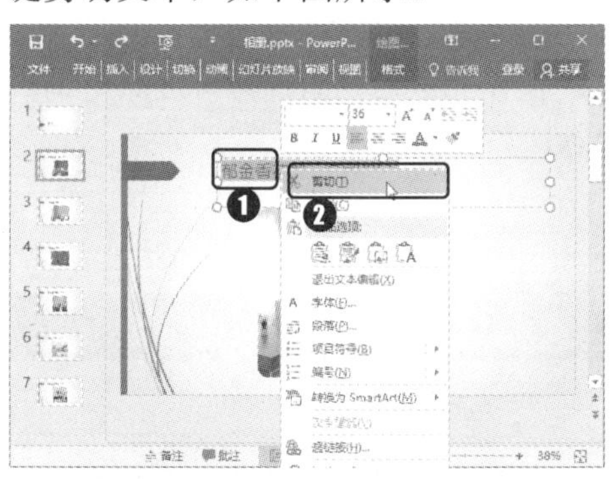

Step02: ❶单击“开始”选项卡“剪贴板”组中的“粘贴”下拉按钮；❷在弹出的下拉列表中选择“选择性粘贴”命令，如下图所示。

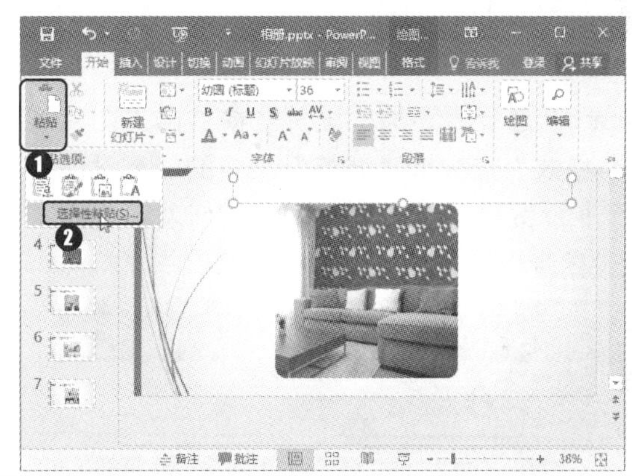

Step03: 弹出“选择性粘贴”对话框，❶选择合适的图片格式；❷单击“确定”按钮，如下图所示。

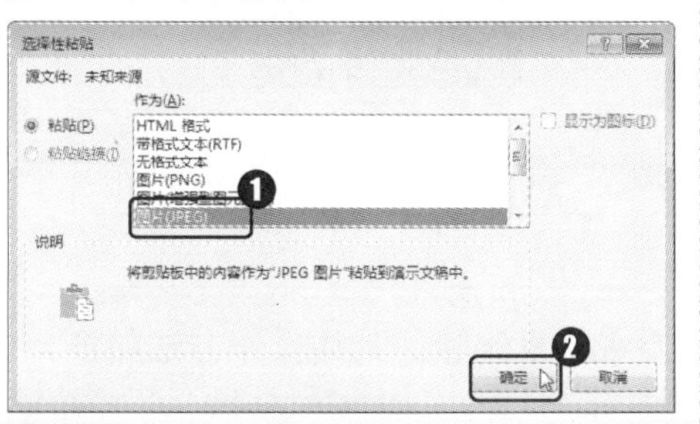

Step04: 返回工作表中即可查到文字已经被保存为图片，如下图所示。

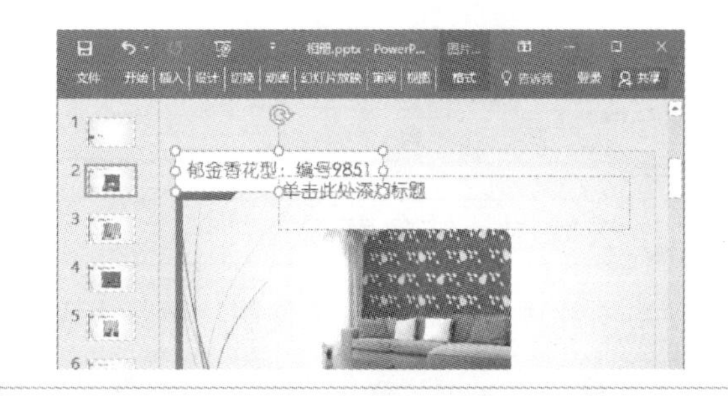

技巧 02　隐藏重叠的多个对象

如果在幻灯片中插入了很多对象，如图片、文本框、图形等，这些对象将不可避免地重叠在一起，为了让它们暂时消失，可以通过以下方法实现。

Step01: 打开素材文件“隐藏多个对象.pptx”，❶在“开始”选项卡的“编辑”组中单击“选择”下拉按钮；❷在弹出的下拉列表中选择“选择窗格”选项，如下图所示。

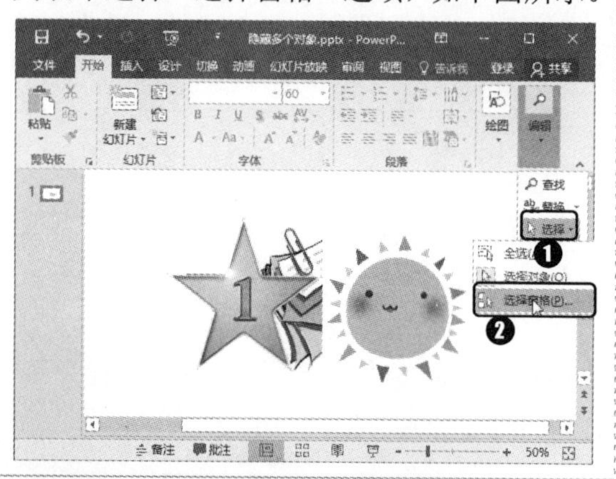

Step02: 在右侧的“选择”窗格中可以查看当前幻灯片上的所有对象，单击想隐藏的对象右侧的“眼睛”图标，即可隐藏该对象，如下图所示。

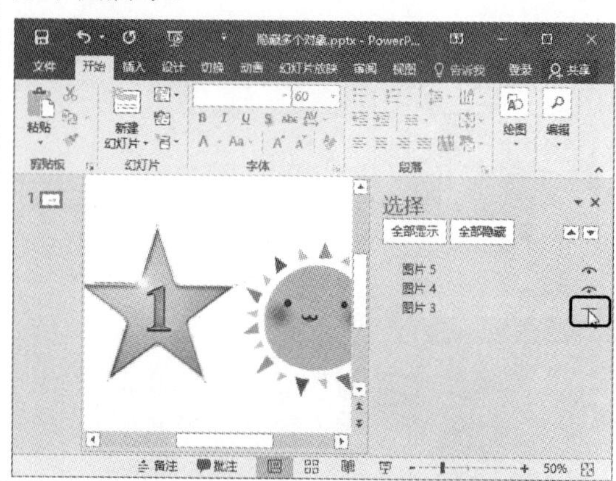

技巧 03 快速还原编辑后的图片

在为图片执行了美化、裁剪等多项编辑操作之后，如果对编辑后的图片效果不满意，可以将其快速还原，然后重新编辑。快速还原图片的操作方法如下。

Step01: 选择要还原的图片，❶单击“图片工具-格式”选项卡“调整”组中的“重设图片”下拉按钮；❷在弹出的下拉列表中选择“重设图片”选项，如下图所示。

Step02: 操作完成后，图片即可还原至编辑前的状态，如下图所示。

技巧 04 去除图片纯色背景

在使用图片时，有时候为了使图片更具表现力，需要将背景删除。具体操作方法如下。

Step01: ❶选中演示文稿中的图片；❷单击“图片工具-格式”选项卡“调整”组中的“删除背景”按钮，如下图所示。

Step02: 图片中被紫色覆盖的区域是清除区域，❶单击“背景消除”选项卡“优化”组中的“标记要保留的区域”按钮；❷在图片中设置保留区域；❸单击“保留更改”按钮，如下图所示。

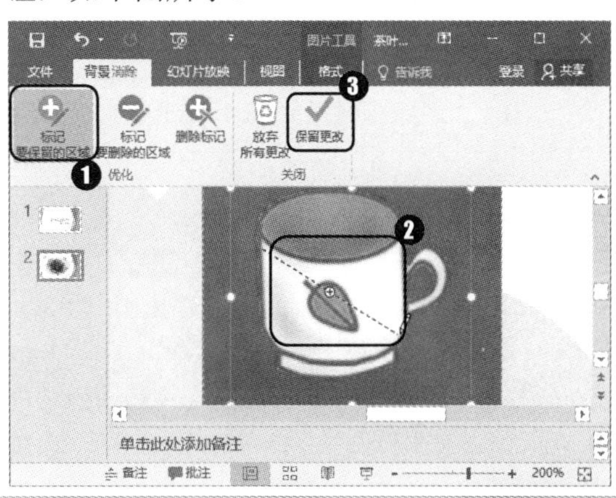

Step03: 图片中的背景即被删除，效果如右图所示。

▷▷ 上机实战——制作“产品宣传目录”

>>> 上机介绍

在 PowerPoint 2016 中，可以随意地插入各种图形图像，以丰富幻灯片的页面。而在插入图形或图片之后，还可以使用内置的美化功能使其更具艺术性。下面将制作一个产品宣传目录，最终效果如下图所示。

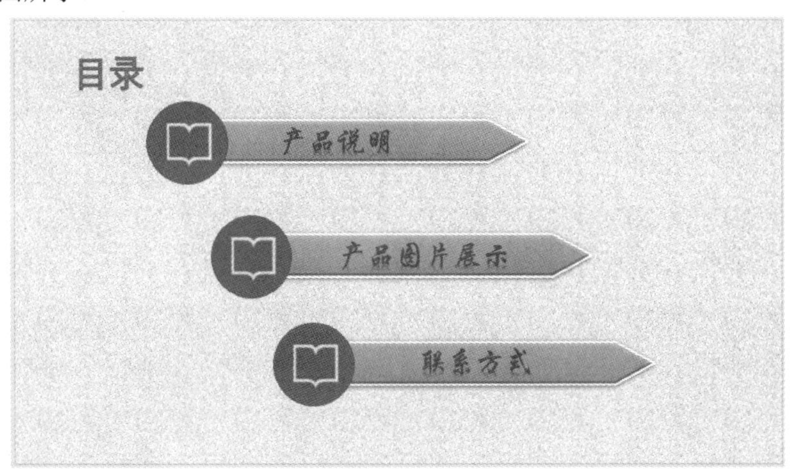

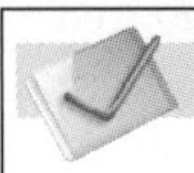

同步文件

视频文件：视频文件\第 4 章\上机实战.mp4

步骤详解

本实例的具体制作步骤如下。

Step01: 打开素材文件“产品宣传.pptx”，❶选择第二张幻灯片；❷单击“插入”选项卡“插图”组中的“形状”下拉按钮；❸在弹出的下拉列表中选择“五边形”选项，如下图所示。

Step02: 鼠标光标将变为十字形，按下鼠标左键不放，拖动鼠标到合适的位置释放鼠标，绘制一个五边形，如下图所示。

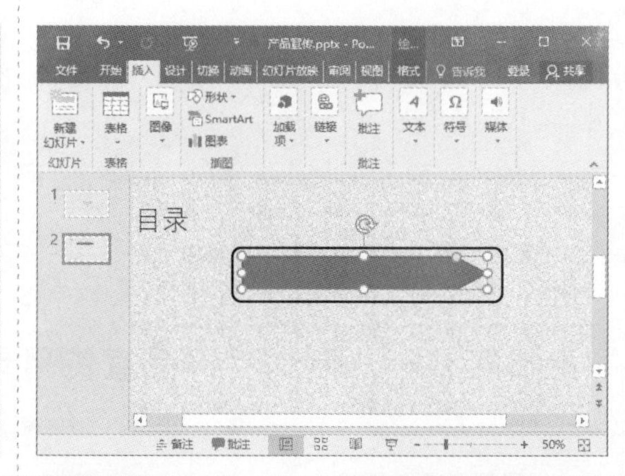

Step03: ❶切换到“绘图工具-格式”选项卡；❷在“形状样式”组中选择一种快速样式，如下图所示。

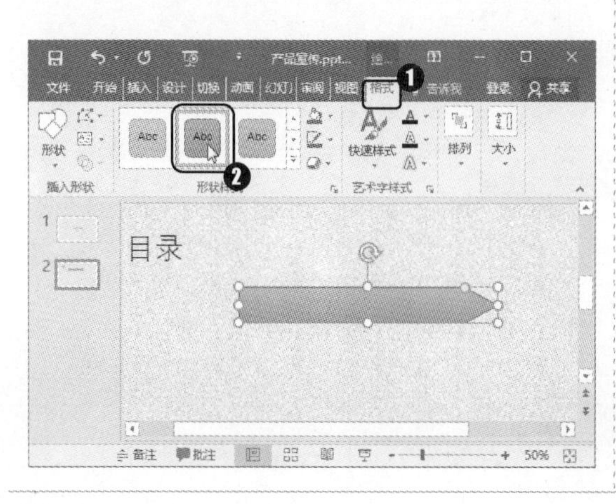

Step04: ❶单击“绘图工具-格式”选项卡“形状样式”组中的“形状效果”下拉按钮；❷在弹出的下拉列表中选择“预设”选项；❸选择一种预设样式，如下图所示。

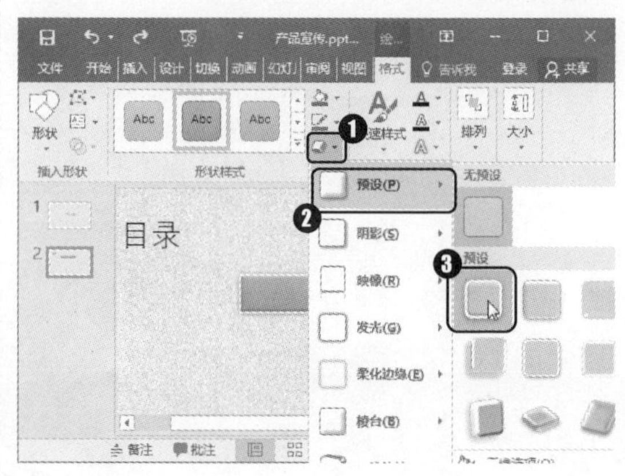

Step05: 选择“椭圆”形状，然后按〈Shift〉键绘制一个正圆形，如下图所示。

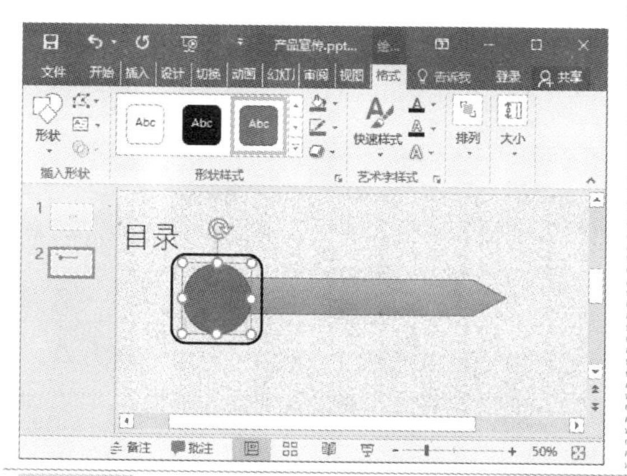

Step06: ❶选择圆形，单击“绘图工具-格式”选项卡“形状样式”组中的“形状填充”下拉按钮；❷在弹出的下拉列表中选择“图片”选项，如下图所示。

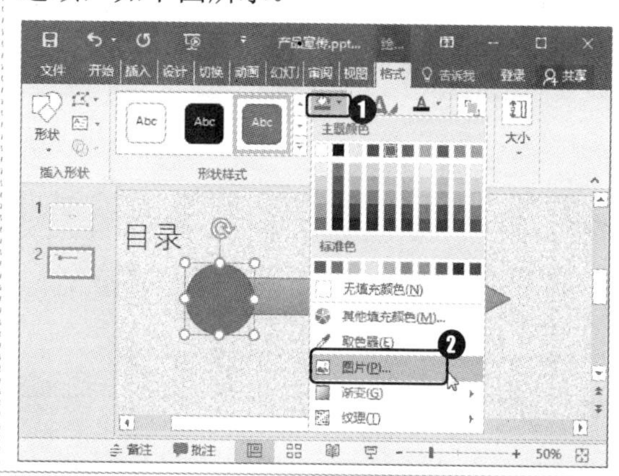

Step07: 打开“插入图片”对话框，单击“来自文件”右侧的“浏览”按钮，如下图所示。

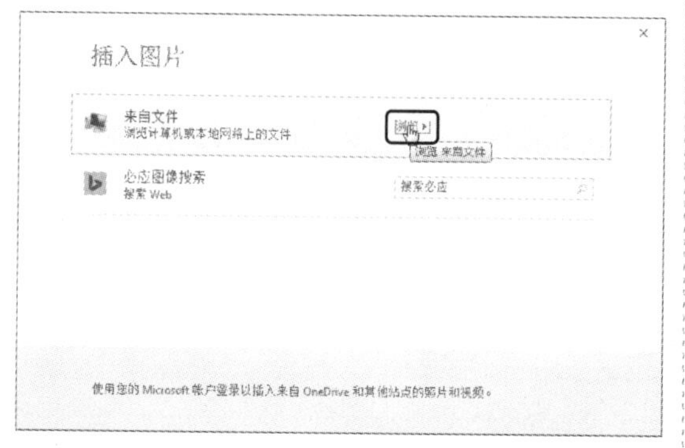

Step08: 弹出“插入图片”对话框，❶选择要插入的图片；❷单击“插入”按钮，如下图所示。

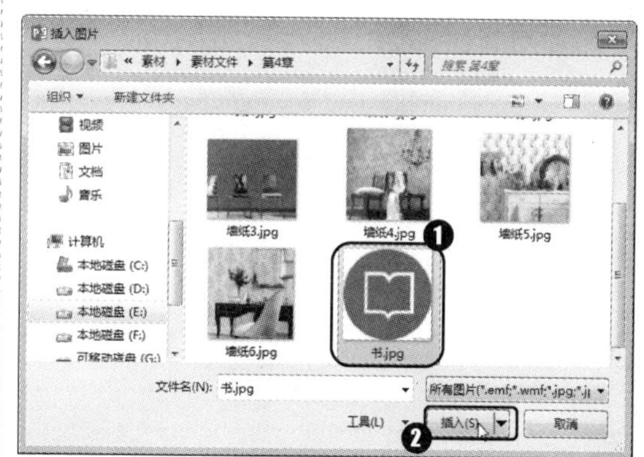

Step09: 选择图片，❶单击“图片工具-格式”选项卡“调整”组中的“颜色”下拉按钮；❷在弹出的下拉列表中选择一种颜色饱和度，如下图所示。

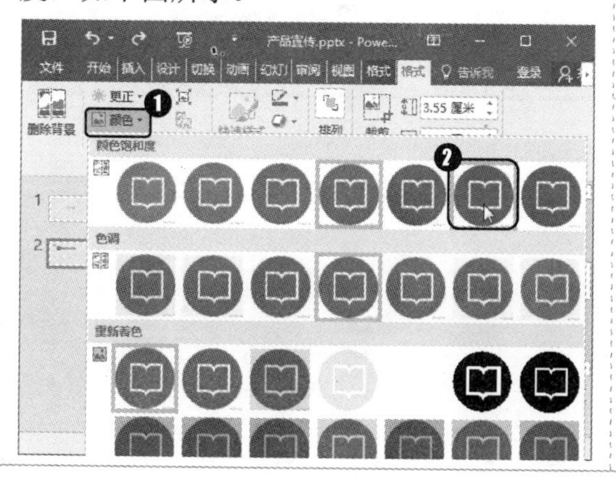

Step10: ❶单击“图片工具-格式”选项卡“调整”组中的“艺术效果”下拉按钮；❷在弹出的下拉列表中选择一种艺术效果，如下图所示。

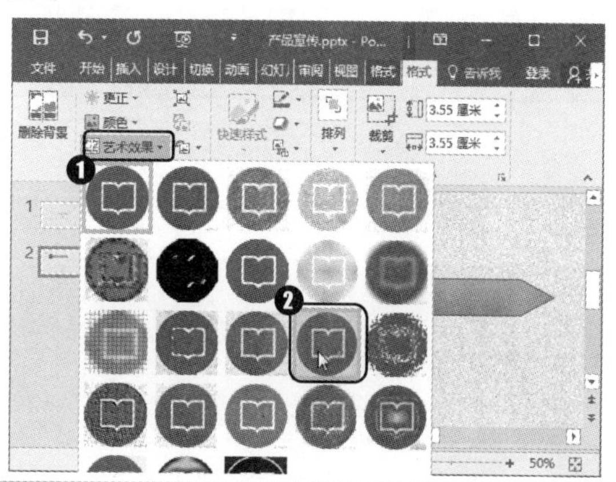

Step11: ❶按住〈Ctrl〉键的同时选中圆形和五边形；❷单击“图片工具-格式”选项卡“排列”组中的“组合”下拉按钮；❸在弹出的下拉列表中选择“组合”选项，如下图所示。

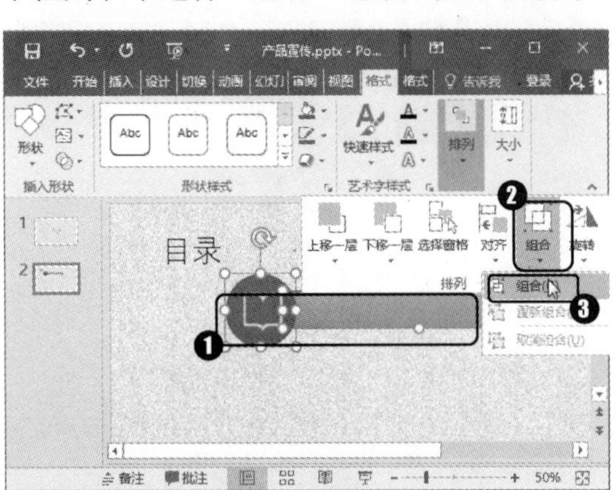

Step12: ❶单击“插入”选项卡“文本”组中的“艺术字”下拉按钮；❷在弹出的下拉列表中选择一种艺术字样式，如下图所示。

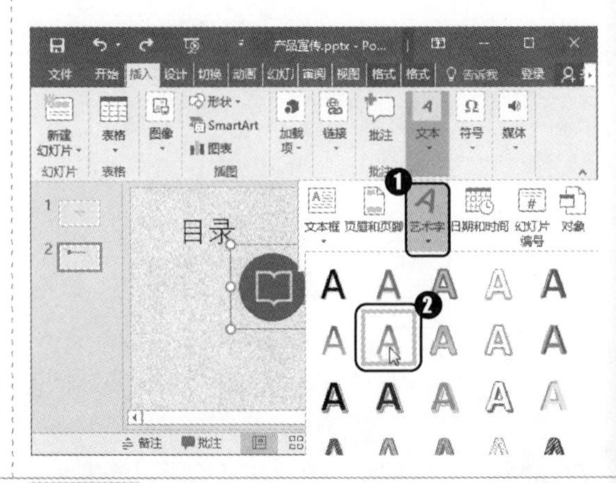

Step13: ❶ 在艺术字文本框中输入文字；❷选中艺术字，在“开始”选项卡的“字体”组中设置合适的字体格式，如下图所示。

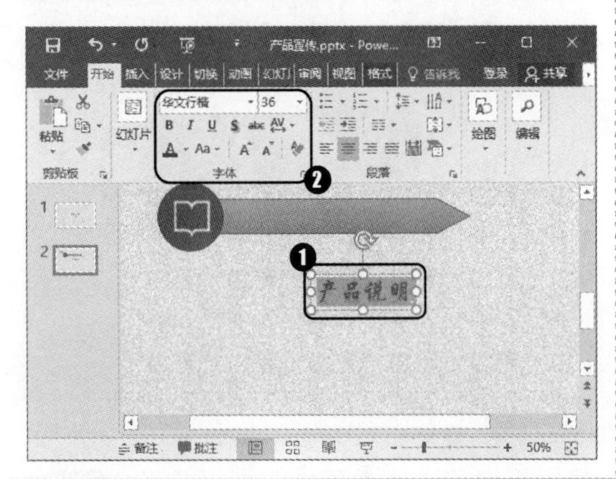

Step14: 选中艺术字文本框，将其拖动到五边形中，并调整到合适位置，如下图所示。

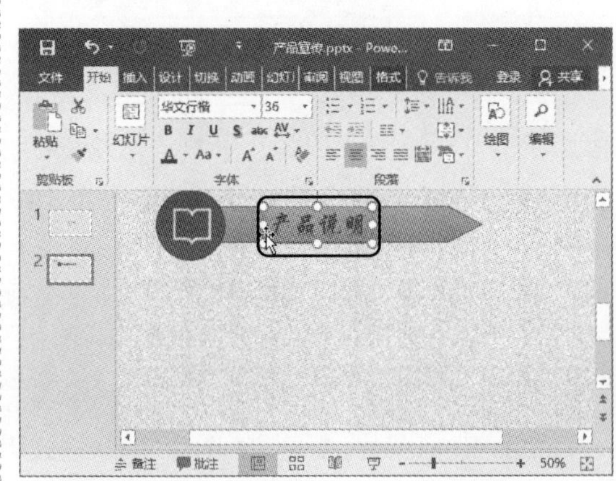

Step15: 复制图形和艺术字，并粘贴到下方，如下图所示。

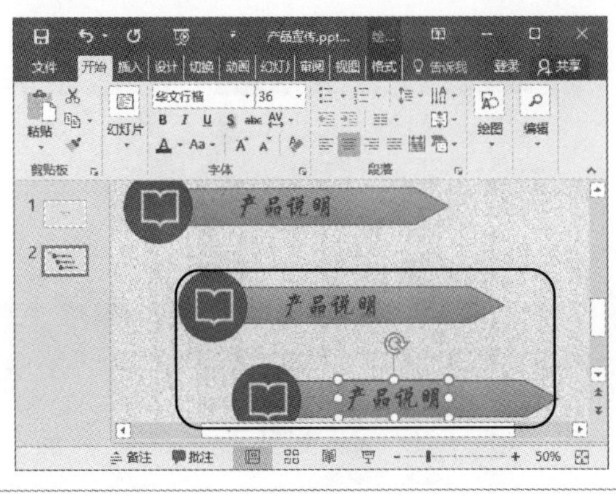

Step16: ❶删除原艺术字文本，输入正确的目录文本，如下图所示。

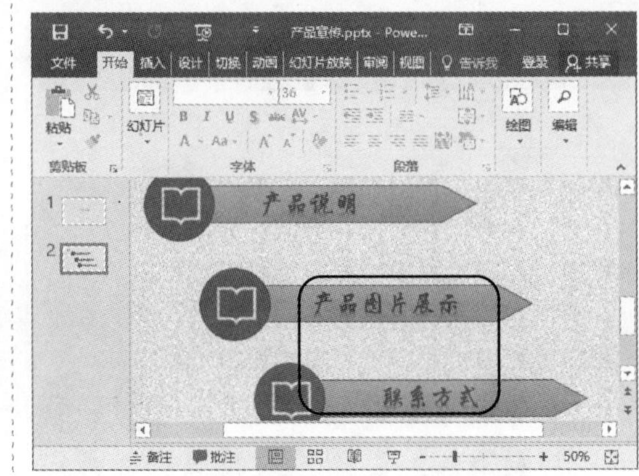

Step17: ❶选择标题文本；❷在“绘图工具-格式”选项卡“艺术字样式”组的“快速样式”下拉列表中选择文本格式，如下图所示。

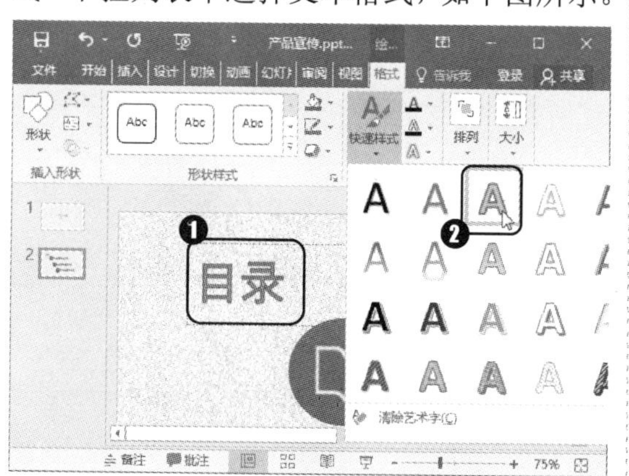

Step18: 设置完成后，效果如下图所示。

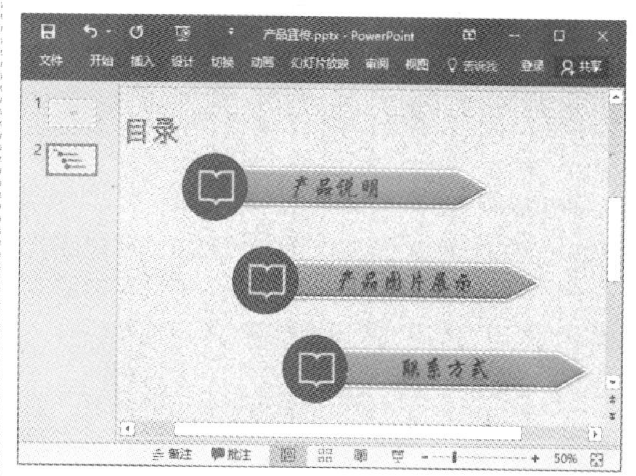

本章小结

本章的重点在于图形和图片的插入与编辑方法，主要包括插入与美化图片、图形、艺术字、文本框、相册等。通过本章的学习，希望大家能够掌握图形图像的插入与美化方法，使用图形图像让演示文稿更具吸收力，让观看者能够对幻灯片所要表达的内容一目了然。

第 5 章　幻灯片中 SmartArt 图形的应用

本章导读

SmartArt 图形在演示文稿中使用比较广泛，因为 SmartArt 图形能清楚地表达各个部分的关系，譬如显示一种层次关系、循环过程以及一系列实现目标步骤等，它对于表达一些抽象事物有很大的帮助。

知识要点

- 插入 SmartArt 图形
- 更改 SmartArt 图形布局
- 编辑 SmartArt 图形形状
- 设置 SmartArt 图形颜色
- 设置 SmartArt 图形样式
- 设置 SmartArt 图形文字样式
- 在 SmartArt 图形中插入图片

效果展示

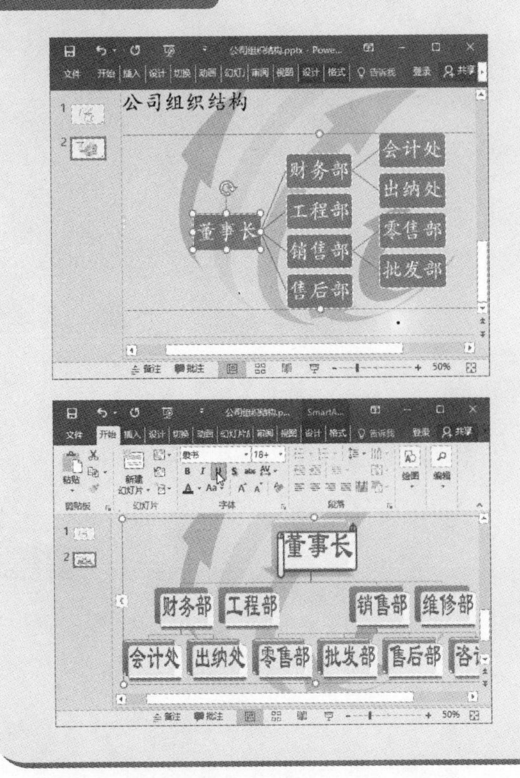

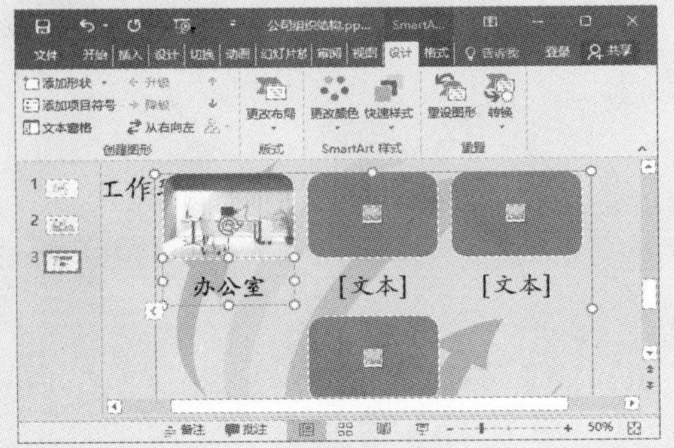

5.1　课堂讲解——插入与编辑 SmartArt 图形

SmartArt 图形是信息和观点的视觉表示形式，通过不同形式和布局的图形代替枯燥的文字，从而快速、轻松、有效地传达信息。这些图形可分为列表、流程、循环、层次结构、关系、矩阵和棱锥等很多类型。

5.1.1　创建 SmartArt 图形

SmartArt 图形可以通过“插入”选项卡的“SmartArt”按钮来插入，如果幻灯片中有“SmartArt”图形占位符，也可以单击占位符创建。

Step01: 打开素材文件，❶切换到“插入”选项卡；❷单击“插图”组中的“SmartArt”按钮，如下图所示。

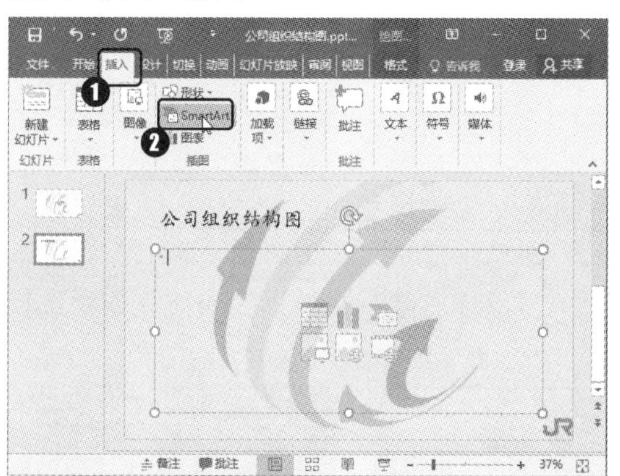

Step02: 弹出“选择 SmartArt 图形”对话框，❶在左侧列表中选择分类，如“层次结构”分类；❷在右侧列表框中选择一种图形样式；❸单击“确定”按钮，如下图所示。

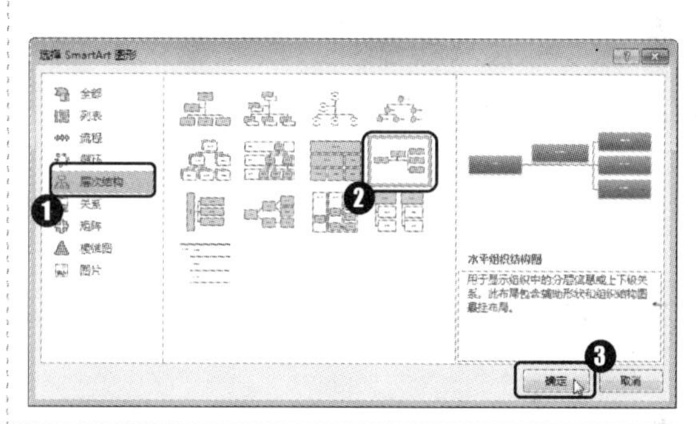

Step03: 此时，幻灯片中将生成一个结构图，效果如下图所示。

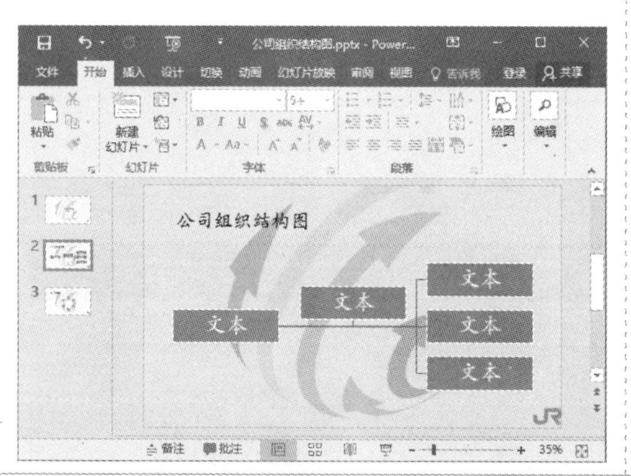

Step04: 将光标插入点定位在某个形状内，“文本”字样的占位符将自动删除，此时可输入文本内容，输入完成后效果如下图所示。

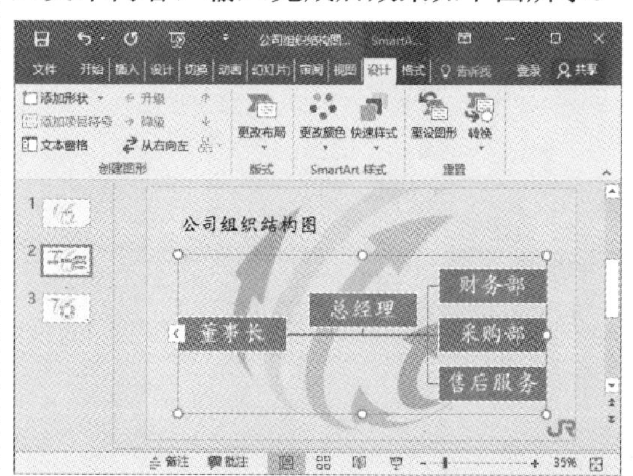

5.1.2　将文本转换成 SmartArt 图形

除了先绘制 SmartArt 图形再输入文字的方法外，还可以先整理出文字内容，再将整理好的内容转换为 SmartArt 图形，操作方法如下。

1．设置文字的大纲级别

将文字转换成 SmartArt 图形还需要在输入文本时设置文本的大纲级别。设置大纲级别的具体操作方法如下。

Step01: 打开素材文件，❶单击“视图”选项卡“演示文稿视图”组中的“大纲视图”按钮；❷将光标定位到第二张幻灯片中，输入标题内容，如下图所示。

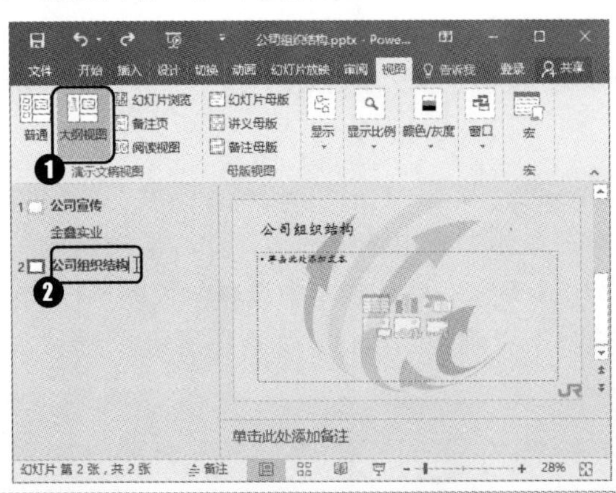

Step02: 按〈Enter〉键，光标将跳转到下一页，❶将鼠标移动到光标闪动的位置，并单击鼠标右键；❷在弹出的快捷菜单中选择“降级”命令，如下图所示。

Step03: 此时光标将在上一张幻灯片中下移一级，在其中输入内容，如下图所示。

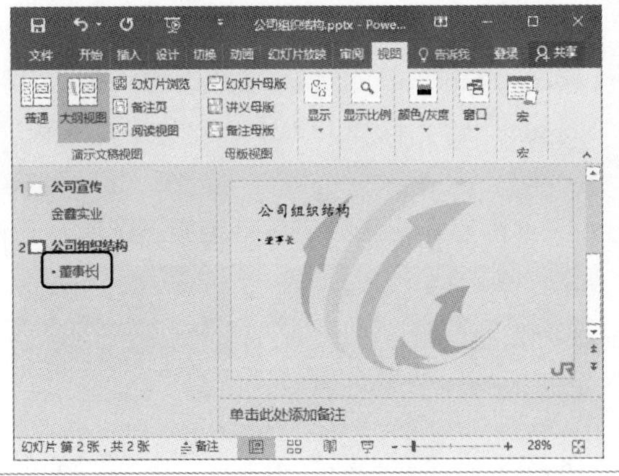

Step04: ❶使用相同的方法输入更多级别文本；❷当需要输入更高级别文本时，在文本上单击鼠标右键，在弹出的快捷菜单中选择“升级”命令，如下图所示。

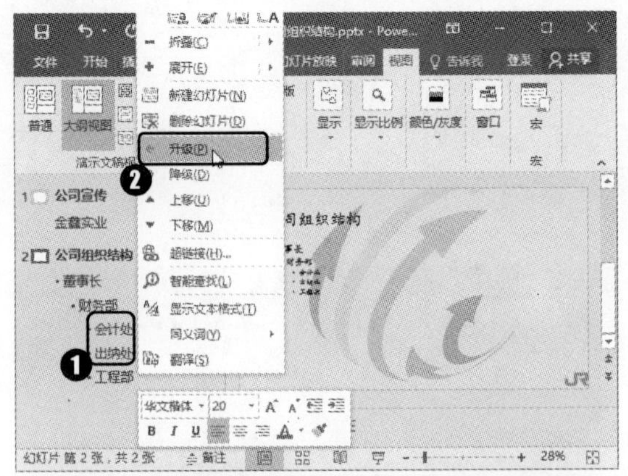

Step05: 使用相同的方法输入所有文本，输入完成后的效果如右图所示。

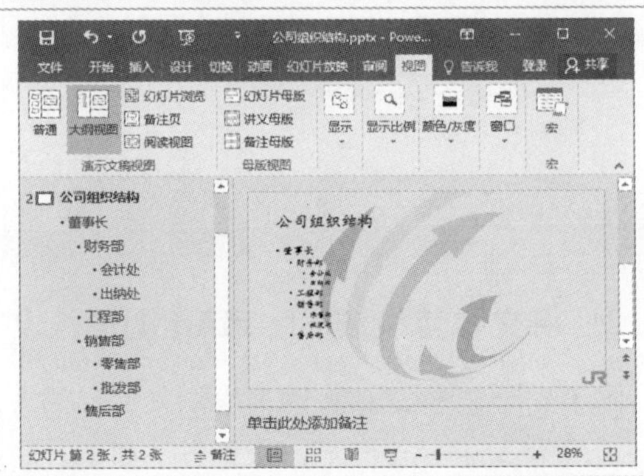

2. 转换为 SmartArt 图形

将文本转换为 SmartArt 图形是一种将现有幻灯片转换为专业设计插图的快速方法，Office 2016 提供了许多内置布局，用户可以直接从中进行选择。转换的具体方法如下。

Step01: ❶选中已设置了大纲级别的除标题以外的所有文字；❷单击“开始”选项卡“段落”组中的“转换为 SmartArt 图形”按钮；❸在弹出的下拉列表中选择“其他 SmartArt 图形”选项，如下图所示。

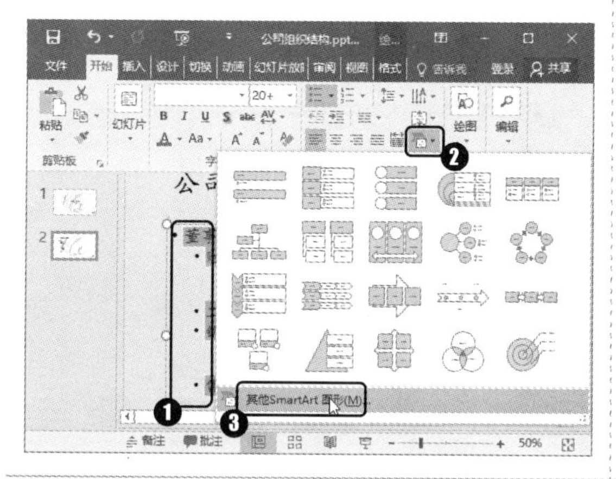

Step02: 弹出“选择 SmartArt 图形”对话框，❶在左侧列表中选择“层次结构”分类；❷在右侧列表中选择一种图形样式；❸单击“确定”按钮，如下图所示。

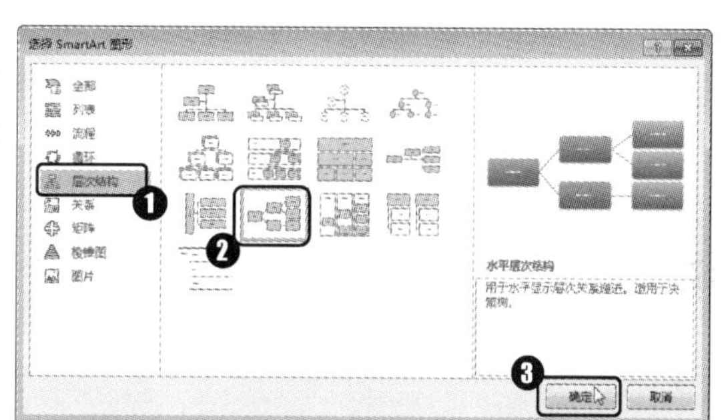

Step03: 幻灯片中的文本内容转换成所选的 SmartArt 图形，效果如右图所示。

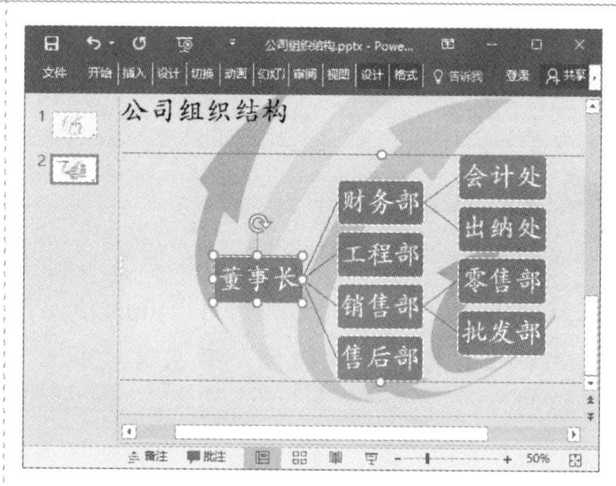

5.1.3 更改 SmartArt 图形布局

在幻灯片中插入了 SmartArt 图形，如果对插入的图形不满意，可以直接更改 SmartArt 图形的布局，而不需要重新制作。更改 SmartArt 图形布局的操作方法如下。

Step01: ❶选择 SmartArt 图形；❷单击“SmartArt 工具-设计”选项卡“版式”组中的“更改布局”下拉按钮；❸在弹出的下拉列表中选择“其他布局”选项，如下图所示。

Step02: 弹出“选择 SmartArt 图形”对话框，❶在左侧列表中选择“层次结构”分类；❷在右侧列表中选择一种图形样式；❸单击“确定”按钮，如下图所示。

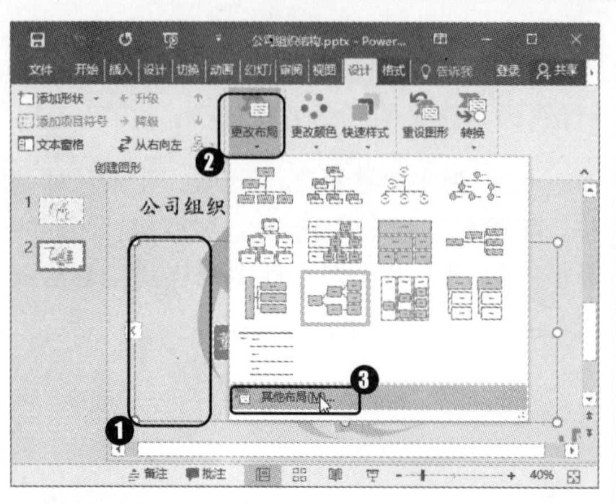

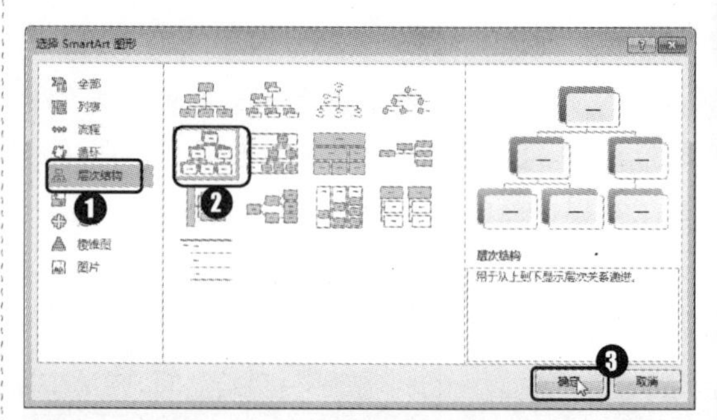

Step03: 返回幻灯片中，即可看到 SmartArt 图形已经更改为所选样式，如下图所示。

新手注意

在更改 SmartArt 图形布局时，最好选择与之前同一类的 SmartArt 图形，以免文字错乱。

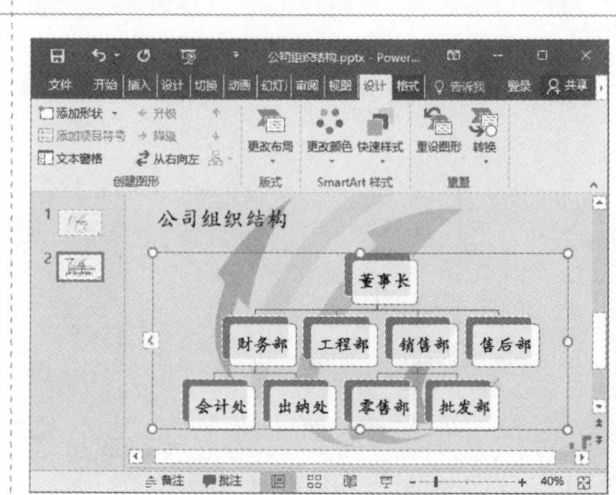

新手注意

利用“SmartArt 图形”可以快速地制作这种树型结构图，若格式设置得当，能够做出非常专业的效果。但是利用“SmartArt 图形”制作树型结构图也有其局限性，那就是不能制作结构复杂的图形，若层次结构过于复杂，建议使用“Microsoft Visio”软件进行绘制。

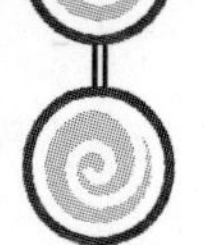

▷▷ 5.2 课堂讲解——编辑 SmartArt 图形形状

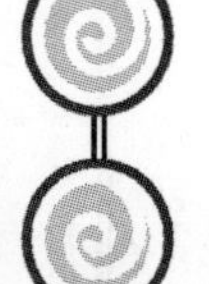

合理的布局设计才能让观看者更好地理解 SmartArt 图形中所表达的意思。所以在创建了 SmartArt 图形之后，为了迎合内容的需要，有时候需要添加或删除形状，或者更改形状的样式和大小等。

5.2.1 添加与删除形状

在创建 SmartArt 图形时，可选形状的结构和数量未必达到用户的使用需求，所以在使用时需要根据自身的使用需求来添加或删除形状。

1. 添加形状

在编辑 SmartArt 图形时，如果需要添加形状，可以通过以下的方法来操作。

Step01: ❶选中要添加形状的对象；❷单击"SmartArt 工具-设计"选项卡"创建图形"组中的"添加形状"下拉按钮；❸在弹出的下拉列表中选择"在下方添加形状"选项，如下图所示。

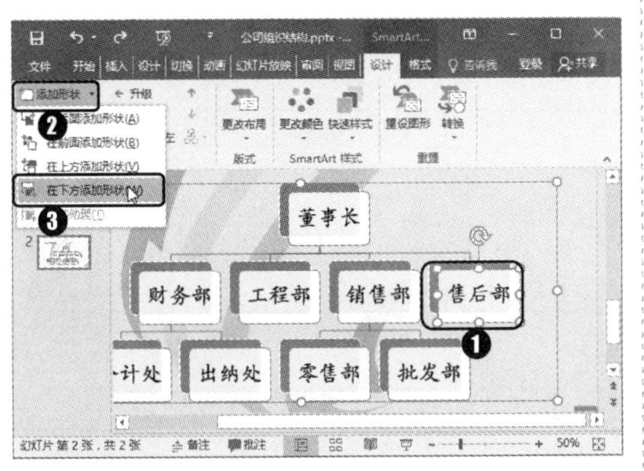

Step02: 操作完成后，在所选形状对象的下方将添加一个下一级形状，在形状中直接输入文字即可，如下图所示。

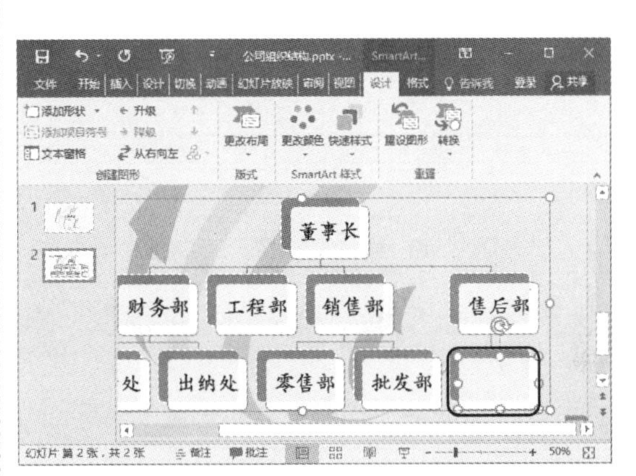

Step03: 如果要添加同级的图形，❶选中要添加形状的对象；❷单击"SmartArt 工具-设计"选项卡"创建图形"组中的"添加形状"下拉按钮；❸在弹出的下拉列表中选择"在后面添加形状"选项，如下图所示。

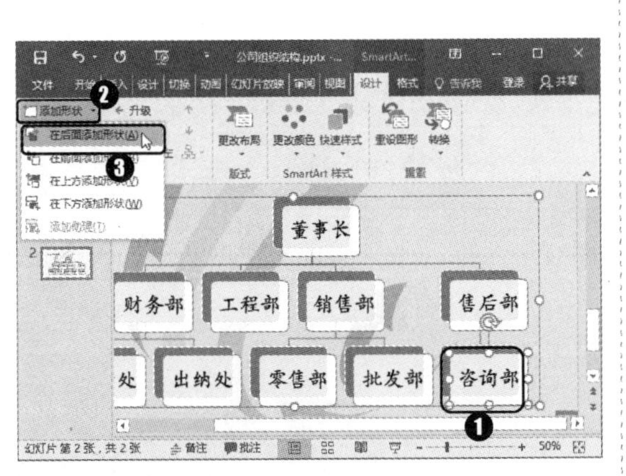

Step04: 操作完成后，在所选形状对象的下方将添加一个同一级别的形状，在形状中直接输入文字即可，如下图所示。

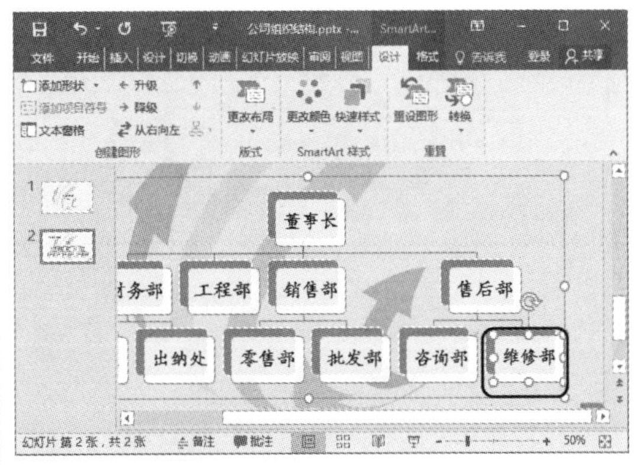

2. 删除形状

如果需要删除形状，操作方法如下。

Step01: 选择需要删除的形状，然后按〈Delete〉键，如下图所示。

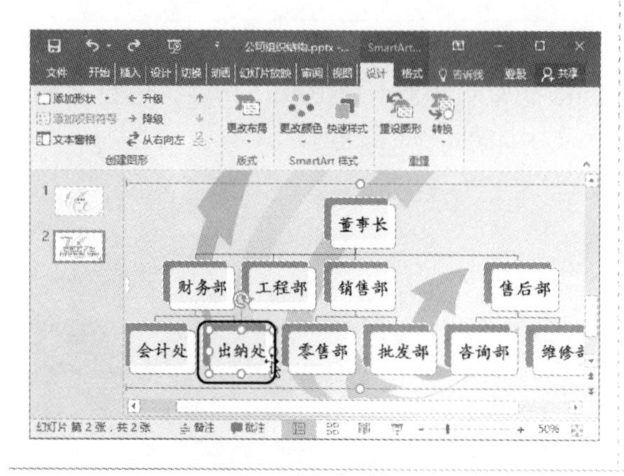

Step02: 所选形状即被删除，如下图所示。

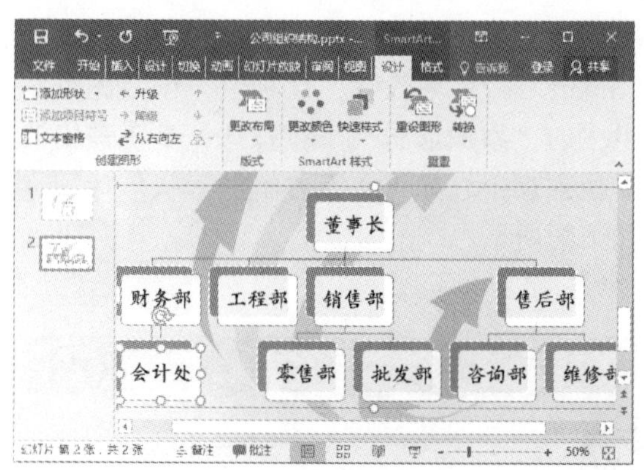

5.2.2 形状的升级与降级

在制作了一个 SmartArt 图形后，有时候还需要根据情况调整形状的层次。

1. 升级形状

在制作 SmartArt 图形时，有时候需要将下一级的形状移动到上一级，此时可以通过以下的方法来操作。

Step01: ❶选择需要升级的形状；❷单击“SmartArt 工具-设计”选项卡“创建图形”组中的“升级”按钮，如下图所示。

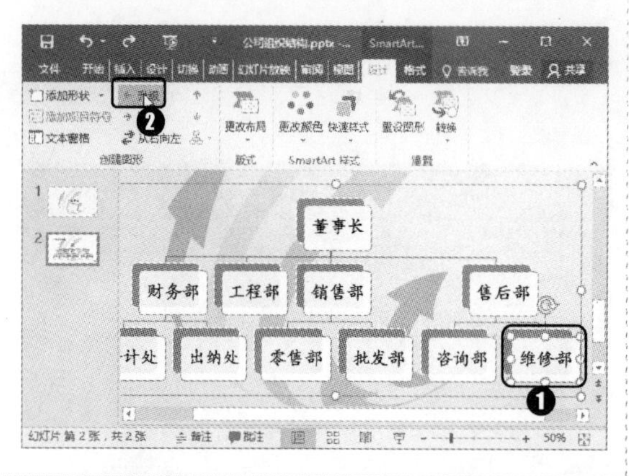

Step02: 所选形状将移动到上一层次，效果如下图所示。

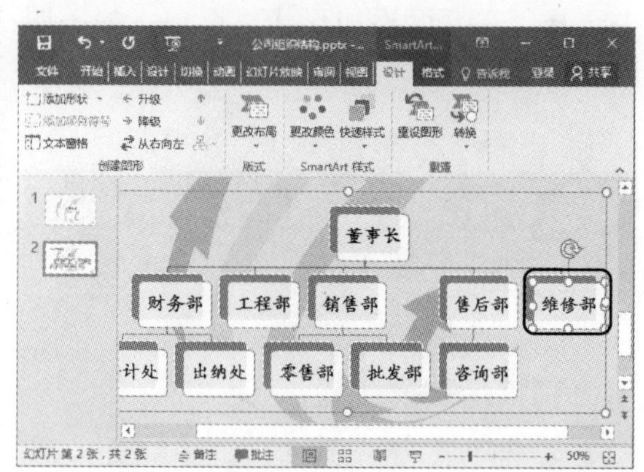

2. 降级形状

如果需要将形状降级，操作方法如下。

Step01: ❶选择需要降级的形状；❷单击“SmartArt 工具-设计”选项卡“创建图形”组中的“降级”按钮，如下图所示。

Step02: 所选形状将移动到下一层，并自动调整位置到左侧的组别中，效果如下图所示。

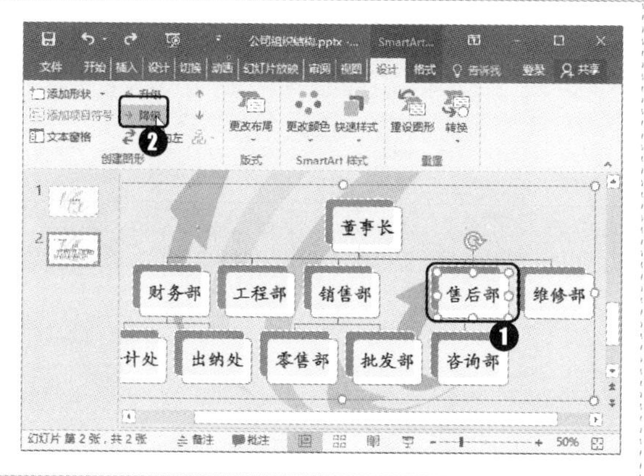

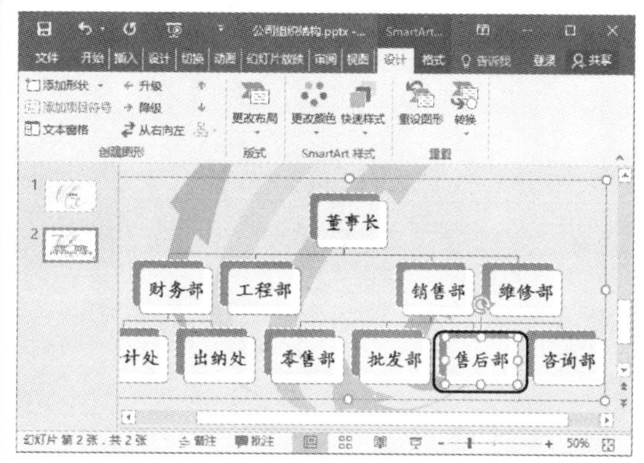

5.2.3　更改形状

创建的 SmartArt 图形默认为同一形状，如果用户需要更改其中的一个或多个形状样式，可以使用以下的方法。

Step01: ❶在 SmartArt 图形中选择需要更改形状；❷单击“SmartArt 工具-格式”选项卡“形状”组中的“更改形状”下拉按钮；❸在弹出的下拉列表中选择需要的形状，如下图所示。

Step02: 该形状将更改为所选图形，效果如下图所示。

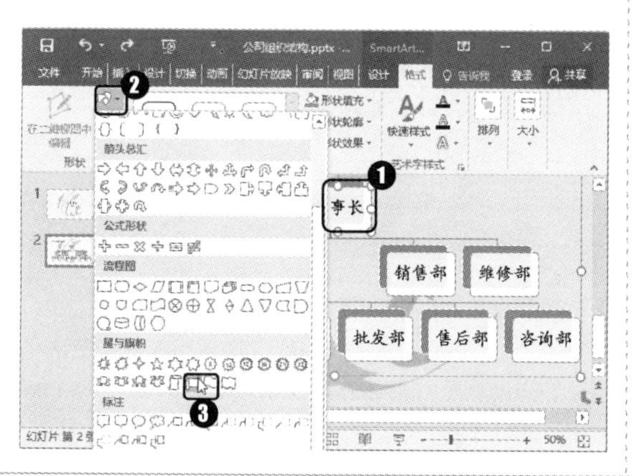

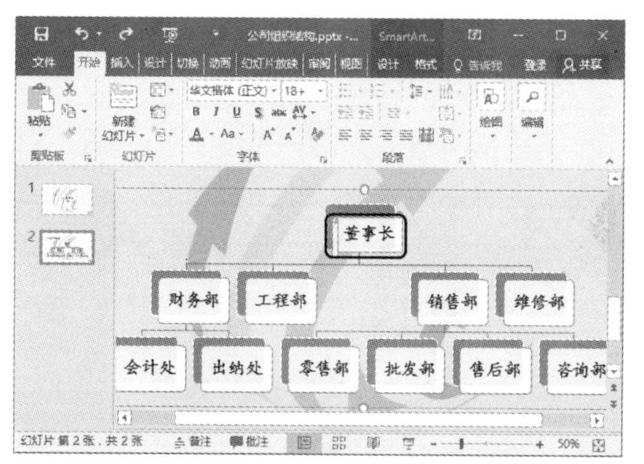

5.2.4　更改形状大小

当需要在 SmartArt 图形中突出显示某个形状时，可以将其放大显示。在 SmartArt 图形中，既可以选中一个形状调整大小，也可以选择多个形状同时调整大小。下面以调整一个形状的大小为例，介绍更改形状大小的方法。

Step01: ❶选择需要更改大小的形状；❷单击“SmartArt 工具-格式”选项卡“形状”组中的“增大”按钮，如下图所示。

Step02: 选中的形状即增大，多次单击“增大”按钮，可以持续增加形状尺寸。单击减小按钮，可以减小形状尺寸，如下图所示。

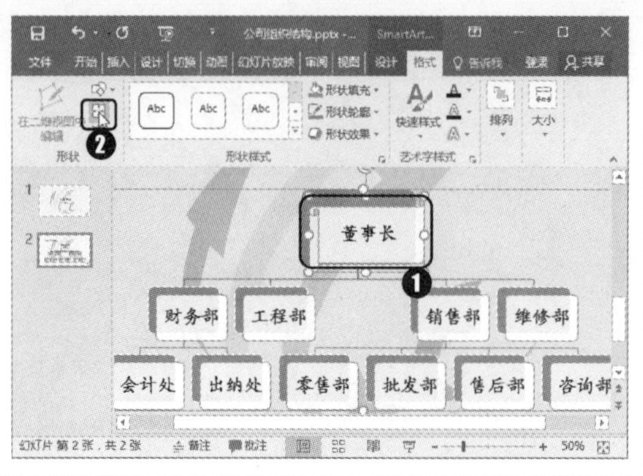

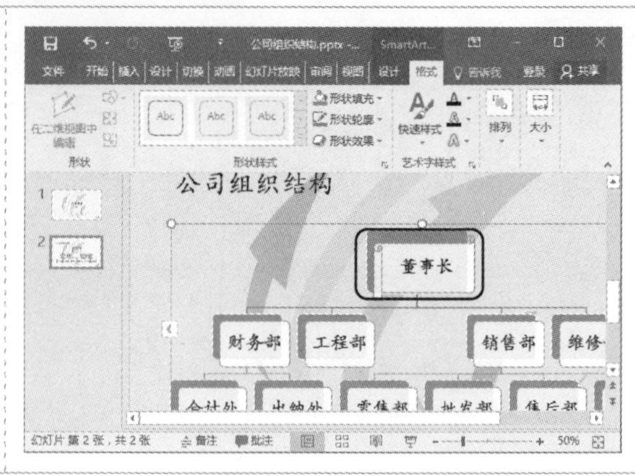

▷▷ 5.3 课堂讲解——设计 SmartArt 图形

创建的 SmartArt 图形默认为蓝底白字，如果直接使用难免单调。用户在创建 SmartArt 图形后，可以对其进行设计，如更改图形形状和颜色、设置图形样式、设置文本样式等。

5.3.1 更改 SmartArt 图形颜色

在创建了 SmartArt 图形之后，如果对形状的主题颜色不满意，可以通过以下的方法来更改图形的颜色。

Step01: ❶选择 SmartArt 图形；❷单击"SmartArt 工具-设计"选项卡"SmartArt 样式"组中的"更改颜色"下拉按钮；❸在弹出的下拉列表中选择一种主题颜色，如下图所示。

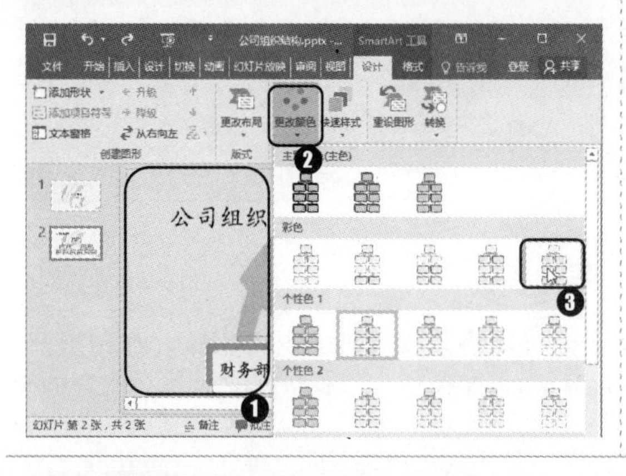

Step02: 选择完成后，图形即可更改为所选的颜色，如下图所示。

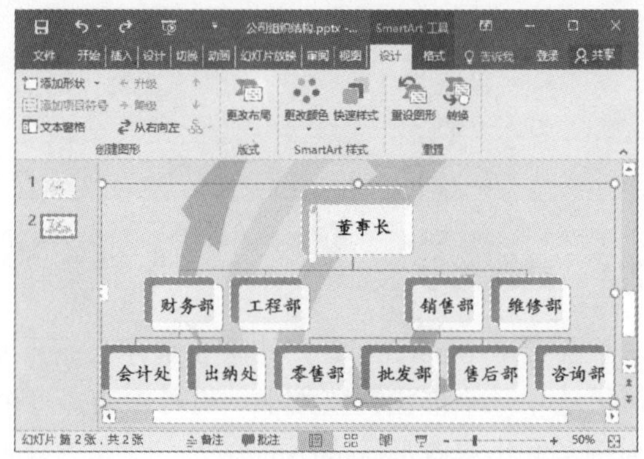

5.3.2 设置 SmartArt 图形样式

PowerPoint 2016 中内置了多个 SmartArt 图形样式，用户可以使用快速样式轻松地制作出具有专业水准的演示文稿。设置 SmartArt 图形样式的操作方法如下。

Step01: ❶选择 SmartArt 图形；❷单击"SmartArt 工具-设计"选项卡"SmartArt 样式"组中的"快速样式"下拉按钮；❸在弹出的下拉列表中选择一种图形样式，如下图所示。

Step02: 选择完成后，图形即可更改为所选样式，如下图所示。

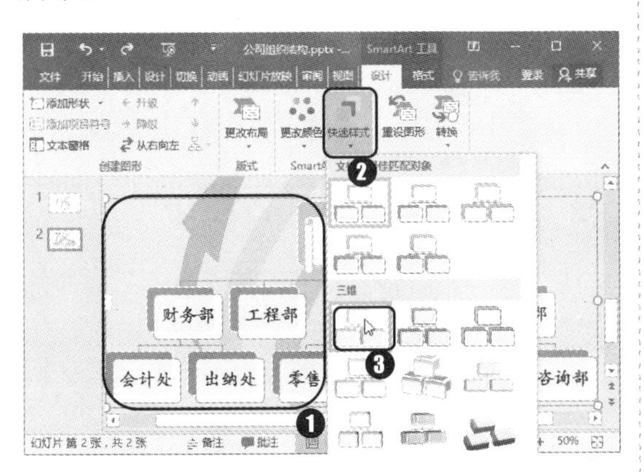

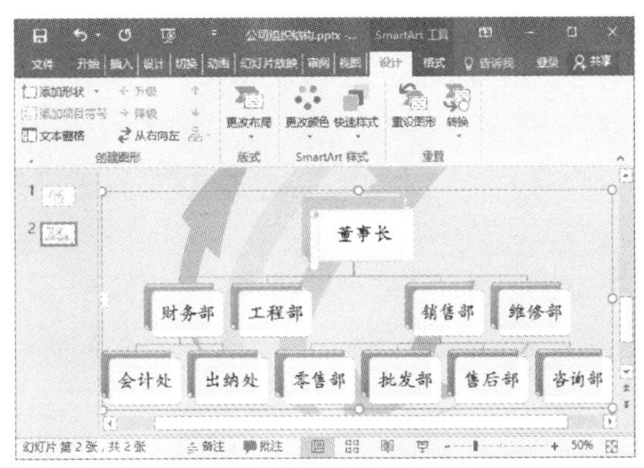

5.3.3　设置 SmartArt 图形形状样式

使用快速样式更改形状样式固然简单，但只能同时更改所有形状的样式，如果需要更改 SmartArt 图形中的某一个或几个形状的样式，可以使用以下的方法单独设置。

Step01: ❶选择需要更改样式的形状；❷单击"SmartArt 工具-格式"选项卡"形状样式"组中的"形状填充"下拉按钮；❸在弹出的下拉列表中选择一种填充颜色，如下图所示。

Step02: 保持形状的选中状态，❶单击"SmartArt 工具-格式"选项卡"形状样式"组中的"形状轮廓"下拉按钮；❷在弹出的下拉列表中选择一种轮廓颜色，如下图所示。

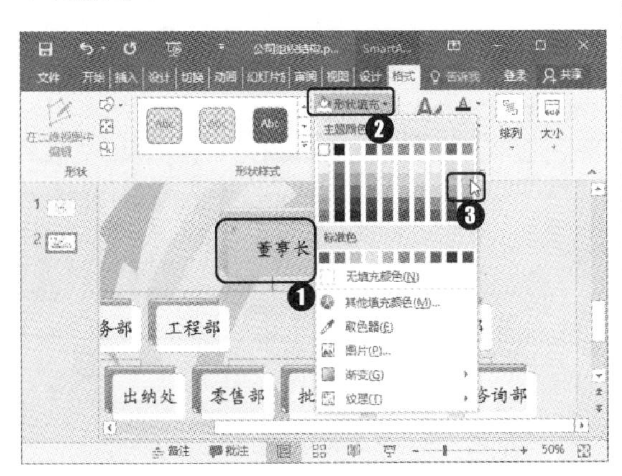

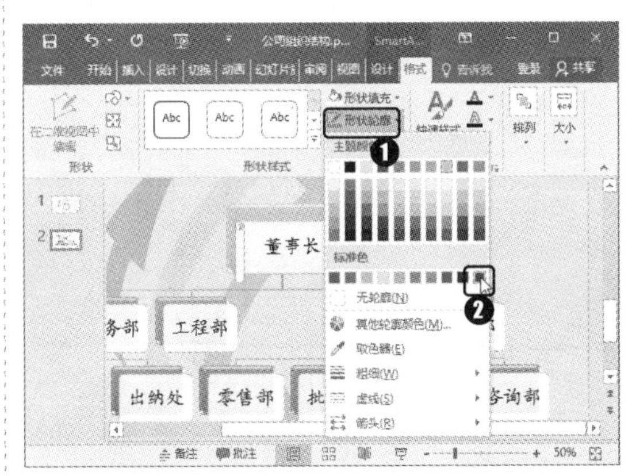

Step03: 保持形状的选中状态，❶单击"SmartArt 工具-格式"选项卡"形状样式"组中的"形状轮廓"下拉按钮；❷在弹出的下拉列表中选择"粗细"选项；❸选择磅值，如下图所示。

Step04: 保持形状的选中状态，❶单击"SmartArt 工具-格式"选项卡"形状样式"组中的"形状效果"下拉按钮；❷在弹出的下拉列表中选择"阴影"选项；❸选择一种阴影效果，如下图所示。

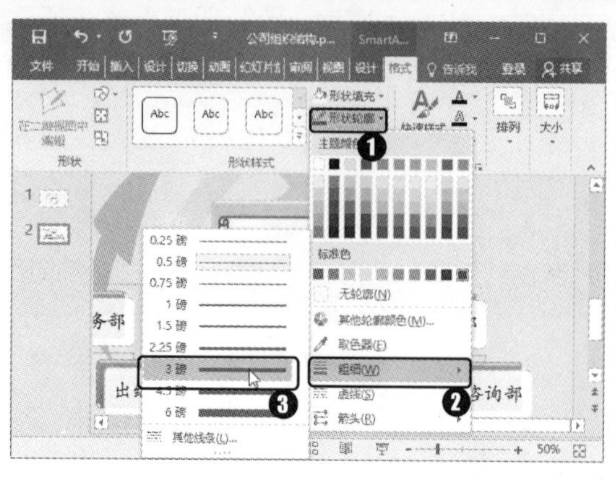

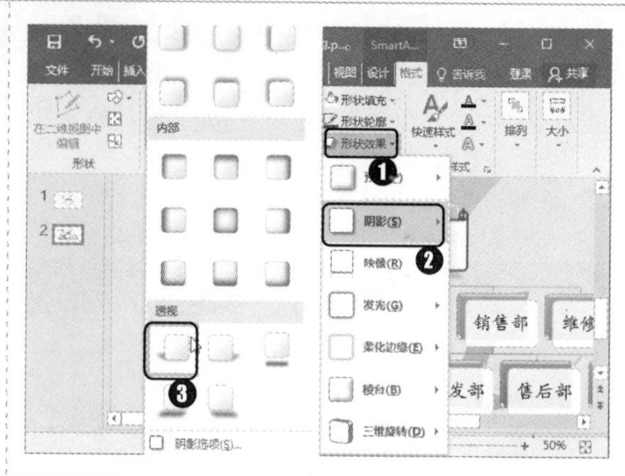

Step05: 设置完成后，效果如右图所示。

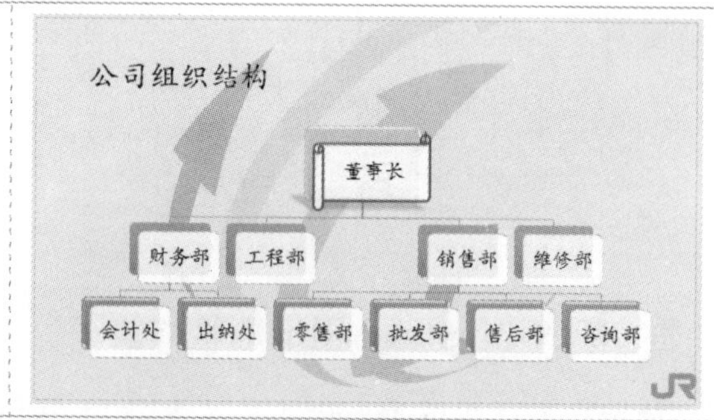

5.3.4 设置 SmartArt 图形文字样式

SmartArt 图形的字体样式可以通过“开始”选项卡中的“字体”组来设置，也可以在“SmartArt 工具-格式”选项卡的“艺术字样式”组中设置。操作方法如下。

Step01: ❶选择 SmartArt 图形；❷单击“SmartArt 工具-格式”选项卡“艺术字样式”组中的“快速样式”下拉按钮；❸在弹出的下拉列表中选择一种艺术字样式，如下图所示。

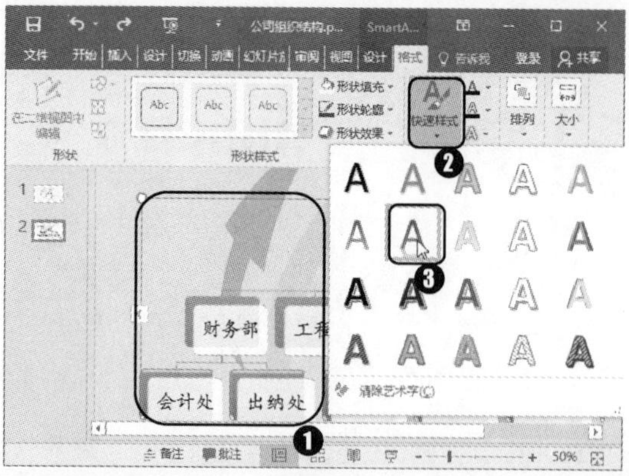

Step02: ❶单击“SmartArt 工具-格式”选项卡“艺术字样式”组中的“文本填充”下拉按钮；❷在弹出的下拉列表中选择一种填充颜色，如下图所示。

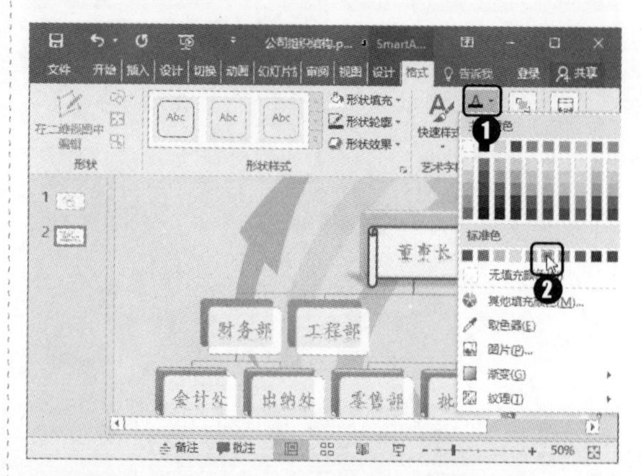

Step03: ❶单击“SmartArt 工具-格式”选项卡“艺术字样式”组中的“文本效果”下拉按钮；❷在弹出的下拉列表中选择“转换”选项；❸选择一种转换样式，如下图

Step04: ❶切换到“开始”选项卡；❷在“字体”组中设置字体格式，如下图所示。

所示。

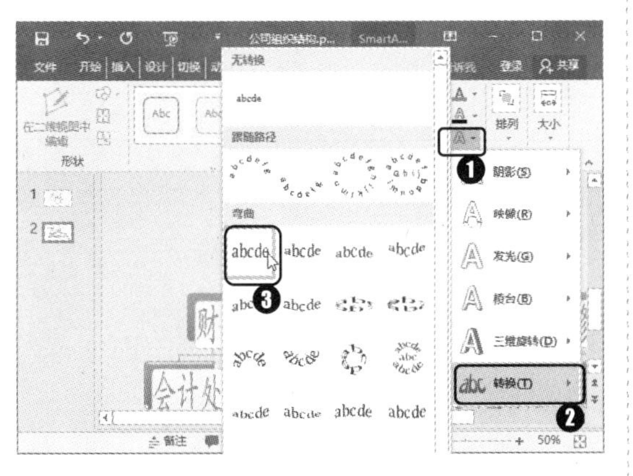

Step05: 设置完成后，效果如右图所示。

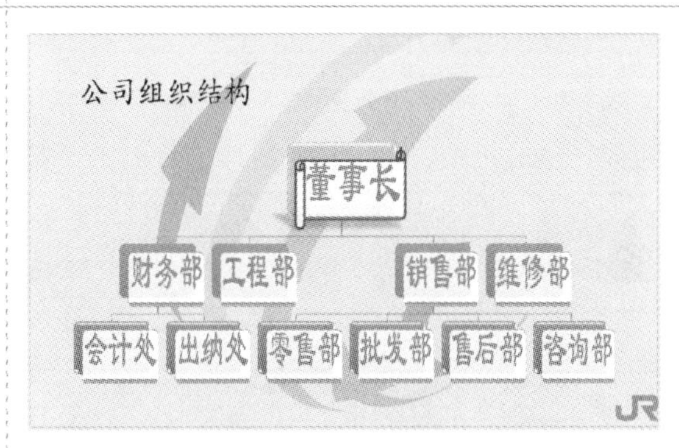

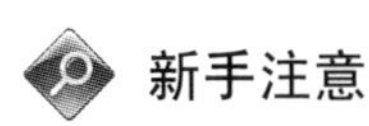
新手注意

选中单个形状，也可以为该形状设置单独的字体样式。

5.3.5　在 SmartArt 图形中插入图片

在某些 SmartArt 图形中，可以根据需要插入图片以更好地表达图形的意思，并起到一定的美化效果，具体操作方法如下。

Step01: 新建一张幻灯片，单击“插入”选项卡“插图”组中的“SmartArt”按钮，如下图所示。

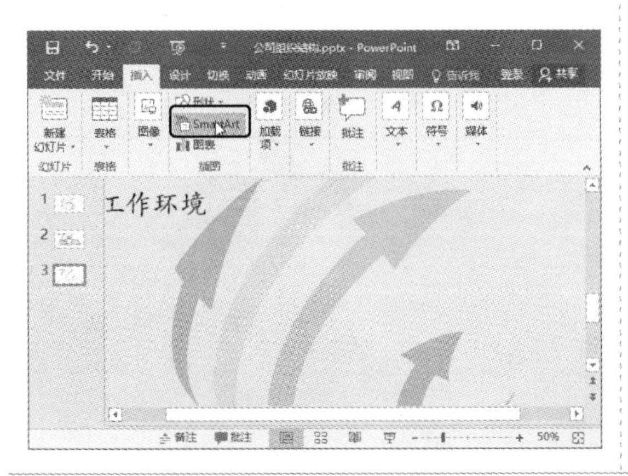

Step02: 弹出“选择 SmartArt 图形”对话框，❶在左侧列表中选择“图片”分类；❷在右侧列表中选择一种图形样式；❸单击“确定”按钮，如下图所示。

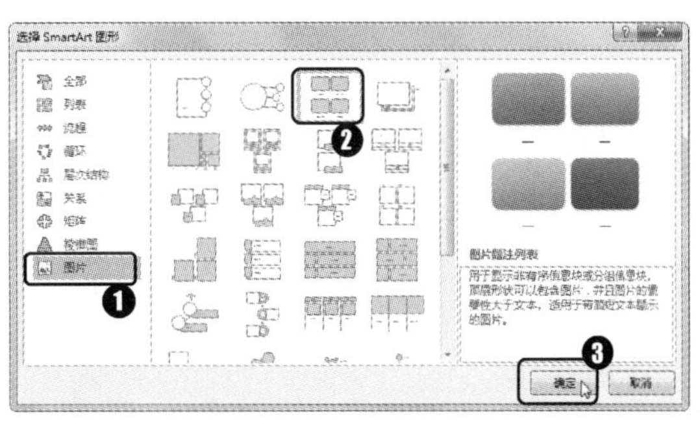

Step03: 返回幻灯片中，即可看到已经生成一个 SmartArt 图形，单击形状中的图片按钮，如下图所示。

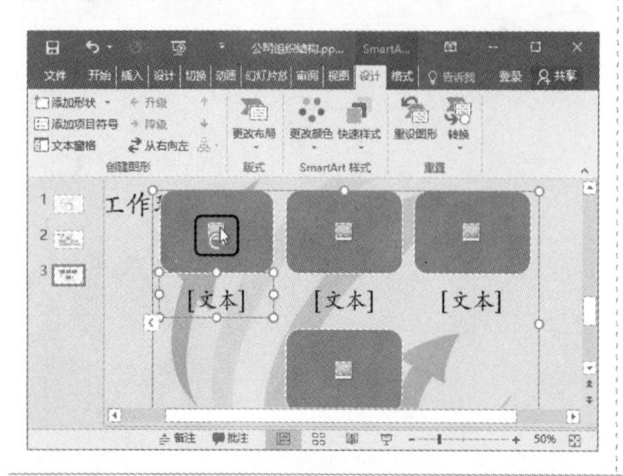

Step04: 弹出“插入图片”对话框，单击“来自文件”选项右侧的“浏览”按钮，如下图所示。

Step05: 打开“插入图片”对话框，❶选择要插入 SmartArt 图形中的图片；❷单击“插入”按钮，如下图所示。

Step06: 返回幻灯片中即可看到图片已经插入，在文本占位符中输入文字，如下图所示。

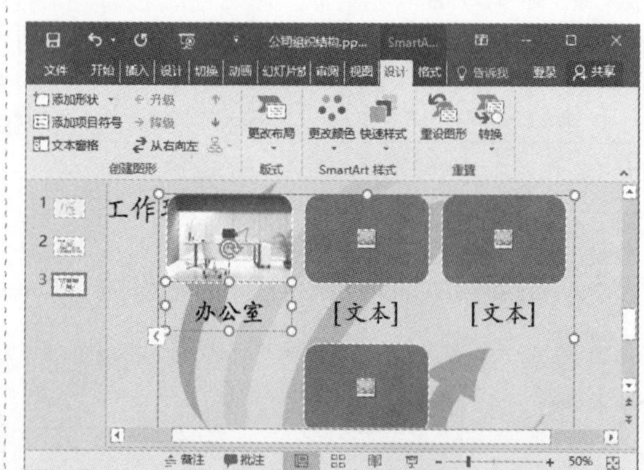

Step07: 使用相同的方法插入其他图片，并输入文字，制作完成后，效果如右图所示。

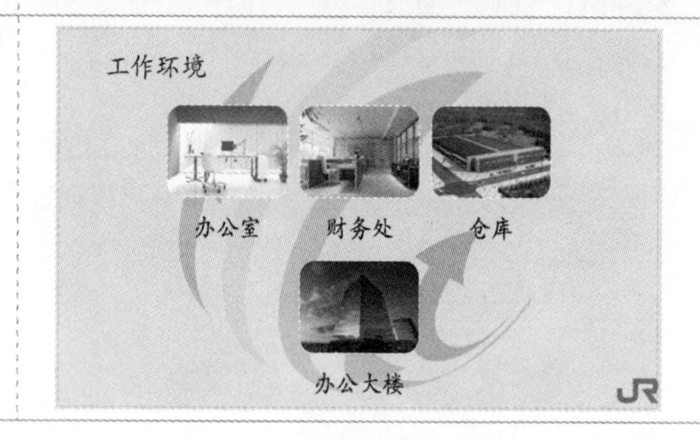

▷▷ 高手秘籍——实用操作技巧

通过前面知识的学习，相信读者朋友已经掌握了在 PowerPoint 2016 中插入 SmartArt 图形的方法。下面结合本章内容介绍一些实用技巧。

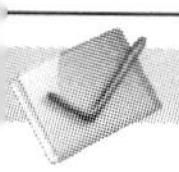

同步文件

视频文件：视频文件\第 5 章\高手秘籍.mp4

技巧 01　将 SmartArt 图形转换为文本

除了可以将文本转换为 SmartArt 图形之外，用户还可以轻松地把 SmartArt 转换为文本，操作方法如下。

Step01: ❶选择 SmartArt 图形；❷单击“SmartArt 工具-设计”选项卡“重置”组中的“转换”下拉按钮；❸在弹出的下拉列表中选择“转换为文本”选项，如下图所示。

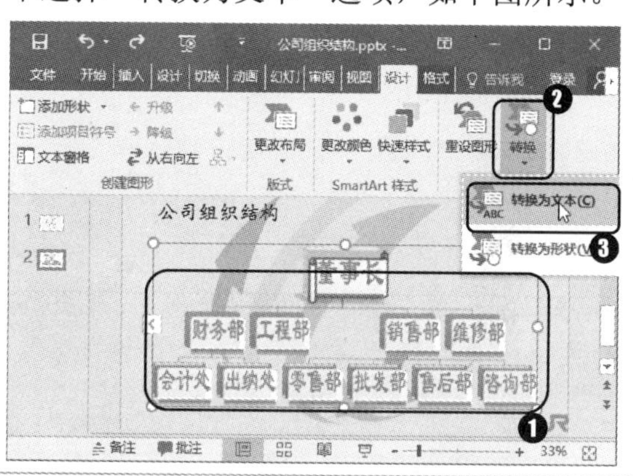

Step02: 选择完成后，所选 SmartArt 图形即可转换为文本，文本以 SmartArt 图形的布局分级显示，如下图所示。

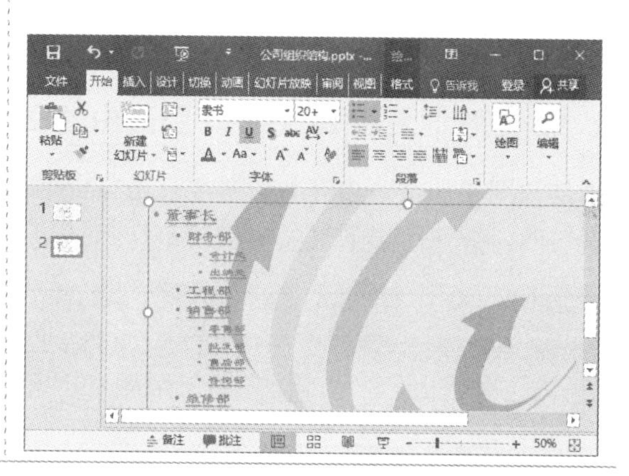

技巧 02　在形状中添加图片背景

在美化 SmartArt 图形时，除了可以更改形状的填充颜色，还可以将图片填充为图片背景，操作方法如下。

Step01: ❶选择要添加图片底纹的形状；❷单击“SmartArt 工具-格式”选项卡“形状样式”组中的“形状填充”下拉按钮；❸在弹出的下拉列表中选择“图片”选项，如下图所示。

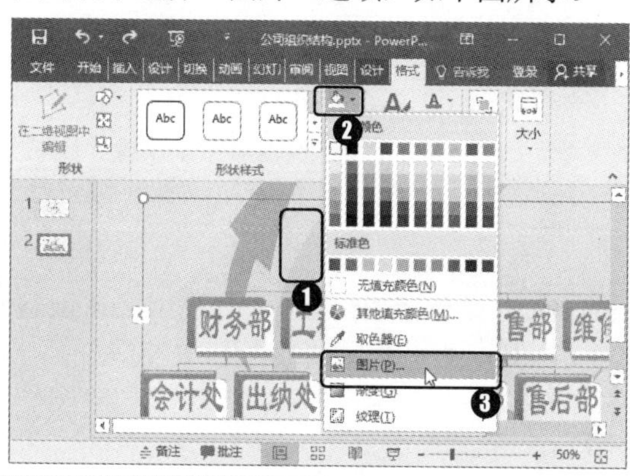

Step02: 弹出“插入图片”对话框，单击“来自文件”选项右侧的“浏览”按钮，如下图所示。

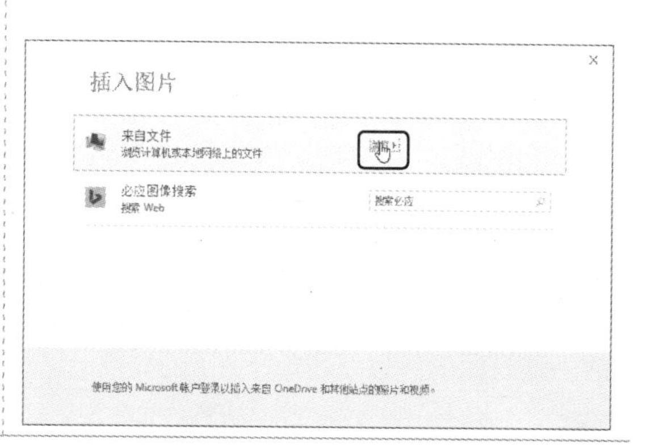

Step03: 打开“插入图片”对话框，❶选择图片；❷单击“插入”按钮，如下图所示。

Step04: 返回演示文稿中即可发现所选图片已经被设置为形状的背景，如下图所示。

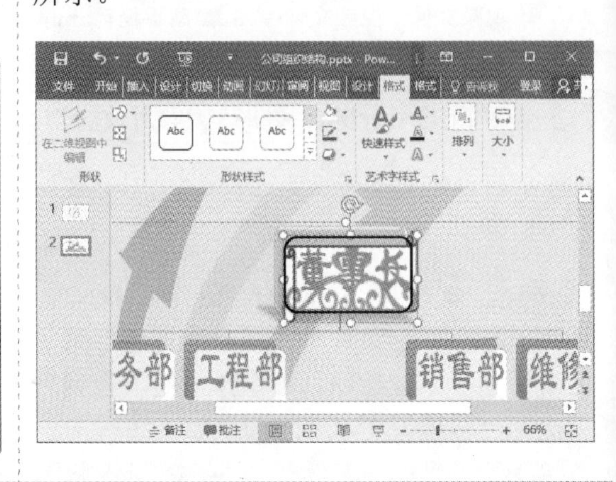

技巧 03 快速更改 SmartArt 图形中的文字

结构图中的文本内容有时需要修改，此时若直接通过选择单个形状一个一个地更改文字颇浪费时间，此时可以通过文本窗格来快速地更改文字内容，操作方法如下。

Step01: ❶选择 SmartArt 图形；❷单击“SmartArt 工具-设计”选项卡“创建图形”组中的“文本窗格”按钮，如下图所示。

Step02: 打开“在此处键入文字”文本窗格，在窗格中直接修改文字即可，如下图所示。

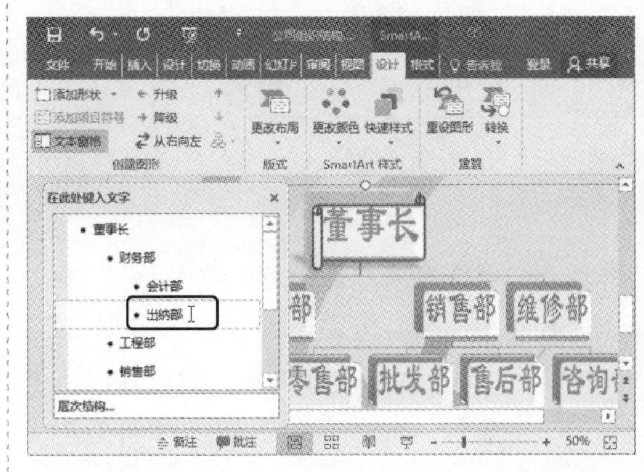

技巧 04 快速重设图形

在制作 SmartArt 图形的时候，如果多次修改样式设置仍不满意，需要重新设计，可以通过重设图形的功能快速将其还原到初始状态，具体操作方法如下。

Step01: ❶选择 SmartArt 图形；❷单击“SmartArt 工具-设计”选项卡“重置”组中的“重设图形”按钮，如下图所示。

Step02: 操作完成后，即可发现 SmartArt 图形已经更改为初始状态，如下图所示。

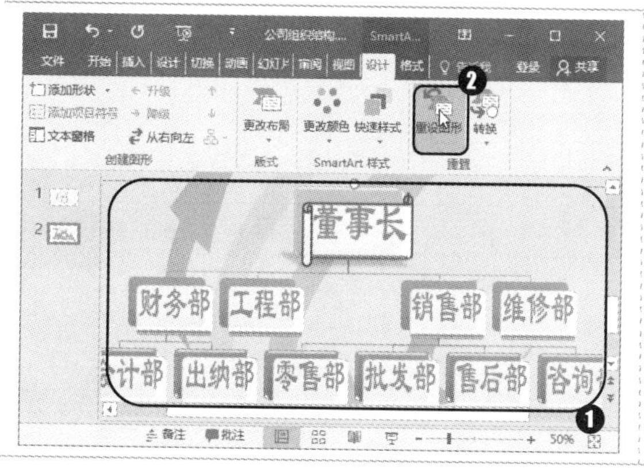

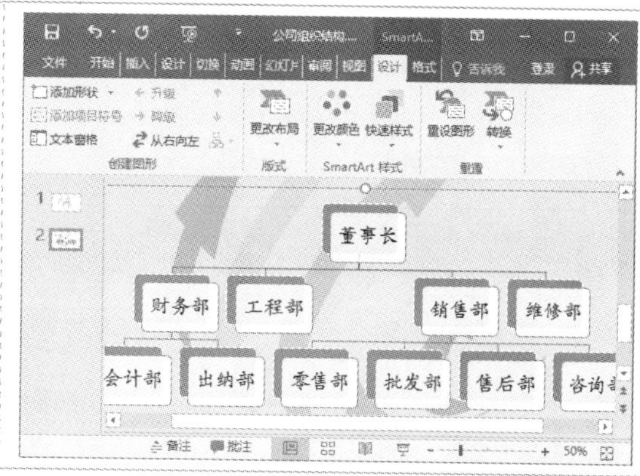

▷▷ 上机实战——制作招聘流程图

>>> 上机介绍

在制作 SmartArt 图形时，需要以简单的文本来表达工作的流程、结构的组成等内容。相较于文字，使用 SmartArt 图形可以简单、方便地向观看者展示需要表达的内容，所以，在制作演示文稿时经常用到 SmartArt 图形。下面将制作一个公司的招聘流程图，最终效果如下图所示。

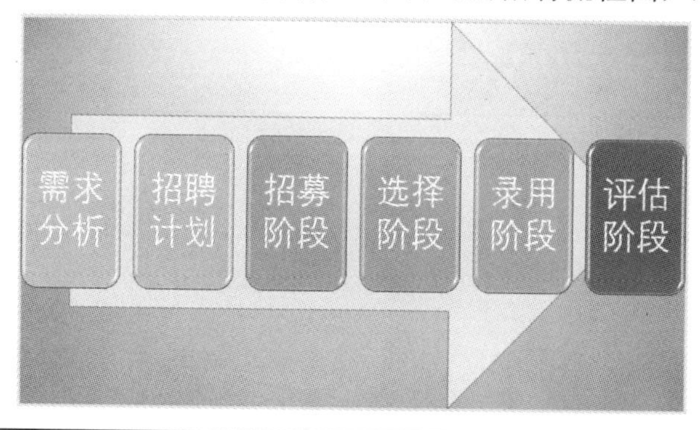

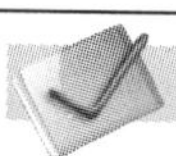

同步文件

视频文件：视频文件\第 5 章\上机实战.mp4

>>> 步骤详解

本实例的具体制作步骤如下。

Step01: 打开素材文件“招聘流程图.pptx”，❶选择第二张幻灯片；❷单击“插入”选项卡“插图”组中的“SmartArt”按钮，如下图所示。

Step02: 弹出“选择 SmartArt 图形”对话框，❶在左侧列表中选择“流程”选项；❷在右侧列表框中选择“连续块状流程”；❸单击“确定”按钮，如下图所示。

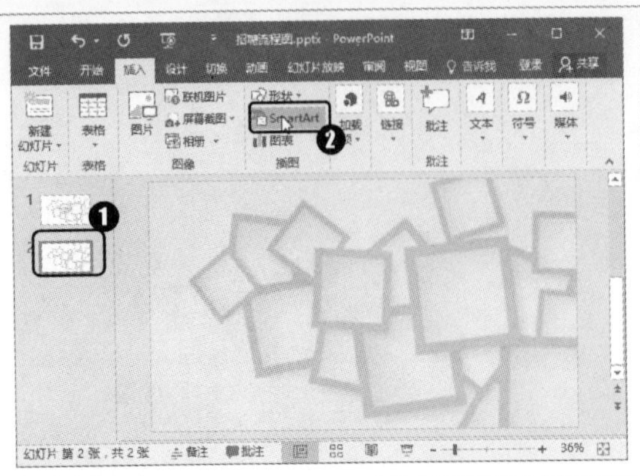

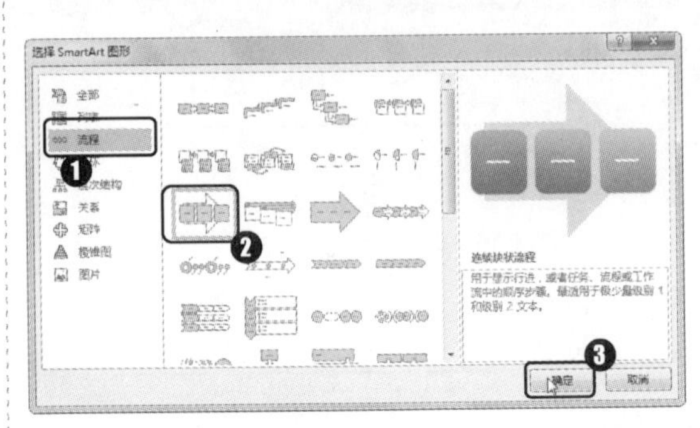

Step03: 此时，幻灯片中将生成一个结构图，在文本占位符中输入文字，如下图所示。

Step04: ❶选择第三个形状；❷单击"SmartArt 工具-设计"选项卡"创建图形"组中的"添加形状"下拉按钮；❸在弹出的下拉列表中选择"在后面添加形状"选项，如下图所示。

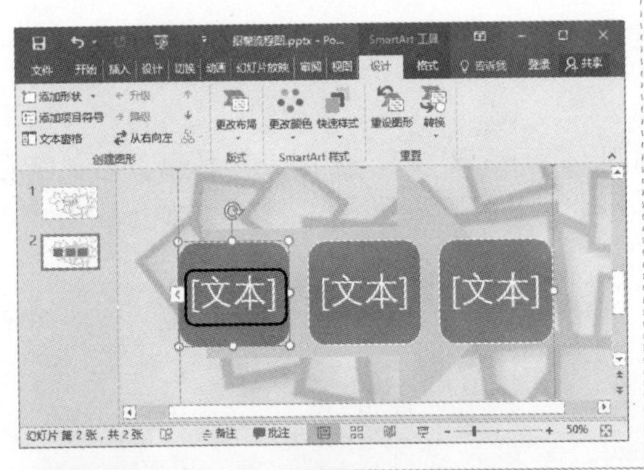

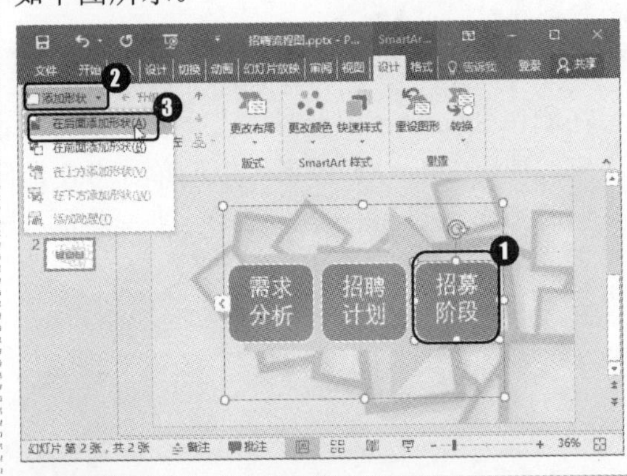

Step05: 连续在后面添加三个形状，并在文本占位符中输入文字，如下图所示。

Step06: 选中 SmartArt 图形，❶单击"SmartArt 工具-设计"选项卡"SmartArt 样式"组中的"更改颜色"下拉按钮；❷在弹出的下拉列表中选择一种颜色，如下图所示。

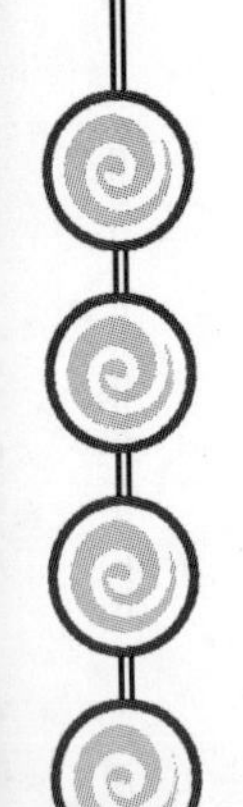

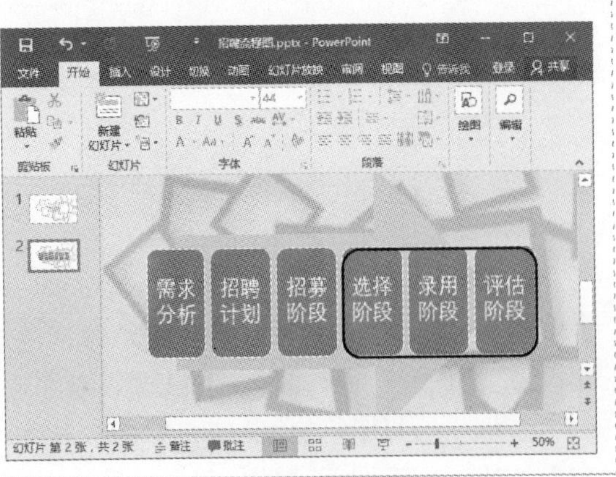

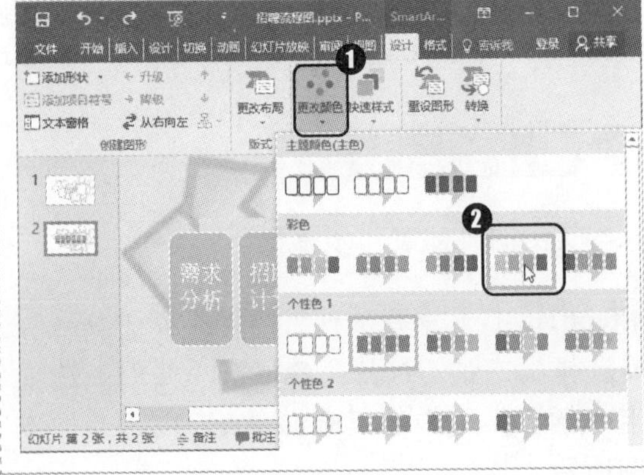

Step07: ❶单击“SmartArt 工具-设计”选项卡“SmartArt 样式”组中的“快速样式”下拉按钮；❷在弹出的下拉列表中选择一种样式，如下图所示。

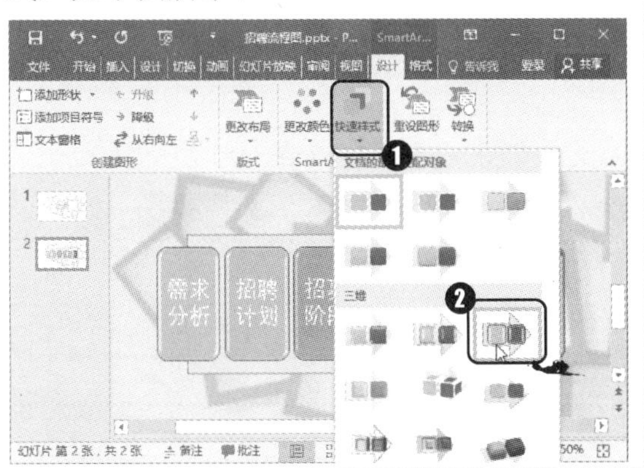

Step08: ❶在 SmartArt 图形上单击鼠标右键；❷在弹出的快捷菜单中选择“设置对象格式”命令，如下图所示。

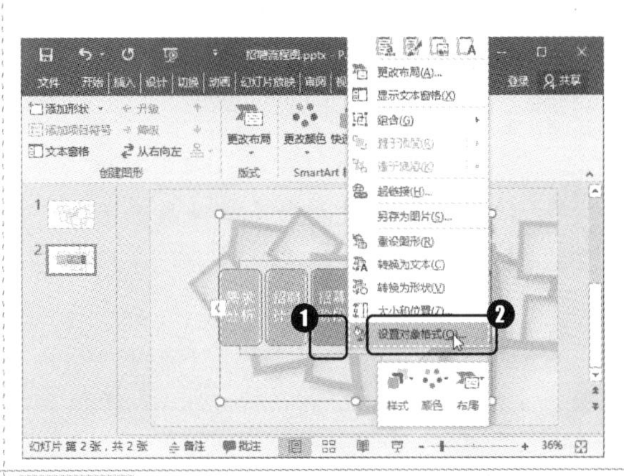

Step09: 打开“设置形状格式”窗格，❶在“填充”中选择“渐变填充”；❷在“预设渐变”下拉列表中选择渐变样式，如下图所示。

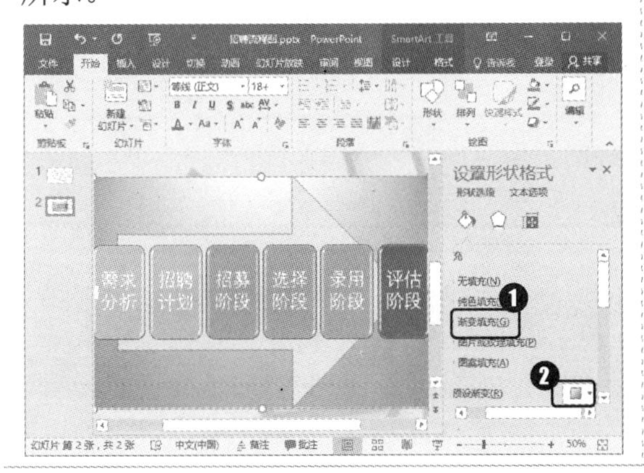

Step10: 设置完成后的效果如下图所示。

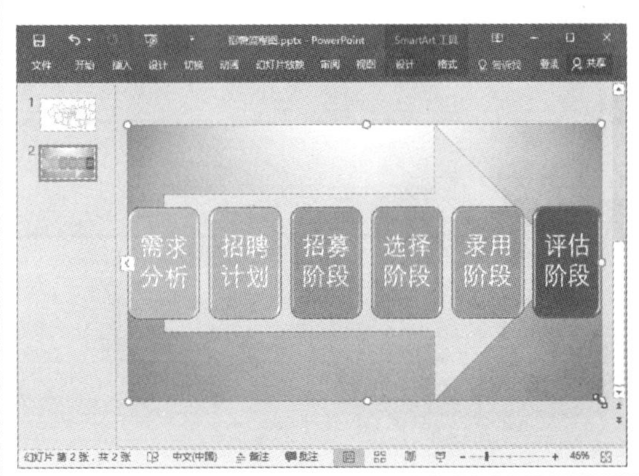

▷▷ 本章小结

本章的重点在于掌握在 PowerPoint 2016 中使用 SmartArt 图形的方法，主要包括插入 SmartArt 图形、编辑 SmartArt 图形和设计 SmartArt 图形的相关知识。希望读者通过本章的学习能够熟练地掌握插入 SmartArt 图形的方法，并能制作出层次分明、美观大方的 SmartArt 图形。

第6章　幻灯片中表格的创建与编辑

本章导读

在制作幻灯片时，有时候需要展示大量的数据，此时可以在幻灯片中插入表格，以便向观看者清晰地展示数据。在 PowerPoint 2016 中插入了表格后，不仅可以调整表格结构，还能美化表格，让数据信息更加美观。

知识要点

- 插入表格
- 绘制表格
- 选择表格内容
- 添加与删除表格
- 调整行高与列宽
- 移动表格
- 美化表格

效果展示

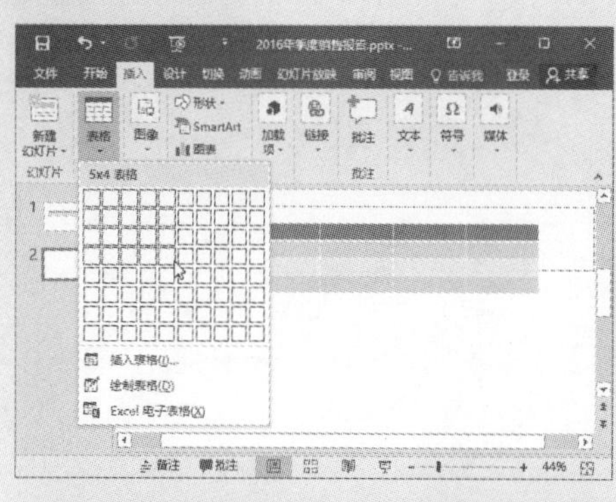

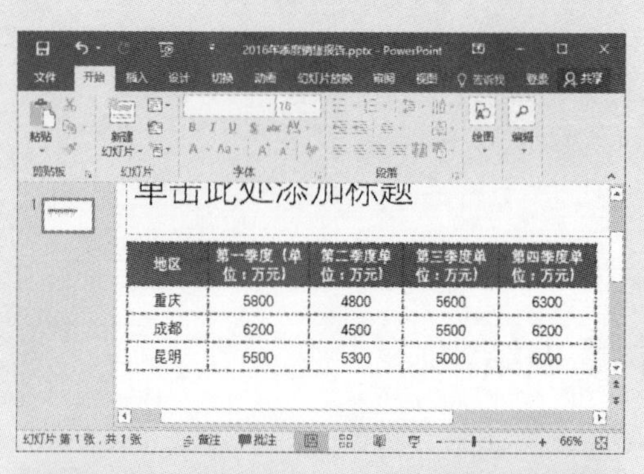

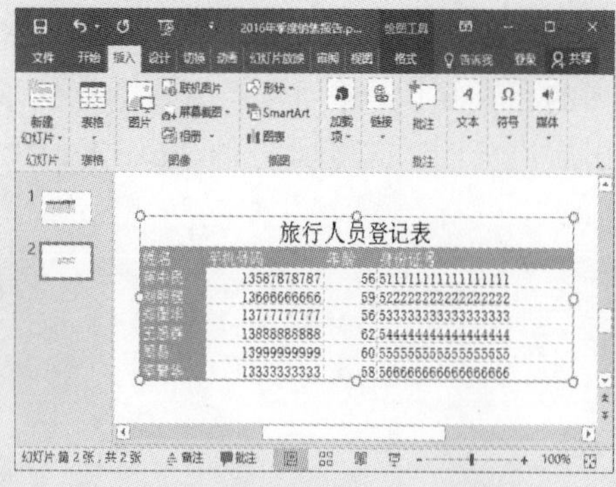

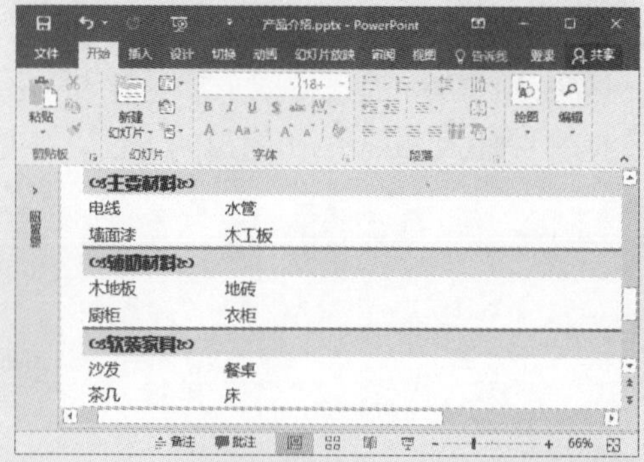

6.1　课堂讲解——创建表格

在幻灯片中，有些信息或数据不能单纯用文字或图片来表示，在信息或数据比较繁多的情况下，可以采用表格的样式。将数据分门别类地存放在表格中可以使得数据信息一目了然。

6.1.1　插入表格

在 PowerPoint 2016 中，表格的功能十分强大，并且提供了单独的表格工具模块，使用该模块不但可以创建各种样式的表格，还可以对创建的表格进行编辑。

1．在占位符中添加表格

在 PowerPoint 2016 中，很多固定版式幻灯片中的占位符都包含表格图标，利用该图标即可插入表格。

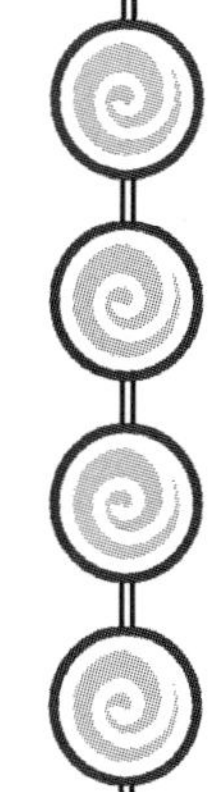

Step01: 新建一个空白演示文稿，❶切换到"开始"选项卡，在"幻灯片"组中单击"版式"按钮；❷在弹出的下拉列表中选择"标题和内容"版式，如下图所示。

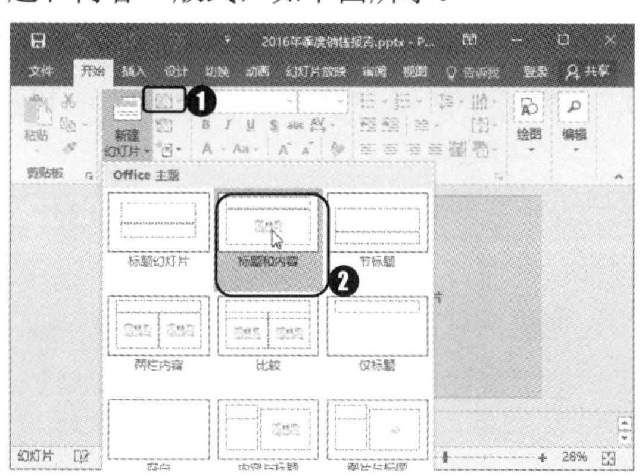

Step02: 在该幻灯片中单击"插入表格"图标，如下图所示。

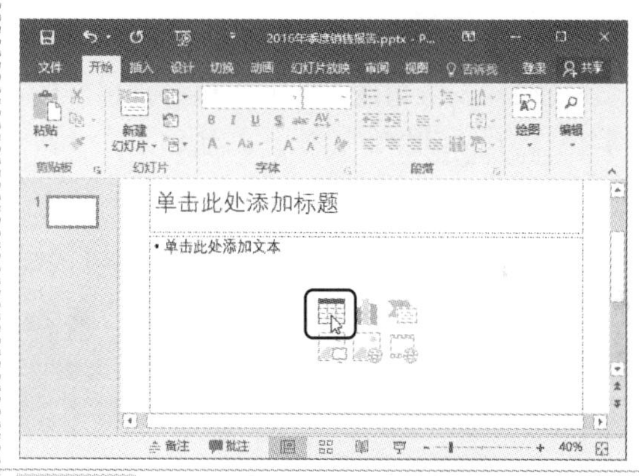

Step03: 弹出"插入表格"对话框，❶设置"行数"和"列数"；❷单击"确定"按钮，如下图所示。

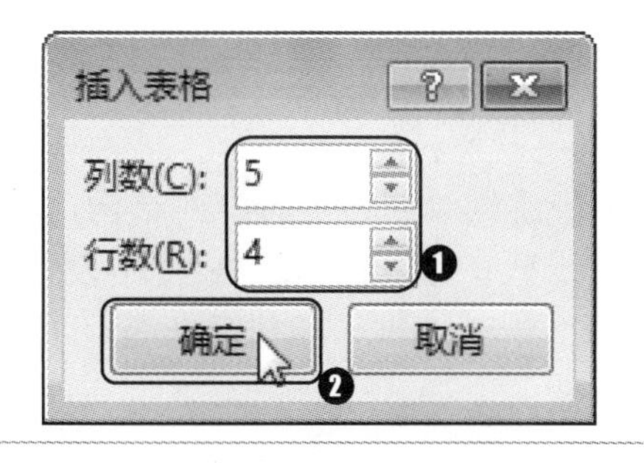

Step04: 返回演示文稿中，即可看到幻灯片中已经插入相应行数和列数的表格，如下图所示。

2．使用工具栏插入表格

当需要插入表格的幻灯片不包含“插入表格”图标时，可以直接在幻灯片中插入表格，具体操作方法如下。

Step01: 新建一张幻灯片，❶切换到“插入”选项卡，单击“表格”按钮；❷移动鼠标到下方的虚拟表格中，此时，鼠标左上方的表格区域被选定，并显示为橙色，如下图所示。

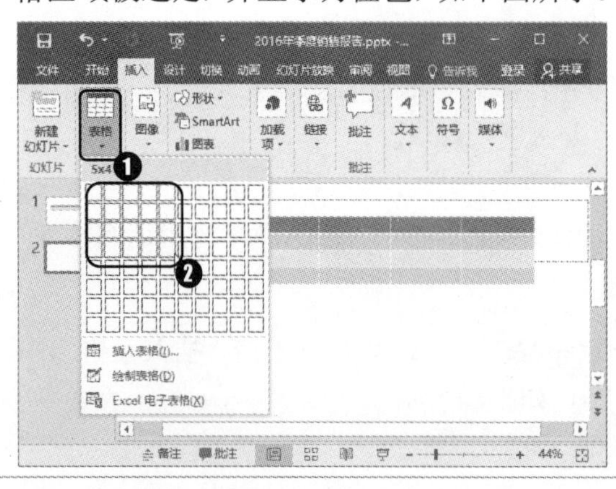

Step02: 确定了行数和列数后单击鼠标左键，即可将表格插入到幻灯片中，如下图所示。

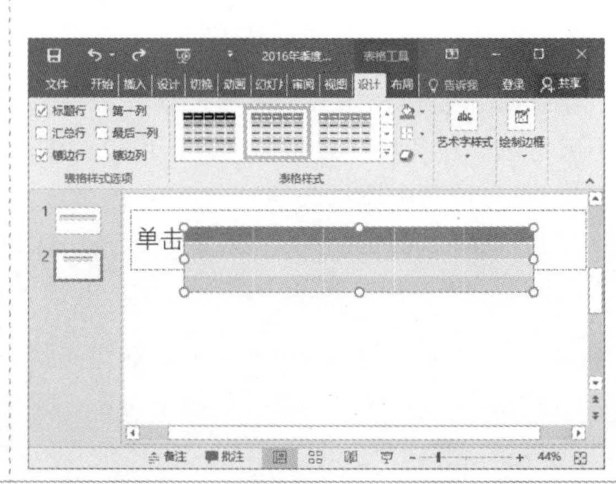

6.1.2　绘制表格

使用插入表格功能创建的表格都是标准的等宽高表格，如果需要创建复杂的表格，可以使用制表笔进行手动绘制，操作方法如下。

Step01: 新建一张幻灯片，❶在“插入”选项卡的“表格”组中单击“表格”按钮；❷在弹出的下拉列表中选择“绘制表格”命令，如下图所示。

Step02: 此时，鼠标光标将变为铅笔形状✎，按住鼠标左键不放，拖动鼠标至合适的位置后释放鼠标左键，绘制出表格的外边框，如下图所示。

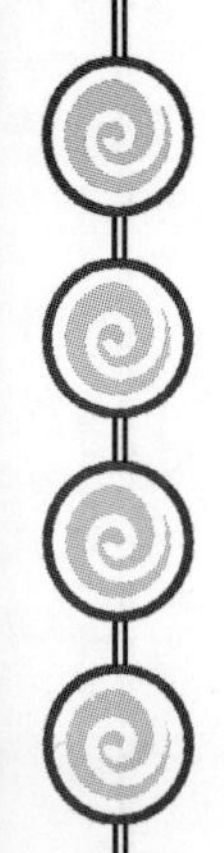

Step03: 绘制完成后将自动打开“表格工具-设计”选项卡，如下图所示。

Step04: 继续绘制表格的内部结构，如果需要改变线型，可以在“表格工具-设计”选项卡的“绘制边框”组进行设置，如下图所示。

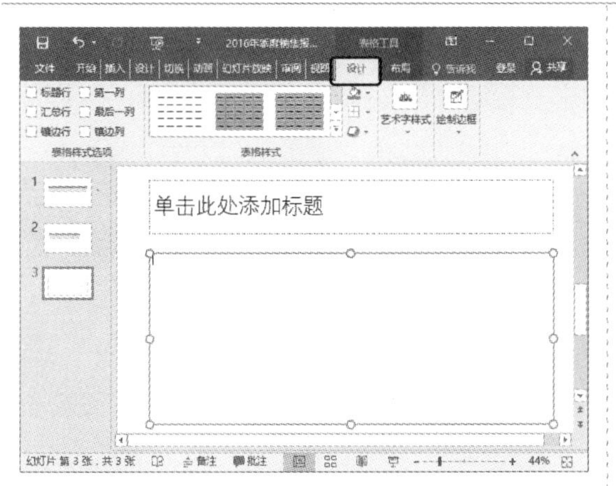

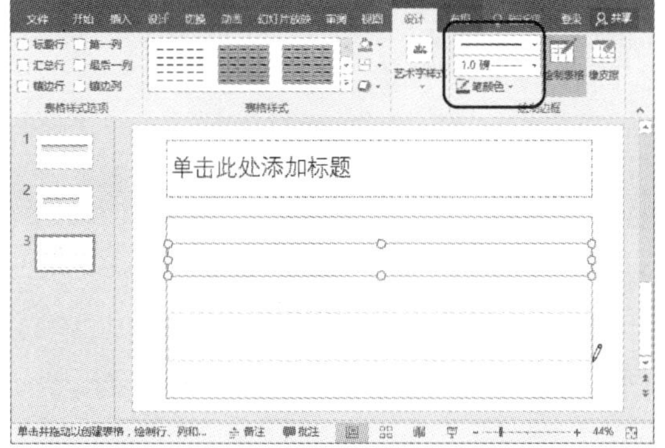

Step05: 如果绘制错误，需要删除表格中的部分内容，❶单击“表格工具-设计”选项卡“绘制边框”组中的“橡皮擦”按钮；❷当光标变为橡皮擦时，在表格上单击需要删除的表格内容即可，如下图所示。

Step06: 绘制完成后，表格的效果如下图所示。

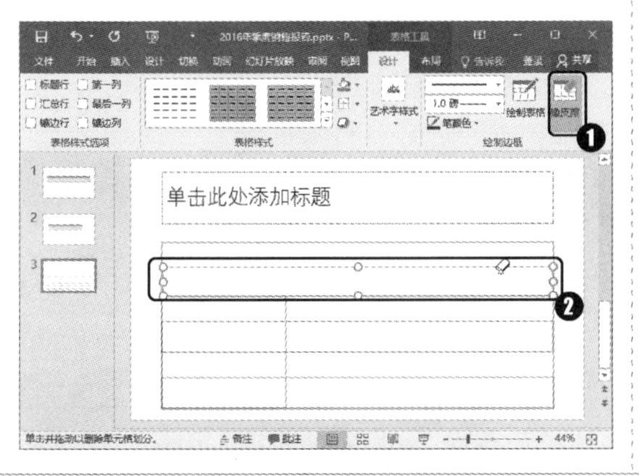

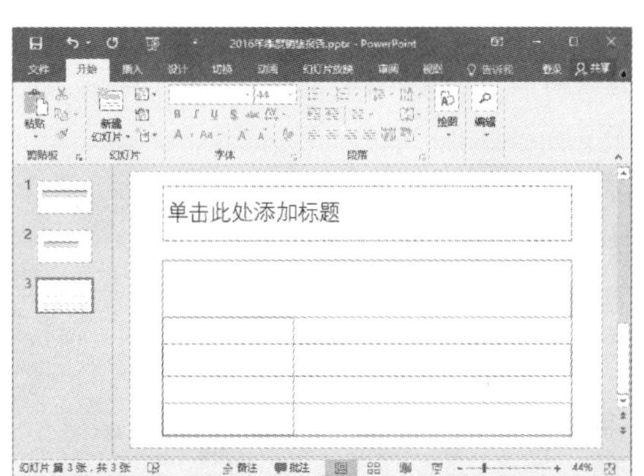

6.2　课堂讲解——编辑表格

在 PowerPoint 2016 中插入了表格之后，还可以对其进行编辑，例如删除多余的行与列、设置合适的行高和列宽、设置表格中的文字对齐方式等。

6.2.1　在表格中输入文字

在表格中输入文字时，需要先将光标定位到单元格中，然后输入文字，操作方法如下。

Step01: 将光标定位到单元格中，直接输入文字即可，如下图所示。

Step02: 一个单元格输入完成后，可以使用鼠标定位到另一个单元格中继续输入，如下图所示。

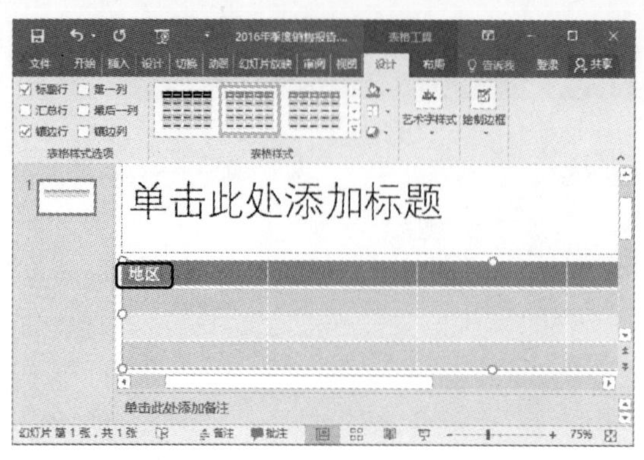

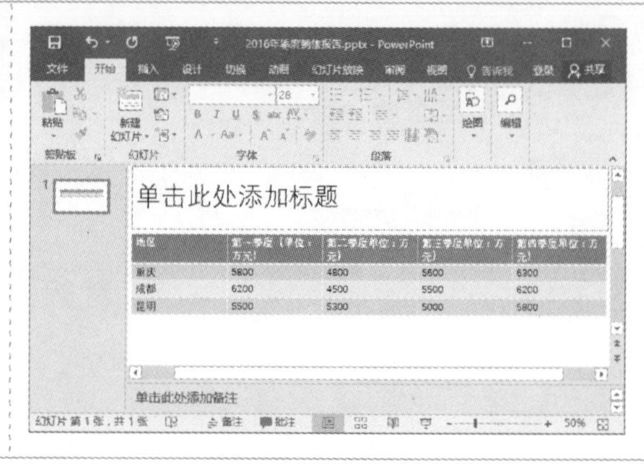

6.2.2 选择行或列

对表格进行编辑之前，首先需要选中操作对象，如表格、表格的行与列等。下面以选择行为例进行讲解，具体操作方法如下。

Step01: ❶将光标定位在需要选择的某行的任意单元格中；❷单击“表格工具-布局”选项卡“表”组中的“选择”下拉按钮；❸在弹出的下拉列表中选择“选择行”选项，如下图所示。

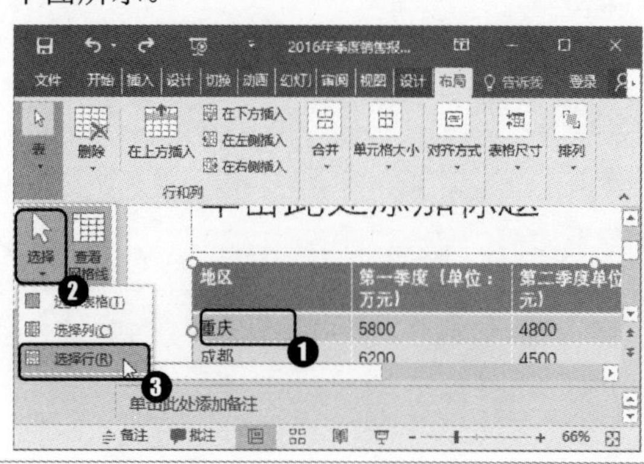

Step02: 选择完成后即选中该行，如下图所示。

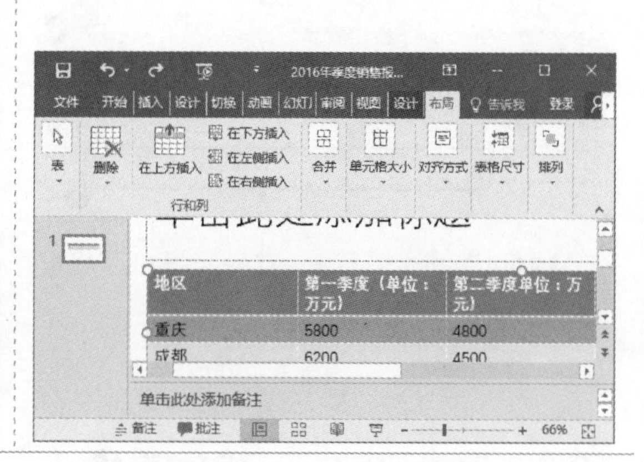

如果要选择整个表格或选择列，同样可以使用以上的方法来完成。除了以上的方法之外，也可以使用下面的操作方法来选择表格。

- 选择单个单元格：将光标移动到表格中单元格的左端线上，当其变为 ⬈ 形状时单击即可。
- 选择连续的单元格区域：将光标移到需要选择的单元格区域的左上角，拖动鼠标到该区域的右下角，释放鼠标即可选择该单元格区域。
- 选择整个表格：将光标移动到任意单元格中单击，然后按〈Ctrl+A〉组合键即可选择整个表格。
- 选择整行和整列：将光标移到表格边框的左边线的左侧，当其变为 ➡ 形状时，单击即可选择该行；将光标移到表格边框的上边线上，当其变为⬇形状时，单击即可选中该列。

6.2.3 添加与删除行或列

当表格中的行或列不够时可以添加，当有多余的行或列时可以将其删除。下面以添加与删除行为例，具体方法如下。

Step01: ❶将光标插入点定位在表格中需要添加行的上一行；❷单击“表格工具-布局”选项卡“行和列”组中的“在下方插入”按钮，如下图所示。

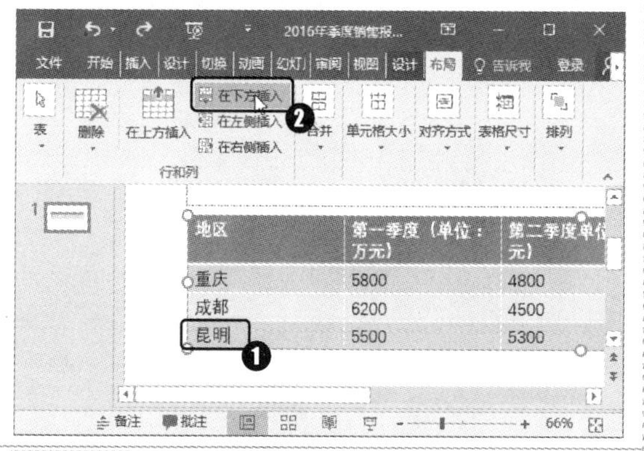

Step02: 操作完成后，即可在下方添加一行，如下图所示。

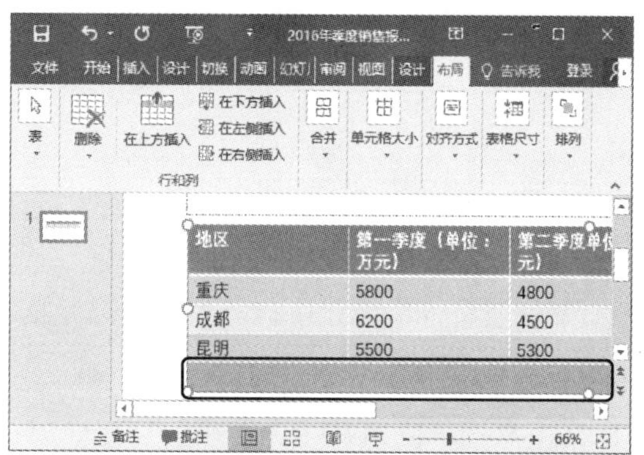

Step03: 如果要删除行，❶将光标定位到要删除的行所在的任意单元格中；❷单击“表格工具-布局”选项卡“行和列”组中的“删除”下拉按钮；❸在弹出的下拉列表中选择“删除行”选项即可，如右图所示。

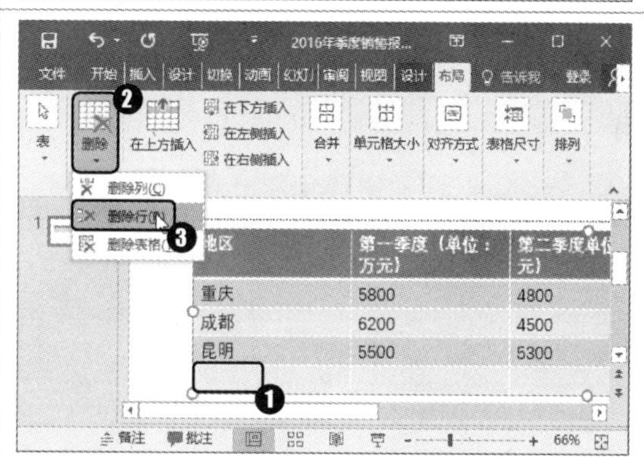

如果要删除列，同样可以使用以上方法来完成。在“表格工具-布局”选项卡“行和列”组中，各命令的按钮的含义如下。

- “在上方插入”：在插入点单元格所在行的上方插入一行。
- “在下方插入”：在插入点单元格所在行的下方插入一行。
- “在左侧插入”：在插入点单元格所在列的左侧插入一列。
- “在右侧插入”：在插入点单元格所在列的右侧插入一列。
- “删除”：单击此按钮，打开下拉列表，从中选择删除插入点所在的行、列或表格。

6.2.4 合并与拆分单元格

合并单元格就是将相邻的几个单元格合并成一个单元格，而拆分单元格则是将一个单元格拆分成多个等宽的单元格。

1. 合并单元格

如果需要将多个单元格合并，操作方法如下。

Step01: ❶选中需要合并的单元格；❷单击“表格工具-布局”选项卡“合并”组中的“合并单元格”按钮，如下图所示。

Step02: 操作完成后，所选的单元格即合并为一个单元格，效果如下图所示。

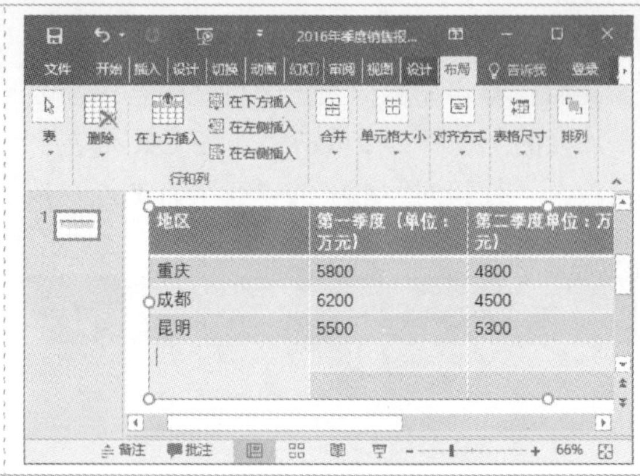

2．拆分单元格

如果需要将一个单元格拆分为多个单元格，操作方法如下。

Step01: ❶选择需要拆分的单元格；❷单击“表格工具-布局”选项卡“合并”组中的“拆分单元格”按钮，如下图所示。

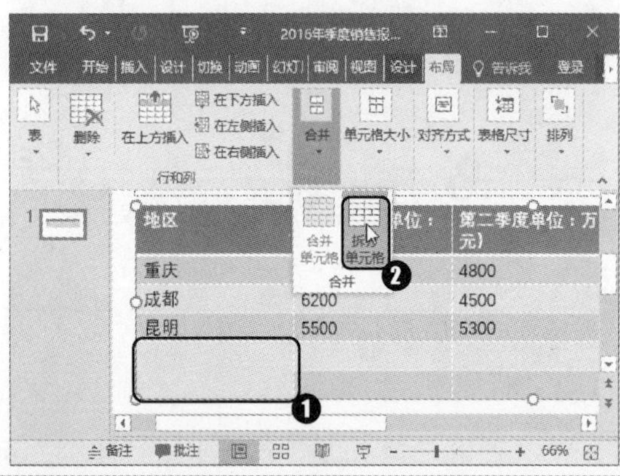

Step02: 打开“拆分单元格”对话框，❶设置拆分的列数和行数；❷单击“确定”按钮，如下图所示。

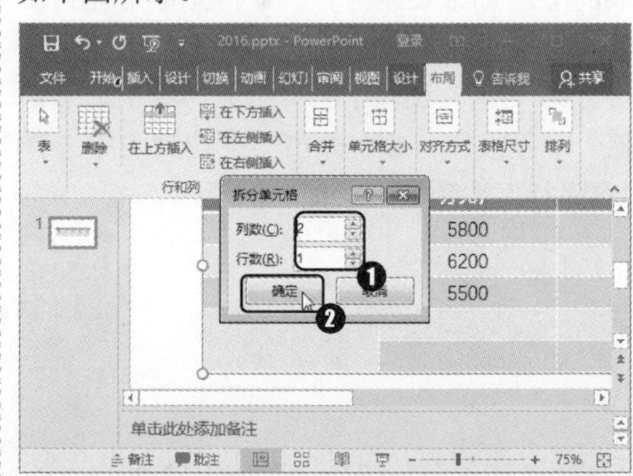

Step03: 返回工作表中即可看到该单元格已经按设置的行数和列数拆分，如下图所示。

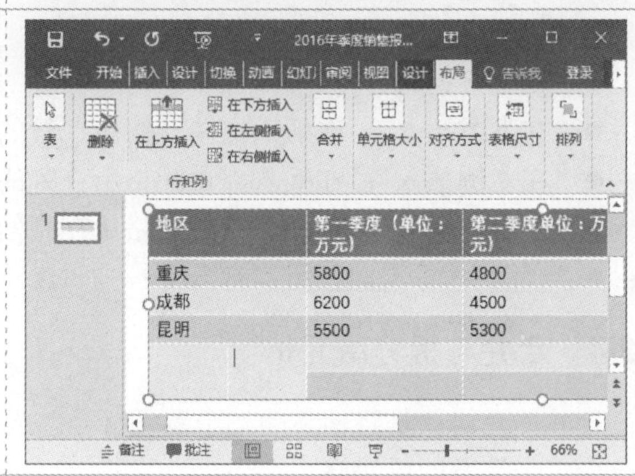

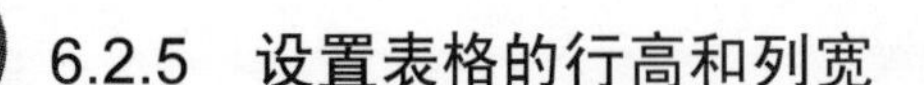

6.2.5 设置表格的行高和列宽

在制作表格的过程中，有时需要调整表格的行高和列宽，调整的方法如下。

1．通过工具栏设置

如果需要精确设置表格的行高或列宽，可以在工具栏中设置具体的数值，操作方法如下。

Step01: ❶选中要调整行高或列宽的行或列；❷在“表格工具-布局”选项卡的“单元格大小”组中，分别设置单元格的高度和宽度，如下图所示。

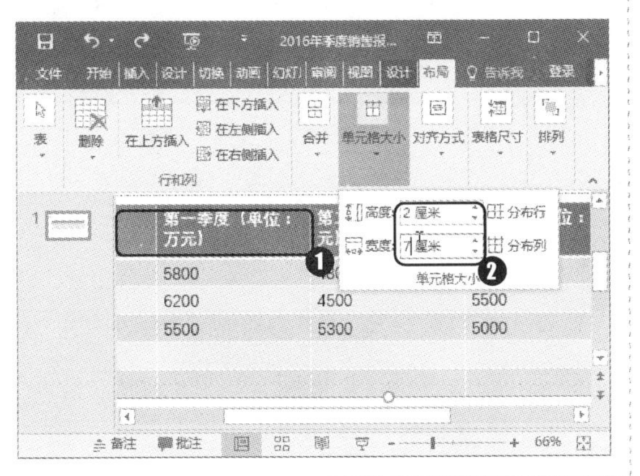

Step02: 设置完成后，按〈Enter〉键或单击幻灯片的任意位置，即可应用设置，如下图所示。

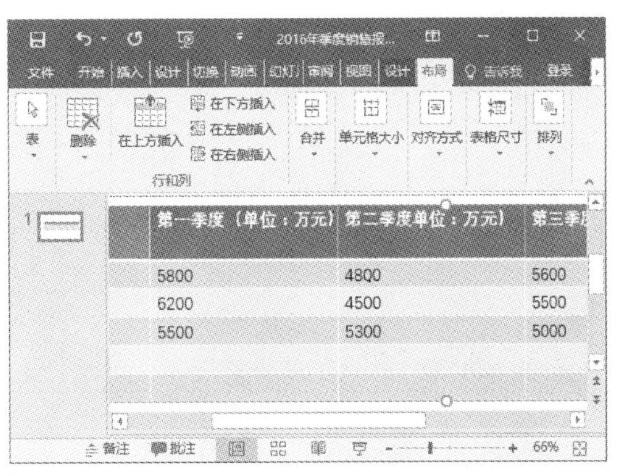

2．通过拖动设置

如果只是想要随意调整行高和列宽，而不需要固定的值，通过拖动的方法来调整行高和列宽更为方便，操作方法如下。

Step01: 将鼠标光标置于行或列的分隔线上，当鼠标光标变为÷或⇹时，按下鼠标左键拖动，如下图所示。

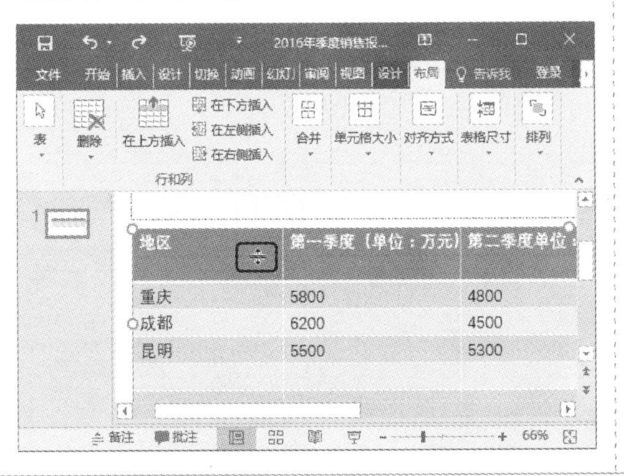

Step02: 在合适的位置释放鼠标左键，即可调整行高或列宽，如下图所示。

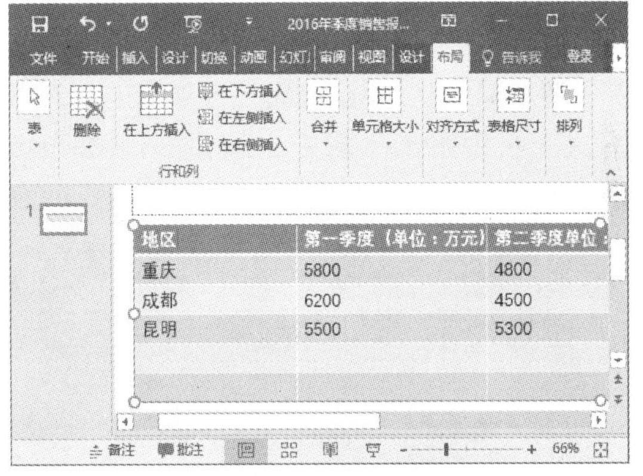

6.2.6　调整表格大小

在实际办公应用中，除了调整表格的列宽与行高外，还可以整体调整表格的大小，使表格更加协调，具体操作方法如下。

Step01: ❶将光标定位于表格内；❷在“表格工具-布局”选项卡的“表格尺寸”组中分别设置表格的高度与宽度，如下图所示。

Step02: 设置完成后按〈Enter〉键，即可调整表格的大小，如下图所示。

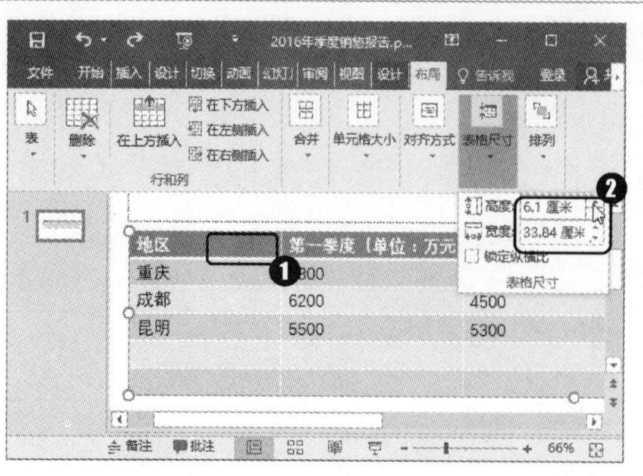

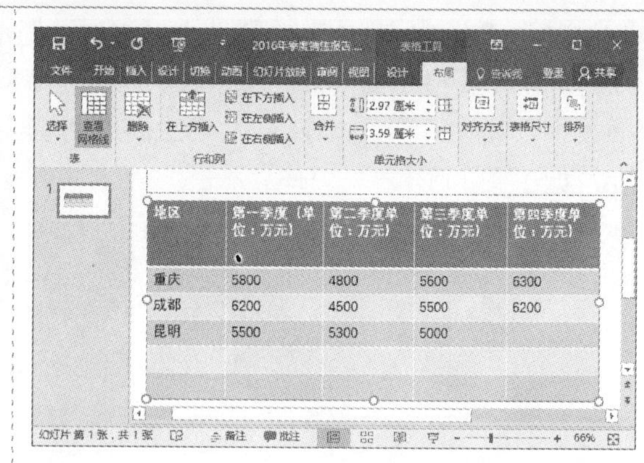

专家点拨——快速调整表格大小

除了用上述方法调整表格整体大小外，还可以使用鼠标调整表格大小，方法是：将鼠标指针置于表格边框的控制点上，此时鼠标指针会变成“↖↘”形状，按住鼠标左键，当鼠标指针变成“十”形状时，拖曳鼠标至合适的位置后释放鼠标，表格行高与列宽发生了等比例的变化。

6.2.7 设置文字的对齐方式

表格中的文字默认为左对齐，如果用户需要其他对齐方式，例如“居中”对齐，可以使用以下的方法来设置。

Step01: ❶选择需要设置对齐方式的单元格；❷在“表格工具-布局”选项卡的“对齐方式”组中单击“居中”按钮☰，如下图所示。

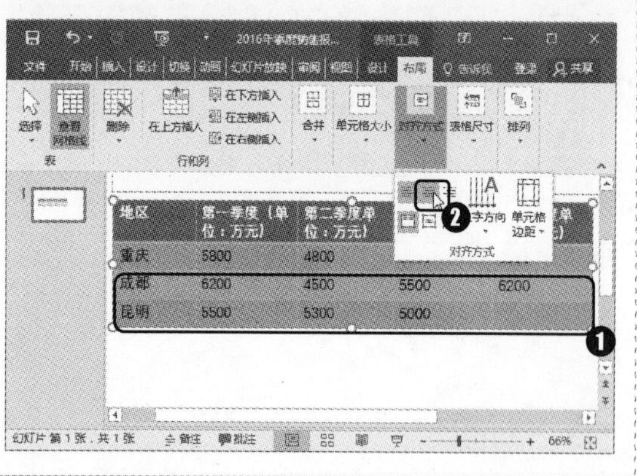

Step02: 操作完成后，所选单元格的文字即可居中对齐，如下图所示。

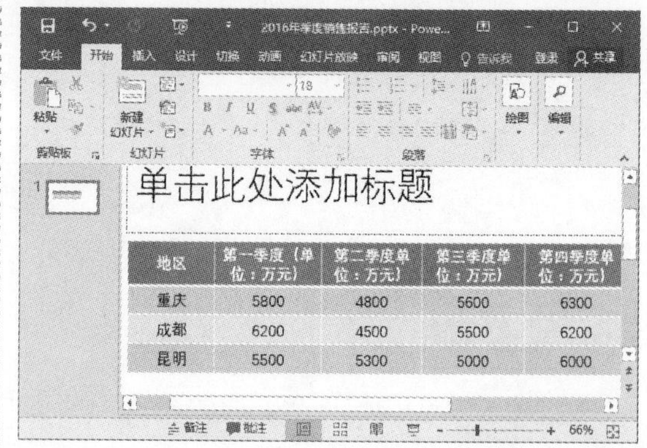

6.2.8 移动表格

在创建了表格之后，如果想要将表格移动到其他位置，可以通过剪切和粘贴的方法来完成，操作方法如下。

Step01: ❶选中需要移动的表格；❷单击“开始”选项卡“剪贴板”组中的“剪切”按钮，如下图所示。

Step02: ❶选择目标幻灯片；❷单击“开始”选项卡“剪贴板”组中的“粘贴”按钮即可，如下图所示。

新手注意

如果在同一幻灯片中移动表格，可以将鼠标光标移动到表格的边框处，当光标变为✥时按下鼠标左键不放，拖动鼠标到合适的位置后释放鼠标左键即可。

6.3 课堂讲解——美化表格

在插入表格后，如果全部使用默认的表格样式，难免单调，影响幻灯片的观赏效果。此时，可以通过设置表格的各种外观样式来美化表格。

6.3.1 快速应用表格样式

在默认情况下，插入的表格已经应用了系统自带的表格样式，如果想更改表格样式，可按下面的方法进行操作。

Step01: ❶ 选中表格；❷单击“表格工具-设计”选项卡“表格样式”组中的“其他”按钮，如下图所示。

Step02: 在弹出的下拉列表中选择一种表格样式，如下图所示。

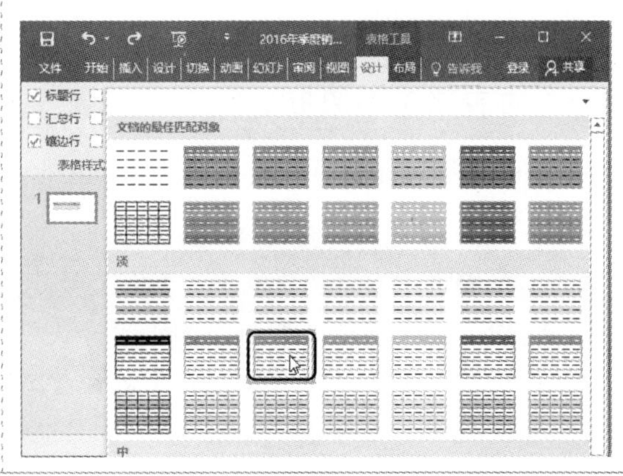

Step03: 表格样式设置完成后的效果如右图所示。

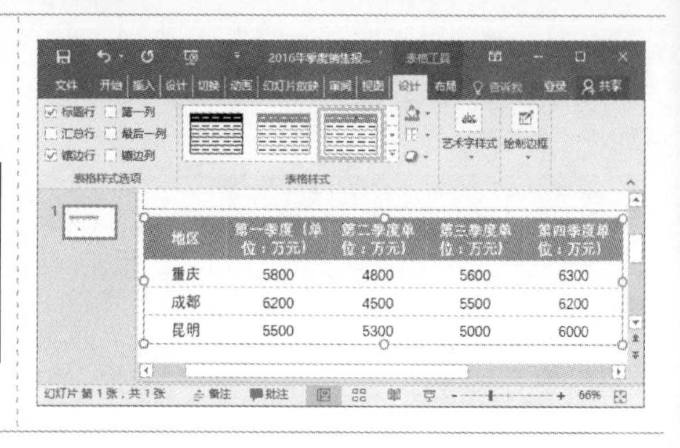

 **新手注意**

用户可以在“表格样式”的下拉列表中选择“清除表格”命令将表格样式清除。

6.3.2 设置单元格底纹颜色

为表格设置样式后，如果对底纹的颜色不满意，可以根据需要进行自由设置，具体操作方法如下。

Step01: ❶选中需要更改颜色的单元格；❷单击“表格工具-设计”选项卡“表格样式”组中的“底纹”下拉按钮；❸在弹出的下拉列表中选择一种颜色，如下图所示。

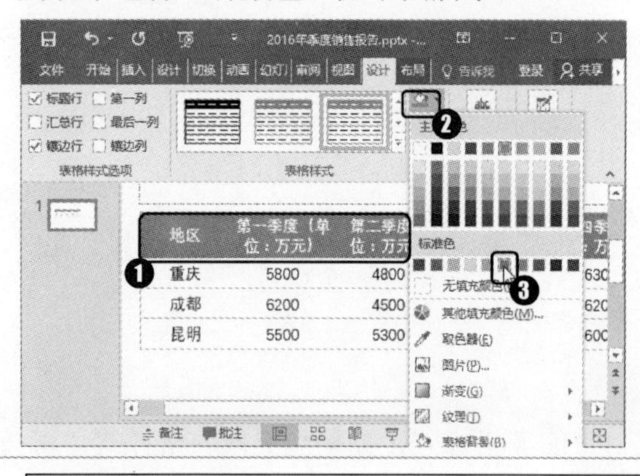

Step02: 设置完成后，最终效果如下图所示。

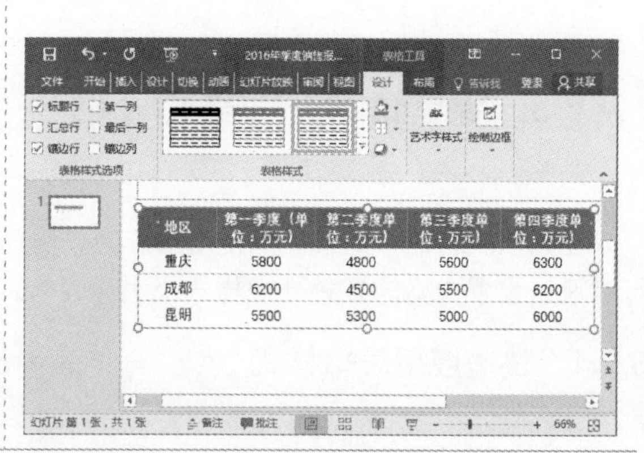

新手注意

底纹颜色不受表格样式限制，可以更改全部表格的底纹颜色，也可以更改单个或者多个相邻及不相邻单元格的底纹颜色，只需选中需要更改底纹颜色的单元格进行设置即可。

6.3.3 为表格添加边框

表格的边框可以根据需要设置为不同的颜色、线条格式、线条大小等，下面介绍为表格添加边框的操作方法。

Step01: ❶选中表格；❷单击“表格工具-设计”选项卡“绘制边框”组中的“笔样式”下拉按钮；❸在弹出的下拉列表中选择一种边框样式，如下图所示。

Step02: ❶单击“表格工具-设计”选项卡“绘制边框”组中的“笔划粗细”下拉按钮；❷在弹出的下拉列表中选择边框的线条粗细，如下图所示。

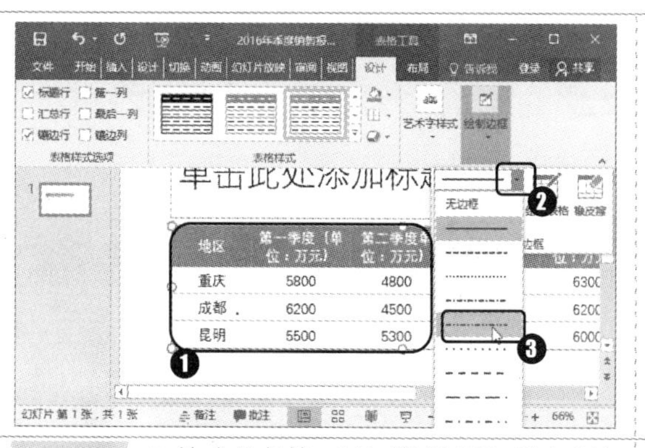

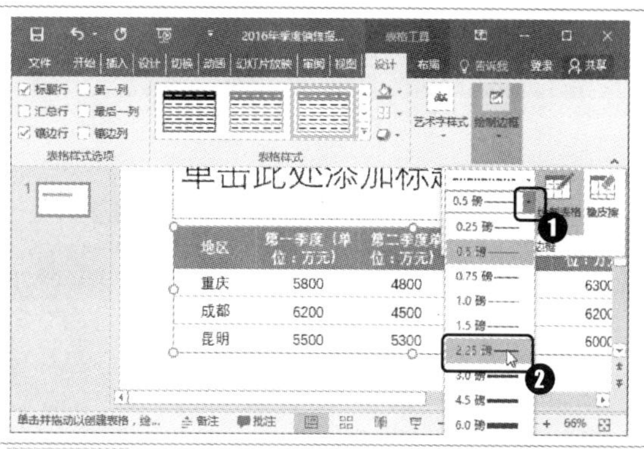

Step03: ❶单击“表格工具-设计”选项卡“绘制边框”组中的“笔颜色”下拉按钮；❷在弹出的下拉列表中选择边框的颜色，如下图所示。

Step04: 选择完成后，❶单击“表格工具-设计”选项卡“表格样式”组中的“边框”下拉按钮；❷在弹出的下拉列表中选择需要的边框选项，如“所有框线”，如下图所示。

Step05: 设置完成后，即可为表格的所有框线应用所选的边框样式如右图所示。

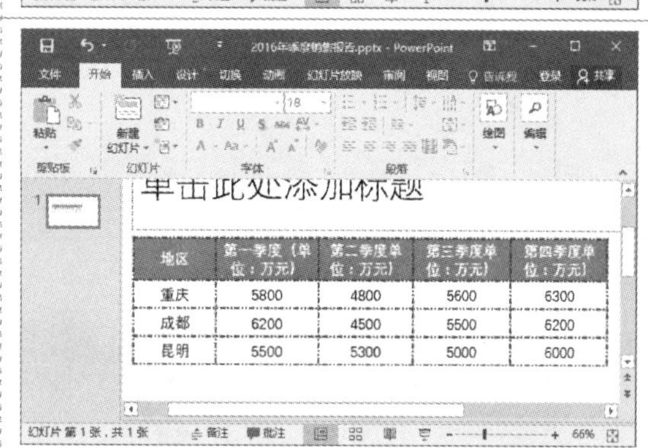

6.3.4　设置表格的外观效果

表格外观效果的设置包括为表格增加阴影、映像等，以达到突出显示表格的目的。下面介绍为表格设置“单元格凹凸效果”的方法。

Step01: ❶选择需要设置外观效果的单元格；❷单击“表格工具-设计”选项卡“表格样式”组中的“效果”下拉按钮；❸在弹出的下拉列表中选择“单元格凹凸效果”选项；❹选择一种棱台样式，如下图所示。

Step02: 设置完成后，即可查看最终效果，如下图所示。

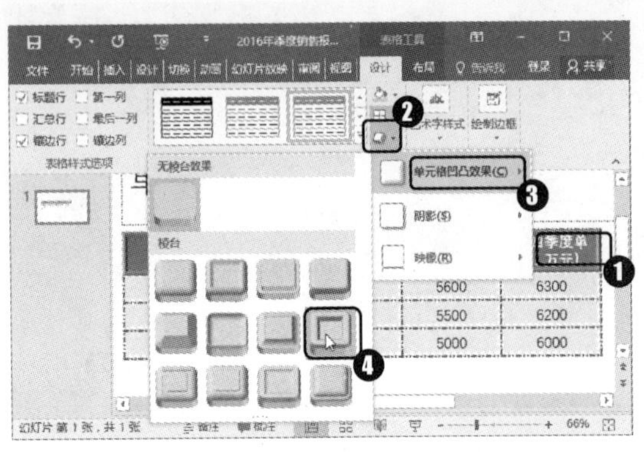

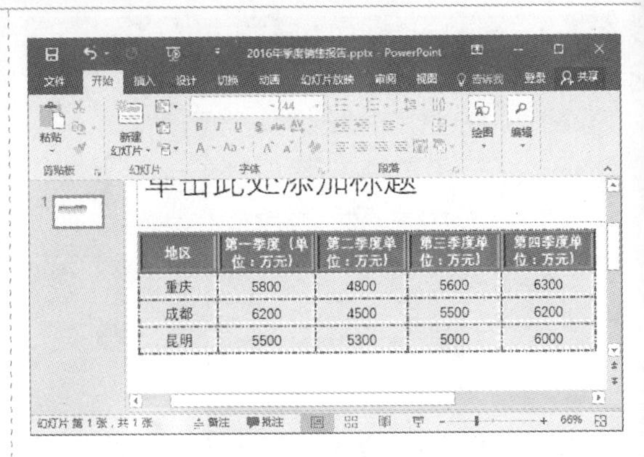

▷▷ 高手秘籍——实用操作技巧

通过前面知识的学习，相信读者朋友已经掌握了在幻灯片中插入表格和美化表格的方法。下面结合本章内容介绍一些实用技巧。

同步文件

视频文件：视频文件\第 6 章\高手秘籍.mp4

技巧 01 平均分布行或列

在制作表格时，有时候会要求将每行或每列平均分布，此时可以通过下面的方法轻松地完成。

Step01: ❶选择表格；❷单击“表格工具-布局”选项卡“单元格大小”组中的“分布行”或“分布列”按钮，如下图所示。

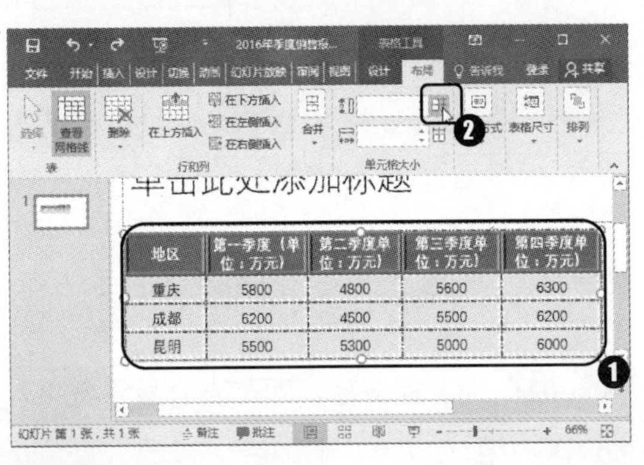

Step02: 经过上步操作后，即可将表格中的行或列平均分布，效果如下图所示。

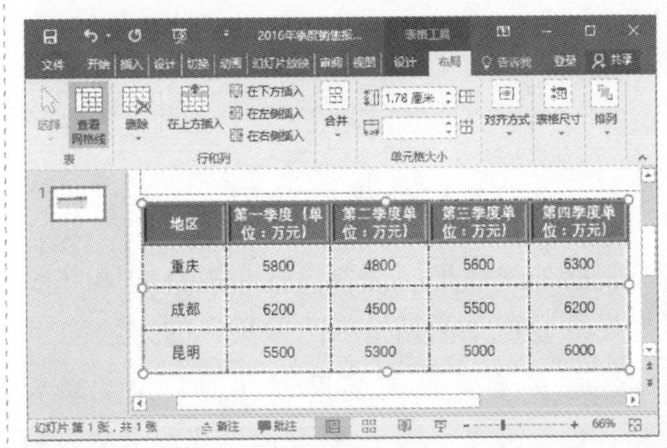

技巧 02 绘制对角线

在制作表格时，有时候会遇到需要在左上角的单元格中输入两项内容，此时可以绘制对角线以区分。绘制对角线的操作方法如下。

Step01: ❶选择需要绘制对角线的单元格；❷单击"表格工具-设计"选项卡"表格样式"组中的"边框"下拉按钮；❸在弹出的下拉列表中选择"斜下框线"选项，如下图所示。

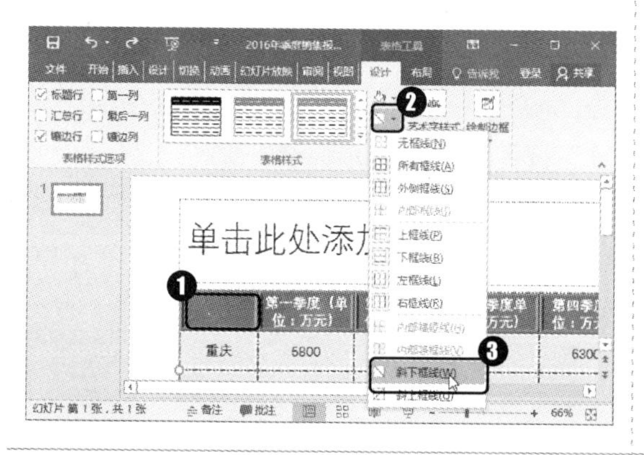

Step02: 经过上步操作后，即可为该单元格添加对角线，效果如下图所示。

Step03: ❶单击"插入"选项卡"文本"组中的"文本框"下拉按钮；❷在弹出的下拉列表中选择"横排文本框"选项，如下图所示。

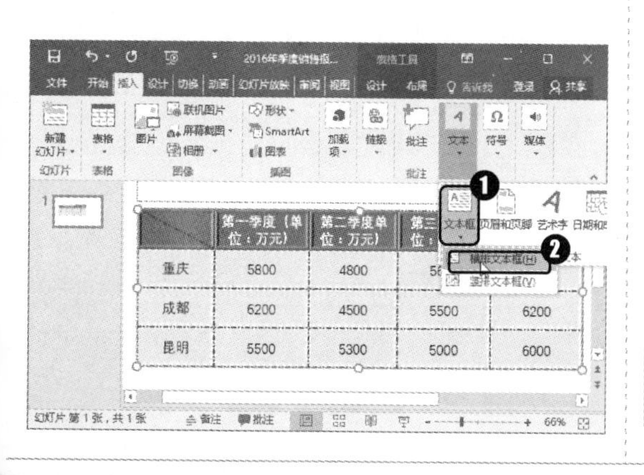

Step04: 绘制两个文本框后，输入表头文字并设置文字格式，效果如下图所示。

技巧03　插入Excel表格

如果用户需要编辑比较复杂的表格，可以在Excel中编辑完成后再插入幻灯片中，具体操作方法如下。

Step01: 单击"插入"选项卡"文本"组中的"对象"按钮，如下图所示。

Step02: 打开"插入对象"对话框，❶选择"由文件创建"单选按钮；❷单击"浏览"按钮，如下图所示。

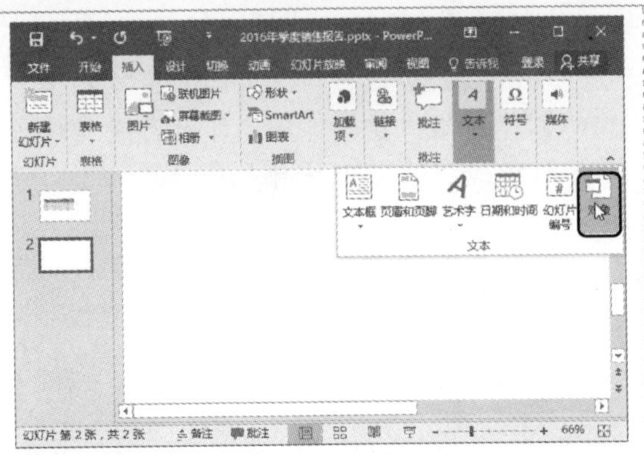

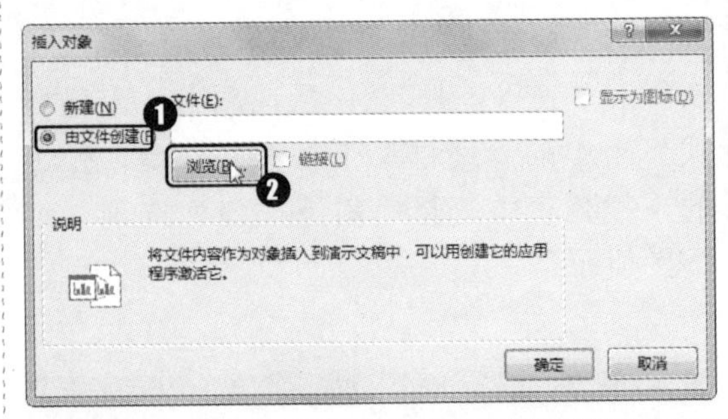

Step03: 打开“浏览”对话框，❶选择要插入的 Excel 表格文件；❷单击“确定”按钮，如下图所示。

Step04: 返回“插入对象”对话框，单击“确定”按钮，下图所示。

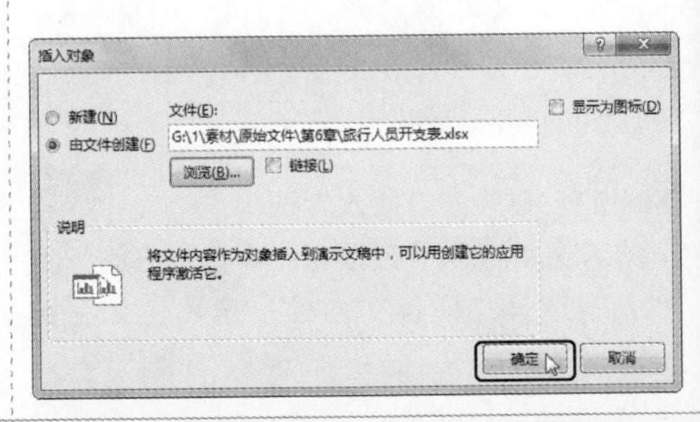

Step05: 返回幻灯片中，即可看到 Excel 表格已经被插入到幻灯片中，如右图所示。

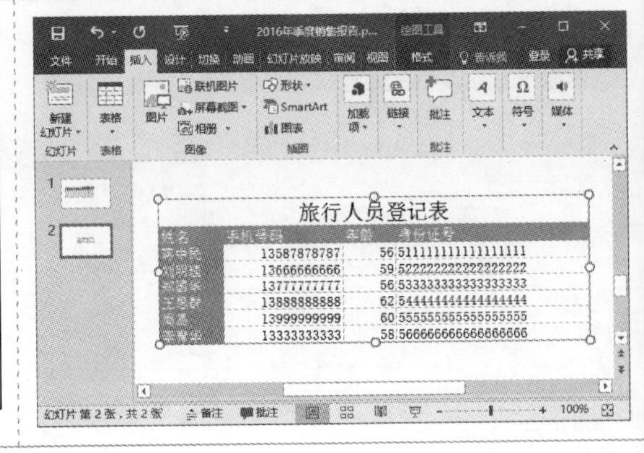

> **新手注意**
>
> 如果用户需要编辑插入幻灯片中的 Excel 表格，可以双击表格启动 Excel，然后在 Excel 中更改表格内容，返回幻灯片中即可发现表格中的内容已经更改。

▶▶ 上机实战——制作“产品宣传目录”

>> 上机介绍

在 PowerPoint 2016 中使用表格可以让数据看起来井然有序，用户不仅可以使用表格展示数字型数字，也可以放置文本型数据。下面制作一个“产品宣传目录”幻灯片，最终效果如下图所示。

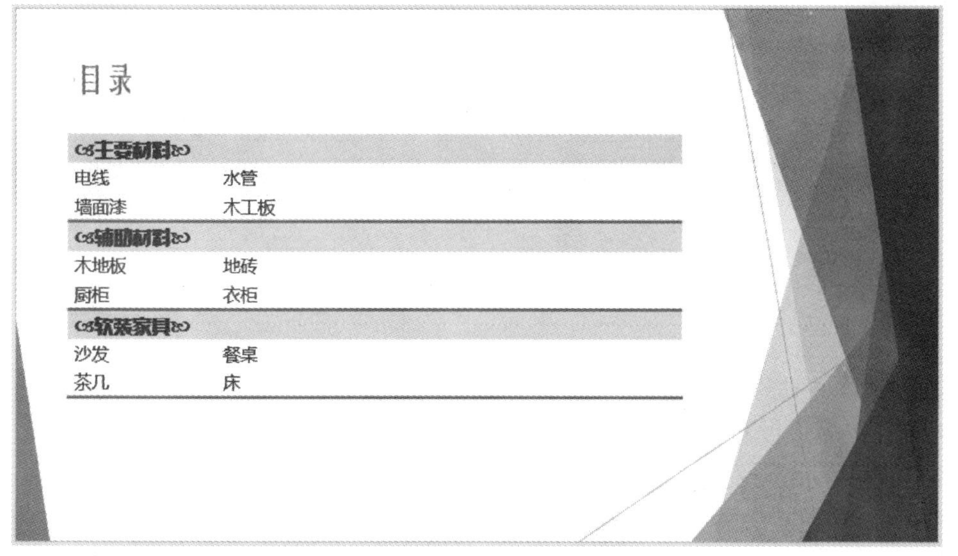

同步文件

视频文件：视频文件\第 6 章\上机实战.mp4

步骤详解

本实例的具体制作步骤如下。

Step01: 打开素材文件“产品介绍.pptx”，❶选中第二张幻灯片；❷单击“插入”选项“表格”组中的“表格”下拉按钮；❸在弹出的下拉列表中选择“插入表格”选项，如下图所示。

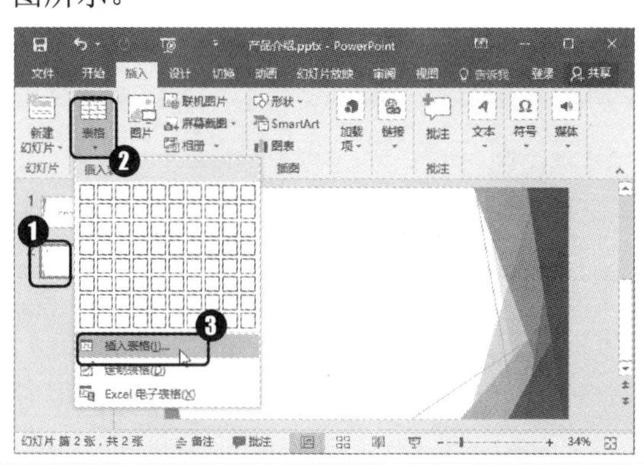

Step02: 打开“插入表格”对话框，❶在“列数”微调框中输入“2”，“行数”微调框中输入“10”；❷单击“确定”按钮，如下图所示。

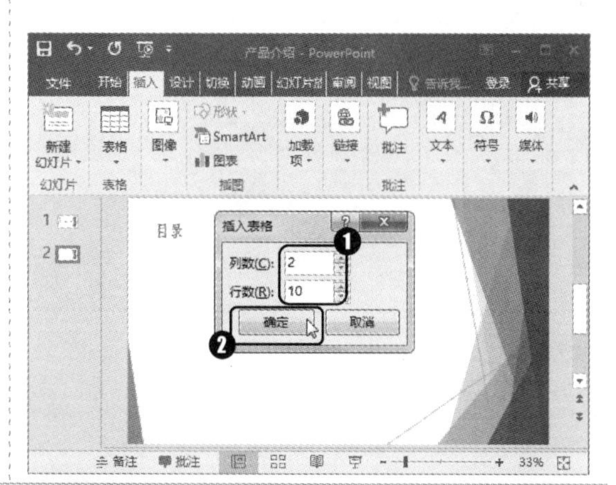

Step03: 选中表格，将鼠标光标移动到表格的边框处，当光标变为✥时，按下鼠标左键拖动，将表格移动到合适的位置，如下图所示。

Step04: 保持表格的选中状态，在“开始”选项卡的“字体”组中设置字体格式为“微软雅黑”，如下图所示。

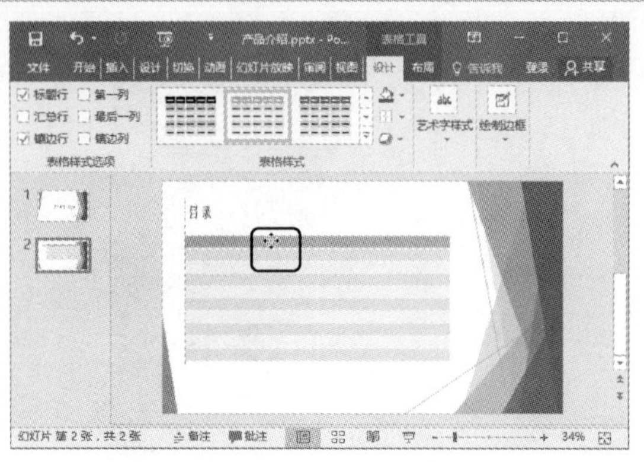

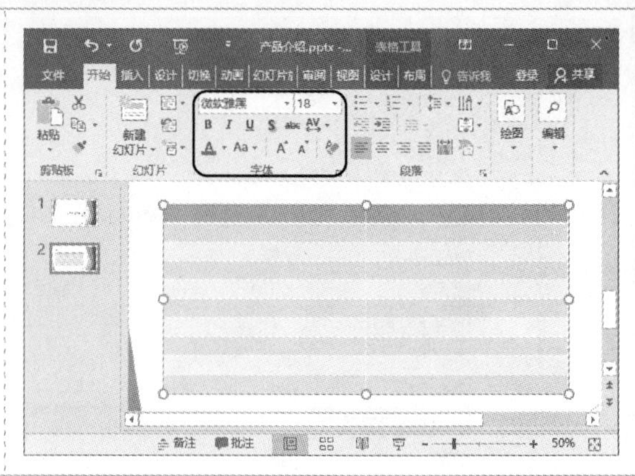

Step05: ❶选中第一行；❷单击“表格工具-布局”选项卡“合并”组中的“合并单元格”按钮，如下图所示。

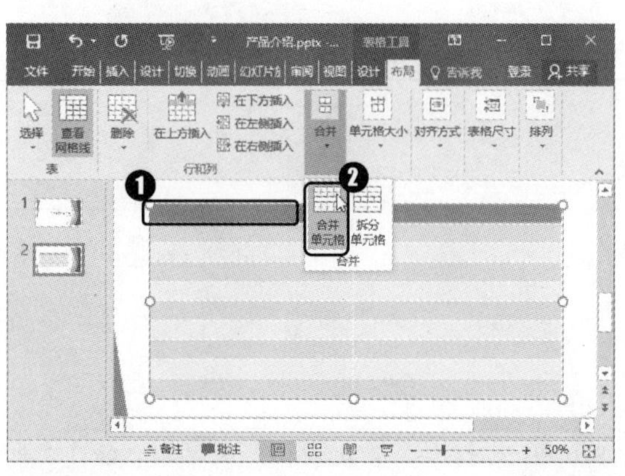

Step06: ❶在第一列中输入项目名称；❷在下方的单元格中输入产品名称，如下图所示。

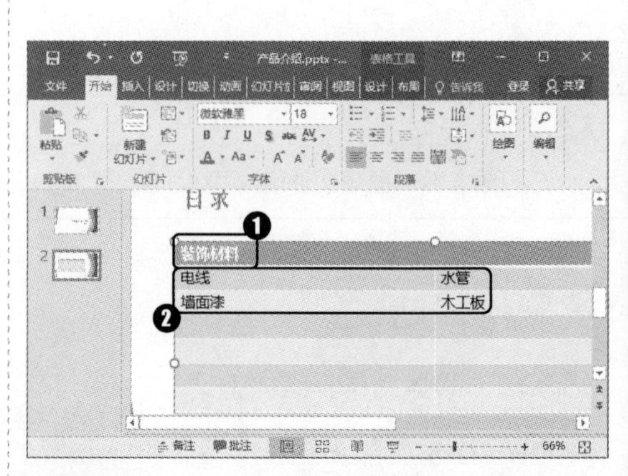

Step07: 使用相同的方法合并单元格，然后输入文本内容，如下图所示。

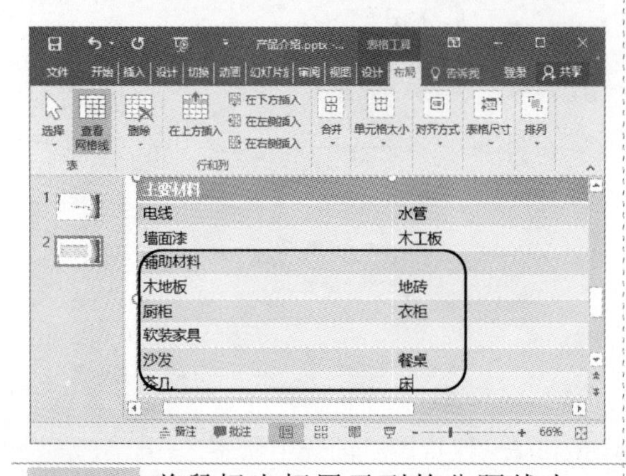

Step08: 当有多余的行时，❶将光标定位到需要删除的行；❷单击“表格工具-布局”选项卡中的“删除”下拉按钮；❸在弹出的下拉列表中选择“删除行”选项，如下图所示。

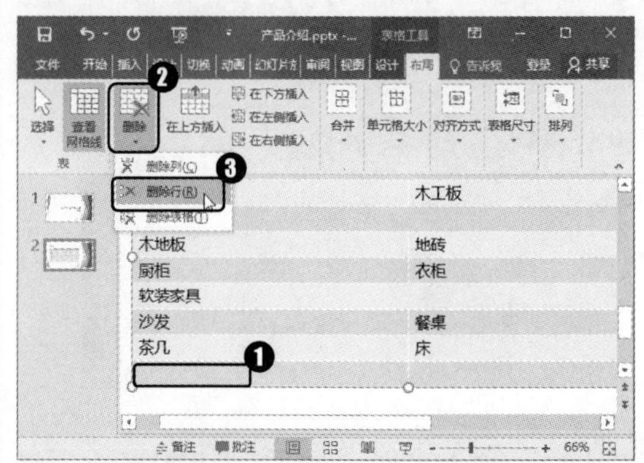

Step09: 将鼠标光标置于列的分隔线上，当鼠标光标变为 ⟛ 时，按下鼠标左键拖动到合适的位置，松开鼠标左键，如下图所示。

Step10: 选中表格，在“开始”选项卡的“字体”组中设置字体颜色，如下图所示。

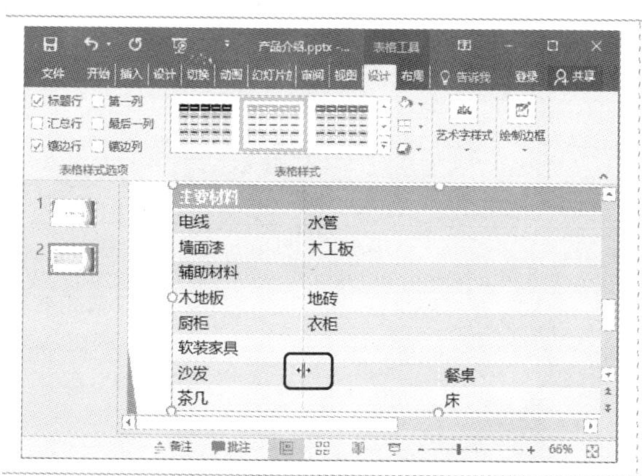

Step11: 保持表格的选中状态，❶单击“表格工具-设计”选项卡“表格样式”组中的“底纹”下拉按钮；❷在弹出的下拉列表中选择“白色”，如下图所示。

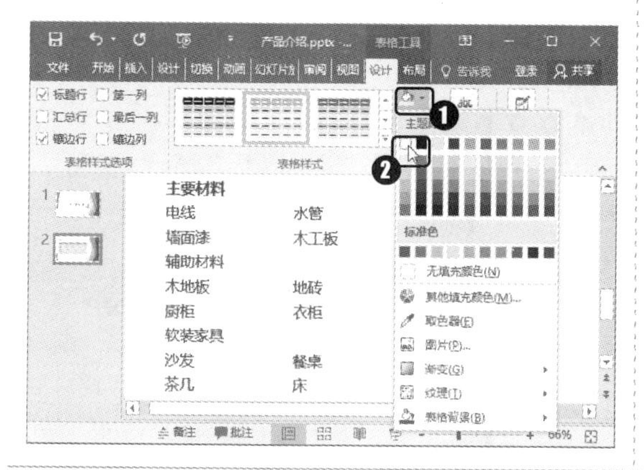

Step13: ❶ 选中要设置边框样式的行；❷单击“表格工具-设计”选项卡“表格样式”组中的“边框”下拉按钮；❸在弹出的下拉列表中选择“下边框”选项，如下图所示。

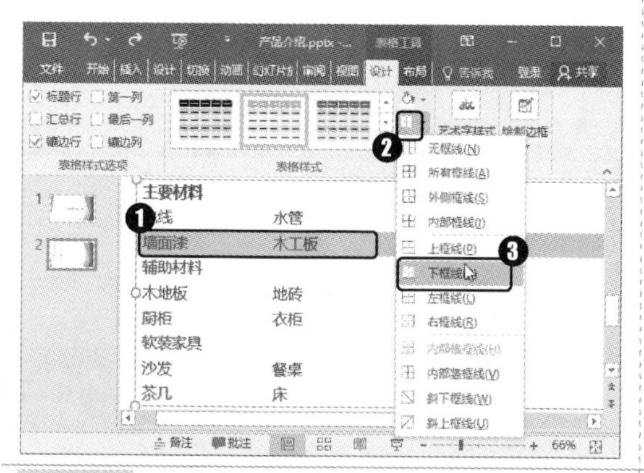

Step15: ❶选中项目名称行；❷单击“表格工具-设计”选项卡“表格样式”组中的“底

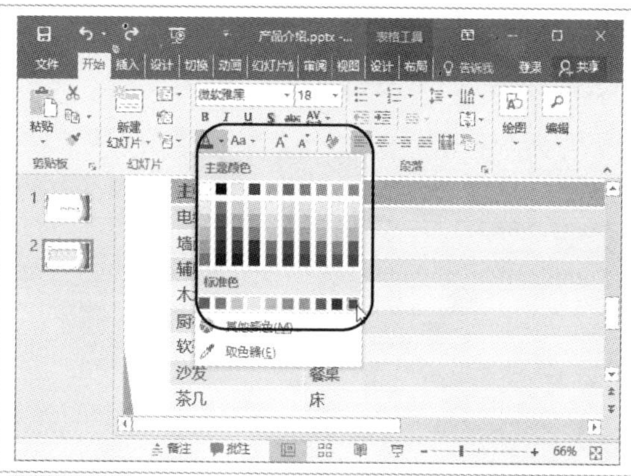

Step12: ❶单击“表格工具-布局”选项卡“绘制边框”组中的“笔颜色”下拉按钮；❷在弹出的下拉列表中选择一种颜色；❸在“笔划粗细”下拉列表中设置线条粗细为“3 磅”，如下图所示。

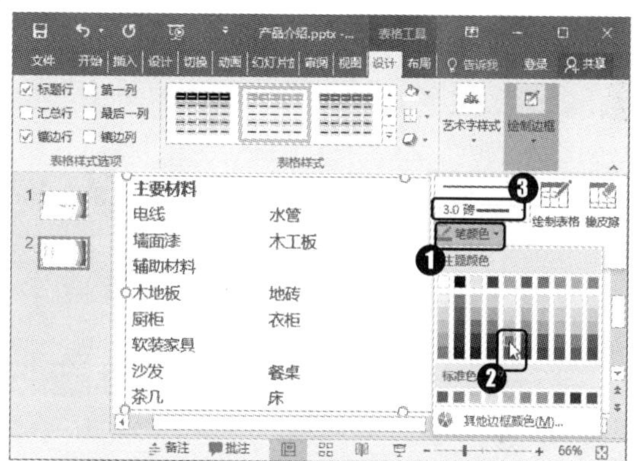

Step14: 使用相同的方法为其他需要设置下边框的行设置下框线，如下图所示。

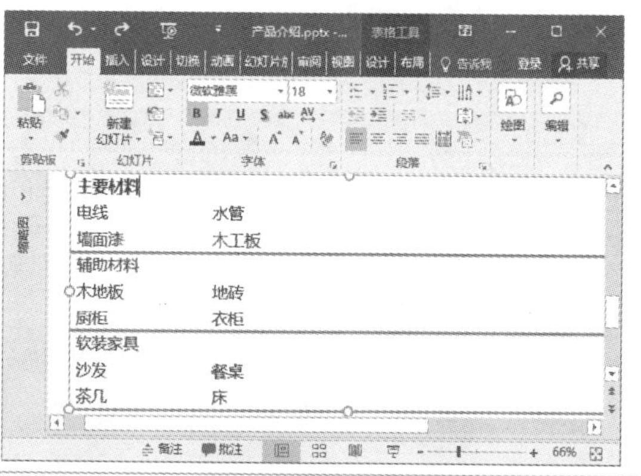

Step16: 使用相同的方法为其他项目名称行填充颜色，如下图所示。

纹”下拉按钮；❸在弹出的下拉列表中选择底纹颜色，如下图所示。

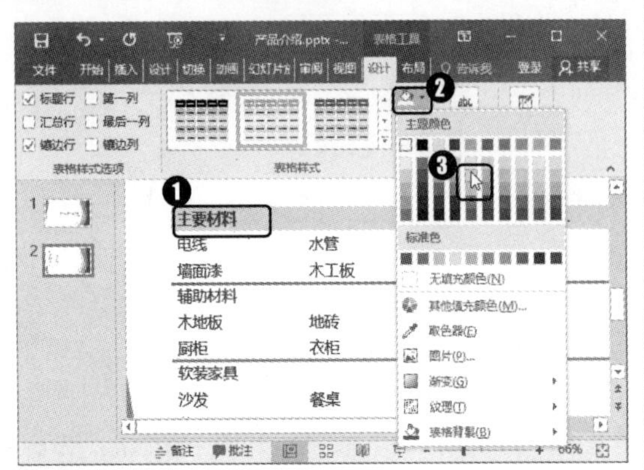

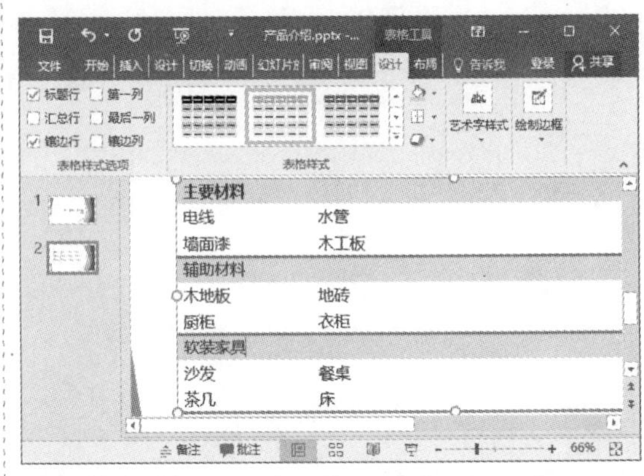

Step17: ❶将光标定位到项目名称的前方；❷单击“插入”选项卡“符号”组中的“符号”按钮，如下图所示。

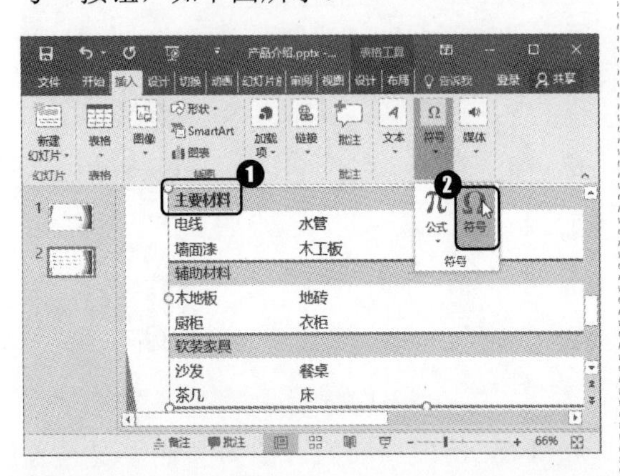

Step18: 弹出“符号”对话框，❶选择一种符号；❷单击“插入”按钮，如下图所示。

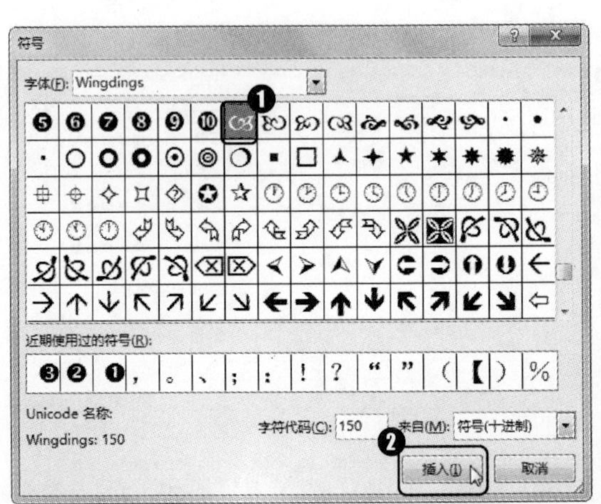

Step19: ❶使用相同的方法为其他项目名称添加符号；❷选中第一行，在“开始”选项卡的“字体”组中设置字体格式；❸保持选中状态，双击“开始”选项卡“剪贴板”组中的“格式刷”按钮，如下图所示。

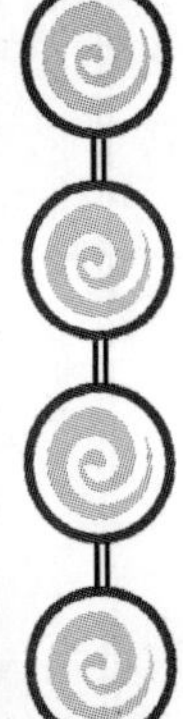

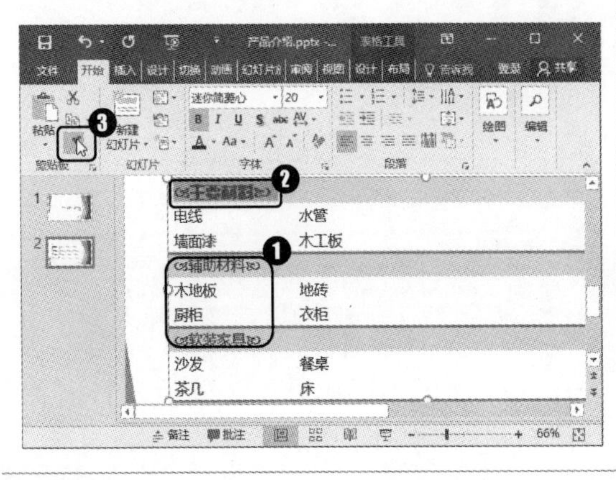

Step20: 使用格式刷将格式复制到其他项目名称行，复制完成后按〈Esc〉键释放格式刷即可，如下图所示。

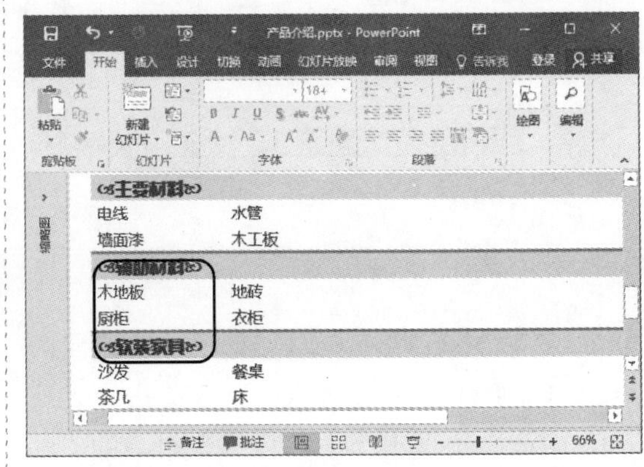

▷▷ 本章小结

本章的重点在于掌握在 PowerPoint 2016 中插入表格的方法，主要包括插入表格、绘制表格、编辑表格以及美化表格等。希望读者通过本章的学习能够熟练地掌握表格的插入、编辑与美化。

第 7 章　在幻灯片中用图表来表达内容

本章导读

在 PowerPoint 2016 中，用户还可以制作图表型的幻灯片。图表就是以图形的方式显示表格中的数据，有时烦杂的数据不足以表现出数据的变化趋势，而图表却有助于更加直观清晰地分析数据，使数据更加便于理解，使幻灯片中的信息内容更具有说服力。

知识要点

- 创建图表
- 编辑图表数据
- 快速美化图表
- 设置图表布局和颜色
- 设置图表背景
- 设置图表标题
- 分析图表

效果展示

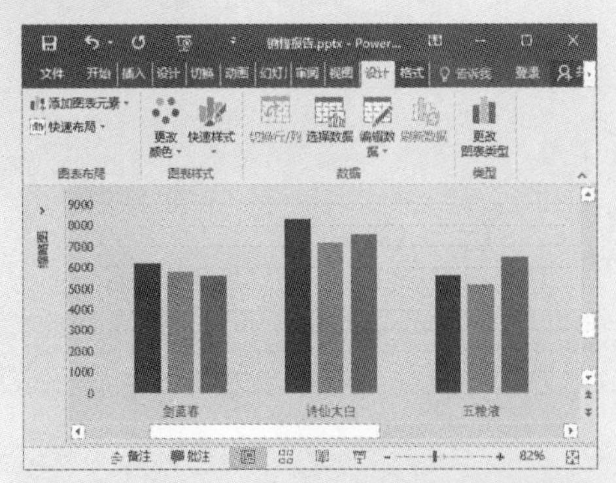

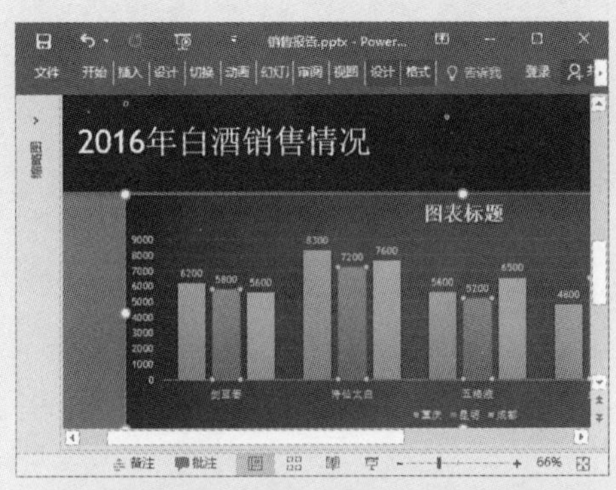

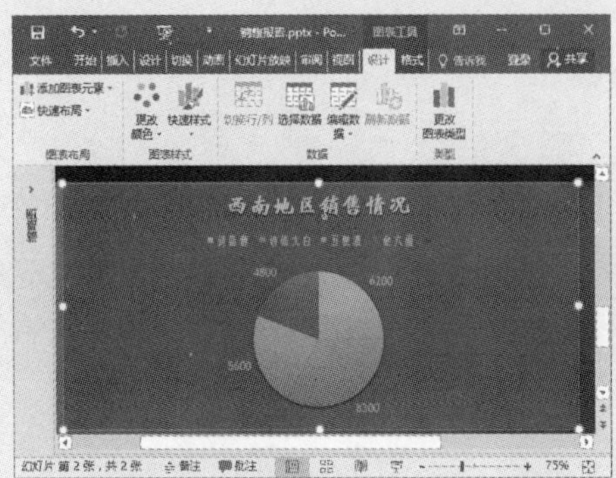

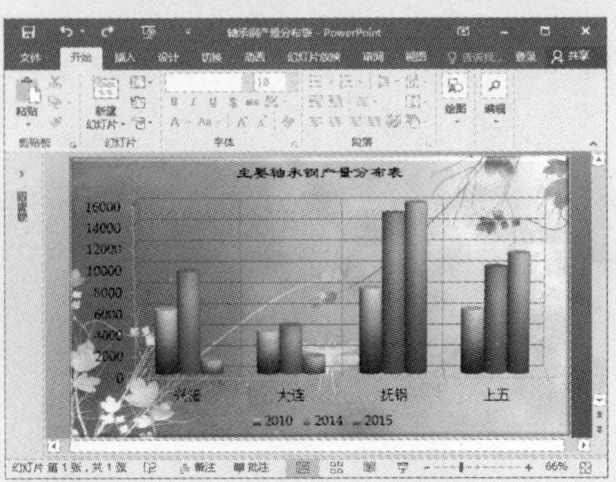

7.1　课堂讲解——创建与美化图表

7.1.1　根据数据特点选择图表

不同类型的图表适合表现不同的数据，需要根据数据的特点来选用图表，下面简单介绍各种类型的图表。

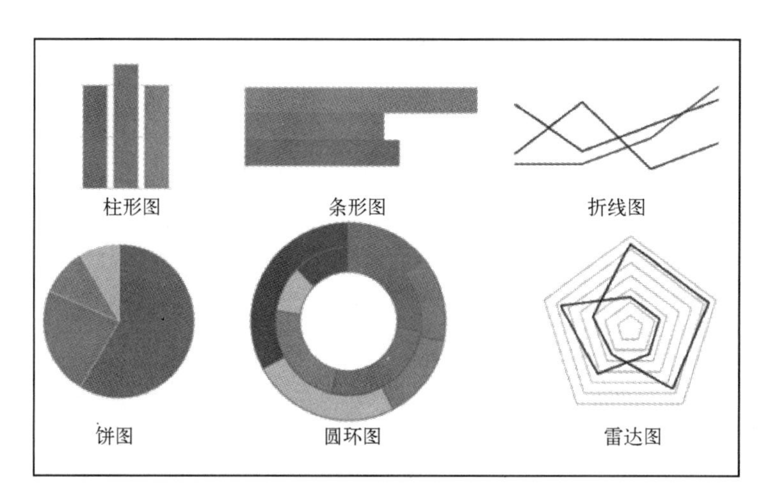

- 柱形图：用于显示各个项目之间的对比情况。
- 条形图：用于强调各个数据之间的差别情况。
- 折线图：用于显示某段时间内数据的变化及其变化趋势。
- 饼图：只适用于单个数据系列间各数据的比较，显示数据系列中每一项占该系列数值总和的比例关系。
- 圆环图：用于显示部分与整体的关系，但圆环图可以含有多个数据系列，它的每一环代表一个数据系列。
- 雷达图：由一个中心向四周辐射出多条数据坐标轴，每个分类都拥有自己的数值坐标轴，并由折线将同一系列中的值连接起来。

7.1.2　创建图表

下面以在“销售报告.pptx”演示文稿中创建图表为例进行讲解，具体操作方法如下。

Step01: 打开素材文件“销售报告.pptx”，❶选中第二张幻灯片；❷单击占位符中的“插入图表”图标，如下图所示。

Step02: 打开“插入图表”对话框，❶在左侧选择图表类型，如“柱形图”；❷在右侧选择图表样式，如“簇状柱形图”选项；❸单击“确定”按钮，如下图所示。

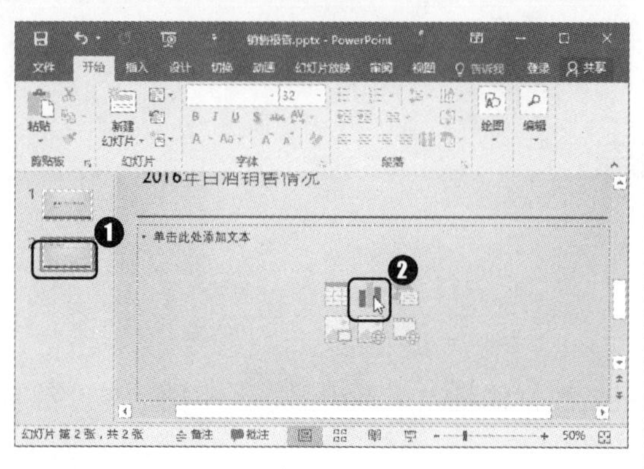

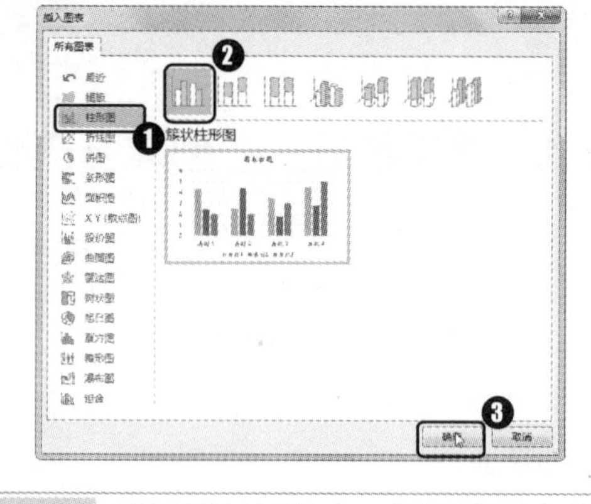

Step03: 系统自动启动 Excel 2016，❶在蓝色框线内的相应单元格中输入数据；❷单击“关闭” ✕ 按钮，退出 Excel 2016，如下图所示。

Step04: 返回到幻灯片中，即可看到在相应占位符位置插入的图表，如下图所示。

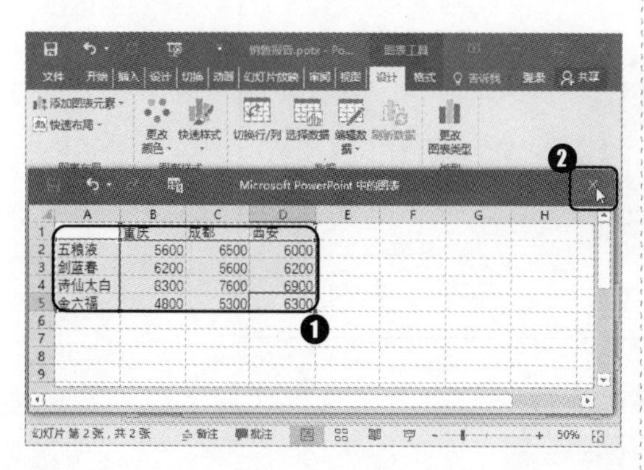

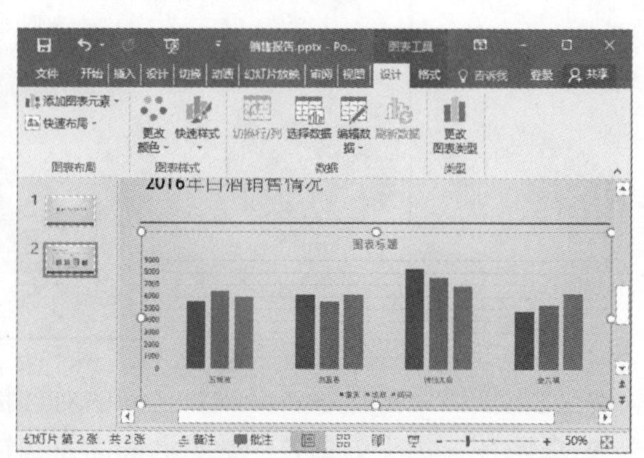

▷▷ 7.2 课堂讲解——编辑图表数据

创建图表后，如果对图表的排列方式不满意，或经过一段时间后图表中的数据发生了变化，这时可以对其进行编辑，如改变图表位置和大小、编辑图表中的数据以及改变图表的类型等。

7.2.1 添加新数据

在幻灯片中插入了图表之后，如果需要在图表中添加新的数据，可以在 Excel 工作表中添加，操作方法如下。

Step01: 选择图表，然后单击“图表工具-设计”选项卡“数据”组中的“编辑数据”按钮，如下图所示。

Step02: ❶在打开的 Excel 表格中输入新的数据；❷单击“关闭” ✕ 按钮，退出 Excel 2016，如下图所示。

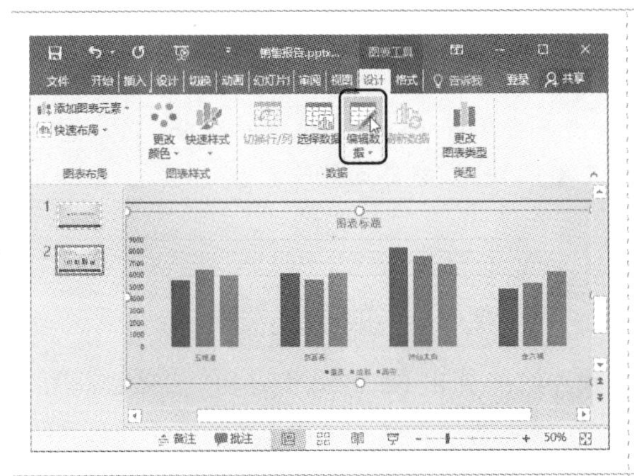

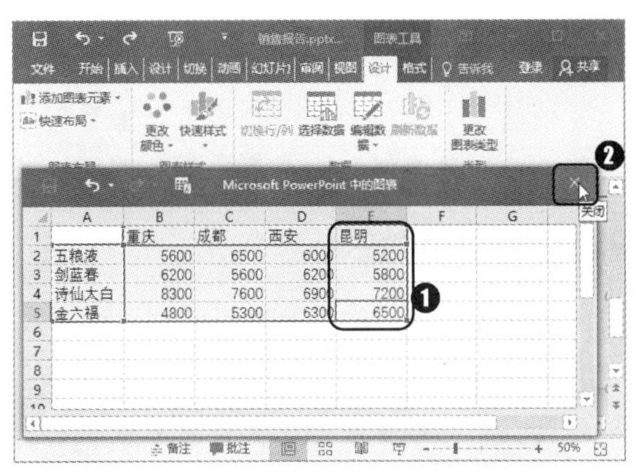

Step03: 返回工作表中，即可看到新添加的数据已经在图表中显示出来，如右图所示。

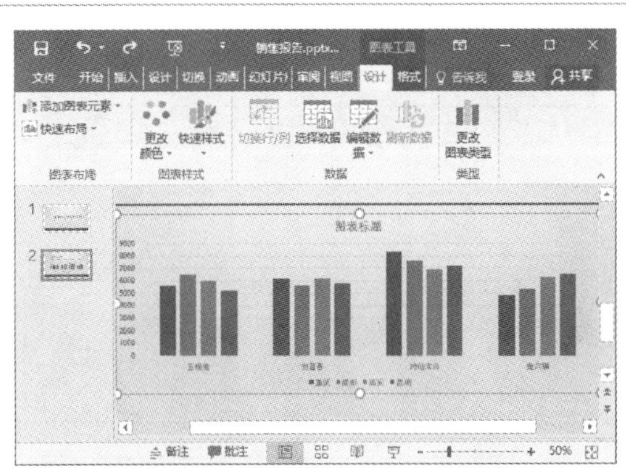

7.2.2　删除图表系列

如果用户觉得图表数据区域中的某行或某列数据不再需要了，可以将其删除，操作操作方法如下。

Step01: ❶单击需要删除的数据系列，选中该数据系列，然后在数据系列上单击鼠标右键；❷在弹出的快捷菜单中选择“删除”命令，如下图所示。

Step02: 操作完成后，所选数据系列即被删除，如下图所示。

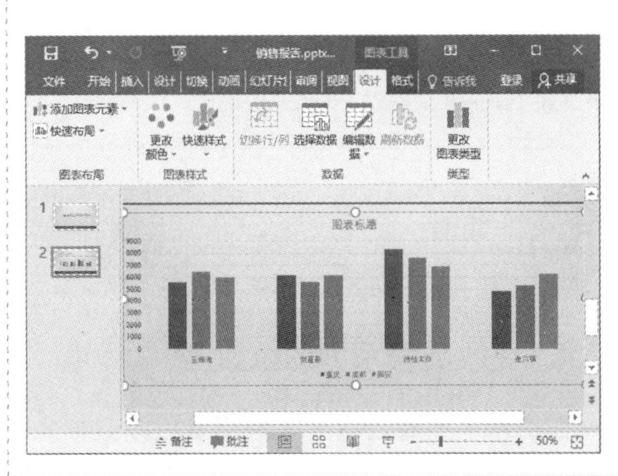

新手注意

使用上文所述的方法删除了数据系列之后，并不会删除 Excel 表格中的数据，只是暂时删除图表中的数据，如果想要彻底删除，必须进入 Excel 表格界面删除。

7.2.3 重新选择数据源

在插入了图表之后，如果需要重新选择数据源，可以使用以下的方法。

Step01: ❶选择图表；❷单击“图表工具-设计”选项卡“数据”组中的“选择数据”按钮，如下图所示。

Step02: 弹出 Excel 工作表和“选择数据源”对话框，在“选择数据源”对话框中单击“图表数据区域”右侧的按钮，如下图所示。

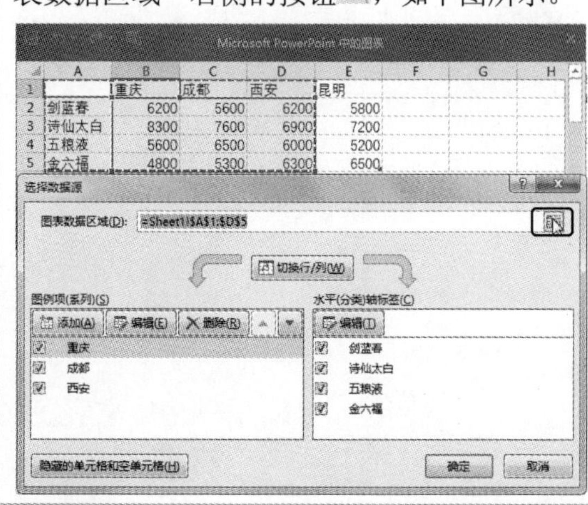

Step03: ❶在 Excel 表格中重新选择需要使用的数据源；❷单击“确定”按钮，如下图所示。

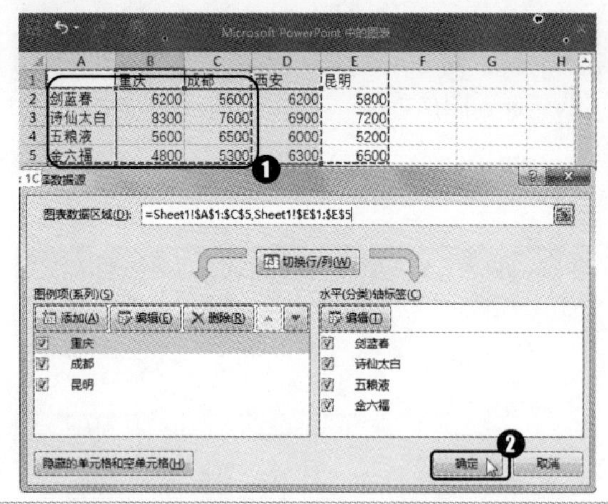

Step04: 返回幻灯片中即可看到数据系列中的数据已经更换，如下图所示。

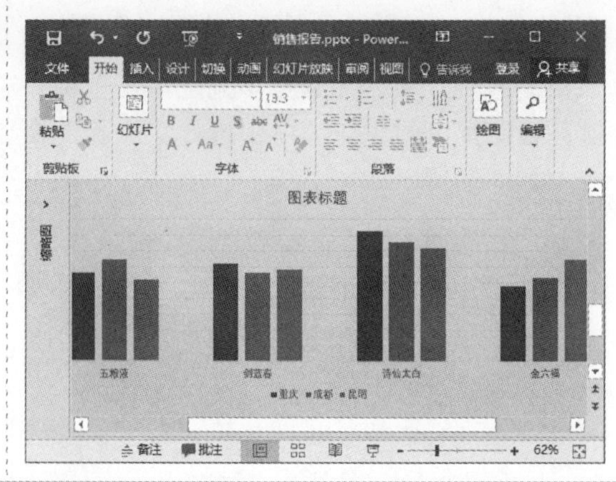

7.2.4 更改数据系列的位置

在插入了图表之后，如果想要更改数据系列的位置，可以使用以下的方法来完成。

Step01: ❶选择图表；❷单击“图表工具-设计”选项卡“数据”组中的“编辑数据”按钮，如下图所示。

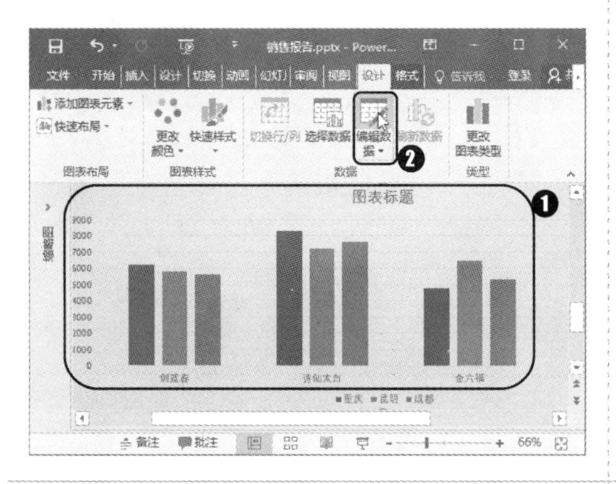

Step02: 打开 Excel 表格，❶选择要移动的行或列，按住鼠标左键不放，拖动到合适的位置后松开鼠标左键；❷单击“关闭” × 按钮，退出 Excel，如下图所示。

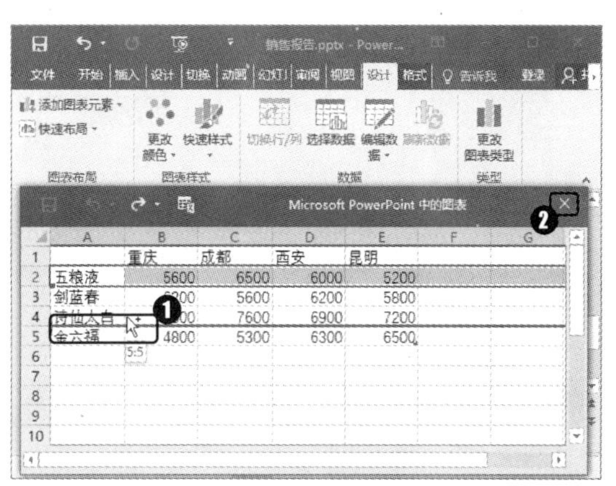

Step03: 返回幻灯片中即可看到数据系列的位置已经更改，如右图所示。

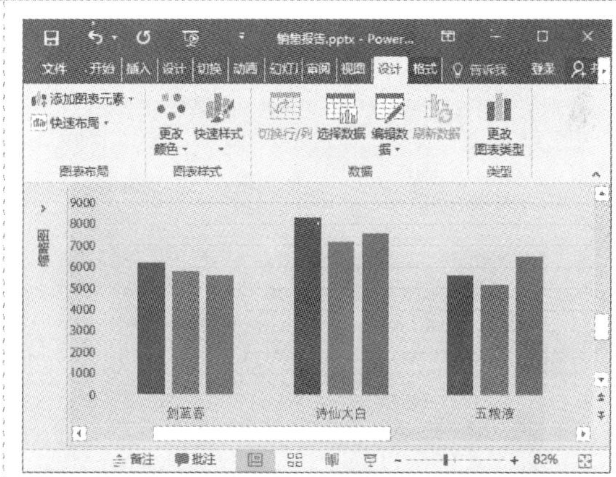

▷▷ 7.3　课堂讲解——设置图表的外观

创建和编辑好图表后，用户可以根据自己的喜好对图表布局和样式进行设置。下面将向读者介绍设置图表布局和样式、更改图表文字、设置图表背景。

7.3.1　使用快速样式改变图表的布局和颜色

PowerPoint 2016 为用户提供了多种图表样式，通过功能区可以将其快速应用到图表中。具体操作方法如下。

Step01: ❶选中图表；❷单击“图表工具-设计”选项卡，在“图表样式”选项组中展开“快速样式”下拉列表；❸在弹出的下拉列表中选择一种图表样式，如下图所示。

Step02: 选择完成后，图表的外观即发生改变，如下图所示。

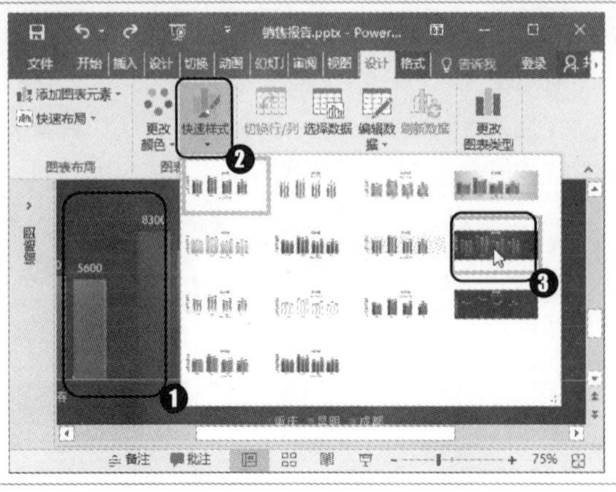

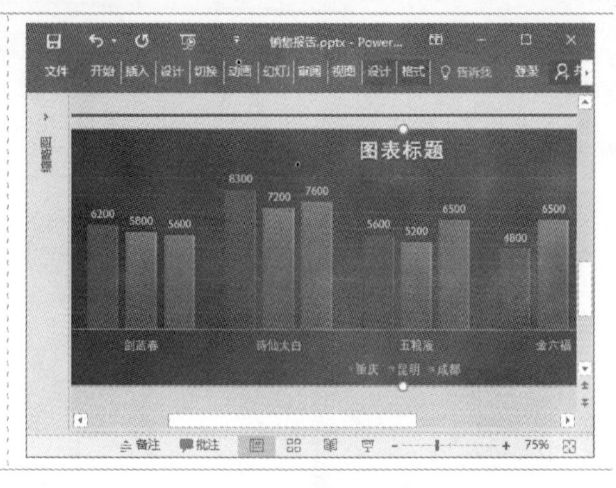

7.3.2 使用主题改变图表的外观

如果在“快速样式”中没有找到想要的图表样式，也可以通过更改主题来改变图表的外观，操作方法如下。

Step01: 单击“图表工具-设计”选项卡“主题”组中的“其他”按钮，如下图所示。

Step02: 在弹出的下拉列表中选择想要的主题，如下图所示。

Step03: 选择完成后，图表即发生改变，效果如右图所示。

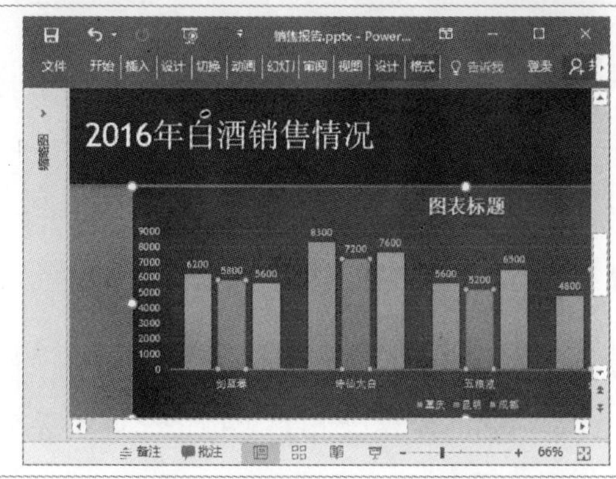

7.3.3 自定义图表的布局和颜色

如果系统内置的布局和颜色不能满足工作的需要，也可以自定义布局和颜色，操作方法如下。

Step01: ❶选择图表；❷单击“图表工具-设计”选项卡 “图表布局”组中的“快速布局”

Step02: ❶单击“图表工具-设计”选项卡“图表样式”组中的“更改颜色”下拉按钮；

下拉按钮；❸在弹出的下拉列表中选择一种布局样式，如下图所示。

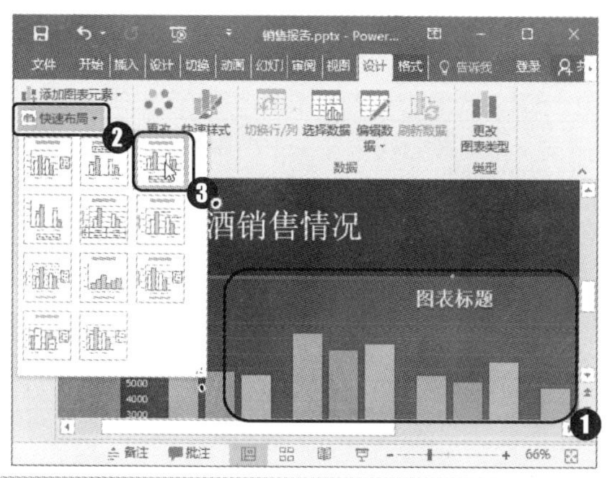

❷在弹出的下拉列表中选择想要的颜色，如下图所示。

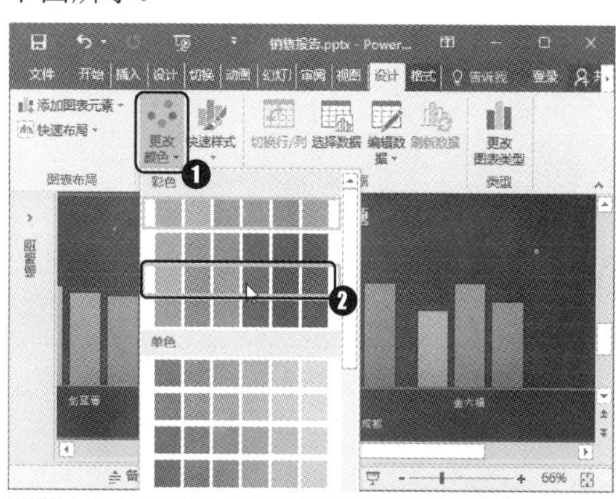

Step03: 选择完成后，图表即发生改变，如右图所示。

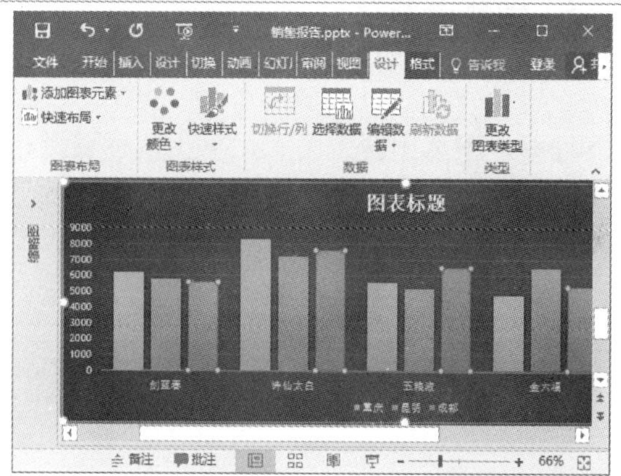

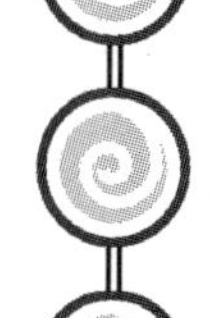

7.3.4　设置图表字体

在对图表进行美化的过程中，用户可以根据实际需要对图表中的文字大小、文字颜色和字符间距等进行设置。操作方法如下。

Step01: ❶选中整个图表，单击鼠标右键；❷在弹出的快捷菜单中选择“字体”命令，如下图所示。

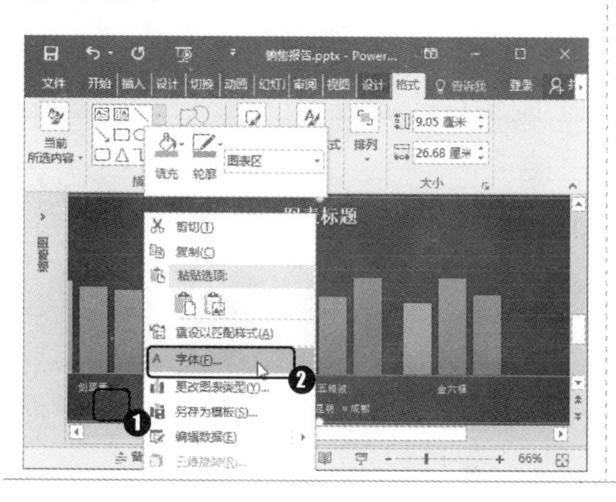

Step02: 在弹出的“字体”对话框中，❶对图表中文字的字体、字号和字体颜色等进行设置；❷单击“确定”按钮，如下图所示。

Step03: 设置完成后图表的字体即发生改变，如右图所示。

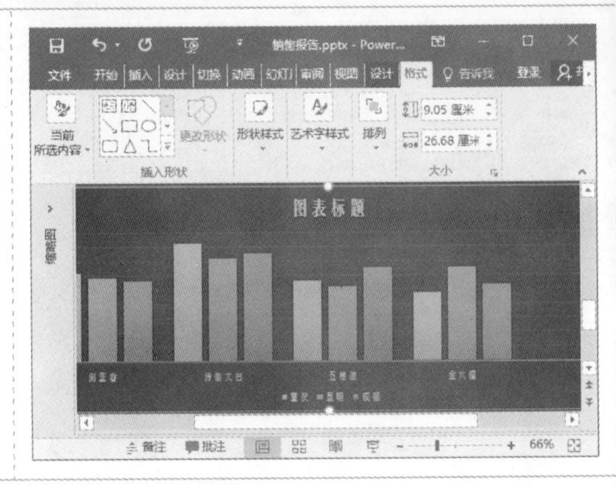

7.3.5 设置图表背景

为了进一步美化图表，用户可以根据需要为其设置背景，具体操作方法如下。

Step01: ❶选中整个图表，单击鼠标右键；❷在弹出的快捷菜单中选择“设置图表区域格式”命令，如下图所示。

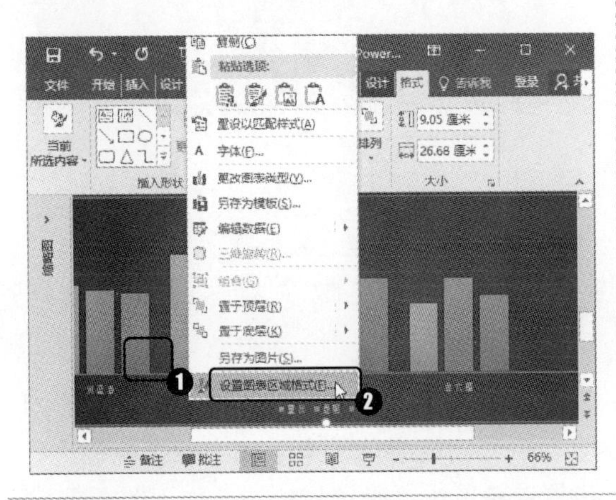

Step02: 打开“设置图表区格式”窗格，❶在“填充线条”选项卡的“填充”栏中进行相应设置，如选择填充颜色；❷完成后单击“关闭”按钮，如下图所示。

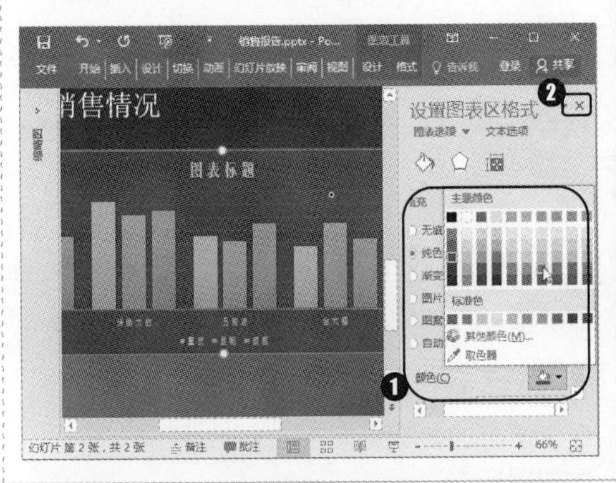

Step03: 设置完成后图表的背景即发生改变，如右图所示。

7.3.6 设置序列填充样式

图表中的数据系列用于体现数据的大小，用户可以根据需要自定义数据系列的颜色、填充等效果，操作方法如下。

Step01: ❶选择要设置的数据系列，然后在该数据系列上单击鼠标右键；❷在弹出的快捷菜单中选择“设置数据系列格式”命令，如下图所示。

Step02: 打开“设置数据系列格式”对话框，❶在“填充”选项卡中选择“渐变填充”；❷单击“预设渐变”下拉按钮；❸在弹出的下拉列表中选择一种渐变样式，如下图所示。

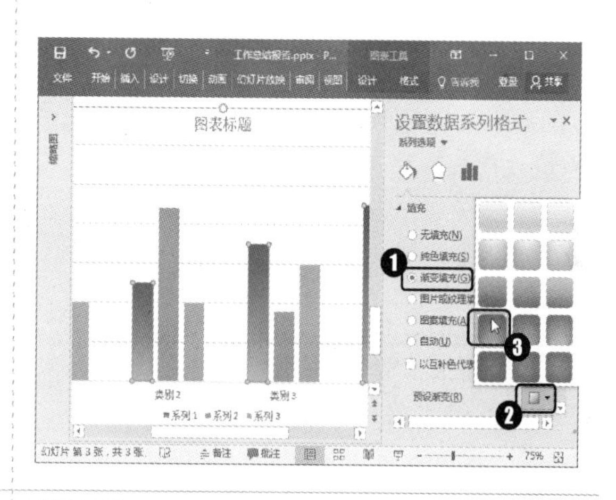

Step03: ❶选择另一组数据系列，并在该数据系列上单击鼠标右键；❷在弹出的快捷菜单中选择“填充”命令；❸在弹出的子菜单中选择“纹理”命令；❹选择一种纹理样式，如下图所示。

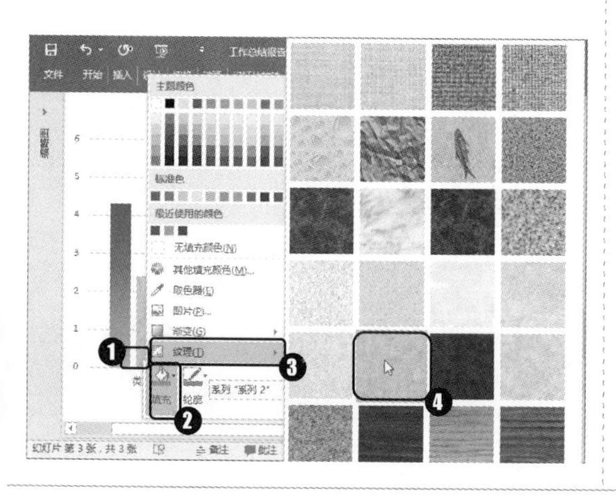

Step04: ❶选择另一组数据系列，并在该数据系列上单击鼠标右键；❷在弹出的快捷菜单中选择“填充”命令；❸在弹出的子菜单中选择“图片”命令，如下图所示。

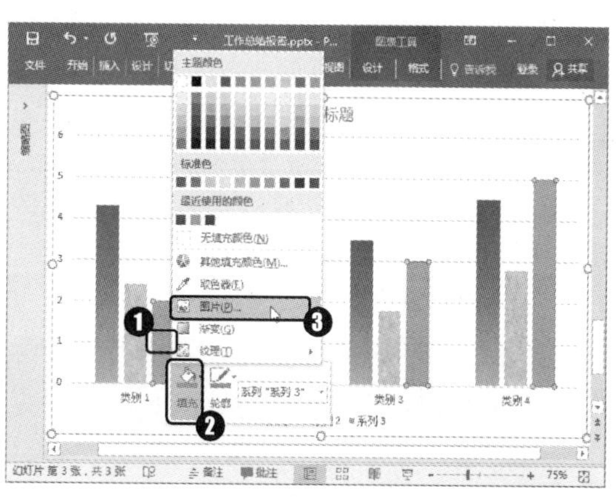

Step05: 打开“插入图片”对话框，❶在“必应图像搜索”文本框中输入关键字；❷单击“搜索”按钮，如下图所示。

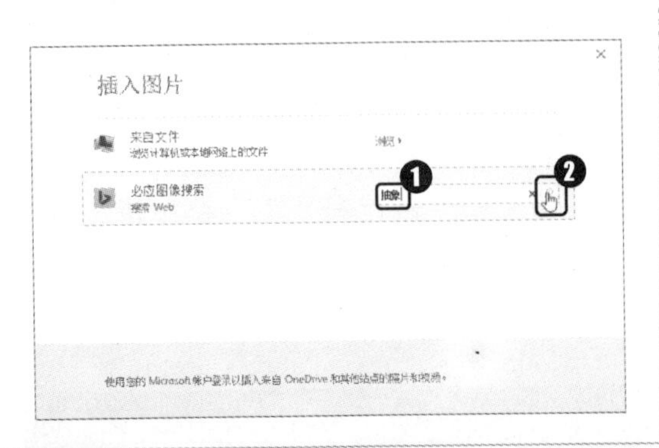

Step06: ❶在搜索结果中选择合适的图片；❷单击“插入”按钮，效果如下图所示。

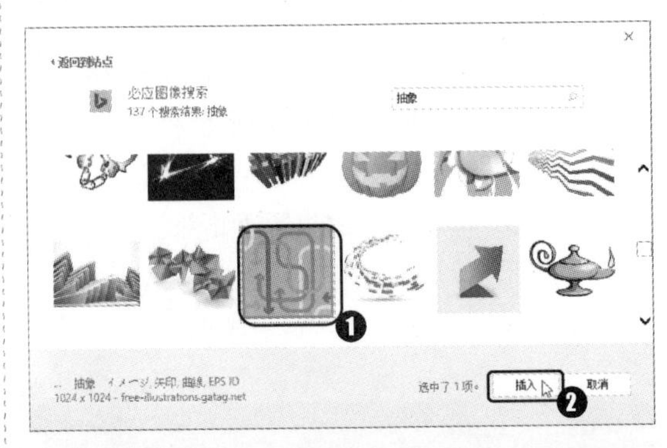

Step07: 返回幻灯片中，即可看到填充之后的数据系列，效果如右图所示。

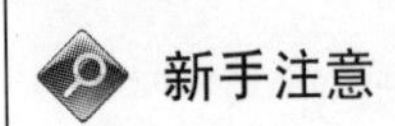
新手注意

在美化图表时，并不是每一个图表都需要像以上步骤那样细致的设置，在实际操作时，只需要根据实际情况设置得简洁、美观、大方就可以了。

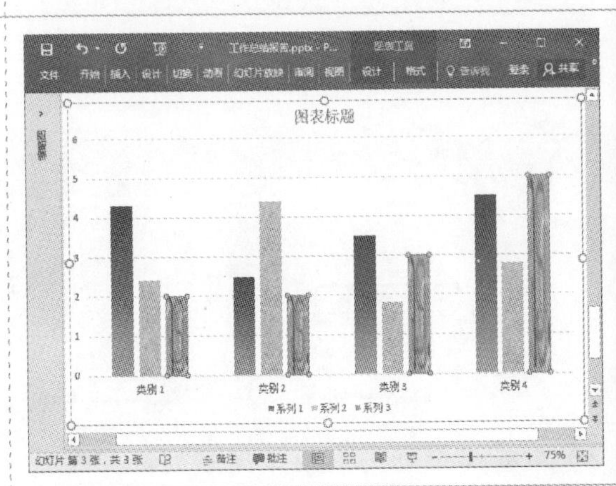

▷▷ 7.4 课堂讲解——设置图表布局

虽然用户可以使用快速样式更改图表的布局，但如果没有需要的内置样式，用户可以自定义图表的布局和样式。

7.4.1 设置图表的标题

在幻灯片中插入图表之后，可以根据需要自定义图表中的各个标题，下面分别介绍设置图表标题和轴标题的方法。

1. 设置图表标题

图表标题在创建图表时已自动插入到图表上方并自动命名，用户可以根据需要更改图表的标题名称和标题样式，操作方法如下。

Step01: 单击图表标题的文本框，然后选中“图表标题”文本，如下图所示。

Step02: 在文本框中直接输入想要的图表标题即可，如下图所示。

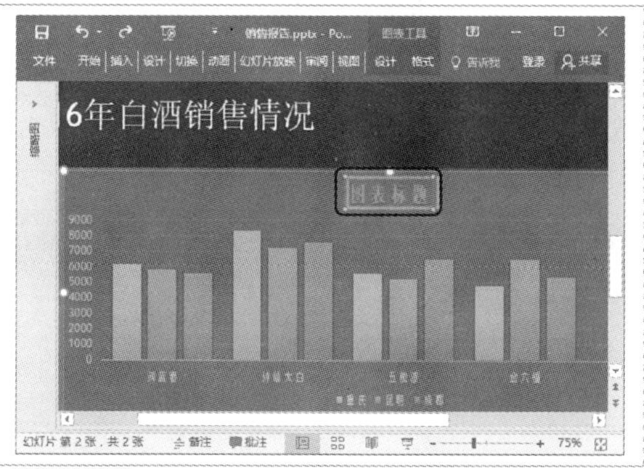

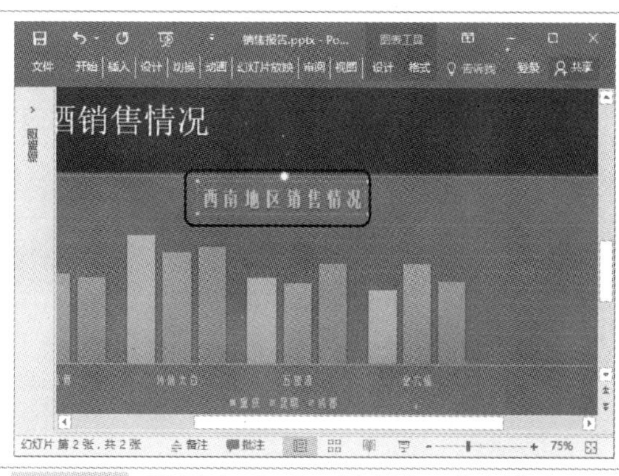

Step03: ❶选中图表标题；❷在“开始”选项卡的“字体”组中设置字体样式，如下图所示。

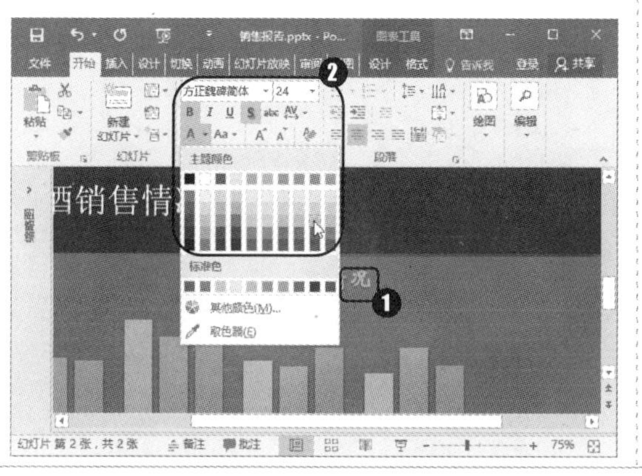

Step04: 设置完成后，效果如下图所示。

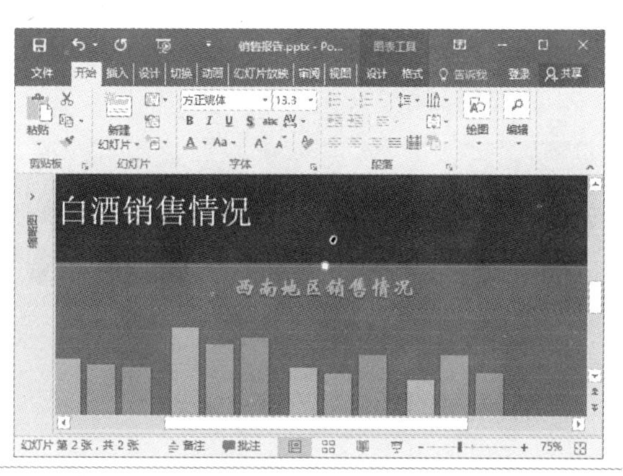

2．设置轴标题

幻灯片中的图表默认不添加轴标题，为了使观看者更容易理解坐标轴的含义，可以为图表添加轴标题。下面以为添加主要横坐标轴为例，介绍设置轴标题的方法。

Step01: ❶选择图表；❷单击“图表工具-设计”选项卡“图表布局”组中的“添加图表元素”下拉按钮；❸在弹出的下拉列表中选择“轴标题”选项；❹选择“主要横坐标轴”选项，如下图所示。

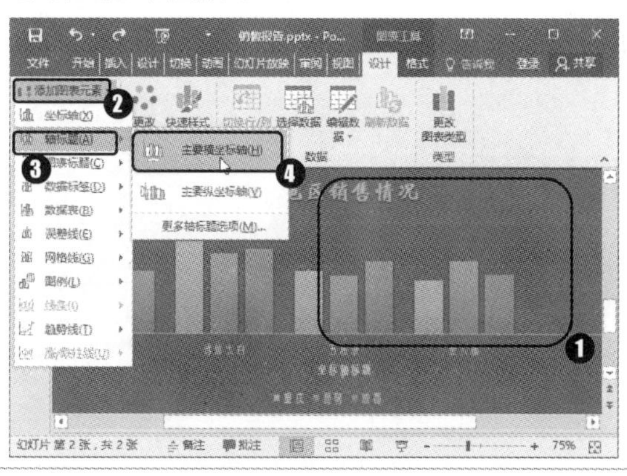

Step02: 在横坐标轴下方添加坐标轴标题文本框，直接输入横坐标轴的标题即可，如下图所示。

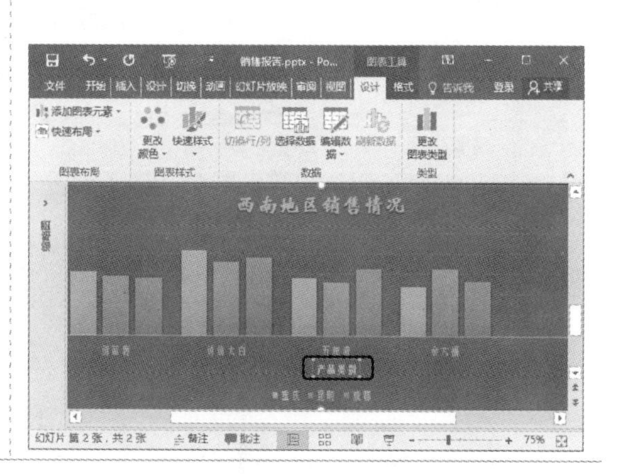

7.4.2 设置图例

一般情况下，图例位于图表的右侧，如果用户需要，也可以自定义图例在图表中的位置，操作方法如下。

Step01: 选择图表，❶单击“图表工具-设计”选项卡“图表布局”组中的“添加图表元素”下拉按钮；❷在弹出的下拉列表中选择“图例”选项；❸选择图例的位置，如下图所示。

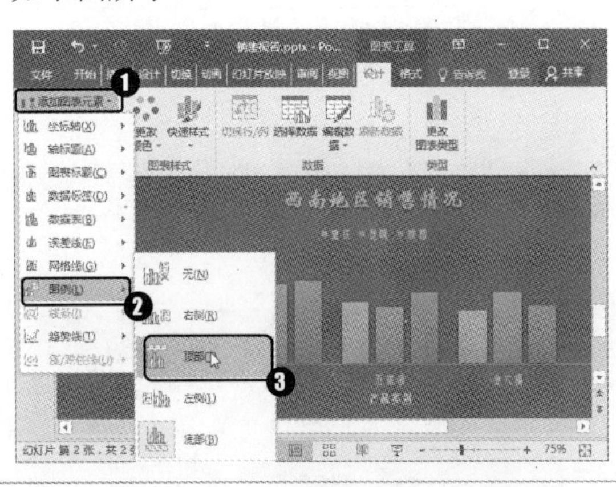

Step02: 设置完成后即可看到图例已经出现在所选位置，效果如下图所示。

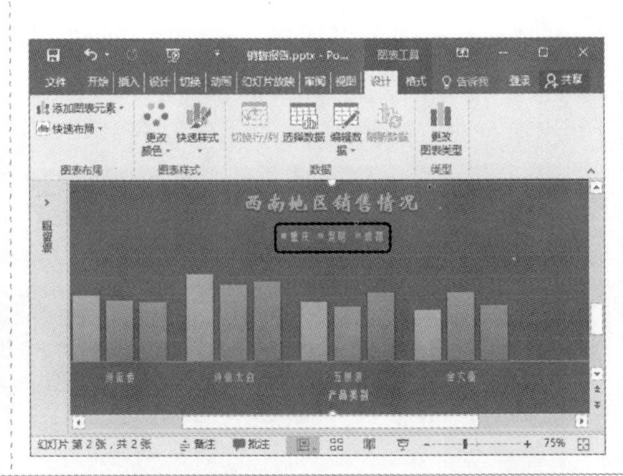

7.4.3 设置数据标签

默认情况下，数据标签不会显示在图表中，为了更好地展示数据，用户也可以自定义数据标签的格式，操作方法如下。

Step01: 选择图表，❶单击“图表工具-设计”选项卡“图表布局”组中的“添加图表元素”下拉按钮；❷在弹出的下拉列表中选择“数据标签”选项；❸选择数据标签的位置，如下图所示。

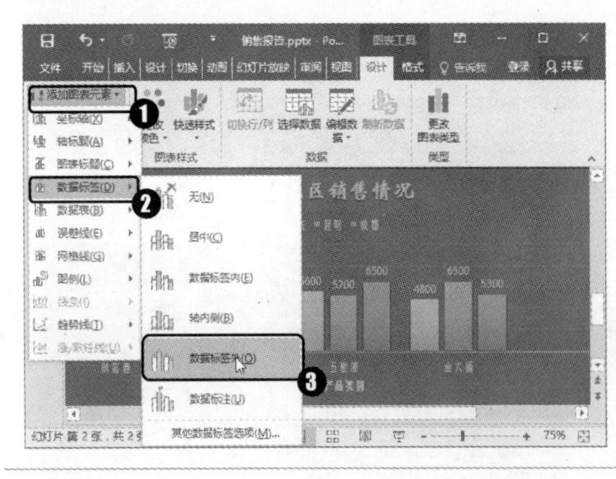

Step02: 设置完成后即可看到数据标签已经显示在图表中，效果如下图所示。

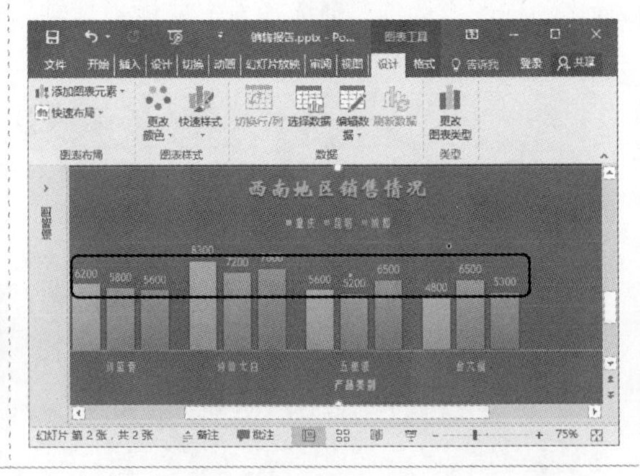

7.4.4　设置坐标轴

在创建图表时默认添加坐标轴，用户可以设置坐标轴的填充颜色、线型和阴影等效果，操作方法如下。

Step01: ❶选择需要设置的坐标轴；❷单击“图表工具-设计”选项卡“图表布局”组中的“添加图表元素”下拉按钮；❸在弹出的下拉列表中选择“坐标轴”选项；❹选择“更多轴选项”选项，如下图所示。

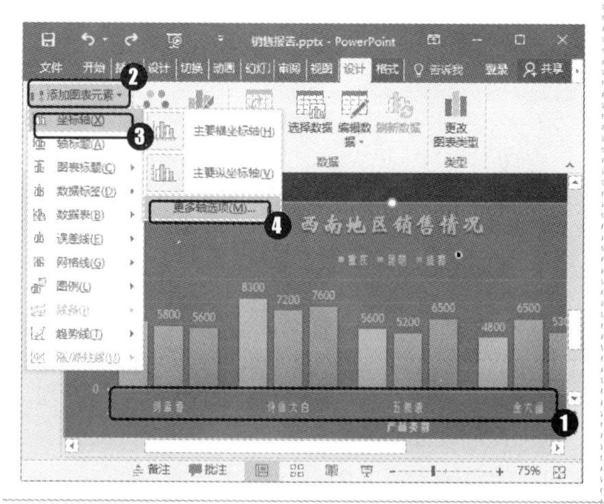

Step02: 打开“设置坐标轴格式”窗格，❶在“填充与线条”选项卡的“填充”栏选择“纯色填充”；❷在“颜色”下拉列表中选择填充颜色，如下图所示。

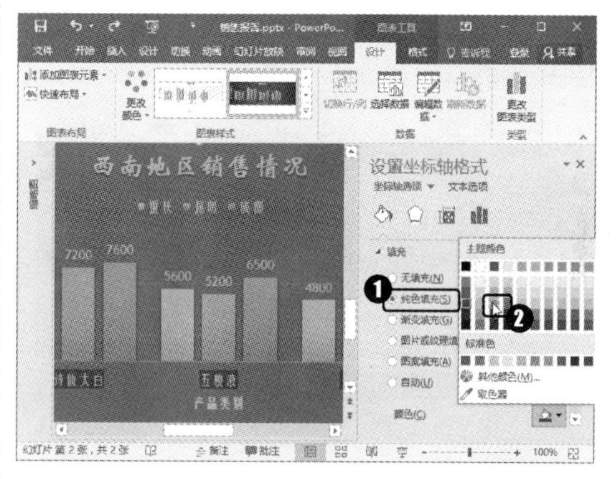

Step03: ❶在“效果”选项卡的“阴影”栏的“预设”下拉列表中选择预设阴影样式；❷在“颜色”下拉列表中选择阴影颜色，如下图所示。

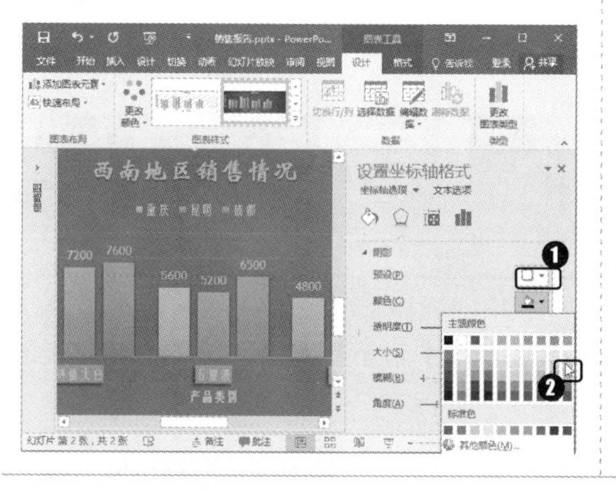

Step04: 设置完成后，坐标轴的效果如下图所示。

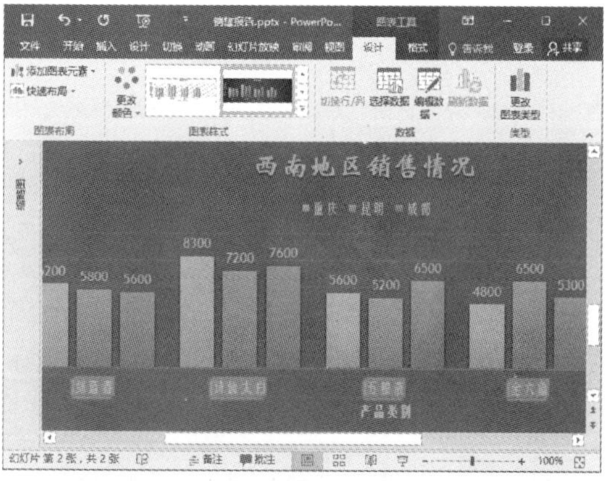

7.4.5　分析图表

在 PowerPoint 2016 中插入了图表之后，还可以进行简单的图表分析，如添加趋势线和误差线等辅助线，下面分别介绍具体操作方法。

1. 添加误差线

误差线通常运用在统计数据或科学记数法数据中，误差线显示相对序列中的每个数据标记的潜在误差或不确定度。误差线可用于二维的面积图、条形图、柱形图、折线图和 XY 散点图。对于 XY 散点图来说，可以单独显示 X 值或 Y 值，也可以同时显示两者的误差线。下面介绍添加和删除误差线的方法。

Step01: ❶选中图表；❷单击“图表工具-设计”选项卡“图表布局”组中的“添加图表元素”下拉按钮；❸在弹出的下拉列表中选择“误差线”选项；❹选择误差线类型，如“标准误差”，如下图所示。

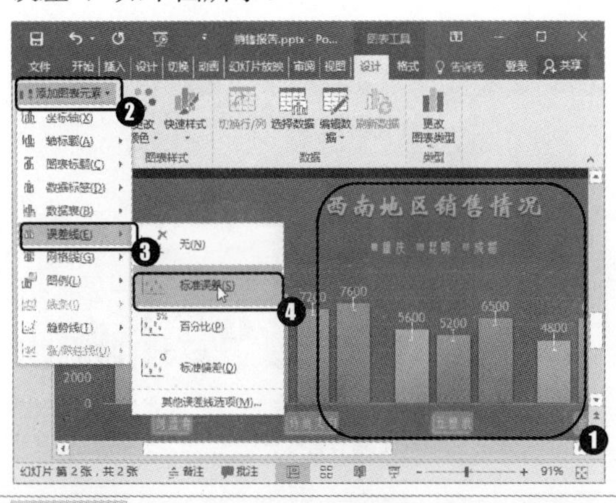

Step02: 设置完成后，在图表中即可看到所添加的误差线，效果如下图所示。

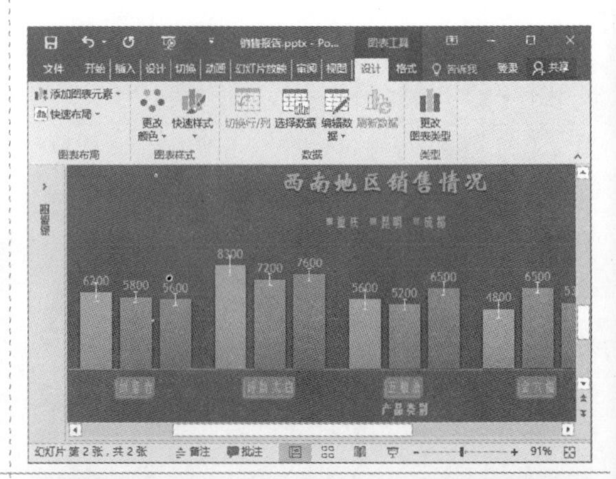

Step03: 如果要删除误差线，可以选中图表，❶单击“图表工具-设计”选项卡“图表布局”组中的“添加图表元素”下拉按钮；❷在弹出的下拉列表中选择“误差线”选项；❸选择“无”选项，如右图所示。

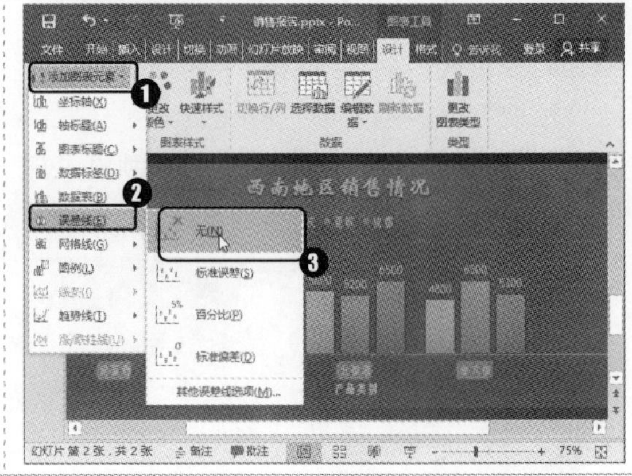

2. 添加趋势线

趋势线是用图形的方式显示数据的预测趋势，并用于预测分析。趋势线可以用于非堆积型二维面积图、条形图、柱形图、折线图、股价图和 XY 散点图的数据系列。下面介绍添加和删除趋势线的方法。

Step01: 选中图表，❶单击“图表工具-设计”选项卡“图表布局”组中的“添加图表元素”下拉按钮；❷在弹出的下拉列表中选择“趋势线”选项；❸选择趋势线类型，如“线性”，如下图所示。

Step02: 打开“添加趋势线”对话框，❶在“添加基于系列的趋势线”列表框中选择要添加趋势线的系列名称；❷单击“确定”按钮，如下图所示。

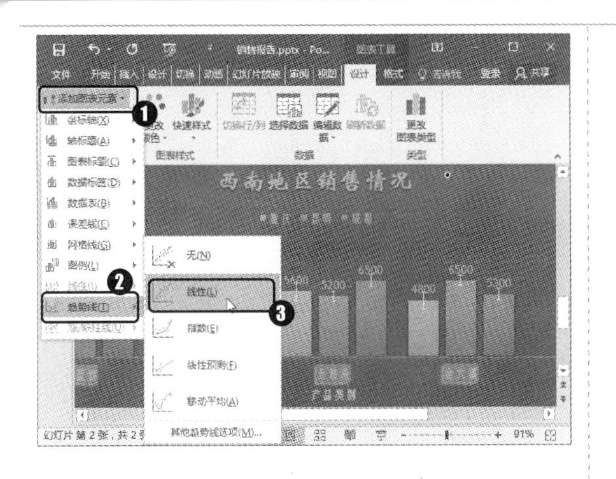

Step03: 返回幻灯片中即查看到所选系列已经添加了趋势线，如下图所示。

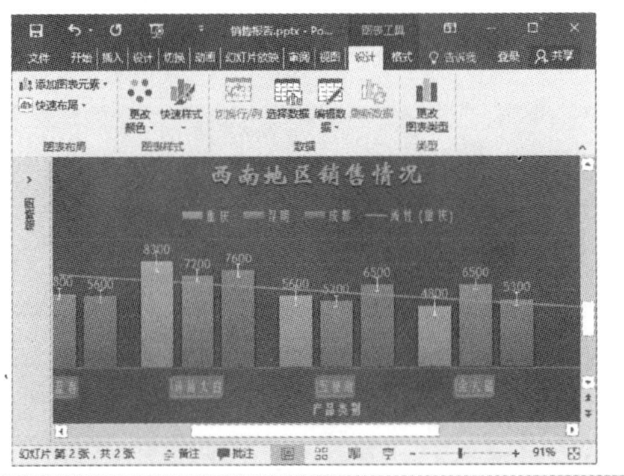

Step04: 使用相同的方法为其他几个系列添加趋势线，如下图所示。

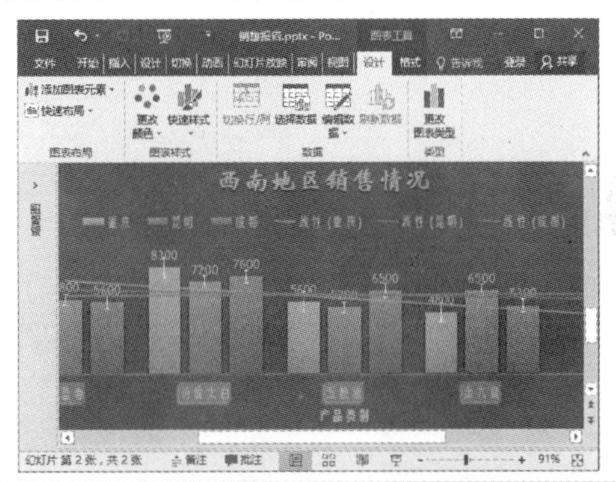

Step05: 如果要删除趋势线，❶单击“图表工具-设计”选项卡“图表布局”组中的“添加图表元素”下拉按钮；❷在弹出的下拉列表中选择“趋势线”选项；❸选择“无”选项，如右图所示。

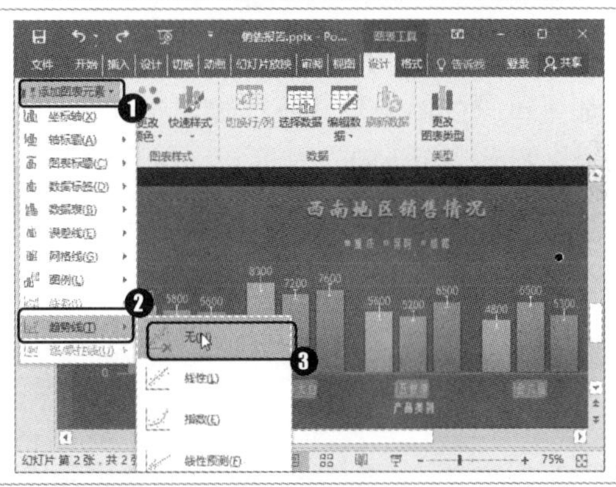

7.4.6　更改图表的类型

创建之后才发现图表类型不合适，不能很好地展现数据，就需要改变图表类型。要改变图表的类型，不需要重新插入图表，可以直接对已经创建的图表进行图表类型的更改。

1. 更改整个图表

如果需要更改整个图表的类型，具体操作方法如下。

Step01: ❶选择图表；❷单击“图表工具-设计”选项卡“类型”组中的“更改图表类型”按钮，如下图所示。

Step02: 打开“更改图表类型”对话框，❶在左侧窗格中选项图表类型；❷在右侧窗格中选择图表样式；❸单击“确定”按钮，如下图所示。

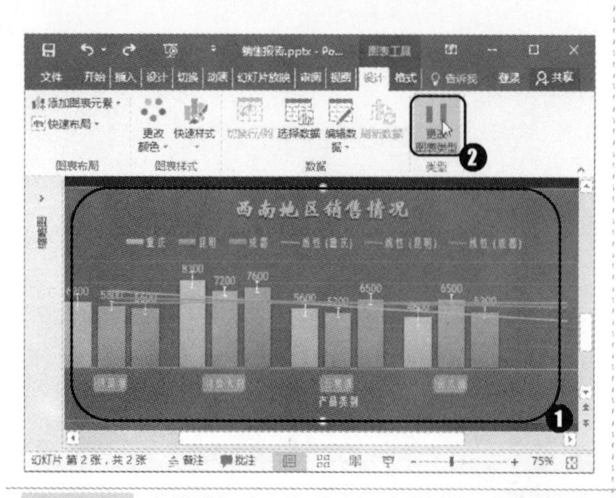

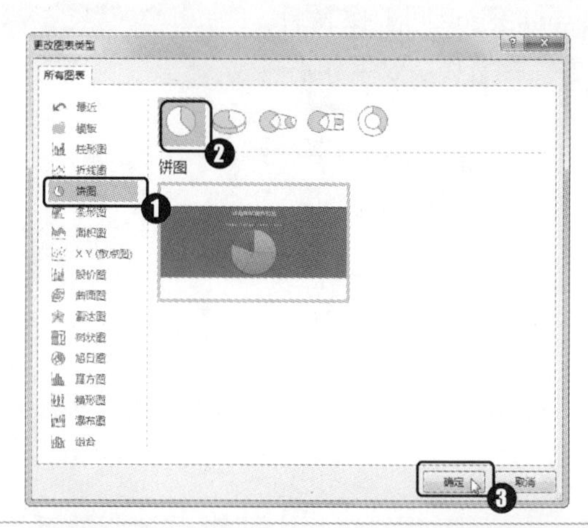

Step03: 返回幻灯片中即可看到更改图片后的效果，如右图所示。

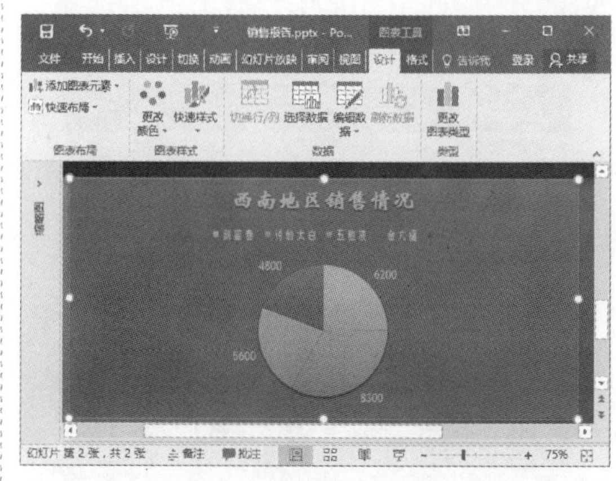

2．更改部分图表

如果单一的图表形式不能满足工作的需要，那么可以使用组合图表的功能修改部分图表类型，具体操作方法如下。

Step01: ❶选中需要修改类型的图表序列；❷单击“图表工具-设计”选项卡“类型”组中的“更改图表类型”按钮，如下图所示。

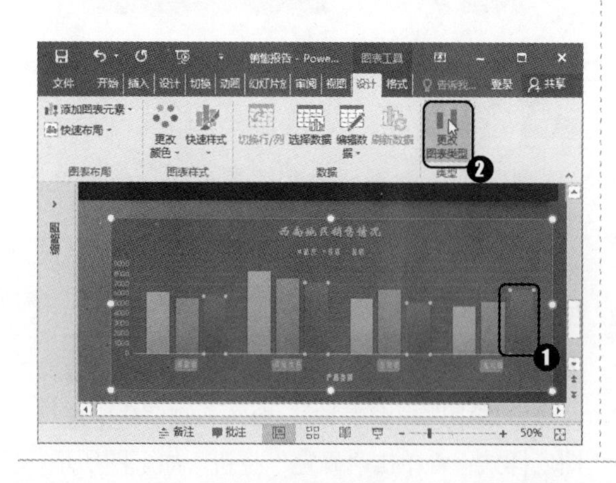

Step02: 弹出“更改图表类型”对话框，❶在需要更改图形类型的数据系列对应的下拉列表中选择图形类型；❷单击“确定”按钮，如下图所示。

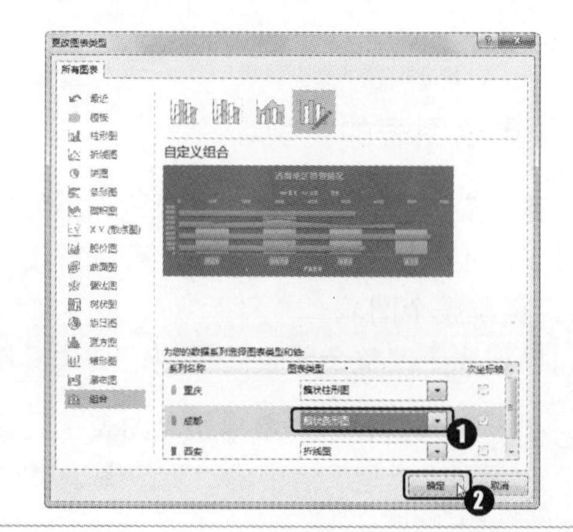

Step03: 返回工作表后，即可看到数据系列已发生改变，效果如右图所示。

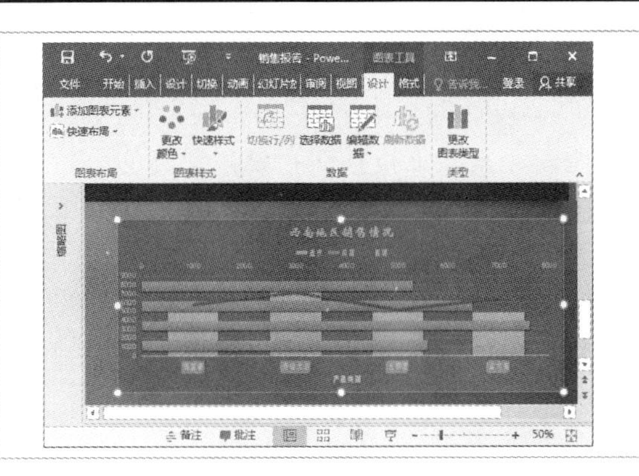

新手注意

选择图表后，在图表编辑状态的空白区域单击鼠标右键，在弹出的快捷菜单中选择“更改图表类型”命令，也可以打开“更改图表类型”对话框。

高手秘籍——实用操作技巧

通过前面知识的学习，相信读者朋友已经掌握了在 PowerPoint 2016 中设置图表格式的基本操作。下面结合本章内容介绍一些实用技巧。

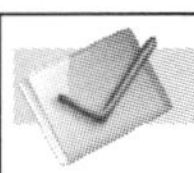

同步文件

视频文件：视频文件\第 7 章\高手秘籍.mp4

技巧 01　为图表添加网格线

网格线是指从坐标轴延伸出来的穿越绘图区域的水平和垂直的直线线段，是图表和坐标轴之间的数据标识。下面介绍为图表添加网格线的方法。

Step01: 打开素材文件“轴承钢产量分布.pptx”，❶选择图表；❷单击“图表工具-设计”选项卡“图表布局”组中的“添加图表元素”下拉按钮；❸在弹出的下拉列表中选择“网格线”选项；❹选择“主轴主要水平网格线”选项，如下图所示。

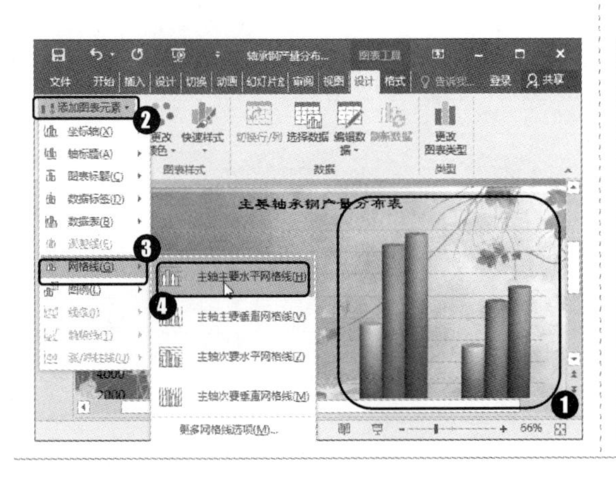

Step02: 保持图表的选中状态，❶单击“图表工具-设计”选项卡“图表布局”组中的“添加图表元素”下拉按钮；❷在弹出的下拉列表中选择“网格线”选项；❸选择“主轴主要垂直网格线”选项，如下图所示，如下图所示。

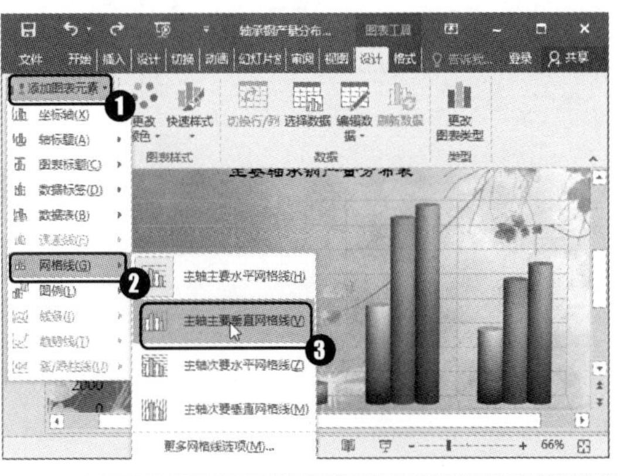

Step03: 保持图表的选中状态，❶单击“图表工具-设计”选项卡“图表布局”组中的“添加图表元素”下拉按钮；❷在弹出的下拉列表中选择“更多网格线选项”选项，如下图所示，如下图所示。

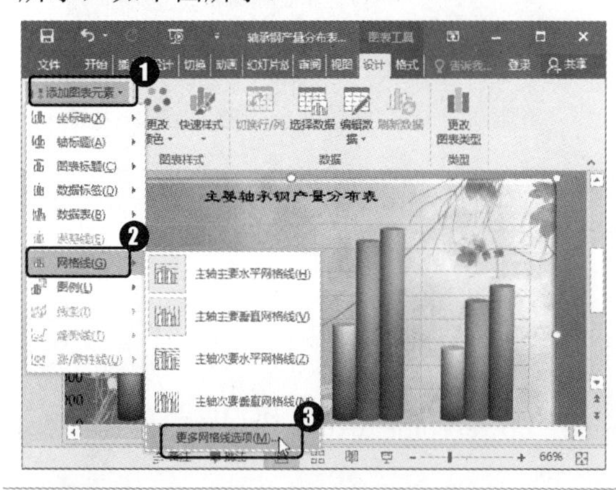

Step04: 打开“设置主要网格线格式”窗格，在“线条”栏的“颜色”下拉列表中选择水平网格线的颜色，如下图所示。

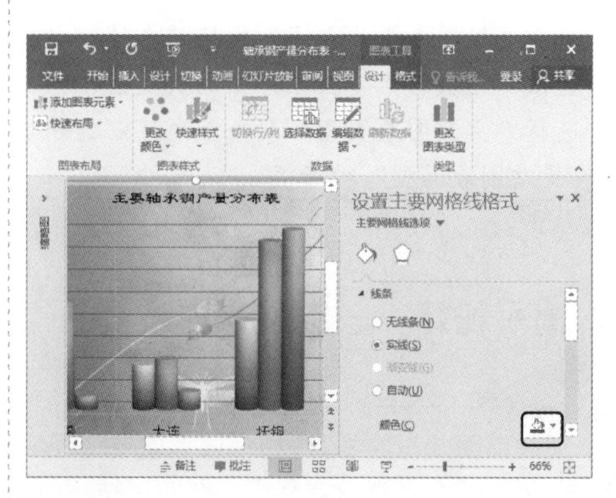

Step05: ❶单击“主要网格线选项”右侧的下拉按钮；❷在弹出的下拉列表中选择“水平（类别）轴主要网格线”选项，如下图所示。

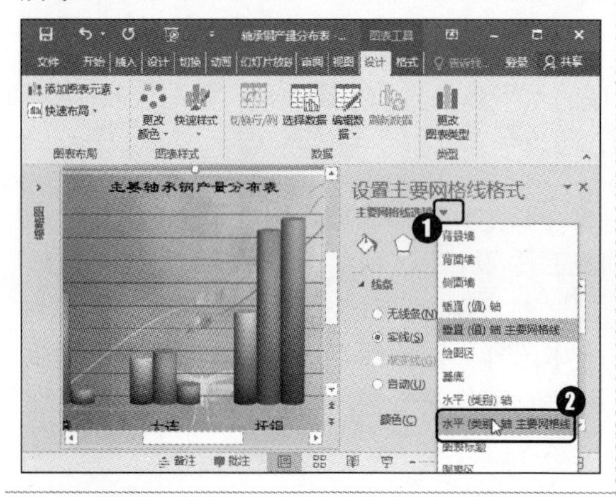

Step06: 在“线条”栏的“颜色”下拉列表中选择垂直网线的颜色，如下图所示。

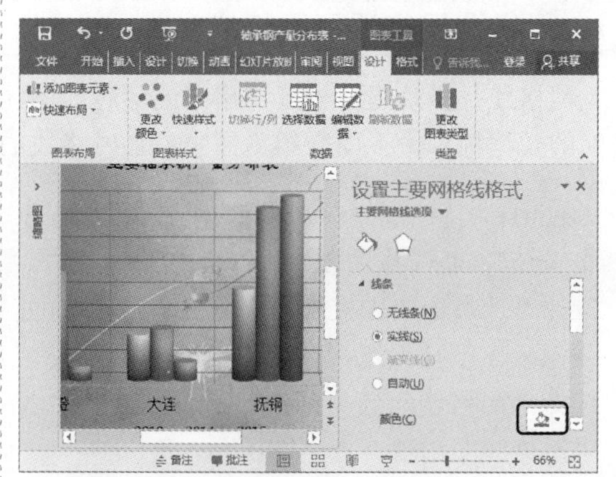

Step07: 设置完成后关闭“设置主要网线格式”窗格，幻灯片添加了网格线的最终效果如右图所示。

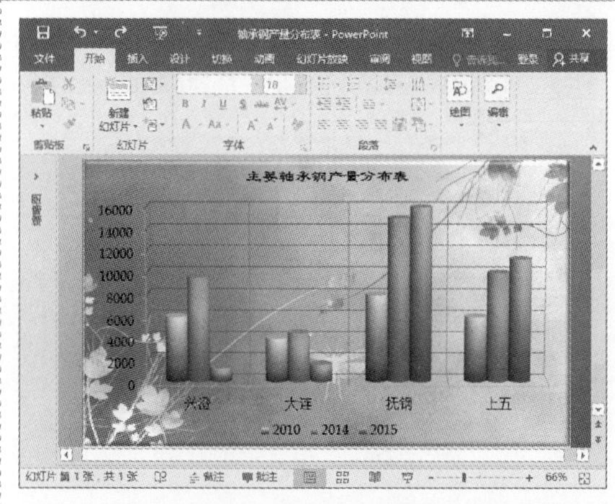

技巧 02　切换图表的行和列

在图表制作完成后，有时候需要将图表的行和列互换，此时可以使用切换图表的行和列功能，而不需要重新制作，具体操作方法如下。

Step01: 打开素材文件“市场调研.pptx”，❶选择图表；❷单击“图表工具-设计”选项卡“数据”组中的“选择数据”按钮，如下图所示。

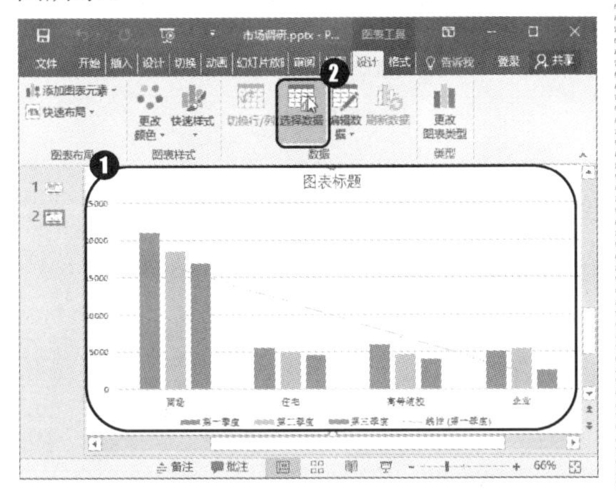

Step02: 弹出 Excel 工作表和“选择数据源”对话框，单击“选择数据源”对话框中的“切换行/列”按钮，如下图所示。

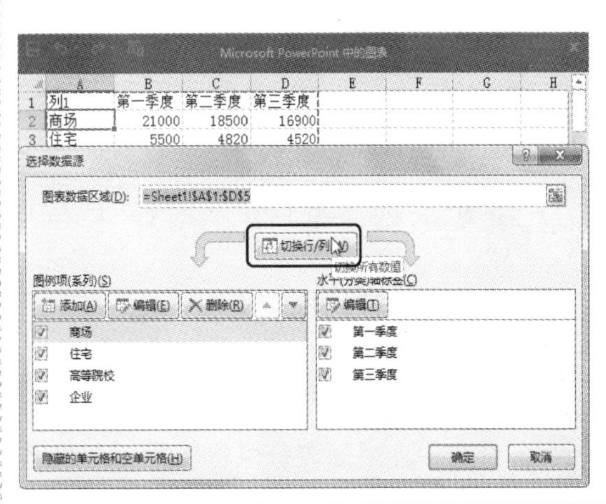

Step03: 返回幻灯片中即可看到行列切换后的效果，如右图所示。

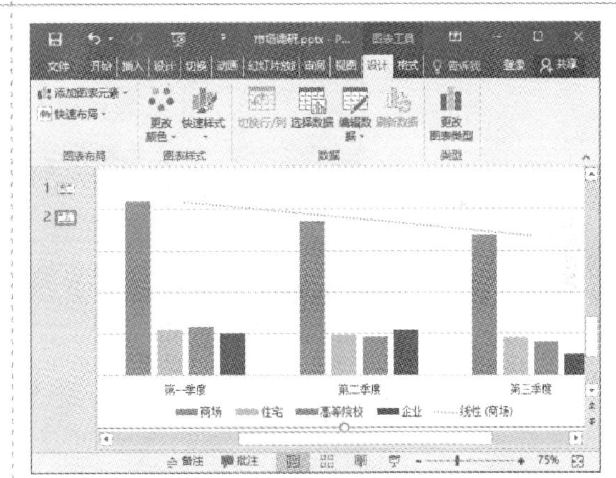

技巧 03　设置饼图的分离显示

用户在制作了饼图之后，有时候为了突出显示某一数据，需要将其从饼图中分离，此时可以使用以下的方法来完成。

Step01: 打开素材文件“成都销售报告.pptx”，❶在饼图中需要分离的数据点上单击鼠标右键；❷在弹出的快捷菜单中选择“设置数据系列格式”命令，如下图所示。

Step02: 打开“设置数据点格式”窗格，在“系列选项”栏中调整“点爆炸型”的数值即可设置饼图分离效果，数值越高，分离得越远，效果如下图所示。

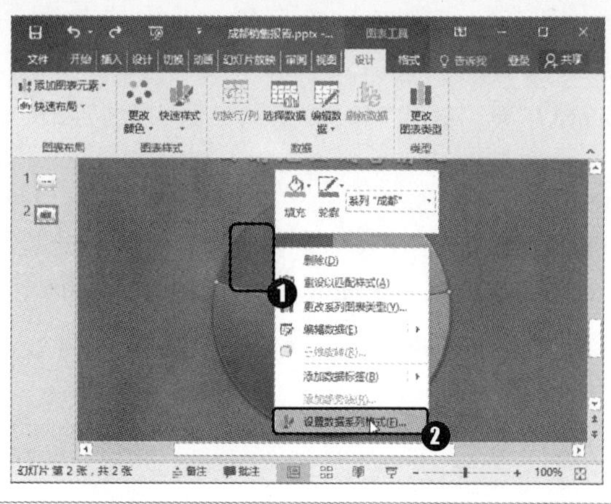

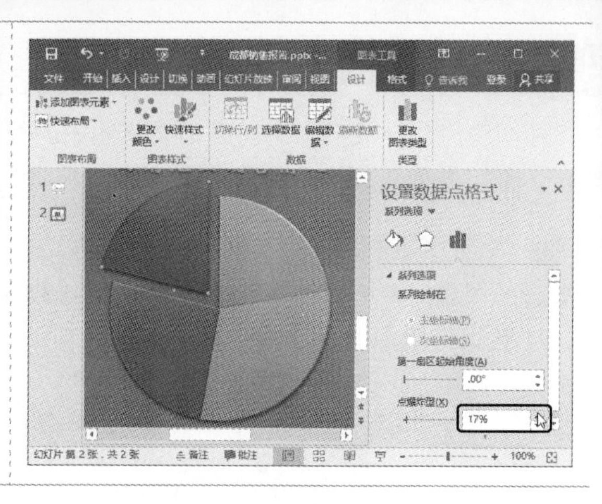

▷▷ 上机实战——制作“市场占有率报告”

>> 上机介绍

在幻灯片中使用图表可以将数据更直观地呈现，而一个精美的图表还能起到美化幻灯片的作用。下面制作一个“市场占有率报告”幻灯片文档，最终效果如下图所示。

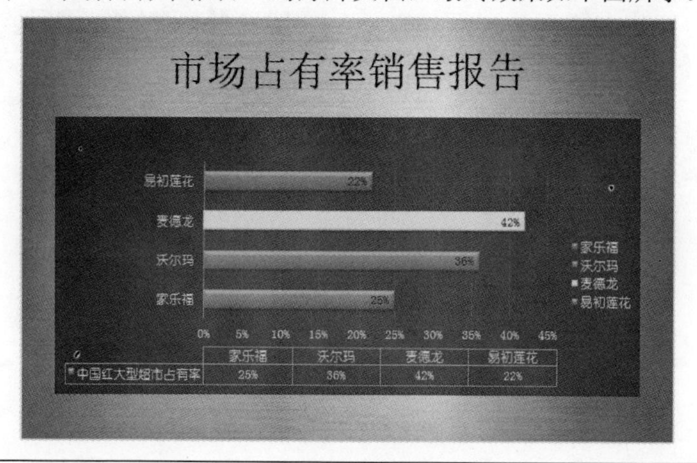

同步文件

视频文件：视频文件\第 7 章\上机实战.mp4

>> 步骤详解

本实例的具体制作步骤如下。

Step01: 打开素材文件“市场占有率报告.pptx”，❶选择第三张幻灯片；❷单击占位符中的“插入图表”图标，如下图所示。

Step02: 打开“插入图表”对话框，❶在左侧选择“条形图”选项；❷在右侧选择条形图的样式；❸单击“确定”按钮，如下图所示。

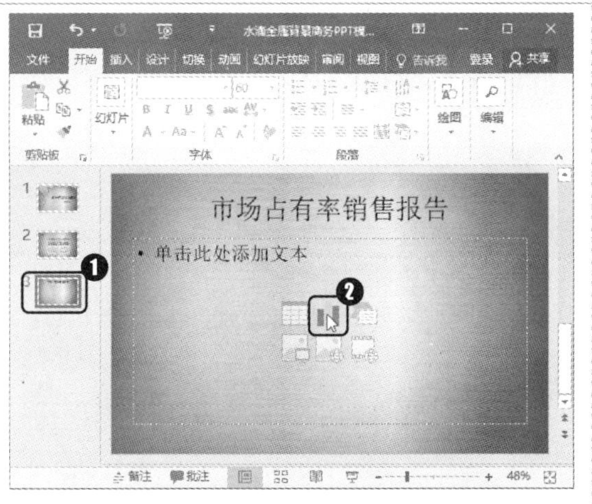

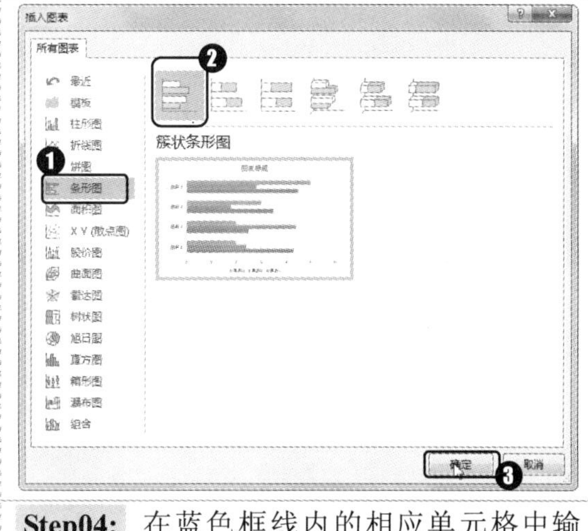

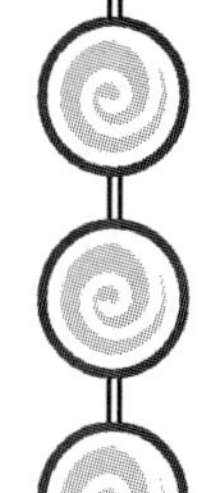

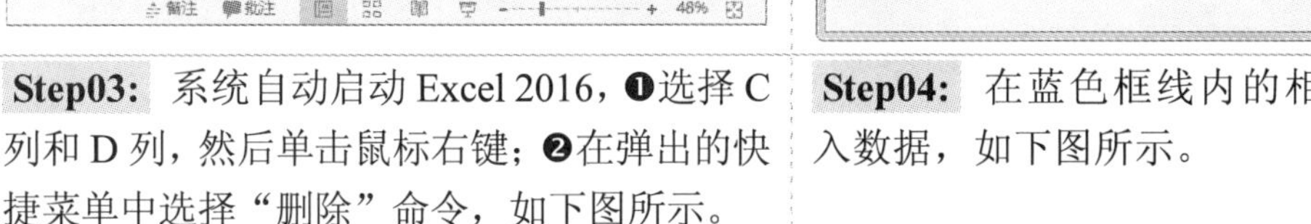

Step03: 系统自动启动 Excel 2016，❶选择 C 列和 D 列，然后单击鼠标右键；❷在弹出的快捷菜单中选择“删除”命令，如下图所示。

Step04: 在蓝色框线内的相应单元格中输入数据，如下图所示。

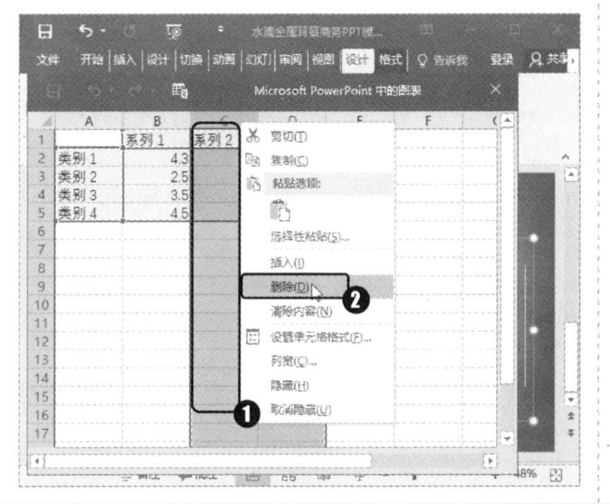

Step05: 返回工作表中即可看到图表已经插入幻灯片中，选择标题文本框，输入图表的标题，效果如下图所示。

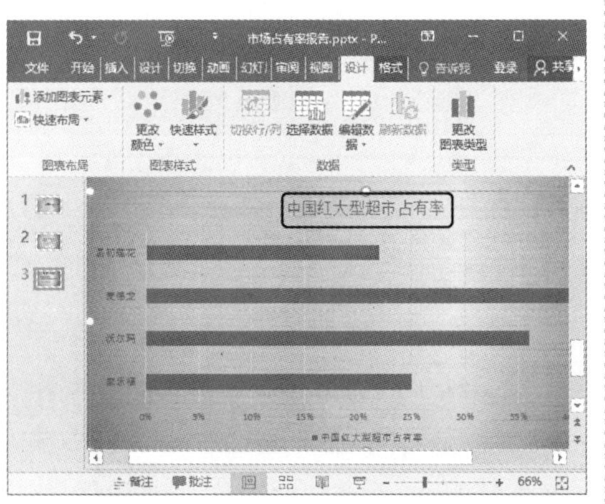

Step06: ❶选中图表；❷单击“图表工具-设计”选项卡“图表样式”组中的“更改颜色”下拉按钮；❸在弹出的下拉列表中选择想要的颜色，如下图所示。

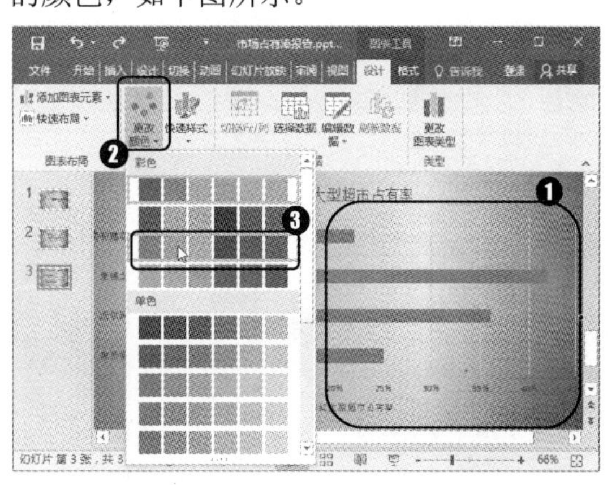

Step07: ❶单击“图表工具-设计”选项卡“图表样式”组中的“快速样式”下拉按钮；❷在弹出的下拉列表中选择一种图表样式，如下图所示。

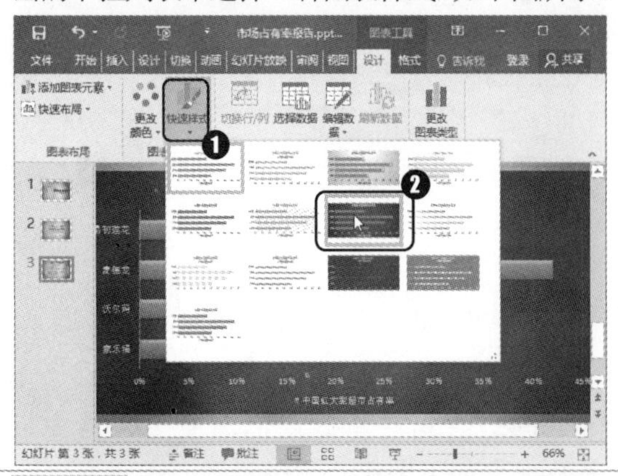

Step08: ❶切换到“开始”选项卡；❷在字体组中设置字体、字号、字体颜色等选项，如下图所示。

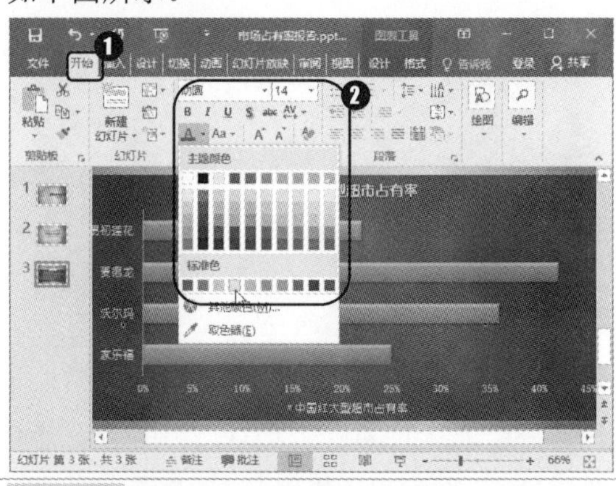

Step09: ❶选择标题文本框；❷单击“图表工具-格式”选项卡“艺术字样式”组中的“艺术字样式”下拉按钮；❸在弹出的下拉列表中选择一种艺术字样式，如下图所示。

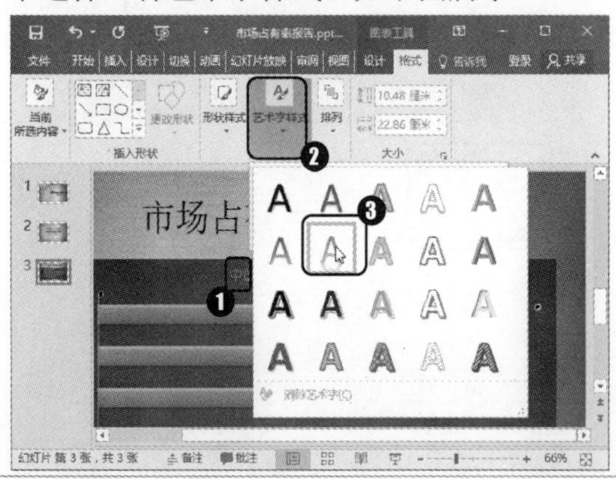

Step10: ❶切换到“开始”选项卡；❷在“字体”组中设置艺术字的字体、字号和字体颜色，如下图所示。

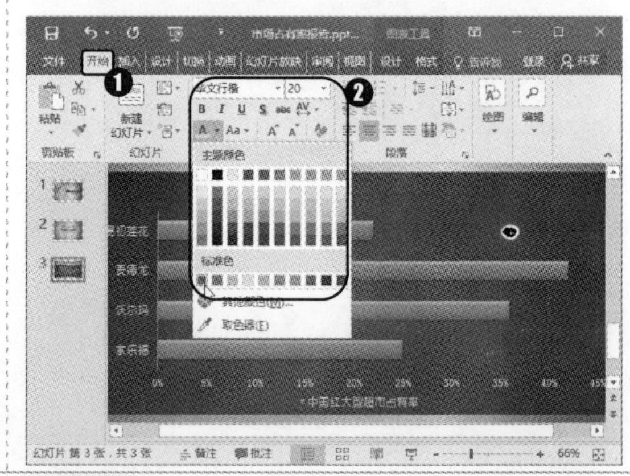

Step11: ❶在数据最高的数据点上双击，选中该数据系列，然后单击鼠标右键；❷在弹出的快捷菜单中选择“设置数据点格式”命令，如下图所示。

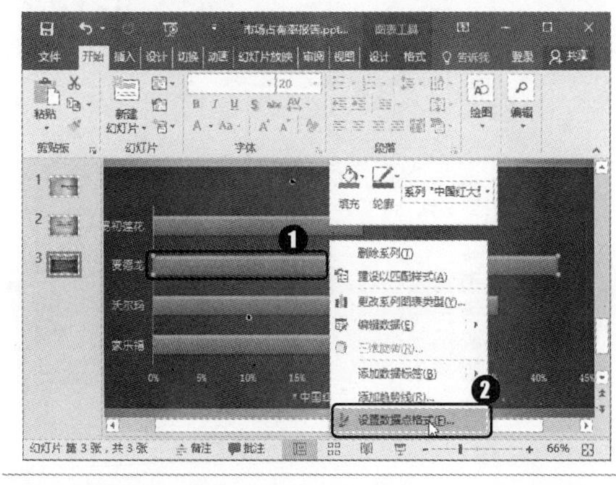

Step12: 打开“设置数据点格式”窗格，❶在“填充”选项卡中选择“纯色填充”；❷在“颜色”下拉列表中选择数据点的颜色，如“黄色”；❸关闭“设置数据点格式”窗格，如下图所示。

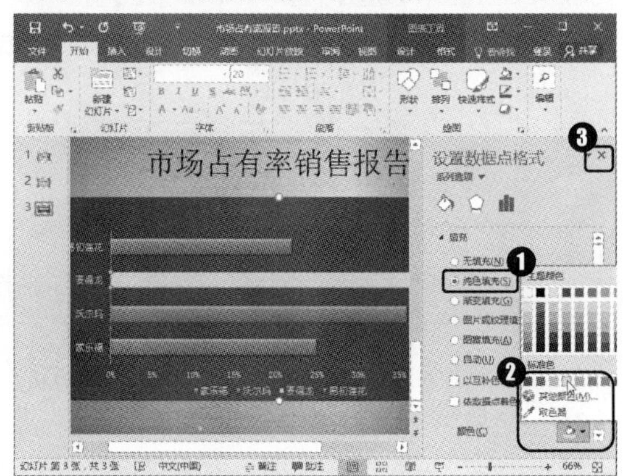

Step13: ❶选中图表；❷单击“图表工具-设计”选项卡“图表布局”组中的“添加图表元素”下拉按钮；❸在弹出的下拉列表中选择“数据标签”选项；❹选择“数据标签内”选项，如下图所示。

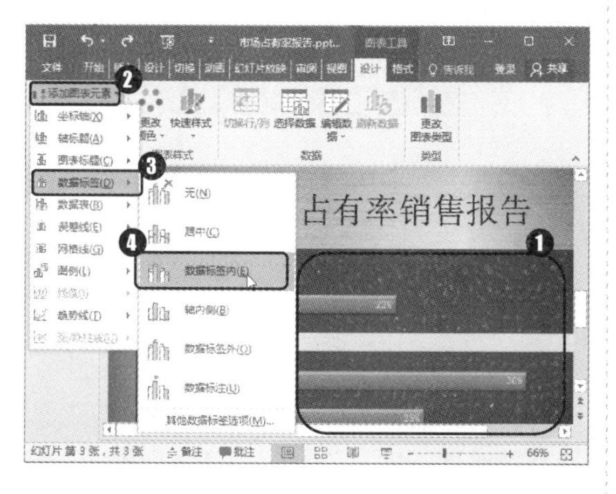

Step14: ❶选择数据标签，然后单击鼠标右键；❷在弹出的快捷菜单中选择“设置数据标签格式”命令，如下图所示。

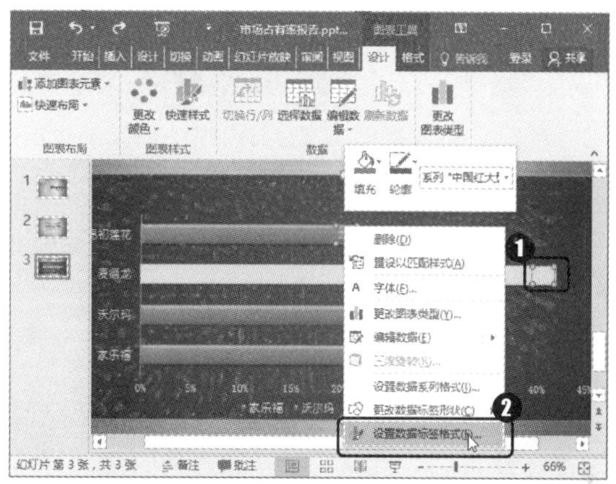

Step15: 在“开始”选项卡的“字体”组中设置数据标签的字体、字号、字体颜色等参数，如下图所示。

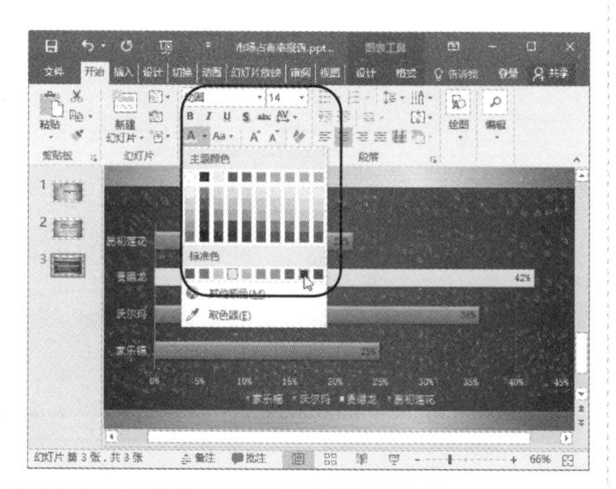

Step16: ❶选中图表；❷单击“图表工具-设计”选项卡“图表布局”组中的“添加图表元素”下拉按钮；❸在弹出的下拉列表中选择“数据表”选项；❹选择“显示图像项标示”选项，如下图所示。

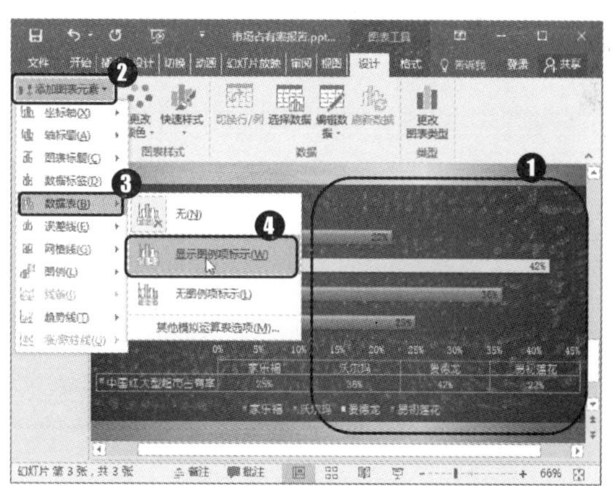

Step17: ❶单击“图表工具-设计”选项卡“图表布局”组中的“添加图表元素”下拉按钮；❷在弹出的下拉列表中选择“图例”选项；❸选择“右侧”选项，如下图所示。

Step18: 图表制作完成后，效果如下图所示。

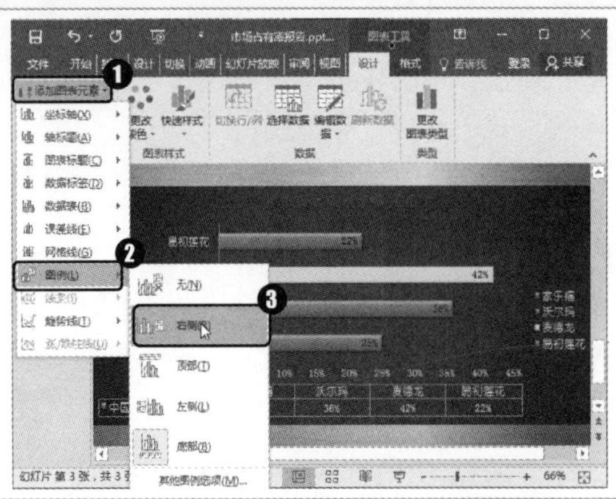

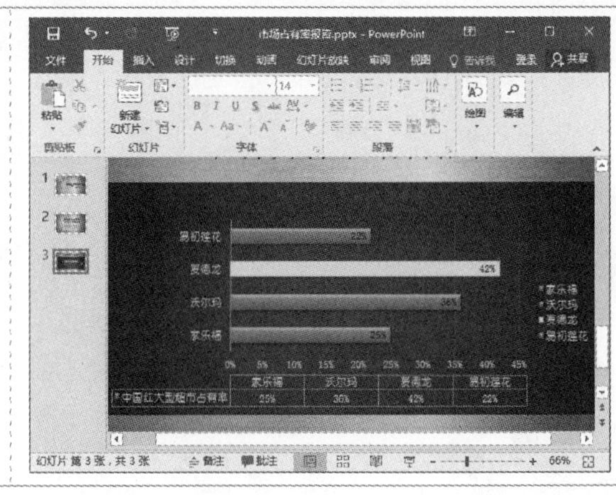

▷▷ 本章小结

本章的重点在于掌握在 PowerPoint 2016 中使用图表的方法，包括插入图表、编辑图表、美化图表及设置图表布局。希望读者通过本章的学习能够熟练地掌握在幻灯片中插入图表的方法，并根据需要布局图表，制作完成后能快速地美化图表。

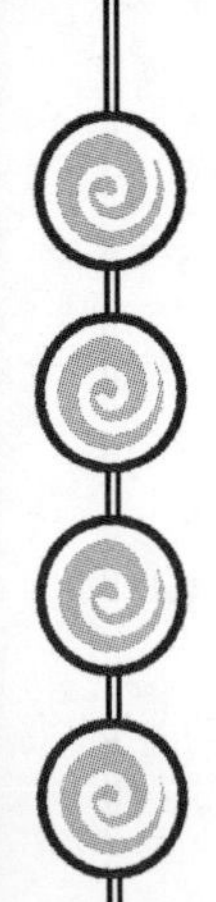

第 8 章　制作声色并茂的多媒体幻灯片

本章导读

演示文稿是一个全方位展示的平台，我们可以在幻灯片中添加各种文字、图形和多媒体内容，包括音频、视频或 Flash 动画等。添加各种声色并茂的素材可以为幻灯片锦上添花。

知识要点

➢ 插入声音文件
➢ 添加录音文件
➢ 设置声音的播放
➢ 设置声音图标
➢ 插入视频文件
➢ 设置视频播放
➢ 设置视频控制按钮

效果展示

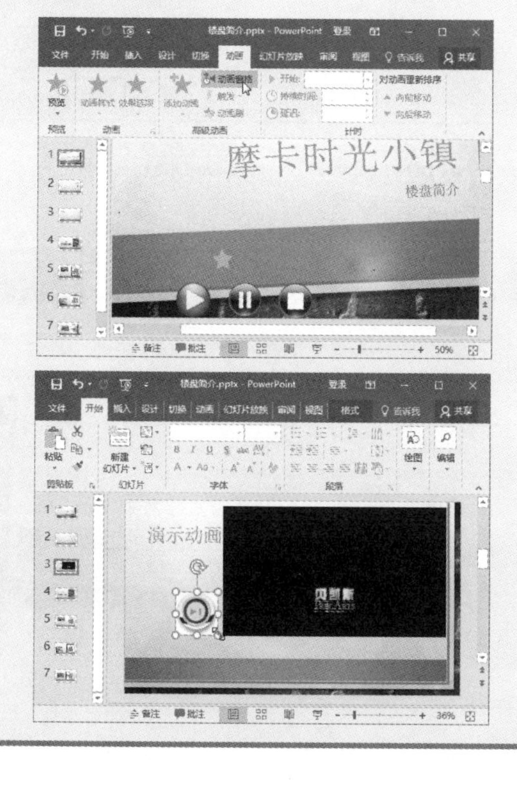

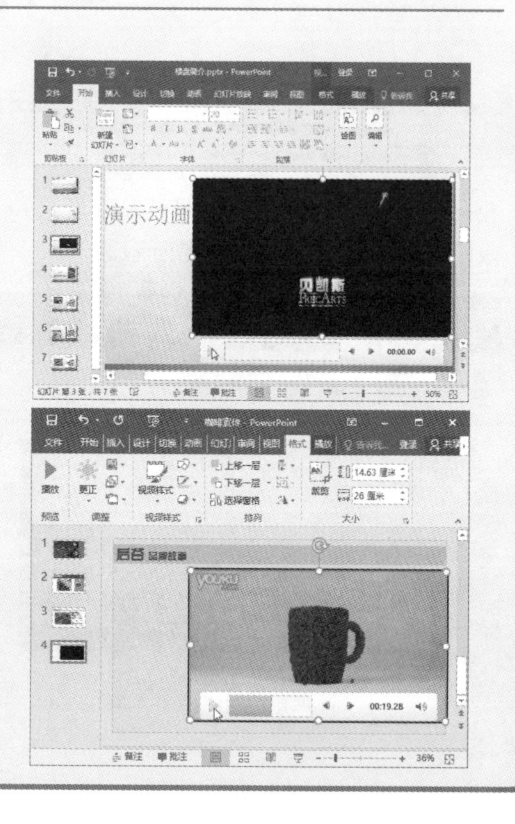

▷▷ 8.1　课堂讲解——在幻灯片中插入声音文件

演示文稿并不是一个无声的世界。为了使表现形式更丰富，可以在幻灯片中插入解说画外音；为了突出演示文稿的气氛，可以为演示文稿添加背景音乐；为了使演示文稿更加生动，可以为演示文稿中的动画添加音效。

8.1.1　插入外部声音文件

PowerPoint 2016 支持多种格式的声音文件，例如 MP3、WAV、WMA、AIF 和 MID 等，下面介绍如何在幻灯片中插入外部声音文件。

Step01: 打开素材文件“楼盘简介.pptx”，❶单击“插入”选项卡 “媒体”组中的“音频”下拉按钮；❷在弹出的下拉列表中选择“PC 上的音频”选项，如下图所示。

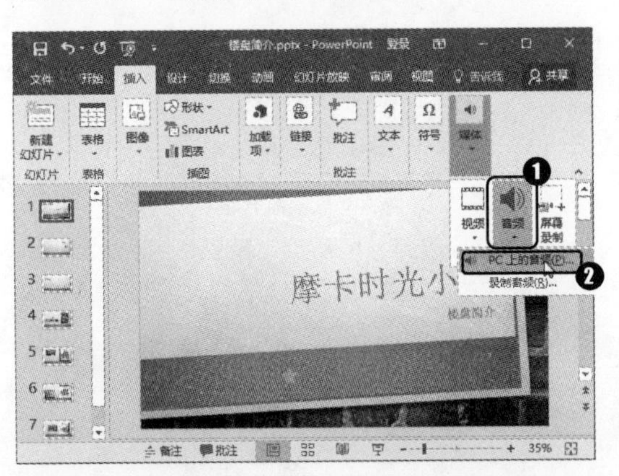

Step02: 弹出“插入音频”对话框，❶选中要插入的音频文件；❷单击“插入”按钮，如下图所示。

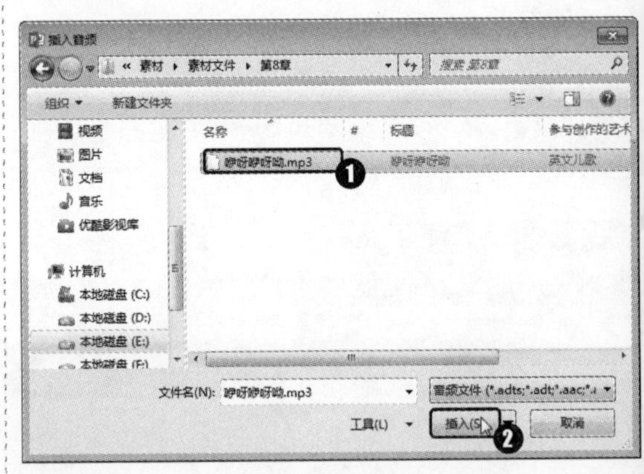

Step03: 返回幻灯片中，即可发现所选声音被插入到幻灯片中，如下图所示。

Step04: 拖动声音模块到适当的位置，如下图所示。

8.1.2 为幻灯片添加录音文件

使用 PowerPoint 2016 可以进行录音并将录音文件插入到幻灯片中，以便在放映中进行播放。插入录音的方法如下。

Step01: 打开素材文件“楼盘简介.pptx”，❶单击“插入”选项卡“媒体”组中的“音频”下拉按钮；❷在弹出的下拉列表中选择“录制音频”选项，如下图所示。

Step02: 弹出“录制声音”对话框，❶在“名称”文本框输入该录音的名称；❷单击●按钮，即可通过麦克风进行录音，如下图所示。

Step03: ❶音频录制完成后单击■按钮停止录制；❷单击按钮▶可以播放刚才的录音；❸确认无误后单击“确定”按钮，即可将录音插入到幻灯片中，如右图所示。

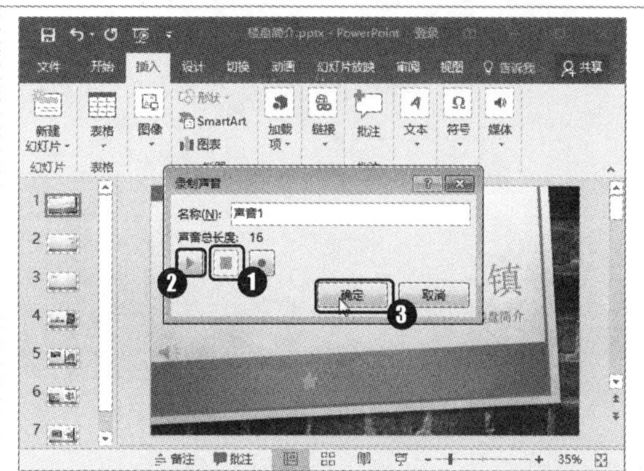

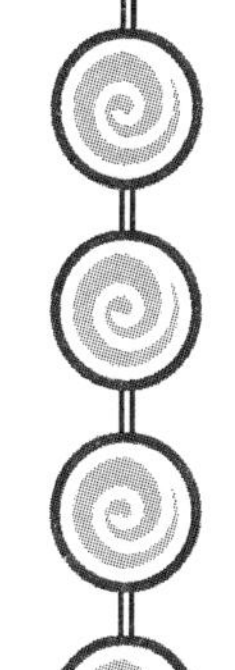

8.2 课堂讲解——编辑声音

在幻灯片中插入声音对象之后，用户还可以根据需要对声音进行设置，如调节音量大小、设置播放时间、裁剪声音、添加书签及更换声音图标等。

8.2.1 设置声音的播放

在幻灯片中插入音频后，还可以根据需要对音频的播放进行设置，例如让音频自动播放、循环播放或调整声音大小等。设置方法如下。

Step01: ❶选中幻灯片中的声音模块；❷将鼠标指向“静音”按钮，弹出声音控制器，如下图所示。

Step02: 拖动声音滑块即可调整音量大小，如下图所示。

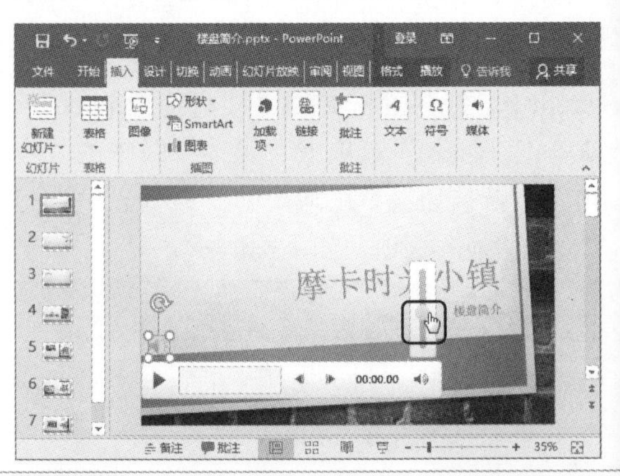

Step03: ❶选中幻灯片中的声音模块；❷切换到“播放”选项卡，在“音频选项”组中单击“开始”下拉按钮；❸在弹出的下拉列表中可以选择音频的播放方式，如下图所示。

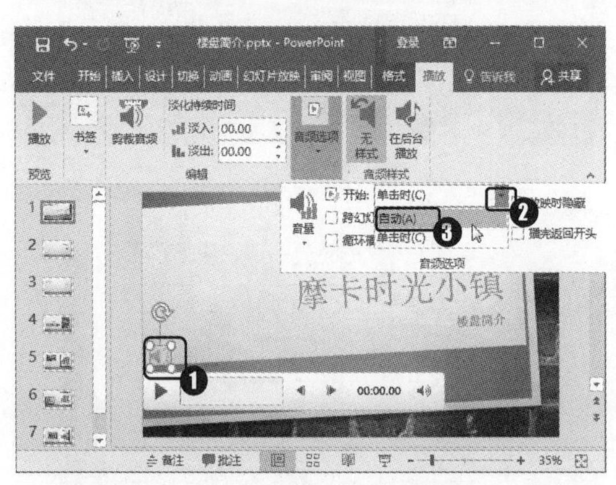

Step04: 如果在“音频选项”组中勾选“放映时隐藏”复选框，则可以在放映幻灯片时不显示声音控制面板，如下图所示。

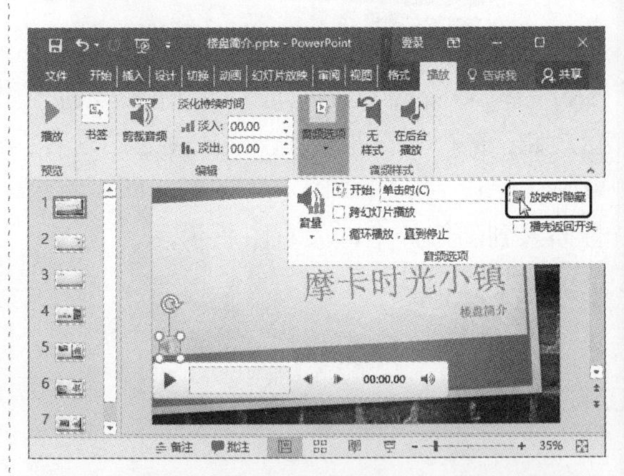

Step05: 在“音频选项”组中勾选“循环播放，直到停止”复选框，则在放映时会循环播放该音频直到切换到下一张幻灯片或有停止命令时，如右图所示。

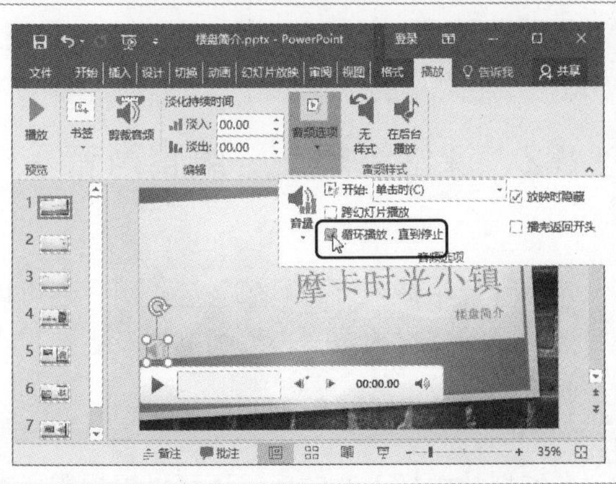

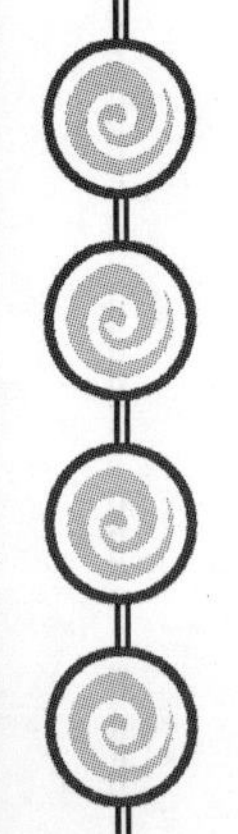

 新手注意

若不勾选“循环播放，直到停止”复选框，声音文件只播放一遍便停止。

8.2.2 只在部分幻灯片中播放声音

有时在幻灯片中添加的声音文件只需要在部分幻灯片中播放，通过设置播放范围可以让声音在指定的幻灯片内播放，具体操作方法如下。

Step01: ❶选中声音图标；❷单击“动画”选项卡“动画”组右下角的功能扩展按钮，如下图所示。

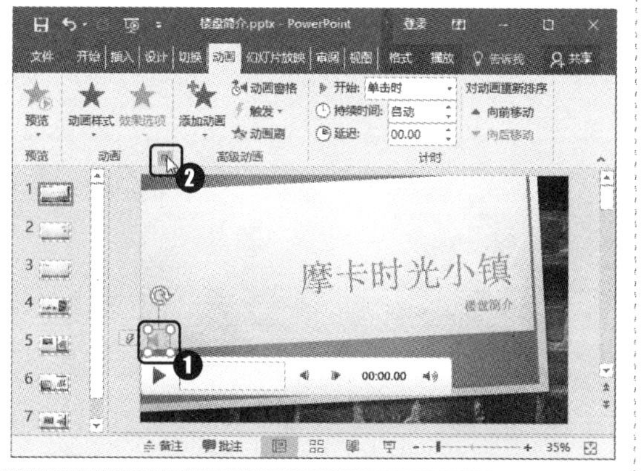

Step02: 弹出“播放音频”对话框，❶在“开始播放”栏中选择声音的播放位置，如“从头开始”；❷在“停止播放”栏中选择声音播放的结束位置；❸单击“确定”按钮，如下图所示。

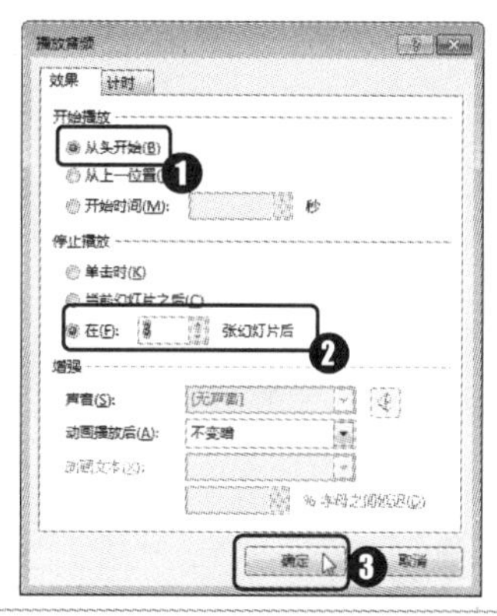

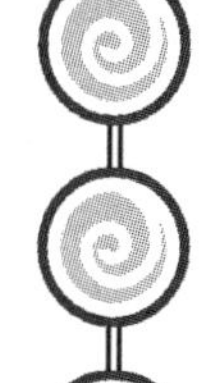

> **新手注意**
>
> 在“开始播放”栏中的 3 个选项中，“从头开始”表示声音将随声音所在的幻灯片放映开始播放；“从上一位置”表示如果当前幻灯片有多个动画，声音将随上一动画开始播放；在“开始时间”中，可以设置声音在当前幻灯片放映多少秒后进行播放。

8.2.3　裁剪音频的多余部分

对于插入的音频文件，如果只需要使用部分内容，可以使用声音文件的裁剪功能，通过对幻灯片中的音频设置开始时间和结束时间来实现，操作方法如下。

Step01: ❶选中幻灯片中的声音模块；❷单击“音频工具-播放”选项卡“编辑”组中的“剪裁音频”按钮，如下图所示。

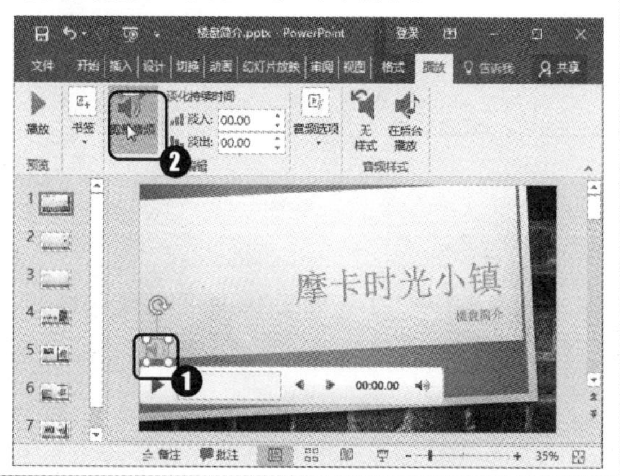

Step02: 弹出“剪裁音频”对话框，❶分别拖动进度条两端的绿色和红色滑块来设置开始时间和结束时间；❷单击“确定”按钮，如下图所示。

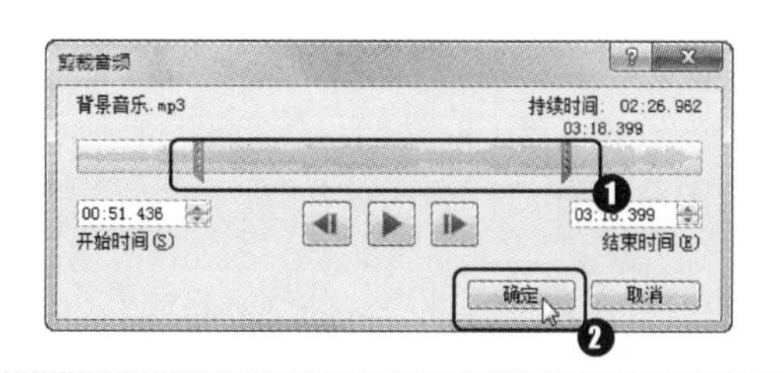

8.2.4 为声音添加书签

为声音添加书签是指在一段音频中的某个时间点添加一个标记，以便快速找到该时间点并播放。具体操作方法如下。

Step01: ❶选中幻灯片中的声音模块；❷单击“音频工具-播放”中的按钮▶开始播放音频，当播放到需要添加书签的位置时，单击“暂停”按钮⏸暂停播放音频，如下图所示。

Step02: 单击“音频工具-播放”选项卡“书签”组中的“添加书签”按钮即可添加书签，如下图所示。

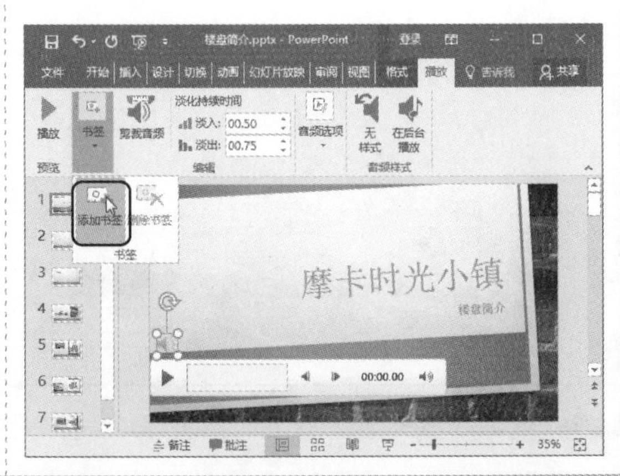

Step03: 添加书签后，在声音模块的进度条上会出现一个圆点标记，单击该标记可以定位到该时间点，如下图所示。

Step04: 如果要删除书签，❶单击选中该书签标记；❷单击“音频工具-播放”选项卡“书签”组中的“删除书签”按钮，如下图所示。

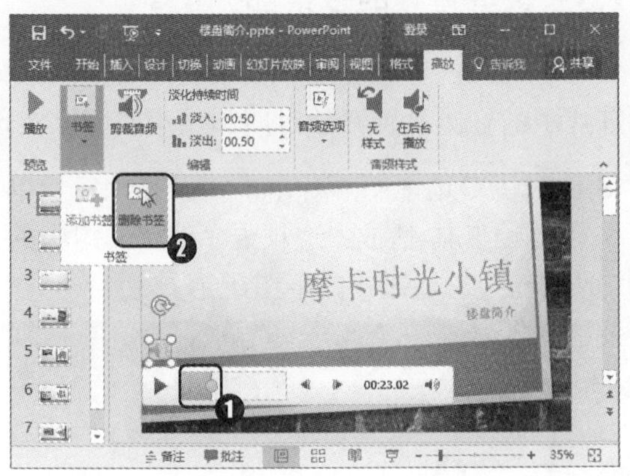

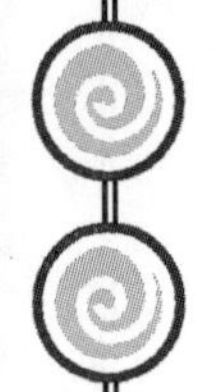

8.2.5 更改音频文件的图标样式

PowerPoint 2016 中默认的声音控制按钮比较单一，为了使幻灯片更美观，我们可以将一些好看的图片设置为声音播放按钮。

Step01: ❶单击“插入”选项卡；❷单击“图像”组中的“图片”按钮，如下图所示。

Step02: 弹出“插入图片”对话框，❶按〈Ctrl〉键选中要插入的按钮图片文件；❷单击“插入”按钮，如下图所示。

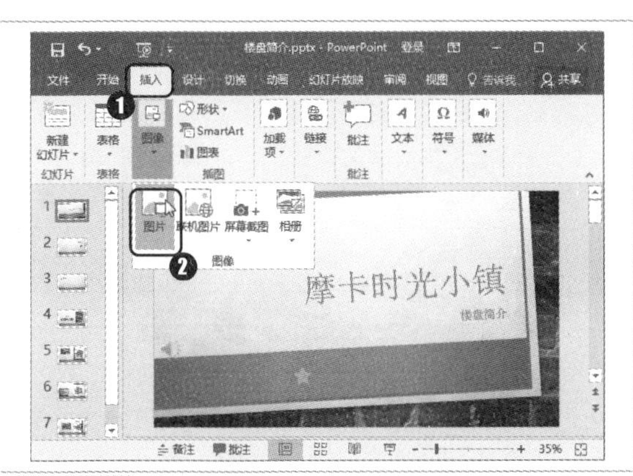

Step03: 调整图片的大小和位置，❶选中其中一张图片；❷单击“图片工具-格式”选项卡“调整”组中的“删除背景”按钮，如下图所示。

Step04: ❶设置删除区域和保留区域；❷单击“图片工具-背景消除”选项卡“关闭”组中的“保留更改”按钮，如下图所示。

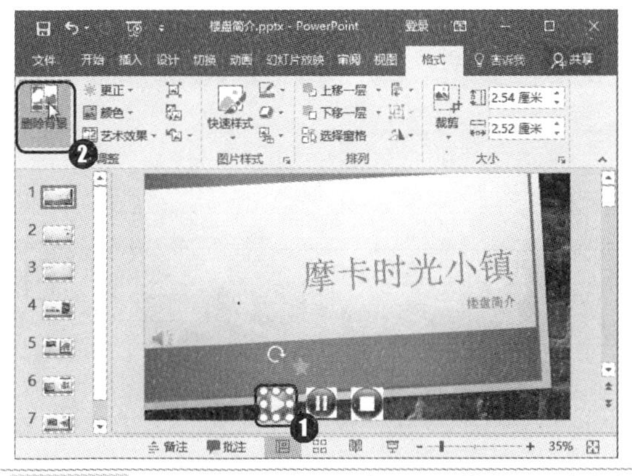

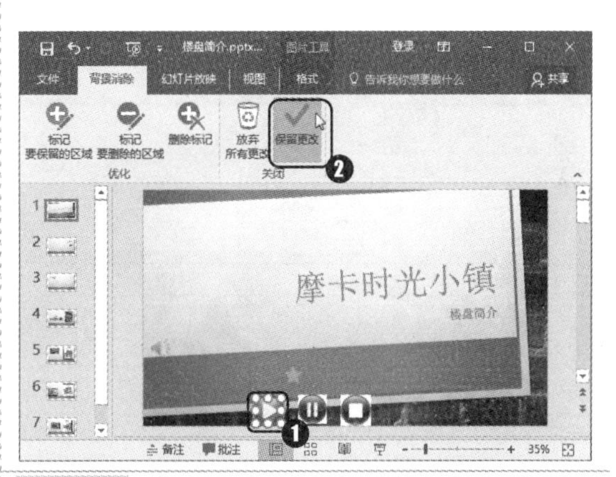

Step05: 使用相同的方法设置其他几张图片，如下图所示。

Step06: 单击“动画”选项卡“高级动画”组中的“动画窗格”按钮，如下图所示。

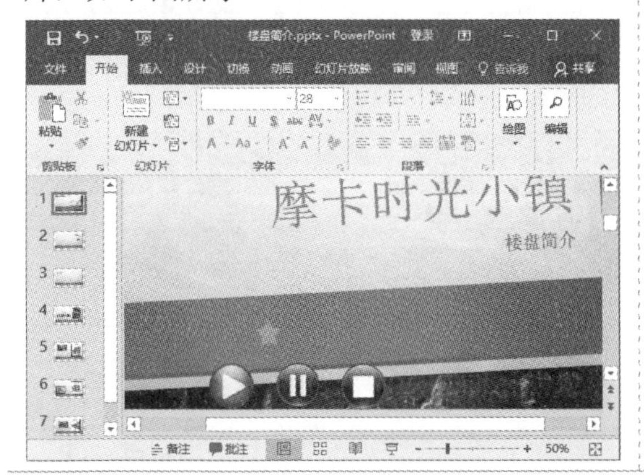

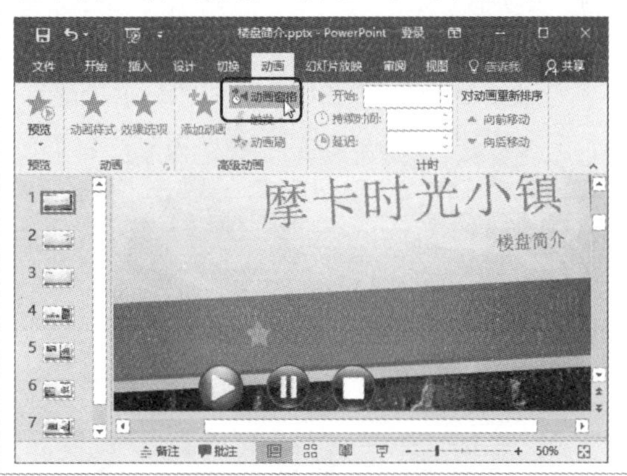

Step07: 打开“动画窗格”窗格，❶单击默认的播放触发器右侧的下拉按钮；❷在弹出的下拉列表中选择“计时”选项，如下图所示。

Step08: 弹出“播放音频”对话框，❶在“计时”选项卡中选择“触发器”栏下方的“单击下列对象时启动效果”单选按钮；❷在右侧的下拉列表框中选择“图片5”选项；❸单击“确定”按钮，如下图所示。

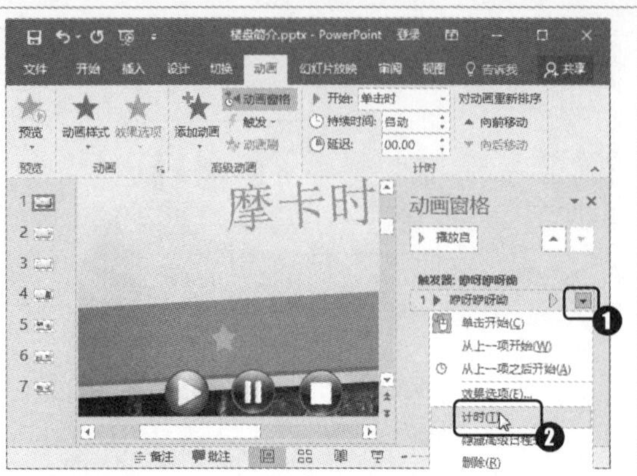

Step09: ❶选中声音模块；❷在“动画”选项卡中单击“高级动画”组中的“添加动画”下拉按钮；❸在弹出的下拉列表中选择“媒体”栏中的“暂停”选项，如下图所示。

Step10: ❶在动画窗格中单击第 2 个暂停触发器右侧的下拉按钮；❷在弹出的下拉列表中选择“计时”选项，如下图所示。

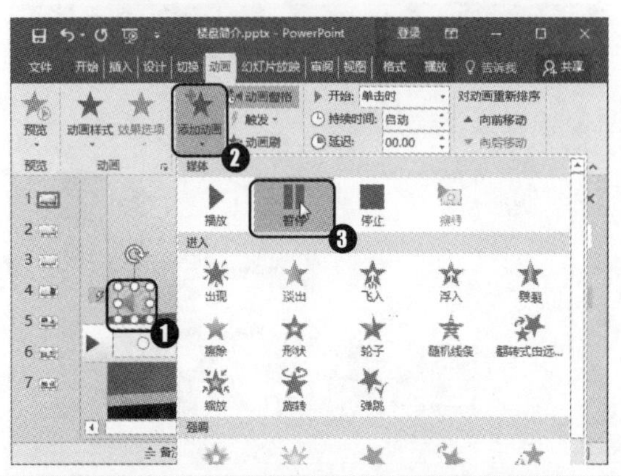

Step11: 弹出“暂停音频”对话框，❶在“计时”选项卡中选择“单击下列对象时启动效果”单选按钮；❷在右侧的下拉列表框中选择“图片 7”选项；❸单击“确定”按钮，如下图所示。

Step12: 使用同样的方法添加停止触发器，并在“停止音频”对话框中设置单击对象为“图片 6”，设置完成后的动画窗格效果如下图所示。

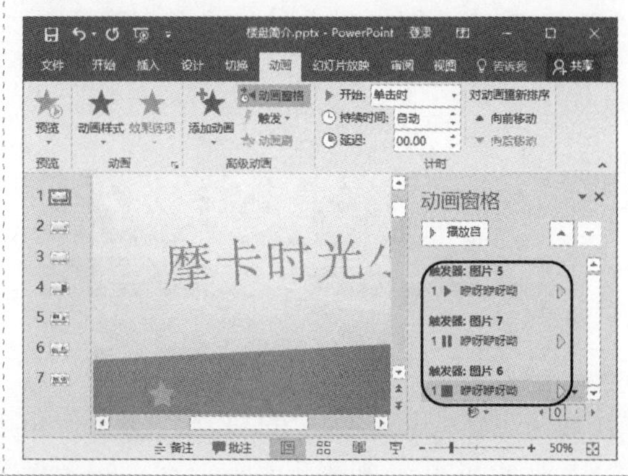

Step13: ❶选中声音模块；❷在“播放”选项卡的“音频选项”组中勾选“放映时隐藏”复选框，如下图所示。

Step14: 按〈F5〉键播放幻灯片，默认的声音控制面板被隐藏，单击自定义的播放按钮可控制音频的播放，如下图所示。

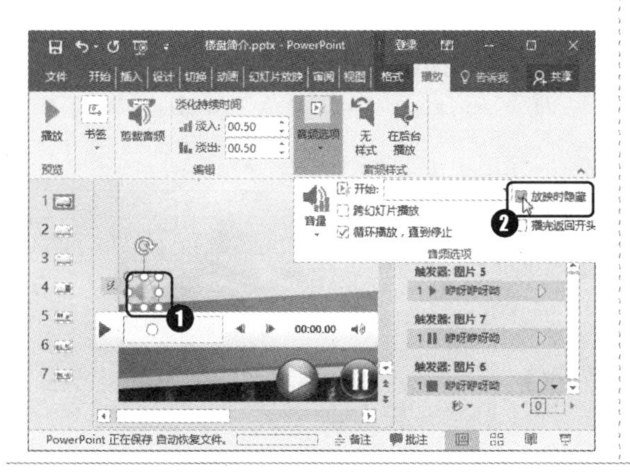

专家点拨——查看图片名称

在选择触发图片时，若不知道图片名称，可在“开始”选项卡的“编辑”组中单击“选择”按钮，在弹出的下拉列表中选择“选择窗格”选项，打开选择窗格，单击图片即可在窗格中查看对应的名称。

8.2.6　将声音图标更换为图片

音频文件插入后默认是一个下喇叭图标，为整个幻灯片的布局着想，默认的声音图标在幻灯片中可能显得很突兀，为了让幻灯片的整体布局更美观、协调，可以将声音图标设置为适合的图片。具体操作方法如下。

Step01: ❶选中声音图标；❷单击“音频工具-格式”选项卡“调整”组中的“更改图片”按钮，如下图所示。

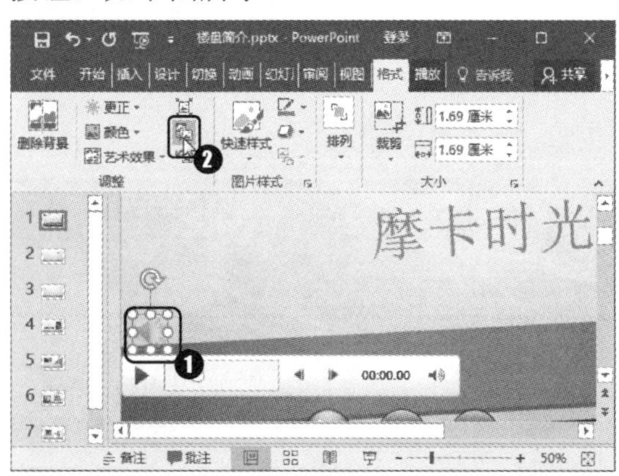

Step02: 打开“插入图片”对话框，单击“来自文件”右侧的“浏览”按钮，如下图所示。

Step03: 打开“插入图片”对话框，❶选择需要使用的图片；❷单击“插入”按钮，如下图所示。

Step04: 返回幻灯片中即可看到声音图标已经更改，效果如下图所示。

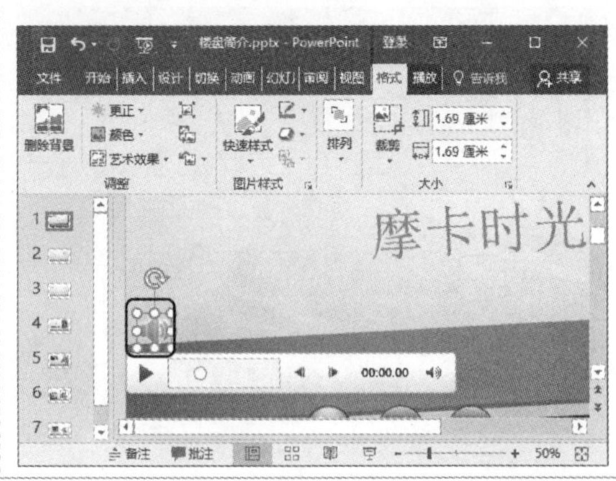

▷▷ 8.3 课堂讲解——在幻灯片中插入视频

在 PowerPoint 2016 中，用户不仅可以插入声音文件，还可以添加视频文件，使演示文稿变得更加生动有趣。在 PowerPoint 2016 中插入视频的方法与插入声音的方法类似。本节将主要介绍幻灯片中视频的插入与设置。

8.3.1 插入网络视频

如果要在幻灯片中插入网络视频，需要先复制网络代码，再插入幻灯片中，操作方法如下。

Step01: 打开素材文件“楼盘简介.pptx”，❶找到需要插入的网络视频；❷在“网页代码”后单击“复制”按钮，如下图所示。

Step02: ❶定位到需要插入视频的幻灯片；❷单击“插入”选项卡“媒体”组中的“视频”下拉按钮；❸在弹出的下拉列表中选择“联机视频”选项，如下图所示。

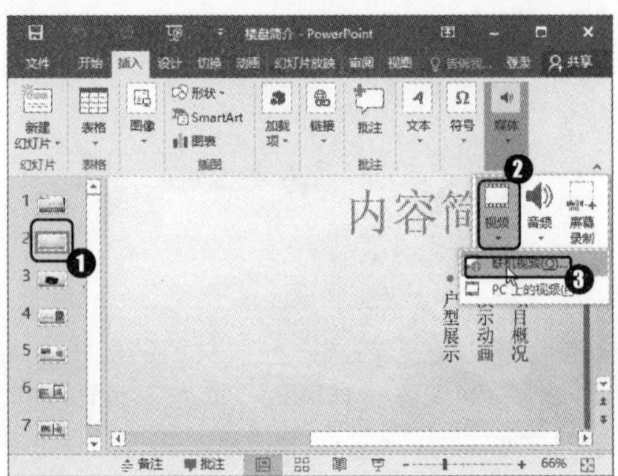

Step03: 打开“插入视频”对话框，❶按〈Ctrl+V〉组合键将复制的代码复制到“来自视频嵌入代码”文本框中；❷单击“插入”按钮，如右图所示。

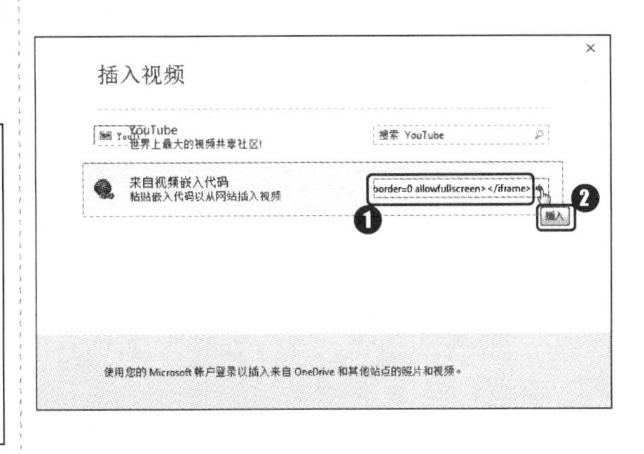

新手注意

大多数包含视频的网站都包含嵌入代码，但是嵌入代码的位置各有不同，具体取决于每个网站。且某些视频不含嵌入代码，因此，无法进行链接。明确地说，尽管它们被称为“嵌入代码”，但实际上会链接到视频，而不是将视频嵌入到演示文稿中。

8.3.2　插入外部视频文件

除了联机视频外，用户还可以插入本地计算机中存储的各种视频文件，如 AVI、MPEG、ASF、WMV 和 MP4 等格式的视频文件，具体操作方法如下。

Step01: ❶选择需要添加视频的幻灯片；❷单击占位符中的“插入视频文件”图标，如下图所示。

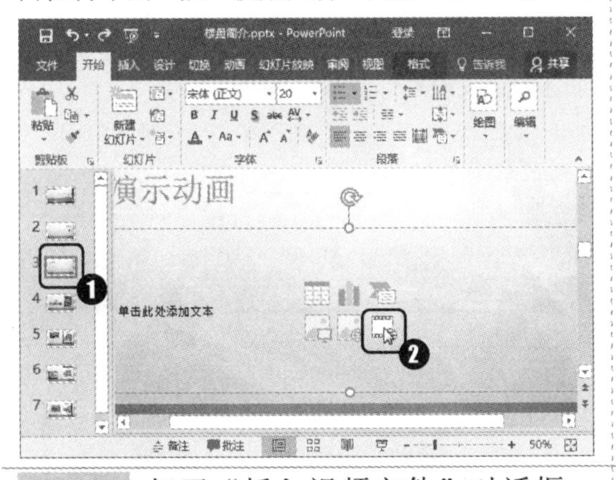

Step02: 打开“插入视频”对话框，单击“来自文件”右侧的“浏览”按钮，如下图所示。

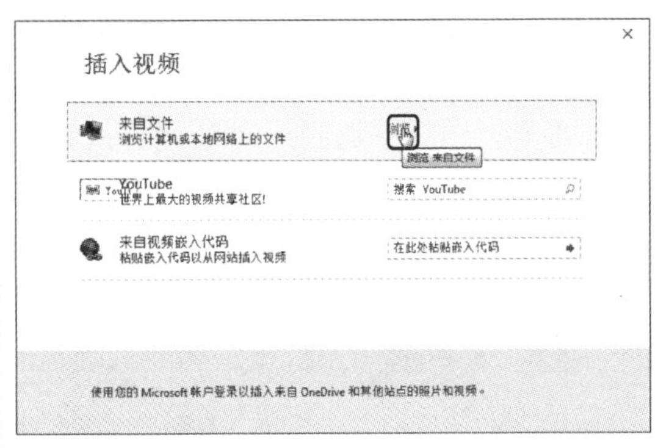

Step03: 打开“插入视频文件”对话框，❶选择需要插入的视频文件；❷单击“插入”按钮，如下图所示。

Step04: 返回幻灯片中即可查看到视频文件已经插入，单击“播放”按钮即可播放该视频，如下图所示。

新手注意

如果幻灯片中没有占位符，可以单击插入选项卡“媒体”组中的“视频”下拉按钮，在弹出的下拉列表中选择“PC上的视频”选项。

8.4 课堂讲解——编辑视频文件

在幻灯片中插入视频之后，默认为无边框的，为了美化幻灯片，也为了让展示者在播放时更加得心应手，可以编辑视频文件。

8.4.1 设置视频边框

为了使插入的视频更加美观，可以对视频进行各种设置，如更改视频亮度和对比度、为视频添加视频样式等。下面介绍如何给视频窗口设置一个漂亮的边框。具体操作方法如下。

Step01: ❶选中幻灯片中的视频文件；❷单击“视频工具-格式”选项卡“视频样式”组中的“视频样式”下拉按钮；❸在弹出的下拉列表中选择一种边框样式，如下图所示。

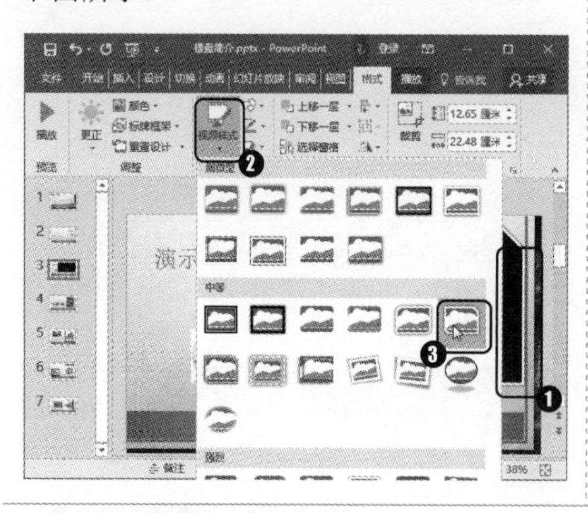

Step02: 设置完成后即可看到视频已经添加了所选的样式，如下图所示。

8.4.2 视频播放设置

在幻灯片中插入视频文件后，也可以对视频进行相应的播放设置，如剪切视频、快进视频、设置播放声音等，操作方法如下。

Step01: ❶选中幻灯片中的视频文件；❷单击“视频工具-播放”选项卡“编辑”组中的“剪裁视频”按钮，如下图所示。

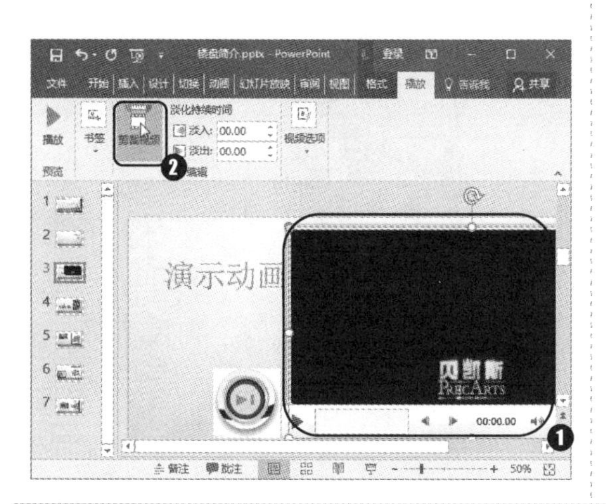

Step02: 弹出“剪裁视频”对话框，❶分别设置开始时间和结束时间；❷单击“确定”按钮，如下图所示。

Step03: ❶单击“视频工具-播放”选项卡“视频选项”组中的“音量”下拉按钮；❷在弹出的下拉菜单中选择音量的大小，如下图所示。

Step04: ❶播放幻灯片；❷在遇到需要快进的视频片段时，单击“向前移动”按钮，如下图所示。

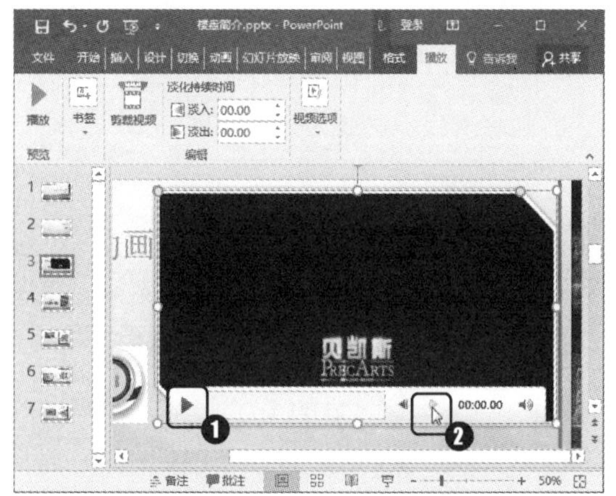

8.4.3　保持视频的最佳播放质量

在插入视频后，过于随意地调整影片尺寸可能导致视频在播放过程中出现模糊或失真等现象。为了保持视频的最佳播放质量，可通过以下操作进行设置。

Step01: ❶选择需要设置视频分辨率的视频对象；❷单击“视频工具-格式”选项卡“大小”组的对话框启动器按钮，如下图所示。

Step02: 打开“设置视频格式”窗格，❶勾选“幻灯片最佳比例”复选框；❷在“分辨率”下拉列表框中根据需要选择合适的分辨率，如下图所示。

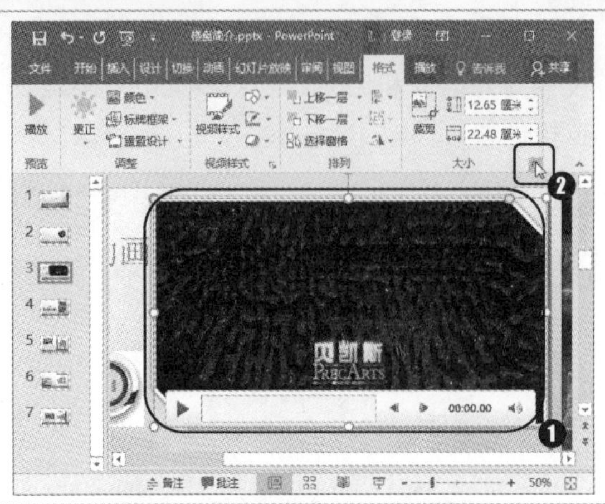

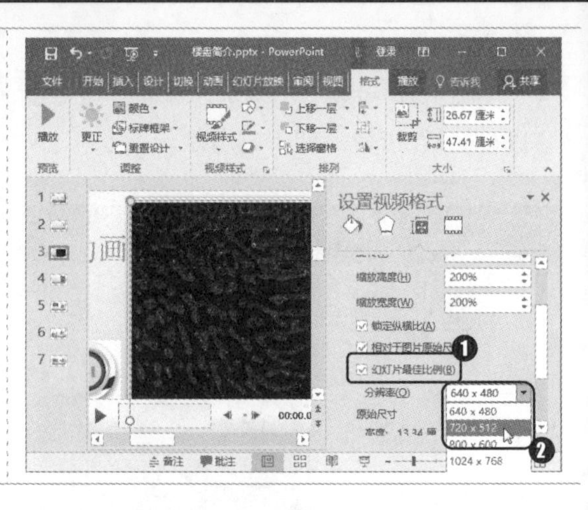

8.4.4 设置视频播放效果

插入视频后，为了配合幻灯片界面的整体布局或背景颜色，还可以根据需要设置视频的播放效果。具体操作方法如下。

Step01: ❶选中插入的视频；❷单击“视频工具-格式”选项卡“调整”组中的“颜色”下拉按钮；❸在弹出的下拉列表中选择合适的颜色，如下图所示。

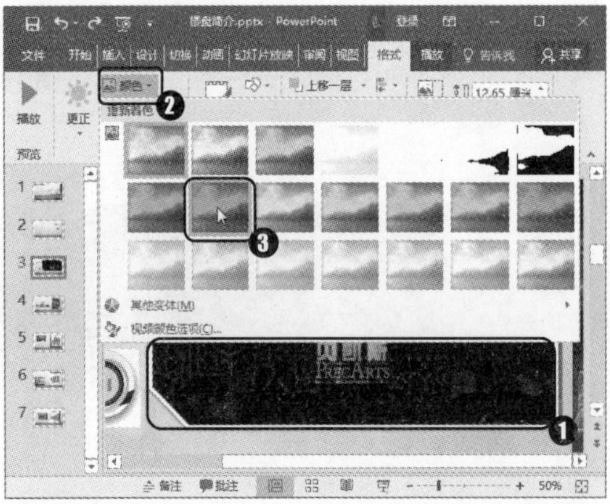

Step02: ❶单击“视频工具-格式”选项卡“调整”组中的“更正”下拉按钮；❷在弹出的下拉列表中选择合适的亮度和对比度，如下图所示。

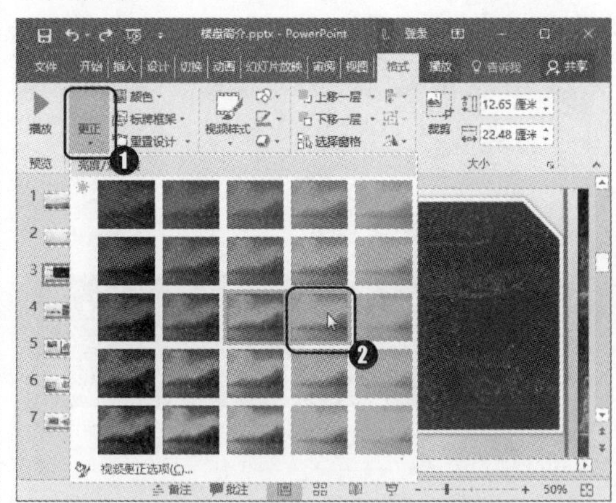

Step03: 返回幻灯片，播放视频即可查看设置的视频播放效果，如右图所示。

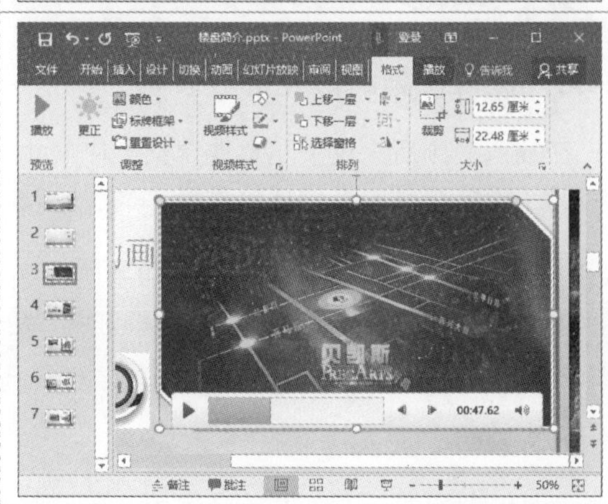

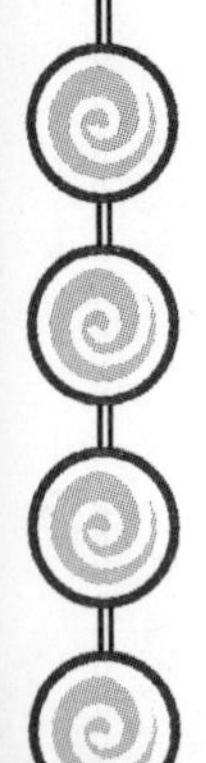

8.4.5 设置视频控制按钮

用户可以像设置声音文件一样为视频文件设置控制其播放的按钮，还可以为插入的视频文件设置一个控制其显示的按钮，设置后只有单击该按钮视频文件才会显示，否则视频文件将处于隐藏状态。

Step01: ❶选择要插入视频控制按钮的幻灯片；❷单击“插入”选项卡“图像”组中的“图片”按钮，如下图所示。

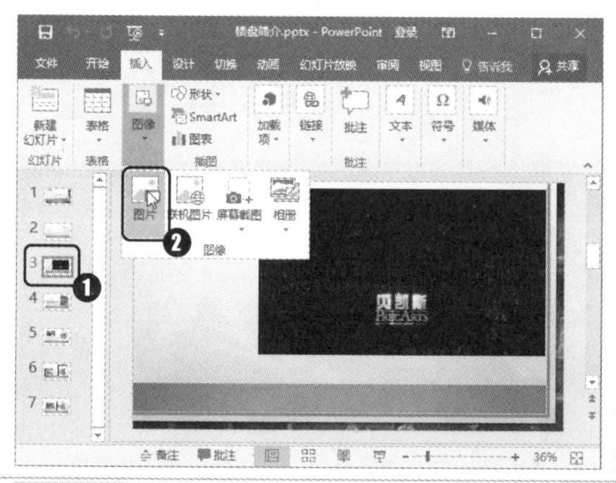

Step02: 弹出“插入图片”对话框，❶选中要设置为视频按钮的图片；❷单击“插入”按钮，如下图所示。

Step03: 插入图片后，在幻灯片中调整图片的大小和位置，如下图所示。

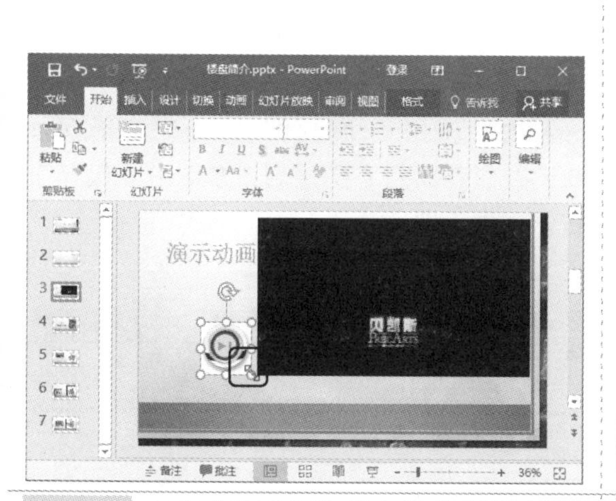

Step04: 保持幻灯片中的视频文件为选中状态；❶单击“动画”选项卡“动画”组中的“动画样式”下拉按钮；❷在弹出的下拉列表中“缩放”样式，如下图所示。

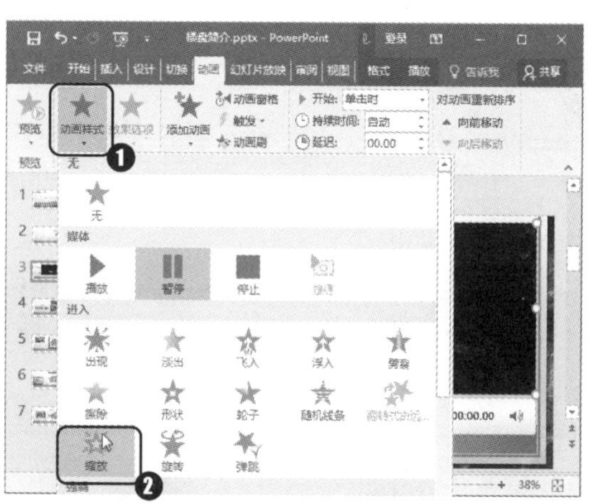

Step05: ❶在“动画”选项卡的“高级动画”组中单击“动画窗格”按钮打开“动画窗格”；❷单击视频右侧的下拉按钮；❸在弹出的下拉列表中选择“计时”选项，如下图所示。

Step06: 弹出“缩放”对话框，❶在“计时”选项卡中选择“单击下列对象时启动效果”单选按钮；❷在右侧的下拉列表框中选择按钮的图片，此例为“图片 2”；❸单击“确定”按钮，如下图所示。

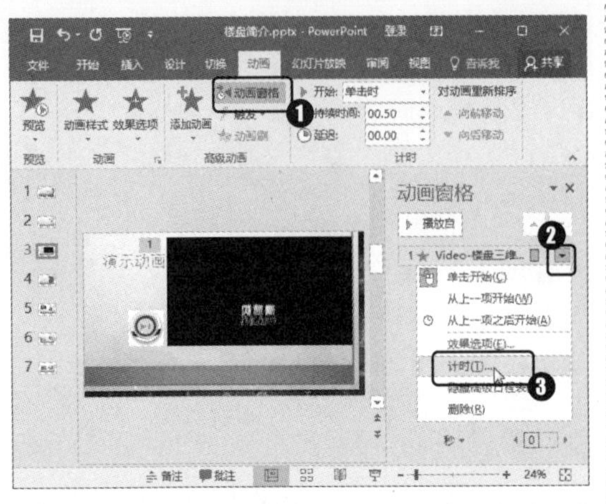

Step07: 设置完成后按〈F5〉键播放演示文稿，当播放至视频所在页面时，可以发现视频窗口已经被隐藏，单击下方的控制按钮，视频将以缩放的形式出现，如右图所示。

8.4.6 导出 PPT 内的多媒体

在查看他人制作的 PPT 时，如果想要将插入的视频或音频文件保存到电脑中，可以使用以下的方法导出 PPT 内的多媒体。

Step01: ❶在视频或音频上单击鼠标右键；❷在弹出的快捷菜单中选择“将媒体另存为”命令，如下图所示。

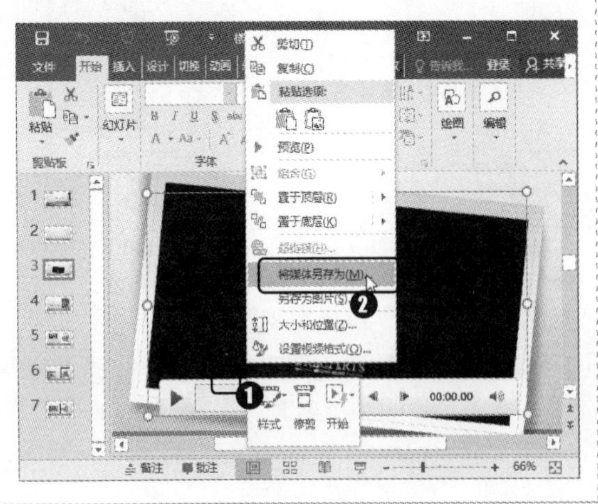

Step02: 弹出“将媒体另存为”对话框，❶设置保存路径和文件名；❷单击“保存”按钮，如下图所示。

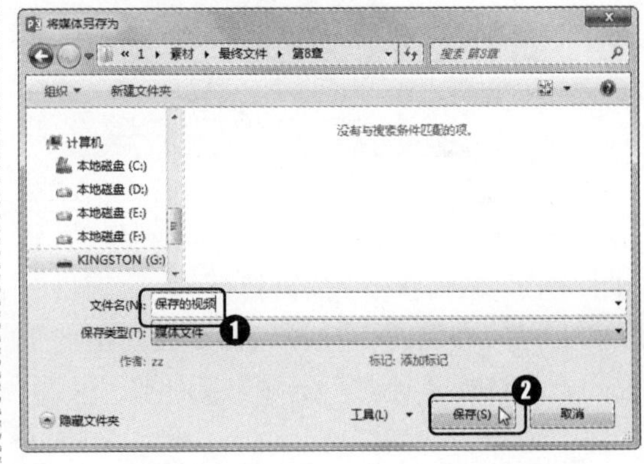

▷ 高手秘籍——实用操作技巧

通过前面知识的学习，相信读者朋友已经掌握了在 PowerPoint 2016 中插入与编辑影音文件基本操作。下面结合本章内容介绍一些实用技巧。

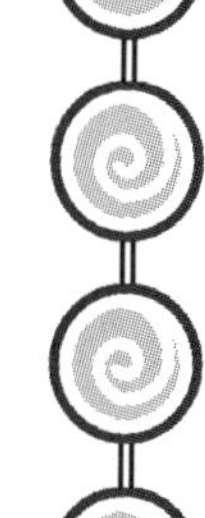

同步文件

视频文件：视频文件\第 8 章\高手秘籍.mp4

技巧 01　设置声音的淡入和淡出

在插入了音频文件之后，为了不使声音突兀地出现，可以设置声音的淡入和淡出。具体操作方法如下。

❶选中幻灯片中的声音模块；❷在“音频工具-播放”选项卡的“编辑”组中分别设置“淡入”和“淡出”的时间，如右图所示。

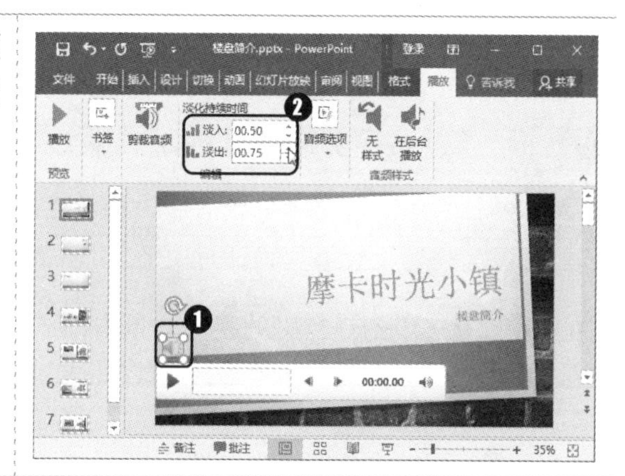

技巧 02　让声音贯穿整个放映过程

默认情况下，在幻灯片内插入的音频文件只在文件所在的幻灯片中播放，有时为了营造 PPT 的整体气氛，还需要让声音贯穿全部 PPT 播放。具体操作方法如下。

❶选中幻灯片中的声音模块；❷勾选“音频工具-播放”选项卡“音频选项”组中的“跨幻灯片播放”和“循环播放，直到停止”复选框，如右图所示。

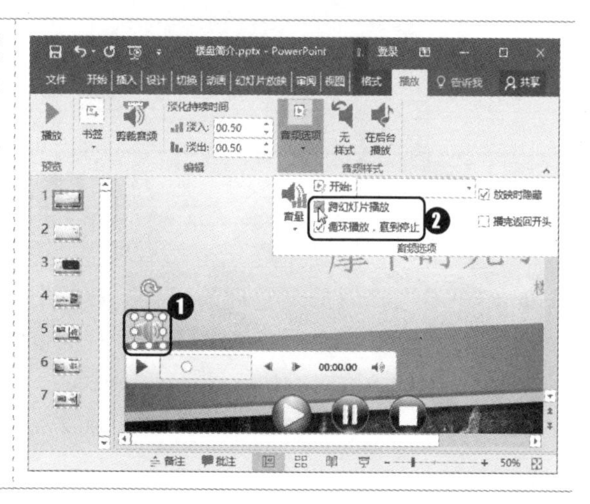

技巧 03　让插入 PPT 的视频能全屏播放

默认情况下，在幻灯片内插入的视频文件会在视频的边框内播放。将视频全屏播放的具体操作方法如下。

❶选中视频文件；❷勾选“视频工具-播放”选项卡“视频选项”组中的“全屏播放”复选框，如右图所示。

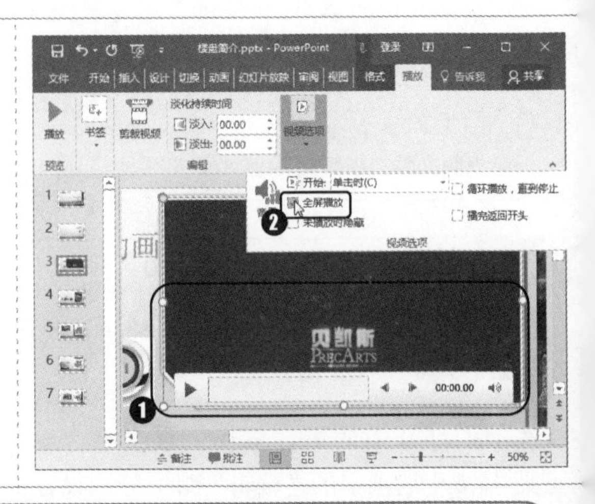

技巧 04　通过书签实现视频的跳转播放

在对幻灯片中的视频进行播放时，如果需要反复播放某一段视频，除了对视频进行剪裁以外，还可以为视频设置书签，通过书签实现视频的跳转播放。具体操作方法如下。

Step01: ❶选中幻灯片中的视频，单击播放键进行播放，切换到“视频工具-播放”选项卡；❷当视频播放到需要添加书签的位置时，单击“添加书签”按钮，如下图所示。

Step02: 为视频添加书签后，在位置点上会增加一个圆点，单击该圆点即可迅速跳转到该处，如下图所示。

Step03: ❶选择添加书签后的视频；❷单击“视频工具-动画”选项卡“动画”组右下角的对话框启动器按钮，如下图所示。

Step04: 打开“缩放”对话框，❶在“计时”选项卡中选择开始方式，如“单击时”；❷选择“开始播放效果”单选按钮；❸选择书签位置；❹单击“确定”按钮，如下图所示。

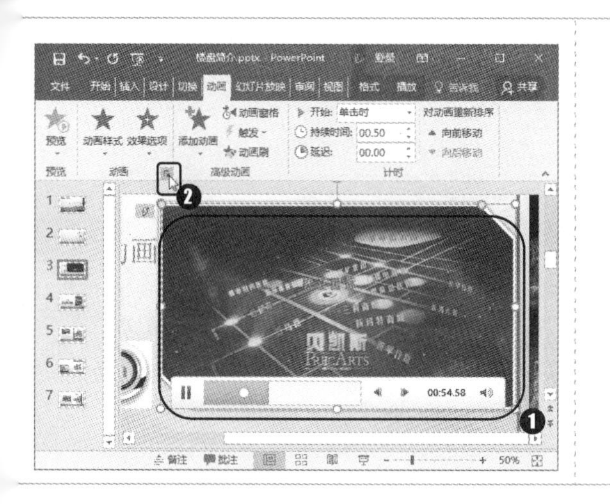

专家点拨——设置开始播放效果的意义

在“缩放”对话框的“计时”选项卡中，在“开始播放效果”右侧的下拉列表框中选择“书签 1”，所以当放映幻灯片时，视频播放到“书签 1”的位置将会自动停止；而在“开始”下拉列表框中选择的是“单击时”，所以当再次单击鼠标左键时，视频将跳转至开头重新播放，直到再次播放到“书签 1”的位置时结束。

上机实战——丰富“咖啡宣传”演示文稿

上机介绍

在制作幻灯片时，加入多媒体文件可以为幻灯片增加许多视觉和听觉效果，使演示文稿更具感染力，也会给观众留下更深刻的印象。下面以丰富“咖啡宣传”演示文稿为例，最终效果如下图所示。

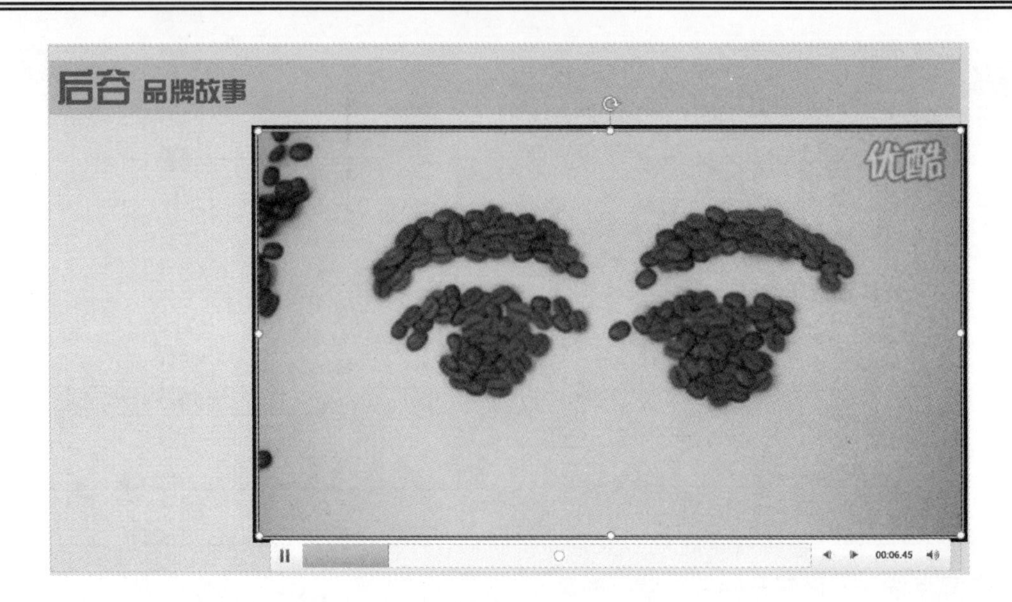

同步文件

视频文件：视频文件\第 8 章\上机实战.mp4

步骤详解

本实例的具体制作步骤如下。

Step01: 打开素材文件“咖啡宣传.pptx”，❶选中第 2 张幻灯片；❷单击“插入”选项卡“媒体”组中的“音频”下拉按钮；❸在弹出的下拉列表中选择“PC 上的音频”选项，如下图所示。

Step02: 弹出“插入音频”对话框，❶选中要插入的音频文件；❷单击“插入”按钮，如下图所示。

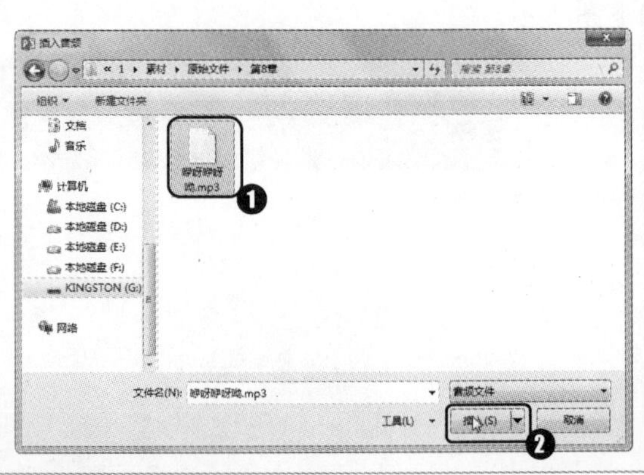

Step03: 选中声音图标，将其拖动到合适的位置，如下图所示。

Step04: ❶选中声音图标；❷单击“音频工具-格式”选项卡“调整”组中的“更改图片”按钮，如下图所示。

Step05: 打开“插入图片”对话框，单击“来自文件”右侧的“浏览”按钮，如下图所示。

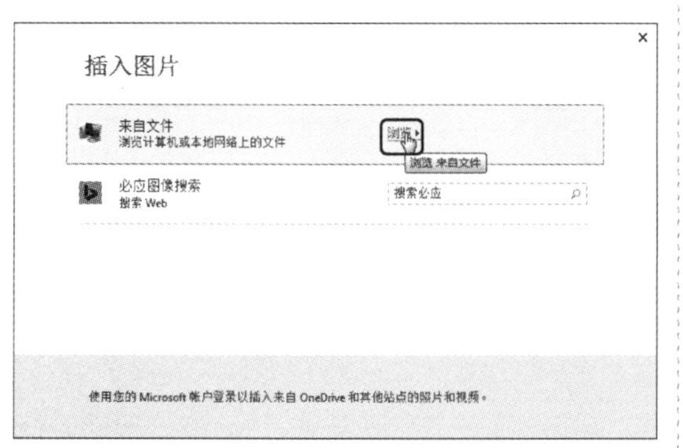

Step06: 打开“插入图片”对话框，❶选择需要使用的图片；❷单击“插入”按钮，如下图所示。

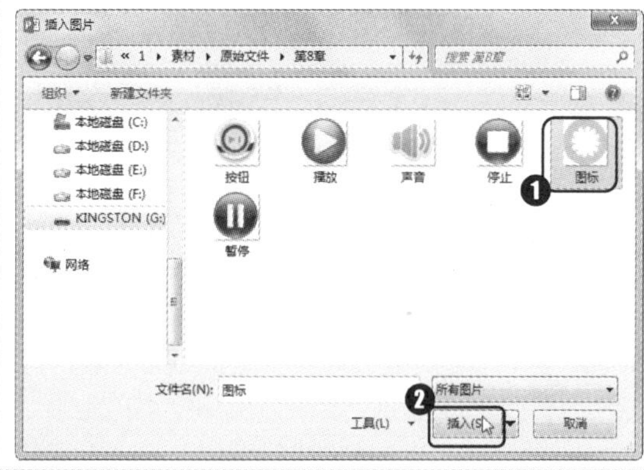

Step07: ❶选中图片；❷单击“图片工具-格式”选项卡“调整”组中的“删除背景”按钮，如下图所示。

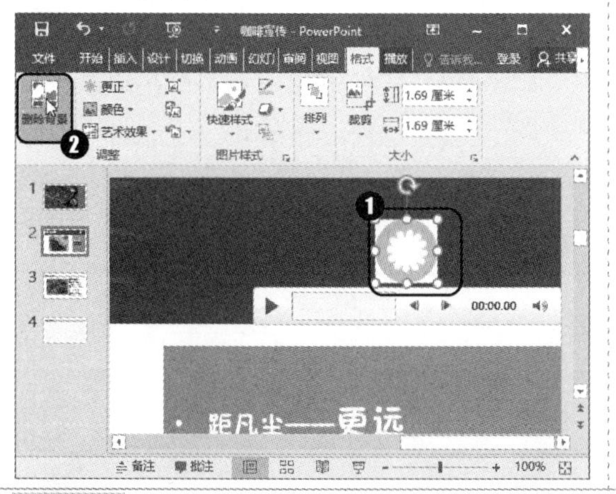

Step08: ❶设置删除区域和保留区域；❷单击“图片工具-背景消除”组中的“保留更改”按钮，如下图所示。

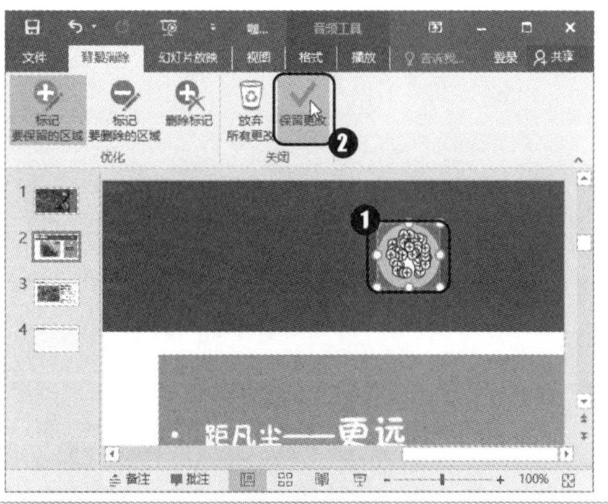

Step09: ❶选中幻灯片中的声音模块；❷在“音频工具-播放”选项卡的“编辑”组中分别设置“淡入”和“淡出”的时间即可，如下图所示。

Step10: 勾选“音频工具-播放”选项卡“音频选项”组中的“跨幻灯片播放”和“循环播放，直到停止”复选框即可，如下图所示。

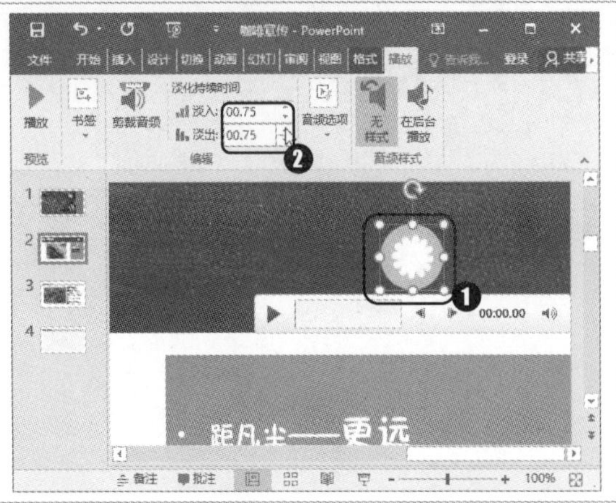

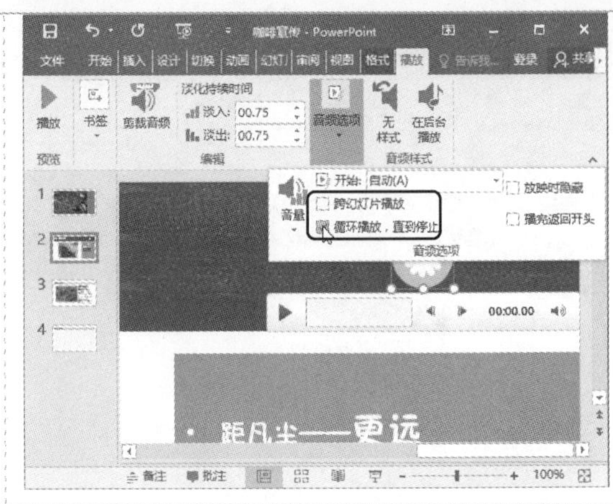

Step11: ❶选中第 4 张幻灯片；❷单击“插入”选项卡“媒体”组中的“视频”下拉按钮；❸在弹出的下拉列表中选择“PC 上的视频”选项，如下图所示。

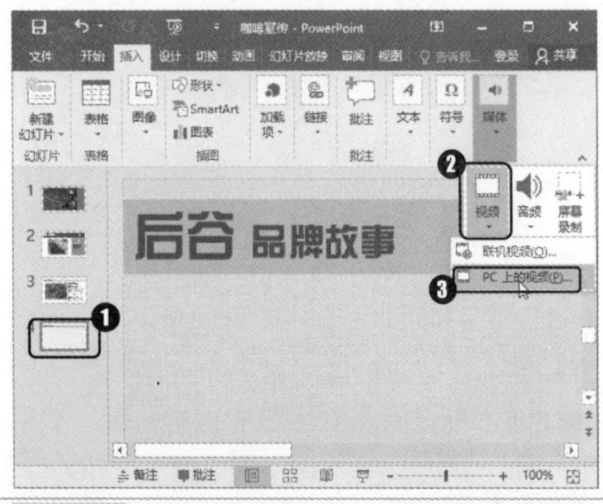

Step12: 打开“插入视频文件”对话框，❶选择需要插入的视频文件；❷单击“插入”按钮，如下图所示。

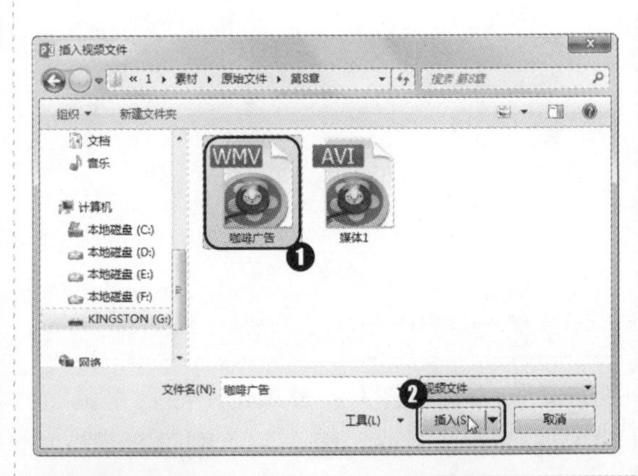

Step13: 调整视频在幻灯片中的位置和大小，如下图所示。

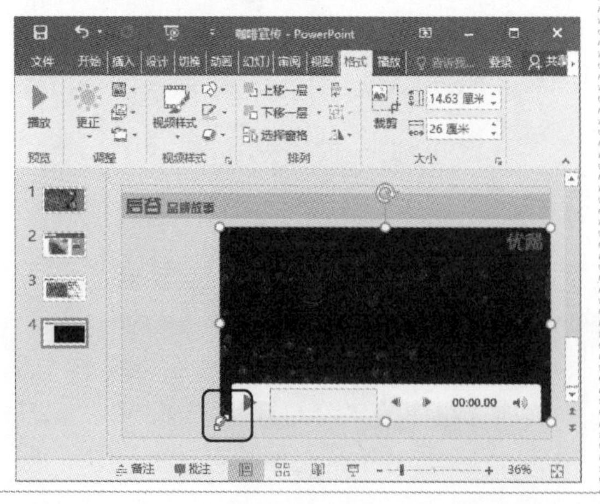

Step14: ❶选中幻灯片中的视频文件；❷单击“视频工具-格式”选项卡“视频样式”组中的“视频样式”下拉按钮；❸在弹出的下拉列表中选择一种边框样式，如下图所示。

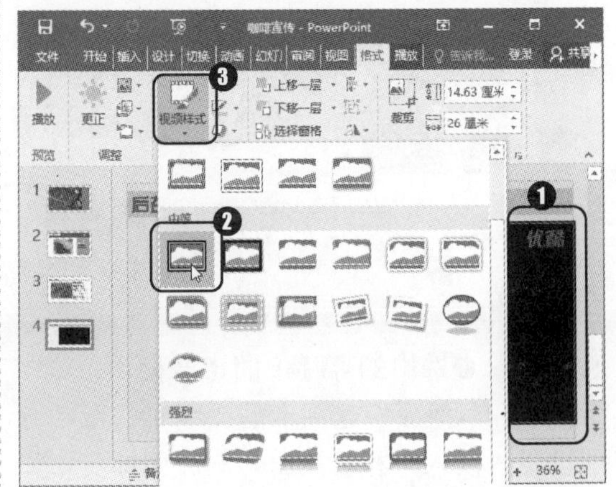

Step15: ❶单击“视频工具-格式”选项卡“调整”组中的“颜色”下拉按钮；❷ 在弹出的下拉列表中选择合适的颜色，如下图所示。

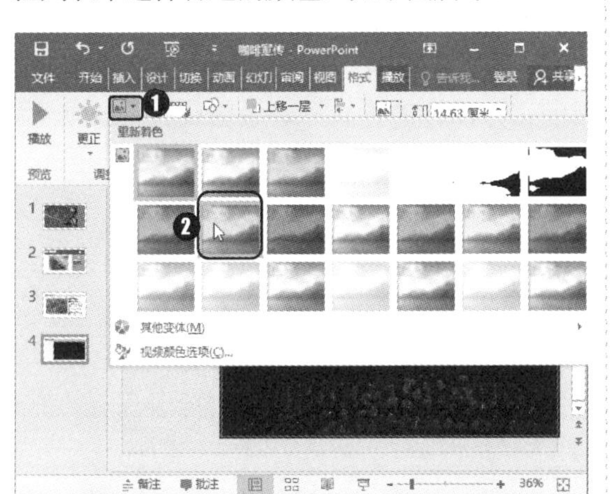

Step16: 单击“播放”按钮播放视频文件，插入到合适的位置单击暂停按钮，如下图所示。

Step17: 单击“视频工具-播放”选项卡“书签”组中的“添加书签”按钮，如下图所示。

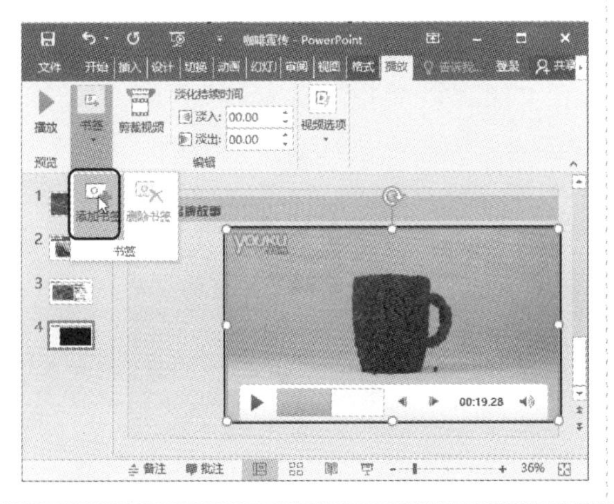

Step18: 勾选“视频工具-播放”选项卡“视频选项”组中的“全屏播放”复选框，如下图所示。

Step19: 制作完成后，按〈F5〉键预览整个幻灯片，如右图所示。

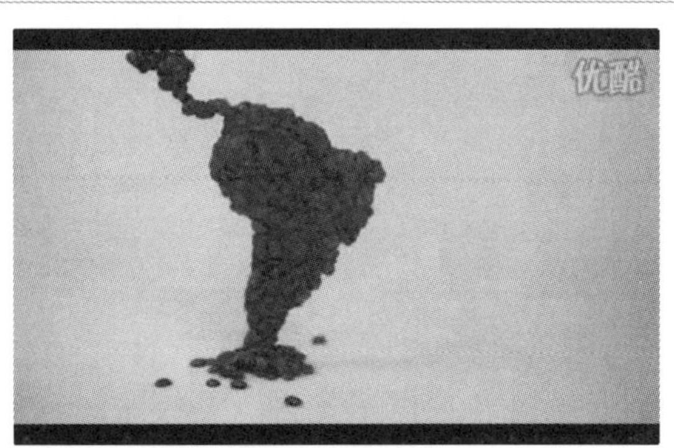

▷▷ 本章小结

本章的重点在于掌握在 PowerPoint 2016 中插入影音文件的方法，主要包括插入音频和视频文件、设置音频和视频文件的播放、设置音频和视频文件图标的样式等。希望读者通过本章的学习能够熟练地掌握音频和视频文件的插入和编辑技巧，丰富幻灯片内容。

第 9 章　设置幻灯片的动态效果

本章导读

动画是各类演示文稿中不可缺少的元素，它可以使演示文稿更富有活力，更具吸引力，同时也可以增强幻灯片的视觉效果，增加趣味性。在制作演示文稿时可以为幻灯片中的任意对象设置动画，并且可以设置幻灯片的切换方式，不过，这些设置在放映幻灯片时才能体现出效果。

知识要点

- 设置幻灯片的切换方式
- 设置幻灯片的切换效果
- 设置对象的强调效果
- 设置对象的动作路径

效果展示

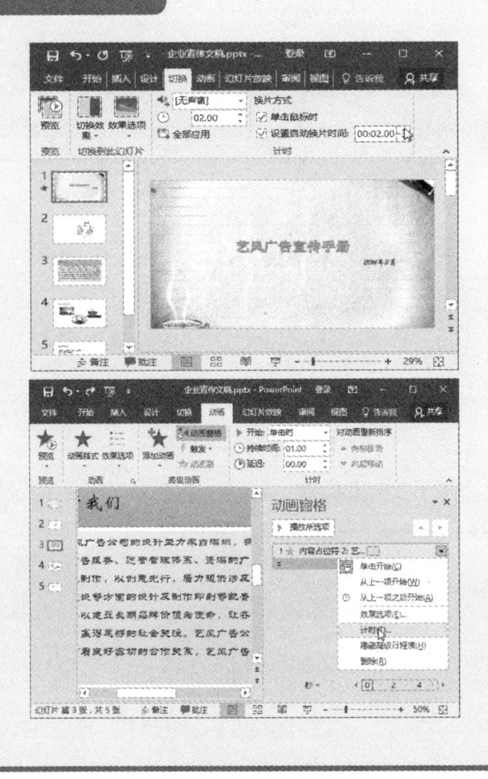

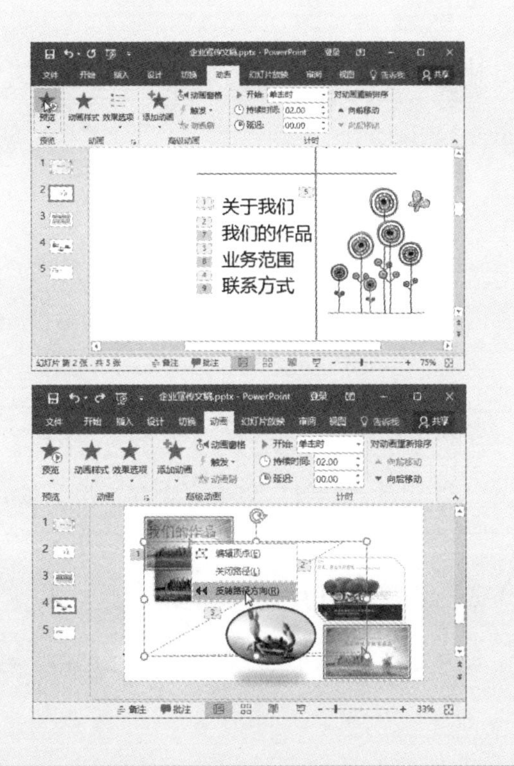

▷▷ 9.1 课堂讲解——设置幻灯片切换方式

幻灯片的切换方式是指在放映幻灯片时，一张幻灯片从屏幕上消失，另一张幻灯片显示在屏幕上的一种动画效果。一般在为对象添加动画后，可以通过“切换”选项卡来设置幻灯片的切换方式。

9.1.1 选择幻灯片的切换效果

幻灯片切换效果是在“幻灯片放映”视图中从一个幻灯片移到下一个幻灯片时出现的动画效果。为幻灯片添加动画效果的具体操作方法如下。

Step01: 打开素材文件“企业宣传.pptx”，❶选择要设置的幻灯片；❷在“切换”选项卡单击“切换到此幻灯片”组中的“切换效果”下拉按钮；❸在弹出的下拉列表中选择合适的切换效果，如下图所示。

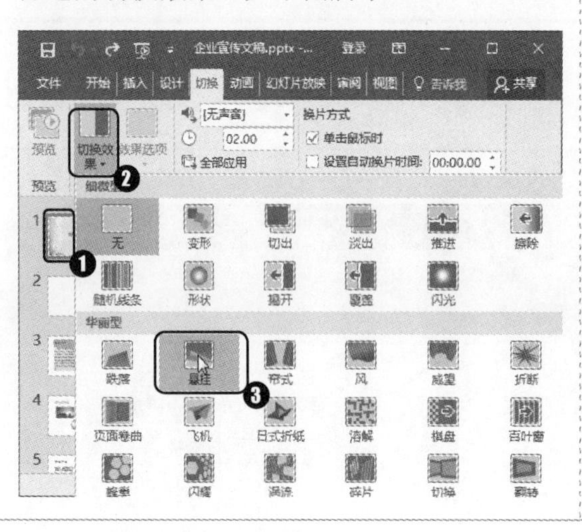

Step02: ❶单击“切换”选项卡“切换到此幻灯片”组中的“效果选项”下拉按钮；❷在弹出的下拉列表中选择该切换效果的切换方向，如下图所示。

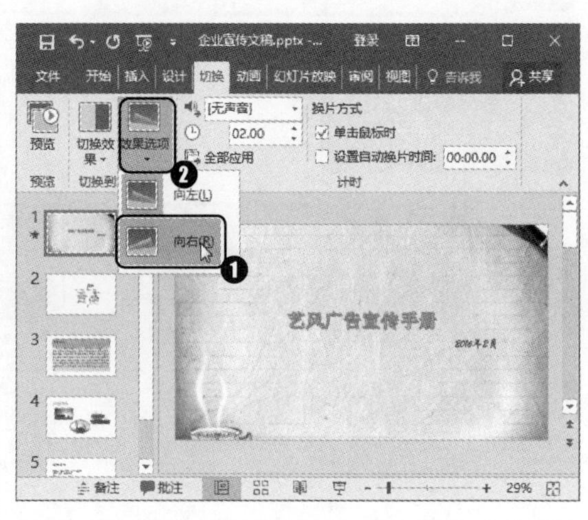

> **新手注意**
>
> 在“计时”组中单击“全部应用”按钮，可以将该切换方式应用到所有幻灯片中。

9.1.2 设置幻灯片切换方式

设置幻灯片的切换方式也是在“切换”选项卡中进行的，其操作方法如下。

❶选择需要进行设置的幻灯片；❷在“切换”选项卡的“计时”组中勾选“单击鼠标时”和“设置自动换片时间”复选框中的一个或同时选中；❸在“设置自动换片时间”复选框右侧的数值框中输入具体数值，即可在指定秒数后自动移至下一张幻灯片，如右图所示。

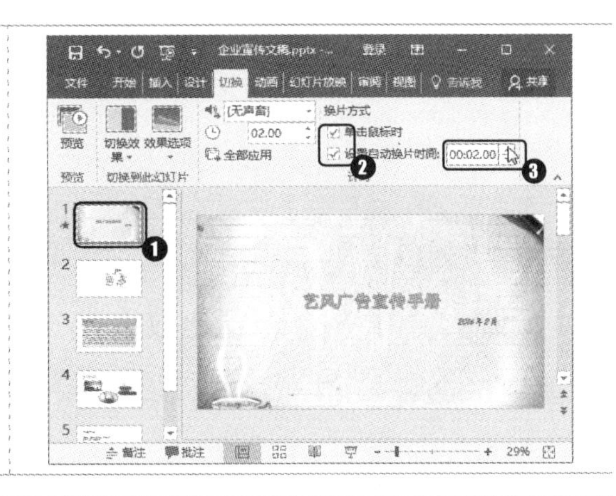

新手注意

在“换片方式”组中同时选中“单击鼠标时”复选框和“设置自动换片时间”复选框，则表示满足两者中任意一个条件时，都可以切换到下一张幻灯片并进行放映。

9.1.3　设置幻灯片切换声音

幻灯片切换时默认为“无声音”，如果用户有需要，可以为幻灯片添加切换时的声音效果，其操作方法如下。

❶选择需要进行设置的幻灯片；❷在“切换”选项卡的“计时”组中单击“声音”下拉按钮；❸在弹出的下拉列表中选择一种声音效果即可，如右图所示。

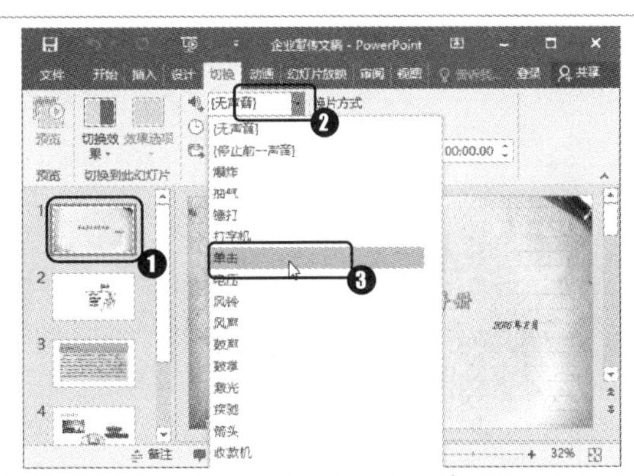

9.1.4　删除切换效果

如果要删除演示文稿中所有幻灯片的切换效果，具体操作方法如下。

❶选择要进行设置的幻灯片；❷切换到“切换”选项卡，在“切换到此幻灯片”组中的列表框中选择“无”选项；❸单击“计时”组中的“全部应用”按钮，如右图所示。

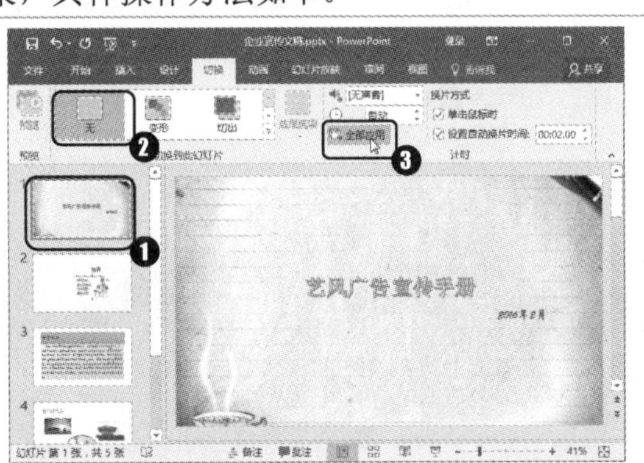

▷▷ 9.2 课堂讲解——设置对象的切换效果

一个好的演示文稿除了要有丰富的文本内容、合理的排版设计以及鲜明的色彩搭配外，得体的动画效果可以使演示文稿更具吸引力。本节将对动画的应用技巧进行相关讲解。

9.2.1 设置对象的进入与退出效果

通过 PowerPoint 2016 中，可以为幻灯片中的对象设置进入、退出、 强调以及动作路径等各种动画效果。

1. 对象进入动画效果

所谓对象进入动画，就是在幻灯片放映时还没有这个对象，然后利用一种动画的方式让对象进来，也就是设置一个对象从无到有的过程。PowerPoint 2016 提供了多种预设的进入动画效果，用户可以在“动画”选项卡的“动画”组中选择需要的进入动画效果，具体操作方法如下。

Step01: ❶选择需要添加动画效果的对象；❷在“动画”选项卡中单击“动画”组中的“其他”按钮，如下图所示。

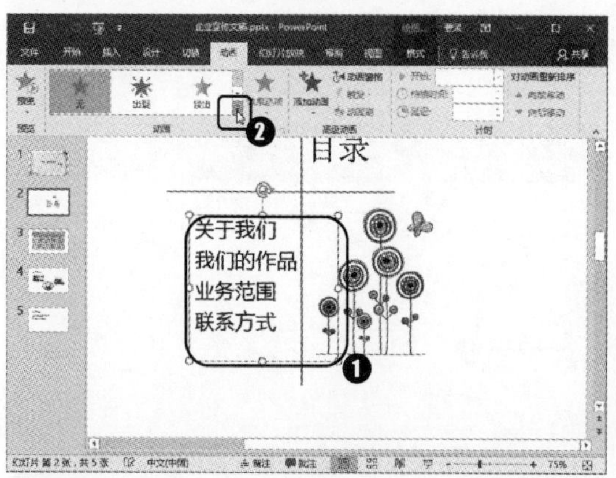

Step02: 在弹出的下拉列表中选择动画效果，如“进入”栏中的“随机线条”效果，如下图所示。

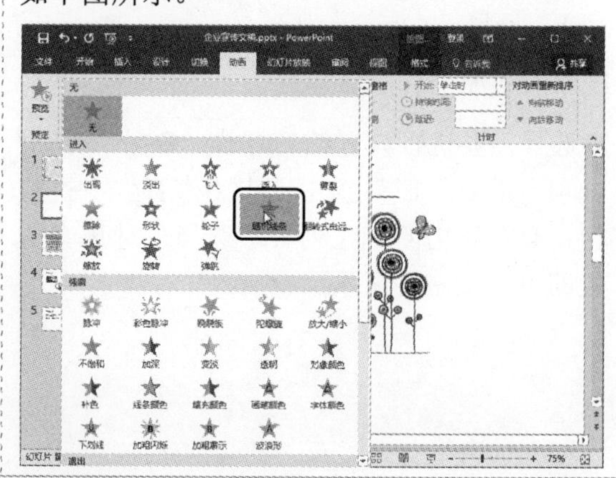

Step03: ❶单击“动画”组中的“效果选项”按钮；❷在弹出的下拉列表中选择动画的方向，如“垂直”，如下图所示。

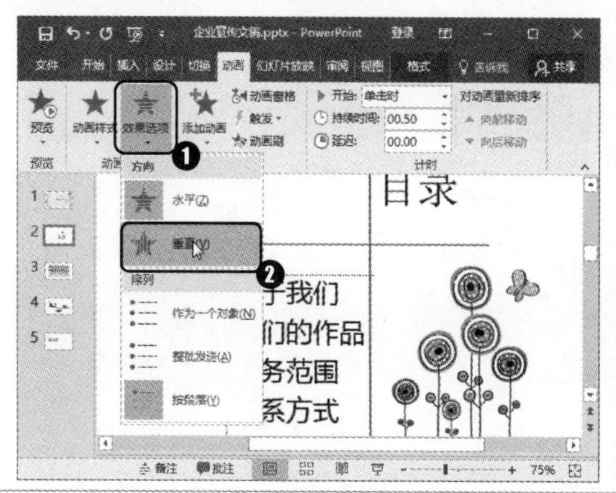

Step04: 设置完成后，单击“动画”选项卡“预览”组中的“预览”按钮观看动画效果，如下图所示。

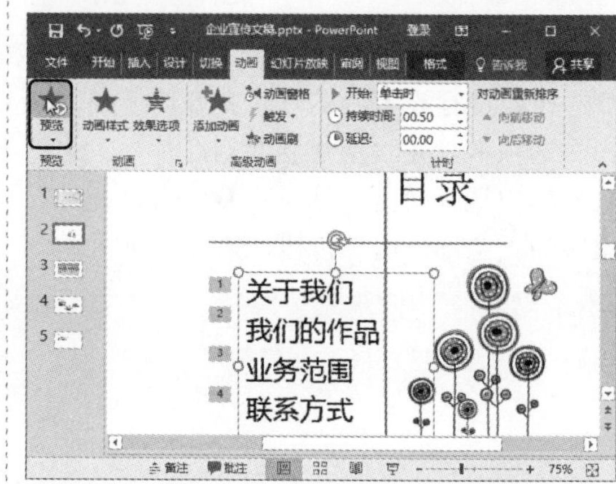

> **新手注意**
>
> 为对象设置了不同的动画效果后，单击“效果选项”按钮后弹出的下拉列表会因为动画效果的不同而改变。

2. 对象退出动画效果

PowerPoint 2016 还提供了多种预设的退出动画效果，本例将通过“更改退出效果”对话框来设置对象的退出动画，具体操作方法如下。

Step01: ❶选择需要添加退出动画的对象；❷单击“动画”选项卡“动画”组中的“动画样式”下拉按钮；❸在弹出的下拉列表中选择“更多退出效果”选项，如下图所示。

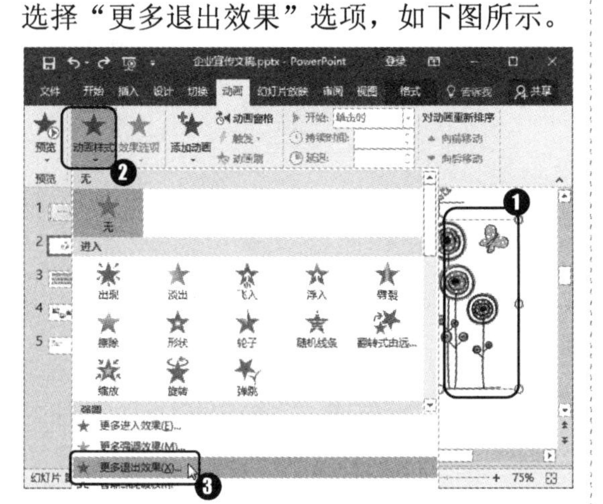

Step02: 打开“更改退出效果”对话框，❶在列表框中选择退出效果，如“盒状”；❷单击“确定”按钮，如下图所示。

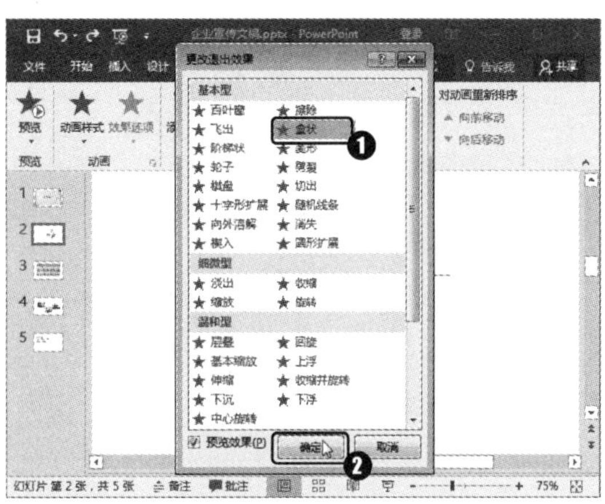

Step03: ❶单击“动画”组中的“效果选项”按钮；❷在弹出的下拉列表中选择动画的方向，如“切入”，如下图所示。

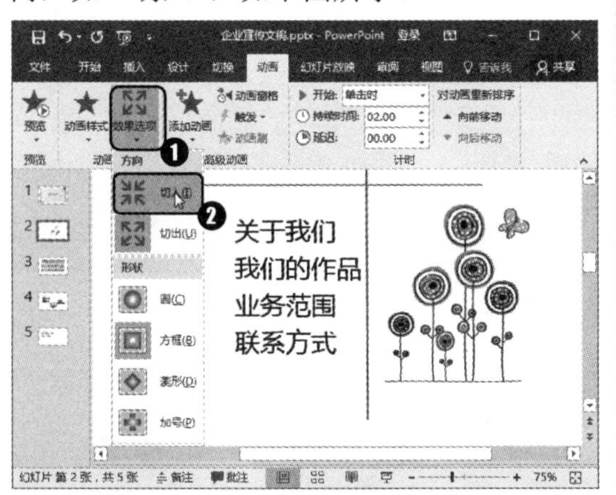

Step04: 设置完成后，单击“动画”选项卡“预览”组中的“预览”按钮观看动画效果，如下图所示。

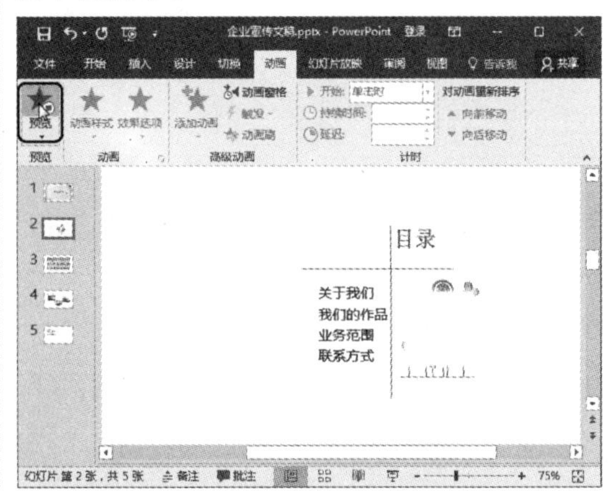

9.2.2　为同一对象添加多个动画效果

播放产品展示类 PPT 对画面的流畅感要求较高，为一个对象添加多个动画效果可以使幻灯

片在视觉效果上更连贯。也能让幻灯片中对象的动画效果更丰富、衔接更自然，具体操作方法如下。

Step01: ❶选中已添加了动画效果的某个对象；❷在“动画”选项卡的“高级动画”组中单击“添加动画”按钮；❸在弹出的下拉列表中选择需要添加的第 2 个动画效果，如下图所示。

Step02: 返回幻灯片即可查看为对象添加第二个强调动画后的效果，按照相同的方法添加更多动画效果即可，如下图所示。

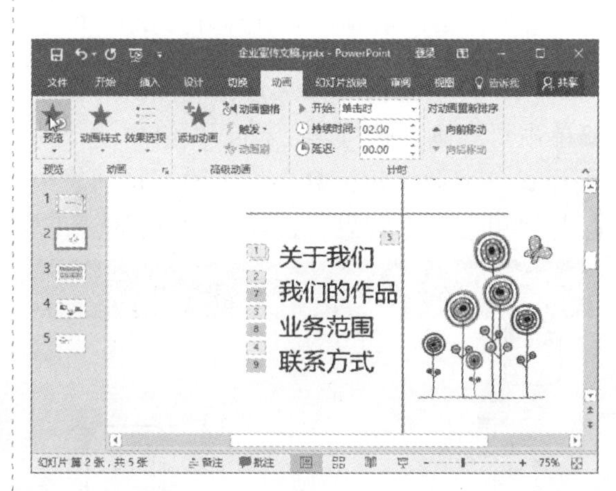

9.2.3 使多段动画依次自动播放

在播放动画效果时，有时需要同时播放不同的动作才能符合要求，比如物体由远及近的淡出与缩放。此外，动作之间也需要具有连贯性，这种情况下就需要设置动画的依次自动播放，具体操作方法如下。

Step01: ❶在“动画”选项卡的“计时”组中单击“开始”右侧的下拉按钮；❷在弹出的下拉列表中选择“上一动画之后”选项，如下图所示。

Step02: 还有一种方法是，❶单击“动画”选项卡“高级动画”组中的“动画窗格”按钮；❷在“动画窗格”窗格中选中需要设置的动作；❸单击鼠标右键，在弹出的快捷菜单中选择“从上一项之后开始”命令，如下图所示。

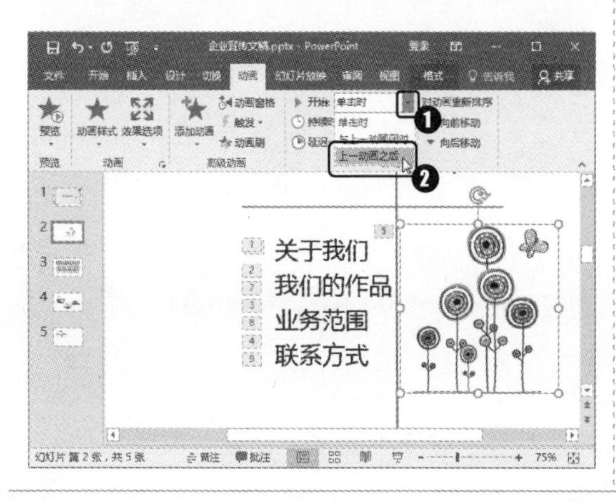

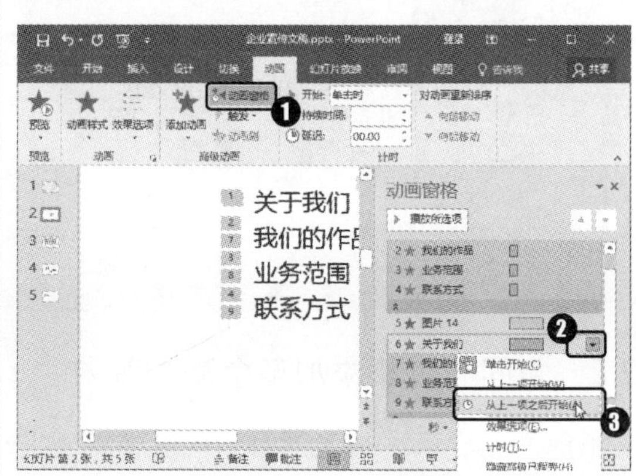

9.2.4　为动画添加声音

切换幻灯片时，可以为其添加声音，而在播放对象的动画效果时，也可添加相应的声音，其具体操作如下。

Step01: ❶单击“动画”选项卡“高级动画”组中的“动画窗格”按钮；❷单击需要设置声音的动画效果右侧的下拉按钮；❸在弹出的下拉列表中选择“效果选项”选项，如下图所示。

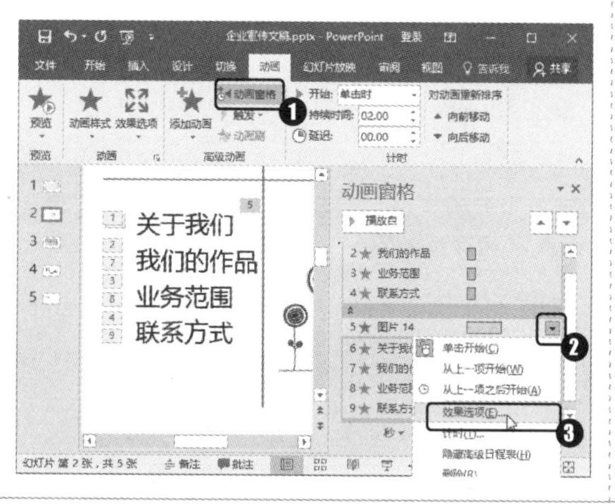

Step02: 弹出参数设置对话框，❶在“声音”下拉列表框中选择需要的声音；❷单击“确定”按钮，如下图所示。

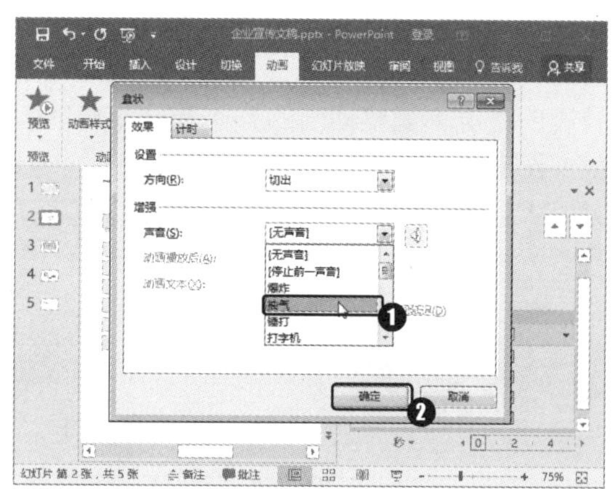

9.2.5　设置动画效果的速度、触发点

每个动画效果都有相应的速度和触发点，不同动画效果的速度和触发点有所区别，读者应在应用过程中举一反三。下面讲解如何设置动画的速度和触发。

Step01: ❶单击“动画”选项卡“高级动画”组中的“动画窗格”按钮；❷单击需要设置的动画效果右侧的下拉按钮；❸在弹出的下拉列表中选择“计时”选项，如下图所示。

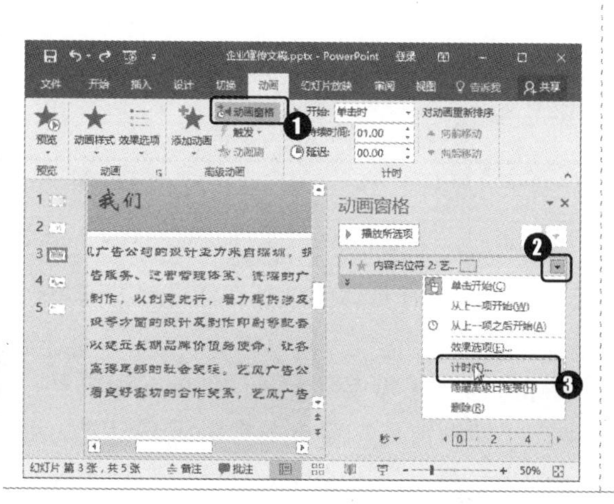

Step02: 弹出参数设置对话框，❶切换到“计时”选项卡；❷在“开始”下拉列表框中可设置播放时的触发点；❸在“期间”下拉列表框中可设置动画的播放速度；❹单击“确定”按钮，如下图所示。

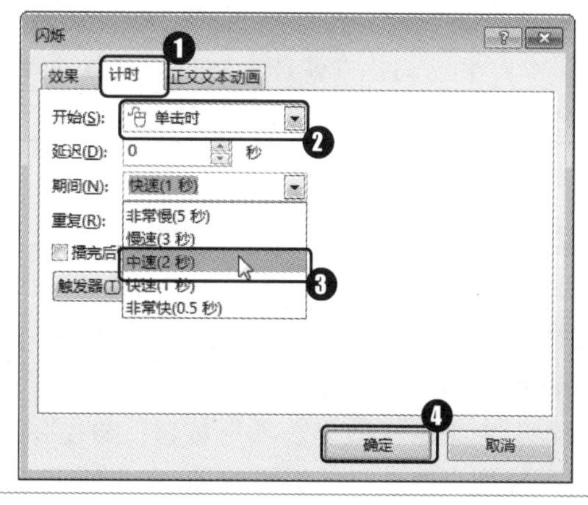

9.2.6 灵活控制 PPT 动画

选择并添加了合适的动画效果后，要想更灵活地控制 PPT 动画，一些操作技巧也是必不可少的。

1. 使用时间轴

时间轴是用来控制各个对象动画时间的核心元素。当一页幻灯片中有多个对象且希望它们陆续出现时，使用时间轴绝对是个不错的选择具体操作方法如下。

Step01: 打开“动画窗格”窗格，将鼠标指针移动到需要调整的动画上，当指针变为双箭头形状↔时，拖动鼠标，在不改变动画总长度的情况下调整动画的开始和结束时间，如下图所示。

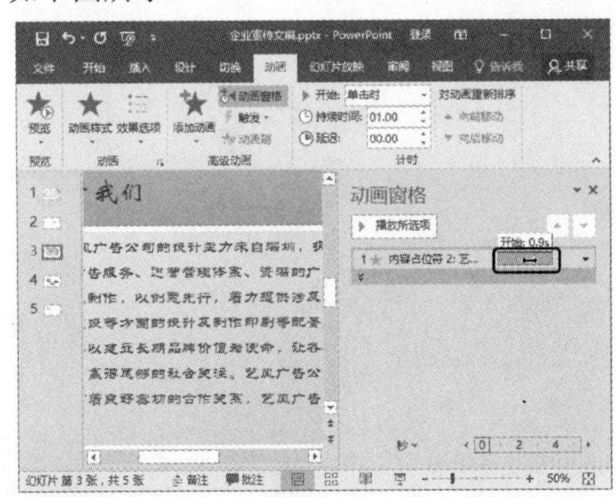

Step02: 指向“动画窗格”窗格中动画方框的起始位置，当指针变为⇹时，拖动鼠标即可更改动画开始的时间，如下图所示。

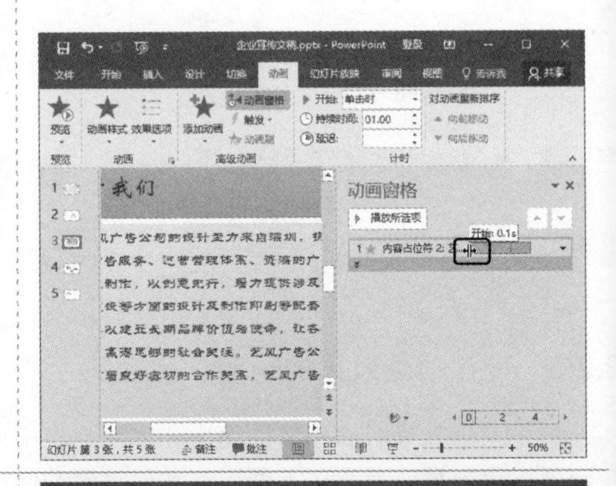

Step03: 将鼠标指向动画方框结束的位置，当指针变为⇹时，拖动鼠标可更改动画的结束时间，如右图所示。

> **新手注意**
>
> 当时间轴无法显示时，在“动画窗格”窗格内单击鼠标右键，在弹出的快捷菜单中选择“显示高级日程表”命令即可。

2. 动画效果

无论是进入动画、强调动画还是退出动画，每一种动画都有具体的设置，且设置方法类似，具体操作方法如下。

Step01: ❶选中已设置动画的对象；❷在“动画”组中单击“效果选项”按钮；❸在弹出的下拉列表中选择需要的效果，如下图所示。

Step02: 如果需要设置更详细的动画效果，❶在“动画窗格”窗格中右击需要设置的动画效果；❷在弹出的快捷菜单中选择“效果选项”命令，如下图所示。

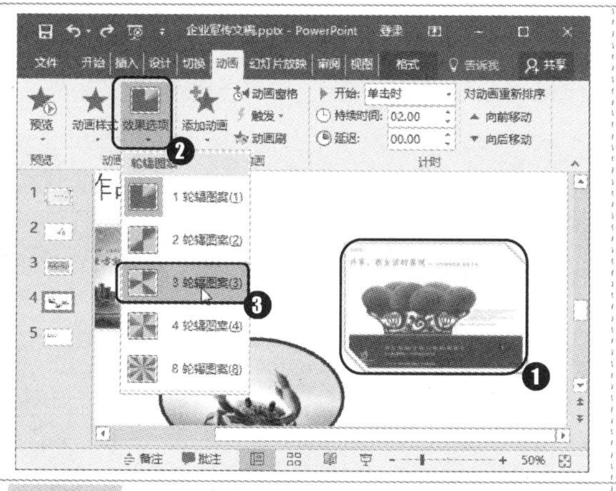

Step03: 打开参数设置对话框，❶在“效果”项卡内可以设置具体的动画效果；❷在“计时”选项卡内可设置动画的“开始”“延迟”“期间”等选项，如右图所示。

3. 动画刷的使用

PowerPoint 2016 中的“动画刷”功能与设置格式的“格式刷”功能类似，“格式刷”是复制文字格式，而“动画刷”则是复制设置好的动画效果。具体操作方法如下。

Step01: ❶选中已设置动画效果的对象；❷在“动画”选项卡的“高级动画”组中单击“动画刷”按钮，如下图所示。

Step02: 鼠标将会显示为一个带刷子的指针，单击需要应用相同动画的对象即可，如下图所示。

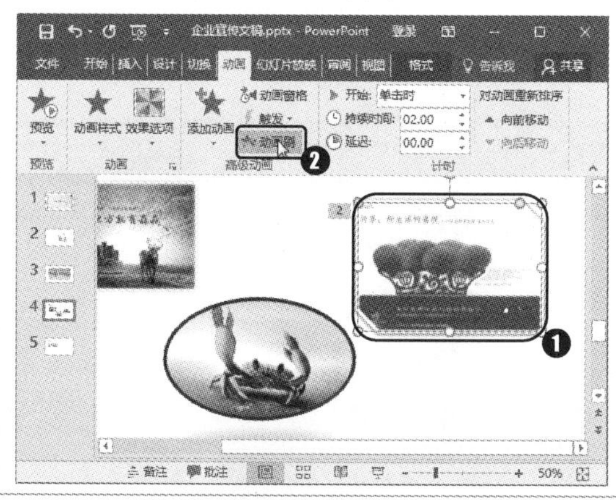

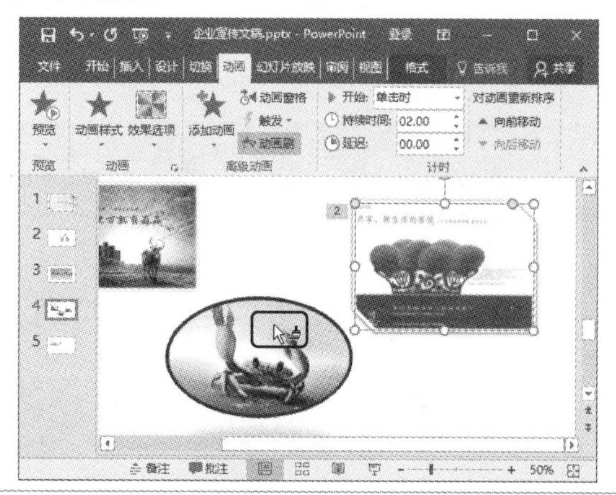

9.2.7 删除所添加动画效果

为对象添加了动画效果后，如果对动画效果不满意，重新选择其他的动画效果即可删除前一个设置，应用新的动画效果。如果不想使用任何动画效果，可以使用以下的方法删除所添加的动画效果。

❶选中需要删除动画效果的对象；❷单击“动画”选项卡“动画”组中的“动画样式”下拉按钮；❸在弹出的下拉列表中选择“无”选项，如右图所示。

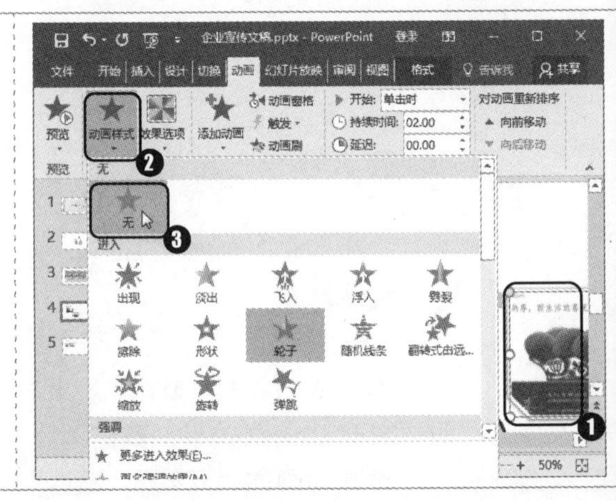

▷▷ 9.3 课堂讲解——设置对象强调效果与路径动画

在 PowerPoint 2016 中，不仅可以设置对象的进入和退出动画效果，还可以为对象设置强调及路径动画效果。强调动画主要是为了突出幻灯片中某个内容而设置的一种特殊动画效果，路径动画是指让对象沿着某个路径进行运动的动画效果。

9.3.1 设置对象的强调效果

顾名思义，强调动画的作用就是强调，为对象设置强调动画效果的具体操作方法如下。

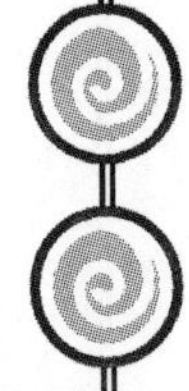

Step01: ❶选中需要添加强调动画效果的文本或文本框等对象；❷切换到“动画”选项卡，在“动画”组中单击“动画样式”下拉按钮；❸在弹出的下拉列表的“强调”栏下选择合适的强调效果，如“填充颜色”，如下图所示。

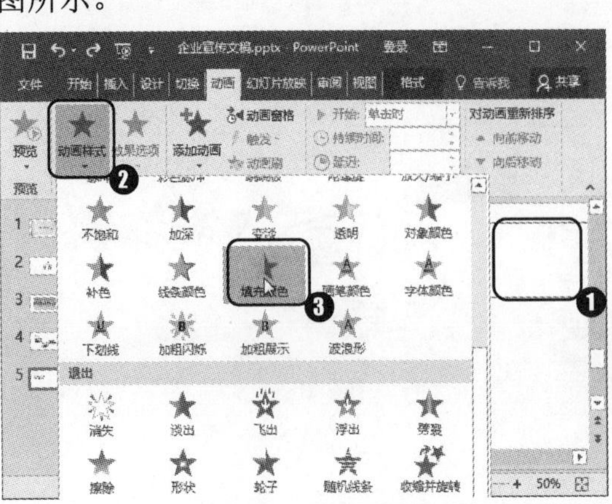

Step02: ❶单击“动画”选项卡“动画”组中的“效果选项”下拉按钮；❷在弹出的下拉列表中选择合适的效果选项，为强调效果选择颜色，如下图所示。

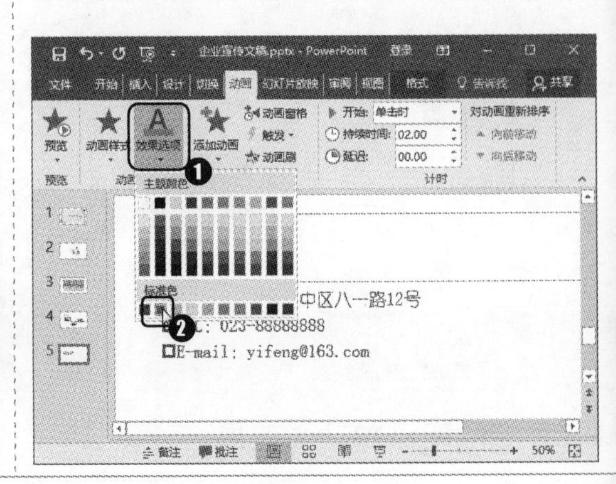

Step03: 设置完成后，单击“动画”选项卡“预览”组中的“预览”按钮观看动画效果，如右图所示。

9.3.2　让对象沿轨迹运动

为了让指定对象沿轨迹运动，还可以为对象添加路径动画。PowerPoint 2016 共提供了三大类几十种动作路径，用户可以直接使用这些动作路径。设置动作路径的操作步骤如下。

Step01: ❶选中需要添加动作路径效果的文本或文本框等对象；❷切换到“动画”选项卡，在“动画”组中单击“动画样式”下拉按钮；❸在弹出的下拉列表的“动作路径”栏下选择合适的动作路径，如下图所示。

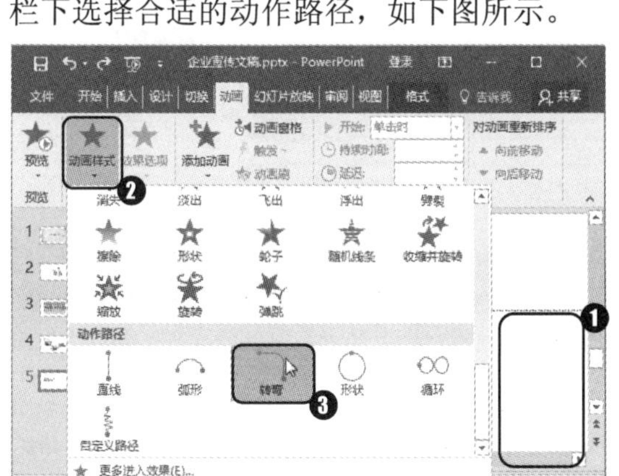

Step02: 返回幻灯片即可预览设置路径动画后的效果，如下图所示。

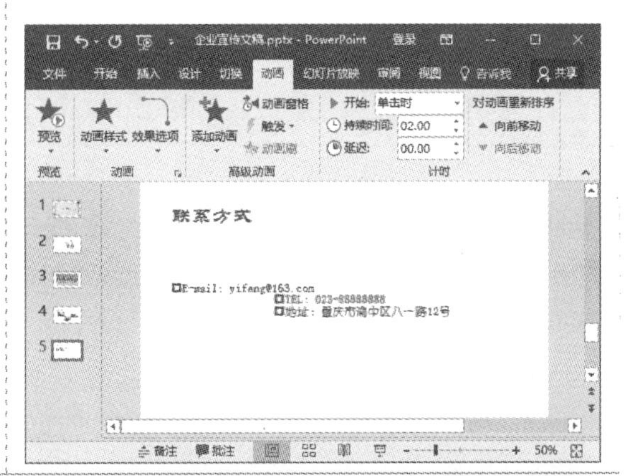

Step03: 选中路径轨迹文本框，然后拖动轨迹文本框即可调整对象的运动路径，如下图所示。

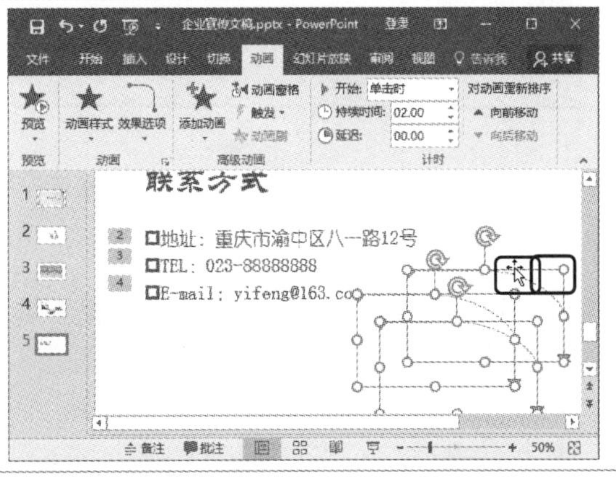

新手注意

单击“添加效果”下拉按钮，在弹出的下拉列表中选择“其他动作路径”选择，打开“添加动作路径”对话框，可以选择更多预设动作路径选项。

9.3.3 自定义动作路径

如果系统预设路径中没有需要的动作路径，用户还可以根据需要自定义动作路径，具体操作方法如下。

Step01: ❶选中需要添加强调动画效果的文本或文本框等对象；❷切换到“动画”选项卡，在“动画”组中单击“动画样式”下拉按钮；❸在弹出的下拉列表的“动作路径”栏选择“自定义路径”选项，如下图所示。

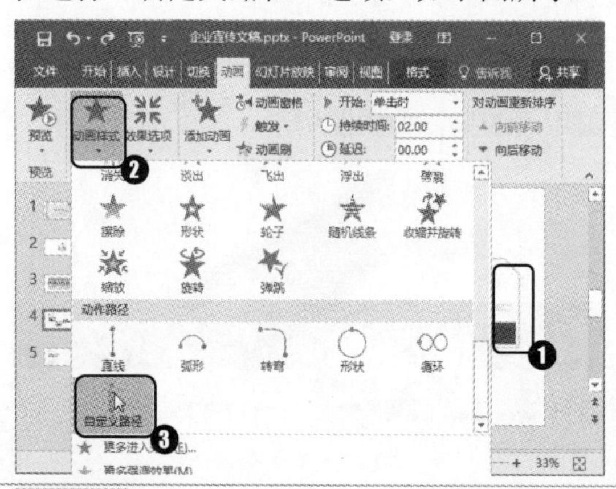

Step02: 鼠标指针将呈十字形状十，此时可按住鼠标左键不放，然后拖动鼠标进行绘制，如下图所示。

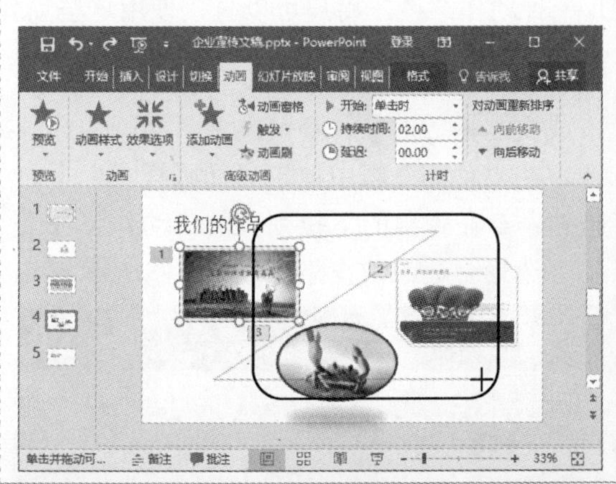

Step03: 绘制完成后，单击“动画”选项卡“预览”组中的“预览”按钮观看动画效果，如右图所示。

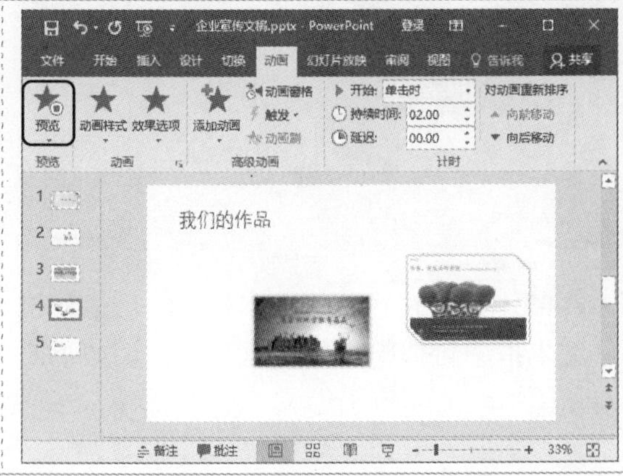

9.3.4 设置路径效果

路径设置完了，如果用户对路径效果不满意，还可以进行一些其他的设置。

- **更改路径长度：** 选中路径，调整文本框的大小可以更改路径的长度和形状，如下左图所示。
- **旋转路径：** 在顶部的旋转按钮上按下鼠标左键不放，拖动鼠标即可旋转路径，如下右图所示。

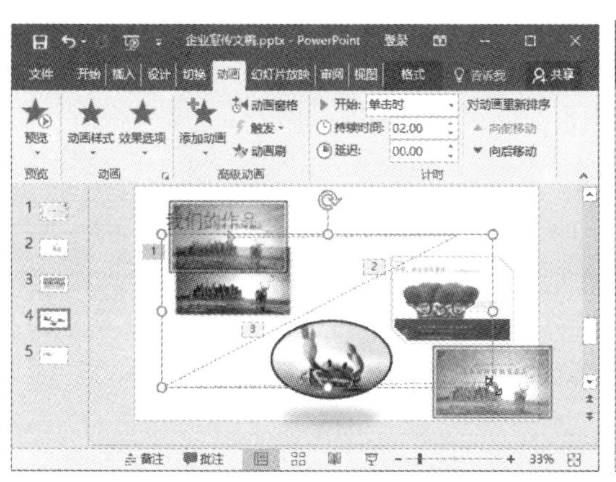

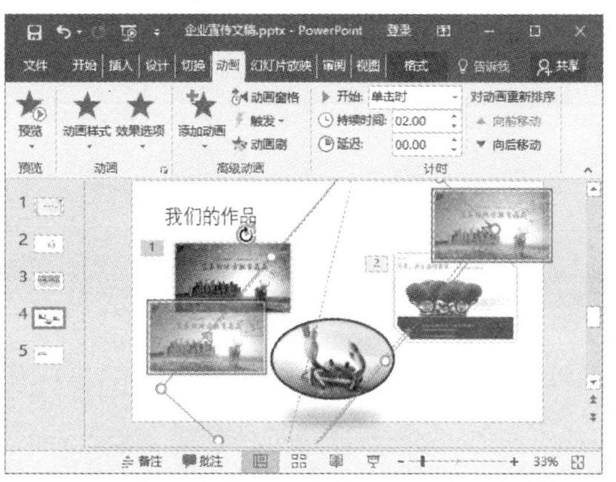

- **解除锁定对象：**移动对象时，如果不需要路径随着对象的位置改变，还可以在“效果选项”下拉列表中选择“锁定”选项，如下左图所示。
- **反转路径：**选中已添加路径，右击并在弹出的快捷菜单中选择“反转路径方向”命令，可以将路径的起始点和结束点对调，如下右图所示。

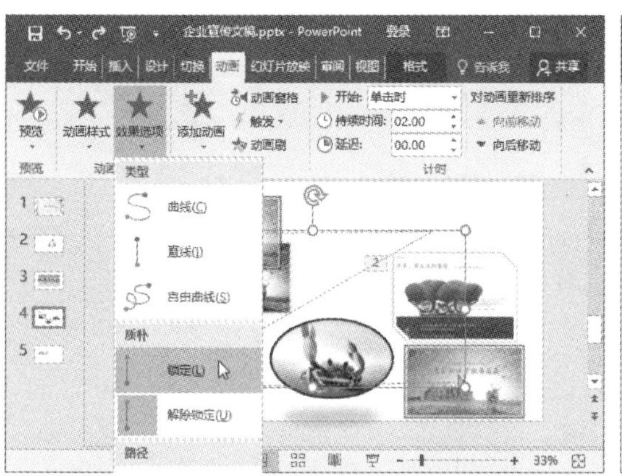

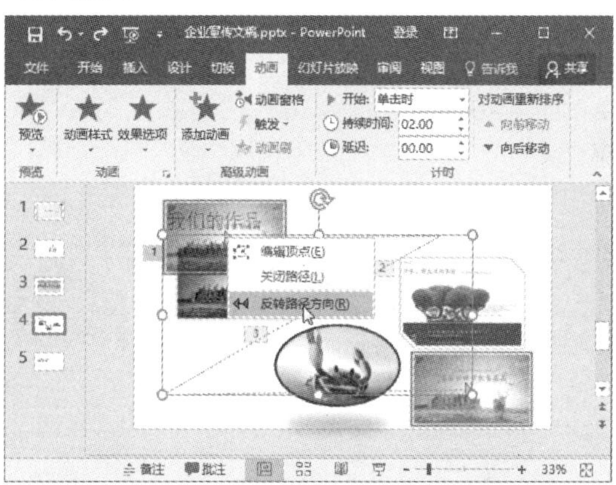

- **更改路径：**右击路径并在快捷菜单中选择“编辑顶点”命令，然后拖动顶点便可更改路径，如下左图和下右图所示。

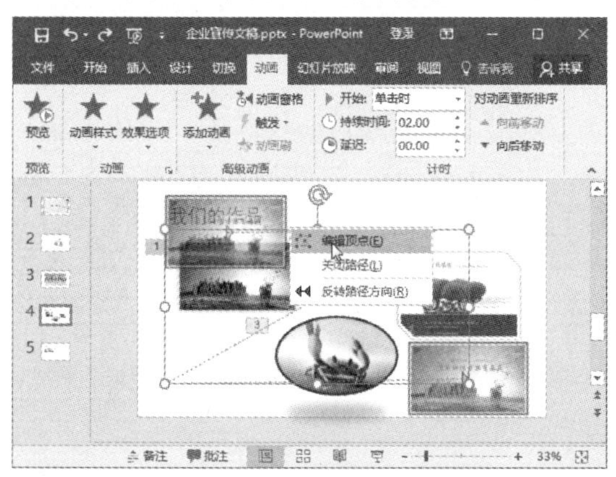

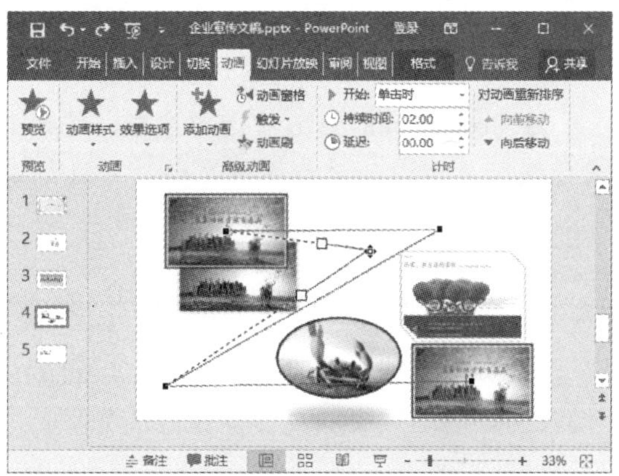

▷▷ 高手秘籍——实用操作技巧

通过前面知识的学习，相信读者朋友已经掌握了在 PowerPoint 2016 中设置切换、强调和路径动画等效果的方法。下面结合本章内容介绍一些实用技巧。

同步文件

视频文件：视频文件\第 9 章\高手秘籍.mp4

技巧 01 让文字在放映时逐行显示

在放映演示文稿时，为了方便讲解，可以让幻灯片中的文字逐行显示，具体操作方法如下。

Step01: 打开素材文件“商务咨询方案.pptx”，❶选中需要设置逐行显示的文字；❷单击“动画”选项卡“动画”组中的“动画样式”下拉按钮；❸在弹出的下拉列表中选择一种进入式动画，如下图所示。

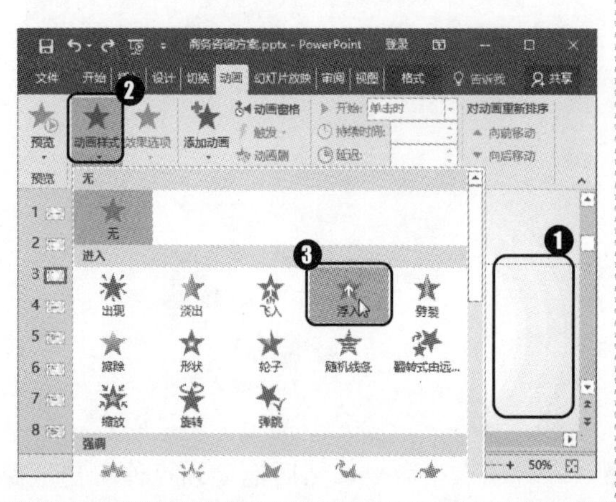

Step02: 通过以上设置，每行文字都将分别添加一个动画效果，❶在“计时”组中设置持续时间；❷单击“动画”选项卡“预览”组中的“预览”按钮即可查看动画效果，如下图所示。

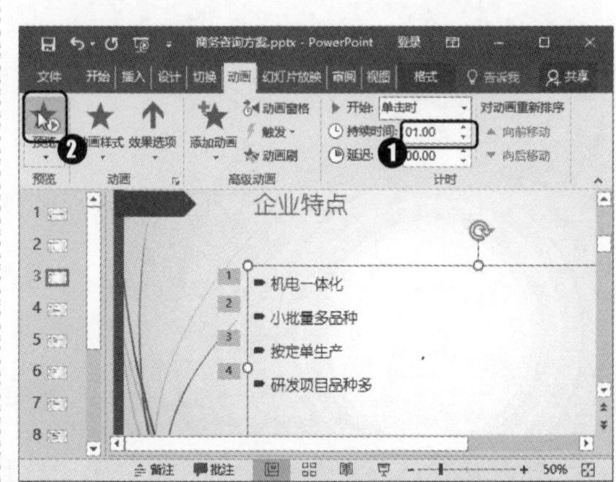

新手注意

在 PowerPoint 2016 中选中文本框添加动画效果后，文本框内的段落（一行的段落）便会逐行显示，若没有逐行显示，可进行设置。具体方法为：在“动画”组中单击“效果选项”按钮，在弹出的下拉列表中选择“按段落”选项即可。

技巧 02 制作连续闪烁的文字效果

在需要突出某些内容时，可以将文字设置为比较醒目的颜色，然后添加自动闪烁的动画效果。设置闪烁动画效果的具体操作方法如下。

Step01: 打开素材文件“商务咨询方案.pptx”，❶单击“动画”选项卡“动画”组中的“动画样式”下拉按钮；❷在弹出的下拉列表中选择“更多强调效果”选项，如下图所示。

Step02: 弹出“更改强调效果”对话框，❶在“华丽型”栏中选择“闪烁”选项；❷单击“确定”按钮，如下图所示。

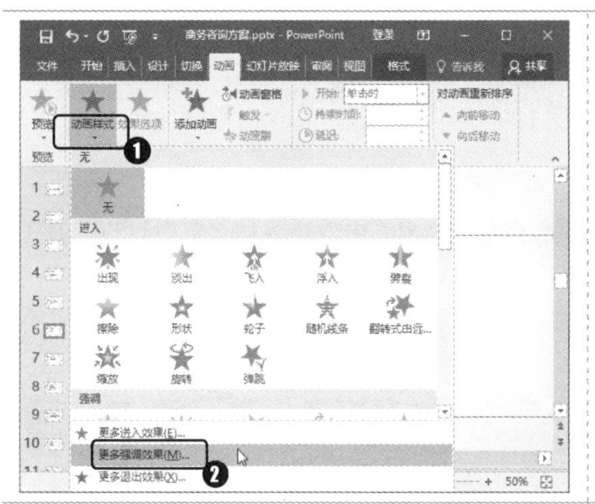

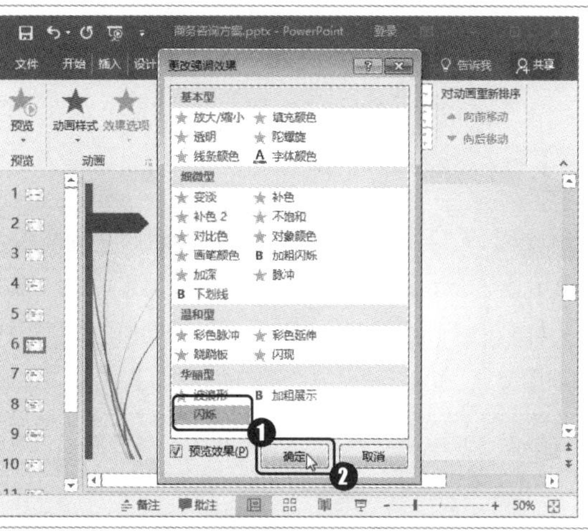

Step03: ❶单击“动画”选项卡“高级动画”组中的“动画窗格”按钮；❷在打开的动画窗格中单击“闪烁”动画效果右侧的下拉按钮；❸在弹出的下拉列表中选择“计时”选项，如下图所示。

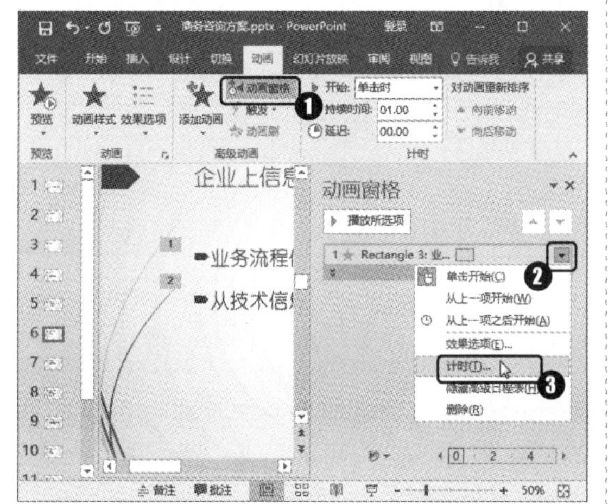

Step04: ❶在弹出的对话框中的“重复”数值框中根据需要选择重复次数；❷单击“确定”按钮，如下图所示。

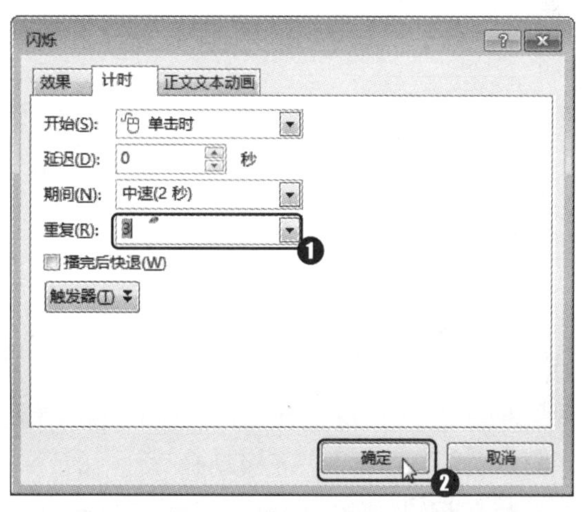

Step05: 返回幻灯片查看闪烁动画效果，如右图所示。

技巧 03 为幻灯片添加电影字幕式效果

用户可以将幻灯片中的文本设置成如电影字幕式的“由上往下”或“由下往上”的滚动效果，具体操作步骤如下。

Step01: 打开素材文件“商务咨询方案.pptx”，❶单击“动画”选项卡“动画”组中的“动画样式”下拉按钮；❸在弹出的下拉列表中选择“更多进入效果”选项，如下图所示。

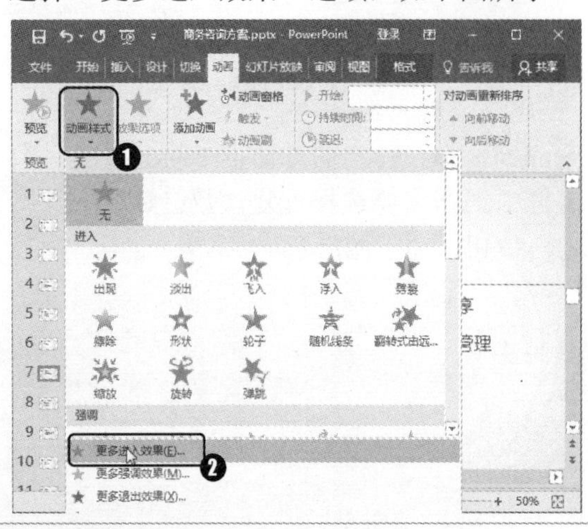

Step02: 弹出“更改进入效果”对话框，❶在“华丽型”栏中选择“字幕式”选项；❷单击“确定”按钮，如下图所示。

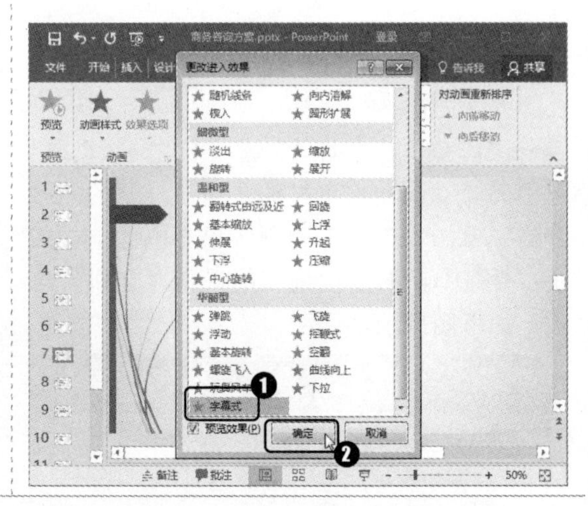

技巧 04 查看指定对象的动画效果

在下载的优良 PPT 中经常会有一些酷炫的动画效果，从视觉上并不能抓出所有动作，此时就需要在动画窗格中查看动画效果了，具体操作方法如下。

Step01: 打开素材文件“产品介绍.pptx”，单击“动画”选项卡“高级动画”组中的“动画窗格”按钮，如下图所示。

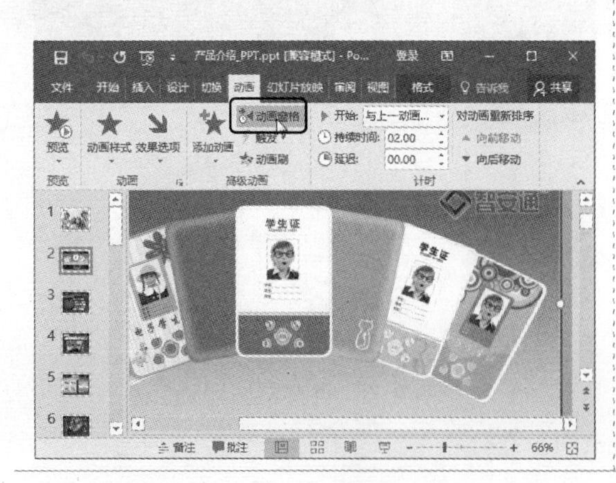

Step02: 打开“动画窗格”窗格，用鼠标单击需要查看动画效果的对象，在动画窗格中将显示该对象所应用的所有动画效果，如下图所示。

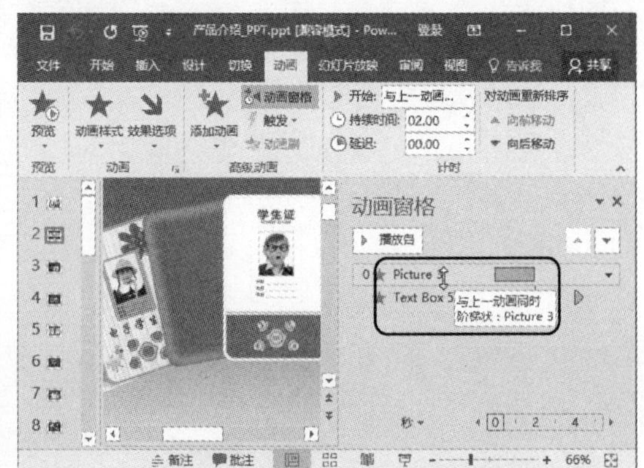

上机实战——给总结报告幻灯片添加动画效果

上机介绍

在演示文稿制作完成后，如果没有设置幻灯片的切换、动画效果，播放的时候难免感觉枯燥，所以用户需要为不同的幻灯片设置不同的切换效果和动画效果。在设置幻灯片的这些动态效果时，要注意灵活运用各种动画效果，但也需要注意避免为同一对象添加过多的动画。下面来完善生产质检与总结报告，最终效果如下图所示。

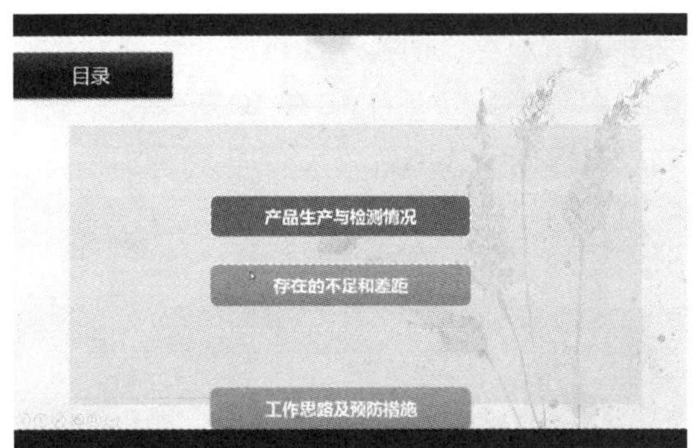

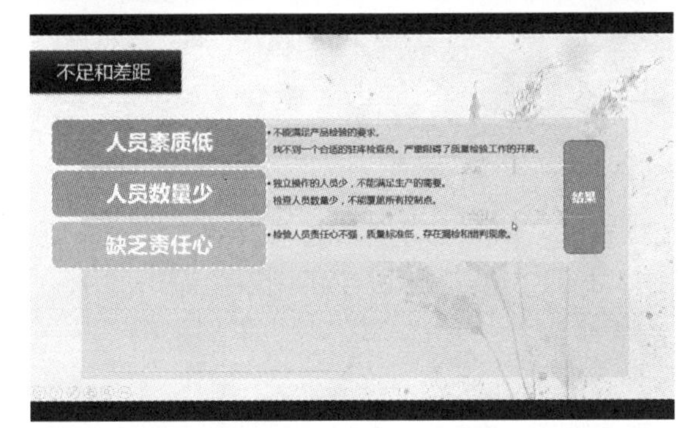

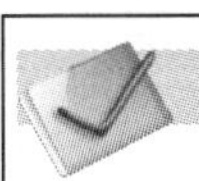

同步文件

视频文件：视频文件\第 9 章\上机实战.mp4

步骤详解

本实例的具体制作步骤如下。

Step01: 打开素材文件“2016 年生产质检与总结报告.pptx”，❶单击“切换”选项卡“切换到此幻灯片”组中的“切换效果”下拉按钮；❷在弹出的下拉列表中选择“推进”选项，如下图所示。

Step02: ❶单击“切换”选项卡“切换到此幻灯片”组中的“效果选项”下拉按钮；❷在弹出的下拉列表中选择该切换效果的切换方向，如下图所示。

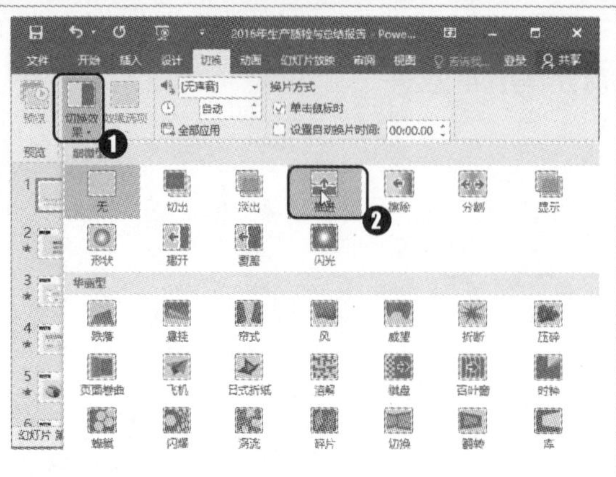

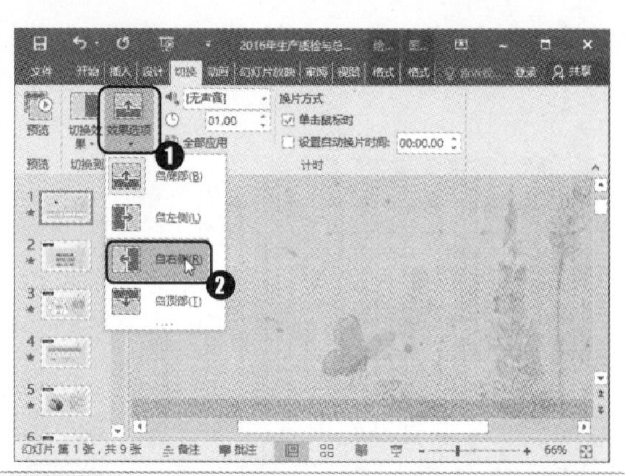

Step03: ❶在“切换”选项卡的“计时”组中单击“声音”下拉按钮；❷在弹出的下拉列表中选择一种声音效果，如下图所示。

Step04: 设置完成后，单击“切换”选项卡“计时”组中的“全部应用”按钮，将以上的设置应用于全部幻灯片，如下图所示。

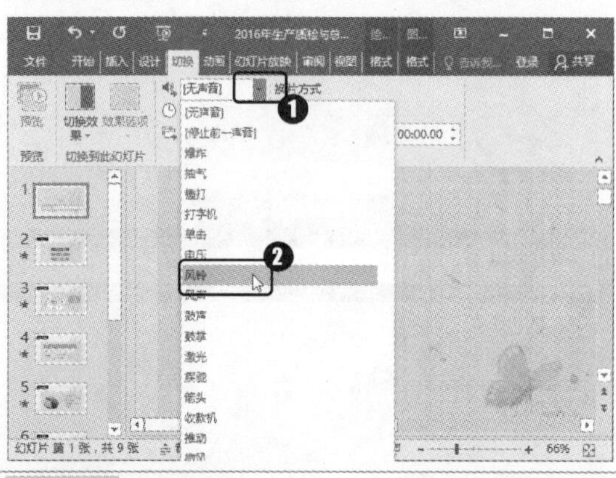

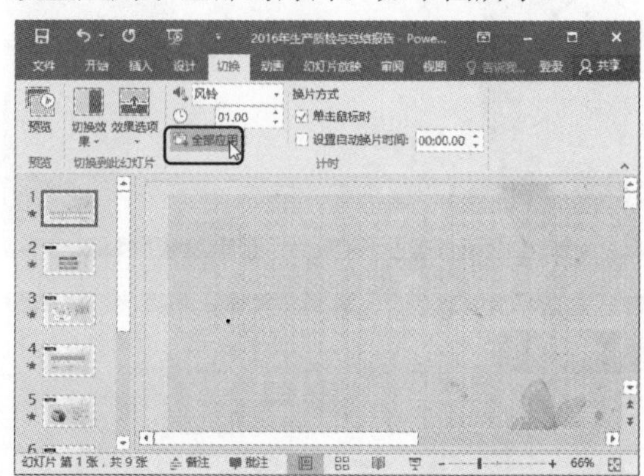

Step05: ❶选择第 1 张幻灯片；❷单击“切换”选项卡“切换到此幻灯片”组中的“切换效果”下拉按钮；❸在弹出的下拉列表中选择“帘式”选项，如下图所示。

Step06: ❶在“切换”选项卡的“计时”组中单击“声音”下拉按钮；❷在弹出的下拉列表中选择一种声音效果，如下图所示。

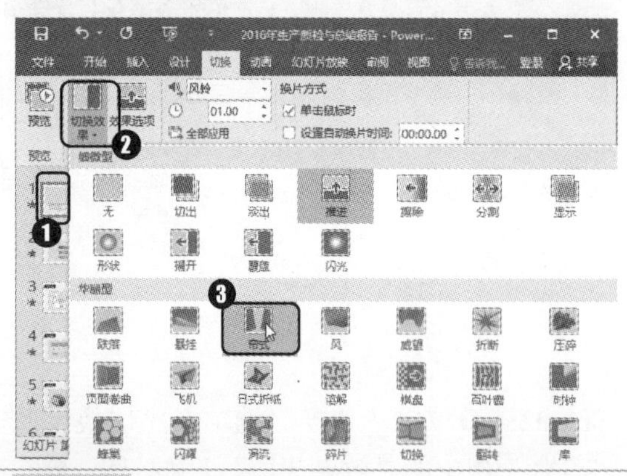

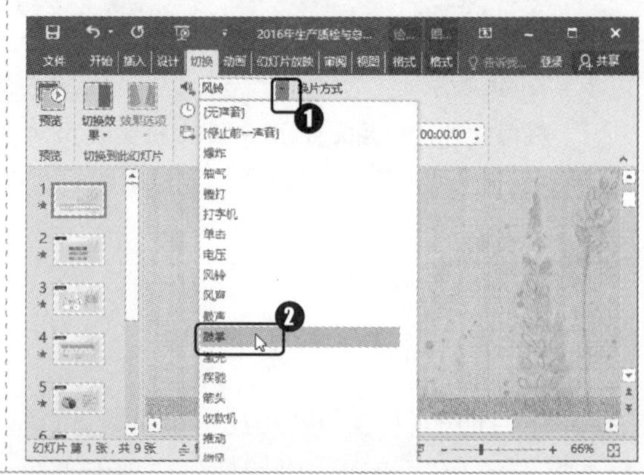

Step07: 在“切换”选项卡的“计时”组中设置切换效果的持续时间，如下图所示。

Step08: ❶选择最后一张幻灯片；❷单击“切换”选项卡“切换到此幻灯片”组中的“切换效果”下拉按钮；❸在弹出的下拉列表中选择“溶解”选项，如下图所示。

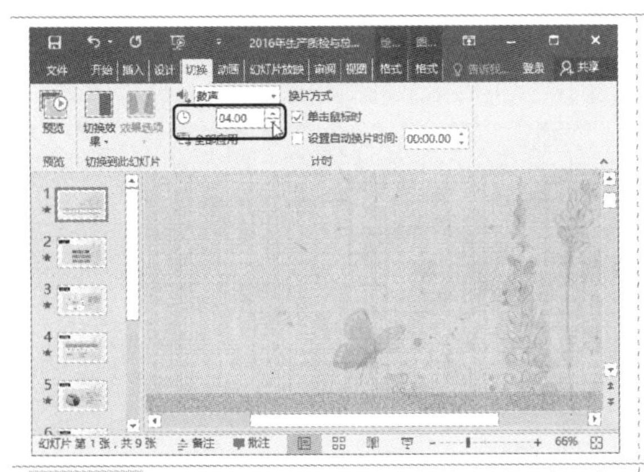

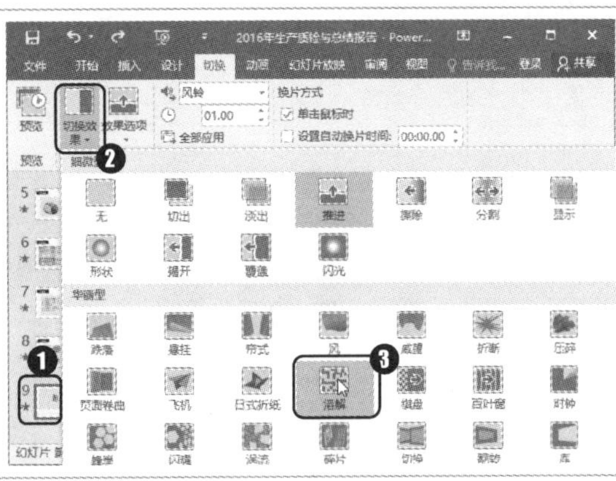

Step09: ❶在“切换”选项卡的“计时”组中单击“声音”下拉按钮；❷在弹出的下拉列表中选择一种声音效果，如下图所示。

Step10: ❶选择第 2 张幻灯片中的文本框对象；❷单击“动画”选项卡“动画”组中的“动画样式”下拉按钮；❸在弹出的下拉列表中选择“飞入”选项，如下图所示。

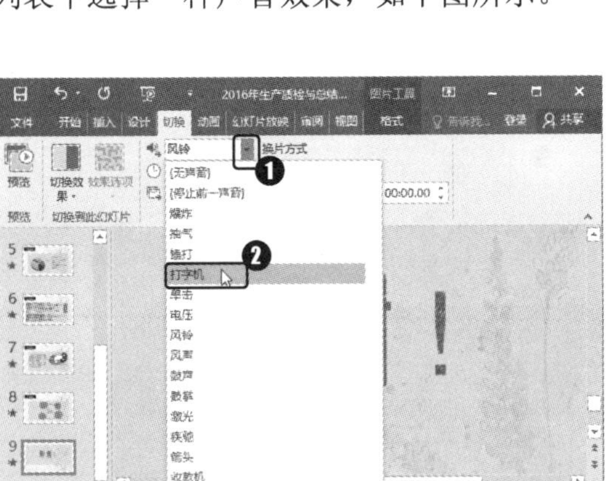

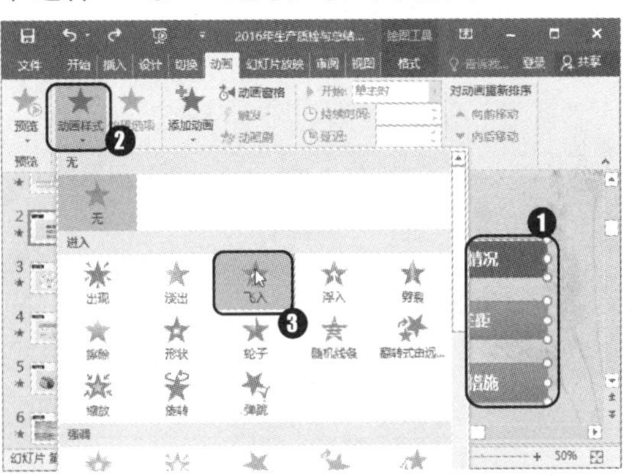

Step11: ❶单击“动画”选项卡“高级动画”组中的“动画窗格”按钮；❷在动画窗格中单击第 2 个动画右侧的下拉按钮；❸在弹出的下拉列表中选择“从上一项之后开始”选项，如下图所示。

Step12: 为第 3 个动画设置同样的效果，如下图所示。

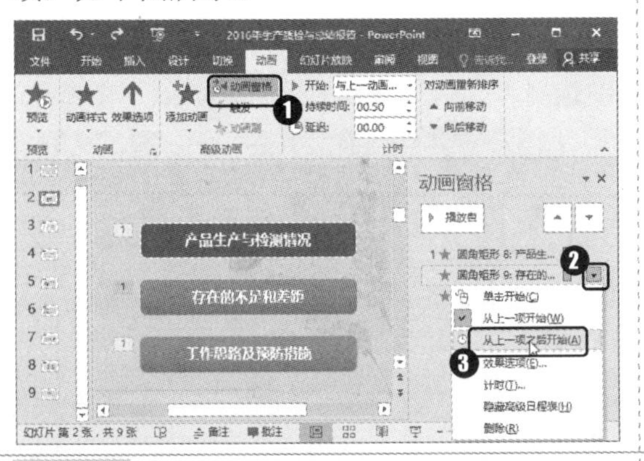

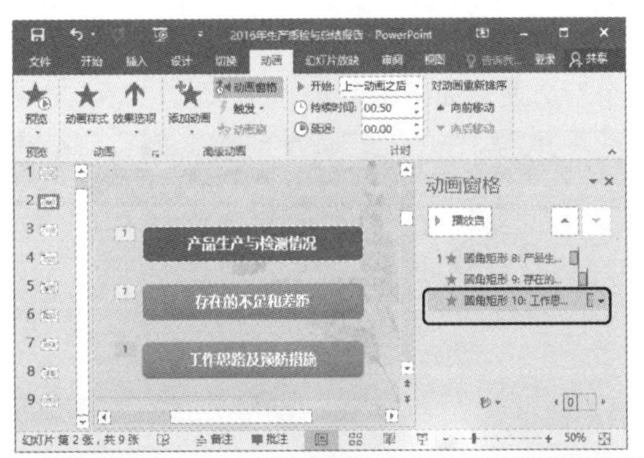

Step13: 选择其他幻灯片，并为其中的内容设置合适的动画效果，如下图所示。

Step14: ❶选择第 6 张幻灯片中的 SmartArt 图形；❷单击“动画”选项卡“动画”组中的“动画样式”下拉按钮；❸在弹出的下拉

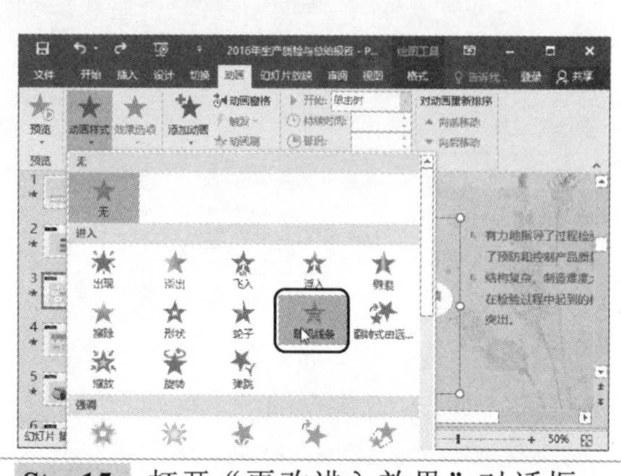

列表中选择“更多进入效果”选项，如下图所示。

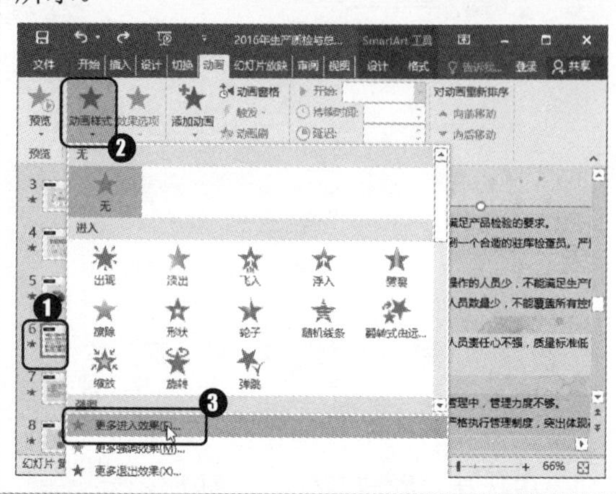

Step15: 打开“更改进入效果”对话框，❶选择“基本型”栏中的“切入”选项；❷单击“确定”按钮，如下图所示。

Step16: ❶单击“切换”选项卡“切换到此幻灯片”组中的“效果选项”下拉按钮；❷在弹出的下拉列表中选择该切换效果的切换方向，如下图所示。

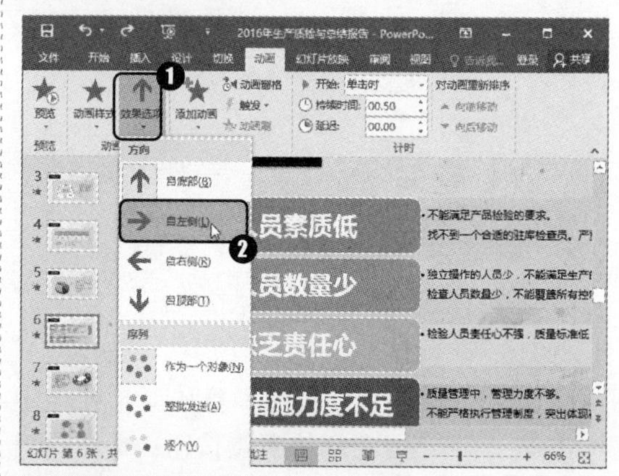

Step17: ❶单击“切换”选项卡“切换到此幻灯片”组中的“效果选项”下拉按钮；❷在弹出的下拉列表中选择“序列”栏中的“逐个”选项，如下图所示。

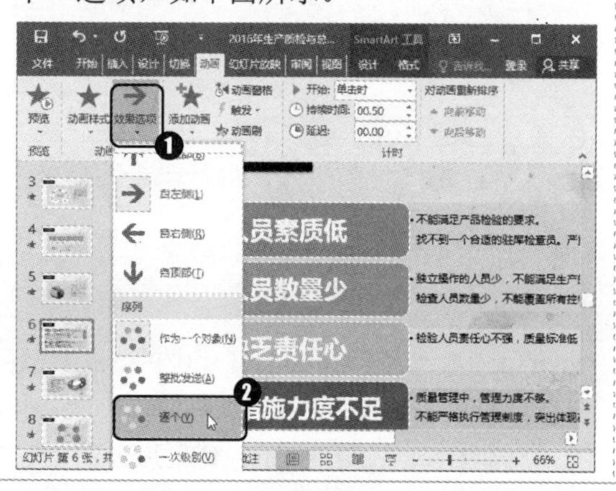

Step18: ❶选择最后一张幻灯片中的文本对象；❷单击“动画”选项卡“动画”组中的“动画样式”下拉按钮；❸在弹出的下拉列表中选择“其他动作路径”选项，如下图所示。

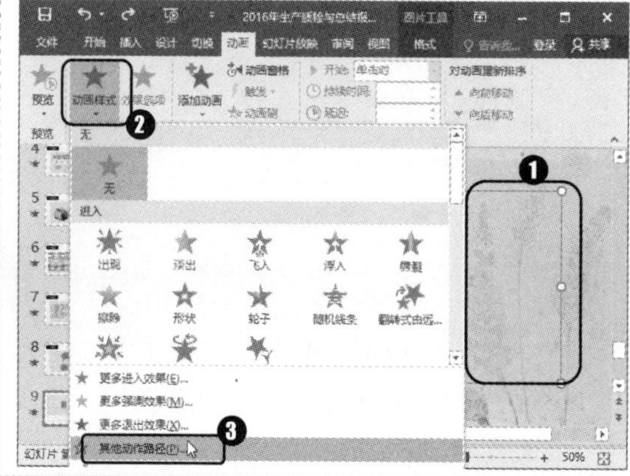

Step19: 打开“更改动作路径”对话框，❶选择合适的动作路径；❷单击“确定”按钮，如下图所示。

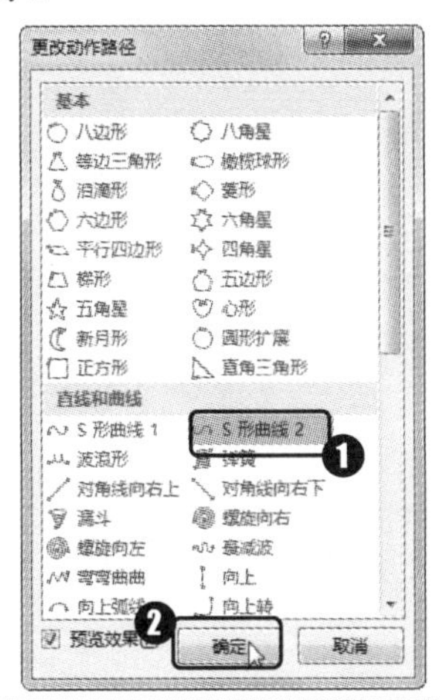

Step20: 返回幻灯片中，使用鼠标拖动路径文本框，调整路径，如下图所示。

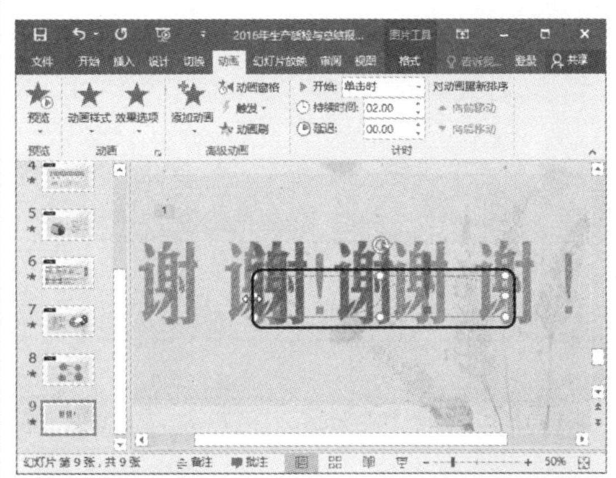

Step21: 设置完成后，按〈F5〉键预览切换和动画效果，如右图所示。

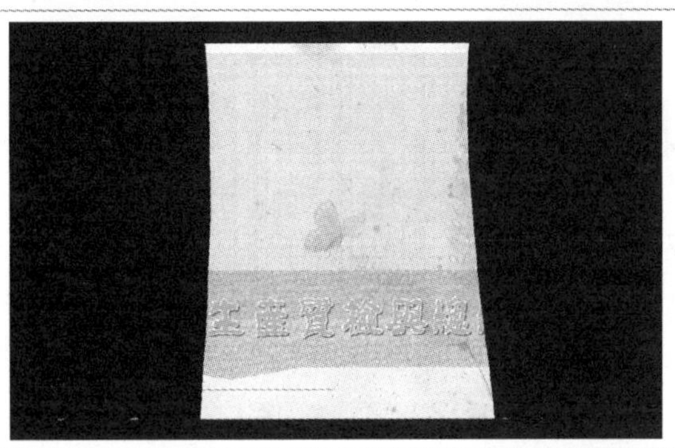

▷▷ 本章小结

本章的重点在于掌握在 PowerPoint 2016 中设置切换效果和动画效果的方法，主要包括设置幻灯片的切换动画、对象的切换动画、对象的强调效果和动作路径等。希望读者通过本章的学习熟练地掌握为幻灯片设置切换效果和动画效果的方法，能够正确地选择合适的动画效果。

第 10 章　幻灯片的链接管理与审阅

本章导读

PPT 最显著的一个特点就是视觉化，所以幻灯片内的内容通常要精简。如果一定需要大量的文字进行说明，可以使用它的超链接功能。幻灯片内容编辑完成后，还可以对其进行检查，以避免一些不必要的错误。

知识要点

- 添加超链接
- 通过动作按钮创建超链接
- 更改超链接的文字格式
- 校对演示文稿
- 使用“合并比较”功能
- 翻译单词
- 批注演示文稿

效果展示

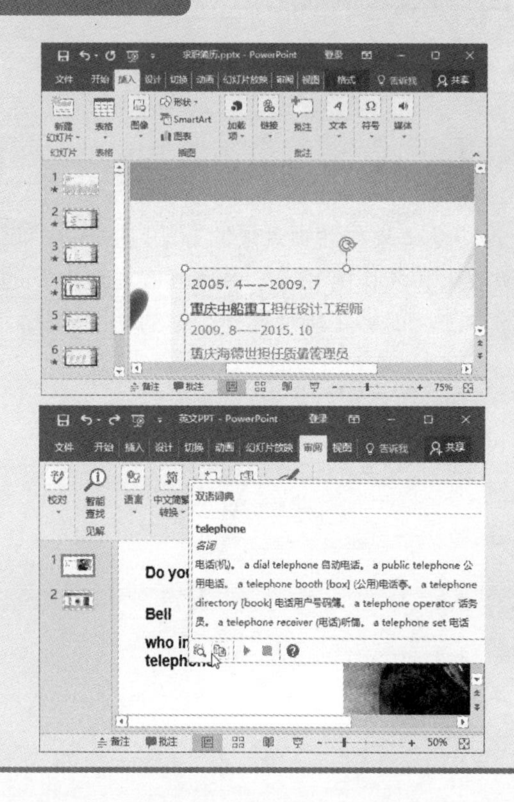

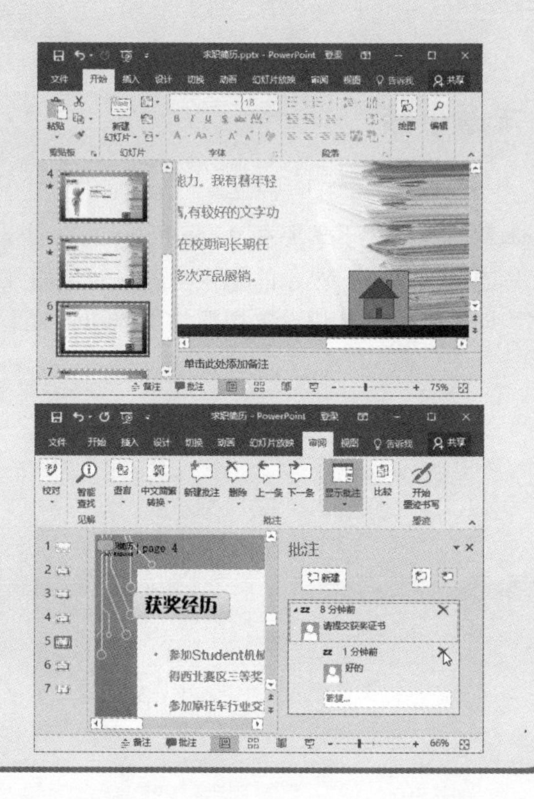

▷10.1　课堂讲解——在幻灯片中添加超链接

在制作演示文稿时，并不一定要将所有内容都添加到幻灯片中，有些图片、Word 文档或xcel 数据源由于信息量大可以考虑采用与幻灯片对象进行超链接的方法来查看。

0.1.1　创建文件超链接

只要是计算机中的文件，都能和幻灯片中的对象进行超链接，所以当数据量较大或有些可行程序文件不方便插入到幻灯片中时，可以考虑使用超链接的方法来操作。具体方法如下。

Step01: 打开素材文件“求职简历.pptx”，❶选中需要设置超链接的文字；❷单击“插入”选项卡“链接”组中的“超链接”按钮，如下图所示。

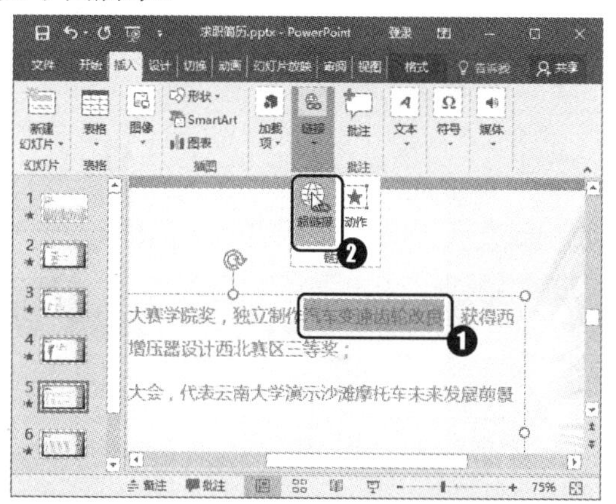

Step02: 打开“插入超链接”对话框，❶在对话框的左侧选择链接目标类别，默认选择“现有文件或网页”；❷在右侧查找并选择要链接的目标文件；❸单击“确定”按钮，如下图所示。

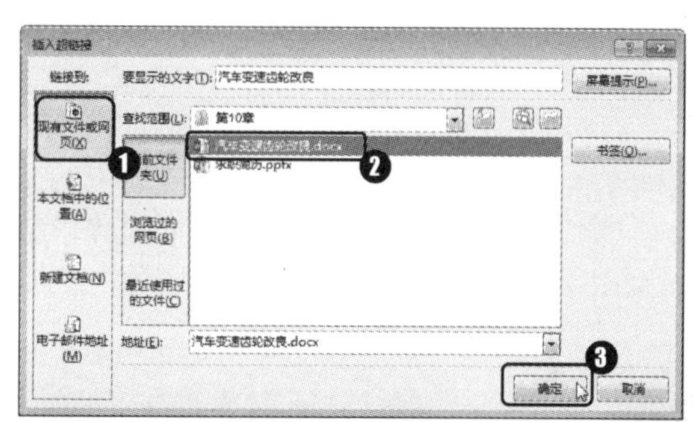

Step03: 返回幻灯片中，幻灯片中选中的文字会变成蓝色并在下方多出一条下画线，❶右击蓝色的文字内容；❷在弹出的快捷菜单中选择“打开超链接”命令即可打开链接的文档，如右图所示。

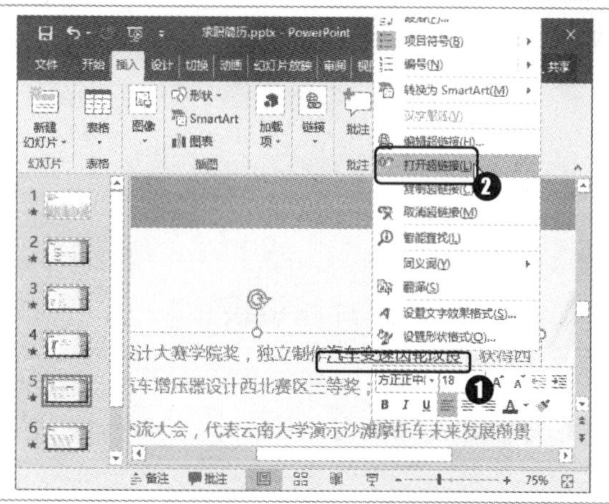

> **新手注意**
>
> 在幻灯片中一旦设置了超链接，就不能随意更改目标文件的文件夹路径和文件名，否则会导致链接失败而提示查找数据源。另外，备注和讲义等内容是不能添加超链接的，添加或修改超链接一般在普通视图中进行，在大纲视图中只能对文字添加超链接。

10.1.2 创建网页超链接

除了链接本地文件以外，在放映 PPT 时，偶尔还需要联网查看一些信息，此时可以添加需要的网页链接，在放映时可直接打开网页，省去切换放映状态及打开浏览器并输入网址的过程。链接文件与链接网页的操作方法基本相同，下面以链接网页为例详解添加超链接的方法。

Step01: ❶选中需要设置超链接的文字；❷单击“插入”选项卡“链接”组中的“超链接”按钮，如下图所示。

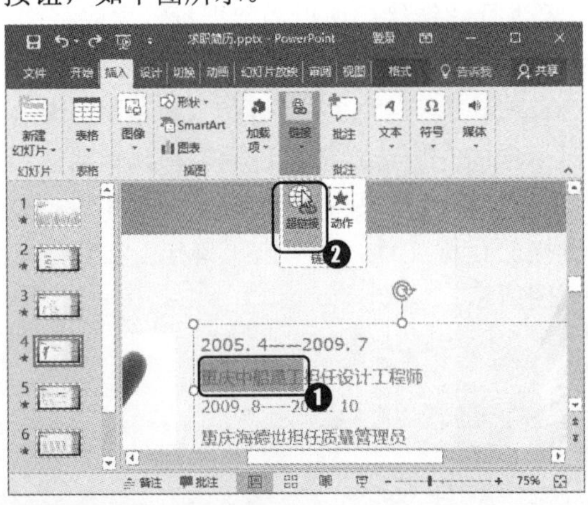

Step02: 打开“插入超链接”对话框，❶在“地址”文本框内输入需要链接的网址；❷单击“确定”按钮，如下图所示。

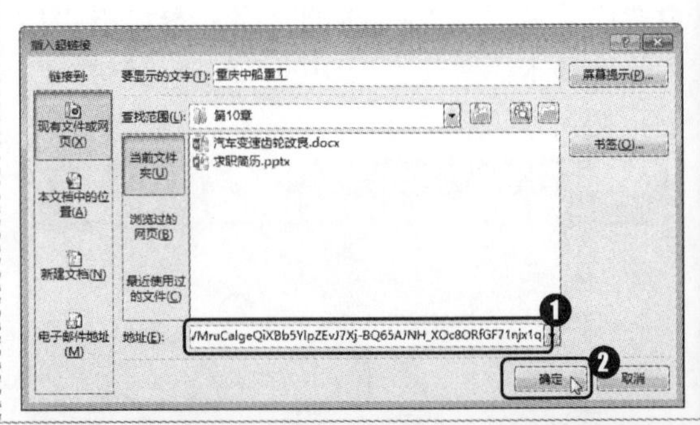

Step03: 返回幻灯片中，幻灯片中选中的文字会变成默认的主题色，并添加下画线，如右图所示。

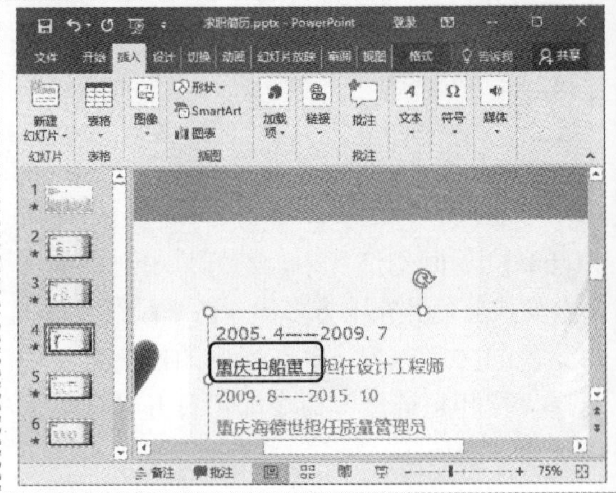

10.1.3 创建幻灯片超链接

在课件类、报告类 PPT 中，为了使内容条理更清晰，通常会使用很多标题索引，为这些标题索引添加超链接则可以让观众更容易理清思路，具体操作方法如下。

Step01: ❶选中需要设置超链接的文字；❷单击“插入”选项卡“链接”组中的“超链接”按钮，如下图所示。

Step02: 打开“插入超链接”对话框，❶在左侧选择“本文档中的位置”；❷选择链接的目标幻灯片的名称；❸单击“确定”按钮，如下图所示。

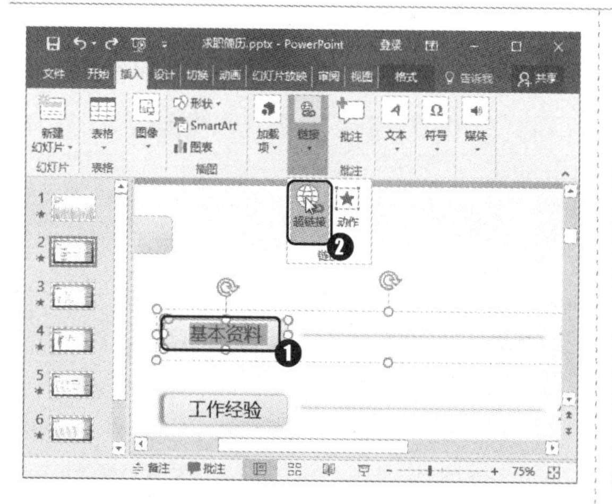

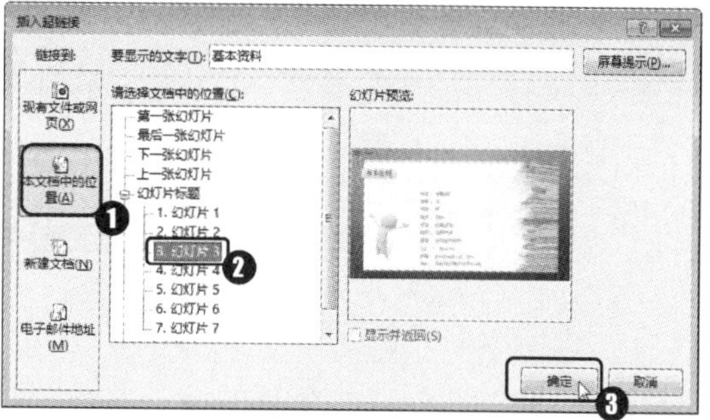

Step03: 返回幻灯片即可看到为文本对象添加超链接后的效果，在放映幻灯片时，单击该链接即可使页面跳转到指定幻灯片，如下图所示。

Step04: 使用相同的方法为其他需要添加超链接的文字添加超链接，如下图所示。

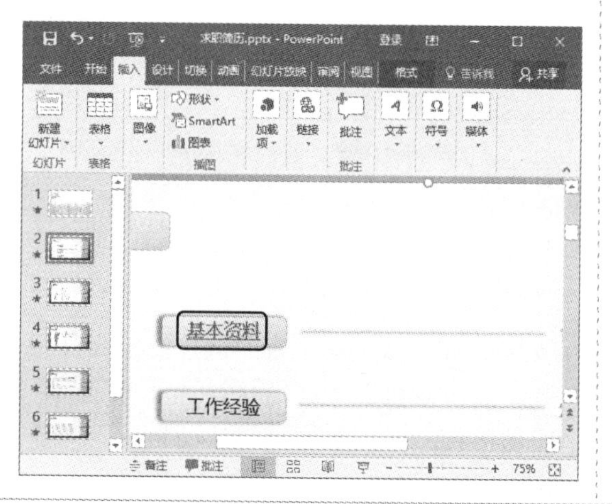

10.1.4　链接新建文档

除了上述在幻灯片中链接到外部文件外，还可以添加新建文件的链接，下面将介绍如何链接新建文档。

Step01: ❶选中需要设置超链接的文字；❷单击“插入”选项卡“链接”组中的“超链接”按钮，如下图所示。

Step02: 打开“插入超链接”对话框，❶在“链接到”列表框中选择“新建文档”；❷在“新建文档名称”文本框中输入合适的文本内容；❸在“何时编辑”栏中单击“开始编辑新文档”单选按钮；❹单击“确定”按钮，如下图所示。

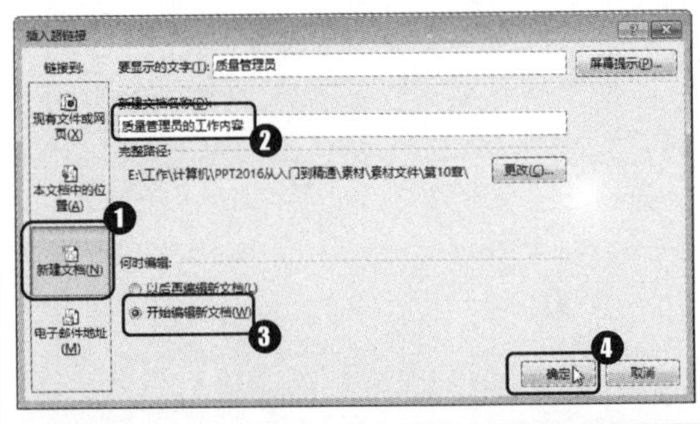

Step03: 此时即创建一个新的演示文稿，并将选中文本链接到该文档，用户可以对该新建的文档进行编辑，如右图所示。

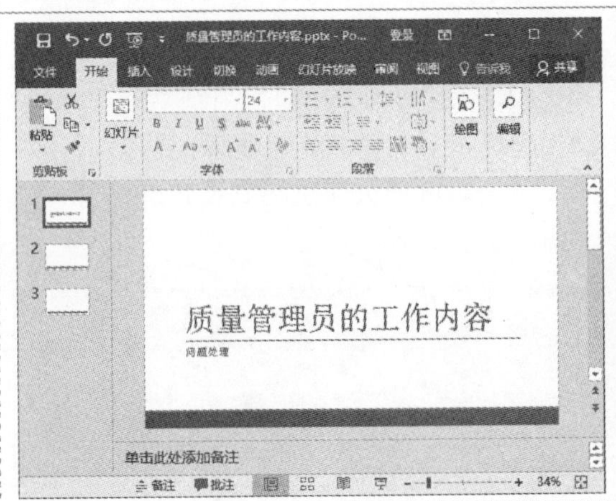

> **新手注意**
>
> 除了上述方法外，用户也可以根据需要右击要添加链接的对象，然后在弹出的快捷菜单中选择“超链接”命令。另外，也可以按〈Ctrl+K〉组合键打开“插入超链接”对话框。

10.1.5 为超链接添加屏显

为幻灯片添加超链接时，有的链接的是文本，有的链接的是幻灯片，有的链接的是文件……要是幻灯片过了很久才使用，可能会忘记链接的内容，这时候可以为超链接设置屏幕显示，就像文字备注那样，在放映幻灯片时，只要将鼠标指向超链接，即可显示该链接所链接的对象。

Step01: ❶选中需要添加超链接的对象；❷单击“插入”选项卡“链接”组中的“超链接”按钮，如下图所示。

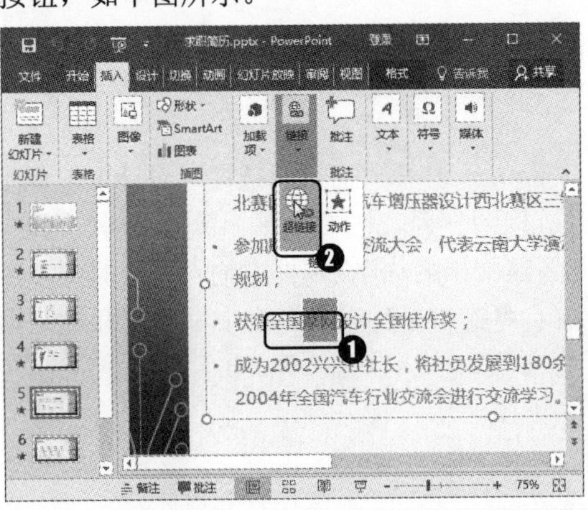

Step02: 打开“插入超链接”对话框，设置完链接对象后，单击右上角的“屏幕提示”按钮，如下图所示。

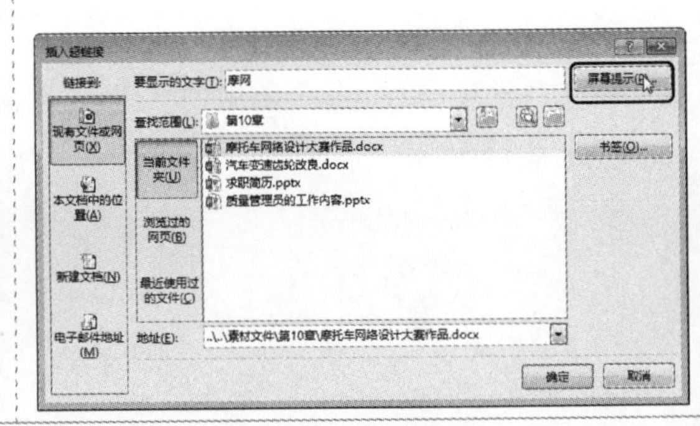

Step03: 打开“设置超链接屏幕提示”对话框，❶在文本框中输入屏幕提示内容；❷单击“确定”按钮，如下图所示。

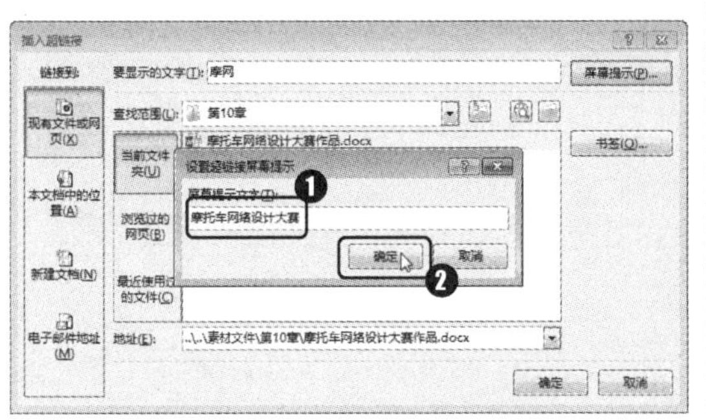

Step04: 返回幻灯片，在放映幻灯片时，只要将鼠标指向超链接，即可显示该链接所链接对象，如下图所示。

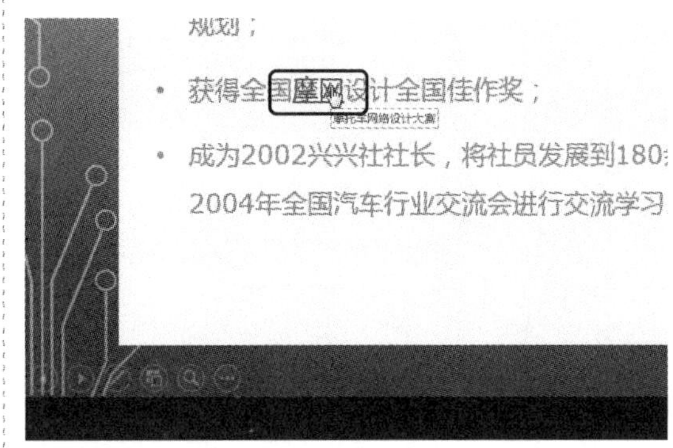

10.1.6　通过动作按钮创建超链接

在制作幻灯片时，通常需要在内容与内容之间添加过渡页，以此来引导观众的思路，但是过渡页也可能会出现重复的情况，此时则不需要重复制作过渡页，直接利用动作按钮返回之前标题索引所在幻灯片即可。

Step01: ❶选择需要设置动作按钮的幻灯片；❷在“插入”选项卡中单击“形状”按钮；❸在弹出的下拉列表中选择合适的动作按钮，如下图所示。

Step02: 在幻灯片中按住鼠标左键并拖动绘制出该形状，如下图所示。

Step03: 自动弹出的“操作设置”对话框，❶单击“超链接到”下方的下拉按钮；❷在弹出的下拉列表中选择“幻灯片”命令，如下图所示。

Step04: 打开“超链接到幻灯片”对话框，❶选择需要链接到的幻灯片名称；❷单击“确定”按钮，如下图所示。

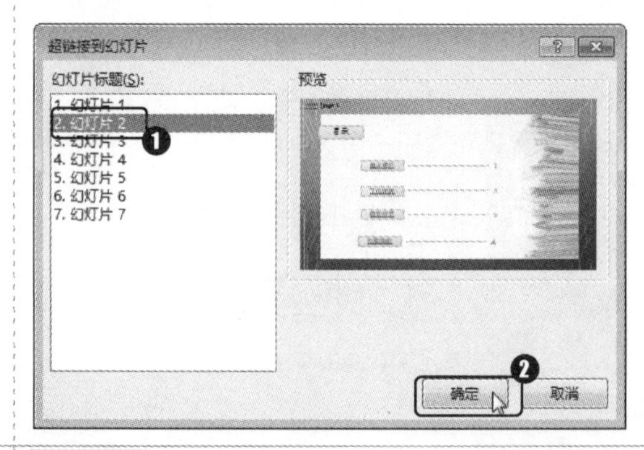

Step05: ❶选中所绘按钮的图形；❷在“绘图工具-格式”选项卡内单击“形状样式”组中的“形状填充”下拉按钮；❸在弹出的下拉列表中选择合适的颜色，如下图所示。

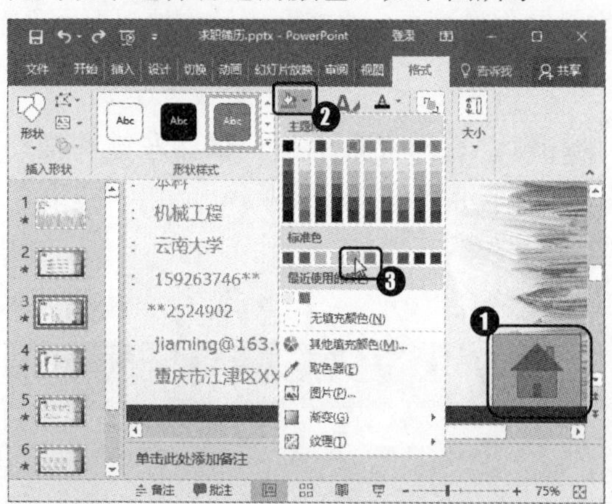

Step06: ❶单击“绘图工具-格式”选项卡内单击“形状样式”组中的“形状轮廓”下拉按钮；❷在弹出的下拉列表中选择合适的形状轮廓颜色，如下图所示。

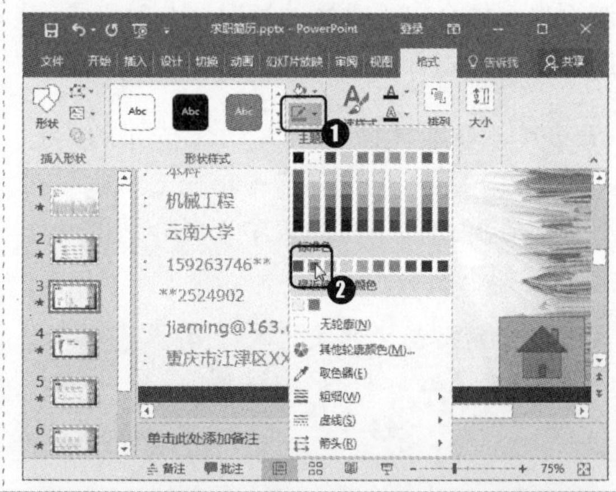

Step07: 使用相同的方法为所有需要添加超链接的幻灯片添加动作按钮即可，如右图所示。

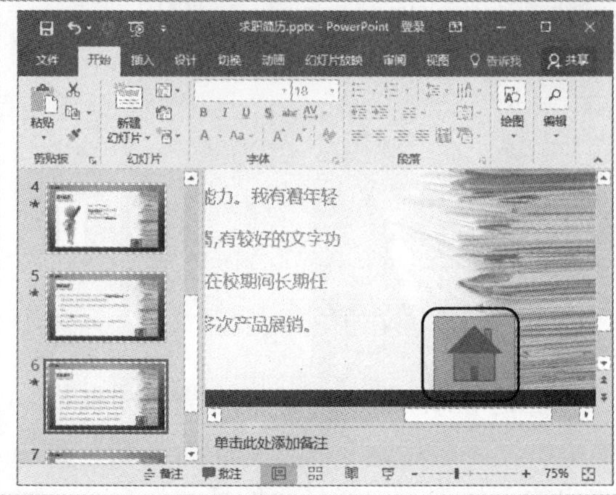

新手注意

如果幻灯片中有现成的对象需要制作为动作按钮，可以在选中对象后，在“插入”选项卡中单击“动作”按钮，在打开的“动作设置”对话框中进行设置即可。

10.1.7 更改超链接的文字格式

添加文字连接后，链接文字偶尔会默认为超链接的格式，这可能会导致超链接文字与幻灯

的背景和风格不融合，此时可以修改超链接的字体格式，具体操作方法如下。

Step01: ❶单击“设计”选项卡“变体”组右侧的下拉按钮；❷在弹出的下拉列表中依次选择“颜色”→“自定义颜色”选项，如下图所示。

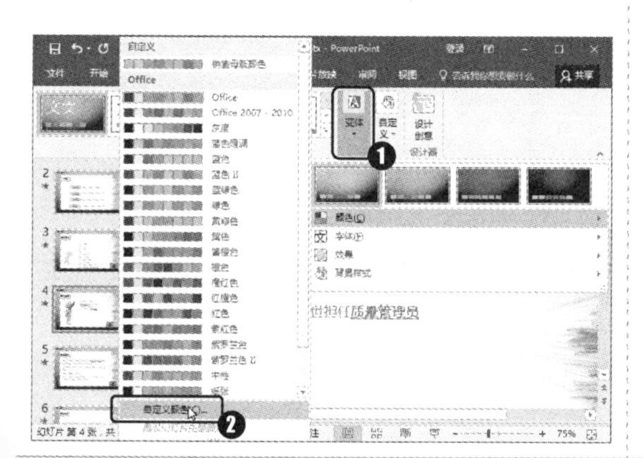

Step02: 打开“新建主题颜色”对话框，❶单击“超链接”下拉按钮；❷在弹出的下拉列表中选择合适的颜色，如下图所示。

Step03: ❶使用相同的方法更改“已访问的超链接”的颜色；❷更改完成后单击“保存”按钮，如下图所示。

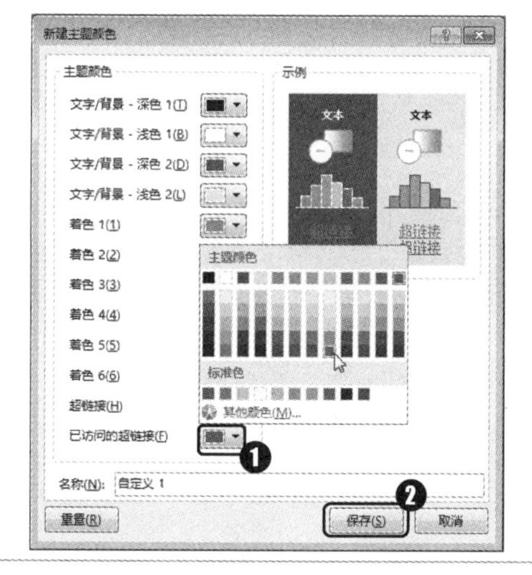

Step04: 返回幻灯片中，可看到设置了超链接的文字已经更改成为所选颜色，如下图所示。

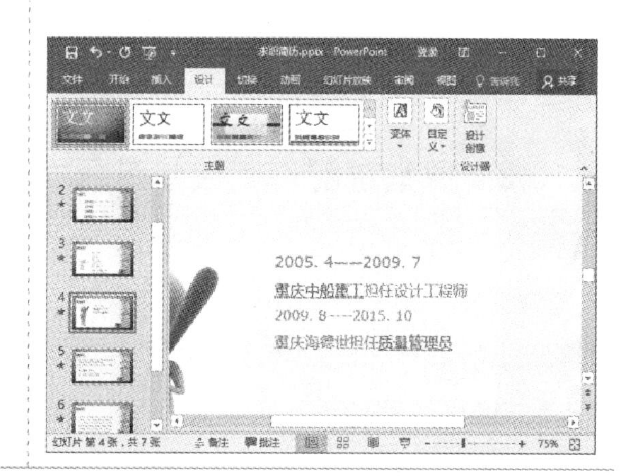

10.1.8　删除超链接

用户创建超链接之后，有时需要重新设置超链接的对象或者删除已经创建的超链接。在PowerPoint 2016中删除超链接的具体操作方法如下。

Step01: ❶在需要删除的超链接上单击鼠标右键；❷在弹出的快捷菜单中选择“编辑链接”命令，如下图所示。

Step02: 打开“编辑超链接”对话框，单击“删除链接”按钮，如下图所示。

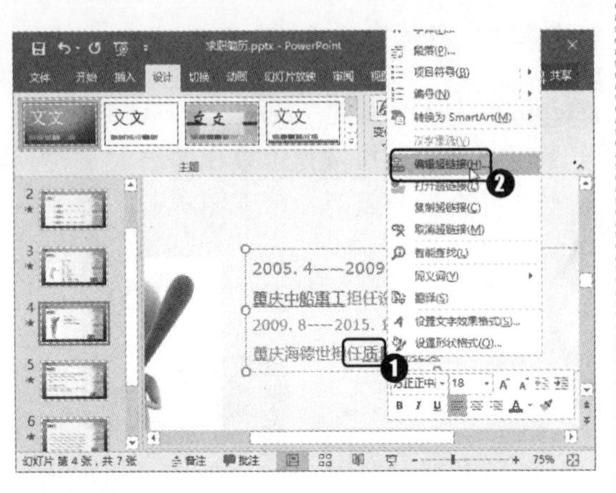

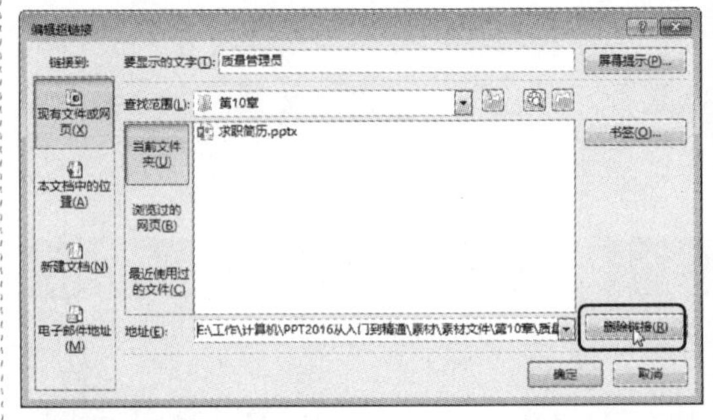

Step03: 执行该操作后，即可取消超链接，效果如右图所示。

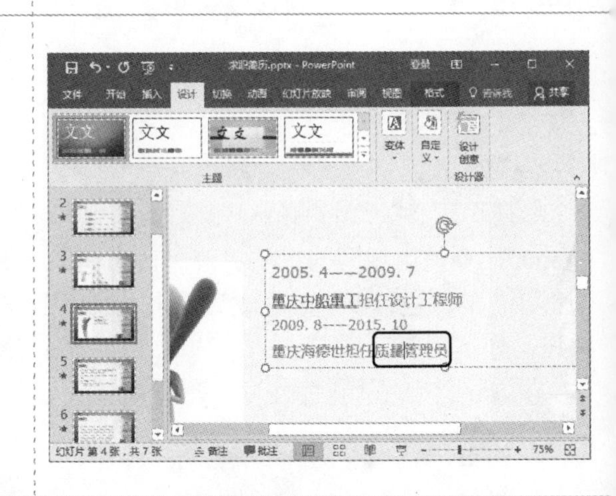

10.2 课堂讲解——校对演示文稿

通常情况下，PPT 都是用来向众人展示的，如果出现错误，那是非常尴尬的，甚至会造成不可预知的严重后果，为了避免此类情况的发生，在 PPT 编辑完成后还需要对其进行检查。

10.2.1 检查拼写错误

在制作 PPT 时，像版面不协调、字体格式搭配不当等显而易见的错误比较容易发现，也能及时更改，但像错别字这类细致的错误就不那么容易发现了，所以在 PPT 制作完成后还需要对其进行语法和拼写的检查，具体操作方法如下。

Step01: 打开素材文件“求职简历 pptx”，❶切换到“审阅”选项卡；❷单击“校对”组中的“拼写检查”按钮，如下图所示。

Step02: 打开“拼写检查”窗格，❶自动选择第一处可能需要修改的位置，根据需要选择正确的文本内容；❷单击“更改”按钮，如下图所示。

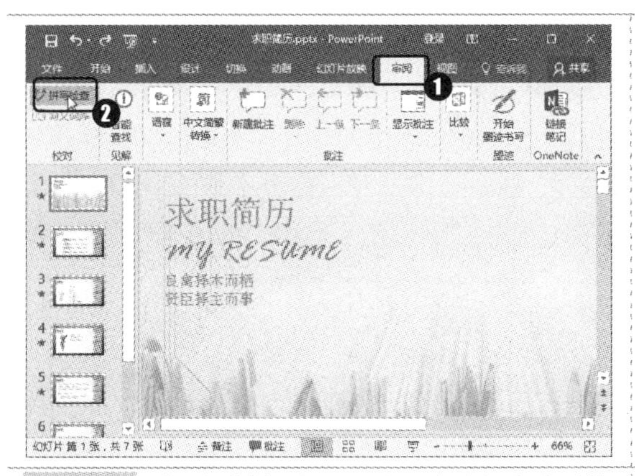

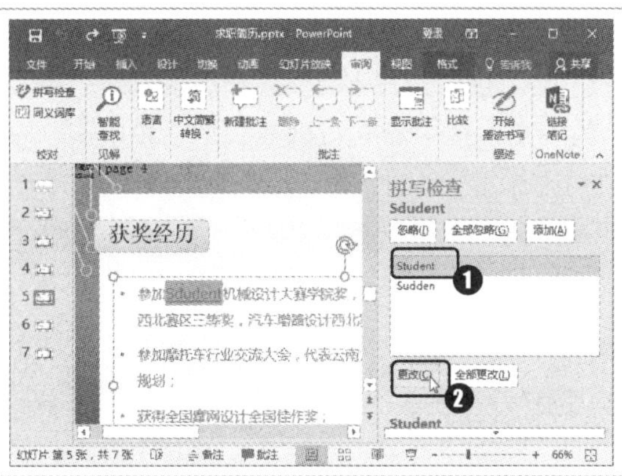

Step03: 自动跳转到下一处，如果不需要修改，单击“忽略”按钮即可，如下图所示。

Step04: 全部检查完毕后，弹出提示框提示拼写检查结束，单击“确定”按钮即可，如下图所示。

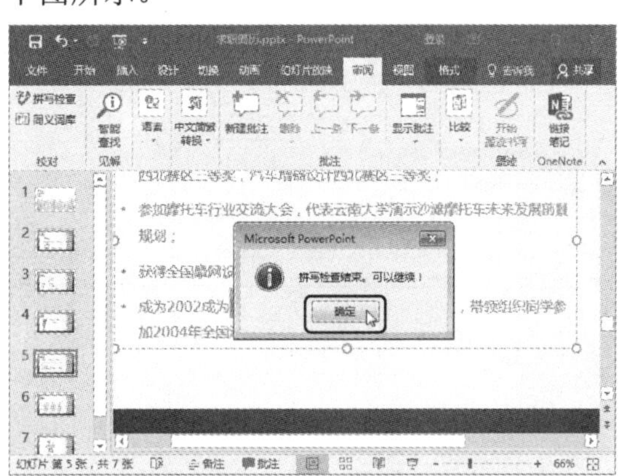

10.2.2　创建自动更正词条

在制作 PPT 时，对于一些容易发生错误的词语，可以创建自动更正词条，当输入错误时，系统会自动更改，操作方法如下。

Step01: 切换到“文件”选项卡，选择“选项”命令，如下图所示。

Step02: 打开“PowerPoint 选项”对话框，❶切换到“校对”选项卡；❷单击“自动更正选项”按钮，如下图所示。

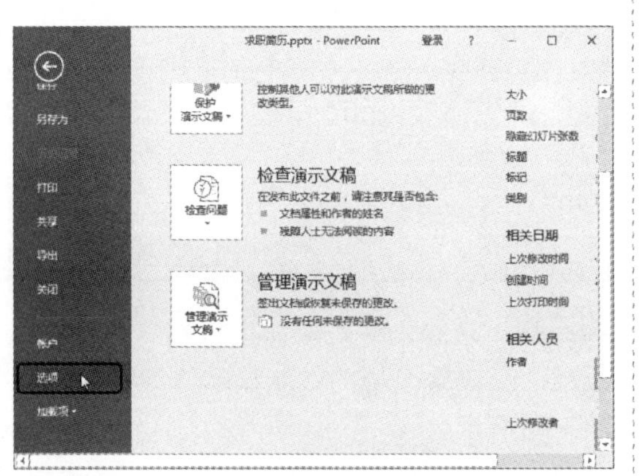

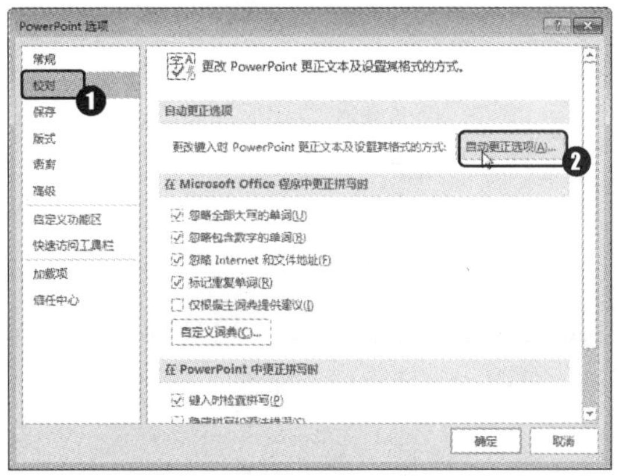

Step03: 打开“自动更正”对话框，❶在“替换”文本框中输入容易发生错误的词条；❷在“为”文本框中输入正确的词条；❸单击“添加”按钮，如下图所示。

Step04: 该词条将添加到列表框中，单击“确定”按钮退出即可，如下图所示。

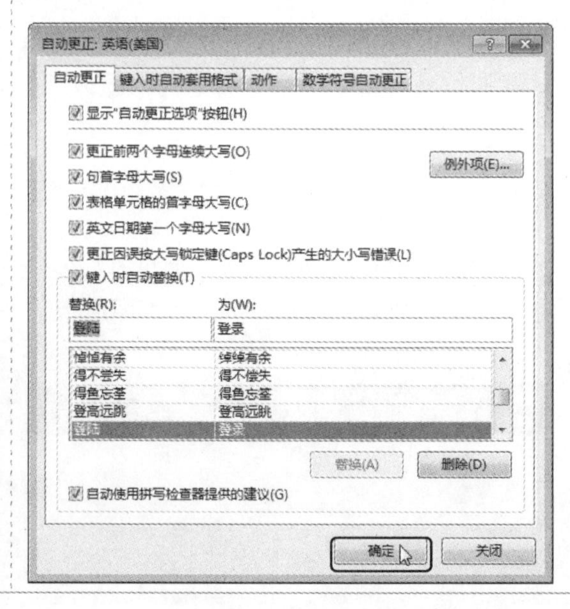

10.2.3 使用“合并比较”功能

使用 PowerPoint 2016 中的“合并比较”功能可比较当前演示文稿与其他演示文稿的不同之处，甚至合并两个演示文稿，使演示文稿更加完善，具体操作方法如下。

Step01: 单击“审阅”选项卡“比较”组中的“比较”按钮，如下图所示。

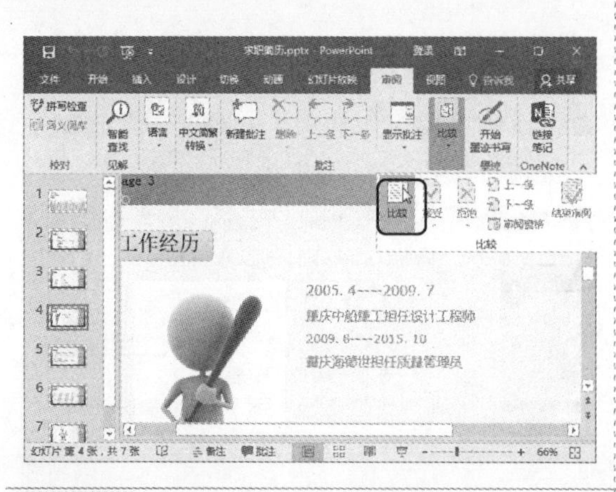

Step02: 打开“选择要与当前演示文稿合并的文件”对话框，❶选中需要进行合并的演示文稿；❷单击“合并”按钮，如下图所示。

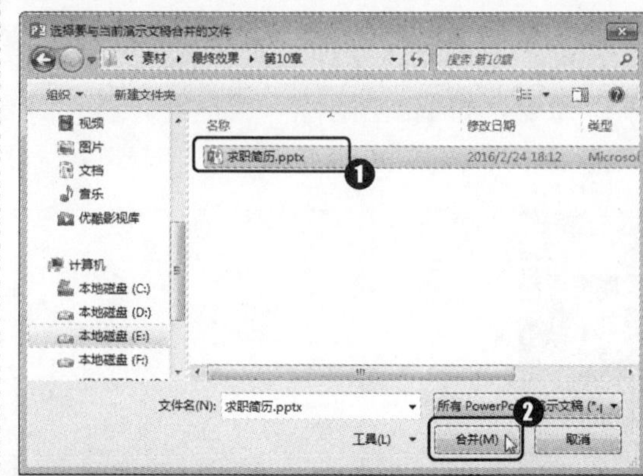

Step03: ❶单击幻灯片中出现的修改标记；❷选中复选框应用修改，如下图所示。

Step04: 选择幻灯片，如果该幻灯片中有修改项，会在修改项的右侧显示修改标记，如下图所示。

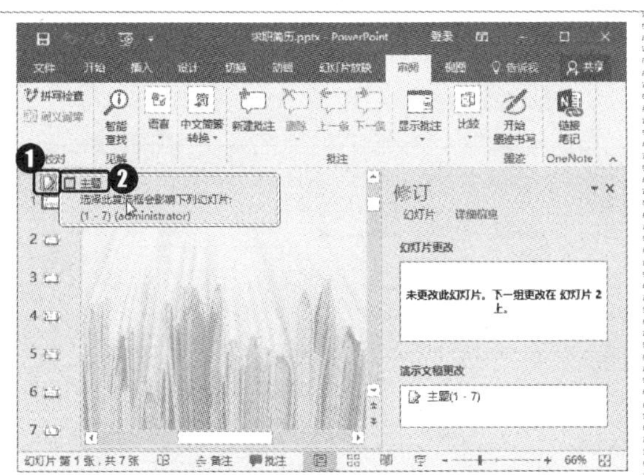

Step05: ❶选中有修改标记的内容；❷单击“审阅”选项卡“比较”组中的“接受”按钮即可接受更改，如下图所示。

Step06: 如果该幻灯片中有多处修改项，且需要全部接受更改，❶可以单击“审阅”选项卡“比较”组中的“接受”下拉按钮；❷在弹出的下拉列表中选择“接受对此幻灯片所做的所有更改”选项，如下图所示。

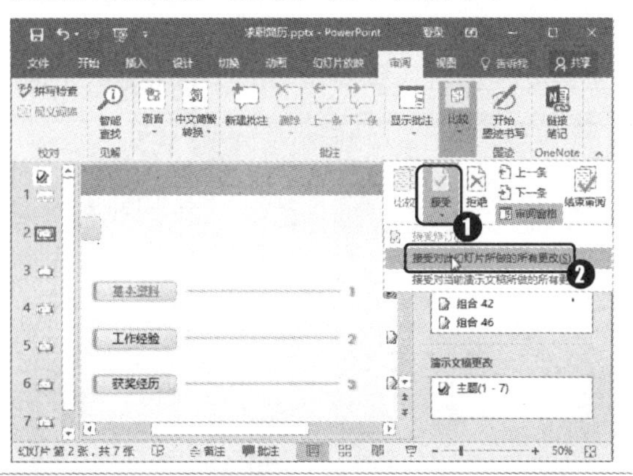

Step07: 如果需要接受该演示文稿中的所有修改，❶可以单击“审阅”选项卡“比较”组中的“接受”下拉按钮；❷在弹出的下拉列表中选择“接受对当前演示文稿所做的所有更改”选项，如下图所示。

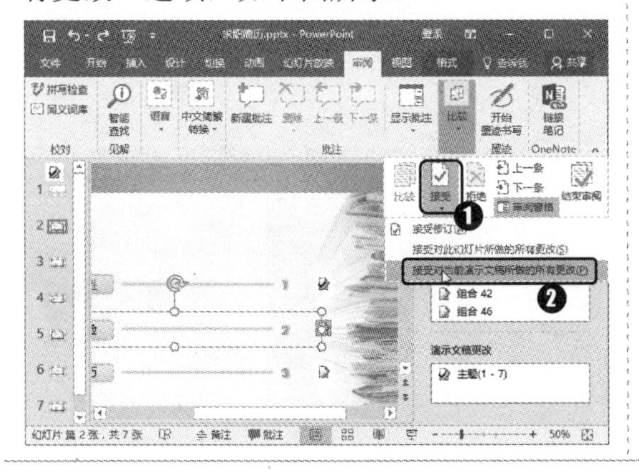

Step08: 审阅完成后，单击“审阅”选项卡“比较”组中的“结束审阅”按钮结束审阅，如下图所示。

Step09: 在弹出的提示对话框中单击“是”按钮，如右图所示。

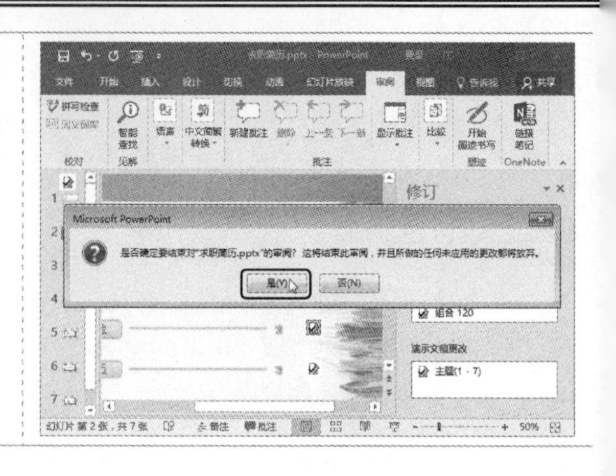

10.2.4 对个别单词进行翻译

在阅读一些使用其他语言所制作的 PPT 时，偶尔会出现对个别的单词或短语不太明白的情况，此时为了能够充分地理解 PPT 的内容，可以使用“翻译屏幕提示”功能进行临时翻译，具体操作方法如下。

Step01: 打开素材文件“英文 PPT.pptx”，❶单击“审阅”选项卡“语言”组中的“翻译”下拉按钮；❷在弹出的下拉列表中选择“翻译屏幕提示”选项，如下图所示。

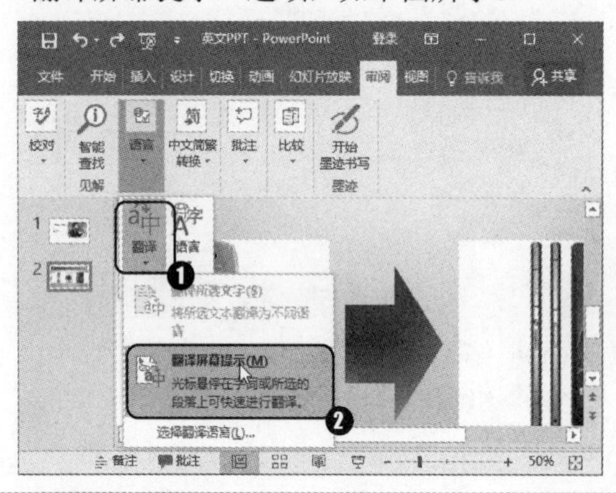

Step02: 打开“翻译语言选项”对话框，❶在“翻译为”下拉列表框中选择“中文（中国）”；❷设置完成后单击“确定”按钮，如下图所示。

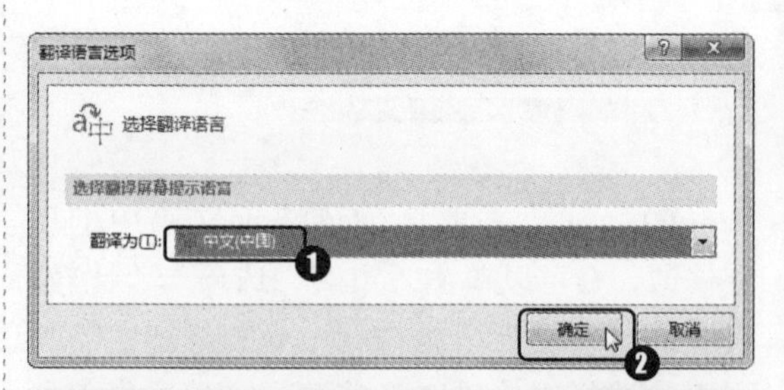

Step03: 返回所编辑幻灯片，将鼠标指向需要翻译的词语将会出现一个即时翻译框显示单词相关信息，将鼠标指向翻译框即可查看，如右图所示。

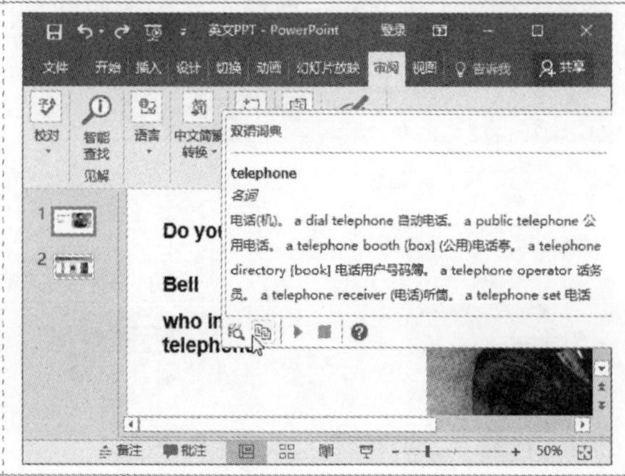

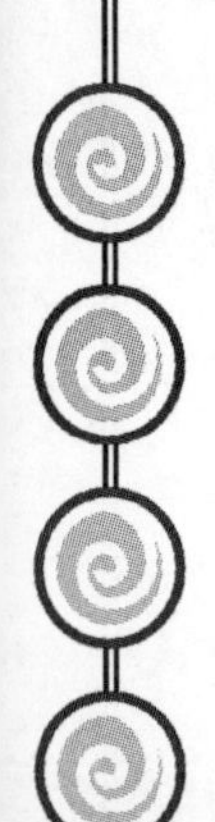

10.2.5　对大段文本进行翻译

有时幻灯片所使用的并非常用语言，为了让所有人都能看懂，我们需要将幻灯片中的文本翻译为大家所熟知的语言，具体操作方法如下。

Step01: ❶选中需要翻译的内容；❷单击“审阅”选项卡“语言”组中的“翻译”下拉按钮；❸在弹出的下拉列表中选择“翻译所选文字”选项，如下图所示。

Step02: 打开“信息检索”窗格，❶选择被翻译语言和目标语言；❷在翻译结果下方单击“插入”按钮，如下图所示。

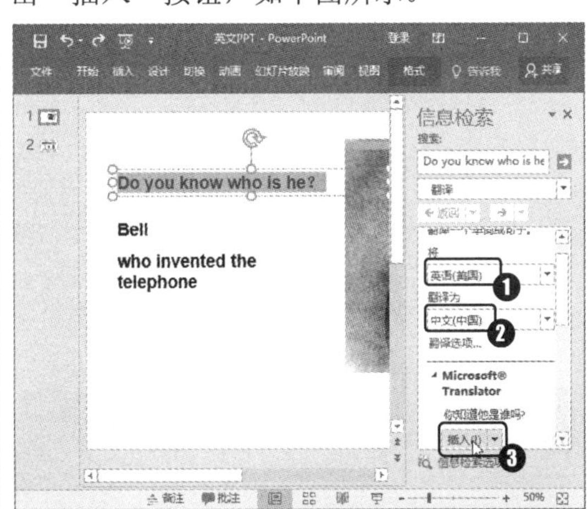

Step03: 返回幻灯片即可看到所选内容已转换为需要的语言，如右图所示。

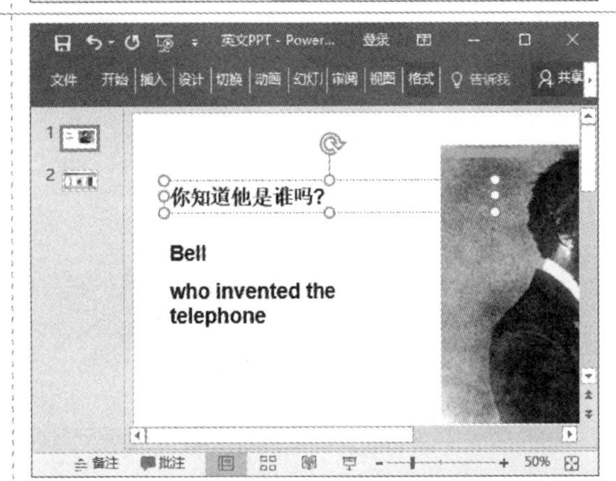

▷▷ 10.3　课堂讲解——批注演示文稿

批注是一种备注，可以将其添加到幻灯片上的某个字母或词语上，也可以附加到整个幻灯片上。在 PowerPoint 2016 中，用户可以在演示文稿中快速创建和查看批注。

10.3.1　添加批注

批注既可以用于在对幻灯片进行审阅时添加评语，也可以像备注那样作为演讲幻灯片时的提示，它的应用对象既可以是整张幻灯片，也可以是幻灯片中某个单独的对象，包括文字、文本框以及图片等，下面以为整张幻灯片添加批注为例，介绍批注的添加方法，具体操作方法如下。

Step01: 打开素材文件“求职简历.pptx”，单击“审阅”选项卡“批注”组中的“新建批注”按钮，如下图所示。

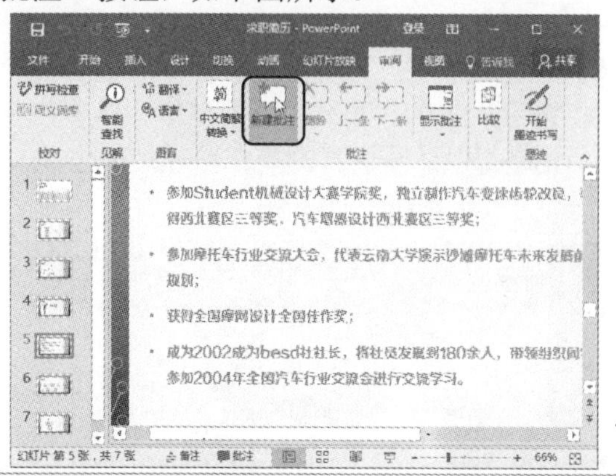

Step02: 打开“批注”窗格，在窗格中输入批注内容后关闭窗格即可添加批注，如下图所示。

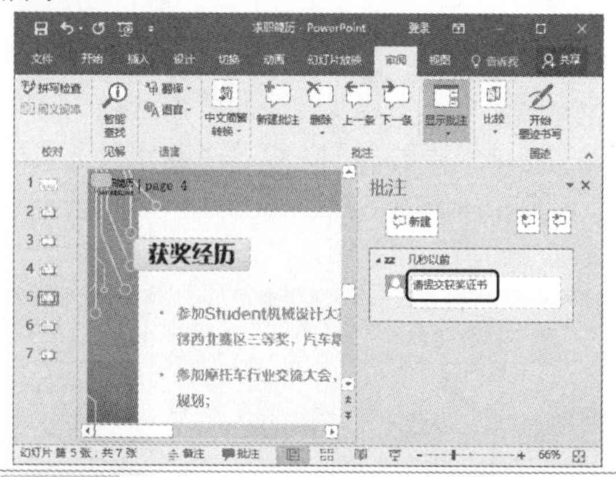

Step03: 如果要查看批注，可以单击“审阅”选项卡“批注”组中的“显示批注”按钮，如下图所示。

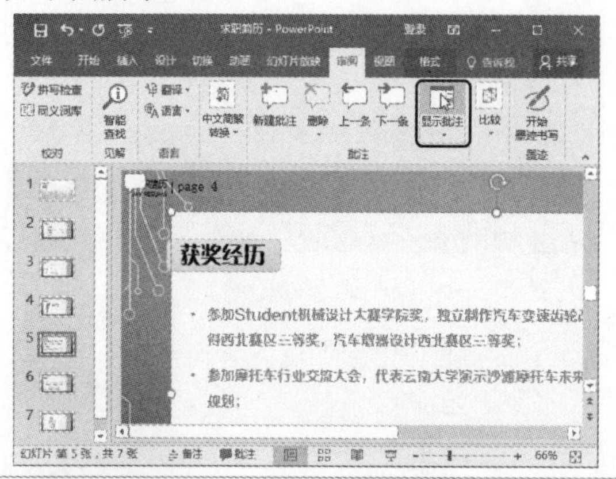

Step04: 在打开的“批注”窗格中即可查看幻灯片中的批注，如下图所示。

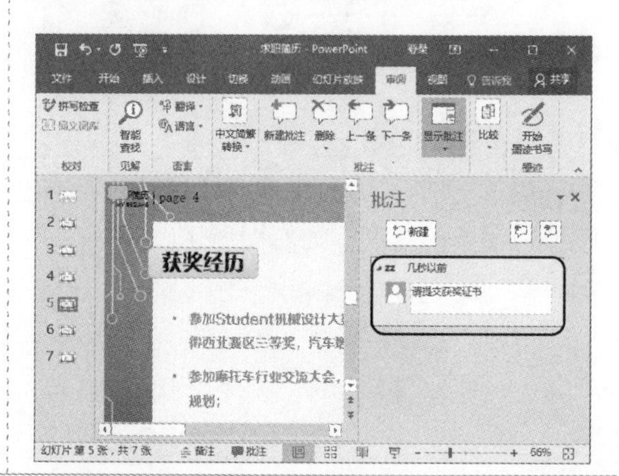

10.3.2 编辑批注

在添加了批注之后，如果需要对批注进行编辑，可以使用以下的方法。

Step01: ❶单击“审阅”选项卡“批注”组中的“显示批注”按钮，打开“批注”窗格；❷选中批注内容即可修改批注，如下图所示。

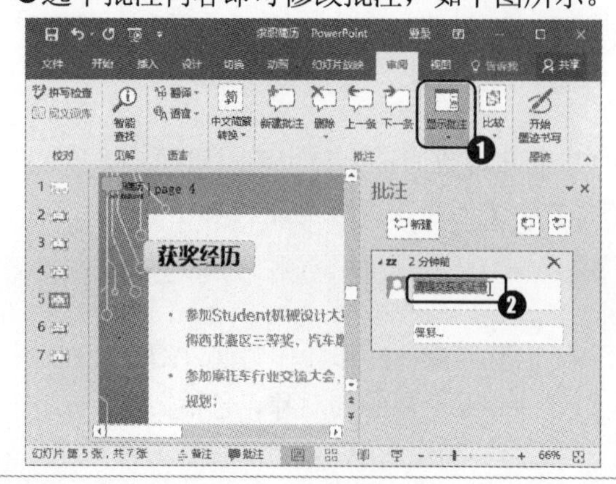

Step02: 如果需要答复批注，可以在“答复”文本框中单击鼠标左键，如下图所示。

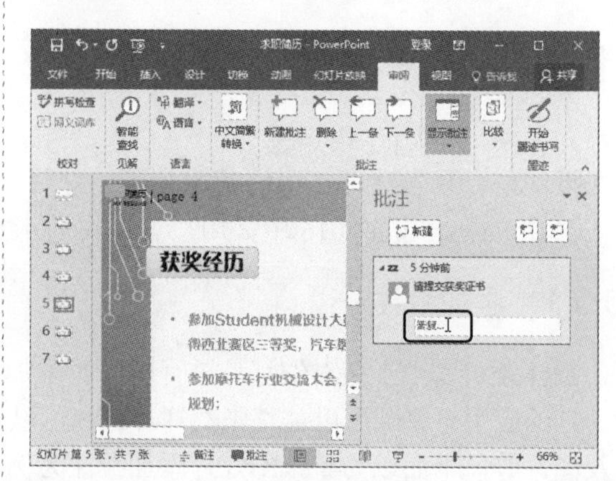

Step03: 在文本框中直接输入答复内容即可，如右图所示。

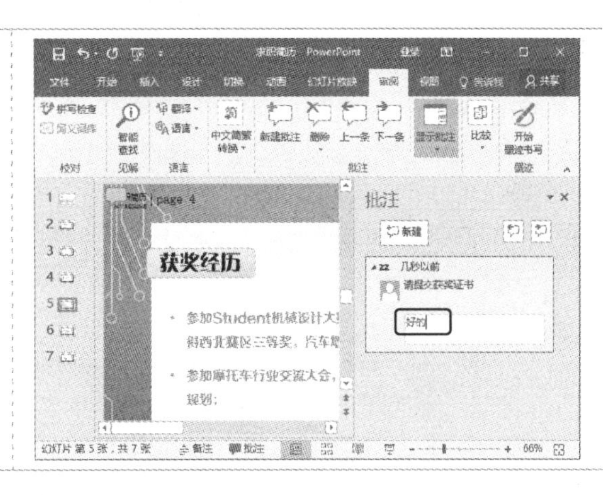

10.3.3　删除批注

在查看了批注之后，也可以删除批注，删除批注的操作方法如下。

Step01: 单击状态栏中的“批注”按钮，如下图所示。

Step02: 打开“批注”窗格，单击“下一个”按钮查找批注，如下图所示。

Step03: 找到需要删除的批注时，单击“删除”按钮 ✕ 即可删除批注，如下图所示。

Step04: 如果要删除所有批注，❶单击“审阅”选项卡“批注”组中的“删除”下拉按钮；❷在弹出的下拉列表中选择“删除此演示文稿中的所有批注和墨迹”选项，如下图所示。

▷▷ 高手秘籍——实用操作技巧

通过前面知识的学习，相信读者朋友已经掌握了 PowerPoint 2016 中链接管理和审阅的基本操作。下面结合本章内容介绍一些实用技巧。

同步文件

视频文件：视频文件\第 10 章\高手秘籍.mp4

技巧 01 隐藏拼写检查的波纹线

在 PowerPoint 2016 中，有时会出现程序不能正确识别的词语或文字，此时程序会自动以红色波纹线进行错误标示，在一定程度上影响视觉美感，此时需要将这些波纹线隐藏起来，具体操作方法如下。

Step01: 在“文件”选项卡中选择“选项”命令，如下图所示。

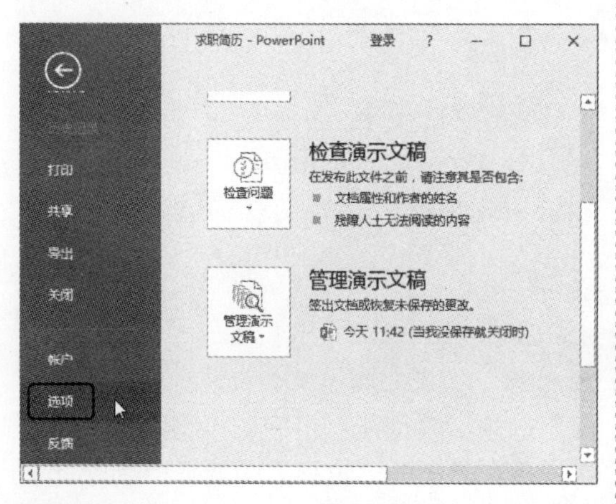

Step02: 打开“PowerPoint 选项”对话框，❶在“校对”选项卡中勾选“隐藏拼写和语法错误”复选框；❷单击“确定”按钮，如下图所示。

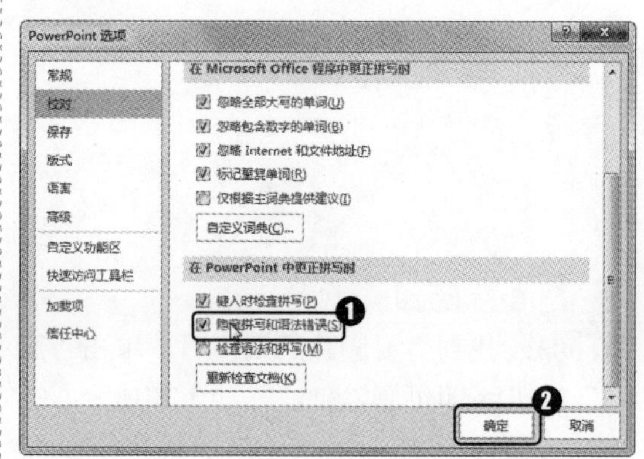

技巧 02 对文本进行简繁转换

在制作某些 PPT 时，可能需要将简体中文转换为繁体中文，此时，可以利用 PowerPoint 2016 的简繁转换功能来使 PPT 适应特殊的需要，操作方法如下。

Step01: 打开素材文件“求职简历.pptx”，❶选中需要转换的文字；❷单击“审阅”选项卡“中文简繁转换”组中的“简转繁”按钮，如下图所示。

Step02: 操作完成后，所选文字即可转换为繁体，如下图所示。

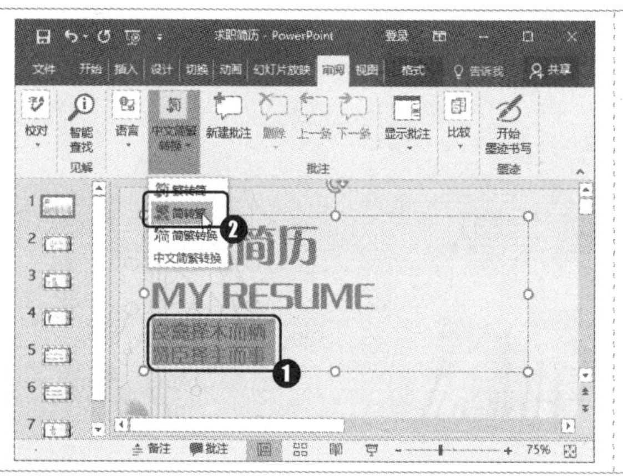

技巧 03　为幻灯片中的图片添加超链接

在制作演示文稿时，除了为幻灯片中的文本创建超链接外，幻灯片中显示图片同样可以创建为超链接。为幻灯片中的图片创建超链接的方法与为文本创建超链接类似，只是设置对象不同而已，操作方法如下。

Step01: 打开素材文件“公司组织结构. pptx”，❶在需要创建超链接的图片上单击鼠标右键；❷在弹出的快捷菜单中选择“超链接”命令，如下图所示。

Step02: 打开“插入超链接”对话框，❶在“链接到”列表框中选择“现有文件或网页”；❷单击“查找范围”下拉按钮，查找并选择要链接的目标文件；❸单击“确定”按钮，如下图所示。

技巧 04　将幻灯片链接到电子邮件

在 PowerPoint 2016 中还可以将幻灯片链接到电子邮件，操作方法如下。

Step01: 打开素材文件“求职简历.pptx”，❶选中需要设置超链接的文字；❷单击“插入”选项卡“链接”组中的“超链接”按钮，如下图所示。

Step02: 打开“插入超链接”对话框，❶在“链接到”列表框中选择“电子邮件地址”；❷在“电子邮件地址”文本框中输入电子邮件地址；❸在“主题”文本框中输入所需的文本；❹单击“确定”按钮，如下图所示。

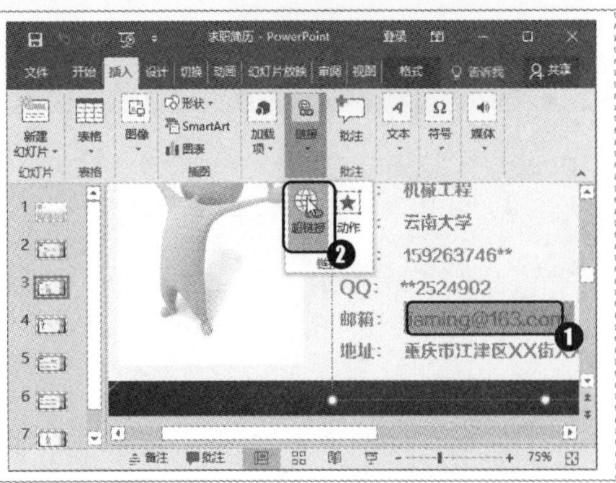

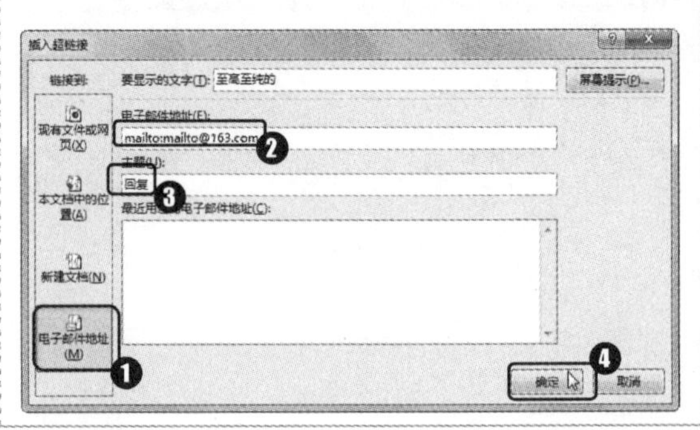

新手注意

将幻灯片链接到电子邮件后，只要单击该链接文本，就会启动电子邮件和主题，输入正文后单击“发送”按钮即可发送邮件。

▷▷ 上机实战——审阅幻灯片并添加超链接

>> 上机介绍

在幻灯片中，为幻灯片添加超链接可以方便地操作幻灯片，而丰富的外部链接也可以让阅读者在阅读时更深入地了解幻灯片中的内容。下面为“楼盘宣传”演示文稿添加超链接，并校对检查全文内容，最终效果如下图所示。

同步文件

视频文件：视频文件\第 10 章\上机实战.mp4

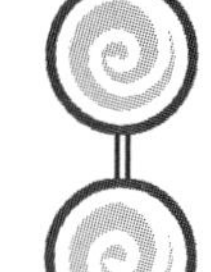

步骤详解

本实例的具体制作步骤如下。

Step01: 打开素材文件“楼盘简介.pptx”，❶选中标题文本；❷单击“审阅”选项卡“中文简繁转换”组中的“简转繁”按钮，如下图所示。

Step02: ❶选择第 2 张幻灯片；❷选中目录文本；❸单击“插入”选项卡“链接”组中的“超链接”按钮，如下图所示。

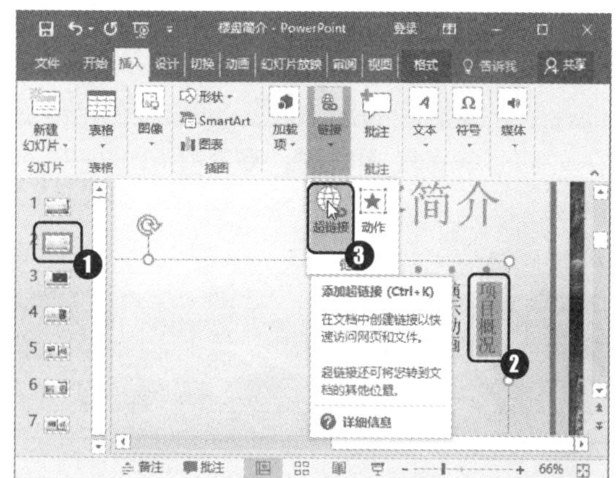

Step03: 打开“插入超链接”对话框，❶在“链接到”列表框中选择“本文档中的位置”；❷在“请选择文档中的位置”列表框中选择合适的幻灯片；❸单击“确定”按钮，如下图所示。

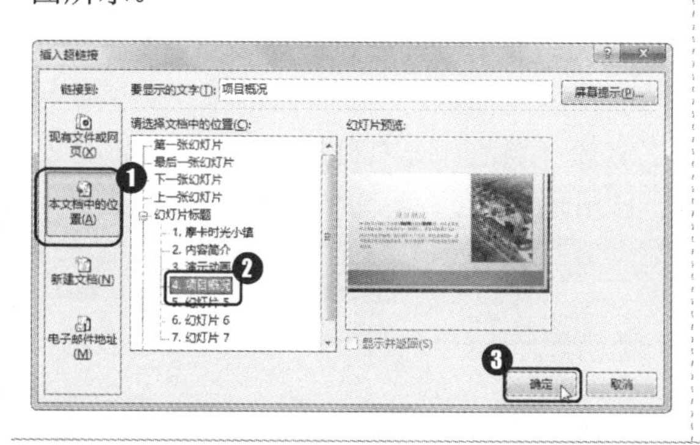

Step04: 使用相同的方法为其他目录文字添加超链接，如下图所示。

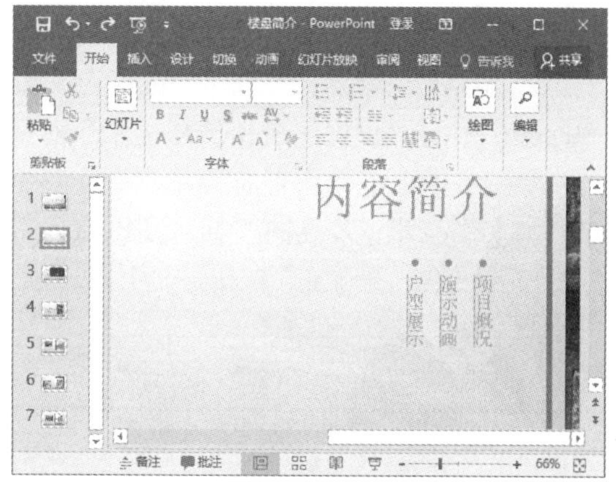

Step05: ❶选择第 4 张幻灯片；❷在图片上单击鼠标右键；❸在弹出的快捷菜单中选择“超链接”命令，如下图所示。

Step06: 打开“插入超链接”对话框，❶在“链接到”列表框中选择“现有文件或网页”；❷查找并选择要链接的目标文件；❸单击“确定”按钮，如下图所示。

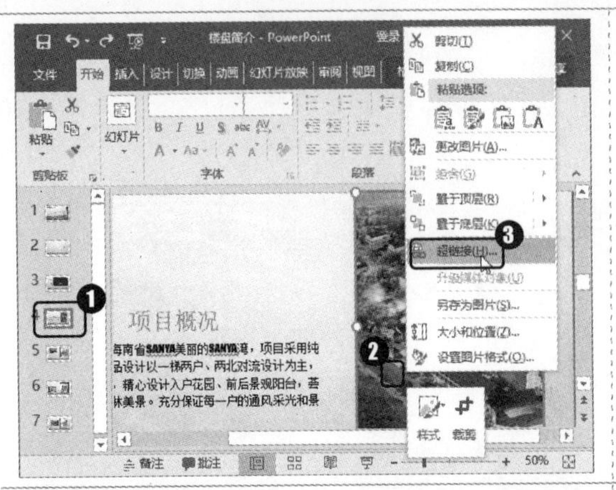

Step07: ❶选择要添加超链接的文字，然后在文字上单击鼠标右键；❷在弹出的快捷菜单中选择“超链接”命令，如下图所示。

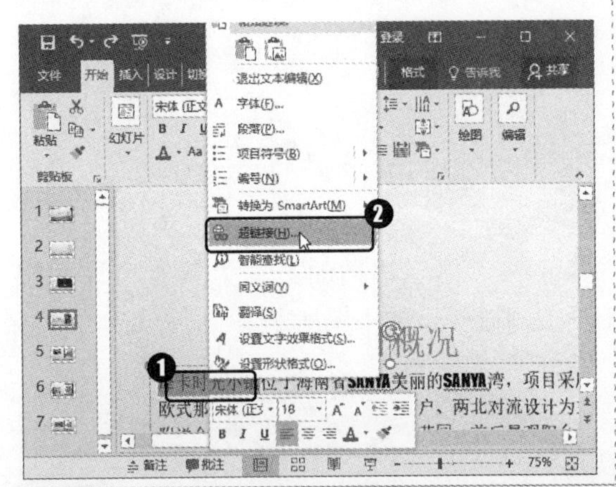

Step09: 打开“设置超链接屏幕提示”对话框，❶在文本框中输入屏幕提示文字；❷单击“确定”按钮；❸返回“插入超链接”对话框，再次单击“确定”按钮，如下图所示。

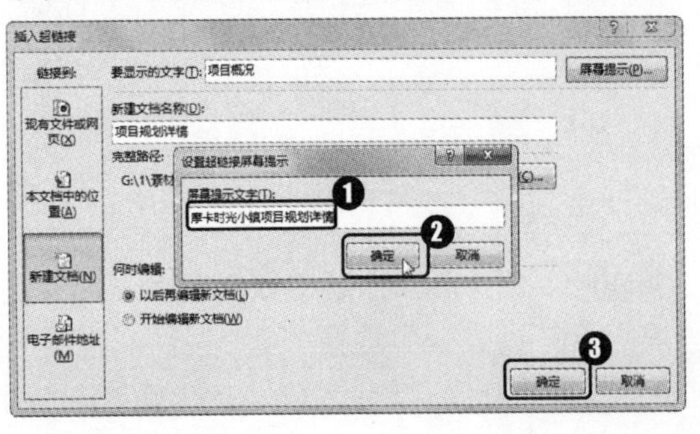

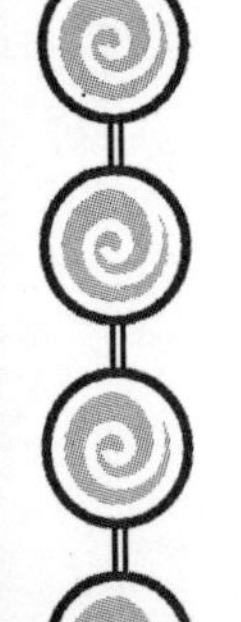

Step08: 打开“插入超链接”对话框，❶在“链接到”列表框中选择“新建文档”；❷在“新建文档名称”文本框中输入合适的文本内容；❸在“何时编辑”栏中选择“以后再编辑新文档”单选按钮；❹单击“确定”按钮；❺单击“屏幕提示”按钮，如下图所示。

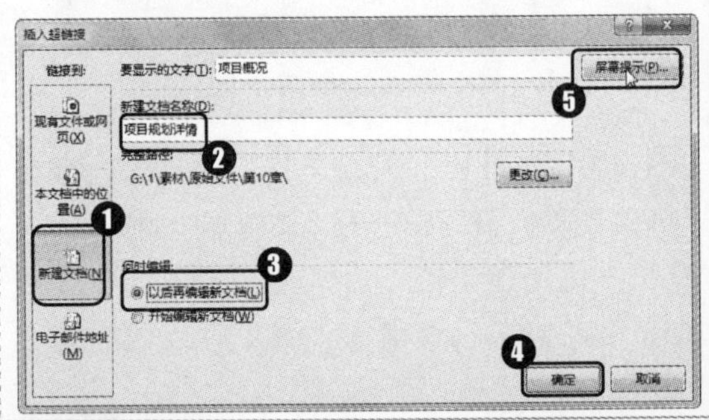

Step10: ❶单击“设计”选项卡“变体”组右侧的下拉按钮；❷在弹出的下拉列表中依次选择“颜色”→“自定义颜色”选择，如下图所示。

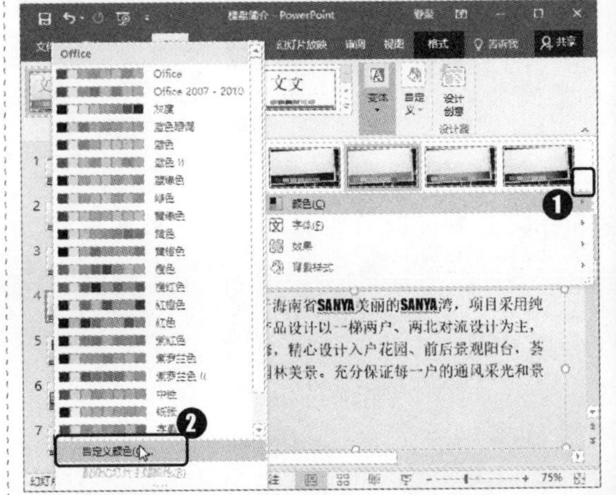

Step11: ❶分别设置“超链接”和“已访问的超链接”的颜色；❷单击“保存”按钮，如下图所示。

Step12: 返回幻灯片中即可看到超链接的样式已经更改，如下图所示。

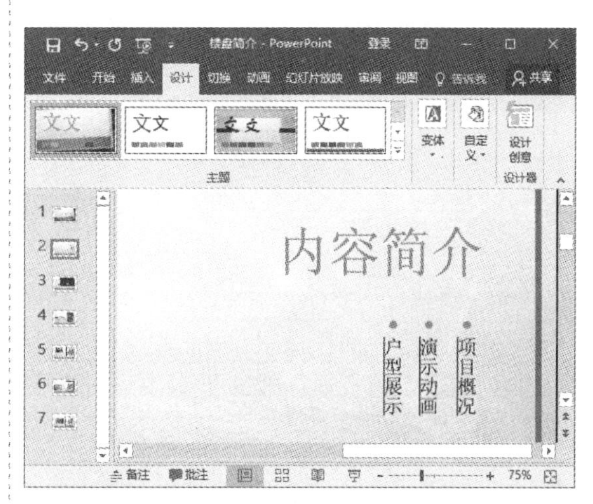

Step13: ❶选择第 4 张幻灯片；❷单击“插入”选项卡“插图”组中的“形状”下拉按钮；❸在弹出的下拉列表中选择合适的动作按钮，然后在幻灯片的适合位置拖动鼠标左键绘制动作按钮，如下图所示。

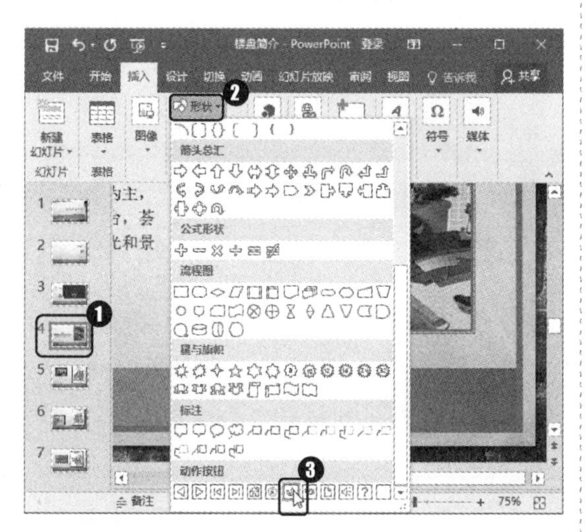

Step14: 自动弹出“操作设置”对话框，❶单击“超链接到”下拉按钮；❷在弹出的下拉列表中选择“幻灯片”选项；如下图所示。

Step15: 打开“超链接到幻灯片”对话框，❶选择需要链接到的幻灯片名称；❷单击“确定”按钮，如下图所示。

Step16: 返回“操作设置”对话框，单击“确定”按钮，如下图所示。

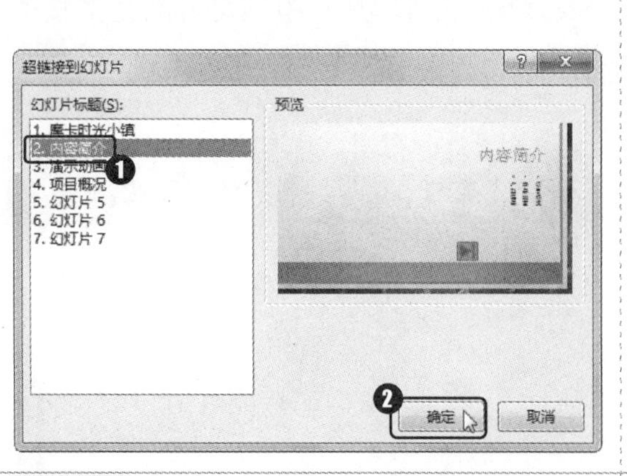

Step17: ❶选中动作按钮；❷在“绘图工具-格式”选项卡的“形状样式”组中设置动作按钮的样式，如下图所示。

Step18: 使用相同的方法为其他幻灯片制作动作按钮，如下图所示。

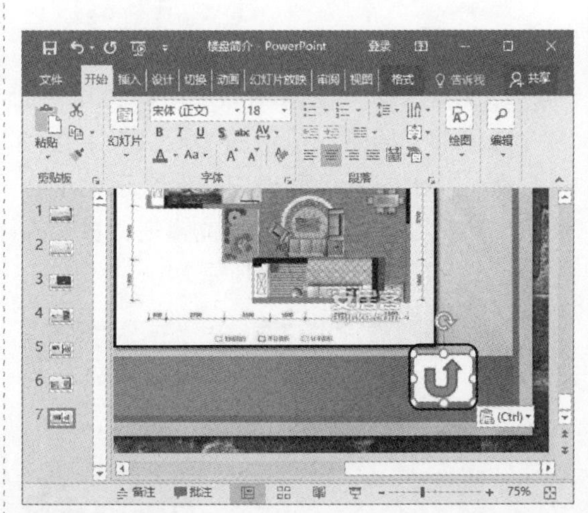

Step19: ❶切换到“审阅”选项卡；❷单击“校对”组中的“拼写检查”按钮，如下图所示。

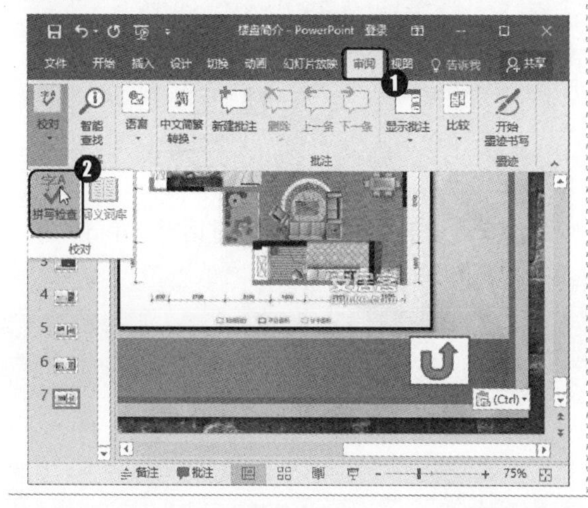

Step20: 打开“拼写检查”窗格，该处经检查不需要修改，单击“忽略”按钮，如下图所示。

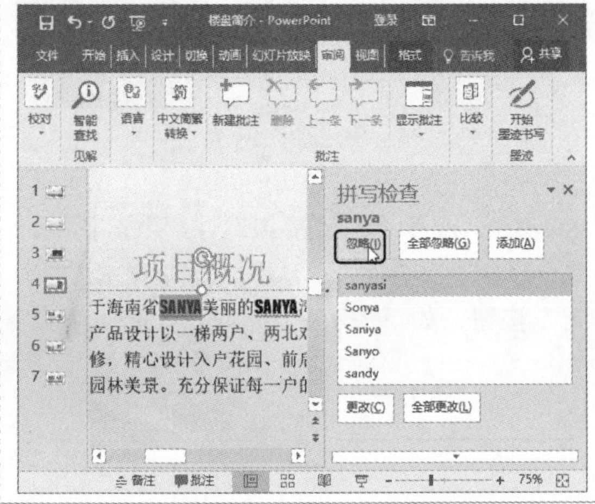

Step21: 检查完成后，在弹出的提示对话框中单击“确定”按钮即可，如右图所示。

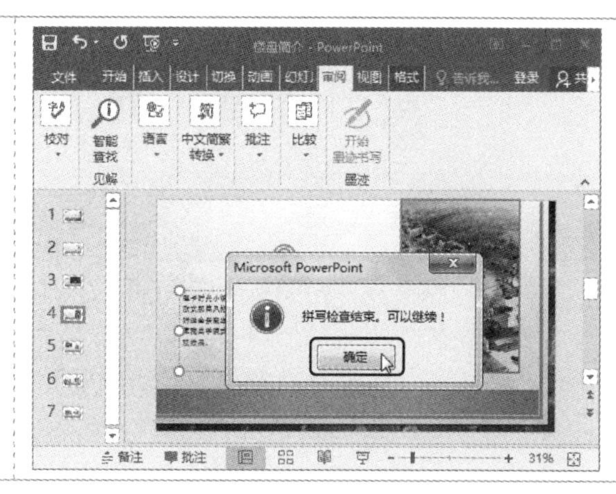

本章小结

本章的重点在于掌握在 PowerPoint 2016 演示文稿中添加超链接、校对文稿和添加批注的方法，包括添加文件超链接、添加网页超链接、添加动作按钮超链接、校对演示文稿、翻译演示文稿、添加批注及删除批注的方法。希望读者通过本章的学习能够掌握各种超链接的添加方法，并能运用拼写检查功能减少演示文稿中的错误。

第 11 章　放映与输出演示文稿

本章导读

为演示文稿添加各种对象并进行美化，再为幻灯片添加各种精美的动画，都是为最终的放映做准备。演示文稿的放映是设置幻灯片的最终环节，也是最重要的环节。本章将详细介绍放映与输出演示文稿的相关知识。

知识要点

- 设置幻灯片放映时间
- 录制和清除旁白
- 放映幻灯片
- 输出演示文稿
- 为演示文稿设置密码
- 保护演示文稿
- 打印演示文稿

效果展示

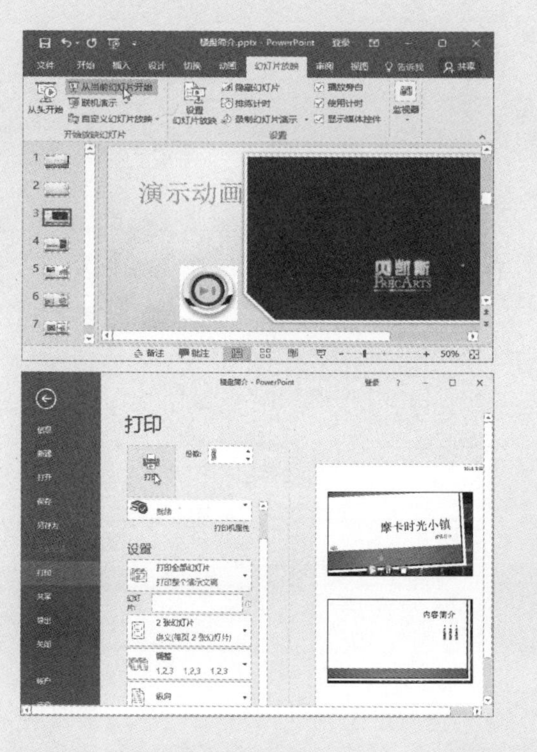

11.1　课堂讲解——设置合理的放映

在放映演示文稿的过程中，如果没有时间控制播放流程，可对幻灯片设置放映时间或旁白，从而创建自动运行的演示文稿，以达到合理放映演示文稿的目的。

11.1.1　设置幻灯片放映时间

默认情况下，在放映演示文稿时需要单击鼠标左键，才会播放下一个动画或下一张幻灯片，这种方式叫手动放映。如果希望当前动画或幻灯片播放完毕后自动播放下一个动画或下一张幻灯片，可以对幻灯片设置放映时间。

1. 手动设置放映时间

手动设置放映时间就是逐一对各张幻灯片设置播放时间。具体操作方法如下。

打开素材文件“楼盘简介.pptx”，❶选中要设置放映时间的幻灯片；❷切换到“切换”选项卡；❸在“计时”组的“换片方式”栏中勾选“设置自动换片时间”复选框；❹在右侧的微调框中设置当前幻灯片的播放时间即可，如右图所示。

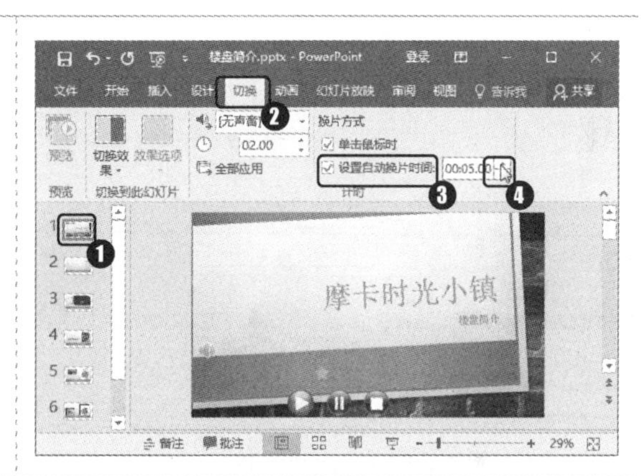

> **新手注意**
>
> 对每张幻灯片设置播放时间后，此后放映演示文稿时会根据设置的时间进行自动放映。此外，当前幻灯片的放映时间设置好后，如果希望将该设置应用到所有幻灯片中，可单击“计时”组中的“全部应用”按钮。

2. 设置排练计时

排练计时就是在正式放映前用手动的方式进行换片，PowerPoint 2016 能够自动把手动换片的时间记录下来，如果应用这个时间，那么以后便可以按照这个时间自动进行放映，无需人为控制，具体操作方法如下。

Step01: ❶切换到“幻灯片放映”选项卡；❷在“设置”组中单击“排练计时”按钮，如下图所示。

Step02: 出现幻灯片放映视图，同时出现“录制”工具栏，当放映时间达到预定时间后，单击“下一项”按钮，切换到下一张幻灯片，重复此操作，如下图所示。

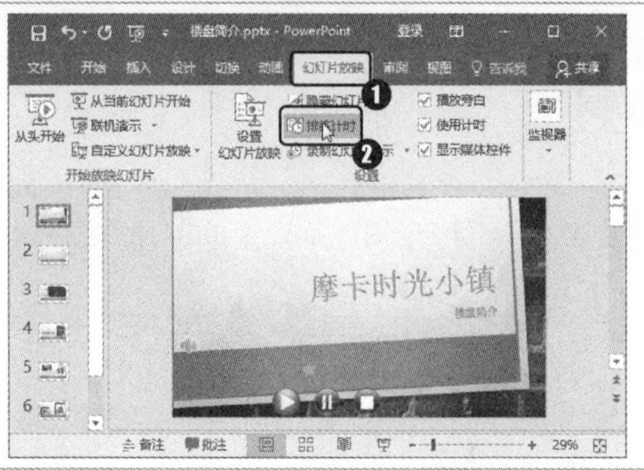

Step03: 到达幻灯片末尾时，出现信息提示框，单击“是”按钮，以保留排练时间，下次播放时按照记录的时间自动播放幻灯片，如下图所示。

Step04: 保存排练计时后，将退出排练计时状态，以“幻灯片浏览”视图模式显示可以看到各幻灯片的播放时间，如下图所示。

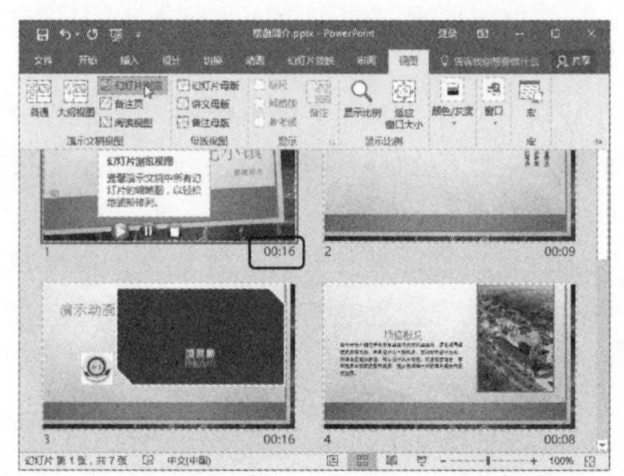

在排练计时的过程中，可进行如下操作。

当需要对下一个动画或下一张幻灯片进行排练时，可单击“录制”工具栏中的“下一项”按钮➔。

在排练过程中因故需要暂停排练，可单击“录制”工具栏中的“暂停”按钮⏸暂停计时。

在排练计过程中，可在“幻灯片放映时间”文本框中手动输入当前动画或幻灯片的放映时间，然后按〈Tab〉键切换到下一个动画或下一张幻灯片，使手动设置的时间生效。

若因故需要对当前幻灯片重新排练，可单击“重复”按钮↶，将当前幻灯片的排练时间归零，并重新计时。

> **新手注意**
>
> 在排练计时的过程中，“录制”工具栏中的“重复”按钮右侧会记录并显示当前演示文稿放映的总时间，但这个总时间不一定是各张幻灯片放映时间的总和，可能有一些时间误差。

11.1.2　录制幻灯片旁白

为了便于观众理解，有时演示者还会在放映的过程中进行讲解。但当演示者不能参加演示文稿放映时，就可以通过 PowerPoint 2016 的录制功能来录制旁白，以解决该问题。

如果用户的计算机已经安装了相关的声音硬件，就可以录制旁白了，方法如下。

Step01: 打开需要录制旁白的演示文稿，❶单击“幻灯片放映”选项卡“设置”组中的“录制幻灯片演示”下拉按钮；❷在下拉列表中选择“从当前幻灯片开始录制”，如下图所示。

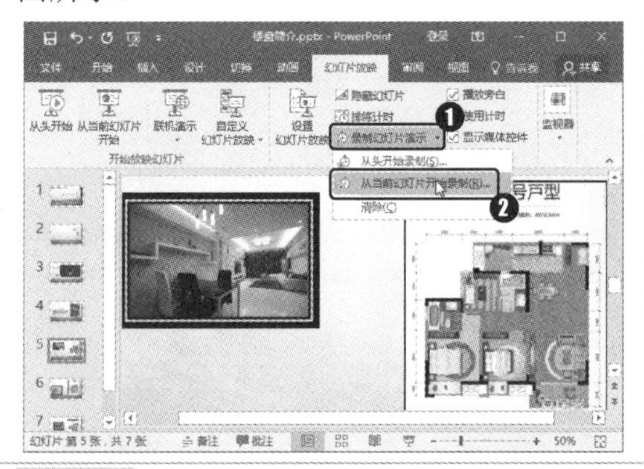

Step02: 弹出“录制幻灯片演示”对话框，❶勾选“幻灯片和动画计时”复选框可记录幻灯片的播放时间，勾选“旁白、墨迹和激光笔”复选框可录制旁白，这里全部选中；❷单击“开始录制”按钮，如下图所示。

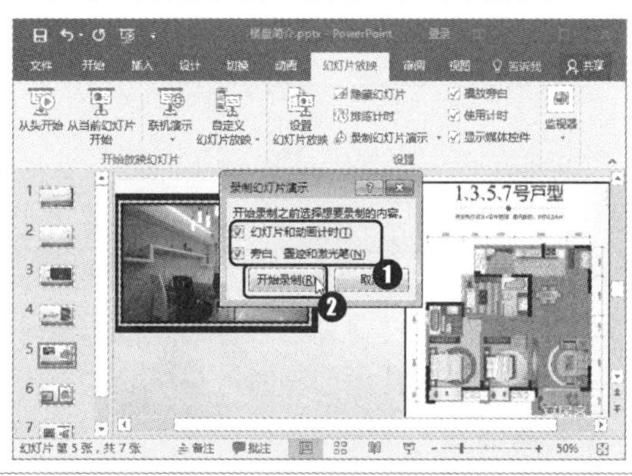

Step03: 进入全屏放映幻灯片状态，同时屏幕上还会打开“录制”工具栏进行计时，此时演讲者只需对着麦克风讲话，即可录制旁白。当前幻灯片的旁白录制完成后，可单击“录制”工具栏中的“下一项”按钮切换到下一张幻灯片，如下图所示。

Step04: 用同样的方法为其他幻灯片录制旁白，当最后一张幻灯片的旁白录制好后，单击“下一项”按钮➔结束放映，如下图所示。

Step05: 结束旁白录制后，以“幻灯片浏览”视图模式查看各幻灯片的播放时间，设置了旁白的幻灯片右下角将添加一个声音图标，如右图所示。

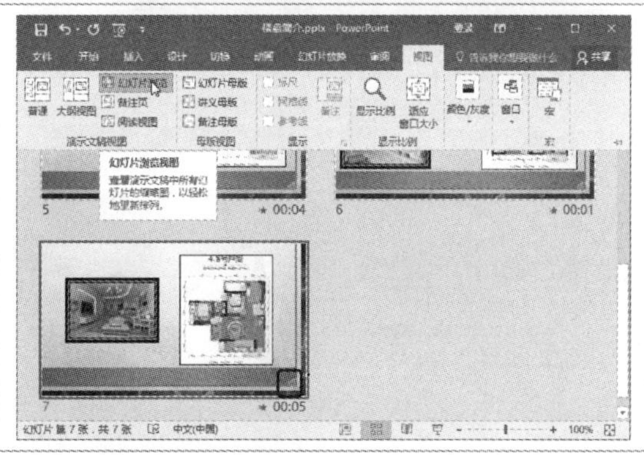

11.1.3 清除计时和旁白

设置排练计时，或者为演示文稿录制了旁白后，还可以根据需要将录制的计时和旁白删除，操作方法如下。

❶切换到“幻灯片放映”选项卡；❷在“设置”组中单击“录制幻灯片演示”下拉按钮；❸在弹出的下拉列表中选择“清除”选项；❹在其中根据需要选择需要清除的内容，如右图所示。

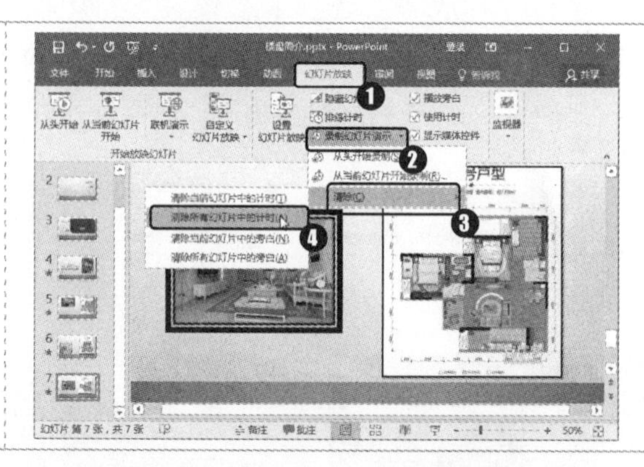

在“清除”下拉列表中，各项的作用如下。

清除当前幻灯片中的计时：可清除当前幻灯片中的计时，即当前幻灯片中不再显示播放时间，但在放映时可以听到旁白。

清除所有幻灯片中的计时：可清除所有幻灯片中的计时，即所有幻灯片中不再显示播放时间，但在放映时可以听到旁白。

清除当前幻灯片中的旁白：可清除当前幻灯片中的旁白，同时幻灯片中的声音图标消失，此后放映演示文稿时，该幻灯片中不再有演讲者的旁白，但会根据录制旁白过程中的录制时间自动放映。

清除所有幻灯片中的旁白：可清除所有幻灯片中的旁白，此后放映演示文稿时，这些幻灯片中不再有演讲者的旁白，但会根据录制旁白过程中的录制时间自动放映。

11.1.4 设置放映时不加动画或旁白

为幻灯片设置动画效果或录制旁白后，在放映幻灯片时可以根据需要选择是否将动画或旁白加入放映中。下面练习设置放映时不加动画。

Step01: 打开演示文稿，❶切换到“幻灯片放映”选项卡；❷在“设置”组中单击“设置幻灯片放映”按钮，如下图所示。

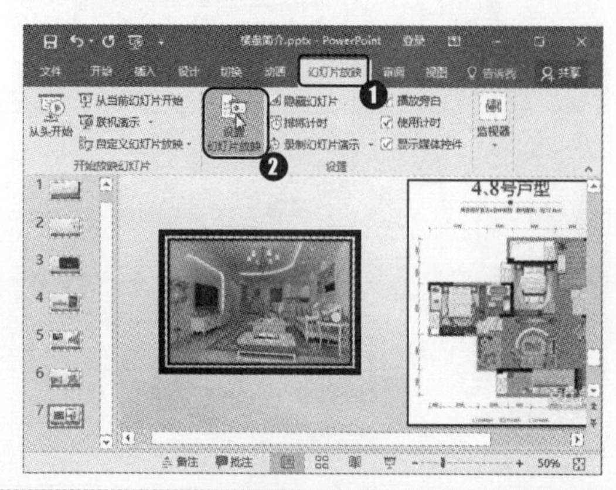

Step02: 弹出“设置放映方式”对话框，❶在“放映选项”栏中勾选“放映时不加动画”复选框；❷单击“确定”按钮，如下图所示。

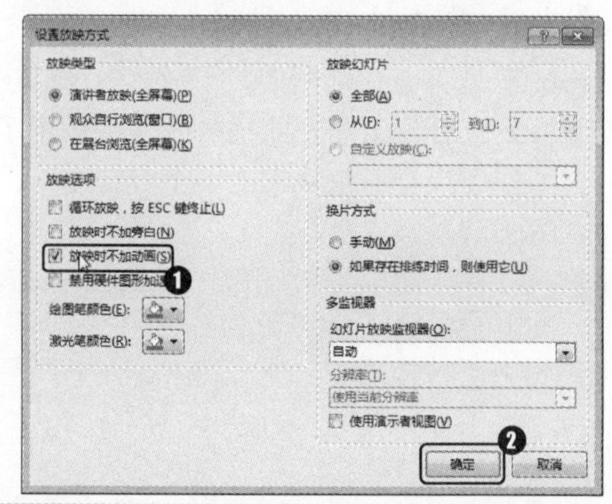

Step03: 通过上述操作，在放映幻灯片时，将不会有动画效果出现，但是切换到“动画”选项卡可以发现动画效果并没有被删除，如右图所示。

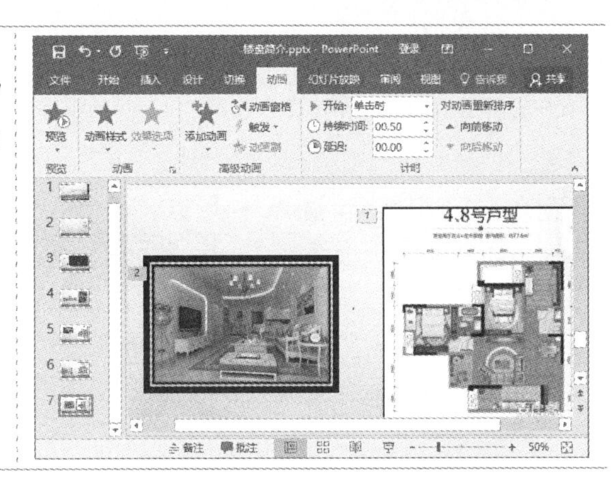

11.2 课堂讲解——放映幻灯片

在放映幻灯片时，用户还需要掌握放映过程中的控制技巧，如定位幻灯片、跳转到指定幻灯片页以及隐藏声音或鼠标指针等技巧。

11.2.1 设置放映方式

在实际放映过程中，演讲者可能会对放映方式有不同的要求，如放映类型、放映范围等，这时可通过设置来控制幻灯片的放映方式。

设置幻灯片放映方式的方法如下。

Step01: 打开演示文稿，❶切换到“幻灯片放映”选项卡；❷单击“设置”组中的“设置幻灯片放映”按钮，如下图所示。

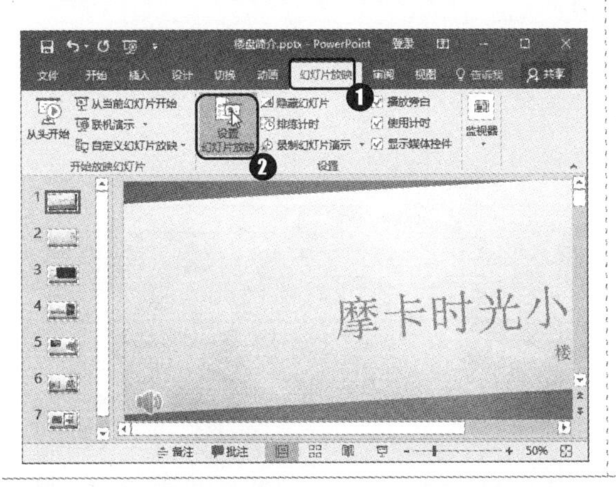

Step02: 弹出“设置放映方式”对话框，❶设置放映类型、放映选项和放映范围等；❷单击“确定”按钮，如下图所示。

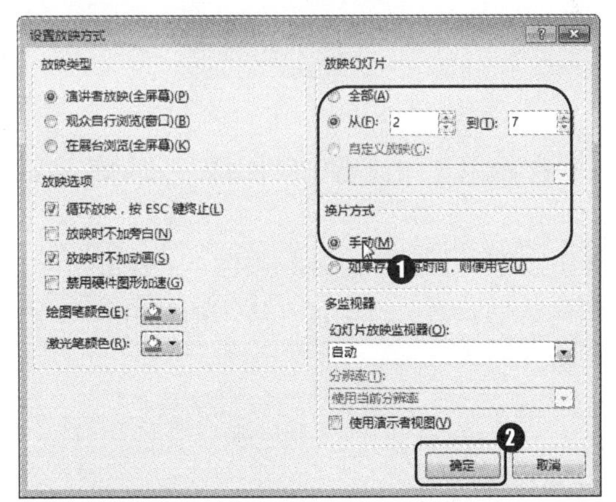

新手注意

在“设置放映方式”对话框的“换片方式”栏中，若选中“手动”单选按钮，即使演示文稿有排练计时，也不会自动放映。

在“设置放映方式”对话框的“放映类型”栏中有 3 个单选按钮，其作用如下。

演讲者放映（全屏幕）：该方式将演示文稿进行全屏幕放映，是最常见的一种放映方式。通过该方式放映演示文稿时，演讲者可以控制放映流程，如暂停播放、切换幻灯片和添加会议细节等。

观众自行浏览（窗口）：使用该方式播放演示文稿时，演示文稿会以小型窗口的形式来播放，因而较适合小规模演示。

在展台浏览（全屏幕）：使用该方式播放演示文稿时，演示文稿通常会自动放映，并且大多控制命令都无法使用(如无法通过单击鼠标手动放映幻灯片)，以便避免个人更改幻灯片放映。因此，该类型比较适合展览会场或会议。

11.2.2 开始放映演示文稿

幻灯片的放映方法主要有 4 种，分别是从头开始、从当前幻灯片开始、广播幻灯片和自定义幻灯片放映。

1．从头开始

如果希望从第 1 张幻灯片开始依次放映演示文稿中的幻灯片，可通过以下方法实现。

❶切换到“幻灯片放映”选项卡；❷单击“开始放映幻灯片”组中的“从头开始”按钮，如右图所示。

> **新手注意**
>
> 按〈F5〉键也可以从头开始播放幻灯片。

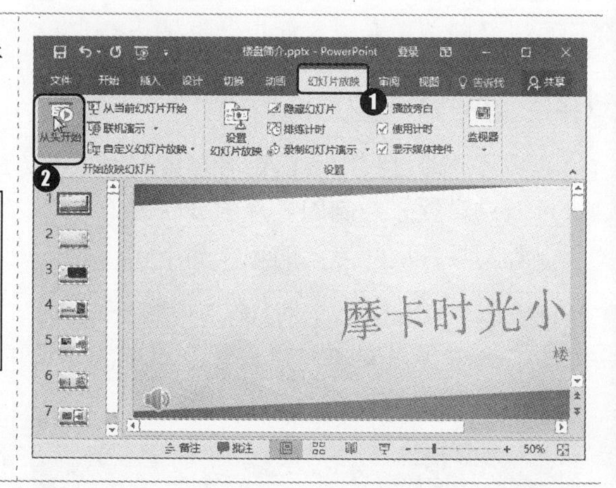

2．从当前开始

如果希望从当前选中的幻灯片开始放映演示文稿，可通过以下方法实现。

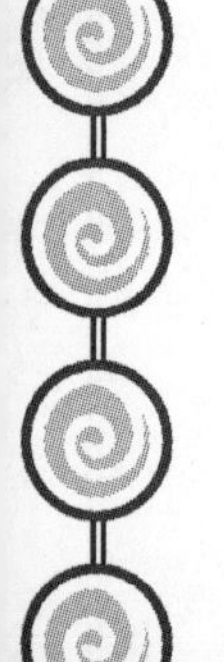

❶切换到“幻灯片放映”选项卡；❷单击“开始放映幻灯片”组中的“从当前幻灯片开始”按钮，如右图所示。

> **新手注意**
>
> 按〈Shift+F5〉组合键可以从当前选中的幻灯片开始播放幻灯片。

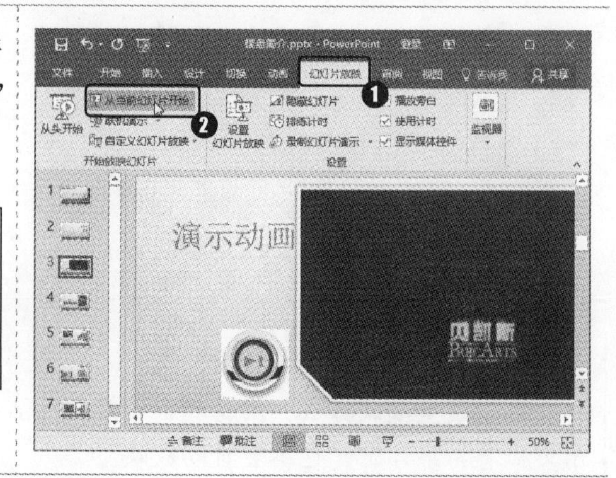

3．联机演示

PowerPoint 2016 提供了联机演示幻灯片的功能，通过该功能，演示者可以在任意位置通过 Web 与任何人共享幻灯片放映。联机演示幻灯片的方法如下。

Step01: 打开需要广播放映的演示文稿，❶切换到“幻灯片放映”选项卡；❷单击“开始放映幻灯片”组中的“联机演示”按钮，如下图所示。

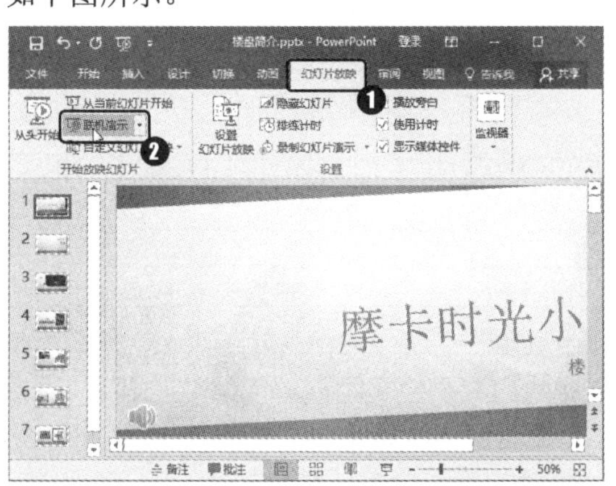

Step02: 弹出“联机演示”对话框，单击“连接”按钮，如下图所示。

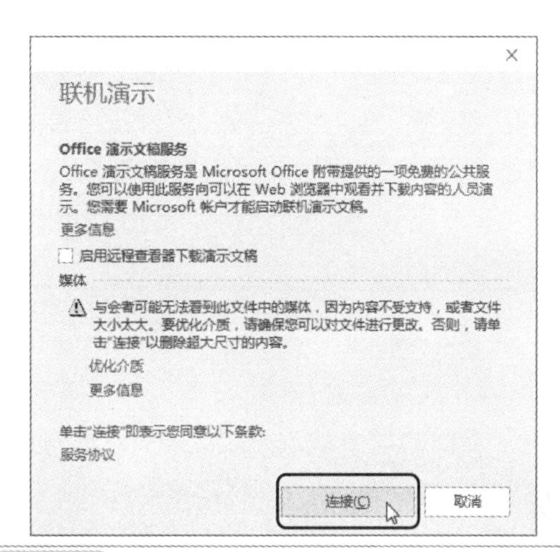

Step03: 若计算机已联网，程序将自动连接到 Office 演示文稿服务，如下图所示。

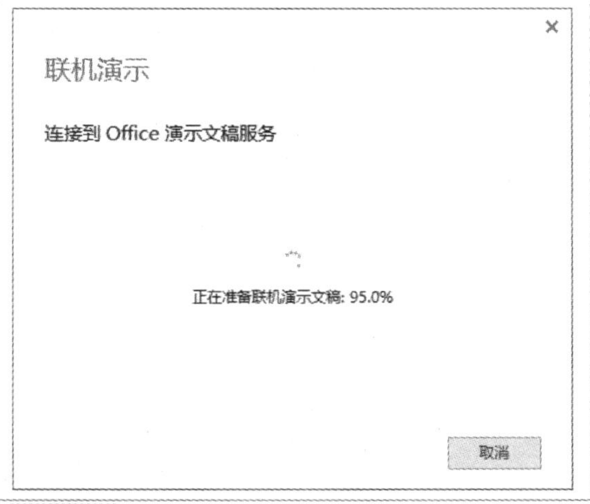

Step04: 在连接完成后，对话框中将显示链接地址，将地址复制下来告知访问群体，然后单击“启动演示文稿”按钮实现联机演示，如下图所示。

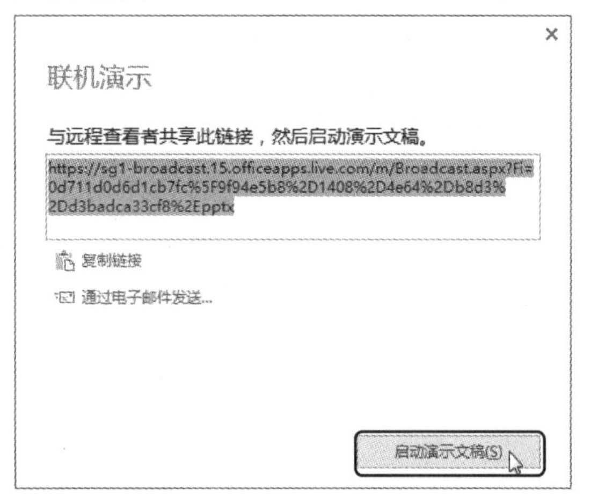

Step05: 此时演示者的计算机上开始全屏播放演示文稿，同时，访问群体将在浏览器（如 Internet Explorer）中同步观看，如下图所示。

Step06: 结束联机演示后，按〈Esc〉键退出幻灯片放映视图，在返回的窗口中单击“结束联机演示”按钮，弹出提示对话框询问是否要继续操作，单击“结束联机演示文稿”按钮即可，如下图所示。

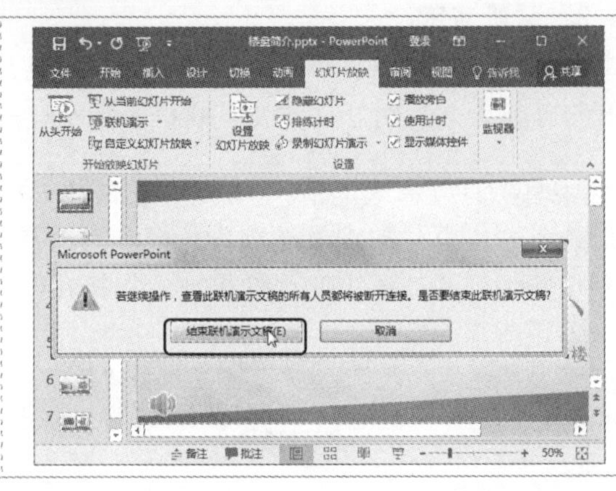

新手注意

要使用联机演示功能，需要先注册并登录 Office 账户。

4. 自定义幻灯片放映

对于不同的场合或观众群，演示文稿的放映顺序或内容可能会不同，因此放映者可以自定义放映顺序及内容，方法如下。

Step01: ❶在演示文稿中切换到“幻灯片放映”选项卡；❷单击“自定义幻灯片放映”按钮；❸在打开的下拉列表中选择“自定义放映”选项，如下图所示。

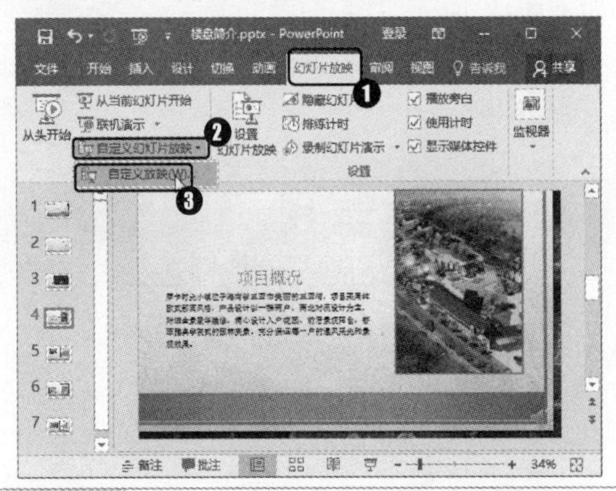

Step02: 弹出“自定义放映”对话框，单击“新建”按钮，如下图所示。

Step03: 弹出“定义自定义放映”对话框，❶输入该自定义放映的名称；❷在左侧列表框中选择需要放映的幻灯片；❸单击“添加”按钮；❹单击“确定”按钮，如下图所示。

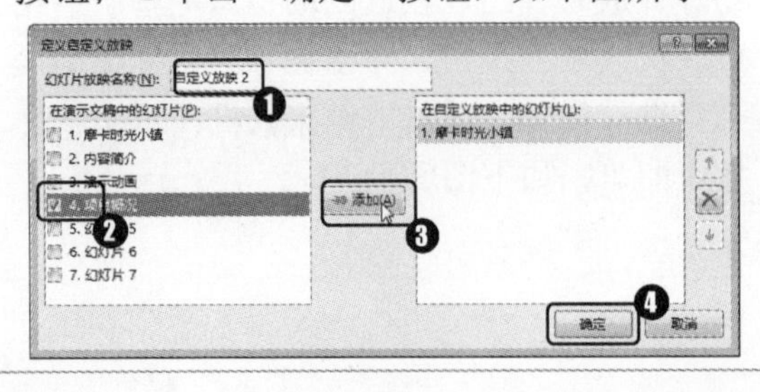

Step04: 返回“自定义放映”对话框，单击“放映”按钮，即可按照刚才的设置放映幻灯片，如下图所示。

11.2.3　快速定位幻灯片

播放演示文稿时，可能会遇到需要快速跳转到某一张幻灯片的情况，如果演示文稿中包含几十张幻灯片，采用单击鼠标的方式进行切换就太过烦琐了，此时可以使用快速定位幻灯片功能。具体操作方法如下。

Step01: ❶在放映幻灯片时单击鼠标右键；❷在弹出的快捷菜单中选择“查看所有幻灯片”命令，如下图所示。

Step02: 此时所有幻灯片将呈缩略图显示，单击对应幻灯片即可进入指定页面，如下图所示。

新手注意

在放映过程中，按下键盘上的〈Home〉键，可快速回到第一张幻灯片。

11.2.4　在放映过程中使用画笔标识屏幕内容

在放映幻灯片时，为了配合演讲，可能需要标注出某些重点内容，此时可通鼠标勾画。操作方法如下。

Step01: ❶单击鼠标右键，在弹出的快捷菜单中选择“指针选项”命令；❷在弹出的子菜单中选择所需的指针，如“笔”，如下图所示。

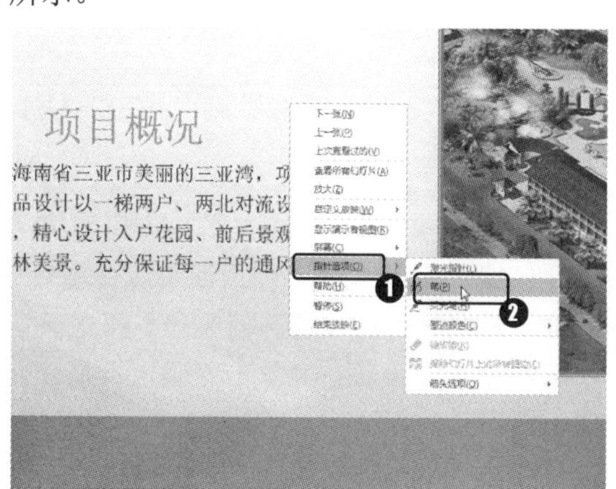

Step02: ❶再次单击鼠标右键，在弹出的快捷菜单中选择“指针选项”命令；❷在弹出的子菜单中选择“墨迹颜色”命令；❸选择所需的颜色，如下图所示。

Step03: 此时在需要标注的地方拖动鼠标，鼠标移动的轨迹就有对应的线条，按〈Esc〉键退出鼠标标注模式，如右图所示。

11.2.5 取消以黑屏幻灯片结束

在 PowerPoint 2016 中放映幻灯片时，每次放映结束后，屏幕总显示为黑屏。若此时要继续放映下一组幻灯片，就非常影响观看效果。对于这种情况，可以使用下面的方法解决。

Step01: 切换到“文件”选项卡，选择“选项”命令，如下图所示。

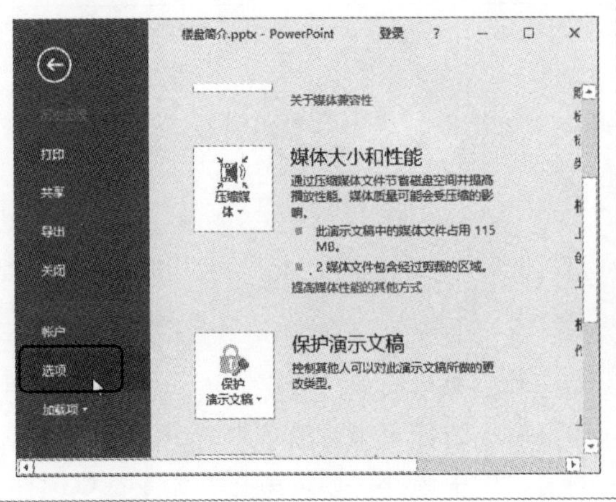

Step02: 弹出“PowerPoint 选项”对话框，❶在“高级”选项卡的“幻灯片放映”栏中取消勾选“以黑幻灯片结束”复选框；❷单击“确定”按钮，如下图所示。

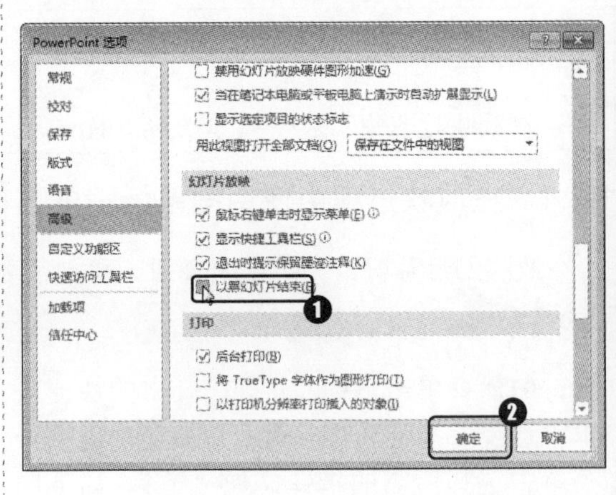

11.2.6 幻灯片演示时显示备注

很多用户会在制作演示文稿时使用“备注”来记录一些自己讲解时的要点，但在“幻灯片放映”状态下调出备注并不合适，此时，可以运用以下方法解决这一难题。

Step01: 确认计算机已经与投影仪连接好，❶切换到“幻灯片放映”选项卡；❷单击“设置”组中的“设置幻灯片放映”按钮，如下图所示。

Step02: 弹出“设置放映方式”对话框，❶在“多监视器”栏中勾选“使用演示者视图”复选框；❷在“幻灯片放映监视器”下拉列表中选择投影仪设备；❸单击“确定”按钮，如下图所示。

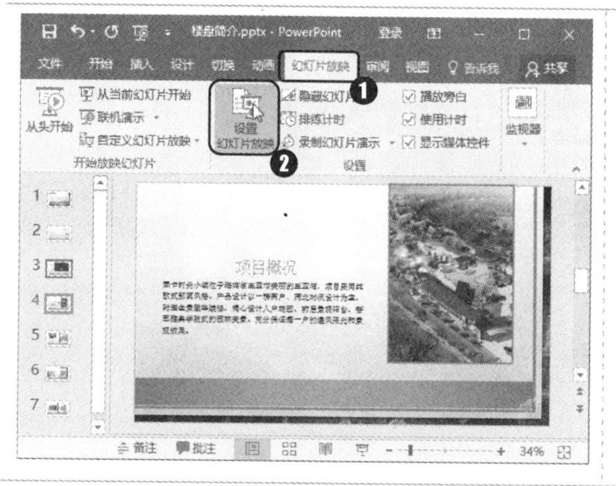

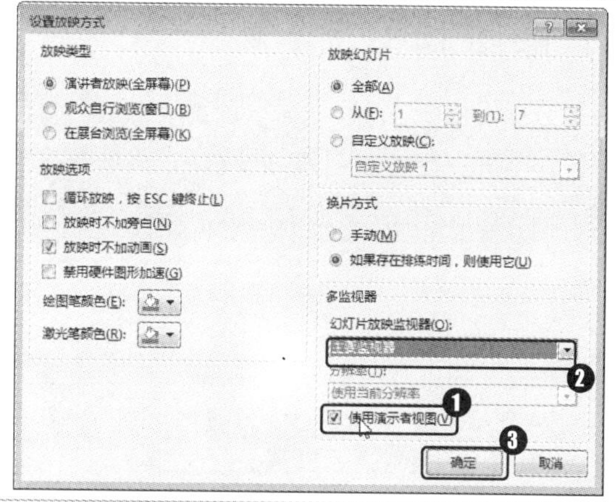

11.2.7　隐藏不放映的幻灯片

根据放映场合或者观众群的需要，某些幻灯片可能不需要放映，此时便可通过隐藏功能将它们隐藏。在 PowerPoint 2016 中可通过下面几种方法隐藏幻灯片。

打开需要操作的演示文稿，选中要隐藏的幻灯片，切换到“幻灯片放映”选项卡，单击“设置”组中的“隐藏幻灯片”按钮即可。

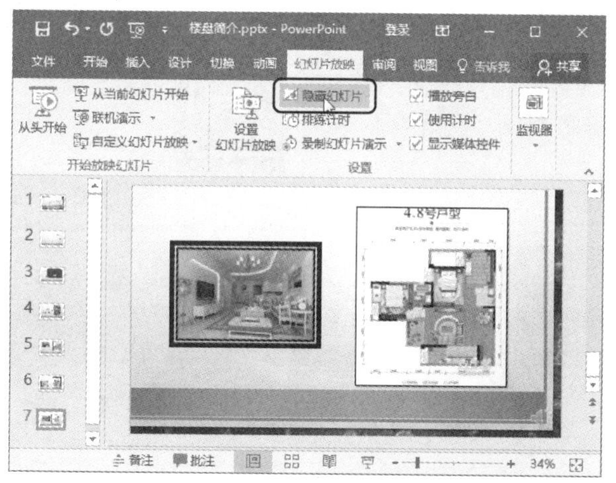

在视图窗格中，右击需要隐藏的幻灯片，在弹出的快捷菜单中选择“隐藏幻灯片”命令即可。

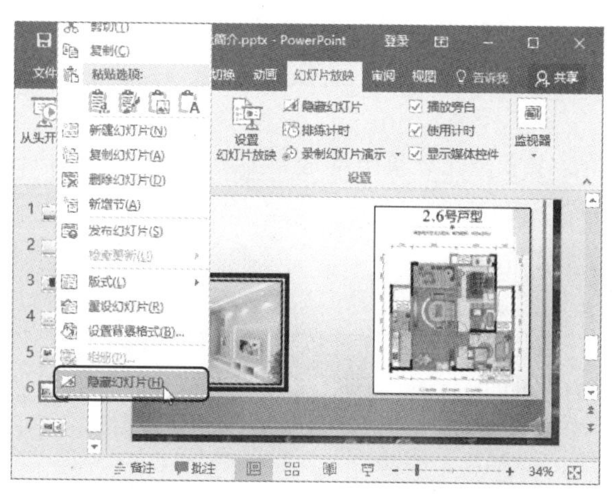

在“幻灯片浏览”视图模式下，右击要隐藏的幻灯片，在弹出的快捷菜单中选择“隐藏幻灯片”命令即可。

11.2.8 黑/白屏的使用

在开始演示之前和演示过程中，若需要观众暂时将目光集中在其他地方，可以为幻灯片设置显示颜色，让内容暂时消失，操作方法如下。

❶在幻灯片上单击鼠标右键；❷在弹出的快捷菜单中依次选择“屏幕”→“白屏”命令，如右图所示。

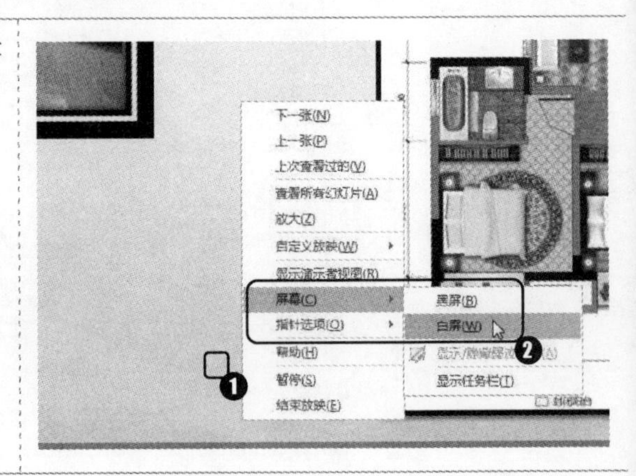

11.3 课堂讲解——输出演示文稿

有时候，一份 PPT 需要在多台计算机上播放，或者需要传到其他计算机上放映，这时就需要用到 PowerPoint 2016 的输出功能。

11.3.1 将幻灯片保存为图片文件

在幻灯片制作完成后，可以直接将幻灯片以图片文件的形式进行保存，例如 JPG、PNG 等格式。保存为图片文件的方法如下。

Step01: 打开素材文件“市场占有率报告.pptx”，切换到“文件”选项卡，选择“另存为”命令；❷选择“浏览”选项，如下图所示。

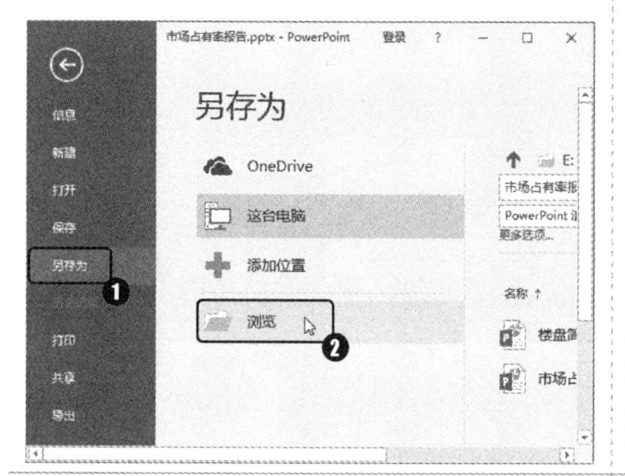

Step02: 弹出“另存为”对话框，❶在“保存类型”下拉列表框中选择图片文件类型，如“JPEG 文件交换格式（*.jpg）”；❷设置文件名及保存路径，单击“保存”按钮，如下图所示。

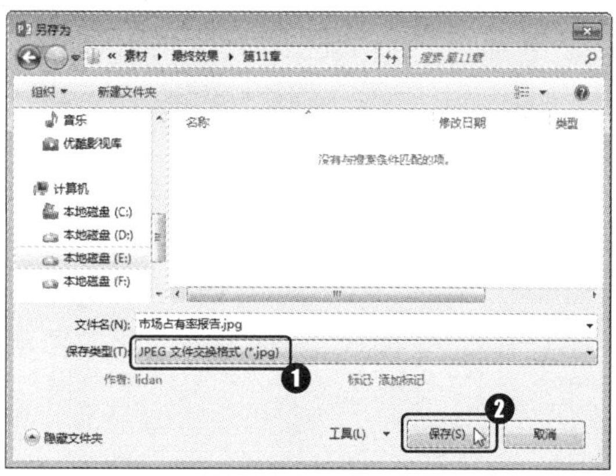

Step03: 弹出提示对话框，选择保存方式，此处单击“所有幻灯片”按钮，如下图所示。

Step04: 打开刚才设置的保存路径，可以看到每张幻灯片都被保存为一个单独的图片文件，可以使用图片查看软件进行浏览或打印，如下图所示。

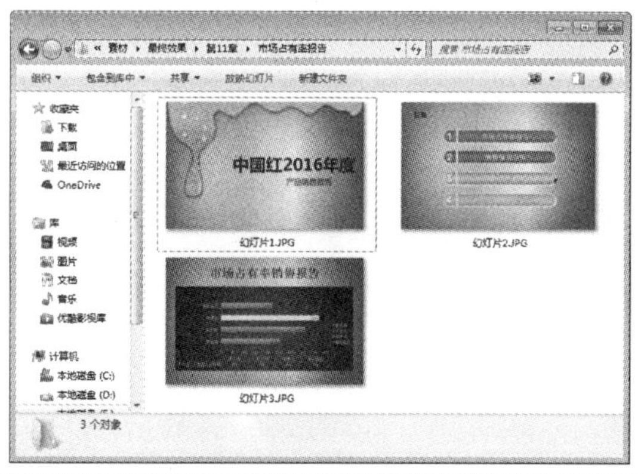

11.3.2　将幻灯片保存为图片演示文稿

如果是文字型或数据非常重要的演示文稿，不希望其他人得到后随意使用幻灯片中的数据或图形内容，则可以将整张幻灯片制作成图片的效果。更改后的文件仍然由 PowerPoint 打开及放映，但是每张幻灯片都变成了一张图片。

Step01: 打开制作的演示文稿，可以看到幻灯片中的数据可以进行编辑或复制，如下图所示。

Step02: 切换到“文件”选项卡，❶选择“另存为”命令；❷选择“浏览”选项，如下图所示。

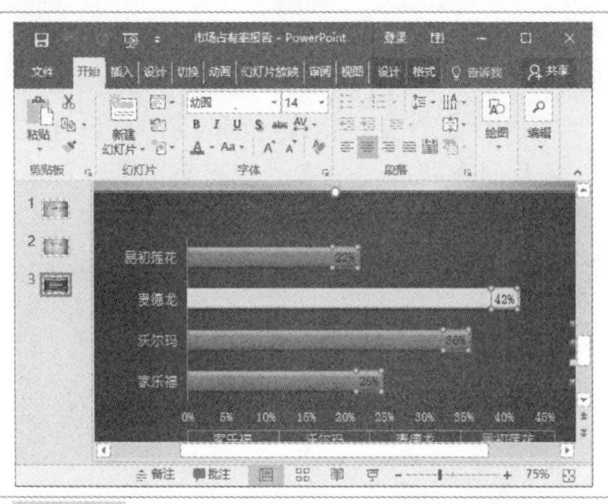

Step03: 弹出“另存为”对话框，❶选择文件的保存路径；❷在“保存类型”下拉列表框中选择“PowerPoint 图片演示文稿”选项；❸单击“保存”按钮，如下图所示。

Step04: 弹出提示对话框，单击“确定”按钮，如下图所示。

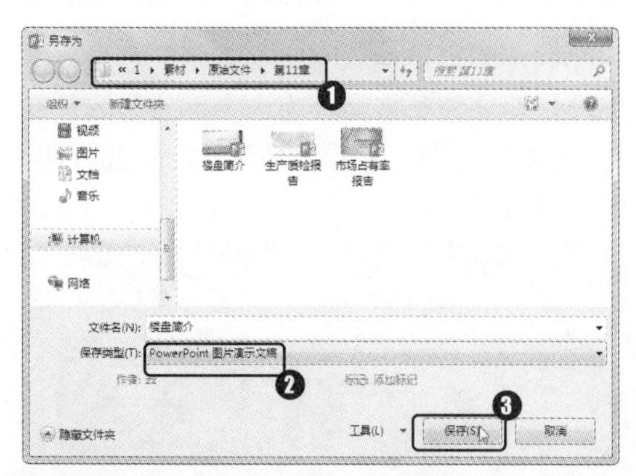

Step05: 打开新保存的演示文稿，可以看到每张幻灯片都变成了图片格式，无法选择其中的数据和图形了，如右图所示。

> **新手注意**
>
> 将幻灯片保存为图片演示文稿会让整张幻灯片变成一张图片，所以会导致幻灯片中所有的动画失效。

11.3.3 将演示文稿制作成 PDF 文档

PDF 是一种流行的电子文档格式，将演示文稿保存成 PDF 文档后，就无需再用 PowerPoint 进行打开和查看了，而是使用专门的 PDF 阅读软件，从而便于文稿的阅读和传播。

Step01: 打开制作的演示文稿，❶在“文件”选项卡中选择“导出”命令；❷选择“创建 PDF/XPS 文档”选项；❸单击“创建 PDF/XPS 文档”按钮，如下图所示。

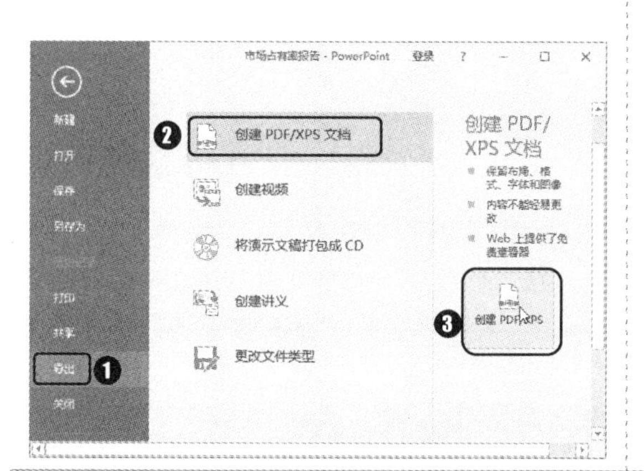

Step02: 弹出“发布为 PDF 或 XPS”对话框，使用默认的“PDF”文件类型，❶为文件命名并设置保存路径；❷单击下方的“选项”按钮，如下图所示。

Step03: 弹出“选项”对话框，❶在对话框中可对保存的 PDF 文档进行细节选项的调整，包括设置发布范围和发布内容等；❷单击“确定”按钮，如下图所示。

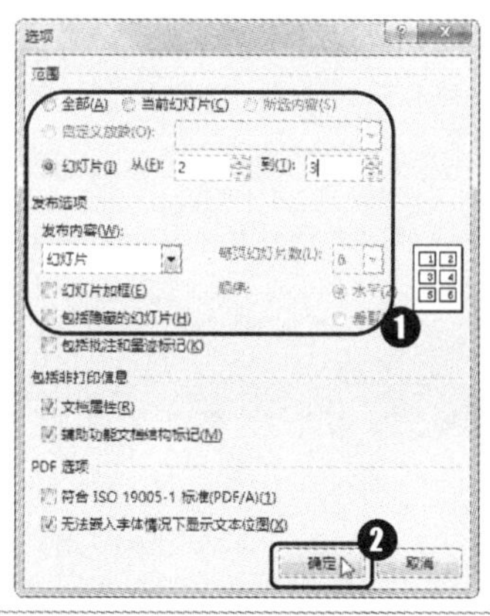

Step04: 返回“发布为 PDF 或 XPS”对话框，单击“发布”按钮，即可将演示文稿转换为 PDF 文档。若计算机中安装了 PDF 阅读器，程序将自动将其打开，如下图所示。

11.3.4　将演示文稿制作成视频文件

将演示文稿制作成视频文件后，可以使用常用的播放软件进行播放，并保留演示文稿中的动画、切换效果和多媒体等信息。具体操作方法如下。

Step01: 打开制作的演示文稿，❶在“文件”选项卡中选择“导出”命令；❷选择“创建视频”选项；❸在右侧对将要发布的视频进行详细设置，包括视频大小、是否使用计时和旁白，以及每页幻灯片的播放时间等；❹单击“创建视频”按钮，如下图所示。

Step02: 弹出“另存为”对话框，默认的文件类型为“MPEG-4 视频”，❶设置文件名及保存路径；❷单击“保存”按钮，如下图所示。

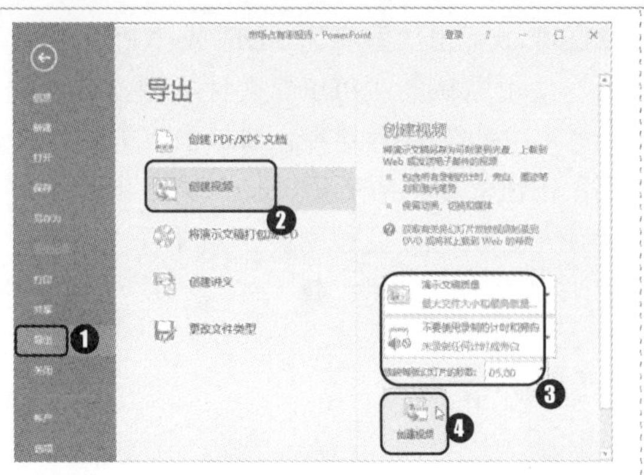

Step03: 程序开始制作视频文件，在文档状态栏中可以看到制作进度。在制作过程中不要关闭演示文稿，如下图所示。

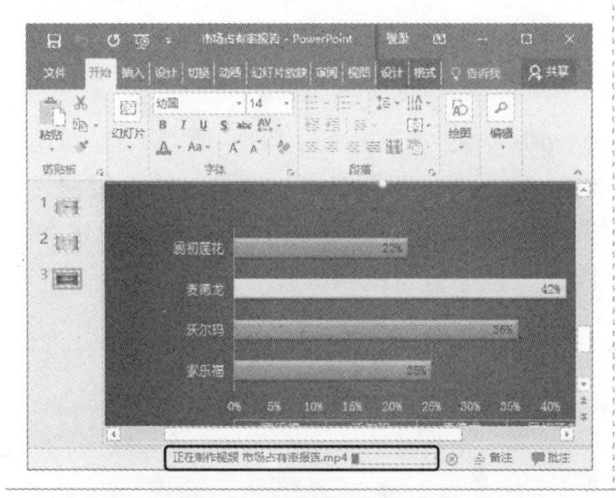

Step04: 视频制作完成后，可以使用常用的视频播放软件进行播放，如 Windows Media Player、暴风影音等，如下图所示。

11.3.5　将演示文稿创建为讲义

将演示文稿创建为讲义，实质上就是将其转换为 Word 文档。此时演示文稿将作为 Word 文档打开，并可以像处理 Word 文档一样对其进行编辑、打印或保存等操作。具体操作方法如下。

Step01: 打开制作的演示文稿，在“文件”选项卡中选择“导出”命令；❷选择“创建讲义”选项；❸单击“创建讲义”按钮，如下图所示。

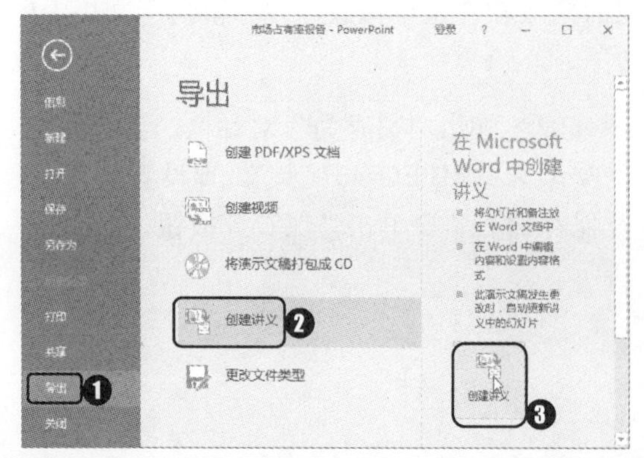

Step02: 弹出“发送到 Microsoft Word”对话框，❶选择演示文稿在 Word 中的版式；❷单击“确定”按钮，如下图所示。

Step03: 稍后演示文稿将在 Word 程序中打开，并按照设置的版式显示幻灯片和备注信息，如右图所示。

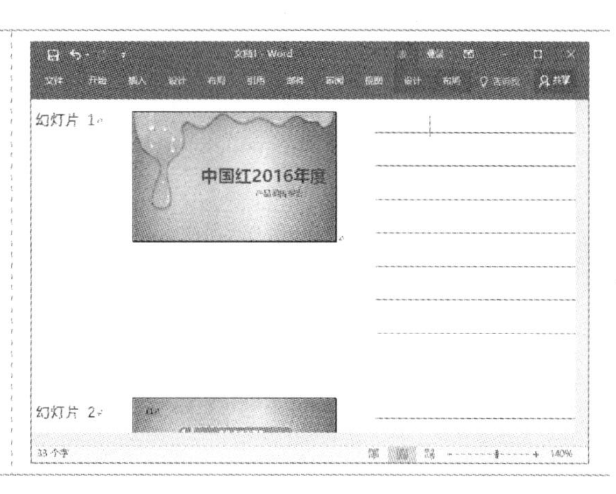

11.4　课堂讲解——保护演示文稿

为了增强演示文稿的安全性，我们可以对其设置各种密码，以防止他人查看或编辑。此外，在演示文稿制作完成后，还可以通过 PowerPoint 2016 的自动检查功能对文稿进行检查，并将其标记为最终状态。

11.4.1　设置文稿打开密码

为演示文稿设置打开密码后，只有输入正确的密码才可以打开该演示文稿。为文稿设置打开密码的方法如下。

Step01: 打开制作的演示文稿，切换到“文件”选项卡，❶选择“信息”命令；❷单击“保护演示文稿”按钮；❸选择“用密码进行加密”命令，如下图所示。

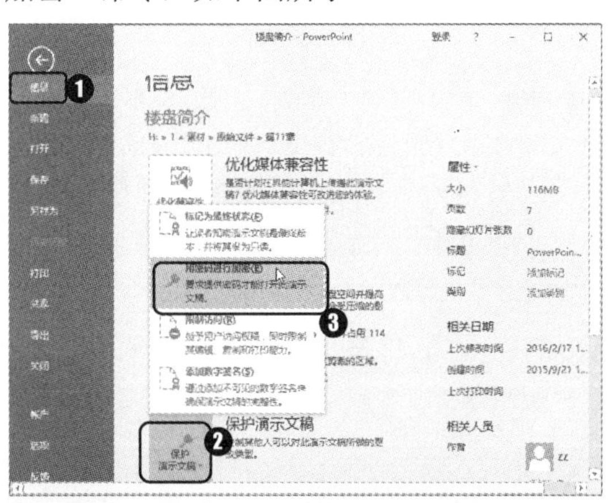

Step02: 弹出“加密文档”对话框，❶在文本框中输入要设置的密码；❷单击“确定”按钮，如下图所示。

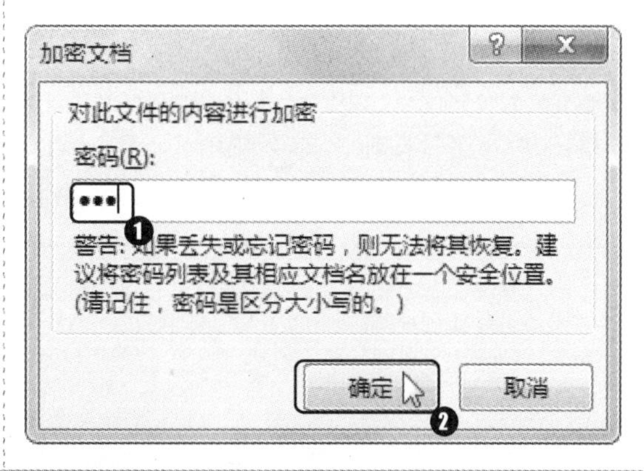

Step03: ❶在“确认密码”对话框中再次输入密码；❷单击“确定”按钮，如下图所示。

Step04: 返回演示文稿并保存，再次打开演示文稿时，会弹出“密码”对话框，❶在“密码”文本框中输入密码；❷单击“确定”按钮即可打开演示文稿，如下图所示。

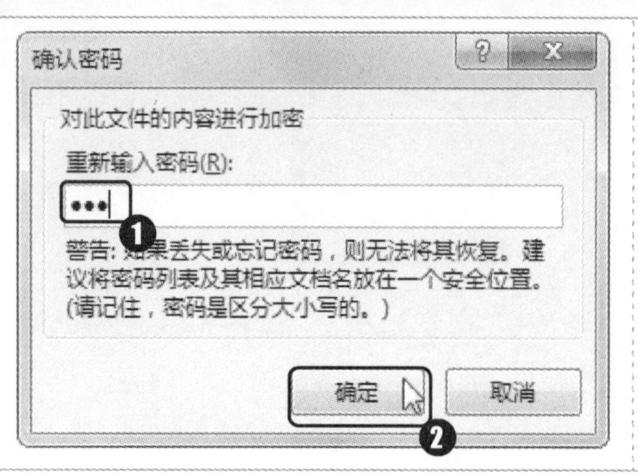

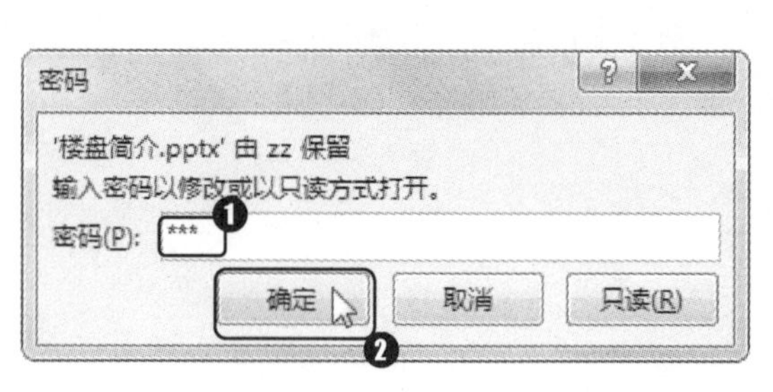

11.4.2　设置文稿修改密码

如果只需禁止他人对演示文稿进行修改，而允许查看演示文稿，则可以为演示文稿设置修改密码。具体方法如下。

Step01: 打开演示文稿，切换到“文件”选项卡，❶选择“另存为”命令；❷选择“浏览”选项，如下图所示。

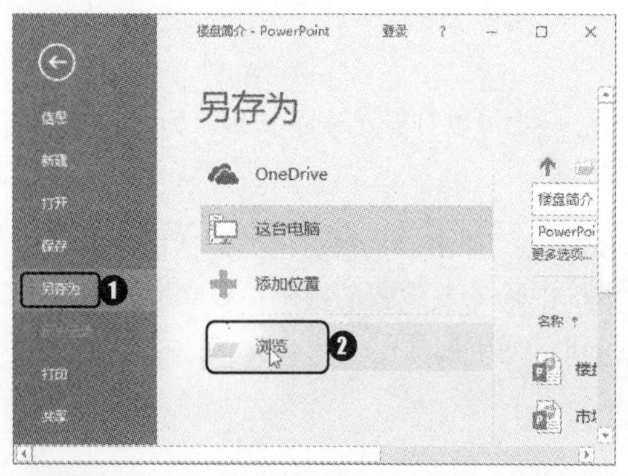

Step02: 弹出“另存为”对话框，❶单击“工具”下拉按钮；❷在弹出的下拉列表中选择“常规选项”选项，如下图所示。

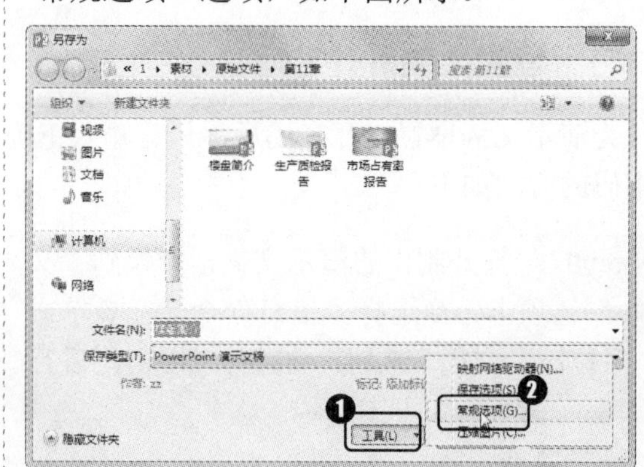

Step03: 弹出“常规选项”对话框，❶在“修改权限密码”文本框中输入要设置的密码；❷单击“确定”按钮，如下图所示。

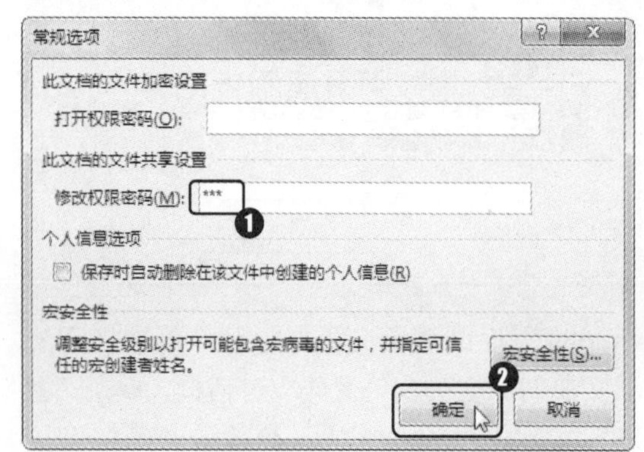

Step04: 弹出“确认密码”对话框，❶再次输入刚才设置的密码；❷单击“确定”按钮返回“另存为”对话框，单击“保存”按钮即可，如下图所示。

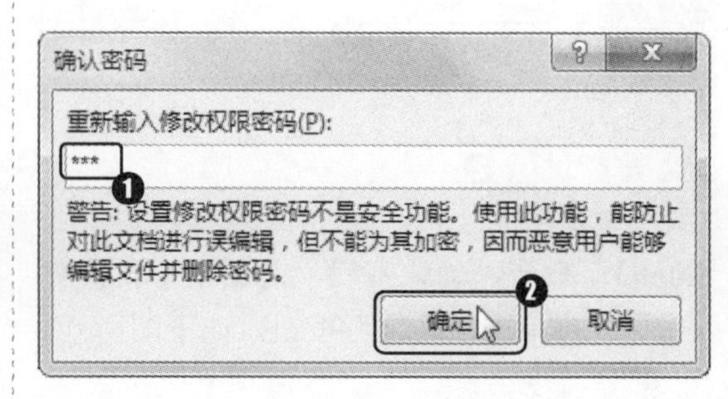

新手注意

为演示文稿设置密码并另存以后，可以删除原演示文稿。当再次打开该演示文稿时，会提示输入密码。如果不能输入正确的密码，将以只读方式打开，此时只能浏览演示文稿，而不能对其进行修改。

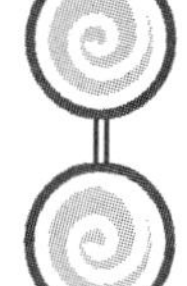

1.4.3　自动检查演示文稿

PowerPoint 自带的文稿检查功能可以用来检查文稿中存在的错误。在演示文稿制作完成后，可以使用该功能对文稿进行检查。

Step01: 打开演示文稿，切换到“文件”选项卡，❶选择“信息”命令；❷单击“检查问题”；❸选择“检查文档”选项，如下图所示。

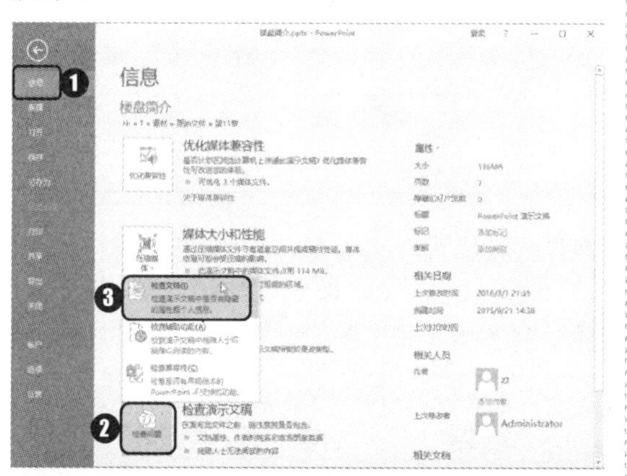

Step02: 如果文件没有保存，会弹出提示对话框，单击“是”按钮保存文件，如下图所示。

Step03: 弹出“文档检查器”对话框，❶勾选要检查的项目；❷单击“检查”按钮，如下图所示。

Step04: 检查完成后会显示检查结果，如果要删除文稿中包含错误的某些内容，可以单击该项目旁的“全部删除”按钮，如下图所示。

11.4.4 将演示文稿标记为最终状态

为防止已经制作完成的演示文稿被误编辑，可以将其标记为最终状态。将演示文稿标记为最终状态后，会在文档中禁用键入、编辑命令和校对标记，以防止演示文稿被修改。具体操作方法如下。

Step01: 打开演示文稿，切换到“文件”选项卡，❶选择“信息”命令；❷单击“保护演示文稿”按钮；❸选择“标记为最终状态”选项，如下图所示。

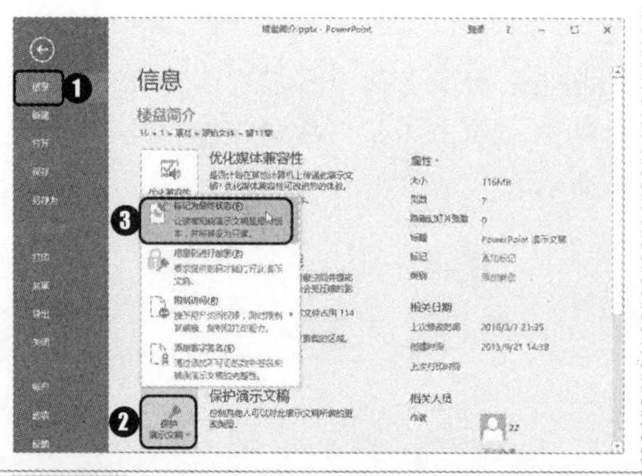

Step02: 弹出提示对话框，单击“确定”按钮，如下图所示。

Step03: 弹出提示对话框，显示相关提示信息，阅读后单击“确定”按钮，如下图所示。

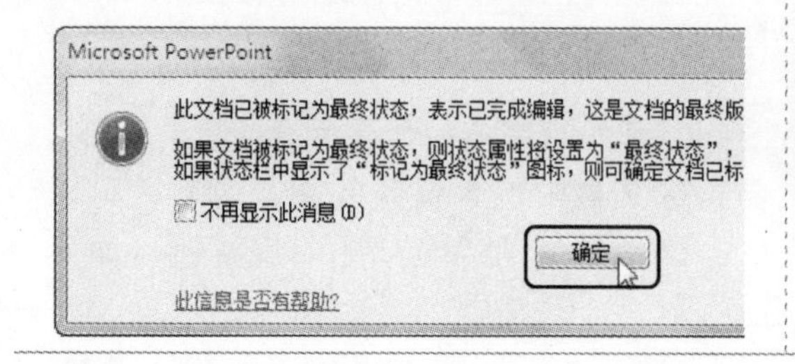

Step04: 功能区下方将显示提示信息，且工具栏被隐藏起来。如果要重新进入编辑状态，单击“仍然编辑”按钮，此时文稿退出最终状态，如下图所示。

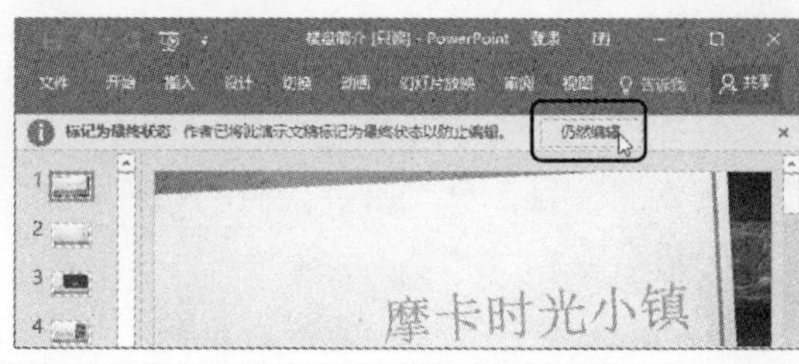

11.5 课堂讲解——打印演示文稿

在一些非常重要的演讲场合，为了让与会人员了解演讲内容，通常会将 PowerPoint 演示文稿像打印 Word 文件一样打印在纸张上做成讲义。在打印演示文稿前需要进行一些设置，包括页面设置和打印设置等。

11.5.1 页面设置

在打印幻灯片前，应先调整好它的大小以适合各种纸张类型，以及设置幻灯片的打印方向等，具体方法如下。

Step01: 打开演示文稿，❶单击“设计”选项卡“自定义”组的“幻灯片大小”下拉按钮；❷在弹出的下拉列表中选择“自定义幻灯片大小”选项，如下图所示。

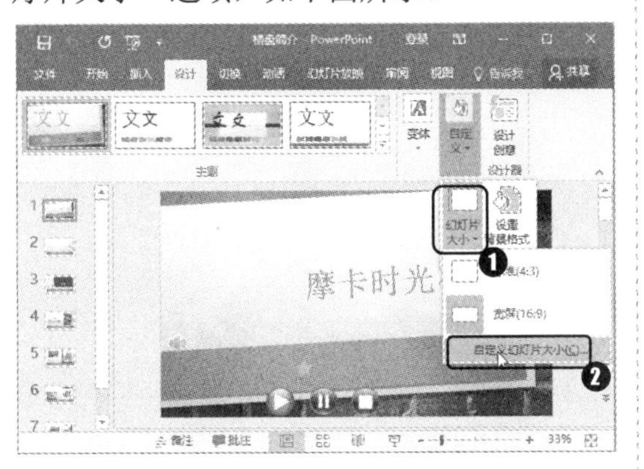

Step02: 打开“幻灯片大小”对话框，❶在“幻灯片大小”下拉列表框中设置幻灯片大小，在“方向”栏中设置幻灯片的方向；❷单击“确定”按钮，如下图所示。

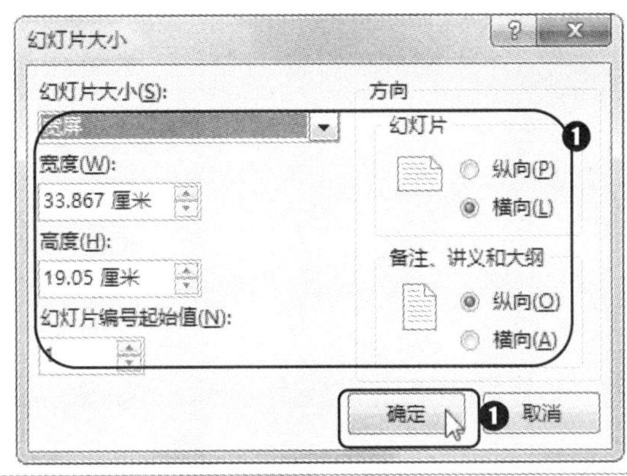

11.5.2　设置打印参数并打印

在打印幻灯片之前，可以在打印页面设置打印范围、打印颜色、打印份数等参数，具体操作方法如下。

Step01: ❶切换到“文件”选项卡，选择“打印”命令；❷在“设置”栏中设置打印范围，这里选择“打印全部幻灯片”，如下图所示。

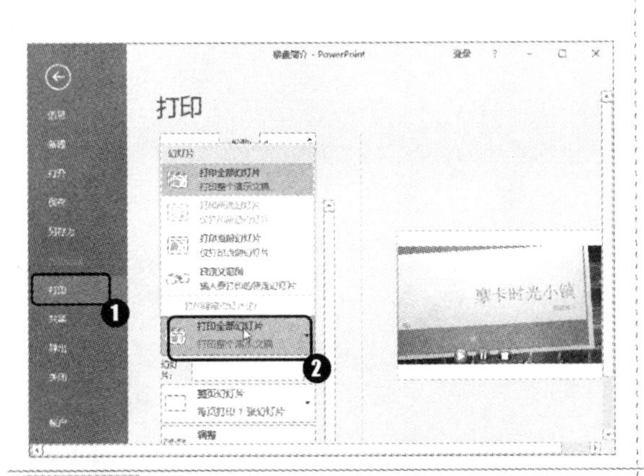

Step02: ❶在“设置”栏中单击“整页幻灯片”下拉按钮；❷在弹出的下拉列表中选择打印内容和版式，如“讲义”组中的“2 张幻灯片”选项，如下图所示。

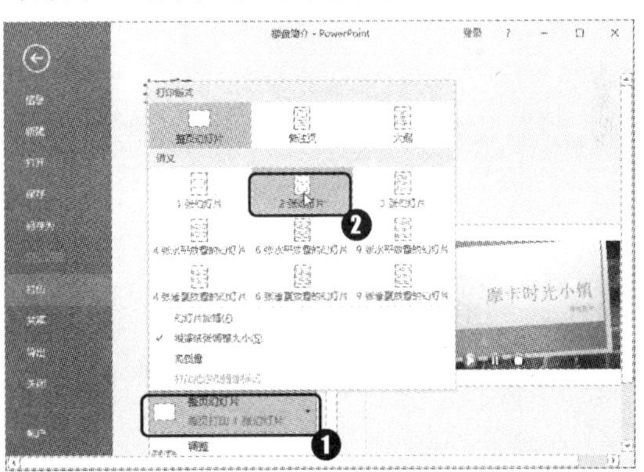

Step03: ❶在“设置”栏中单击“颜色”下拉按钮；❷在弹出的下拉列表中选择打印颜色，如“灰度”选项，如下图所示。

Step04: 设置完成后，可以在右侧预览最终打印效果，❶在“份数”微调框中设置要打印的份数；❷单击“打印”按钮即开始打印演示文稿，如下图所示。

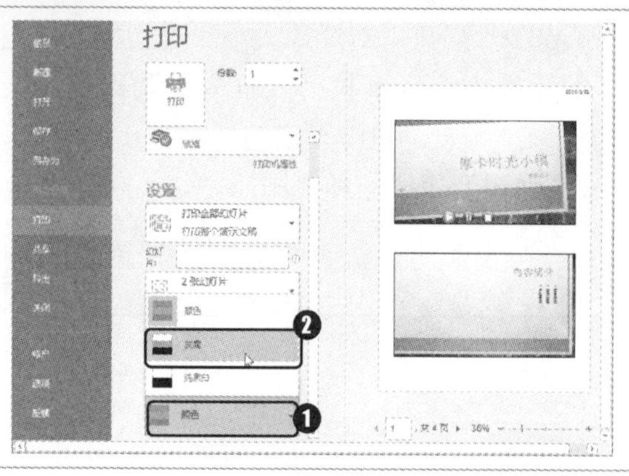

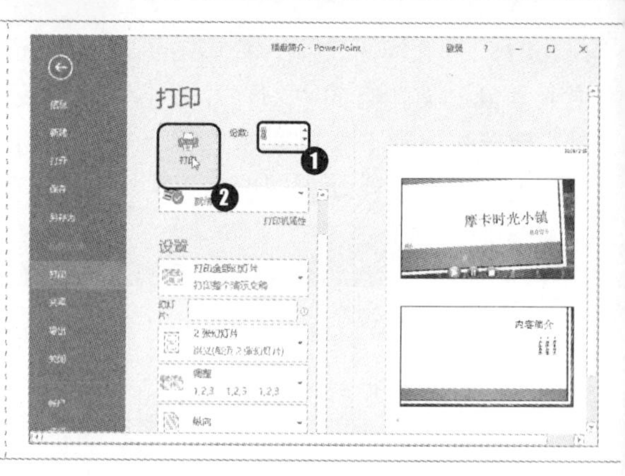

▷▷ 高手秘籍——实用操作技巧

通过前面知识的学习，相信读者朋友已经掌握了在 PowerPoint 2016 中放映和输出演示文稿的相关知识。下面结合本章内容介绍一些实用技巧。

同步文件

视频文件：视频文件\第 11 章\高手秘籍.mp4

技巧 01 在放映时隐藏鼠标指针

观者观看演示文稿放映时，有时候会被移动的鼠标指针所干扰。其实，用户可以在播放时自动隐藏鼠标指针，操作方法如下。

❶在放映幻灯片时使用鼠标右键单击；❷在弹出的快捷菜单中依次选择“指针选项”→“箭头选项”→“永远隐藏”命令，如右图所示。

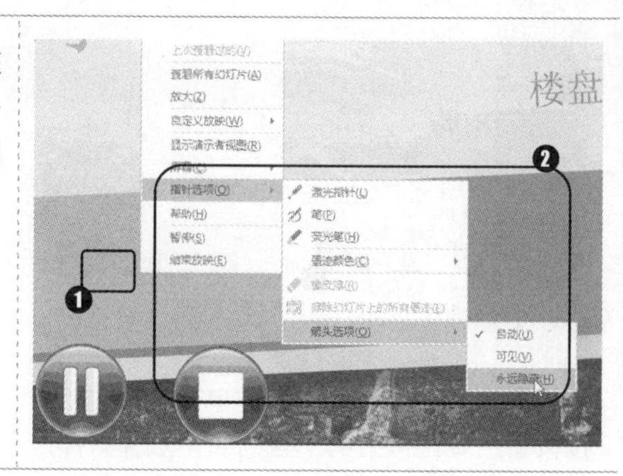

技巧 02 压缩文件大小

如果演示文稿文件较大，通常是因为文稿中插入了大量图片，此时可以对图片进行压缩处理，以减小文档大小。

Step01: 在“文件”选项卡中选择“另存为”命令，选择“浏览”选项，❶在弹出的“另存为”对话框中单击“工具”下拉按钮；❷在弹出的下拉列表中选择“压缩图片”选项，如下图所示。

Step02: 弹出“压缩图片”对话框，❶根据需要选择压缩标准；❷单击“确定”按钮，如下图所示。

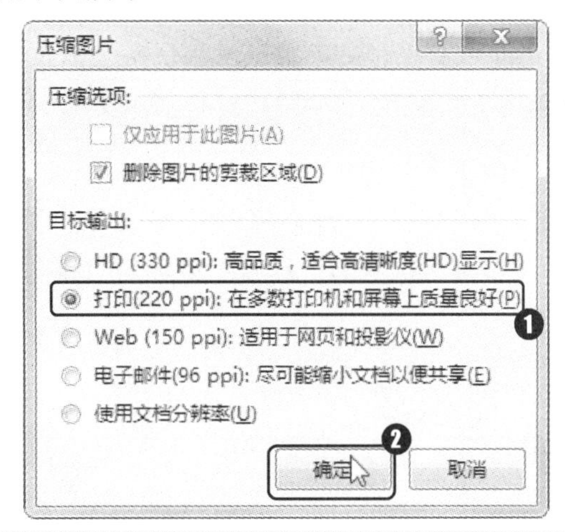

技巧 03　在幻灯片的页脚显示当前日期和幻灯片页码

在制作幻灯片时，有时候需要在幻灯片的页脚显示当前日期和幻灯片的页码，此时可以使用以下的方法来操作。

Step01: ❶切换到“视图”选项卡；❷单击“母版视图”组中的“幻灯片母版”按钮进入母版视图，如下图所示。

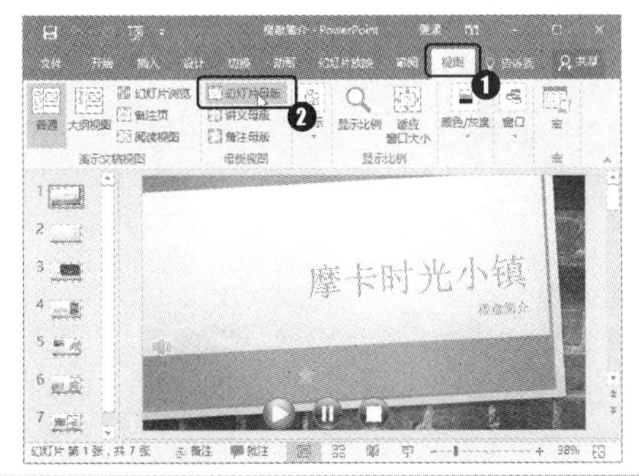

Step02: ❶切换到“插入”选项卡；❷单击“页眉和页脚”按钮，如下图所示。

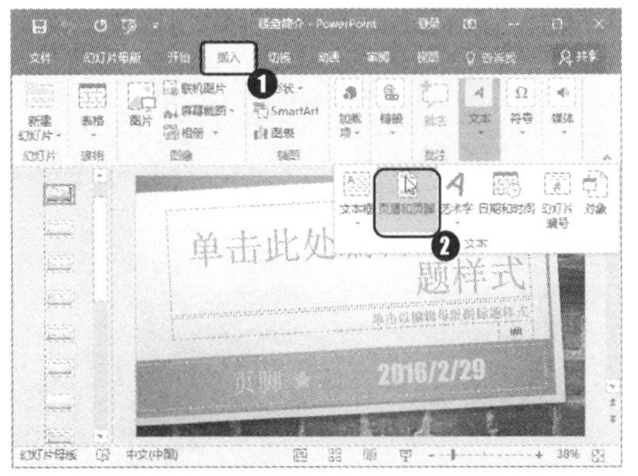

Step03: 打开“页眉和页脚”对话框，❶在“幻灯片”选项卡中勾选“日期和时间”以及“幻灯片编号”复选框；❷单击“全部应用”按钮，如右图所示。

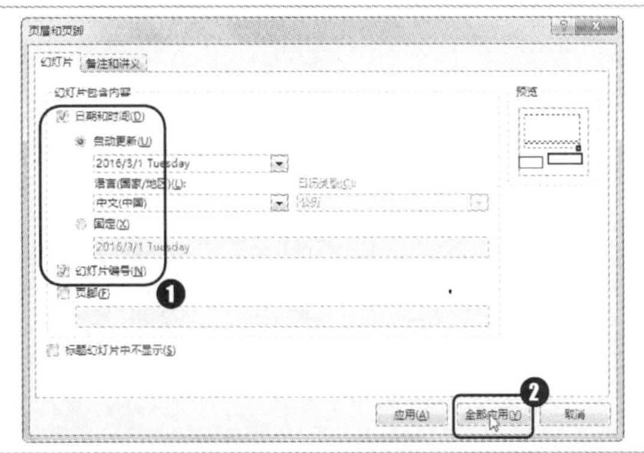

技巧 04 将演示文稿打包“携带”

若制作的演示文稿中包含链接的数据、特殊字体、视频或音频文件，当在其他计算机中播放这个演示文稿时，要想让这些特殊字体正常显示且链接的文件正常打开和播放，则需要使用演示文稿的“打包”功能。打包演示文稿的操作方法如下。

Step01: 打开制作的演示文稿，❶在“文件”选项卡中选择“导出”命令；❷选择“将演示文稿打包成 CD”选项；❸单击“打包成 CD”按钮，如下图所示。

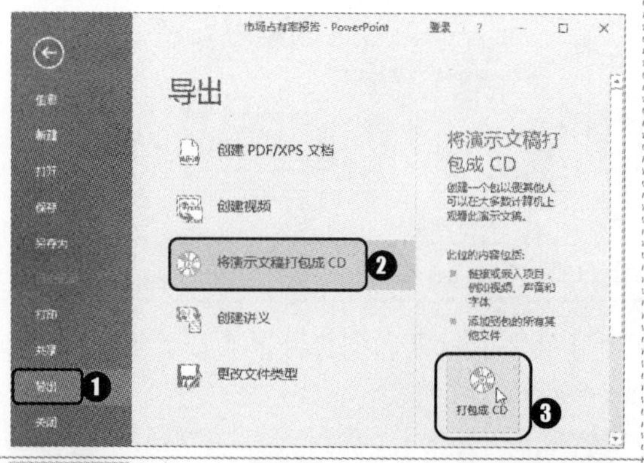

Step02: 弹出“打包成 CD”对话框，单击“复制到文件夹”按钮，如下图所示。

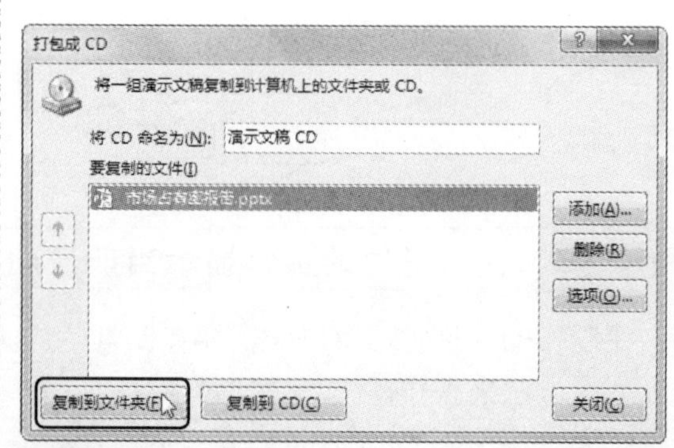

Step03: 打开“复制到文件夹”对话框，❶设置文件夹名称；❷设置文件的保存位置；❸单击“确定”按钮，如下图所示。

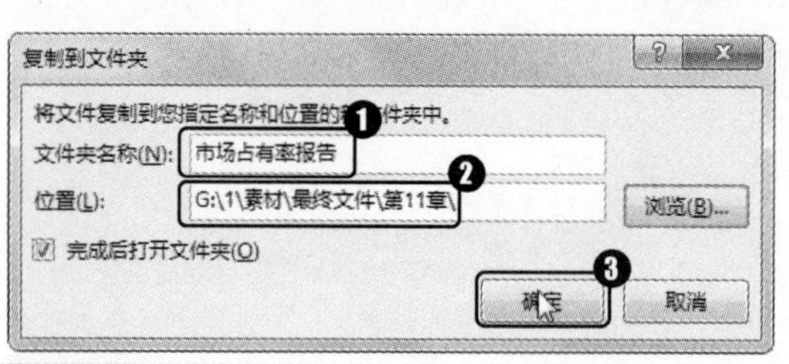

Step04: 打开“选择位置”对话框，❶设置文件夹名称及存储路径；❷单击“确定”按钮，如下图所示。

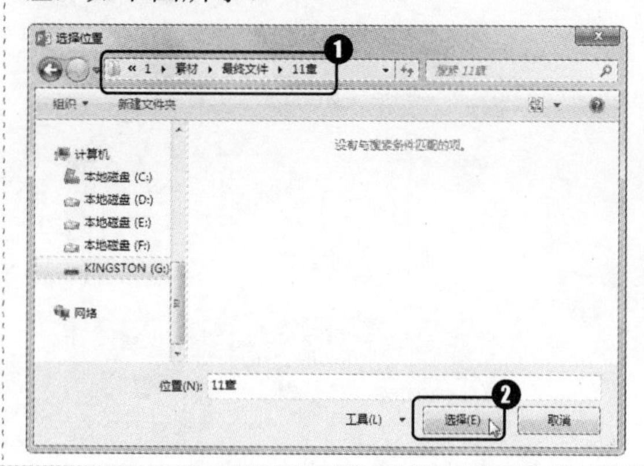

Step05: 弹出提示对话框，单击“是”按钮即完成打包，如右图所示。

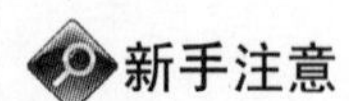

新手注意

打包完成后将自动打开打包文件夹，可以看到里面包含了演示文稿以及其使用的特殊字体和链接文件。

上机实战——设置幻灯片的放映效果

上机介绍

制作演示文稿的最终目的是将演示文稿放映给他人观看，而在某些时候还需要将其打印。在放映幻灯片的过程中，合适的放映方法和设置可以让他人更容易理解幻灯片中的内容。下面开始放映“生产质检报告”演示文稿，其播放效果如下图所示。

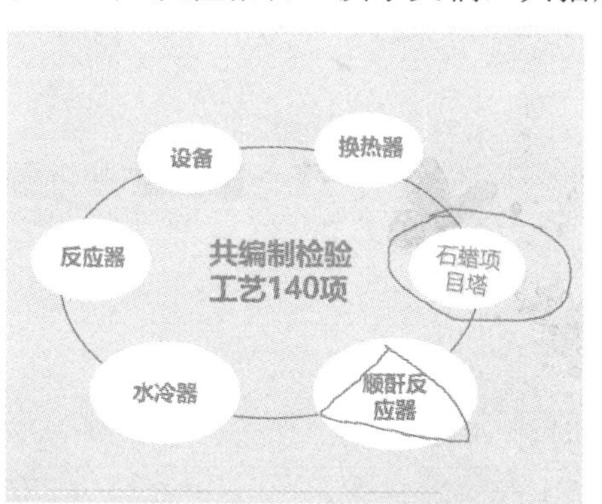

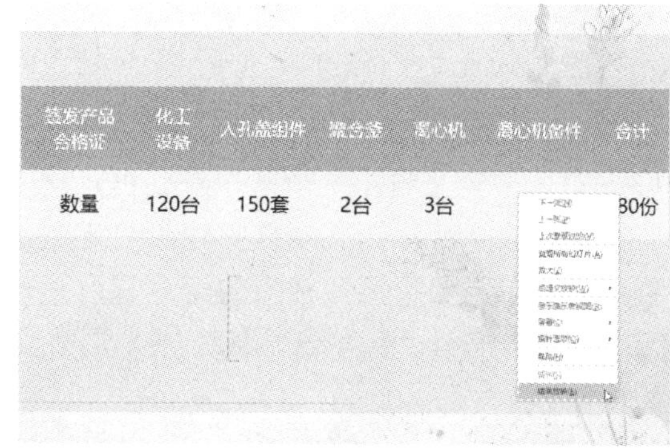

同步文件

视频文件：视频文件\第 11 章\上机实战.mp4

步骤详解

本实例的具体制作步骤如下。

Step01: 打开素材文件“生产质检报告.pptx”，❶切换到“幻灯片放映”选项卡；❷单击“设置”组中的“设置幻灯片放映”按钮，如下图所示。

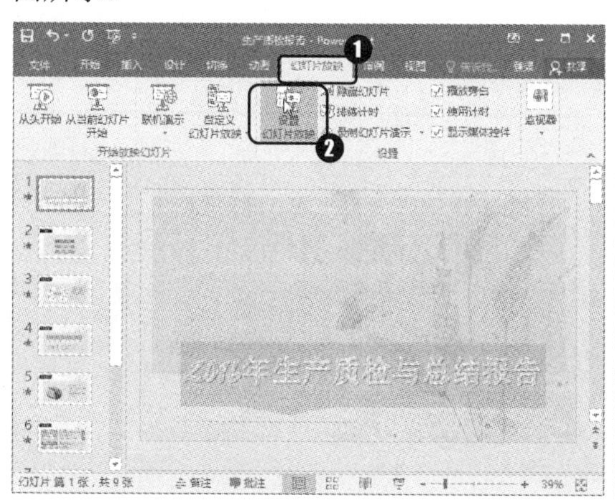

Step02: 打开“设置放映方式”对话框，❶勾选“放映选项”栏中的“放映时不加旁白”复选框；❷单击“确定”按钮，如下图所示。

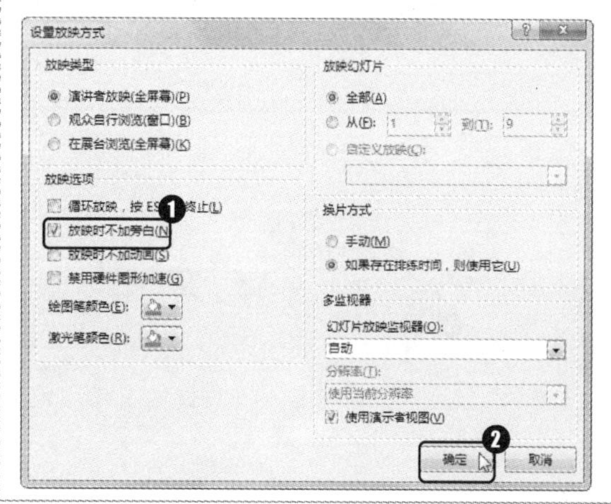

Step03: ❶单击“开始放映幻灯片”组中的“自定义幻灯片放映”下拉按钮；❷在弹出的下拉列表中选择“自定义放映”选项，如下图所示。

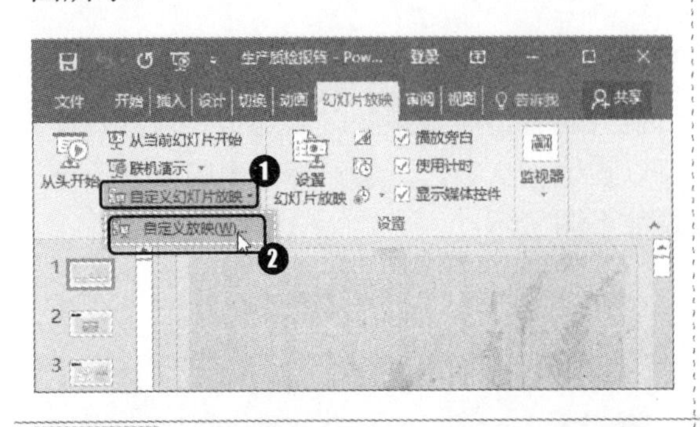

Step04: 弹出“自定义放映”对话框，单击“新建”按钮，如下图所示。

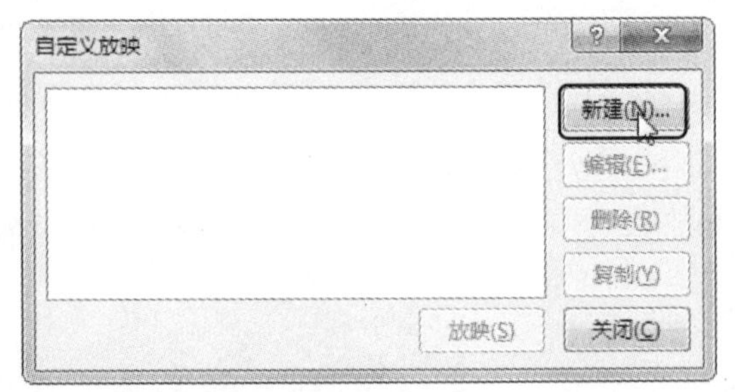

Step05: 打开“定义自定义放映”对话框，❶在“幻灯片放映名称”文本框中输入自定义名称；❷在左侧勾选需要播放的幻灯片；❸单击“添加”按钮；❹单击“确定”按钮，如下图所示。

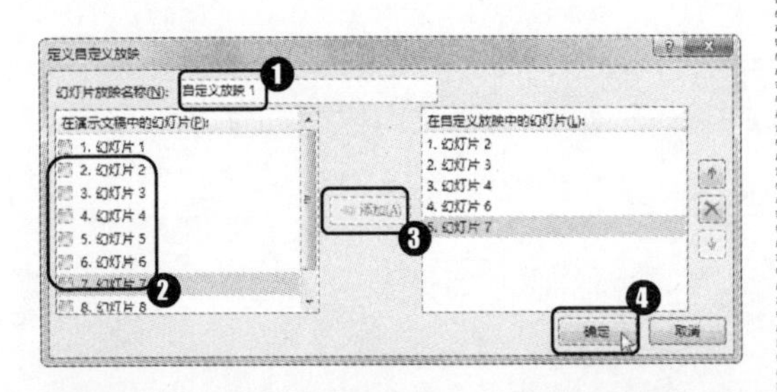

Step06: 返回“自定义放映”对话框，单击“放映”按钮，即可按照刚才的设置放映幻灯片，如下图所示。

Step07: ❶播放幻灯片时，在需要使用画笔标识的幻灯片上单击鼠标右键；❷在弹出的快捷菜单中选择“指针选项”命令；❸在弹出的子菜单中选择所需的指针，如“笔”，如下图所示。

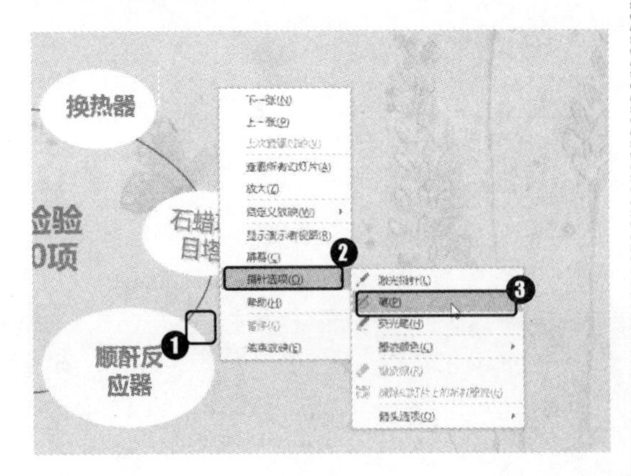

Step08: 在需要标注的地方拖动鼠标，鼠标移动的轨迹就有对应的线条。标注完成后按〈Esc〉键退出鼠标标注模式，如下图所示。

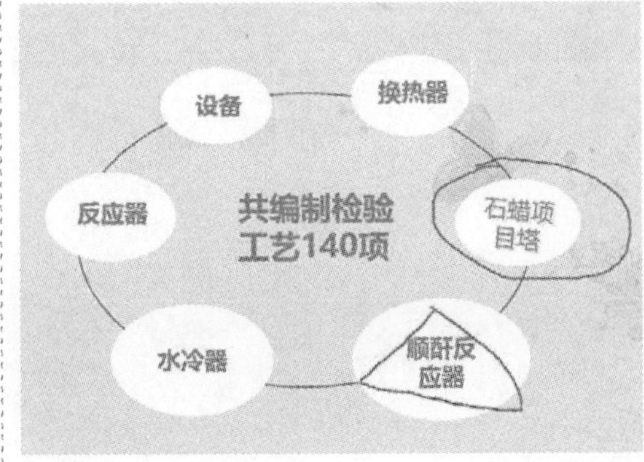

Step09: ❶放映完成后，在幻灯片上单击鼠标右键；❷在弹出的快捷菜单中选择“结束放映”命令，如下图所示。

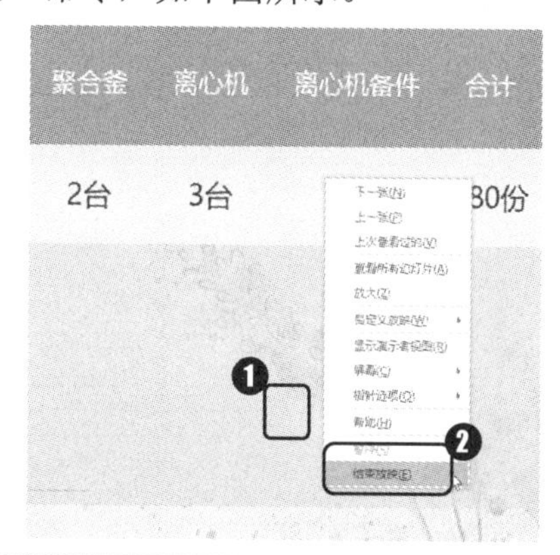

Step10: 弹出提示对话框询问是否需要保留墨迹注释，单击“放弃”按钮，如下图所示。

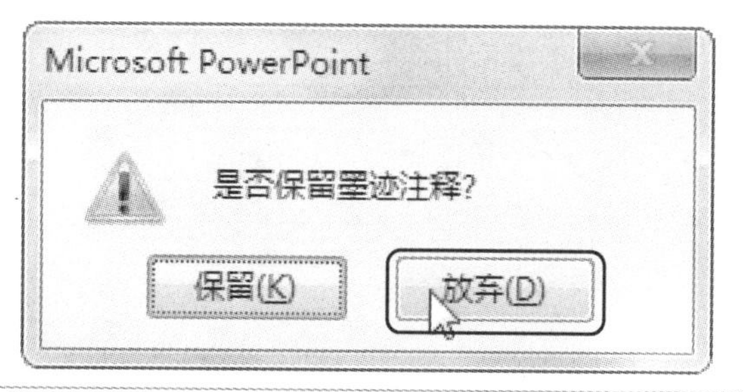

Step11: 切换到“文件”选项卡，❶选择“信息”命令；❷单击“保护演示文稿”按钮；选择“用密码进行加密”选项，如下图所示。

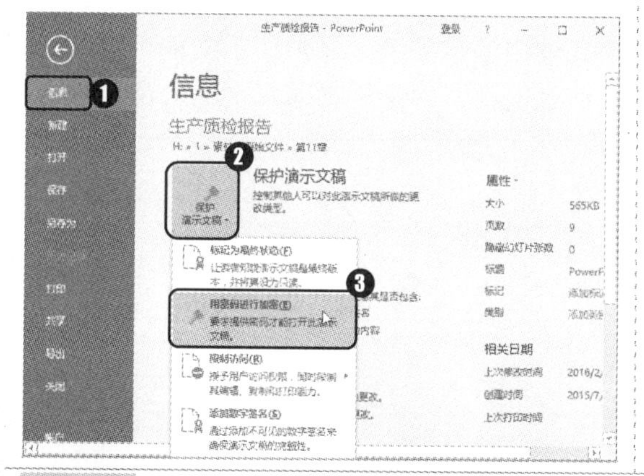

Step12: ❶先后在打开的“加密文档”对话框和“确认密码”对话框中输入两次密码；❷单击“确定”按钮，如下图所示。

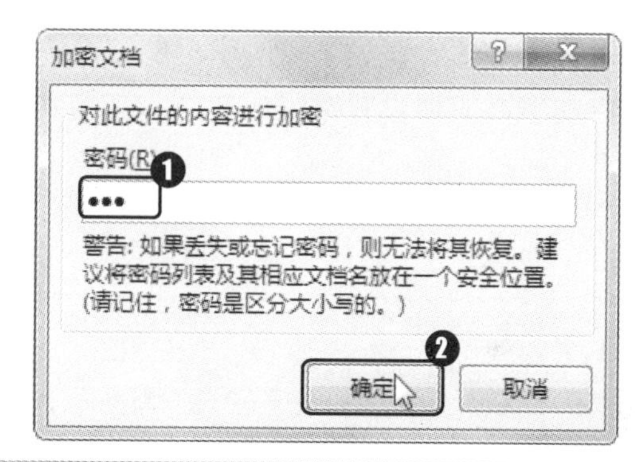

Step13: ❶在“文件”选项卡中选择“另存为”命令；❷选择“浏览”选项，如下图所示。

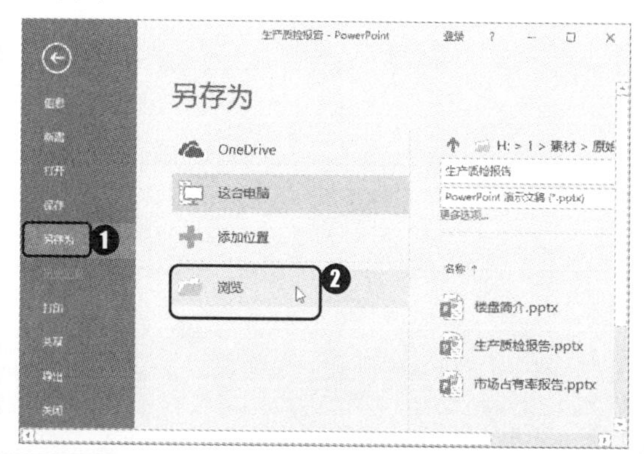

Step14: ❶在弹出的“另存为”对话框中单击“工具”下拉按钮；❷在弹出的下拉列表中选择“压缩图片”选项，如下图所示。

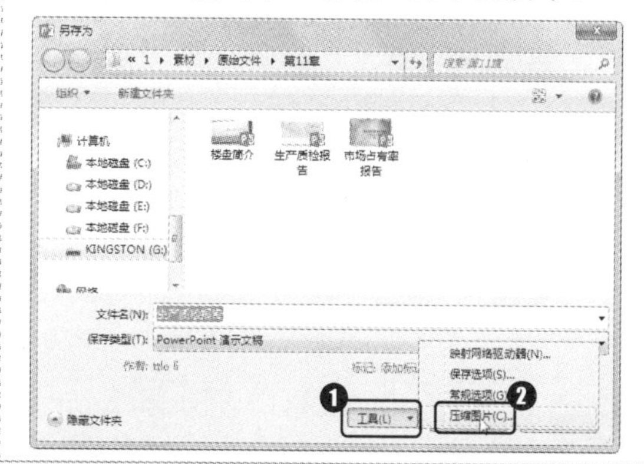

Step15: 弹出“压缩图片”对话框，❶根据需要选择压缩标准；❷单击“确定”按钮，

Step16: 返回“另存为”对话框，❶设置保存路径；❷单击“保存”按钮，如下图所示。

如下图所示。

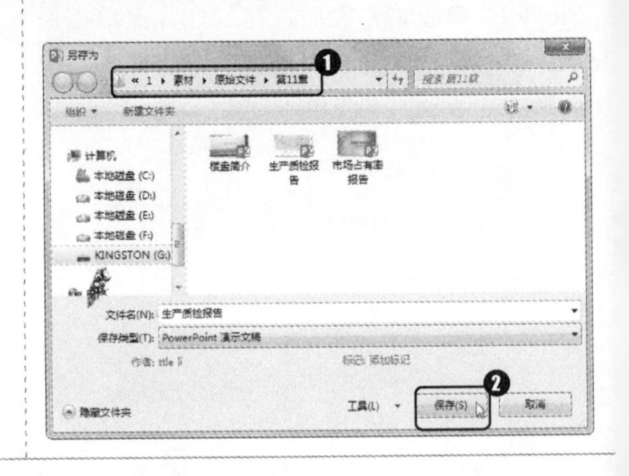

▷▷ 本章小结

本章的重点在于掌握 PowerPoint 2016 演示文稿的放映和输出的操作方法，主要包括设置放映时间、录制和清除旁白、放映幻灯片、以各种格式输出演示文稿、保护演示文稿及打印演示文稿等。希望读者通过本章的学习能够熟练地放映演示文稿，快速地将演示文稿输出为其他格式，并能够熟练地设置密码保护演示文稿。

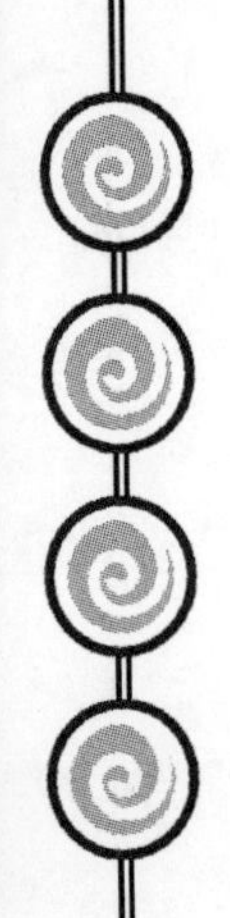

第 12 章　实战应用——PowerPoint 在教育培训工作中的应用

本章导读

教育培训演示文稿是 PPT 中非常常见的一个分类。随着多媒体教学的发展，越来越多的老师选择通过 PPT 的方式来教学。本章将结合前文所学的知识，通过几个常见的办公案例的制作，讲解 PowerPoint 在教育培训工作中的应用，包括制作教学培训演示文稿和员工入职培训演示文稿。

知识要点

- ➢ 新建演示文稿
- ➢ 编辑幻灯片母版
- ➢ 插入并美化图片
- ➢ 插入 SmartArt 图形
- ➢ 绘制并编辑形状
- ➢ 设置幻灯片切换和动画效果
- ➢ 放映幻灯片

效果展示

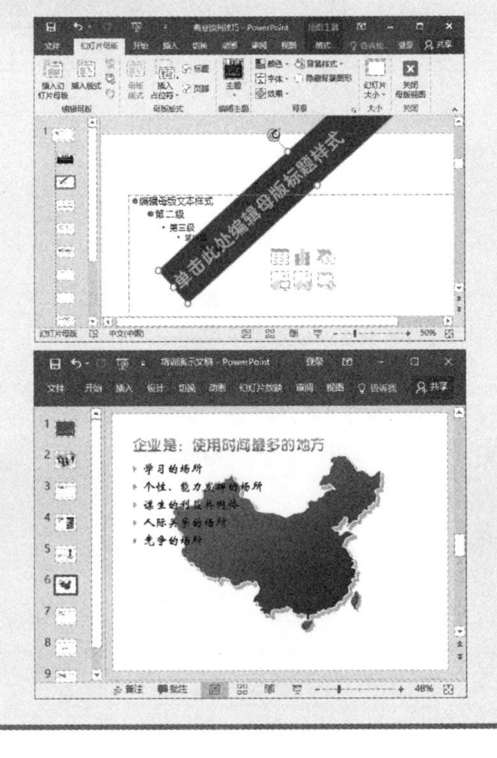

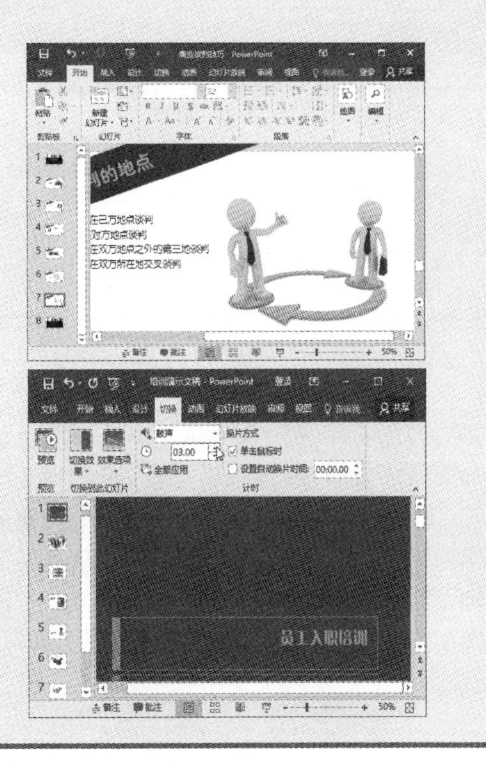

12.1 制作教学培训 PPT

教学培训 PPT 是常用的演示文稿之一。在制作 PPT 时，为了统一幻灯片的风格，更好地展示幻灯片的逻辑和条理，用户可以通过母版对幻灯片样式进行统一设置。此外，为了让演示者在演讲过程中对幻灯片的放映过程更好地进行控制，还可以在幻灯片中添加和编辑动作按钮。本节将以制作“商务谈判技巧培训”演示文稿为例，介绍编辑母版、编辑动作按钮等知识。完成后的效果如下图所示。

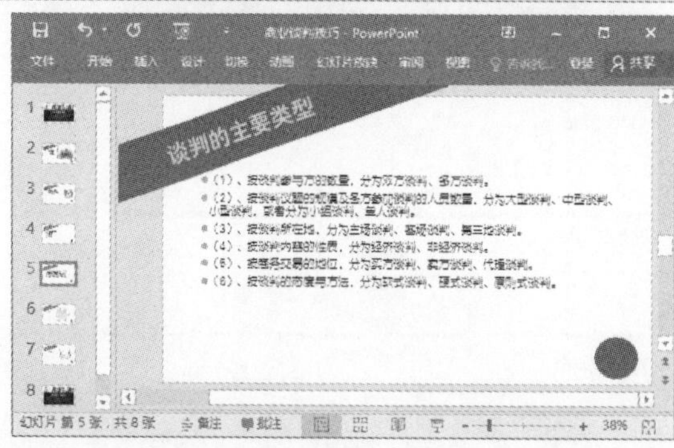

同步文件

视频文件：视频文件\第 12 章\12-1.mp4

12.1.1 新建并保存演示文稿

新建和保存演示文稿的方法很多，用户可以使用前文所学的任意方法新建演示文稿，下面以新建一个空白演示文稿并保存为“商业谈判技巧”为例，介绍具体操作方法如下。

Step01: 启动 PowerPoint 2016，新建一个空白的演示文稿，❶单击“开始”选项卡“幻灯片”组中的“新建幻灯片”下拉按钮；❷在弹出的下拉列表中选择 7 次“标题和内容”选项，新建 7 张“标题和内容”幻灯片，如下图所示。

Step02: 切换到“文件”选项卡，❶选择“另存为”命令；❷选择“浏览”选项，如下图所示。

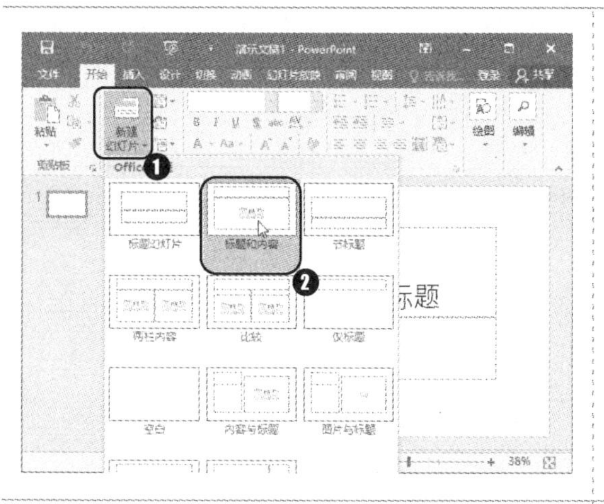

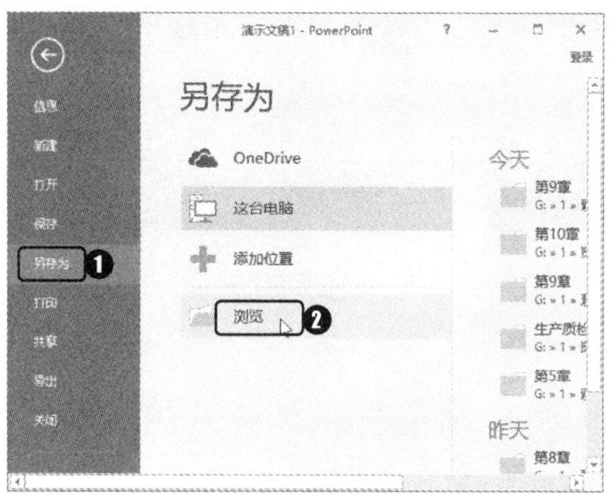

Step03: 打开“另存为”对话框，❶设置保存路径和文件名；❷单击“保存”按钮，如下图所示。

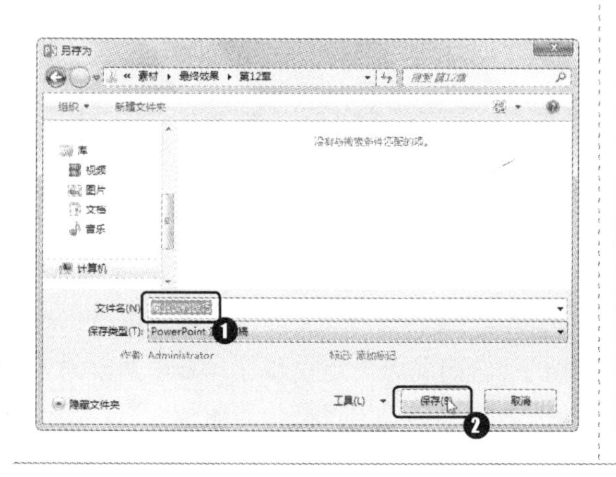

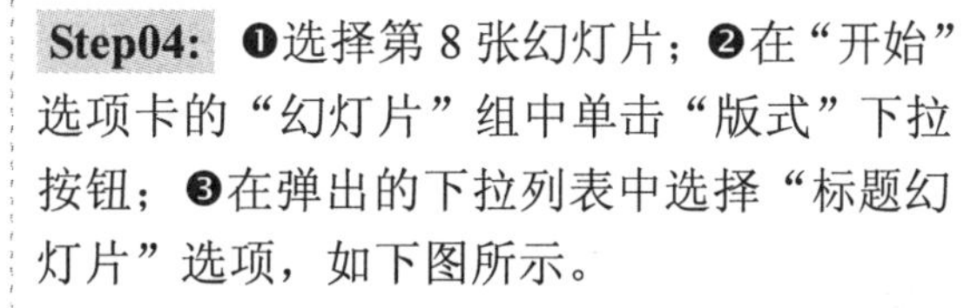

Step04: ❶选择第 8 张幻灯片；❷在“开始”选项卡的“幻灯片”组中单击“版式”下拉按钮；❸在弹出的下拉列表中选择“标题幻灯片”选项，如下图所示。

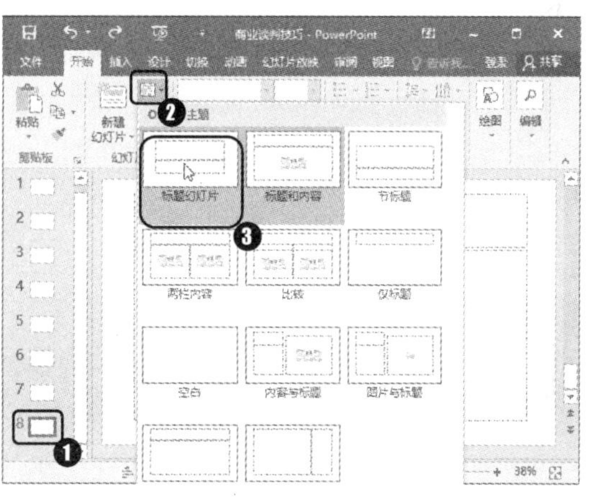

12.1.2 编辑幻灯片母版

如果需要对母版进行编辑，首先要进入母版视图，再进行相应的设置。本例在进入母版视图后，先为幻灯片设置标题和内容的字体样式，再设置内容文本的项目符号，然后设置幻灯片的背景格式等，具体操作方法如下。

Step01: ❶切换到“视图”选项卡；❷单击“母版视图”组中的“幻灯片母版”按钮，进入母版视图，如下图所示。

Step02: ❶选择第 1 张母版；❷选中标题占位符；❸在“开始”选项卡的“字体”组中设置字体、字号、字体颜色，如下图所示。

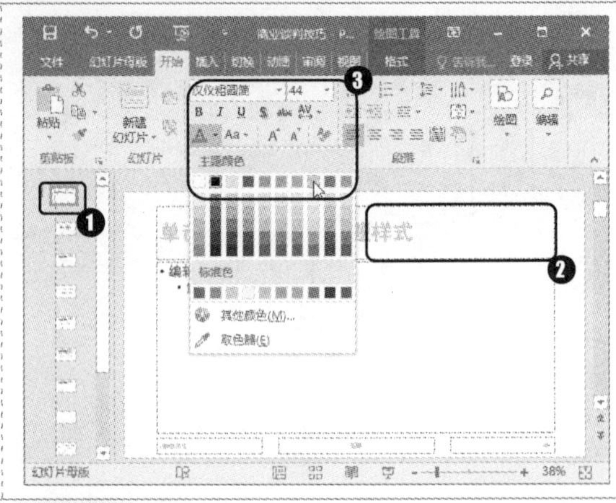

Step03: ❶选择内容占位符中的第一行文本；❷在“开始”选项卡的“字体”组中设置文本格式，如下图所示。

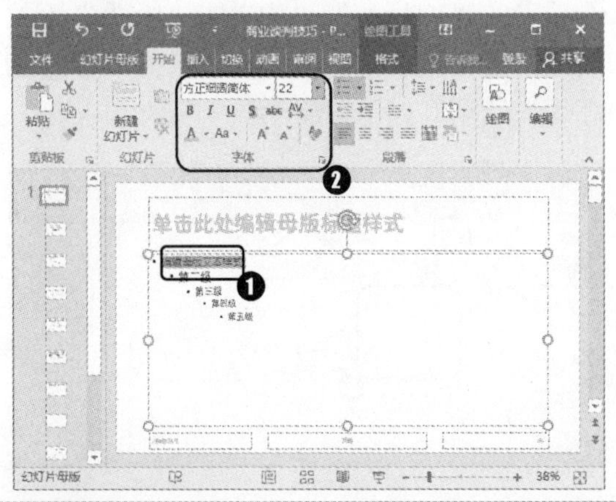

Step04: ❶选择内容占位符中的第二行文本；❷在“开始”选项卡的“字体”组中设置文本格式，如下图所示。

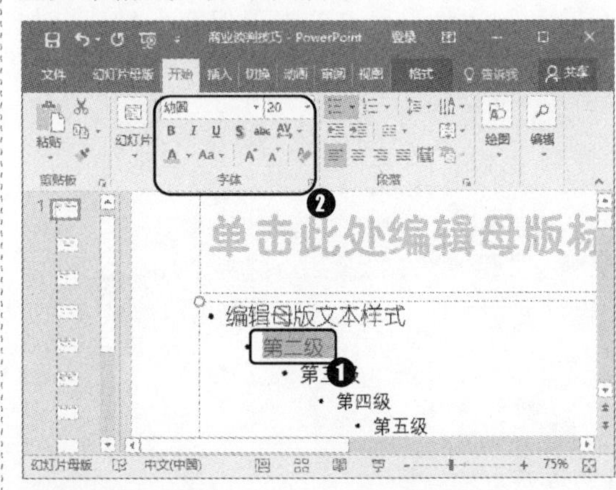

Step05: ❶选择内容占位符中的第一行和第二行文本；❷单击“开始”选项卡“段落”组中的“项目符号”下拉按钮；❸在弹出的下拉列表中选择一种项目符号样式，如下图所示。

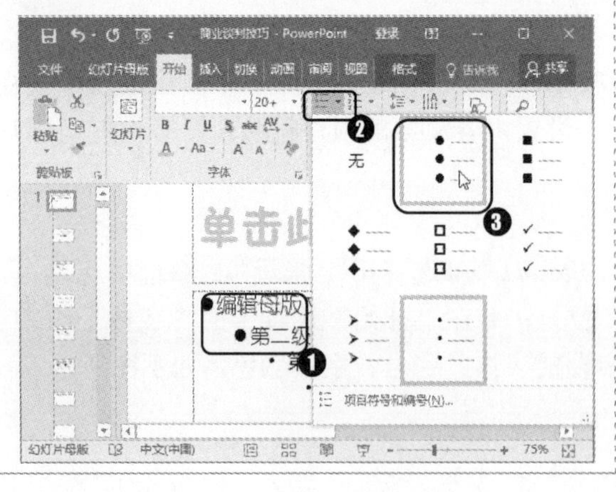

Step06: ❶单击“开始”选项卡“段落”组中的“项目符号”下拉按钮；❷在弹出的下拉列表中选择“项目符号和编号”选项，如下图所示。

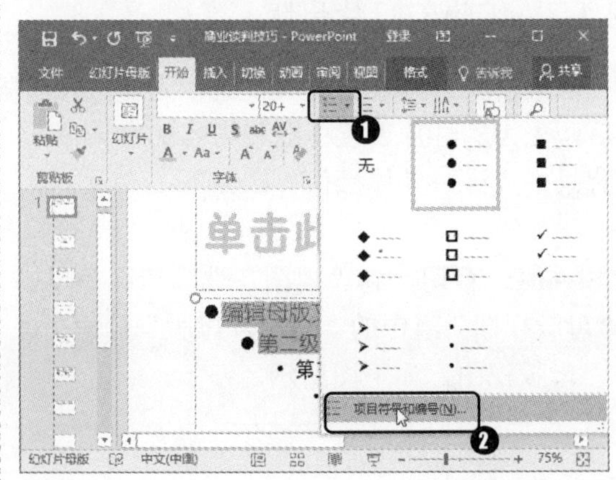

Step07: 打开“项目符号和编号”对话框，❶单击“颜色”下拉按钮，在弹出的下拉列表中选择一种颜色；❷单击“确定”按钮，如下图所示。

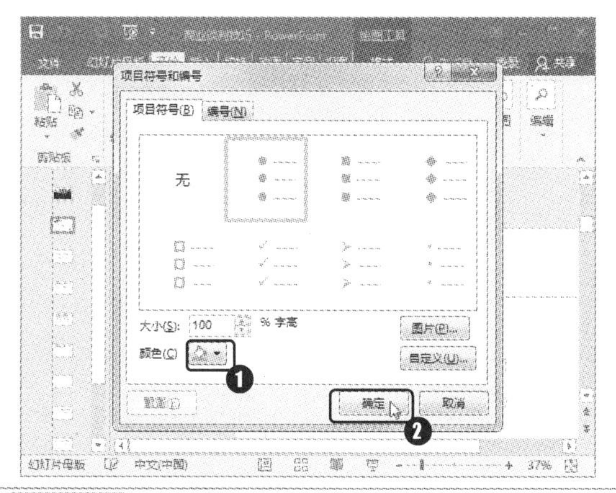

Step08: ❶选择第 2 张母版幻灯片；❷在幻灯片编辑区单击鼠标右键，在弹出的快捷菜单中选择“设置背景格式”命令，如下图所示。

Step09: 打开“设置背景格式”窗格，❶选择“图片或纹理填充”单选按钮；❷单击“文件”按钮，如下图所示。

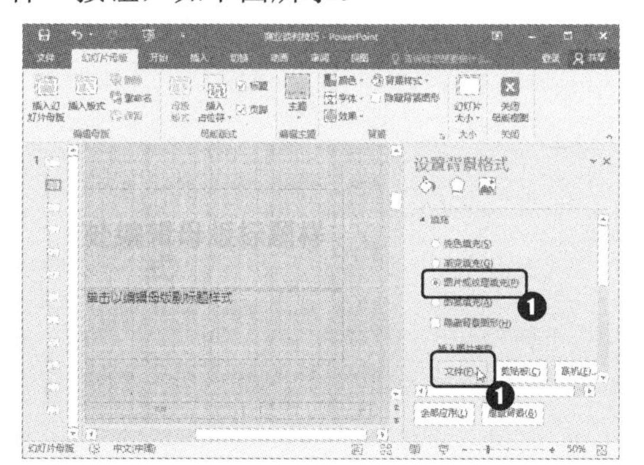

Step10: 打开“插入图片”对话框，❶选择背景图片；❷单击“插入”按钮，如下图所示。

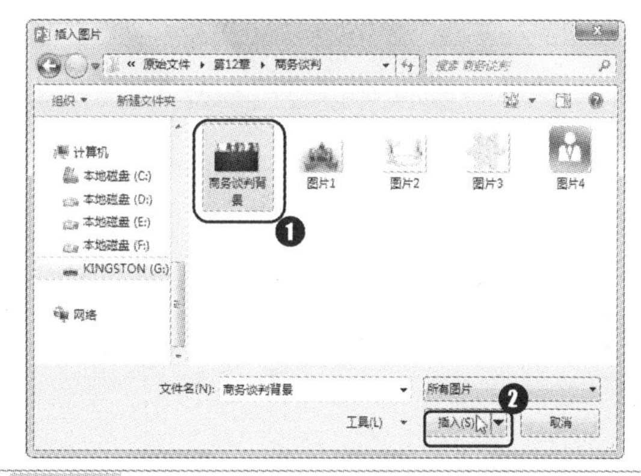

Step11: 单击“关闭”按钮，返回幻灯片中查看背景效果，如下图所示。

Step12: ❶选择第 3 张母版幻灯片；❷选择标题占位符；❸在“绘图工具-格式”选项卡“形状样式”组中单击“形状填充”下拉按钮；❹在弹出的下拉列表中选择一种颜色，如下图所示。

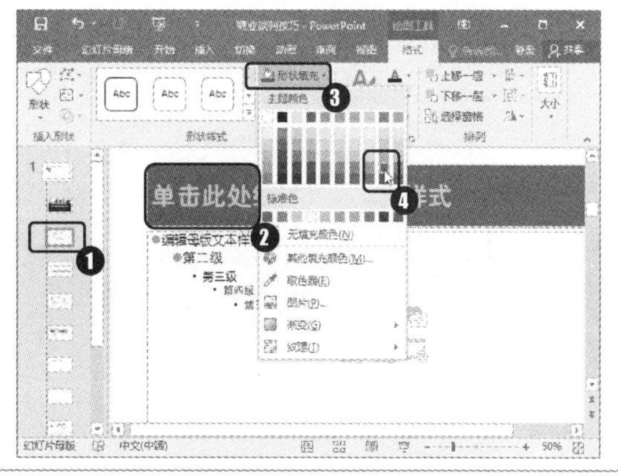

Step13: 保持标题占位符的选中状态，将鼠标移动到占位符上方的控制点上，当鼠标光标变为↻时，按下鼠标左键不放，向左拖动到合适的角度，如下图所示。

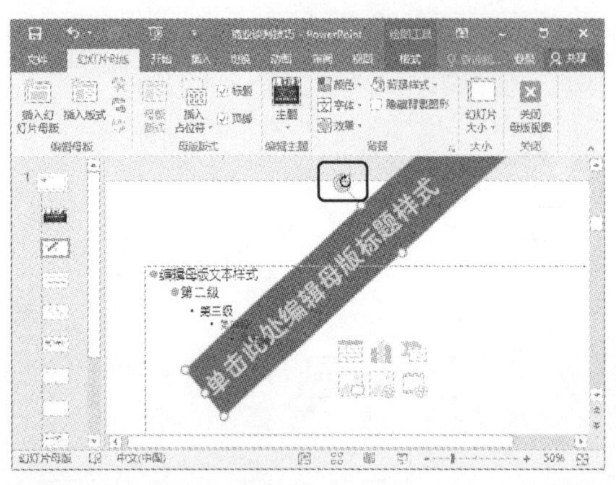

Step14: 将鼠标光标移动到文本框边框上，当光标变为✥时，按下鼠标左键拖动，将标题占位符移动到合适的位置，如下图所示。

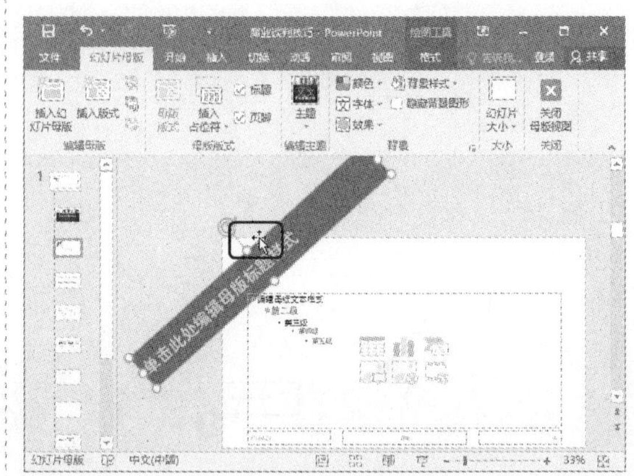

Step15: ❶单击“插入”选项卡“插图”组中的“形状”下拉按钮；❷在弹出的下拉列表“动作按钮”栏的“动作按钮：前进或下一项”，如下图所示。

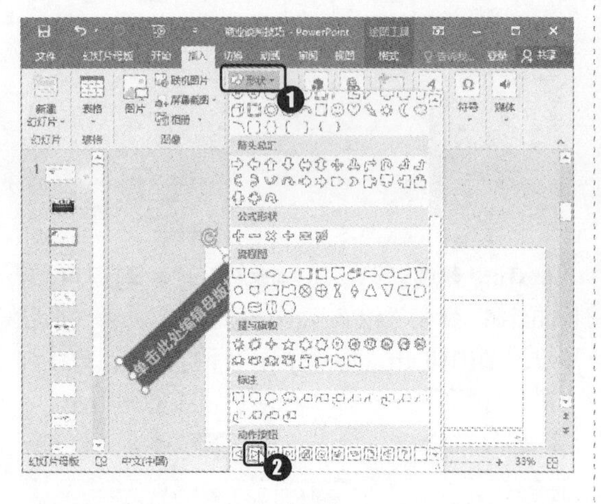

Step16: ❶在幻灯片的右下角按住鼠标左键不放，进行拖动，绘制动作按钮；❷绘制完成后将自动打开“操作设置”对话框，保持默认设置，单击“确定”按钮，如下图所示。

Step17: ❶选择绘制的形状按钮；❷单击“绘图工具-格式”选项卡“插入形状”组中的“编辑形状”下拉按钮；❸在弹出的下拉列表中选择“更改形状”选项；❹选择“椭圆”形状，如下图所示。

Step18: ❶单击“绘图工具-格式”选项卡“形状样式”组中的“形状填充”下拉按钮；❷在弹出的下拉列表中选择一种颜色，如下图所示。

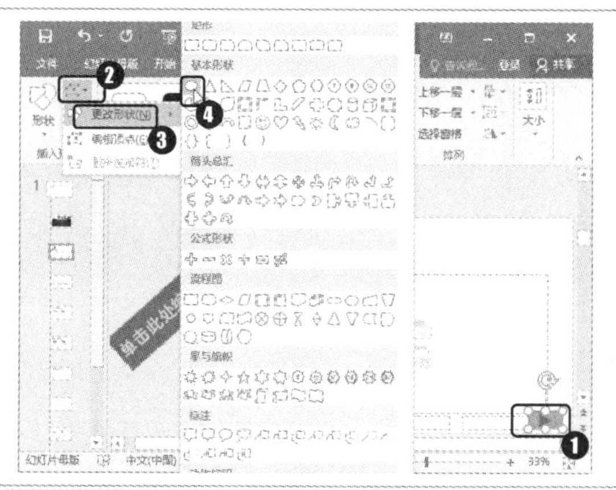

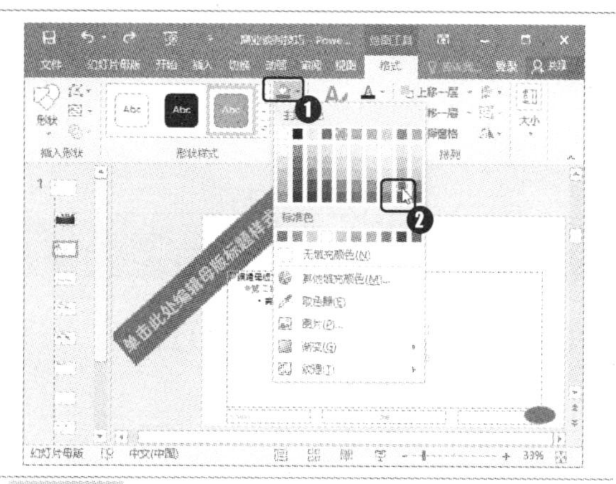

Step19: ❶单击“绘图工具-格式”选项卡“形状样式”组中的“形状轮廓”下拉按钮；❷在弹出的下拉列表中选择“无轮廓”选项，如下图所示。

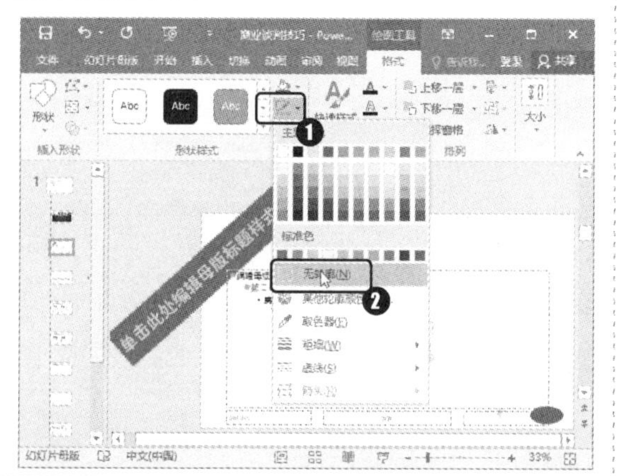

Step20: 将鼠标光标移动到形状周围的控制点上，当光标变为⤡或⤢时按下鼠标左键拖动，将形状更改为正圆形，如下图所示。

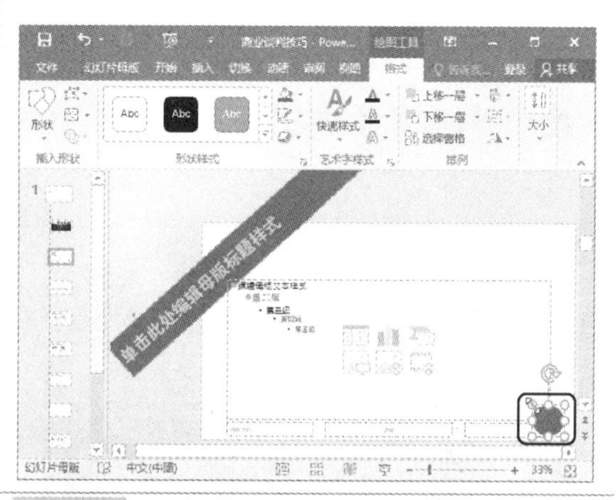

Step21: 单击“幻灯片母版”选项卡“关闭”组中的“关闭母版视图”按钮，关闭母版视图，如下图所示。

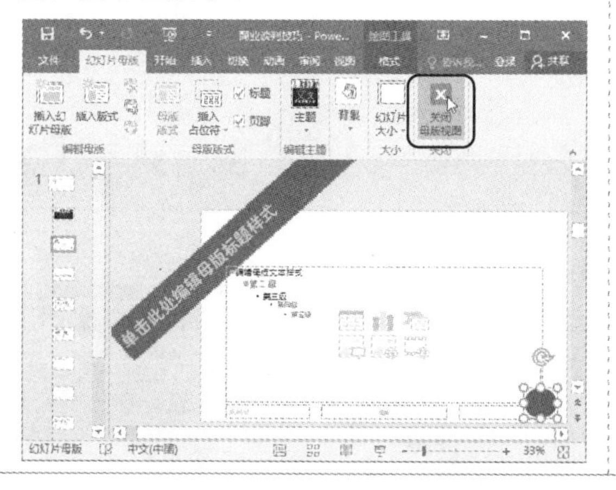

Step22: 返回普通视图即可看到设置了母版视图后的效果，如下图所示。

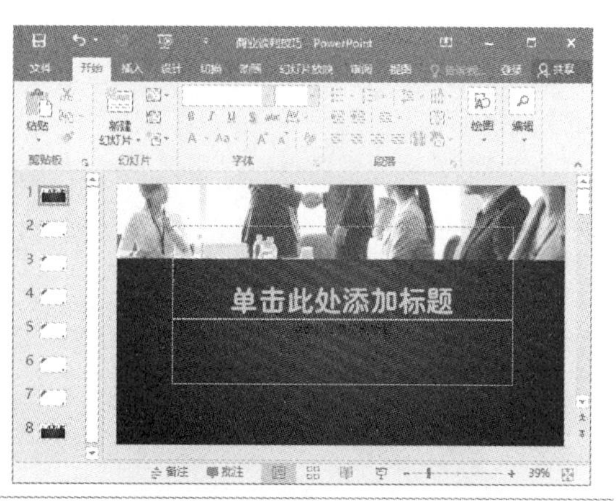

专家点拨——查看母版对应的幻灯片版式

在 PowerPoint 2016 中提供了十几种不同的幻灯片版式，这些版式也一一对应在幻灯片母版中，如果需要对其中的某一种版式设置统一效果，只需要对幻灯片的对应母版版式进行编辑即可。同时，在母版中，还可以查看该母版版式应用于哪几种幻灯片，具体方法是：将鼠标光标移动到幻灯片窗格中的母版版式上，稍等片刻即弹出提示。

12.1.3 为幻灯片添加图文内容

在为幻灯片添加内容时，因为已经在幻灯片母版中设置了文本样式，所以只需要直接在标题占位符和文本占位符中输入文字内容即可。文字内容会自动应用母版样式中所设置的文本样式，十分方便。而在插入图片时，则需要根据幻灯片的内容调整图片的大小和样式，操作方法如下。

Step01: ❶选择第 1 张幻灯片；❷将鼠标光标定位于标题占位符和副标题占位符中，分别输入所需的文本，如下图所示。

Step02: 使用相同的方法在其他幻灯片中输入文字内容，如下图所示。

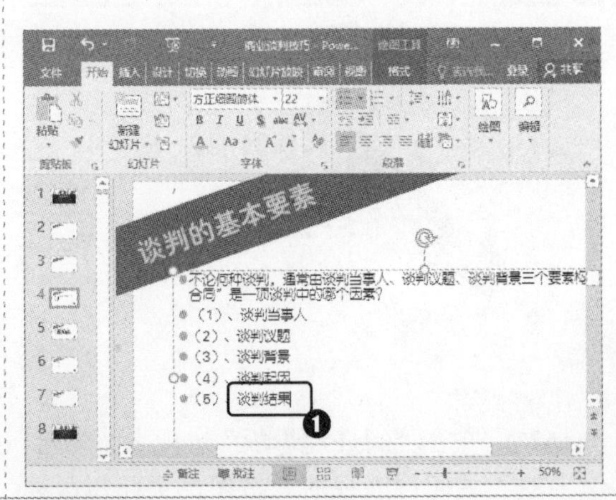

Step03: 输入文本后，如果占位符的格式不符合排版的要求，可以使用鼠标拖动占位符四周的控制点，根据需要调整占位符的大小，如下图所示。

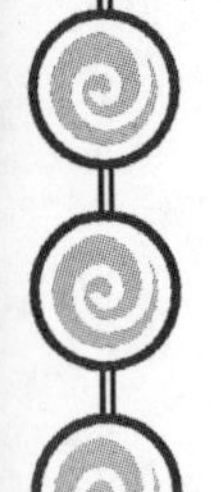

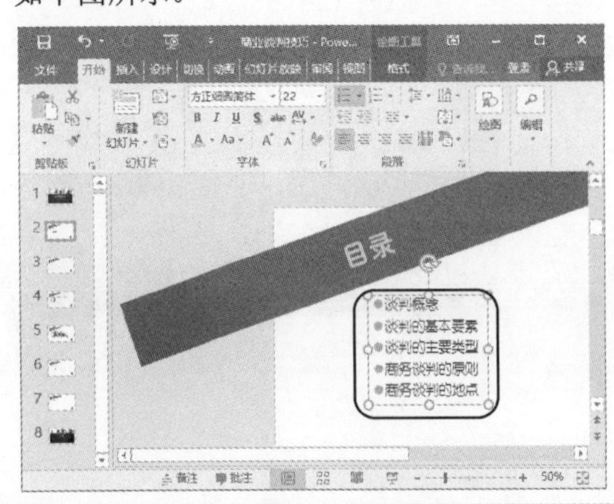

Step04: ❶选择第 2 张幻灯片；❷单击“插入”选项卡“图像”组中的“图片”按钮，如下图所示。

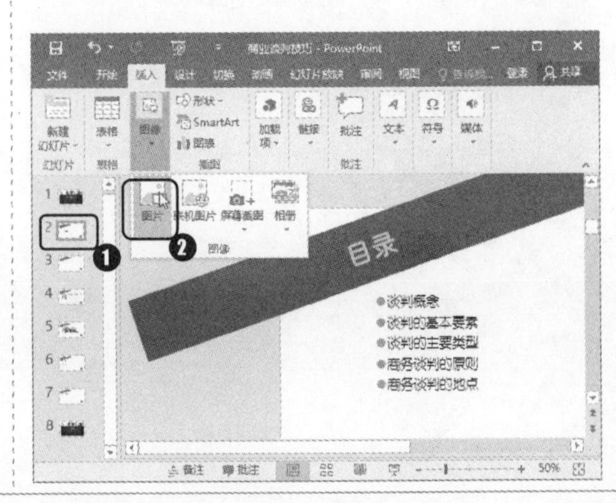

Step05: 打开“插入图片”对话框，❶选择需要的图片；❷单击“插入”按钮，如下图所示。

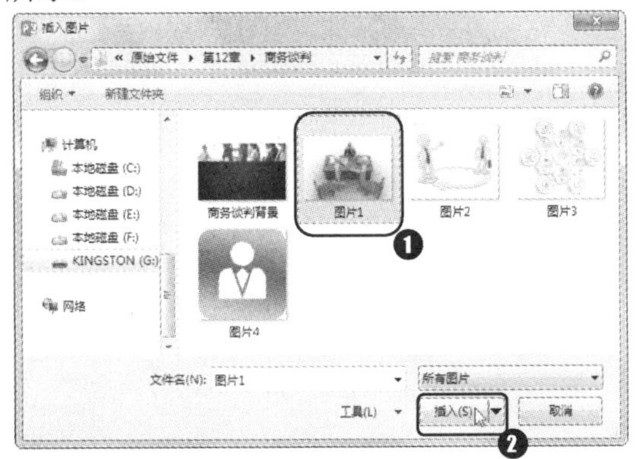

Step06: 返回幻灯片中，即可看到图片已经插入，使用鼠标拖动图片四周的控制点，调整图片大小，如下图所示。

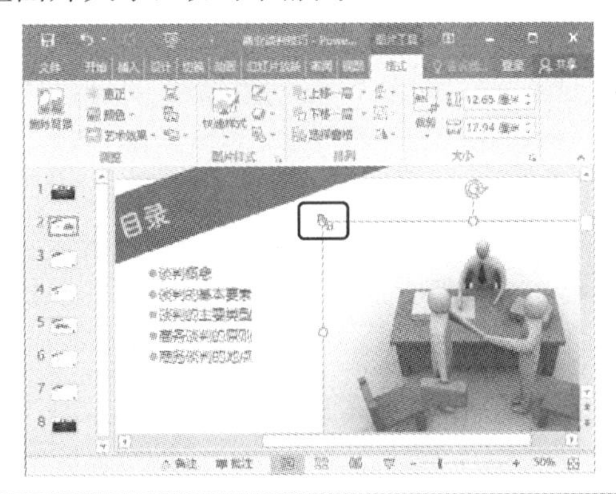

Step07: ❶选择图片；❷单击“图片工具-格式”选项卡“图片样式”组中的“图片边框”下拉按钮；❸在弹出的下拉列表中选择一种边框颜色，如下图所示。

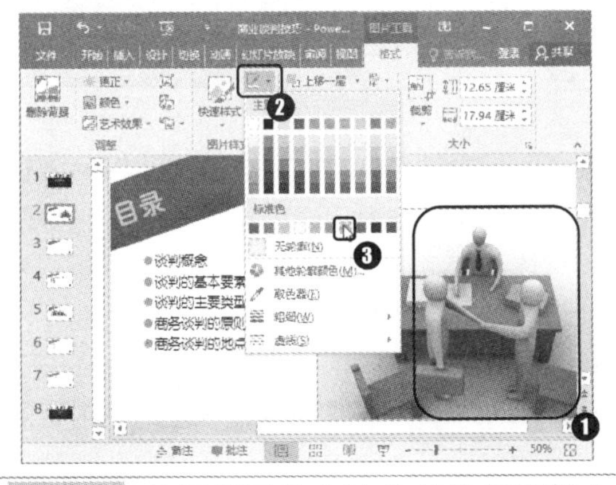

Step08: ❶单击“图片工具-格式”选项卡“图片样式”组中的“图片边框”下拉按钮；❷在弹出的下拉列表中选择“粗细”选项；❸选择边框的线条粗细，如下图所示。

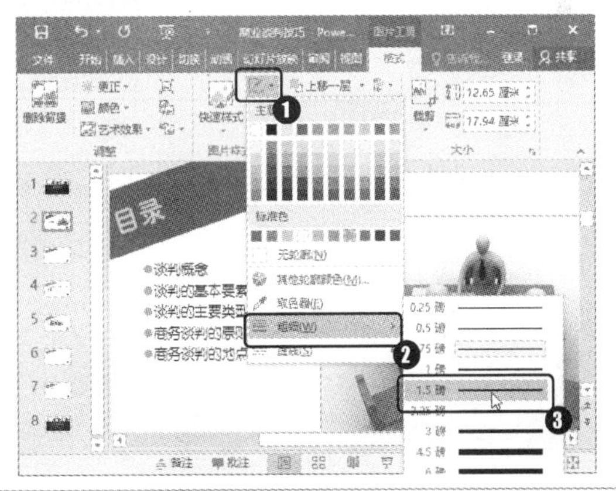

Step09: 使用相同的方法为其他需要插入图片的幻灯片插入对应的图片，并根据情况设置边框颜色，如下图所示。

Step10: 在最后一页幻灯片中输入表示感谢的文本，然后删除副标题占位符，如下图所示。

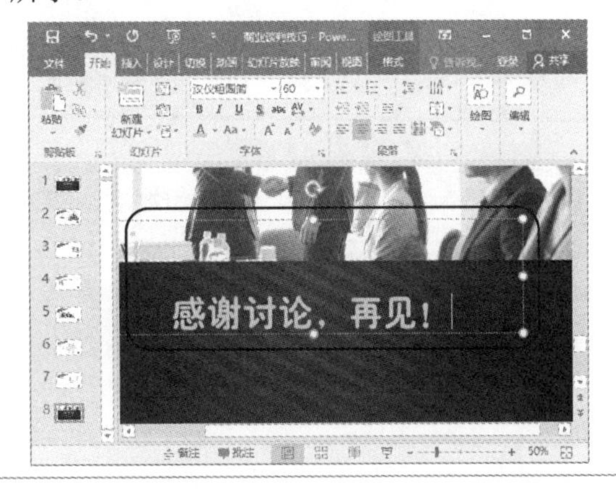

12.1.4　添加动画并放映幻灯片

为幻灯片添加动画效果后，即可完成演示文稿的制作。为了保证放映效果，还可对演示文稿进行放映测试。下面讲解添加动画并放映幻灯片的方法，具体操作方法如下。

Step01: 选择第 1 张幻灯片中的标题占位符，❶单击“动画”选项卡“动画”组中的“动画样式”下拉按钮；❷在弹出的下拉列表中选择一种进入动画，如“浮入”，如下图所示。

Step02: ❶单击“动画”选项卡“动画”组中的“效果选项”下拉按钮；❷在弹出的下拉列表中选择方向，如“下浮”，如下图所示。

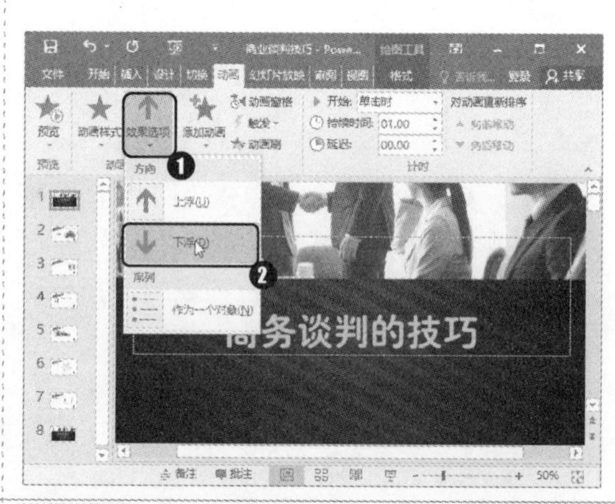

Step03: 在“动画”选项卡的“计时”组中，将光标定位到“持续时间”微调框中，输入持续时间，或者使用微调按钮调整持续时间，如下图所示。

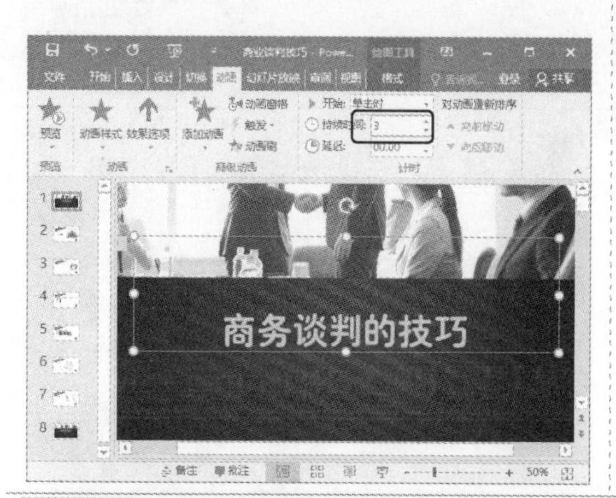

Step04: ❶选择第 2 张幻灯片的标题占位符；❷单击“动画”选项卡“动画”组中的“动画样式”下拉按钮；❸在弹出的下拉列表中选择“动作路径”栏中的“直线”选项，如下图所示。

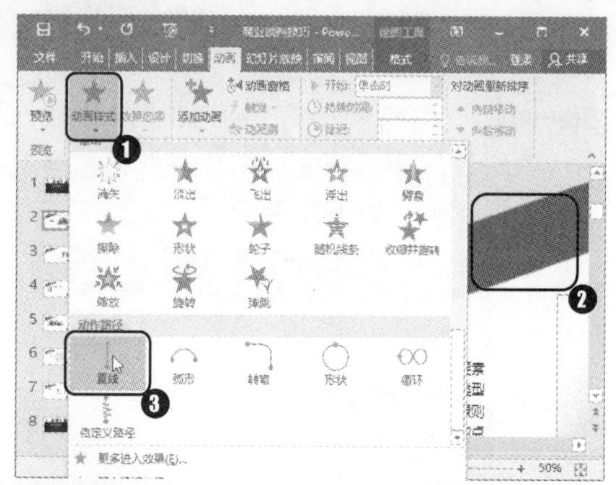

Step05: 此时，幻灯片中将出现一个直线动画路径，将鼠标光标移动到该直线路径上，当其变为✥时，拖动鼠标移动直线路径动画的位置，如下图所示。

Step06: 将鼠标光标移动到路径动画的一端，当其变为⤡时，拖动鼠标改变直线路径的方向和长度，使用相同的方法为每张幻灯片的标题占位符设置直线路径动画效果，如下图所示。

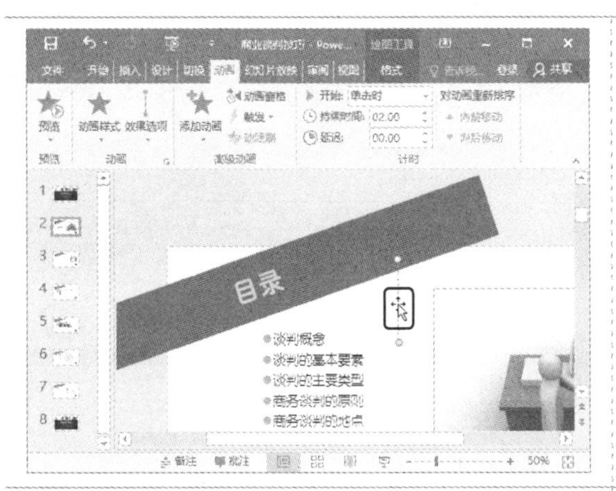

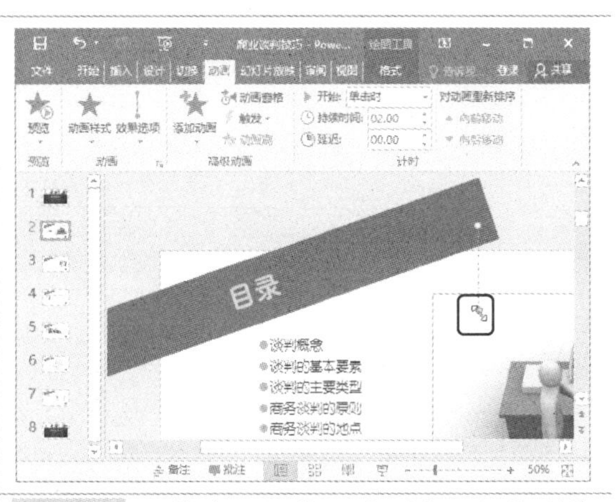

Step07: ❶选择第 2 张幻灯片中的图片；❷单击“动画”选项卡“动画”组中的“动画样式”下拉按钮；❸在弹出的下拉列表中选择一种进入动画，如“轮子”。并使用相同的方法为其他图片设置动画，如下图所示。

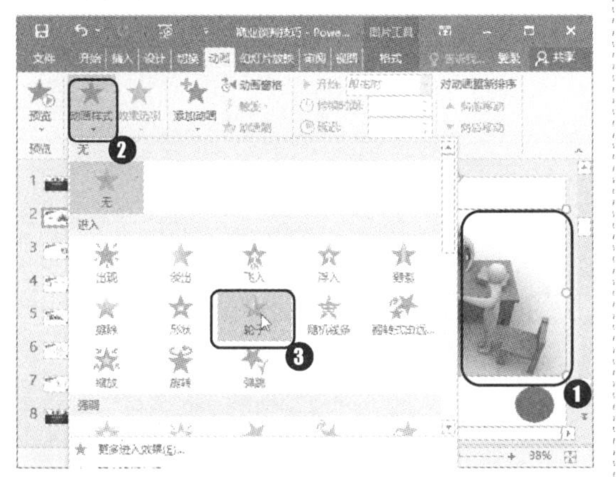

Step08: ❶单击“切换”选项卡“切换到此幻灯片”组中的“切换效果”下拉按钮；❷在弹出的下拉列表中选择一种幻灯片切换效果，如下图所示。

Step09: ❶单击“切换”选项卡“切换到此幻灯片”组中的“效果选项”下拉按钮；❷在弹出的下拉列表中选择切换的方向，如下图所示。

Step10: 设置完成后按〈F5〉键播放幻灯片，查看动画效果，如下图所示。

Step11: 在播放过程中单击动作按钮可以切换到下一张幻灯片，如右图所示。

▷▷ 12.2 制作员工入职培训 PPT

员工入职培训是员工进入企业的第一环，本例将使用文本、图片、图形等幻灯片元素制作入职培训演示文稿，通过对幻灯片母版、文本、图形、动画等对象的应用，使企业培训人员能够快速地掌握培训类演示文稿的制作。

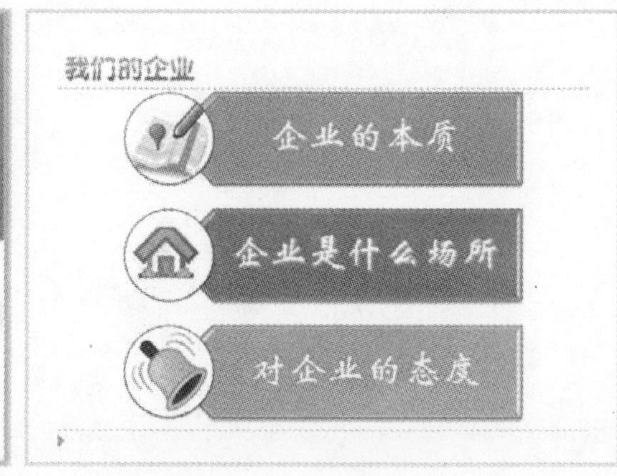

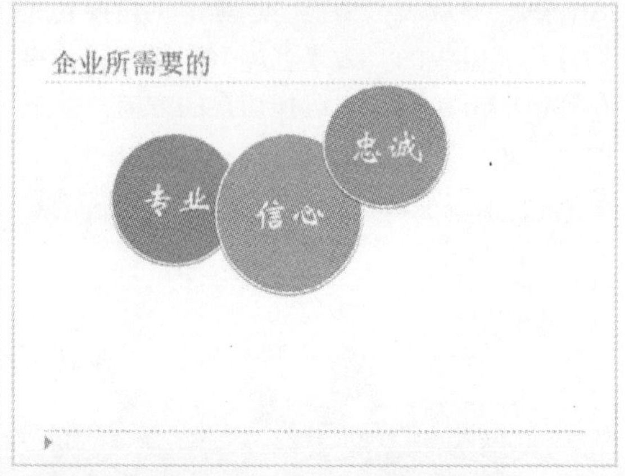

同步文件

视频文件：视频文件\第 12 章\12-2.mp4

12.2.1　根据模板新建演示文稿

在制作本案例时，需要先基于模板新建一个演示文稿，若在模板样式中找不到合适的内置模板，还可以通过搜索操作下载新的模板。在使用了模板之后，还可以根据需要修改模板中的部分字体，具体操作方法如下。

1. 根据模板新建演示文稿

模板可以用来快速创建专业、美观的演示文稿，根据模板创建演示文稿的操作方法如下。

Step01: 启动 PowerPoint 2016 程序，❶在搜索框中输入需要查找的模板类型，如“培训”；❷单击“搜索”按钮，如下图所示。

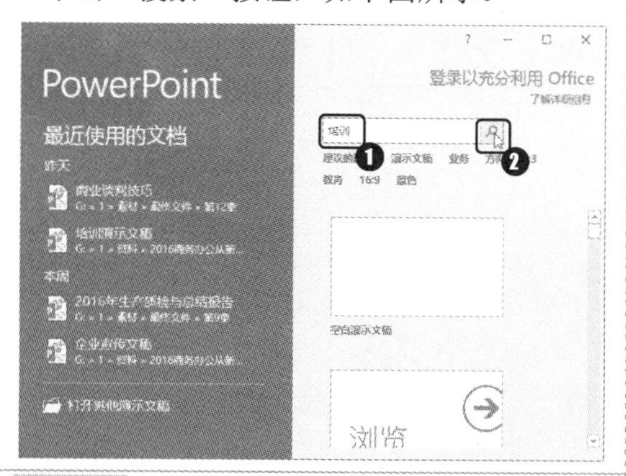

Step02: 在下方的搜索结果中选择一个想要的模板样式，如下图所示。

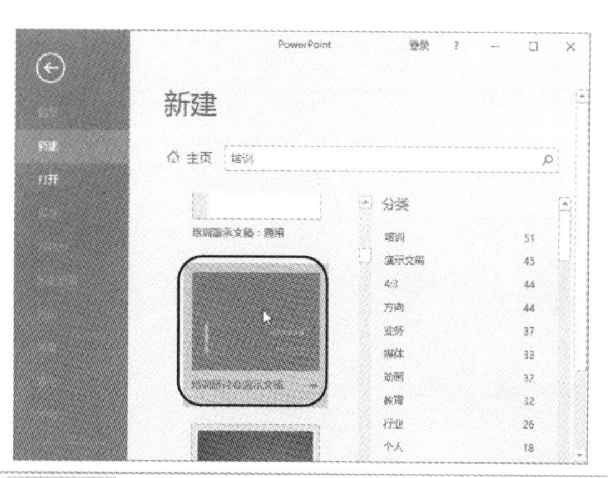

Step03: 在打开的对话框中可以预览该模板的样式，如果确认使用该模板，可单击“创建”按钮，如下图所示。

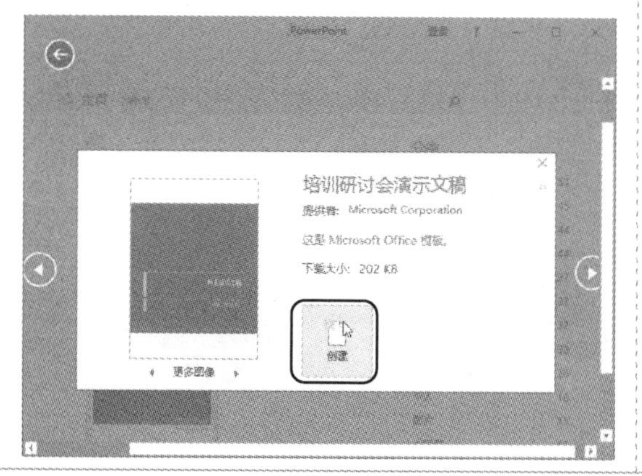

Step04: 此时将创建一个基于“培训”模板的演示文稿，将该演示文稿另存为“培训演示文稿”即可，如下图所示。

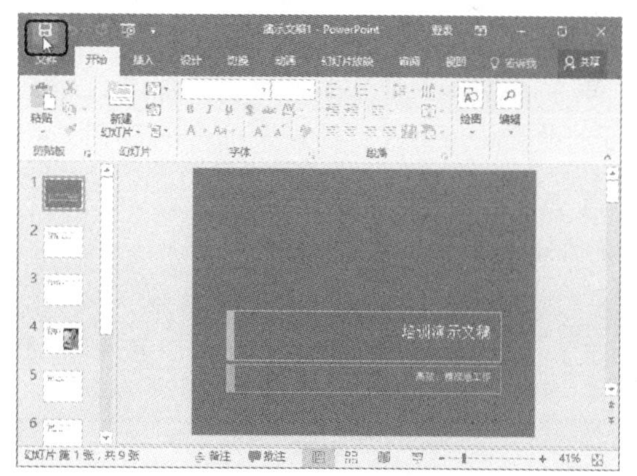

2. 在母版中更改模板字体

在使用模板创建了演示文稿之后，模板中的字体样式可能不能完全符合用户的需求，此时可以在母版中更改模板字体，操作方法如下。

Step01: 单击“视图”选项卡“母版视图”组中的“幻灯片母版”按钮，进入母版视图，如下图所示。

Step02: ❶选中第 2 页幻灯片母版；❷分别选择标题和副标题文本框；❸在“开始”选项卡的“字体”组中设置字体样式，如下图所示。

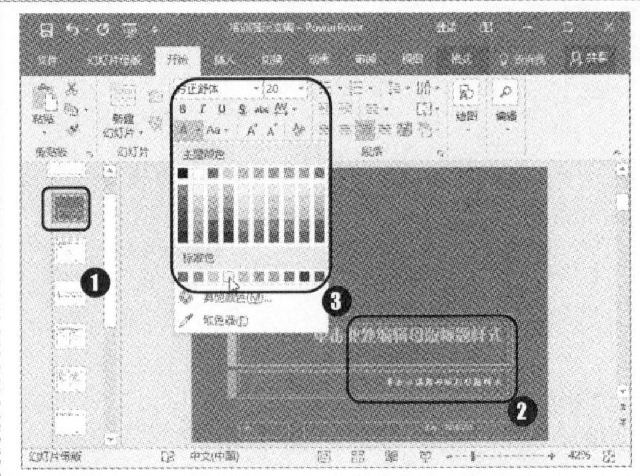

Step03: ❶选中第 3 页幻灯片母版；❷选择标题文本框；❸在“开始”选项卡的“字体”组中设置字体样式，如下图所示。

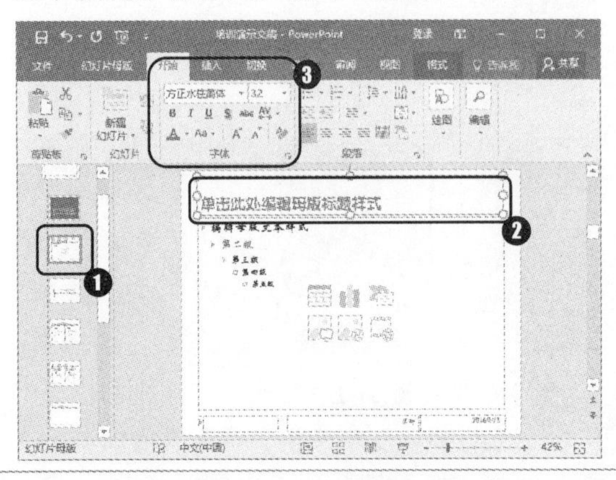

Step04: 设置完成后，单击“幻灯片母版”选项卡“关闭”组中的“关闭母版视图”按钮，退出母版模式，如下图所示。

12.2.2 插入图片并设置图片格式

在演示文稿中插入图片可以增加幻灯片的表现力，还可以美化演示文稿。在插入图片之后，还可以设置图片格式，如设置图片的位置、大小等，操作方法如下。

Step01: 在幻灯片封面页输入演示文稿标题和副标题文字，如下图所示。

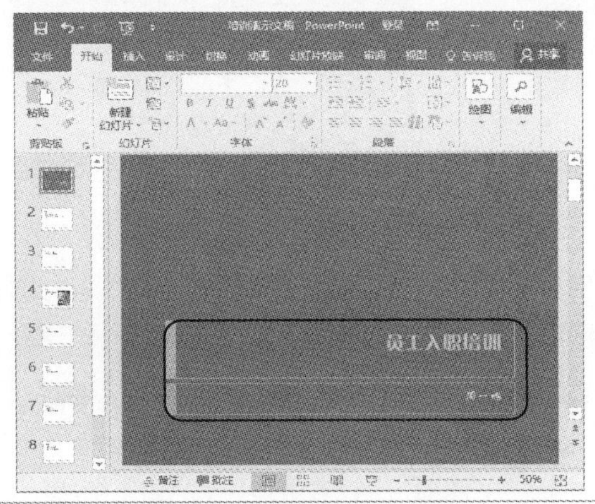

Step02: 在第 2 页幻灯片中输入标题和内容文本，如下图所示。

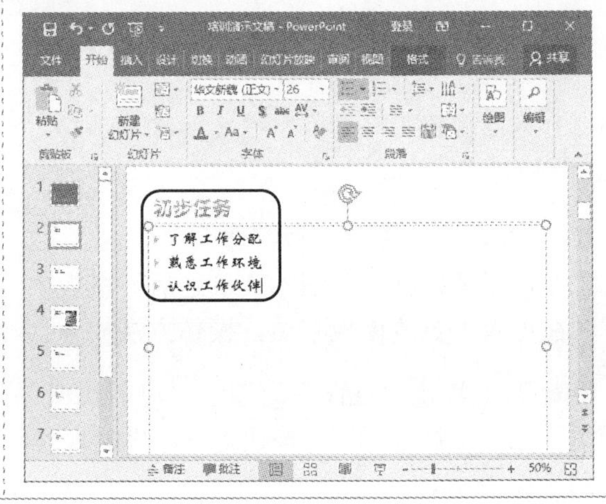

Step03: 单击“插入”选项卡“图像”组中的“图片”按钮，如下图所示。

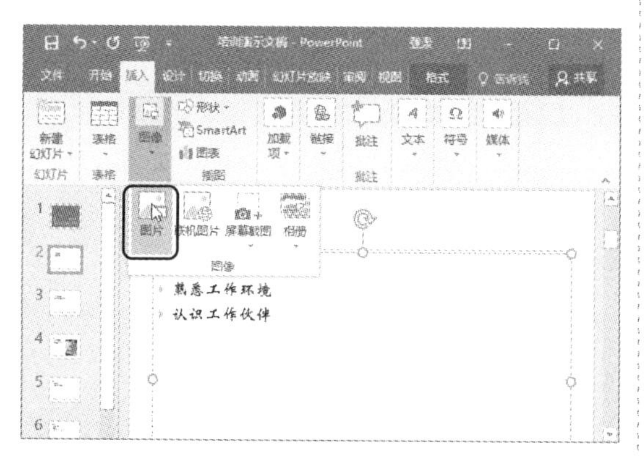

Step04: 弹出“插入图片”对话框，❶选择要插入的图片；❷单击“插入”按钮，如下图所示。

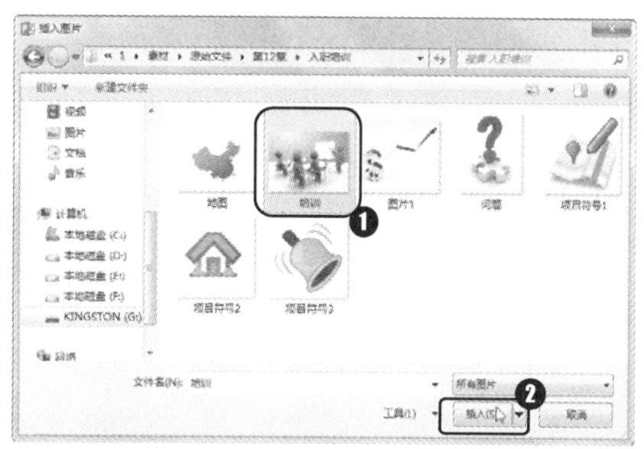

Step05: 插入图片后，通过图片四周的控制点将图片大小调整为与幻灯片大小相同，如下图所示。

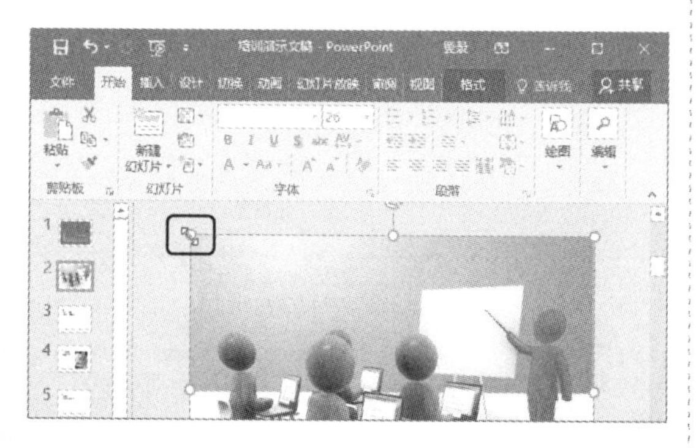

Step06: ❶单击“图片工具-格式”选项卡“排列”组中的“下移一层”下拉按钮；❷在弹出的下拉列表中选择“置于底层”选项，如下图所示。

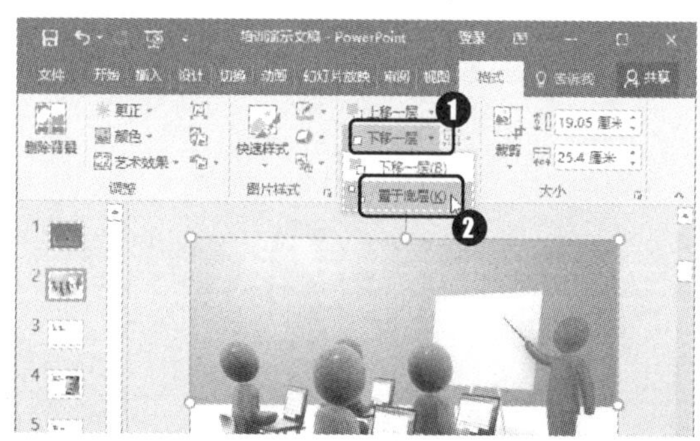

Step07: 设置完成后，效果如下图所示。

Step08: ❶选中第 5 张幻灯片；❷选择内容文本框，然后按〈Delete〉键删除该文本框，如下图所示。

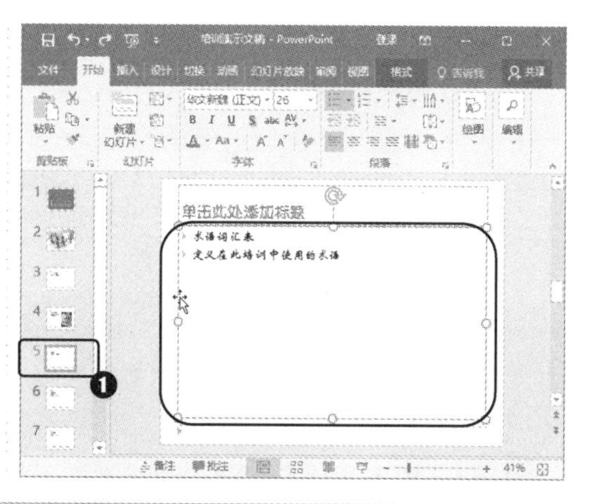

Step09: 删除文本框后将出现占位符，单击占位符中的“图片”图标，如下图所示。

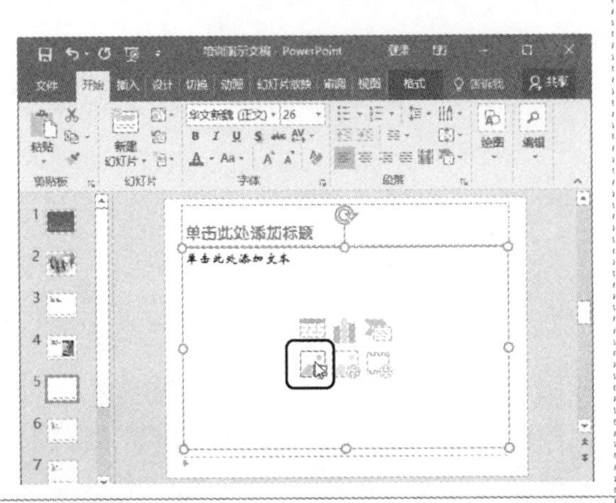

Step10: 使用相同的方法在需要插入图片的幻灯片中插入图片并设置相应的格式，如下图所示。

Step11: 在标题文本框中输入文本，然后将鼠标移动到标题文本框的右下角，按下鼠标左键拖动文本框，如下图所示。

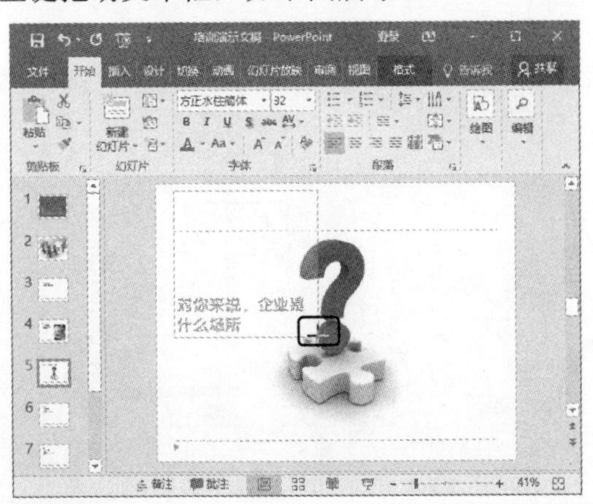

Step12: 将文本移动到目标位置即可，如下图所示。

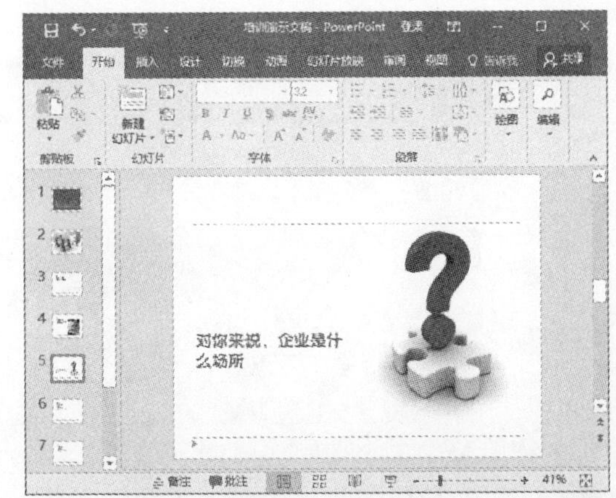

Step13: 使用相同的方法在其他幻灯片中输入文字并插入图片，效果如右图所示。

12.2.3 插入 SmartArt 图形

SmartArt 图形是信息和观点的视觉表示形式，可以通过不同形式和布局的图形代替枯燥的文字，从而快速、轻松、有效地传达信息。

1．插入图形

在 PowerPoint 中插入幻灯片的方法与在 Word 和 Excel 中插入幻灯片的方法相似，具体操作方法如下。

Step01: ❶在第 3 张幻灯片中输入幻灯片标题；❷选中幻灯片内容，按〈BackSpace〉键，删除文本框中的内容，单击“插入 SmartArt 图形”图标，如下图所示。

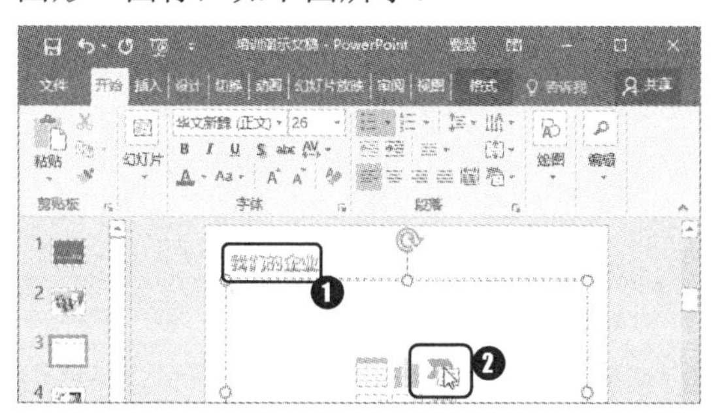

Step02: 打开“选择 SmartArt 图形”对话框，❶在“图片”选项卡中单击“垂直图片列表”选项；❷单击“确定”按钮，如下图所示。

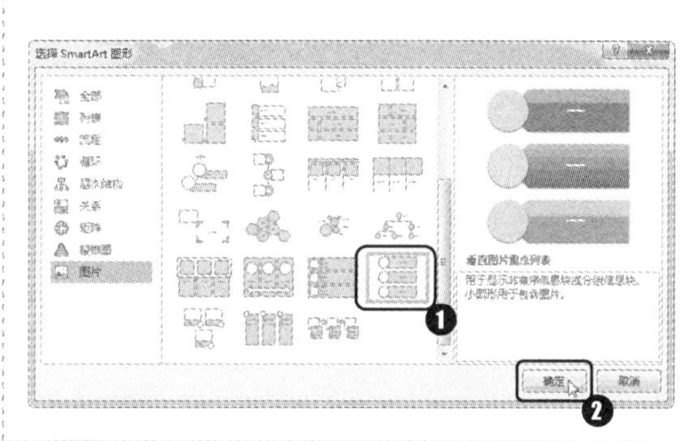

Step03: ❶文本框中将插入所选图形样式，拖动形状边框即可调整形状大小；❷在文本框中输入文本内容，如下图所示。

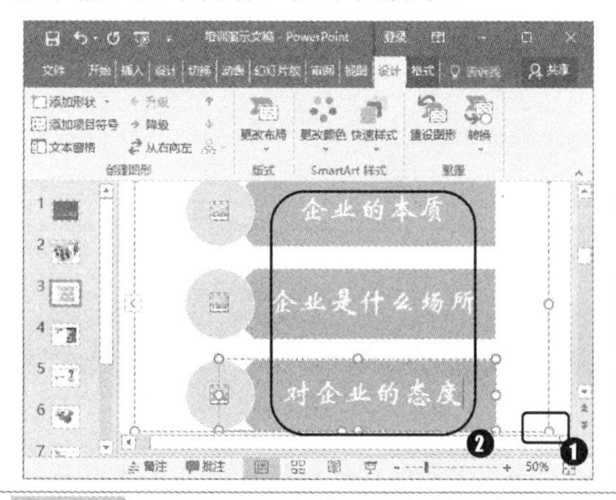

Step04: 单击图形中的图标，如下图所示。

Step05: 打开“插入图片”对话框，单击“来自文件”右侧的“浏览”按钮，如下图所示。

Step06: ❶在弹出的“插入图片”对话框中选择要插入的图片；❷单击“插入”按钮，如下图所示。

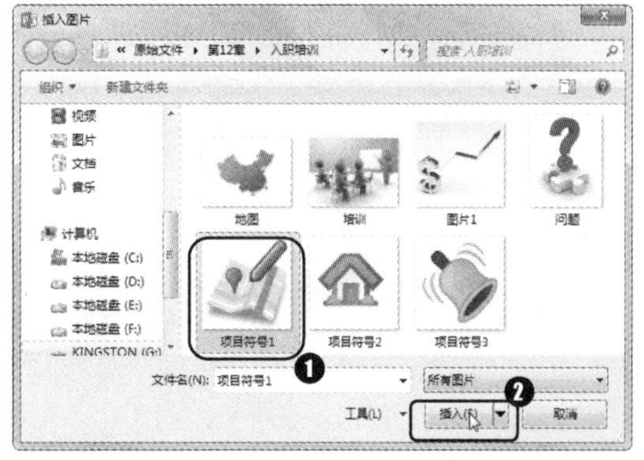

Step07: 使用相同的方法插入所有的图片，插入完成后效果如右图所示。

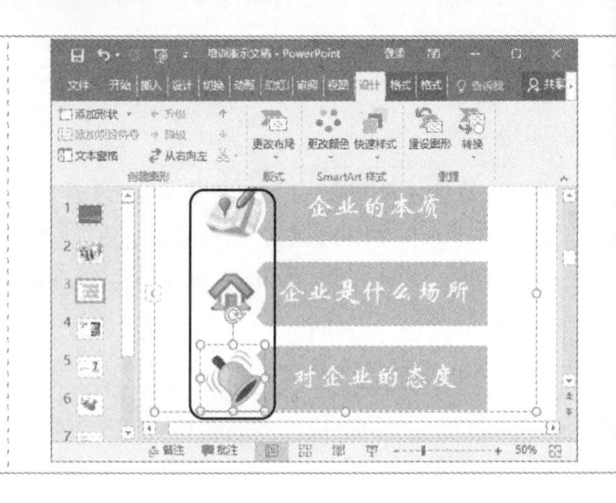

2．美化图形

在插入了 SmartArt 图形之后，如果用户对默认的颜色和样式不满意，可以随时更改，操作方法如下。

Step01: ❶选择形状；❷单击“SmartArt 工具-设计”选项卡“SmartArt 样式”组中的“快速样式”下拉按钮；❸在弹出的下拉列表中选择一种图形样式，如下图所示。

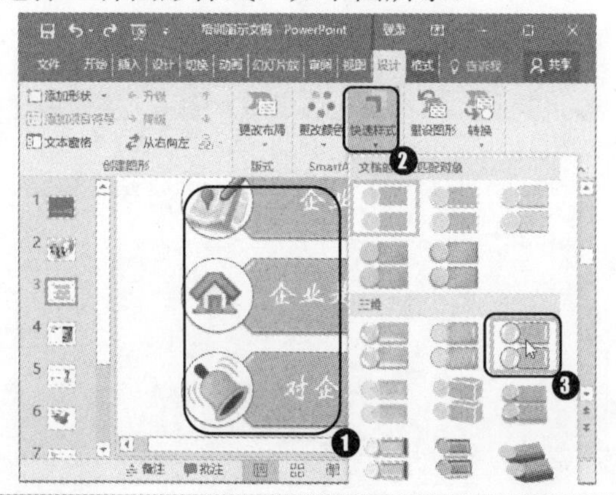

Step02: 保持形状的选中状态，❶单击“SmartArt 工具-设计”选项卡“SmartArt 样式”组中的“更改颜色”下拉按钮；❷在弹出的下拉列表中选择一种颜色方案，如下图所示。

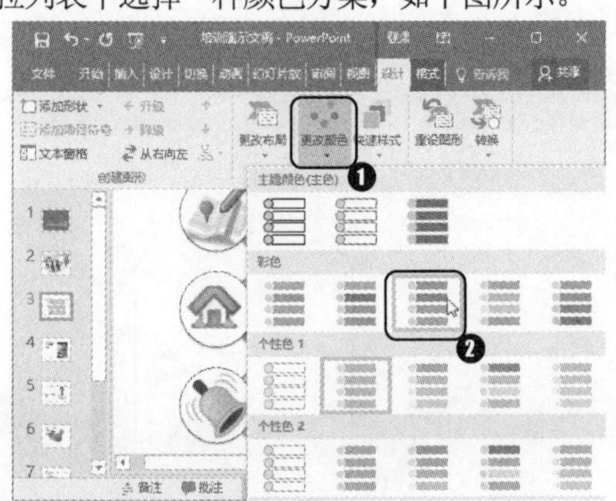

Step03: 保持形状的选中状态，❶单击“SmartArt 工具-格式”选项卡“艺术字样式”组中的“快速样式”下拉按钮；❷在弹出的下拉列表中选择一种艺术字样式，如下图所示。

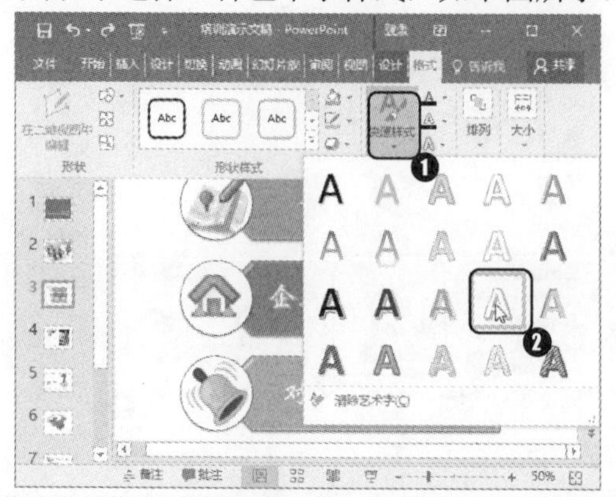

Step04: 设置完成后，效果如下图所示。

12.2.4　绘制并编辑形状

在 SmartArt 图形中绘制图形的方法与在 Word 中绘制图形的方法一样。绘制完成后，还可以执行美化形状、添加文字、组合形状等操作。

1．绘制形状

如果需要在幻灯片中使用形状来表达，可以绘制形状，操作方法如下。

Step01: ❶在第 7 张幻灯片上单击鼠标右键；❷在弹出的快捷菜单中选择“版式”命令；❸在弹出的扩展菜单中选择“仅标题”选项，如下图所示。

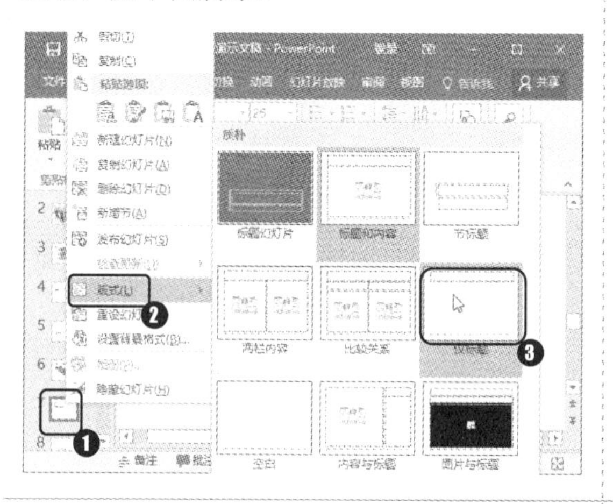

Step02: ❶单击“插入”选项卡“插图”组的“形状”下拉按钮；❷在弹出的下拉列表中选择“椭圆”形状，如下图所示。

Step03: 按住〈Shift〉键不放，按住鼠标左键拖动到合适大小后释放鼠标左键，即可绘制出正圆形，效果如右图所示。

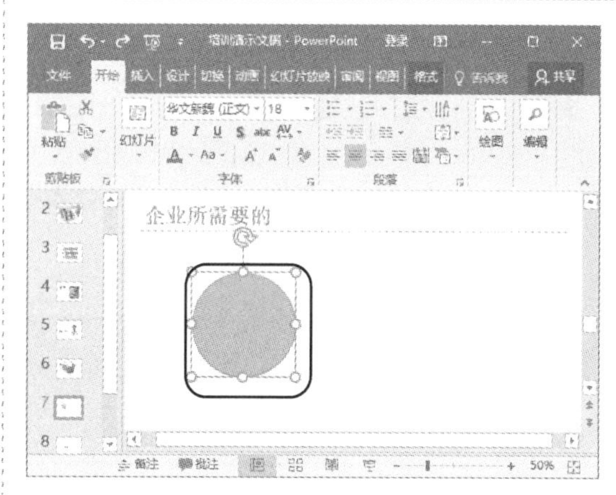

2．在形状中添加文字

在形状中添加简单明了的文字，可以突出幻灯片的主题，操作方法如下。

Step01: ❶在形状上单击鼠标右键；❷在弹出的快捷菜单中选择“编辑文字”命令，如下图所示。

Step02: 在形状中直接输入文字，并设置文字格式，如下图所示。

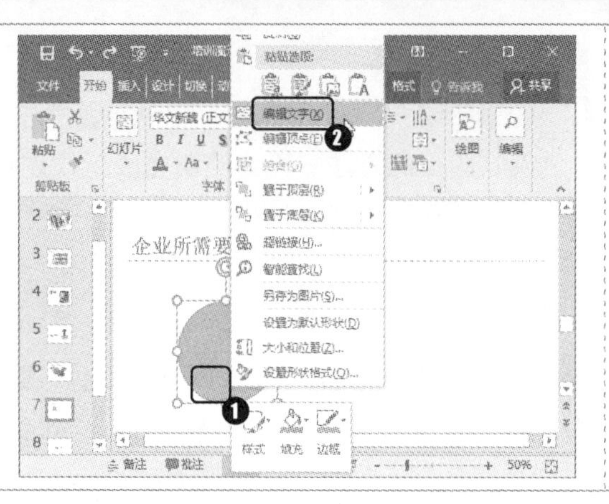

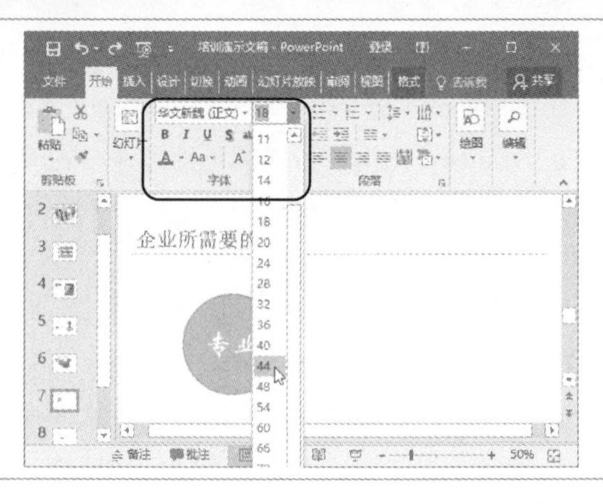

3. 复制与编辑形状

如果需要制作多个相似的形状，可以先制作一个形状，并设置格式，再复制形状，然后更改部分形状样式，操作方法如下。

Step01: ❶选择形状；❷单击“开始”选项卡“剪贴板”组中的“复制”按钮，如下图所示。

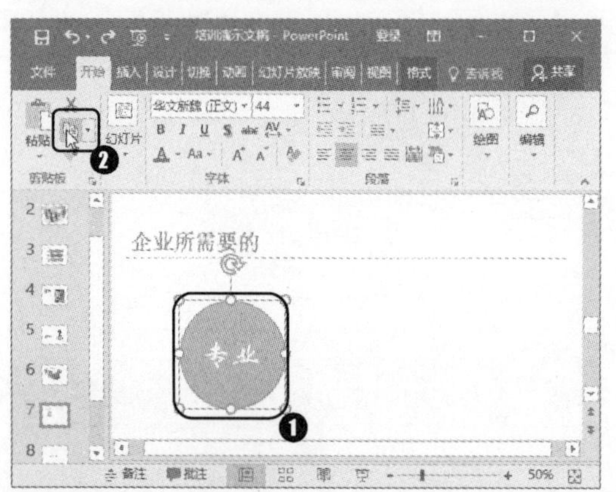

Step02: 单击“开始”选项卡“剪贴板”组中的“粘贴”按钮复制一个形状，如下图所示。

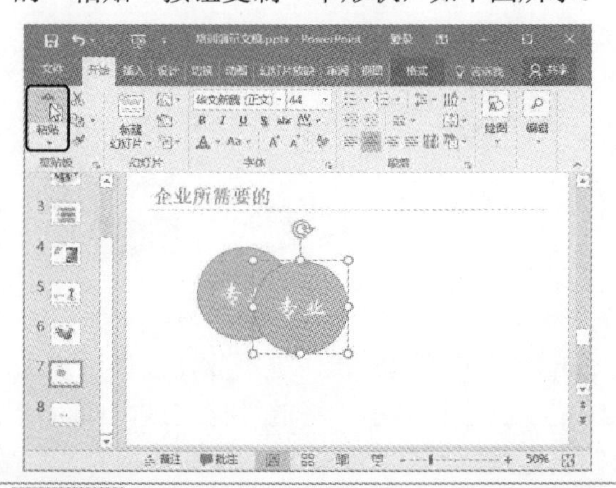

Step03: 选择形状，按住〈Ctrl〉键拖动形状，复制另一个形状，如下图所示。

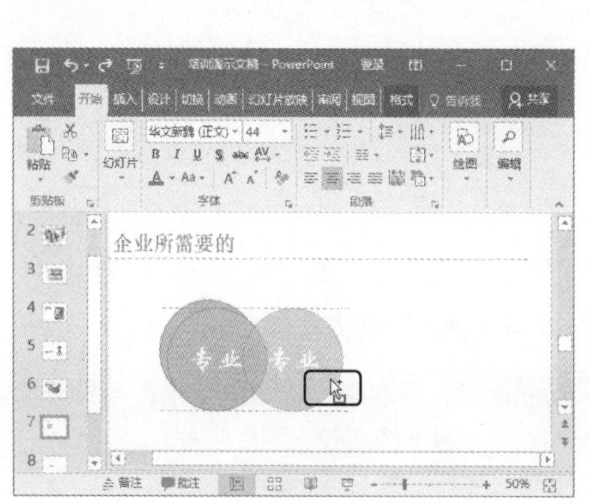

Step04: 选择形状，将鼠标光标移动到形状周围的控制点，按下鼠标左键拖动调整形状大小，如下图所示。

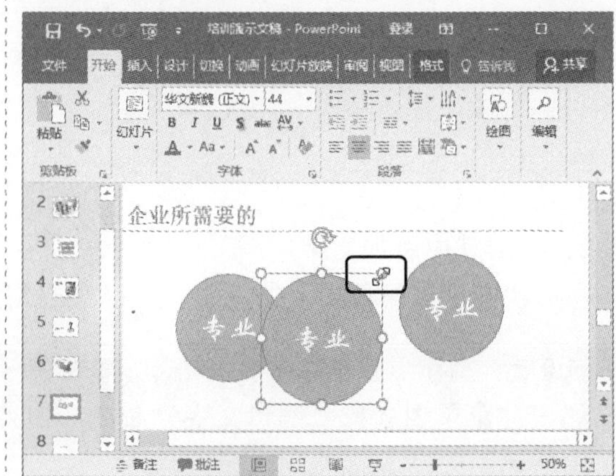

Step05: 拖动形状，调整形状的位置，如右图所示。

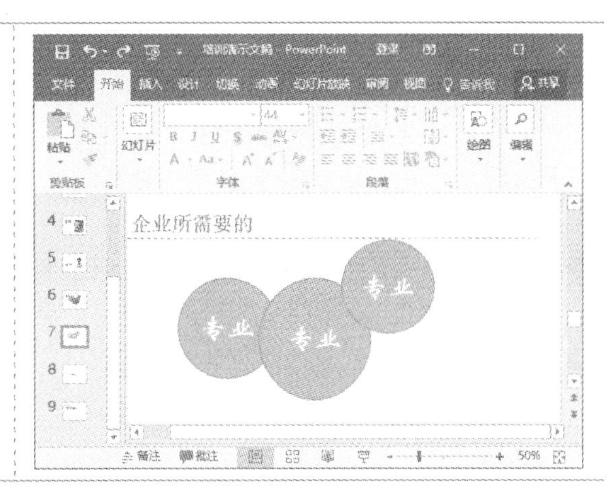

4．美化形状

在绘制了形状之后，可以通过快速样式美化形状，操作方法如下。

Step01: ❶选择形状；❷单击“绘图工具-格式”选项卡“形状样式”组中的“其他”按钮，如下图所示。

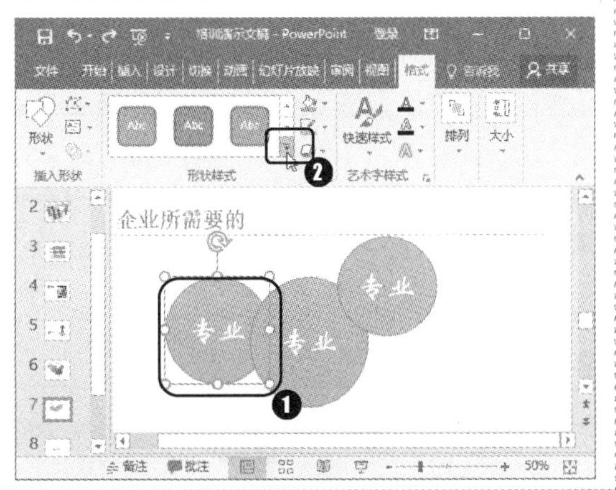

Step02: 在打开的下拉列表中选择一个形状样式，如下图所示。

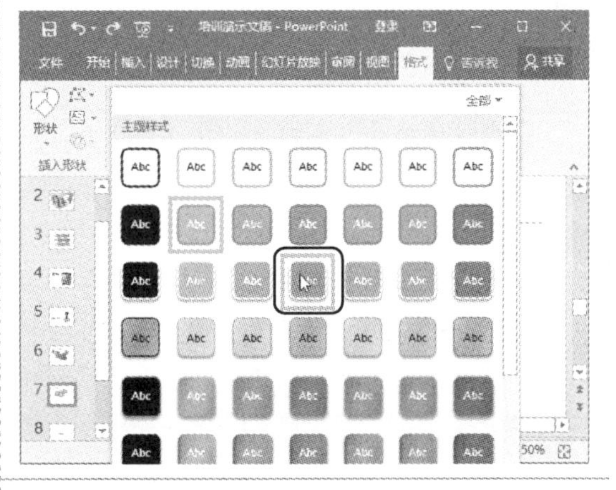

Step03: 使用相同的方法美化其他形状，如下图所示。

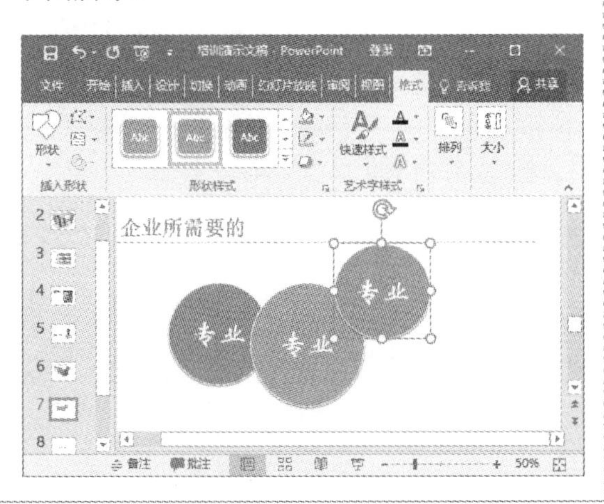

Step04: 美化完成后，更改形状中的文字即可，如下图所示。

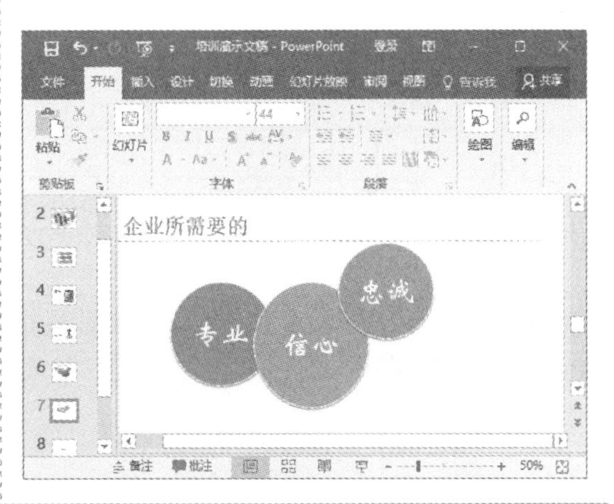

12.2.5 删除幻灯片

使用模板创建的演示文稿会根据模板的不同自动创建多张幻灯片，如果演示文稿制作完成后有多余的幻灯片，可以将其删除。删除幻灯片的操作方法如下。

❶在需要删除的幻灯片上单击鼠标右键；❷在弹出的快捷菜单中选择“删除幻灯片”命令，如右图所示。

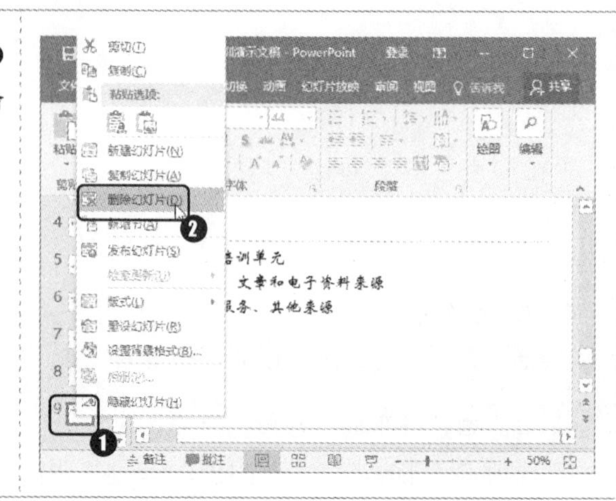

12.2.6 设置幻灯片切换和动画效果

幻灯片切换效果是在“幻灯片放映”视图中从一个幻灯片移到下一个幻灯片时出现的动画效果。为幻灯片添加动画效果的具体操作方法如下。

Step01: ❶选择第 1 张幻灯片；❷单击“切换”选项卡“切换到此幻灯片”组中的“切换效果”下拉按钮；❸在弹出的下拉列表中选择一种切换样式，如下图所示。

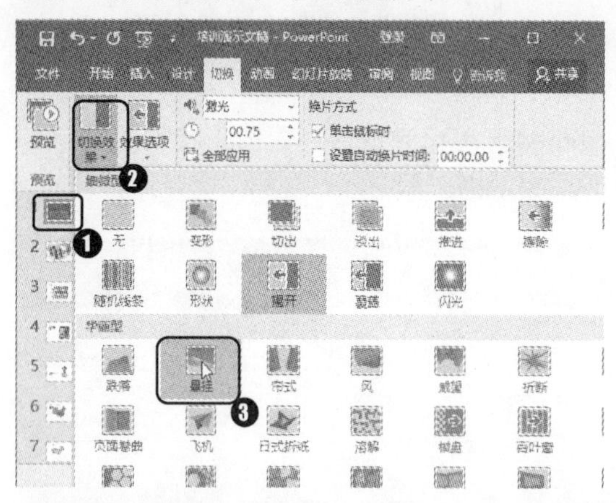

Step02: ❶单击“切换”选项卡“切换到此幻灯片”组中的“效果选项”下拉按钮；❷在弹出的下拉列表中选择一种切换效果，如下图所示。

Step03: ❶单击“切换”选项卡“计时”组中的“声音”下拉按钮；❷在弹出的下拉列表中选择一种切换声音，如下图所示。

Step04: 单击“切换”选项卡“计时”组中“全部应用”按钮为全部幻灯片应用该切换效果和声音，如下图所示。

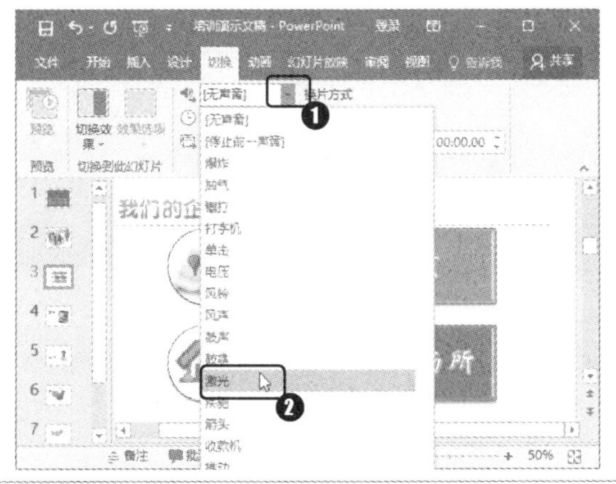

Step05: ❶选择第 1 张幻灯片；❷单击“切换”选项卡“切换到此幻灯片”组中的“切换效果”下拉按钮；❸在弹出的下拉列表中选择一种切换样式，如下图所示。

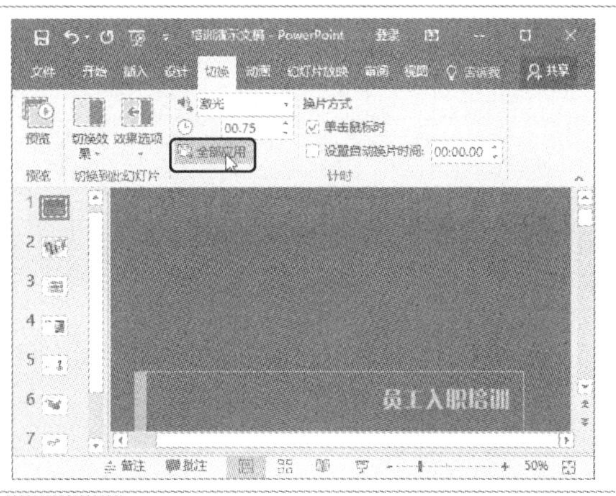

Step06: ❶在“切换”选项卡“计时”组中的“声音”下拉列表中设置切换声音；❷在下方的“持续时间”微调框中设置时间，如下图所示。

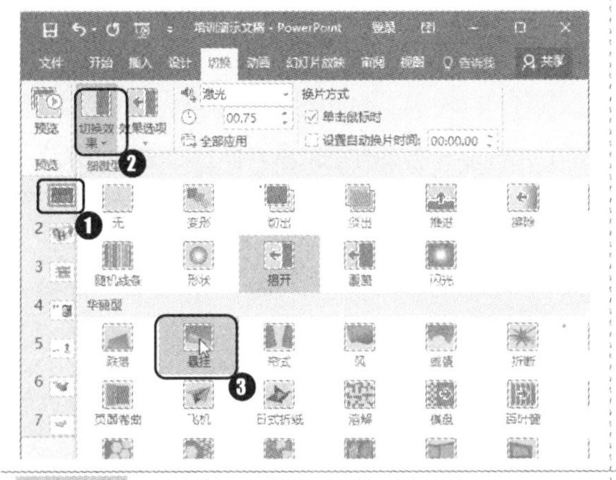

Step07: ❶在第 3 张幻灯片中选中 SmartArt 图形；❷单击“动画”选项卡“动画”组中的“动画样式”下拉按钮；❸在弹出的下拉列表中选择一种进入方式，如下图所示。

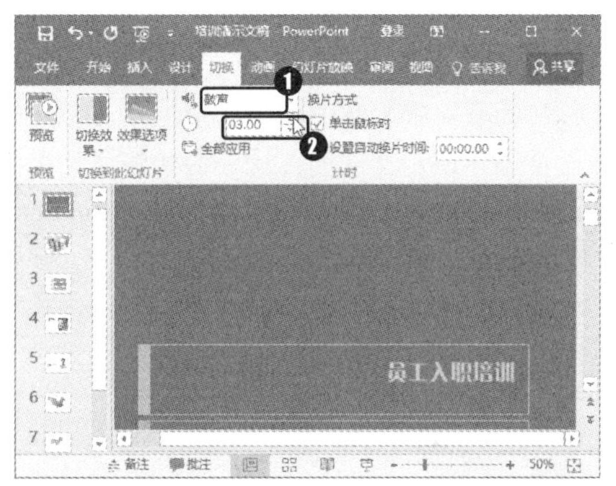

Step08: ❶单击“动画”选项卡“动画”组中的“动画效果”下拉按钮；❷在弹出的下拉列表中选择“序列”栏的“逐个”选项，如下图所示。

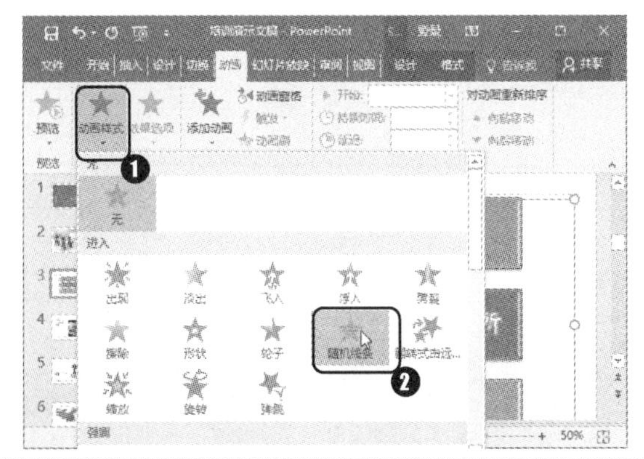

Step09: ❶选择第 8 张幻灯片；❷单击“动画”选项卡“动画”组中的“动画样式”下

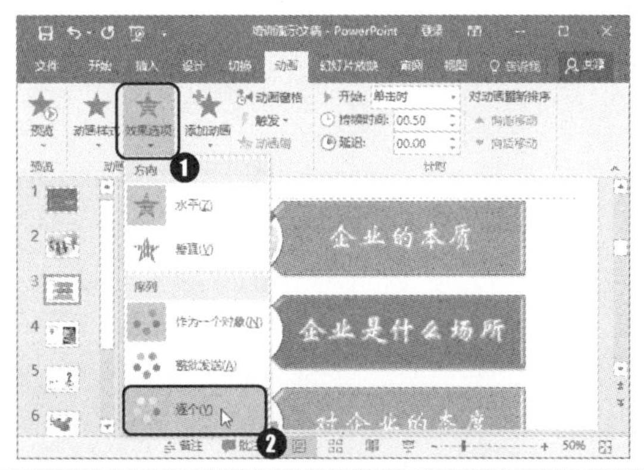

Step10: ❶选择第 3 张幻灯片；❷单击“幻灯片放映”选项卡“开始放映幻灯片”组中

拉按钮；❸在弹出的下拉列表中选择一种动画样式，如下图所示。

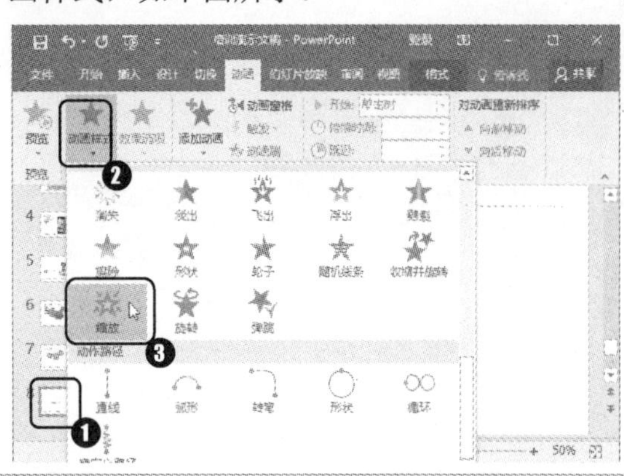

的“从当前幻灯片开始”按钮开始放映幻灯片，如下图所示。

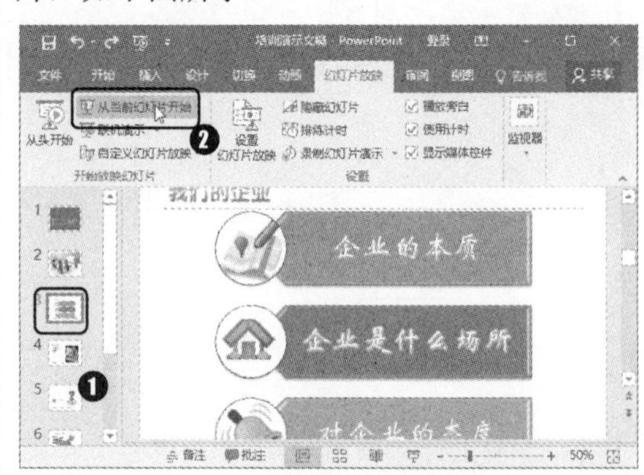

▷▷ 本章小结

本章的重点在于掌握如何使用 PowerPoint 2016 制作教育培训类 PPT。希望读者通过本章的学习学会创建演示文稿的方法，并为演示文稿设置相应的母版样式，以统一演示文稿的格式。此外，读者还应该掌握输入文本、插入 SmartArt 图形、插入形状以及美化图形和形状的方法，使用多样化的元素制作幻灯片。

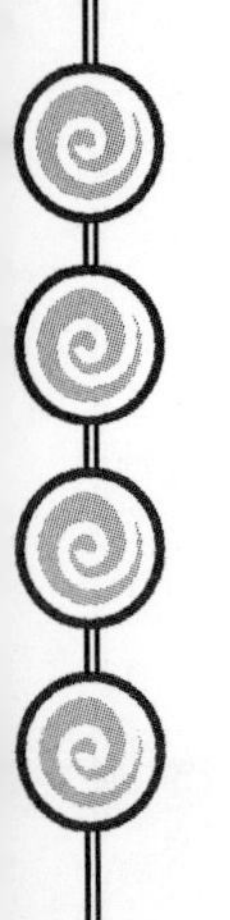

第 13 章　实战应用——PowerPoint 在市场销售工作中的应用

本章导读

在如今的商务活动中，演示文稿不仅可以应用于会议、课堂之上，还经常用于广告宣传和推广。本章主要融合前面所学知识，通过两个最常见的商务办公案例讲解 PowerPoint 2016 在商务办公中的具体应用，包括制作楼盘推广 PPT 和产品营销宣传 PPT。

知识要点

- 设计幻灯片母版样式
- 插入形状
- 插入表格
- 制作图表
- 制作相册
- 设置动画并放映幻灯片

效果展示

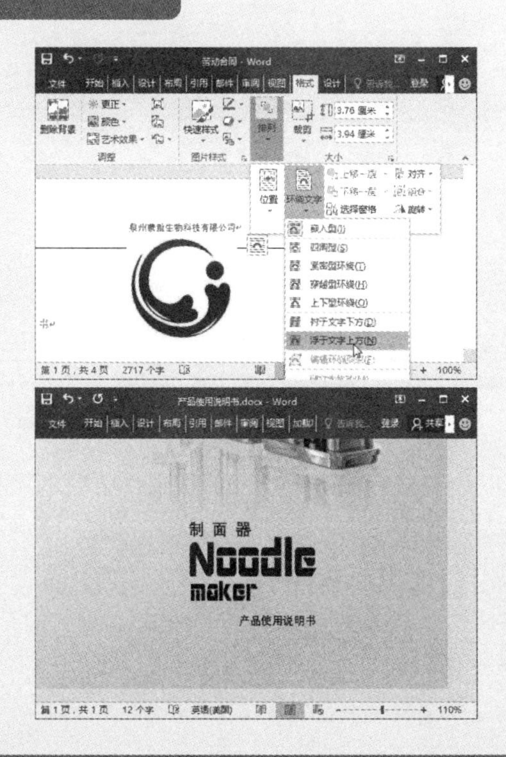

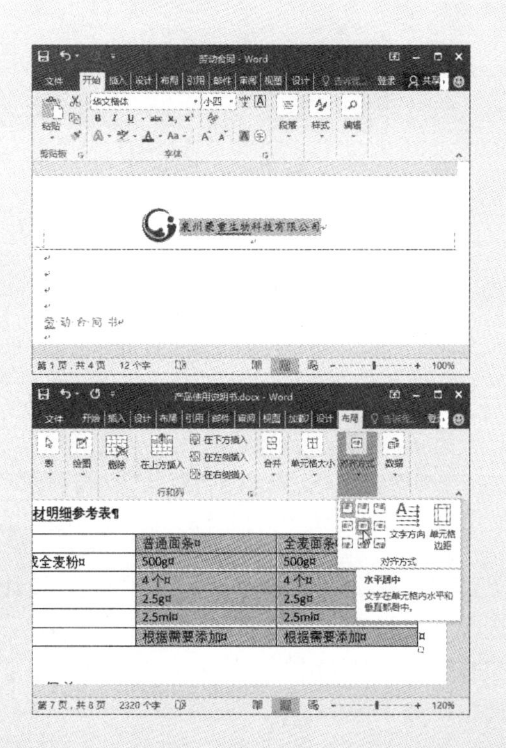

13.1 制作楼盘推广策划 PPT

产品推广或营销策划将用于指导该产品上市前后的各项宣传与销售手段，因此其中的各项工作都要非常细致地准备。要通过充分的市场调查和对各项数据的仔细分析，经过广泛的研究与讨论，才能得出最恰当的推广方案。楼盘是一项特殊的消费品，也是一项竞争非常激烈的产品，在其上市之前，需要制定详细的推广与营销策划方案。本例将以楼盘推广策划 PPT 的制作过程为例，为读者介绍 PowerPoint 在销售推广工作中的应用。完成后的效果如下图所示。

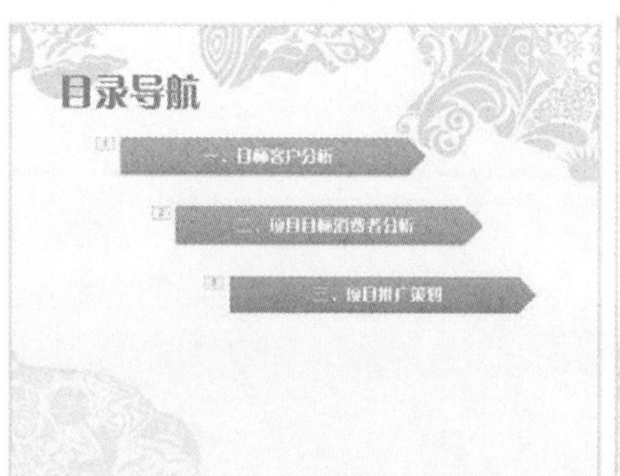

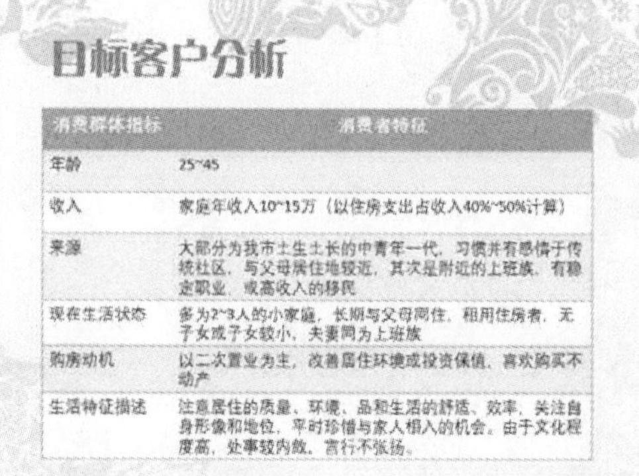
目标客户分析

消费群体指标	消费者特征
年龄	25~45
收入	家庭年收入10~15万（以住房支出占收入40%~50%计算）
来源	大部分为我市土生土长的中青年一代，习惯并有感情于传统社区，与父母居住地较近，其次是附近的上班族、有稳定职业、或高收入的移民
现在生活状态	多为2~3人的小家庭，长期与父母同住，租用住房者，无子女或子女较小，夫妻同为上班族
购房动机	以二次置业为主，改善居住环境或投资保值，喜欢购买不动产
生活特征描述	注意居住的质量、环境、品和生活的舒适、效率，关注自身形像和地位，平时珍惜与家人相入的机会。由于文化程度高，处事较内敛，言行不张扬。

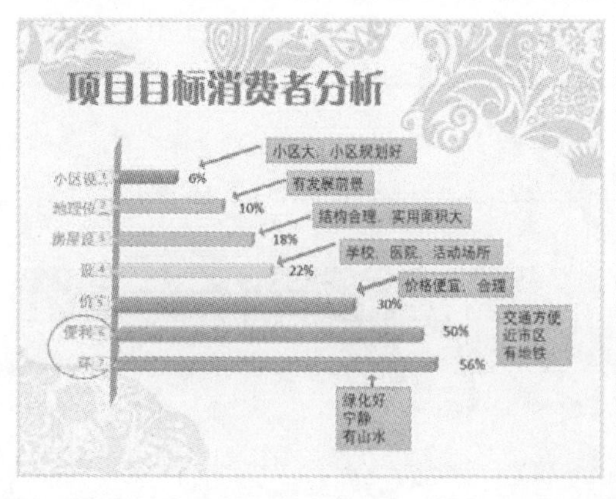

同步文件

视频文件：视频文件\第 13 章\13-1.mp4

13.1.1 在幻灯片母版中设计版式

在制作销售推广类 PPT 时，统一的背景可以让观看者加深对产品的印象，所以本例将在幻灯片母版中插入合适的背景图片，具体操作方法如下。

Step01: 新建一个演示文稿，❶单击“设计”选项卡“自定义”组中的“幻灯片大小”下拉按钮；❷在弹出的下拉列表中选择“标准”选项，如下图所示。

Step02: ❶单击“开始”选项卡“幻灯片”组中的“新建幻灯片”下拉按钮；❷在弹出的下拉列表中选择“仅标题”选项，如下图所示。

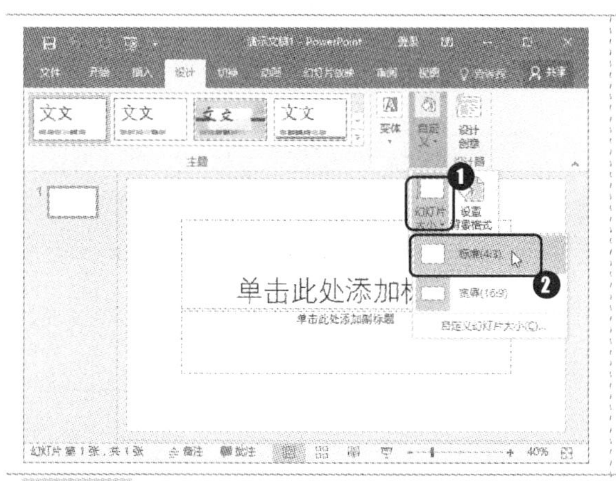

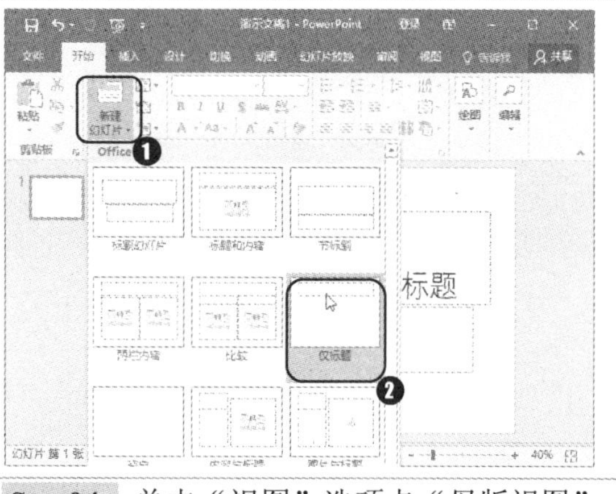

Step03: ❶使用相同的方法创建三张仅标题幻灯片；❷单击“开始”选项卡“幻灯片”组中的“新建幻灯片”下拉按钮；❸在弹出的下拉列表中选择“标题幻灯片”选项，如下图所示。

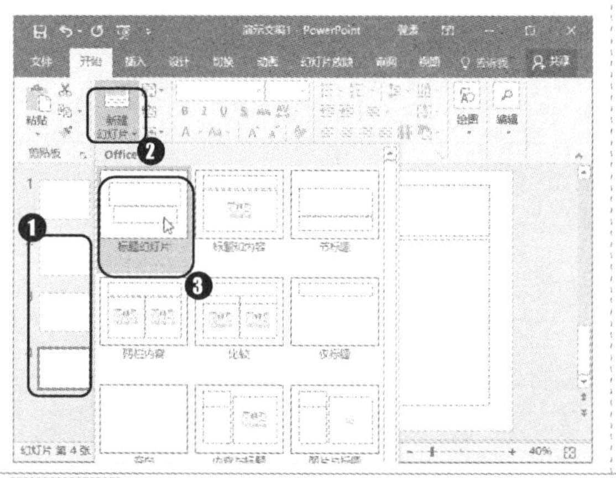

Step04: 单击“视图”选项卡“母版视图”组中的“幻灯片母版”按钮，切换到母版视图，如下图所示。

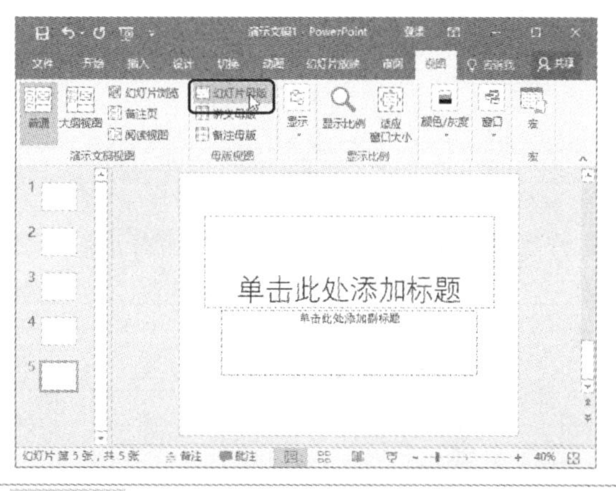

Step05: ❶选择第 2 张母版幻灯片，❷单击“幻灯片母版”选项卡“背景”组中的“背景样式”下拉按钮；❸在弹出的下拉列表中选择“设置背景样式”选项，如下图所示。

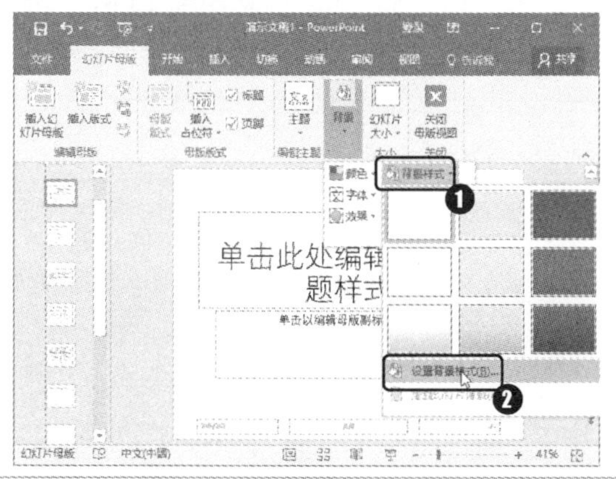

Step06: 打开“设置背景格式”窗格，❶选择“图片或纹理填充”单选按钮；❷单击“文件”按钮，如下图所示。

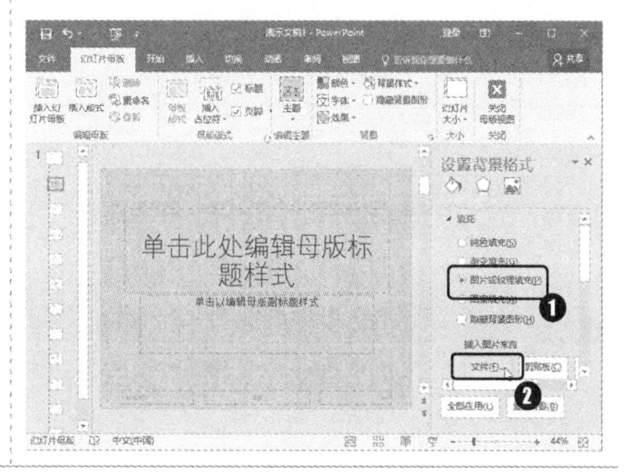

Step07: 打开“插入图片”对话框，❶选择背景图片；❷单击“插入”按钮，如下图所示。

Step08: 在“设置背景格式”窗格中拖动“透明度”滑块，如下图所示。

Step09: ❶分别选择标题占位符和副标题占位符；❷在“开始”选项卡的“字体”组中设置字体、字号、字体颜色，如下图所示。

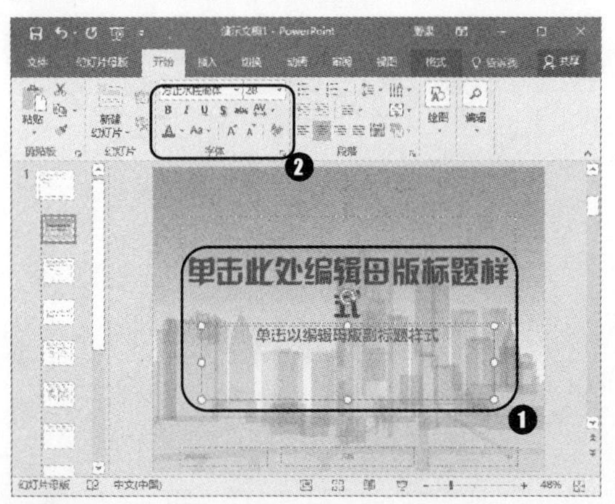

Step10: ❶选择“仅标题版式”幻灯片母版；❷选择“图片或纹理填充”单选按钮；❸单击“文件”按钮，如下图所示。

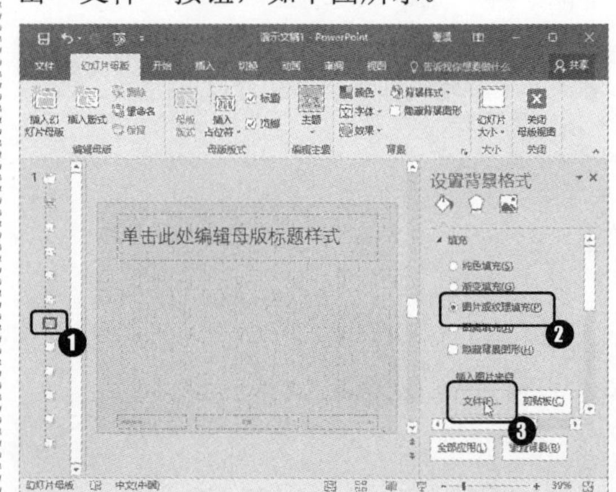

Step11: ❶选择标题占位符；❷在“开始”选项卡的“字体”组中设置字体、字号、字体颜色，如下图所示。

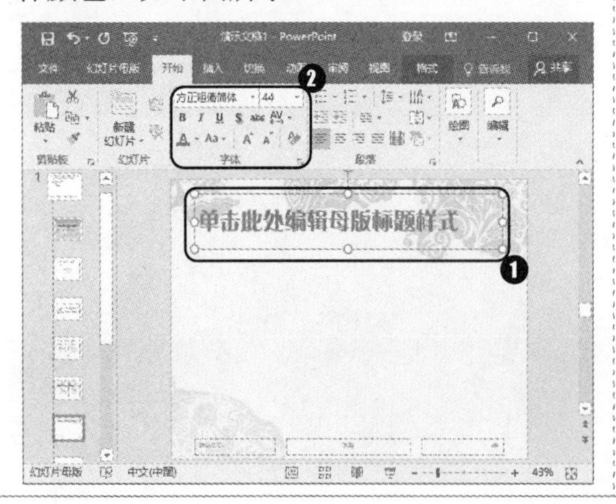

Step12: 单击“幻灯片母版”选项卡“关闭”组中的“关闭母版视图”按钮，关闭母版视图，如下图所示。

Step13: 返回普通视图即可看到设置了母版视图后的效果，在标题页的标题和副标题文本框中可以直接输入标题内容，如右图所示。

13.1.2　通过插入形状制作目录

在制作目录页时，除了可以使用单一的文字之外，还可以在形状中插入文本。下面介绍通过插入形状制作目录的操作方法。

Step01: ❶选择第2张幻灯片；❷单击“插入”选项卡“插图”组中的“形状”下拉按钮；❸在弹出的下拉列表中选择“五边形”形状，如下图所示。

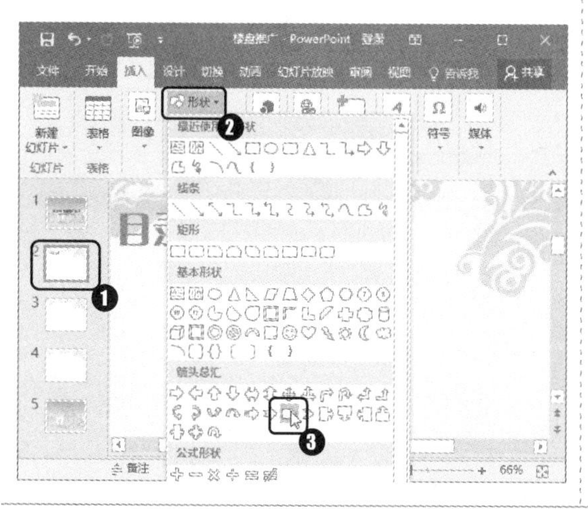

Step02: 在幻灯片中拖动鼠标绘制形状，❶在形状上单击鼠标右键；❷在弹出的快捷菜单中选择“编辑文字”命令，如下图所示。

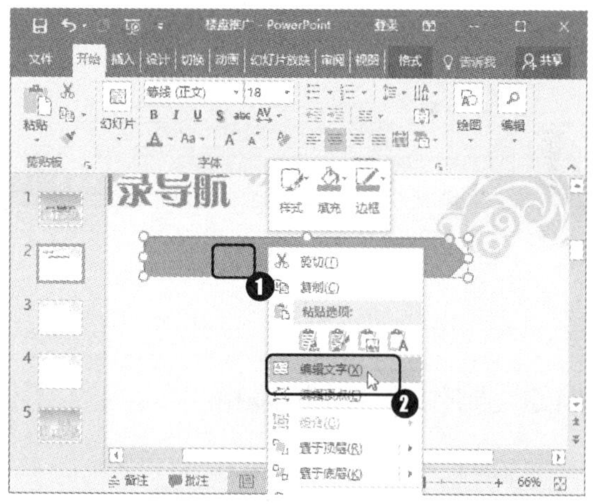

Step03: ❶在形状中输入文字；❷选择形状，然后按〈Ctrl〉键拖动鼠标，复制两个形状，并将其移动到适合的位置，如下图所示。

Step04: 将复制的两个形状中的文字更改为正确的目录文本，如下图所示。

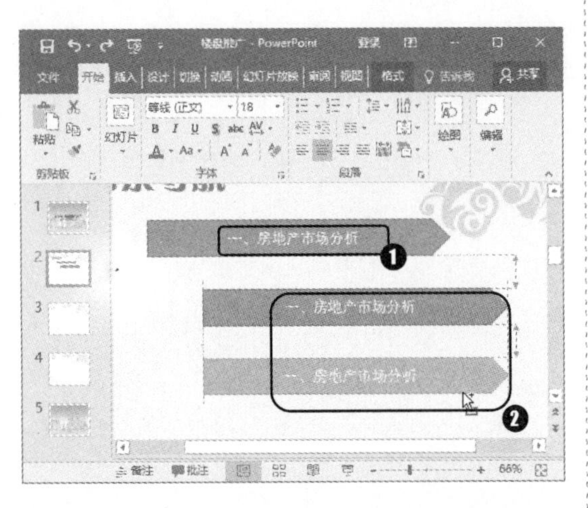

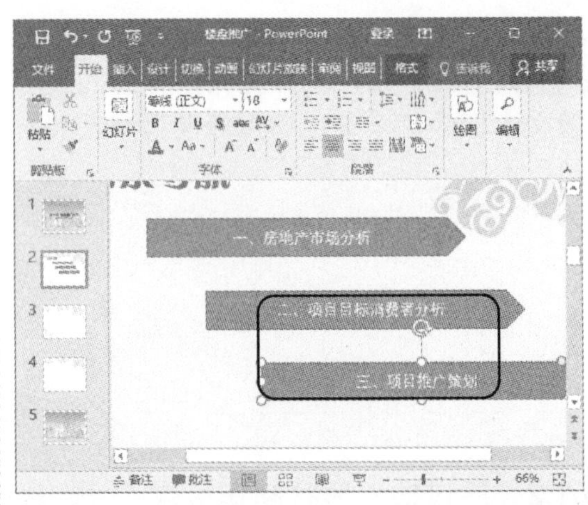

Step05: 分别选择三个形状，在“绘图工具-格式”选项卡的“形状样式”组中设置形状的快速样式，如下图所示。

Step06: 分别选择三个形状，在“开始”选项卡的“字体”组中设置目录的字体样式，如下图所示。

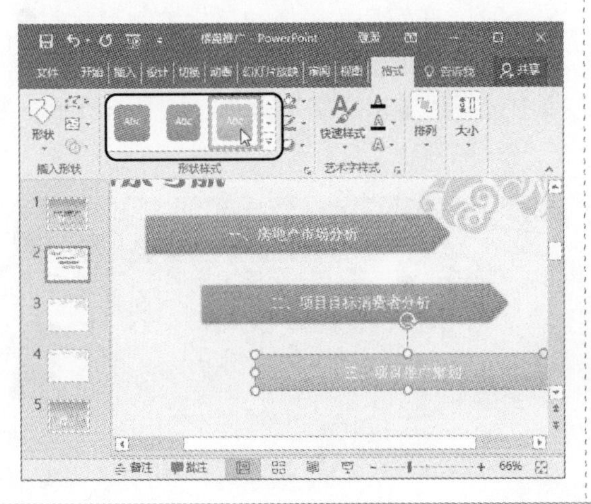

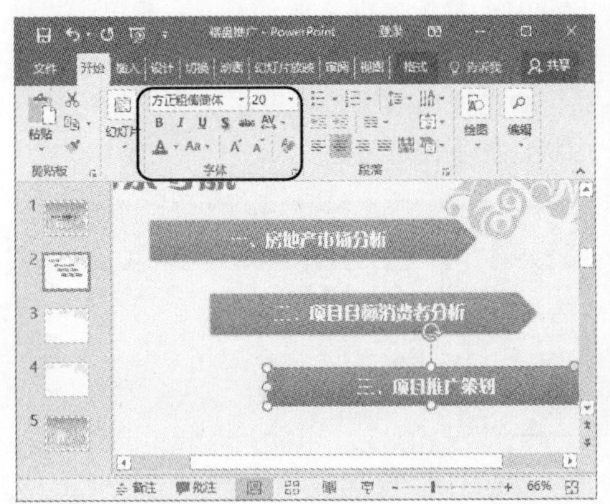

13.1.3 制作客户分析表格

在需要使用数据来表达幻灯片内容时，就需要在幻灯片中插入表格，下面以制作客户分析表格为例介绍插入和编辑表格的方法。

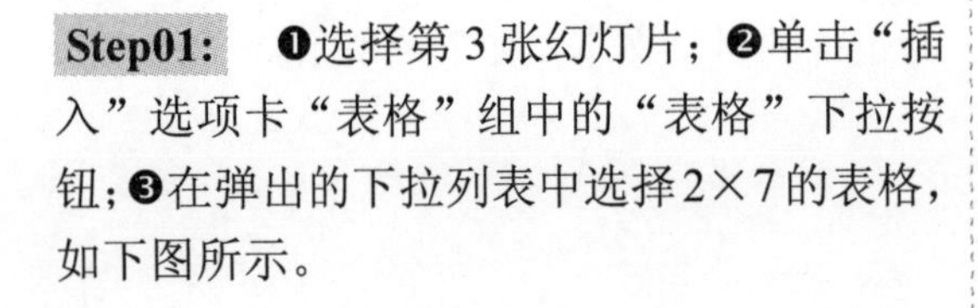

Step01: ❶选择第 3 张幻灯片；❷单击“插入”选项卡“表格”组中的“表格”下拉按钮；❸在弹出的下拉列表中选择2×7的表格，如下图所示。

Step02: 选择表格，将鼠标光标移动到表格的边框处，当光标变为✥时，按住鼠标左键拖动表格到合适的位置，如下图所示。

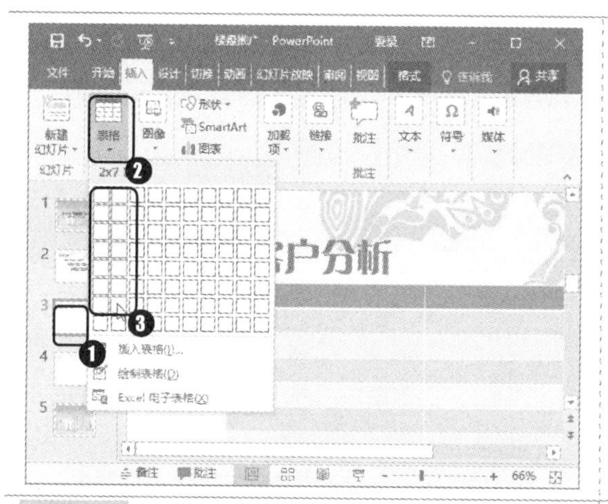

Step03: 将鼠标光标移动到表格周围的控制点，当光标变为⤡时，按住鼠标左键拖动，调整表格的大小，如下图所示。

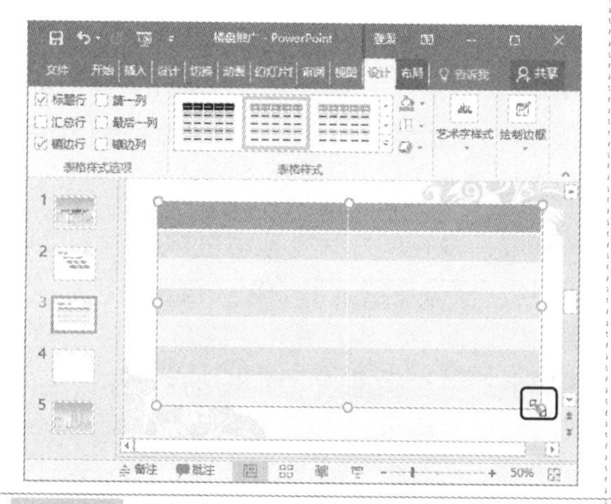

Step05: 继续输入文本内容，输入完成后的效果如下图所示。

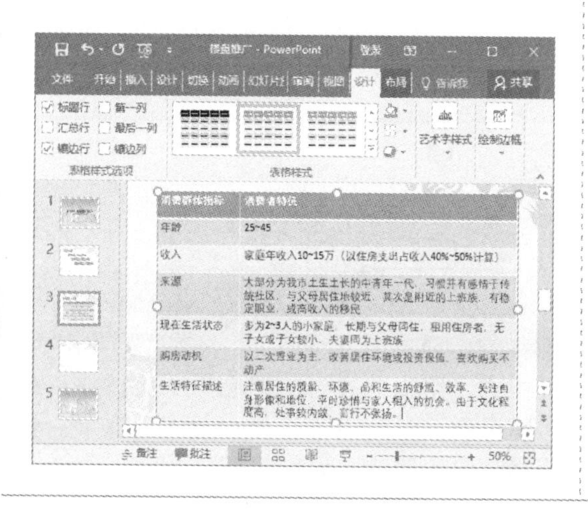

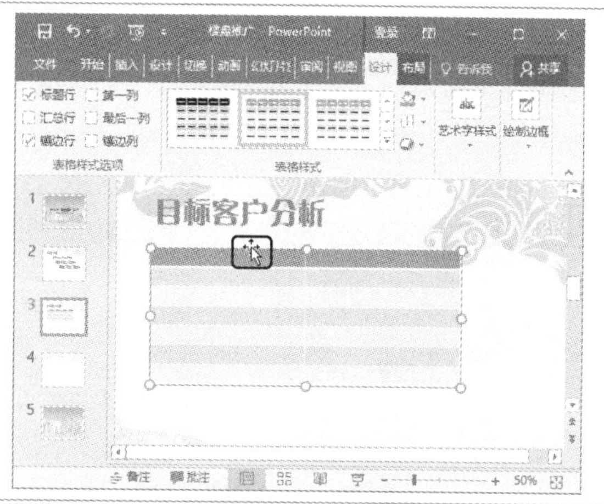

Step04: ❶将光标定位到单元格中，输入表格内容；❷当需要调整单元格大小时，将鼠标移动到行或列的线上，当鼠标光标变为 ⫲ 或 ⇳ 时，按下鼠标左键拖动，调整行和列的大小，如下图所示。

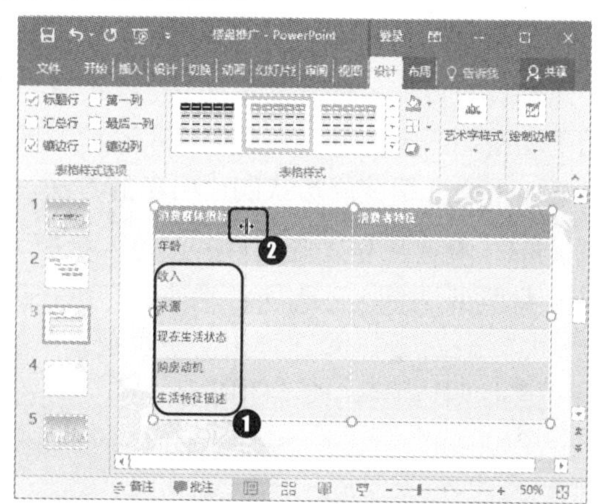

Step06: ❶选择表格；❷单击“表格工具-设计”选项卡“表格样式”组中的“其他”下拉按钮，如下图所示。

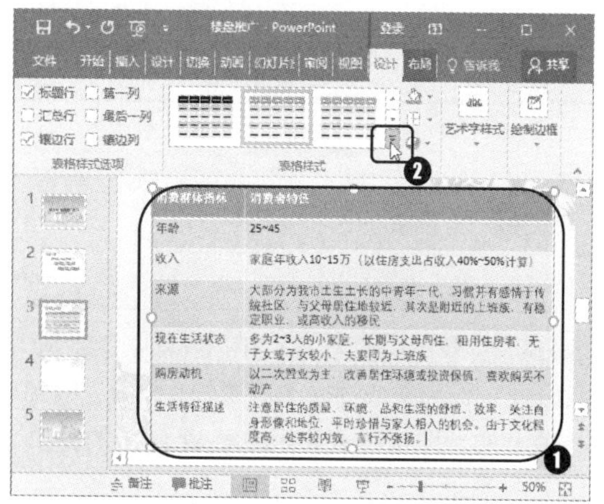

Step07: 在弹出的表格样式下拉列表中选择一种表格样式，如下图所示。

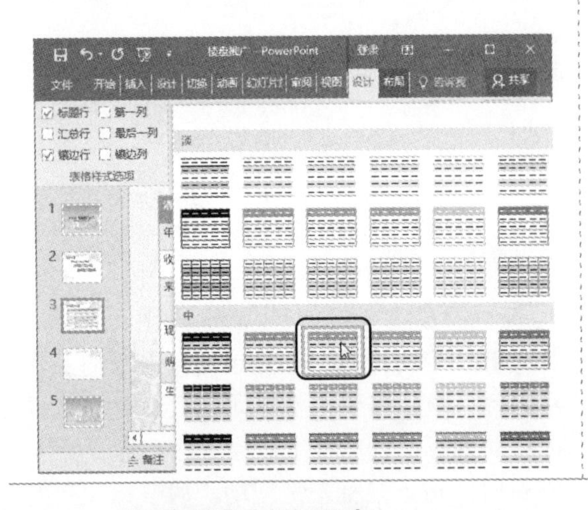

Step08: ❶选择表格第 1 行；❷单击“开始”选项卡“段落”组中的“居中”按钮，如下图所示。

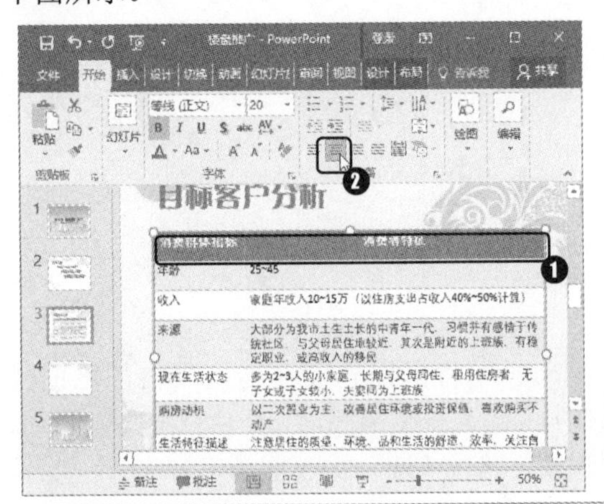

13.1.4 使用形状制作图表

在本例中将通过一个条形图表来分类展示目标客户确定购买的原因。由于这些原因在前期已经通过调查得到各自占有的百分比，但这个百分比数据并不要求特别精确，所以，我们可以采用手动绘制图表的方式来完成。手动绘制图表的特点是灵活、可变性强，缺点是数据表达不够精确。下面介绍使用形状制作图表的方法。

Step01: ❶选择第 4 张幻灯片，输入标题文本；❷单击“插入”选项卡“插图”组中的“形状”下拉按钮；❸在弹出的下拉列表中选择“平行四边形”，如下图所示。

Step02: ❶在幻灯片上拖动鼠标绘制一个平行四边形；❷使用顶部的旋转按钮旋转形状，制作图表的坐标轴；❸在“绘图工具-格式”选项卡的“形状样式”组中选择一种快速样式，如下图所示。

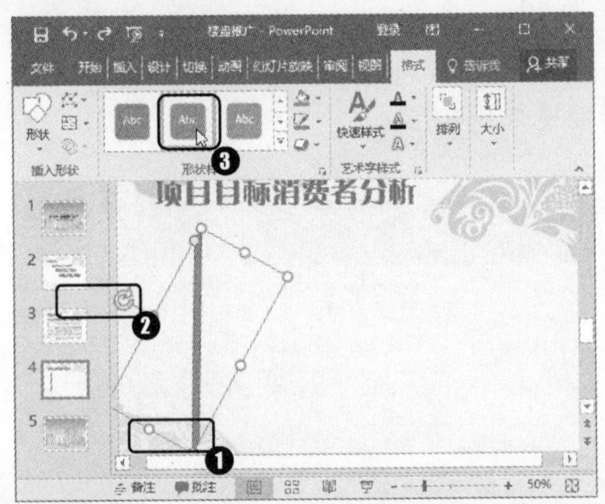

Step03: ❶使用直线工具在坐标轴上绘制一条直线，作为刻度线；❷在“绘图工具-格式”选项卡的“形状样式”组中设置直线的样式，如下图所示。

Step04: ❶单击“绘图工具-格式”选项卡“形状样式”组中的“形状轮廓”下拉按钮；❷在弹出的下拉列表中选择“粗细”选项；❸选择直线的磅值，如下图所示。

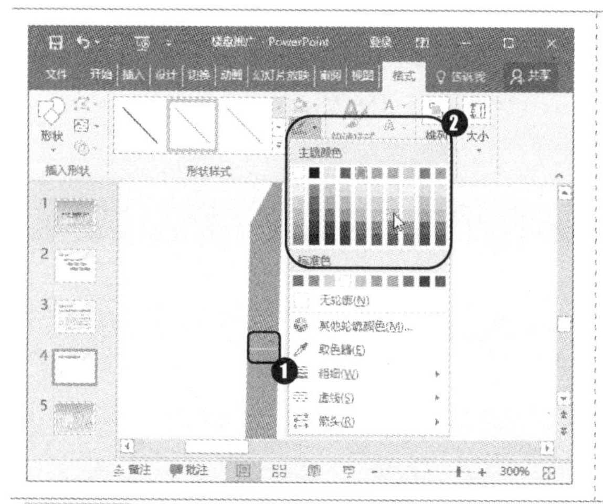

Step05: 使用相同的方法绘制 6 条直线，使其平均分布在坐标轴上，如下图所示。

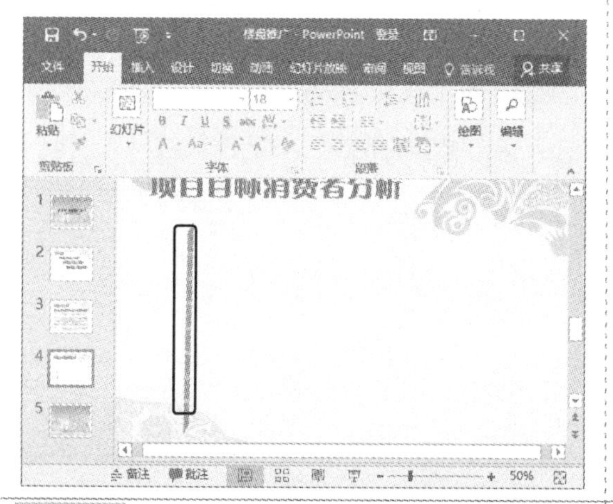

Step07: ❶单击“插入”选项卡“文本”组中的“文本框”下拉按钮；❷在弹出的下拉列表中选择“横排文本框”选项，如下图所示。

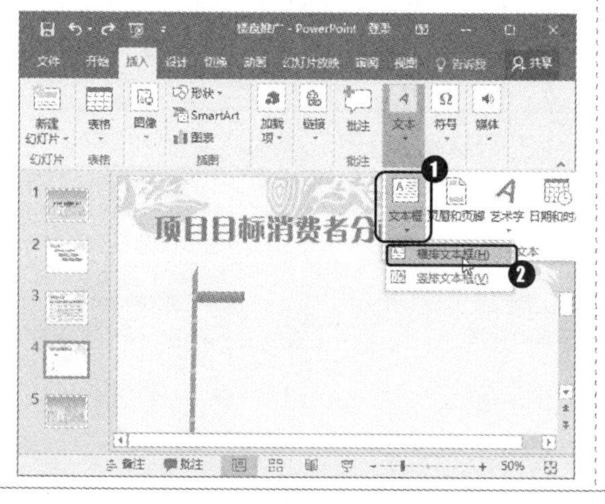

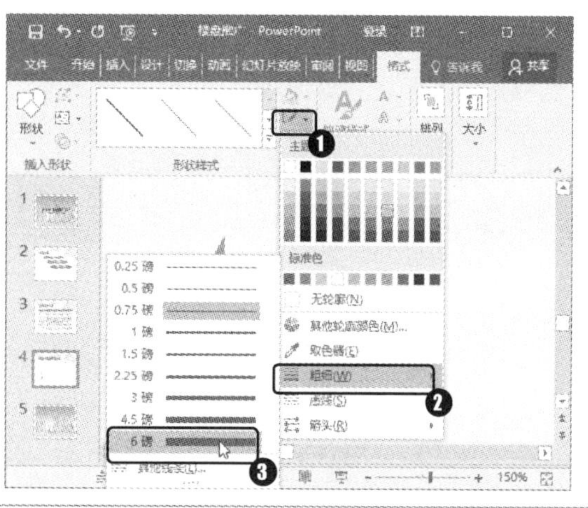

Step06: ❶在幻灯片中绘制一个立方体形状；❷在“绘图工具-格式”选项卡的“形状样式”组中选择一种快速样式，如下图所示。

Step08: ❶在立方体的右侧绘制一个文本框，并输入数据内容；❷使用同样的方法在左侧绘制一个文本框，添加数据后设置字体格式，如下图所示。

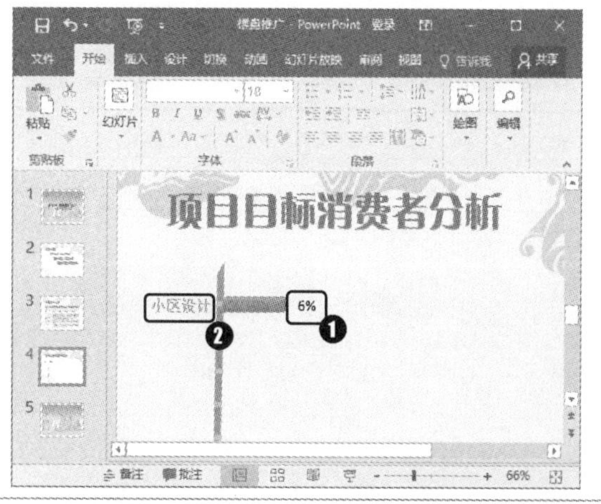

Step09: ❶使用相同的方法添加第 2 个立方体；❷在“绘图工具-格式”选项卡的“形状样式”组中选择一种快速样式，如下图所示。

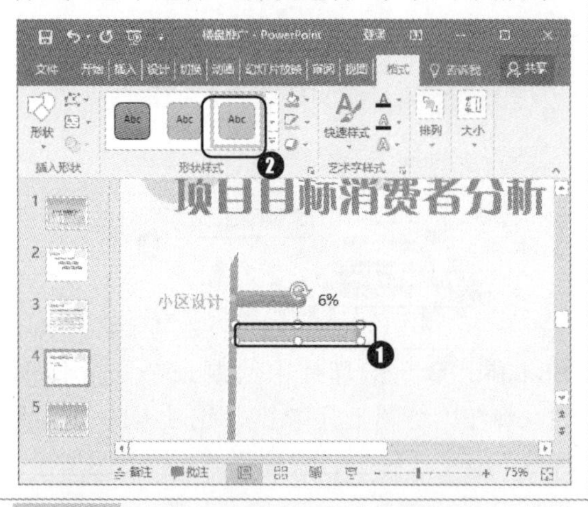

Step10: ❶使用相同的方法添加文本框和数据；❷使用相同的方法制作其他数据系列，如下图所示。

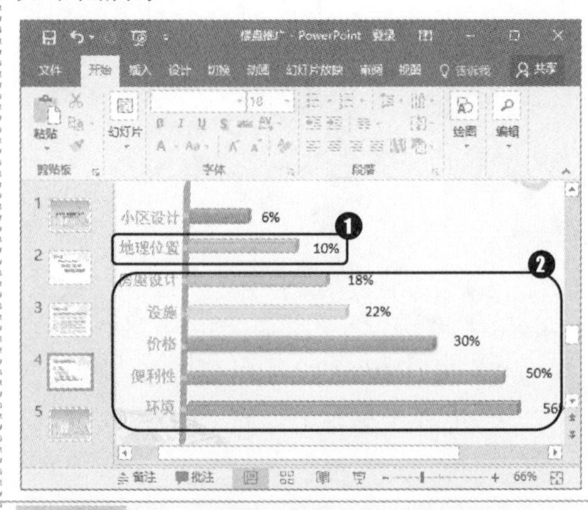

Step11: 在第一个数据系列右侧添加一个横排文本框，并输入文本内容，如下图所示。

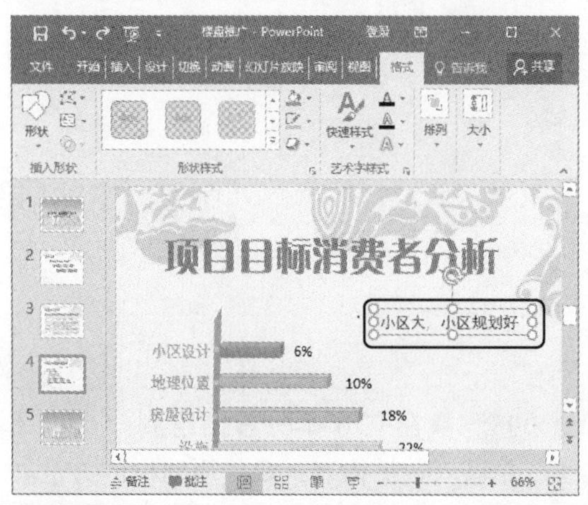

Step12: 在“绘图工具-格式”选项卡的“形状样式”组中选择一种快速样式，如下图所示。

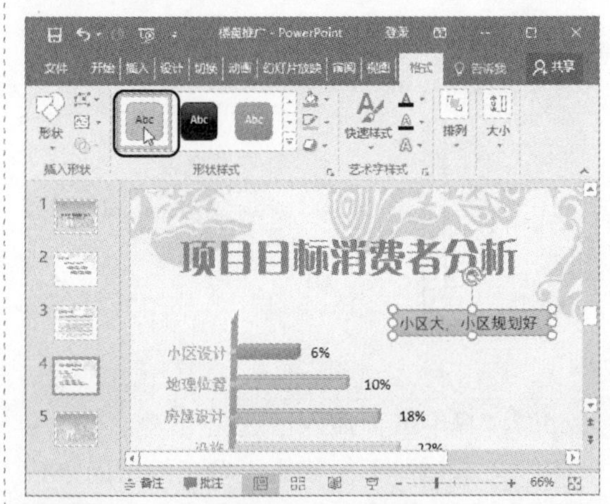

Step13: 绘制一个上箭头，指向目标数据系列，形成标注，如下图所示。

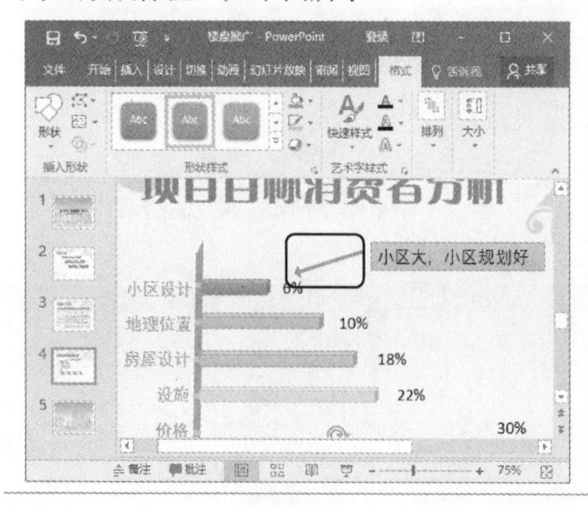

Step14: 使用相同的方法制作其他数据系列的标注，如下图所示。

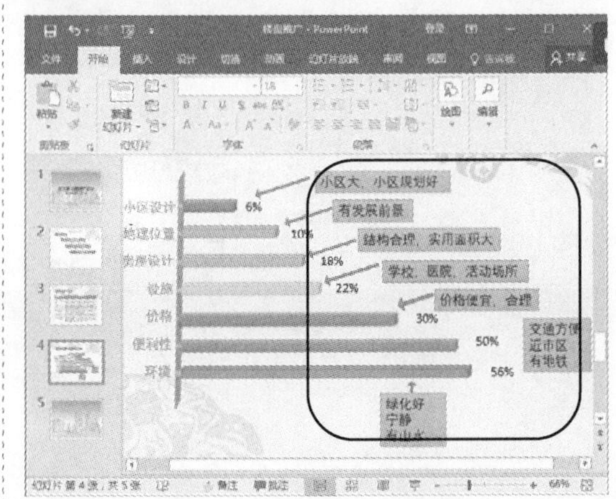

Step15: 在需要突出说明的区域处绘制一个圆形，如下图所示。

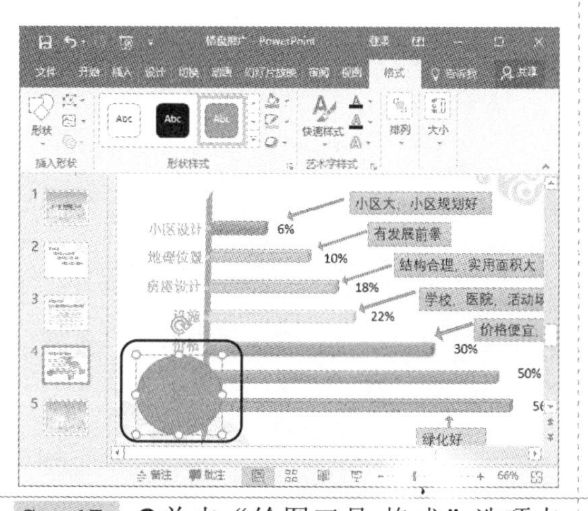

Step16: ❶单击“绘图工具-格式”选项卡“形状样式”组中的“形状填充”下拉按钮；❷在弹出的下拉列表中选择“无填充颜色”选项，如下图所示。

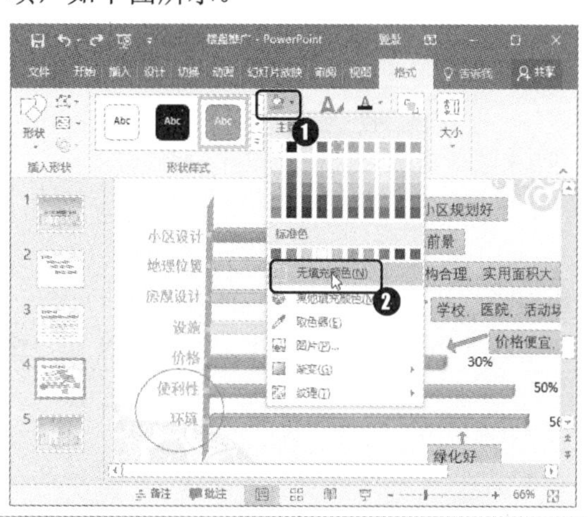

Step17: ❶单击“绘图工具-格式”选项卡“形状样式”组中的“形状轮廓”下拉按钮；❷在弹出的下拉列表中选择“红色”，如下图所示。

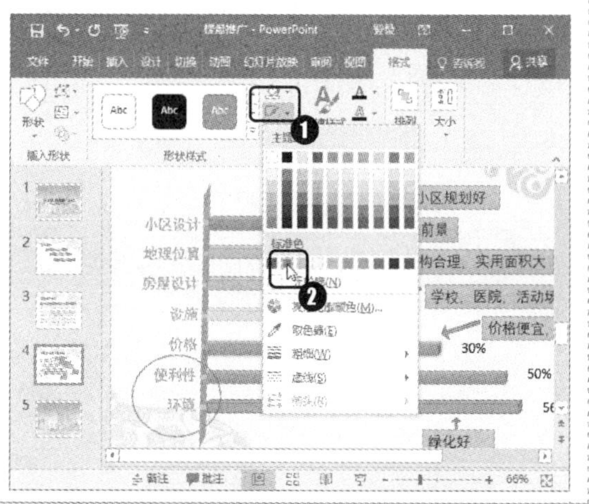

Step18: 制作完成后，效果如下图所示。

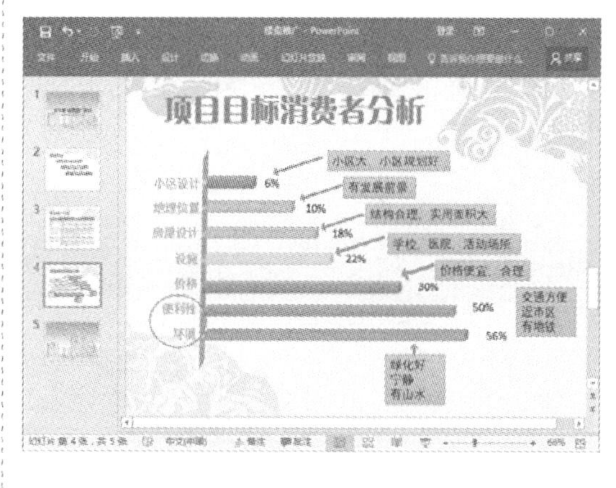

13.1.5　使用形状制作流程图

虽然流程图也可以使用 SmartArt 图形来制作，但是由于样式的限制，本例仍然选择使用形状来制作流程图，具体操作方法如下。

Step01: ❶在幻灯片窗格选择第 4 张幻灯片，然后按〈Enter〉键创建第 5 张幻灯片；❷输入标题文本；❸在幻灯片中绘制一个矩形和一个小三角形，排列如下图所示。

Step02: ❶按住〈Ctrl〉键选择两个形状；❷单击“绘图工具-格式”选项卡“形状样式”组中的“形状填充”下拉按钮；❸在弹出的下拉列表中选择一种颜色，如下图所示。

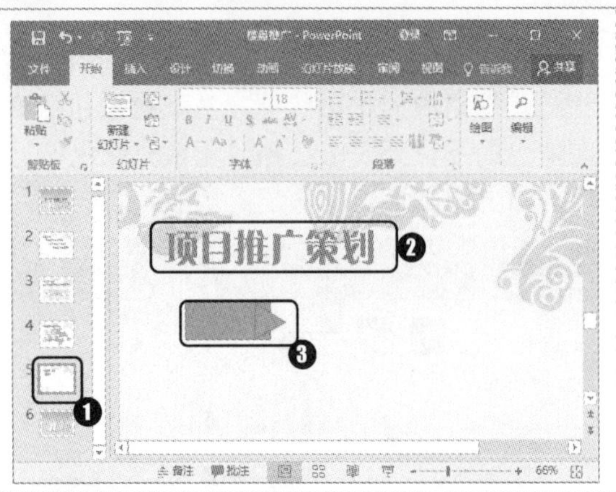

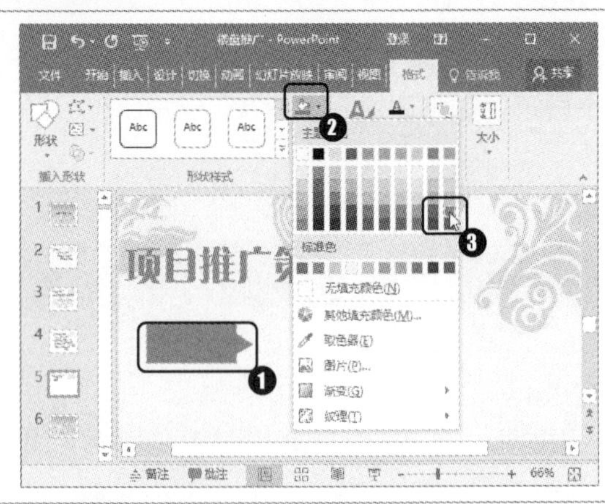

Step03: ❶单击“绘图工具-格式”选项卡“形状样式”组中的“形状轮廓”下拉按钮；❷在弹出的下拉列表中选择“无轮廓”选项，如下图所示。

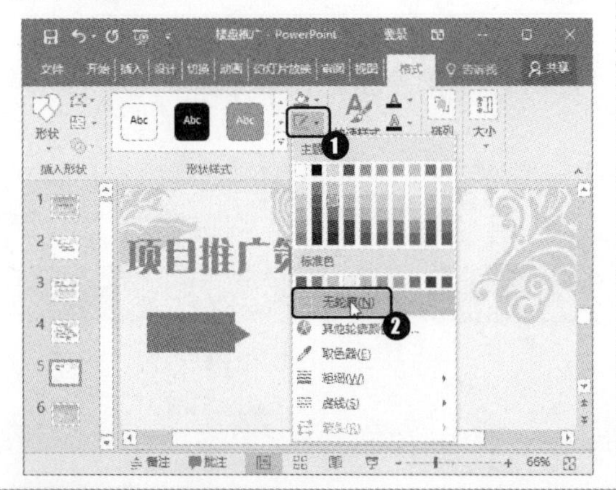

Step04: ❶保持两个形状的选中状态，在形状上单击鼠标右键；❷在弹出的快捷菜单中选择“组合”命令；❸在弹出的扩展菜单中选择“组合”命令，如下图所示。

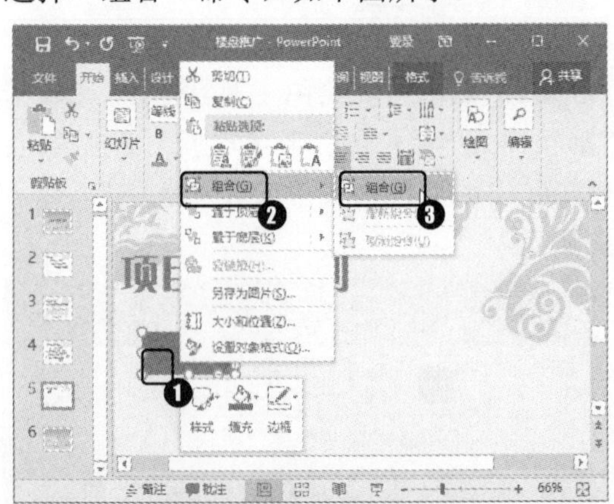

Step05: 使用前文所学的方法在形状上添加文字，如下图所示。

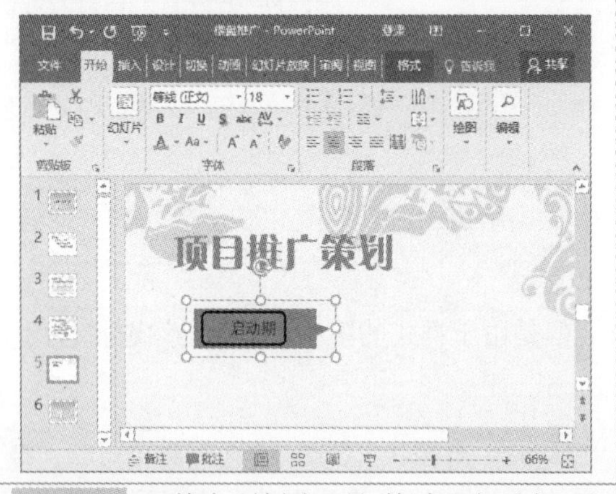

Step06: 按住〈Shift+Ctrl〉组合键向右拖动，复制第二个形状，如下图所示。

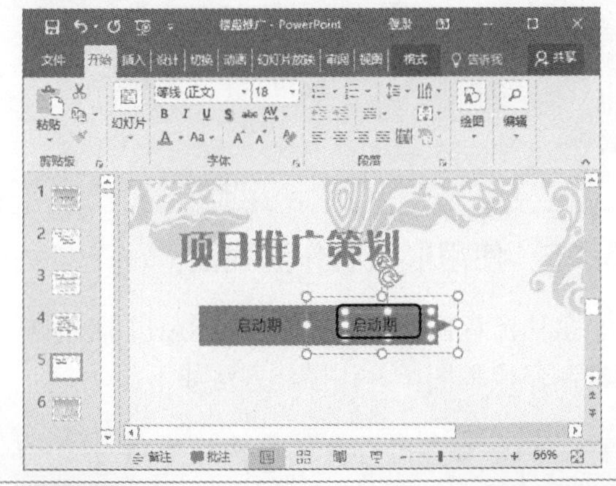

Step07: ❶单击“绘图工具-格式”选项卡“形状样式”组中的“形状填充”下拉按钮；❷在弹出的下拉列表中选择一种颜色，如下图所示。

Step08: ❶单击“绘图工具-格式”选项卡“排列”组中的“下移一层”下拉按钮；❷在弹出的下拉列表中选择“置于底层”选项，如下图所示。

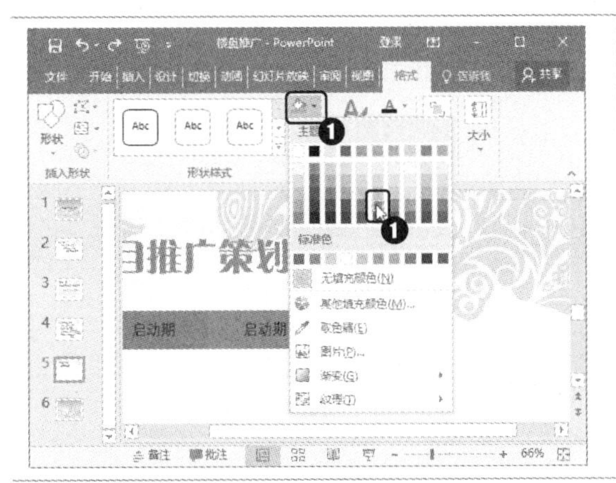

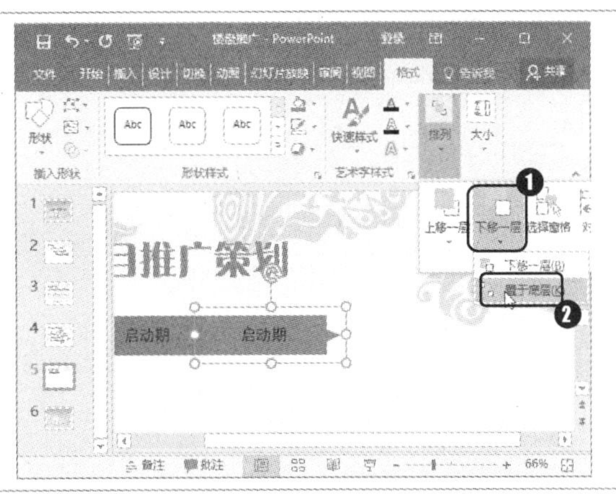

Step09: 更改形状中的文字，如下图所示。

Step10: 使用相同的方法制作其他形状，如下图所示。

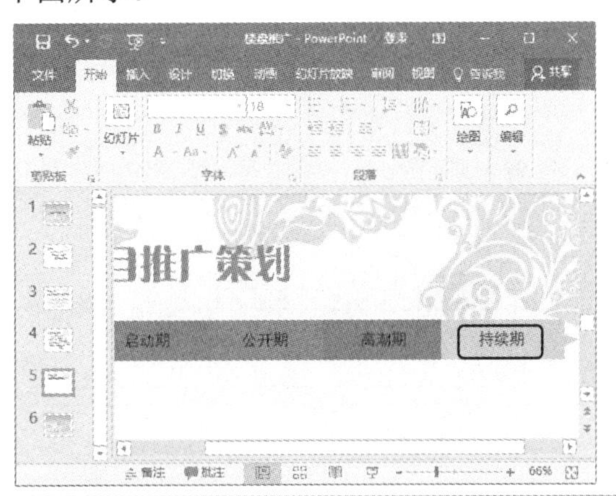

Step11: 在形状下方插入文本框，输入时间段，如下图所示。

Step12: 在文本下方添加一个菱形形状，并设置形状样式，在形状中添加数字编号，如下图所示。

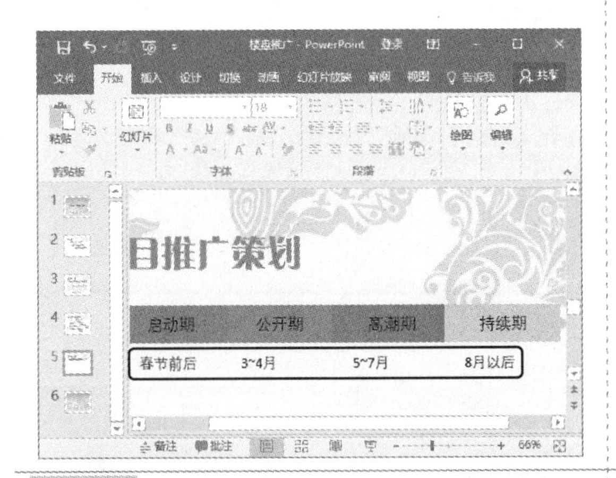

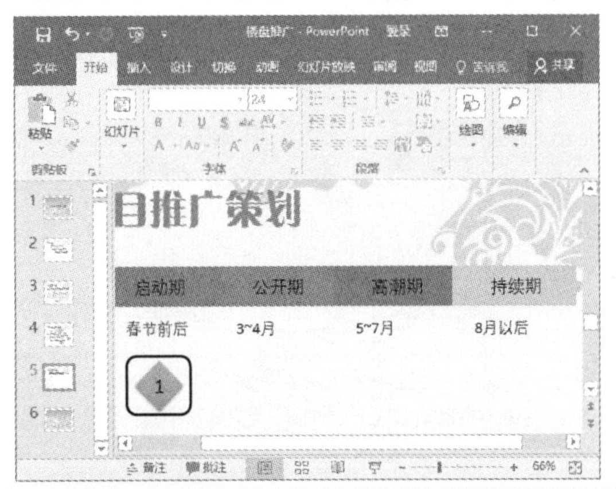

Step13: 使用相同的方法添加所有的编号，如下图所示。

Step14: ❶单击“插入”选项卡“插图”组中的“形状”下拉按钮；❷在弹出的下拉列表中右击直线工具，在弹出的快捷菜单中选择“锁定绘图模式”命令，如下图所示。

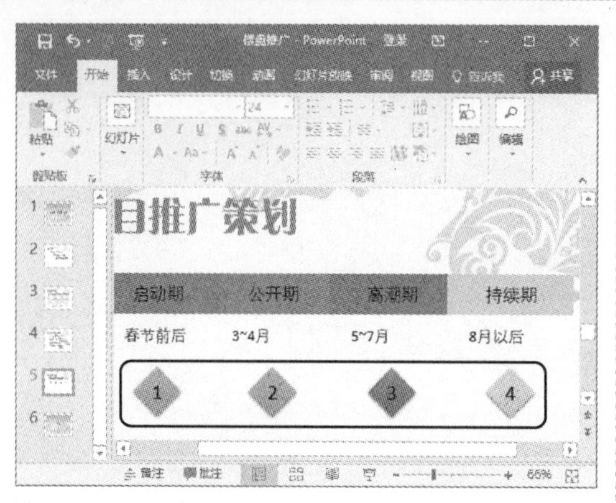

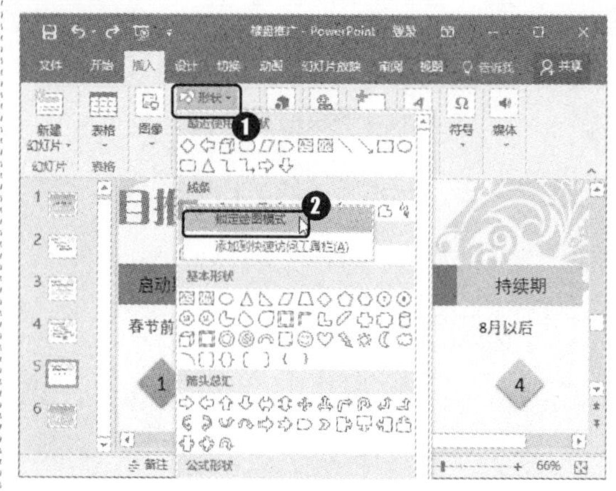

Step15: 使用直线将代表前后编号的图形串联起来，然后按〈Esc〉键取消锁定直线工具，如下图所示。

Step16: 在编号下方添加文本框，输入文本内容，如下图所示。

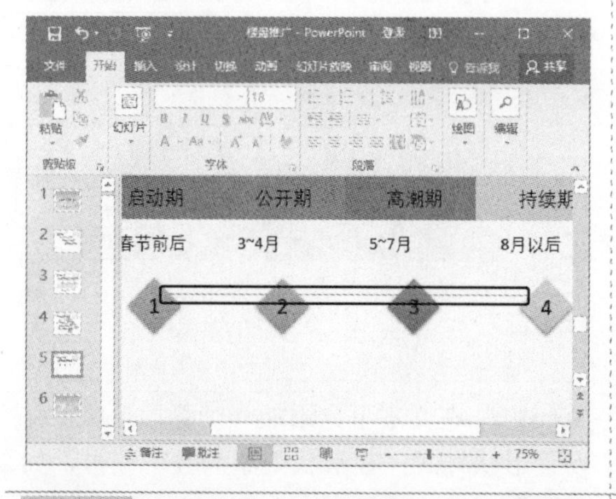

Step17: ❶在直线上单击鼠标右键，❷在弹出的快捷菜单中选择“设置形状格式”命令，如下图所示。

Step18: 打开“设置形状格式”窗格，在“箭头末端类型”下拉列表框中设置箭头样式，如下图所示。

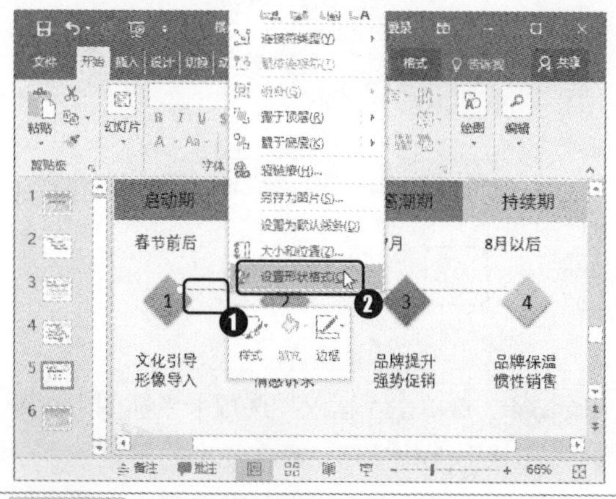

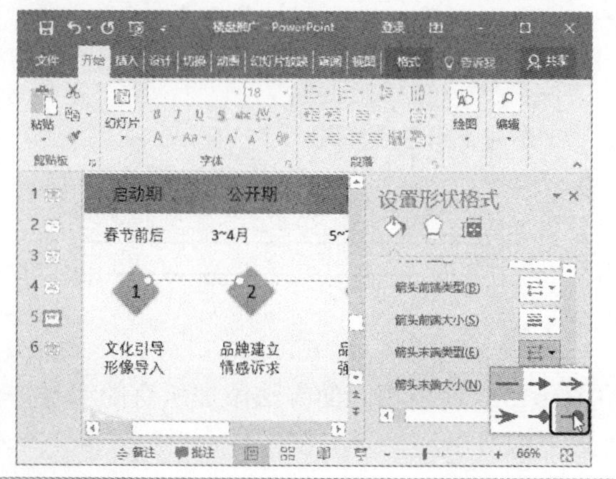

Step19: 在“箭头末端大小”下拉列表框中设置箭头大小，如下图所示。

Step20: 在“绘图工具-格式”选项卡的“形状样式”组中设置线条的样式，如下图所示。

Step21: 保持线条的选中状态，双击“开始”选项卡“剪贴板”组中的“格式刷”按钮，锁定格式刷，如下图所示。

Step22: 分别单击其他线条，复制形状样式，复制完成后按〈Esc〉键解除格式刷的锁定，如下图所示。

13.1.6　播放幻灯片

在幻灯片制作完成后，需要为幻灯片设置切换效果和动画效果，并播放幻灯片以预览效果。下面介绍设置播放动画和预览幻灯片的方法。

Step01: 在第 6 张幻灯片中的标题文本框和副标题文本框中输入文本，如下图所示。

Step02: ❶单击“切换”选项卡“切换到此幻灯片”组中的“切换效果”下拉按钮；❷在弹出的下拉列表中选择一种切换效果，如下图所示。

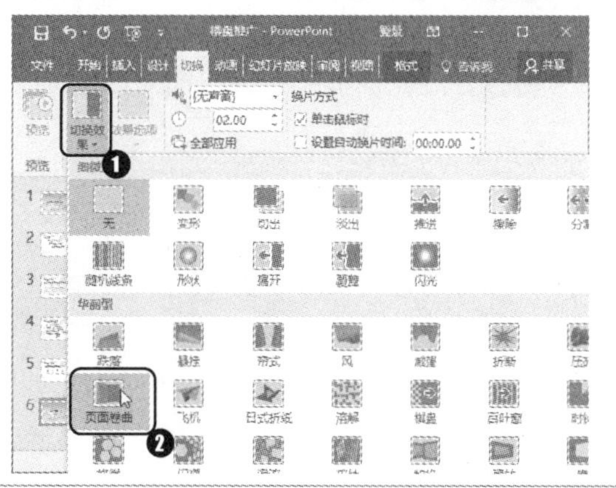

Step03: ❶选择第 2 张幻灯片的第一个目录形状；❷单击“动画”选项卡“动画”组中的“动画样式”下拉按钮；❸在弹出的下拉列表中选择一种进入动画，如下图所示。

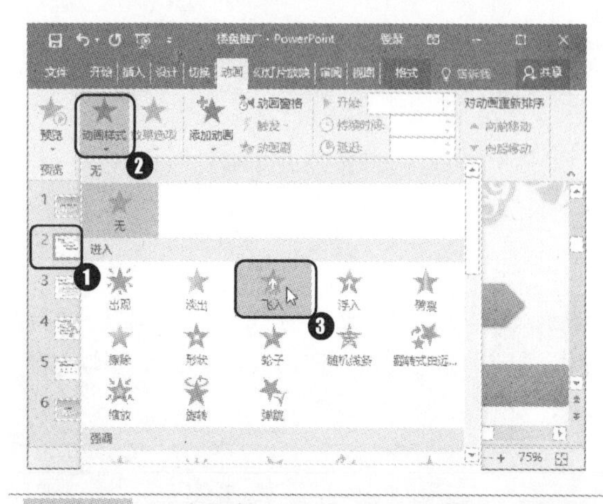

Step04: 使用相同的方法为其他目录形状设置动画效果，如下图所示。

Step05: ❶选择第 4 张幻灯片的第一个数据系列，单击“动画”选项卡“动画”组中的“动画样式”下拉按钮；❷在弹出的下拉列表中选择一种进入动画，如下图所示。

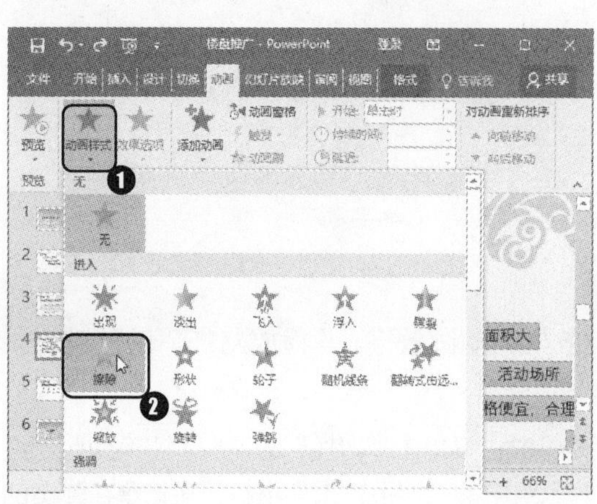

Step06: 使用相同的方法为其他数据系列设置动画效果，如下图所示。

Step07: 设置完成后，单击“幻灯片放映”选项卡“开始放映幻灯片”组中的“从头开始”按钮，开始播放幻灯片，如右图所示。

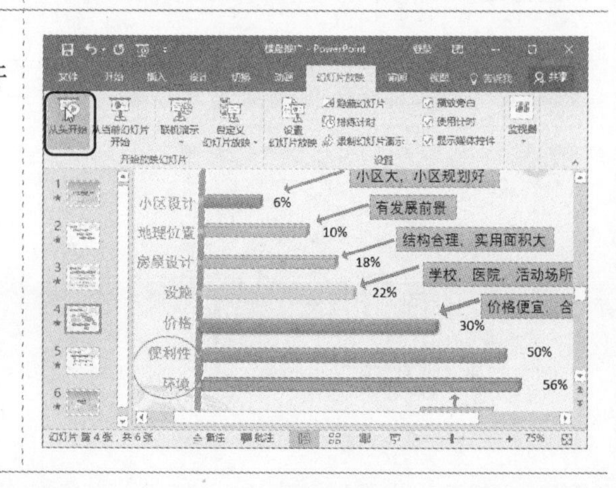

13.2　制作产品营销宣传 PPT

产品营销宣传 PPT 大多用于会议、展览和大型集体活动时播放，参展宣传的效果好坏直接影响到最终效果。本例制作的产品营销宣传 PPT 主要用于会展时向观展人员进行宣传，此类宣传多为产品展示，一般较为重视产品的特点和优势。在本例中，将着重对产品的形象进行展示，并为演示文稿设置合理的动画。下面以制作产品宣传 PPT 为例，向读者介绍 PPT 在宣传营销中的应用，完成后的效果如下图所示。

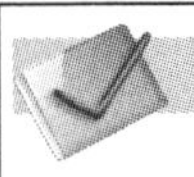

同步文件

视频文件：视频文件\第 13 章\13-2.mp4

13.2.1　设置幻灯片母版样式

本例在新建了一个演示文稿后，再进入幻灯片母版视图中，为幻灯片设置统一的背景，操作方法如下。

Step01: ❶在目标文件夹的空白处单击鼠标右键；❷在弹出的快捷菜单中选择“新建”命令；❸在弹出的扩展菜单中选择“Microsoft PowerPoint 演示文稿”命令，如下图所示。

Step02: 打开新建的演示文稿，单击“视图”选项卡“母版视图”组中的“幻灯片母版”按钮，进入母版视图，如下图所示。

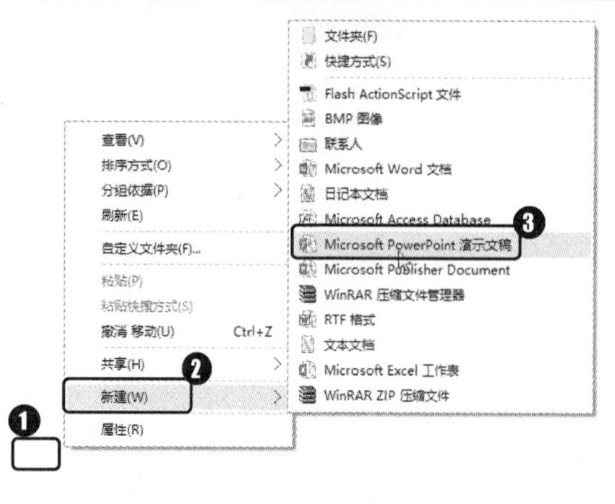

Step03: ❶选择第一张母版幻灯片；❷单击“幻灯片母版”选项卡“背景”组中的“背景样式”下拉按钮；❸在弹出的下拉列表中选择“设置背景样式”选项，如下图所示。

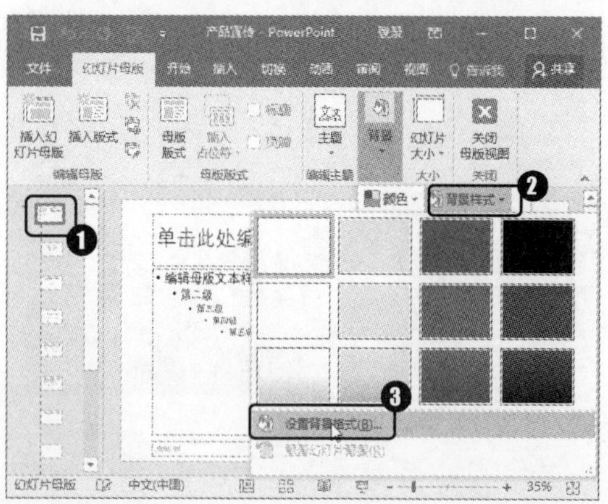

Step04: 打开“设置背景格式”窗格，❶选择“图片或纹理填充”单选按钮；❷单击“文件”按钮，如下图所示。

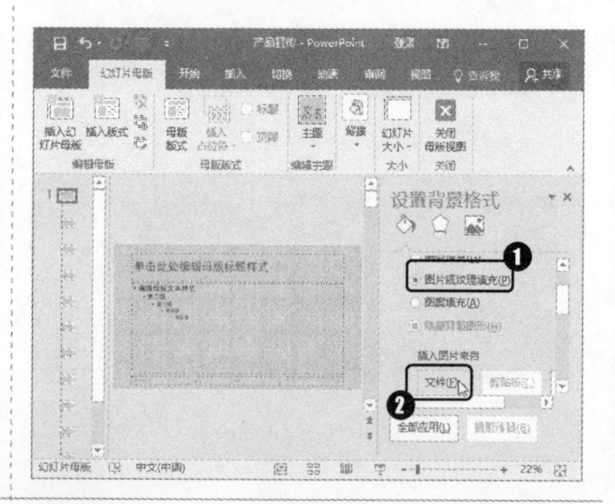

Step05: 打开“插入图片”对话框，❶选择背景图片；❷单击“插入”按钮，如下图所示。

Step06: ❶拖动“透明度”滑块；❷单击“全部应用”按钮，如下图所示。

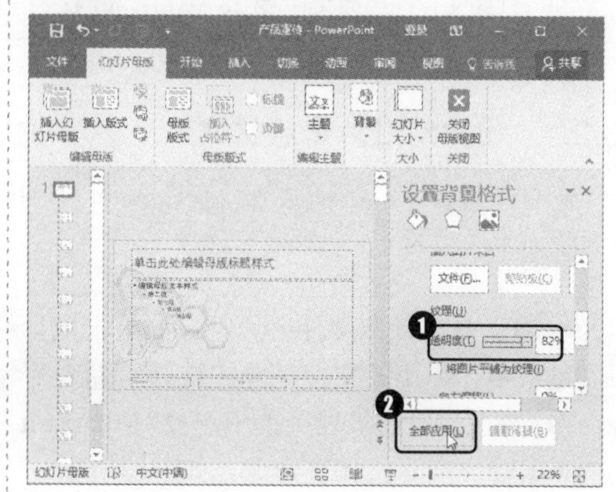

Step07: 单击"幻灯片母版"选项卡"关闭"组中的"关闭母版视图"按钮，返回普通视图，如右图所示。

13.2.2　使用 SmartArt 图形制作目录页

使用 SmartArt 图形不仅可以制作流程图，还可以快速地制作出条理清晰的目录，操作方法如下。

Step01: ❶选择第 1 张幻灯片；❷分别输入标题和副标题，如下图所示。

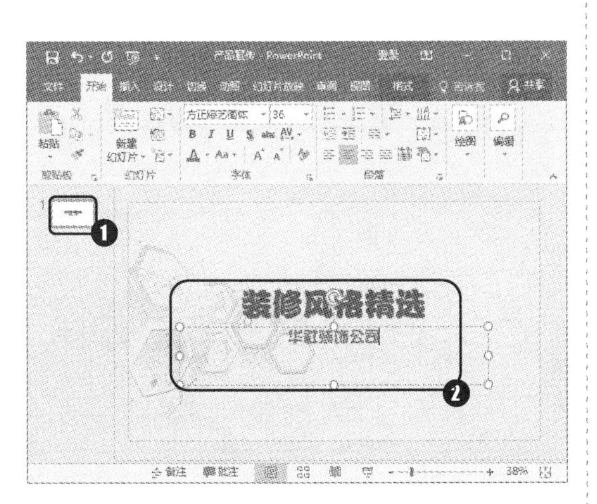

Step02: ❶单击"开始"选项卡"幻灯片"组中的"新建幻灯片"下拉按钮；❷在弹出的下拉列表中选择"标题和内容"选项，如下图所示。

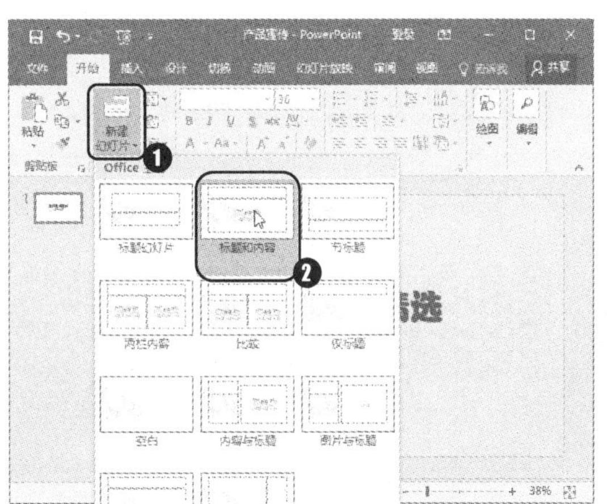

Step03: ❶选择标题文本框，输入标题内容；❷单击"绘图工具-格式"选项卡"艺术字样式"组中的"快速样式"下拉按钮；❸在弹出的下拉列表中选择一种艺术字样式，如下图所示。

Step04: ❶在"开始"选项卡的"字体"组中，设置标题文本的字体、字号等文字样式；❷单击内容占位符中的"插入 SmartArt 图形"图标，如下图所示。

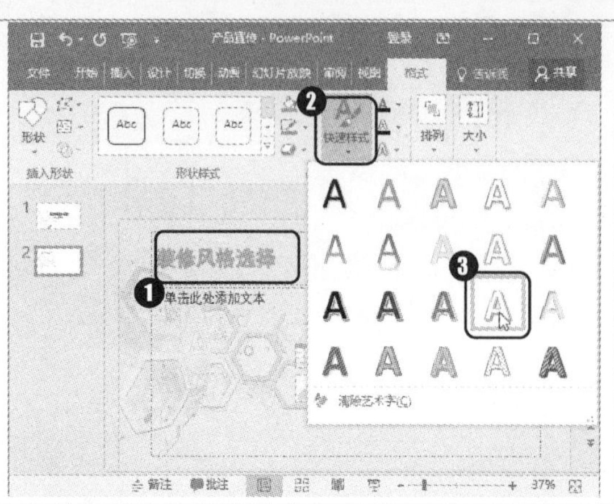

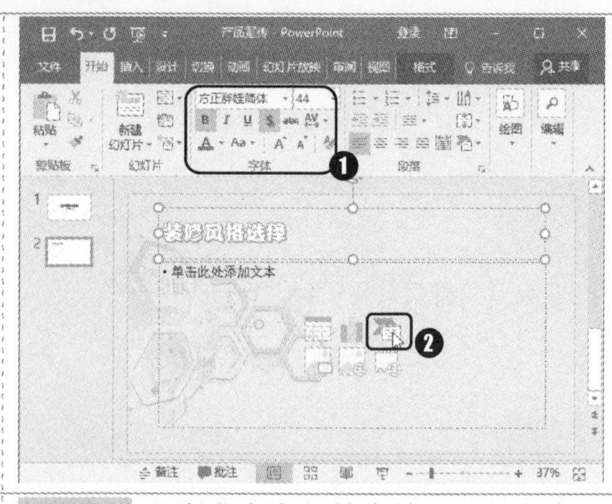

Step05: 打开“选择 SmartArt 图形”对话框，❶在左侧的列表框中选择 SmartArt 图形的类型；❷选择 SmartArt 图形的样式；❸单击“确定”按钮，如下图所示。

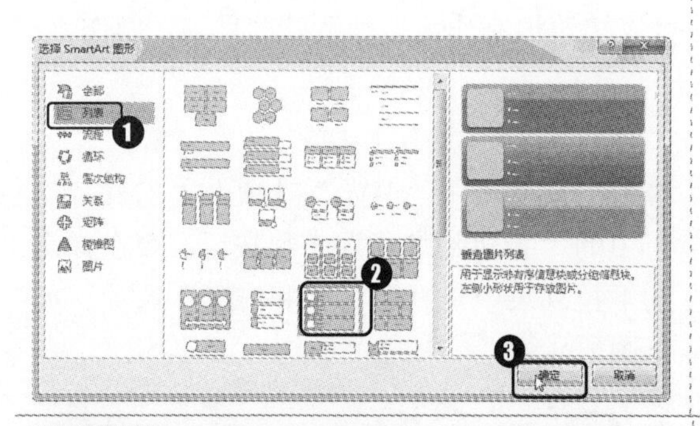

Step06: ❶在文字占位符中输入目录文本；❷单击图片按钮，如下图所示。

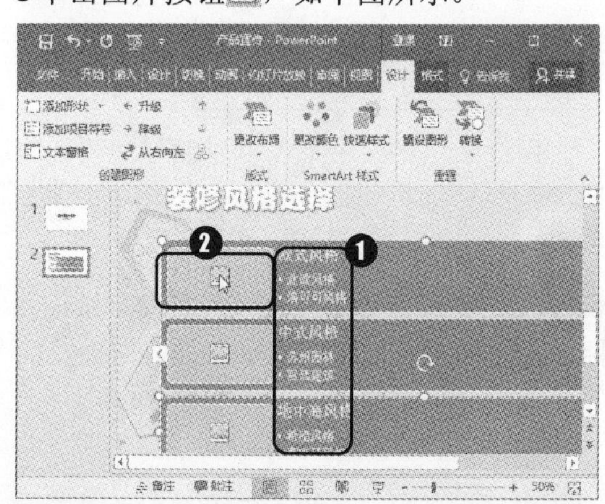

Step07: 打开“插入图片”对话框，单击“来自文件”右侧的“浏览”按钮，如下图所示。

Step08: 打开“插入图片”对话框，❶选择插入的图片；❷单击“插入”按钮，如下图所示。

Step09: 使用相同的方法插入其他图片，❶单击“SmartArt 工具-设计”选项卡“SmartArt 样式”组中的“更改颜色”下拉按钮；❷在弹出的下拉列表中选择一种颜色样式，如下图所示。

Step10: ❶单击“SmartArt 工具-设计”选项卡“SmartArt 样式”组中的“快速样式”下拉按钮；❷在弹出的下拉列表中选择一种样式，如下图所示。

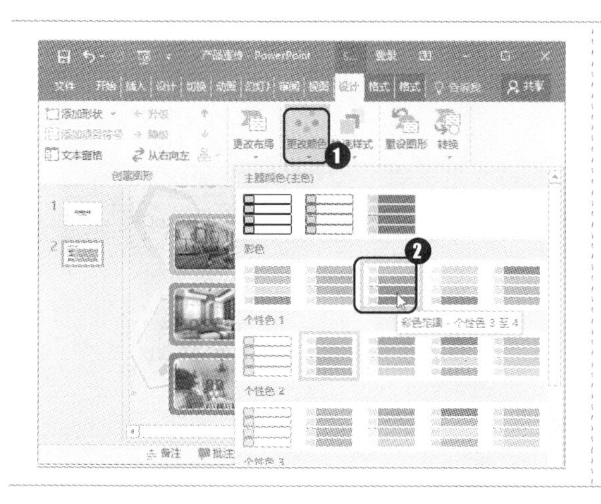

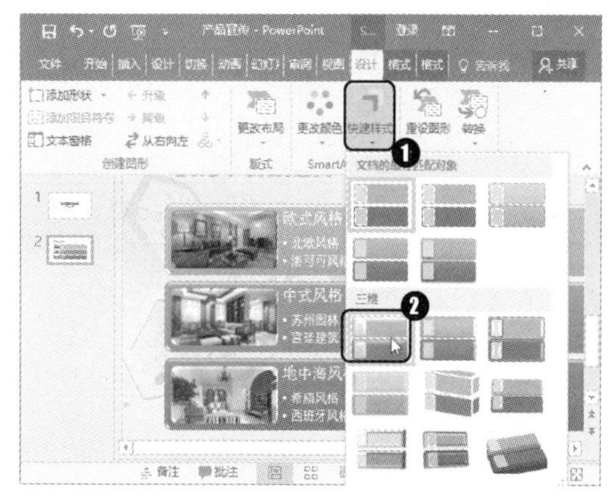

13.2.3　制作相册

在制作幻灯片时，如果需要在幻灯片中连续展示多幅图像，并快速制作多幅图像的幻灯片，可以使用相册，具体操作方法如下。

Step01: ❶单击“插入”选项卡“图像”组中的“相册”下拉按钮；❷在弹出的下拉列表中选择“新建相册”选项，如下图所示。

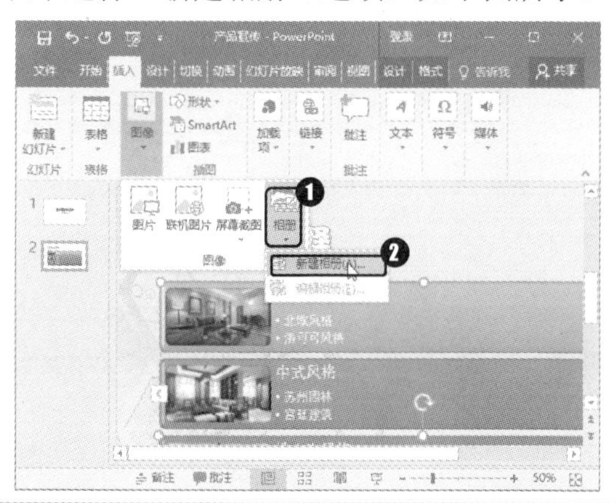

Step02: 打开“相册”对话框，单击“文件/磁盘”按钮，如下图所示。

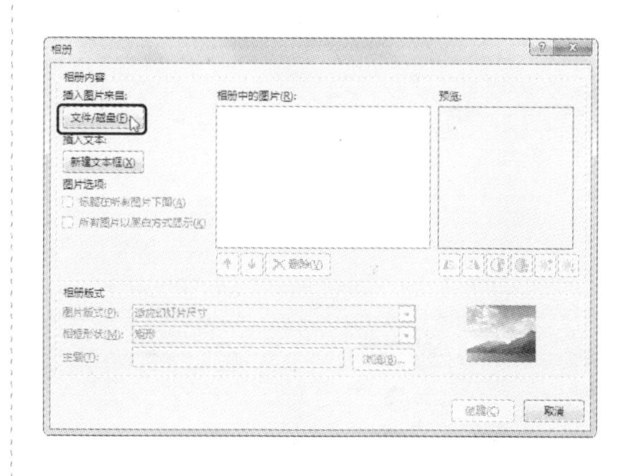

Step03: 打开“插入新图片”对话框，❶打开文件的保存路径，按住〈Ctrl〉键选择多张图片；❷单击“插入”按钮，如下图所示。

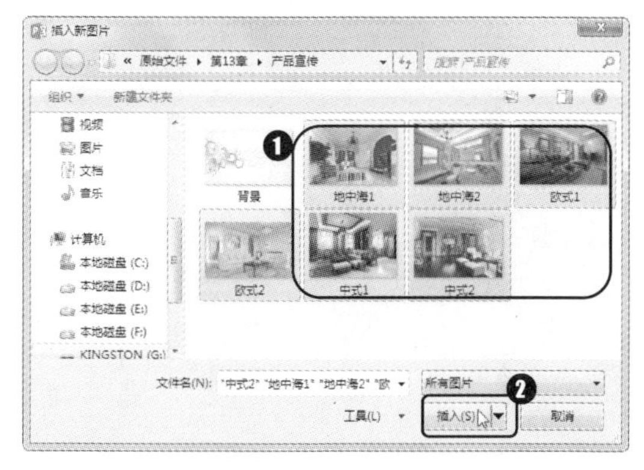

Step04: 返回“相册”对话框，❶在“图片版式”下拉列表框中选择“2 张图片”选项；❷单击“创建”按钮，如下图所示。

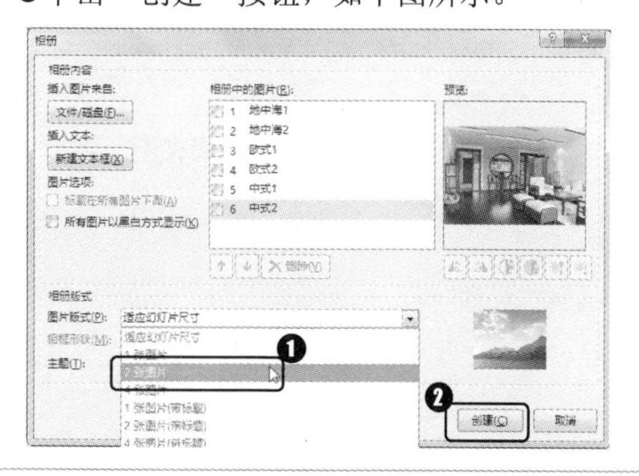

Step05: 系统将创建出由所选图片构成的新演示文稿，单击“保存”按钮保存该文件，如右图所示。

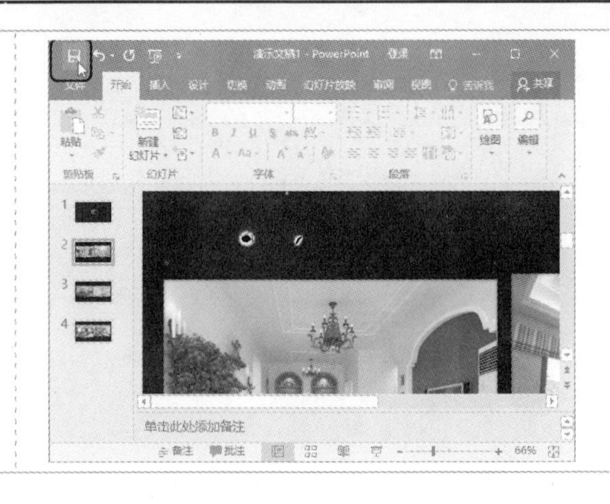

13.2.4 使用相册演示文稿

在制作出包含多幅图像的相册幻灯片后，使用“重用幻灯片”功能可以将相册幻灯片快速应用到当前幻灯片中，操作方法如下。

Step01: ❶单击“插入”选项卡“幻灯片”组中的“新建幻灯片”下拉按钮；❷在弹出的下拉列表中选择“重用幻灯片”选项，如下图所示。

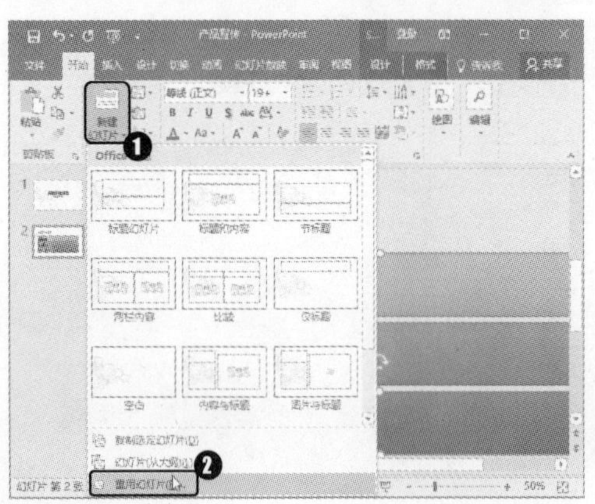

Step02: 打开“重用幻灯片”窗格，单击“打开 PowerPoint 文件”链接，如下图所示。

Step03: ❶在打开的“浏览”对话框中选择之前制作的“相册”文件；❷单击“打开”按钮，如下图所示。

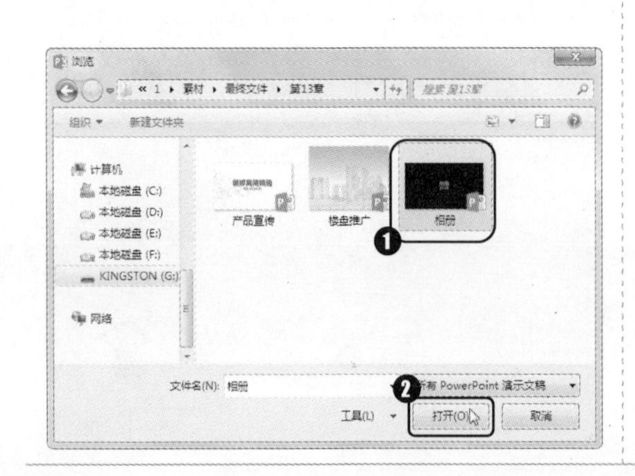

Step04: 在“重用幻灯片”窗格中依次单击要插入的幻灯片 2~幻灯片 4，即可将其添加到当前幻灯片中，如下图所示。

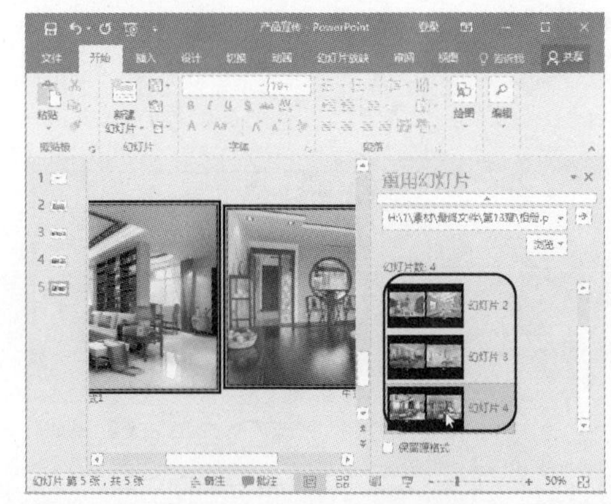

Step05: ❶选择插入了图片的幻灯片；❷单击“插入”选项卡“文本”组中的“艺术字”下拉按钮；❸在弹出的下拉列表中选择一种艺术字样式，如下图所示。

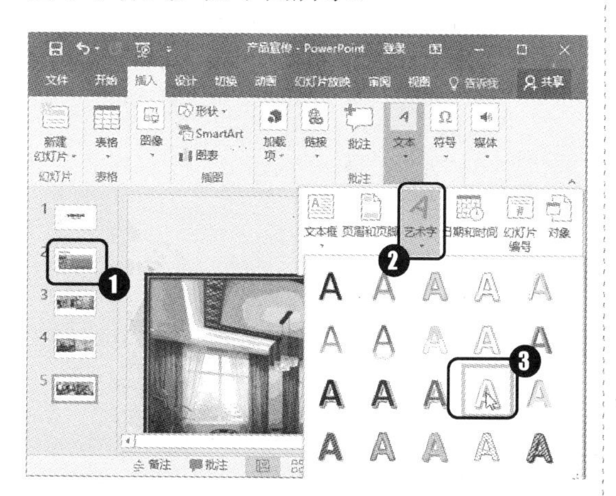

Step06: ❶在插入的艺术字文本框中输入图片标题；❷在“开始”选项卡的“字体”组中设置字体样式，如下图所示。

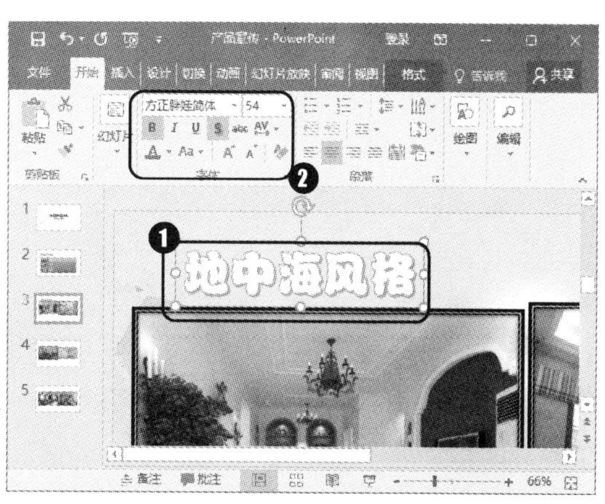

Step07: 将鼠标光标移动到文本框的顶端，当光标变为↻时按下鼠标左键，拖动到合适的角度，如下图所示。

Step08: 使用相同的方法为其他几张幻灯片制作标题，如下图所示。

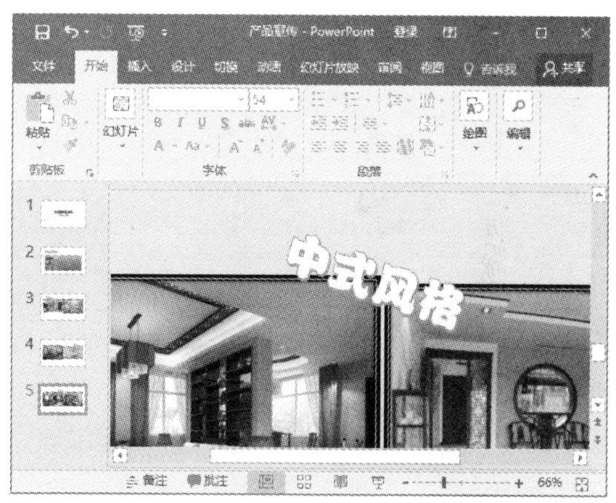

13.2.5　设置演示文稿的动画效果

幻灯片的主体制作完成后，为了让幻灯片的播放更能吸引观看者的眼球，可以为其设置切换效果和动画效果，操作方法如下。

Step01: ❶单击“切换”选项卡“切换到此幻灯片”组中的“切换效果”下拉按钮；❷在弹出的下拉列表中选择一种切换样式，如下图所示。

Step02: ❶单击“切换”选项卡“切换到此幻灯片”组中的“效果选项”下拉按钮；❷在弹出的下拉列表中选择“字符数”选项，如下图所示。

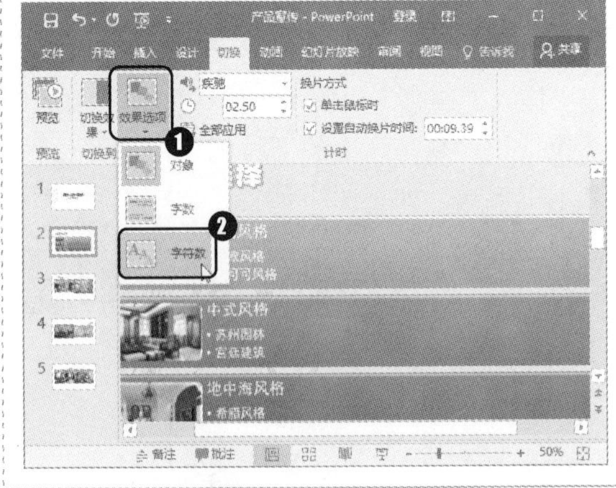

Step03: ❶勾选“切换”选项卡“计时”组中的“设置自动换片时间”复选框；❷在微调框中设置自动换片的时间；❸单击“全部应用”按钮，如下图所示。

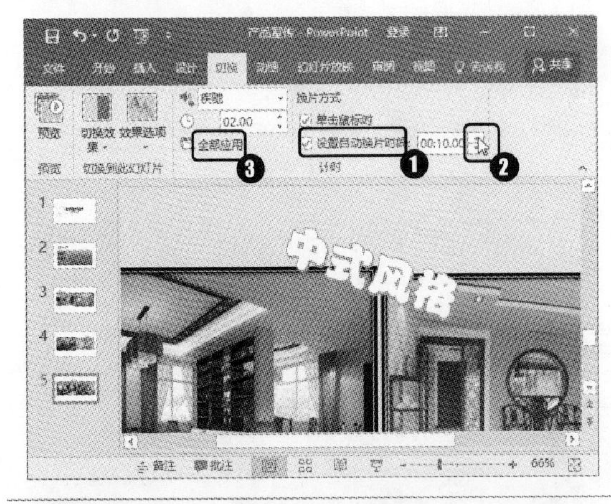

Step04: ❶选择第 1 张幻灯片；❷单击“切换”选项卡“切换到此幻灯片”组中的“切换效果”下拉按钮；❸在弹出的下拉列表中选择“华丽型”栏中的切换样式，如下图所示。

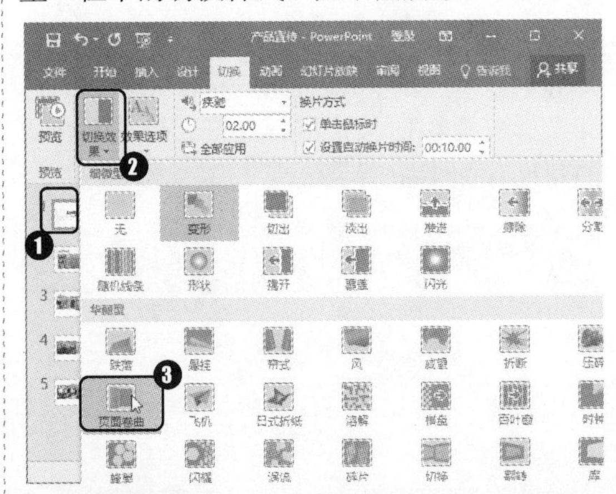

Step05: ❶选择第 2 张幻灯片；❷选择 SmartArt 图形，单击“动画”选项卡“动画”组中的“动画样式”下拉按钮；❸在弹出的下拉列表中选择一种进入动画样式，如下图所示。

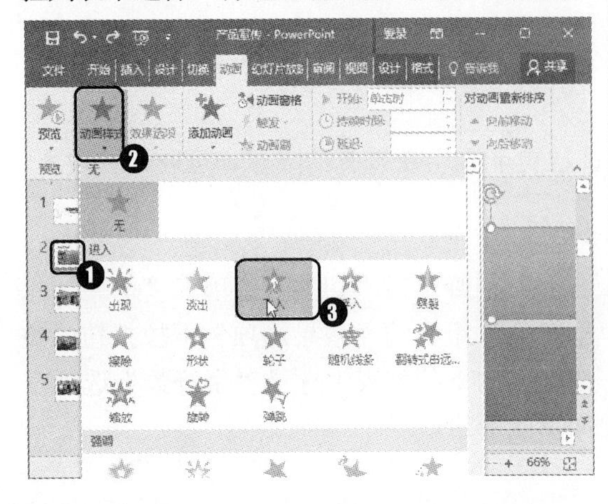

Step06: ❶单击“动画”选项卡“动画”组中的“效果选项”下拉按钮；❷在弹出的下拉列表中选择“逐个”选项，如下图所示。

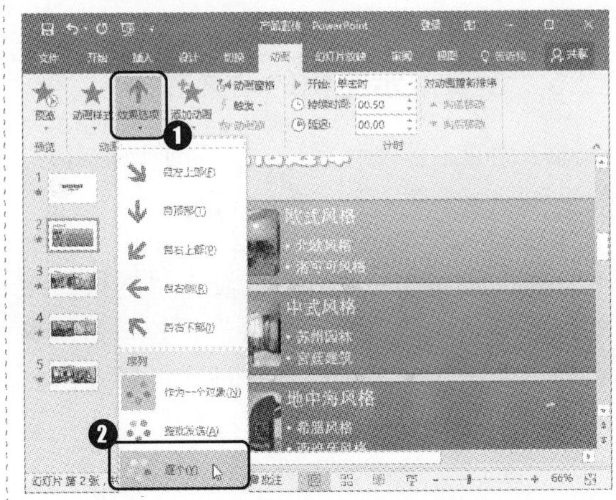

Step07: ❶单击“动画”选项卡“高级动画”组中的“添加动画”下拉按钮；❷在弹出的下拉列表中选择一种退出动画样式，如右图所示。

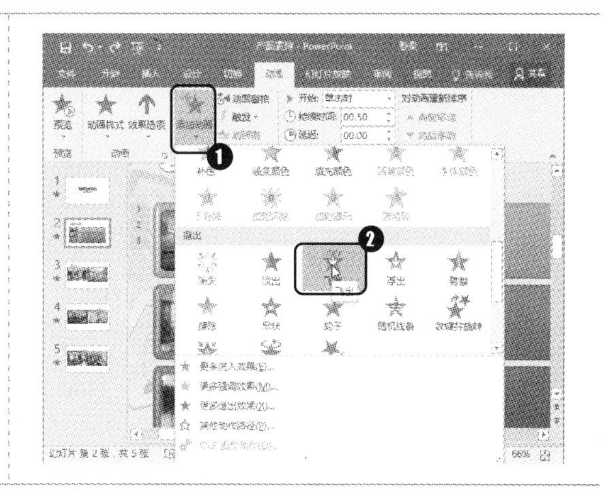

13.2.6　放映演示文稿

因为宣传营销类 PPT 大多会在展会上放映，所以在放映前需要进行相应的放映设置，然后再进行放映，操作方法如下。

Step01: 单击“幻灯片放映”选项卡“设置”组中的“排练计时”按钮，如下图所示。

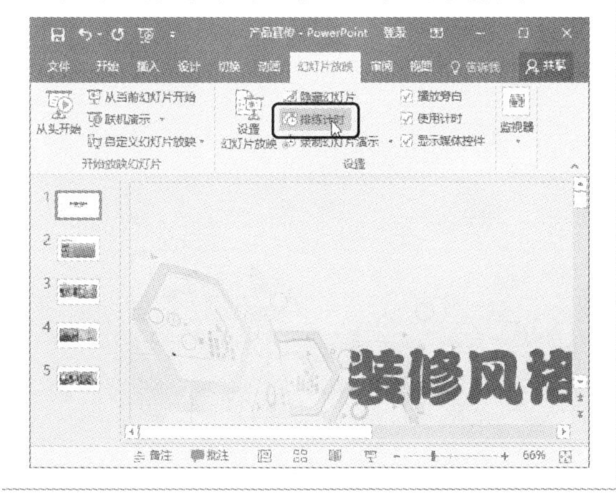

Step02: 进入幻灯片放映视图，同时出现“录制”工具栏，当放映时间达到预计时间后，单击“下一项”按钮，切换到下一张幻灯片，重复此操作，如下图所示。

Step03: 到达幻灯片末尾时，出现信息提示框，单击“是”按钮，以保留排练时间，下次播放时按照记录的时间自动播放幻灯片，如下图所示。

Step04: 单击“幻灯片放映”选项卡“开始放映幻灯片”组中的“从头开始”按钮，开始放映幻灯片，如下图所示。

▷▷ 本章小结

本章的重点在于掌握如何使用 PowerPoint 2016 制作市场销售工作演示文稿，在宣传的过程中，过多的文字会让观看者无心观看，所以读者应该掌握使用形状、表格、图表、SmartArt 图形等元素制作幻灯片的方法。此外，读者还应该掌握一些幻灯片的切换和动画效果的使用技巧，以更好地抓住观众的眼球，让所宣传的产品深入人心。

第 14 章　实战应用——PowerPoint 在总结汇报工作中的应用

本章导读

在部分商务活动中，工作分析与总结是非常重要的一部分，它往往关系到企业的发展。本章主要融合前面所学知识，通过几个最常见办公案例的制作，讲解 PowerPoint 2016 在总结汇报工作中的具体应用，包括制作市场调研报告 PPT、年度工作总结与计划 PPT。

知识要点

- ➢ 编辑幻灯片母版
- ➢ 绘制与编辑形状
- ➢ 插入与美化图表
- ➢ 插入 SmartArt 图形
- ➢ 设置切换和播放效果
- ➢ 播放幻灯片

效果展示

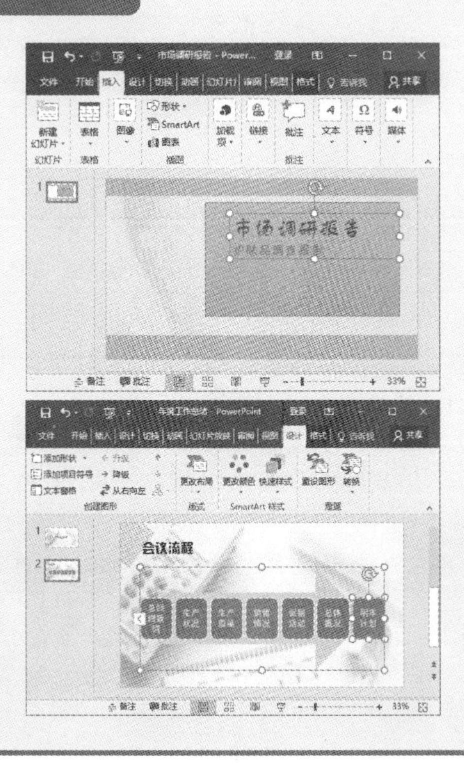

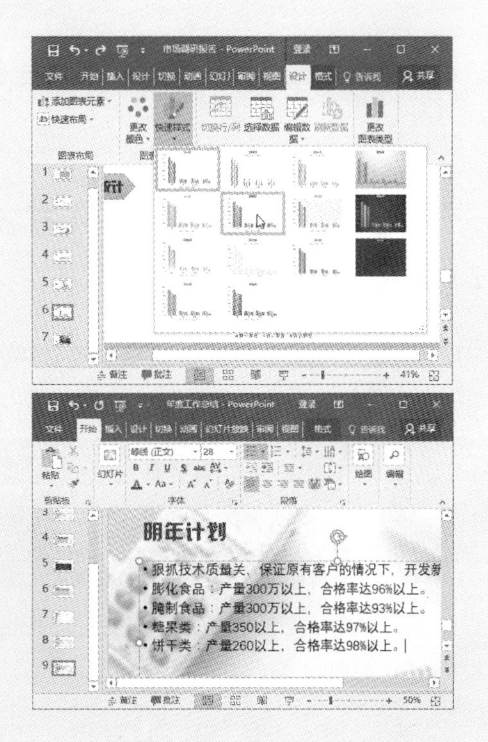

▷▷ 14.1 制作市场调研报告 PPT

市场调研报告一般由市场调研人员制作。其目的是为了让领导层和员工更清楚地了解目前市场的大概情况，以便公司优化相关产品和销售计划。本节将以市场调研报告 PPT 的制作为例，介绍使用 PowerPoint 2016 制作调研报告的方法，完成后的效果如下图所示。

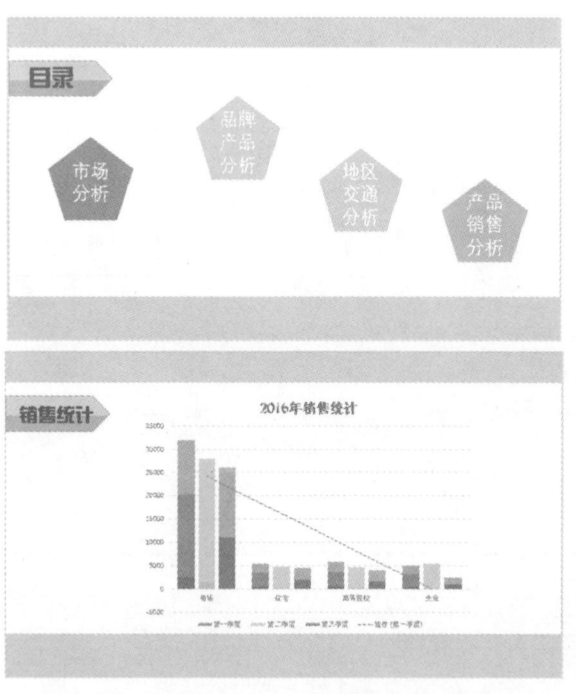

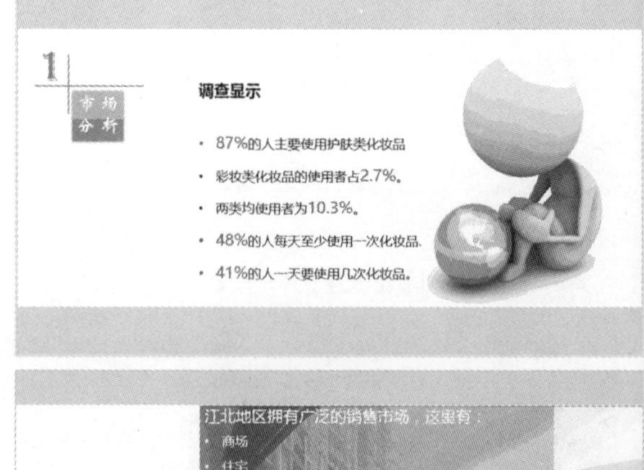

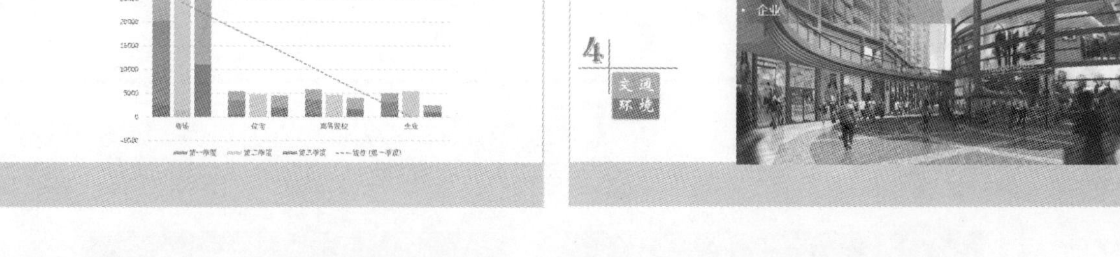

同步文件

视频文件：视频文件\第 14 章\14-1.mp4

14.1.1 在母版中设计幻灯片版式

幻灯片母版是用于存储模板信息的设计模板，这些模板信息包括字形、占位符大小和位置、背景设计和配色方案等，下面将讲解如何设计幻灯片版式。

Step01: 新建并将演示文稿另存为“市场调研报告”，在“视图”选项卡下单击“幻灯片母版”按钮，如下图所示。

Step02: ❶单击“插入”选项卡“插图”组中的“形状”下拉按钮；❷在弹出的下拉列表中选择“矩形”形状，如下图所示。

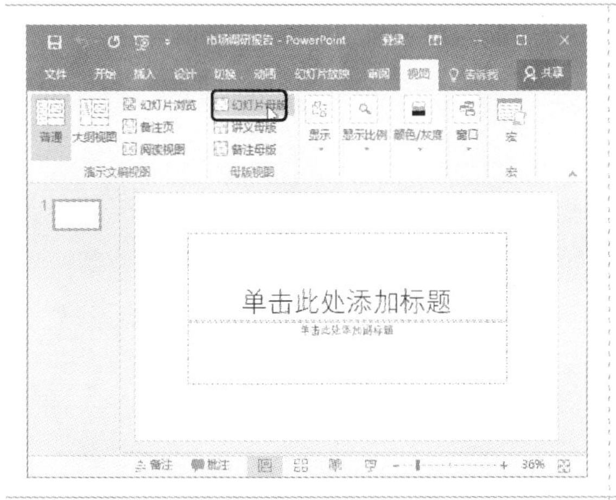

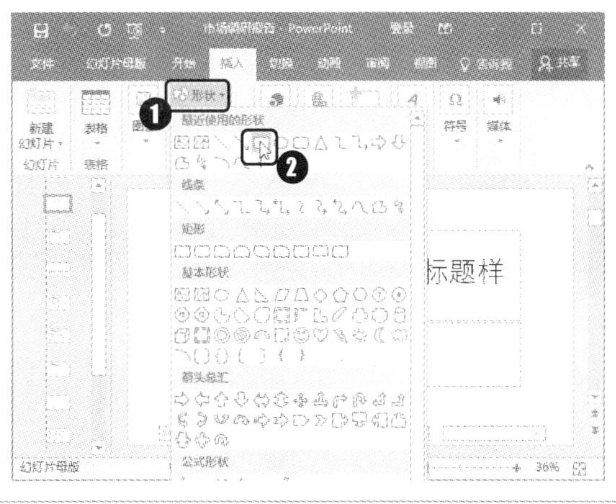

Step03: 在母版上绘制一个矩形，并设置相同颜色的填充颜色和轮廓颜色填充色，如下图所示。

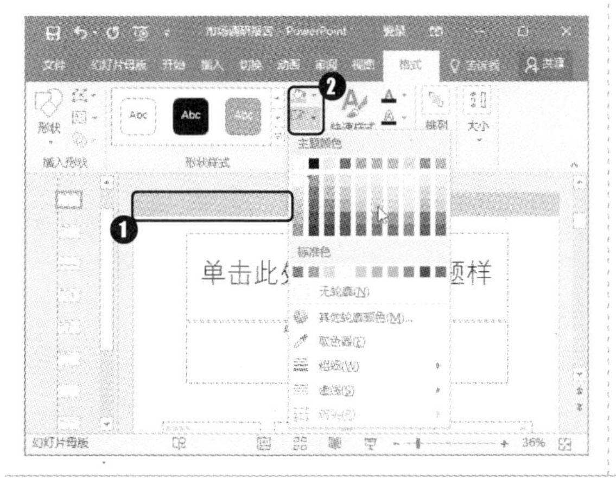

Step04: 按住〈Ctrl〉键并拖动，复制出一个矩形形状，将复制后的形状移动到页面底部，并将其稍微拉宽，如下图所示。设置完成后单击“关闭母版视图”按钮。

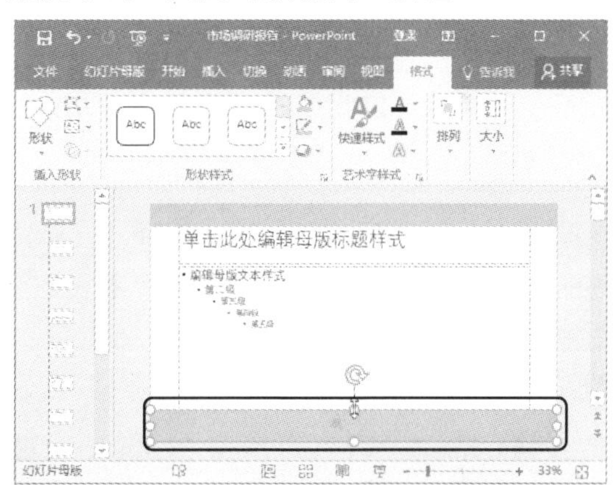

Step05: ❶在幻灯片编辑区单击鼠标右键；❷在弹出的快捷菜单中选择“设置背景格式”命令，如下图所示。

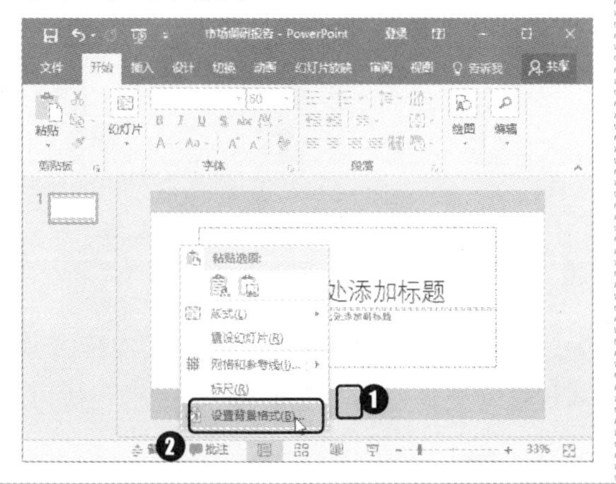

Step06: 打开“设置背景格式”窗格，❶选择“图片或纹理填充”单选按钮；❷单击“文件”按钮，如下图所示。

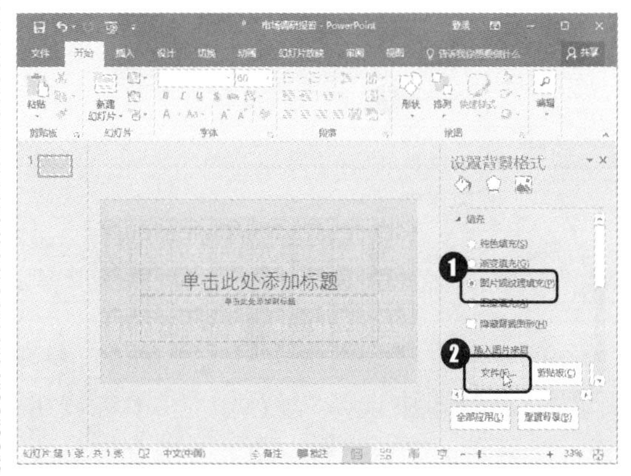

Step07: 打开“插入图片”对话框，❶选择背景图片；❷单击“插入”按钮，如下图所示。

Step08: ❶在返回的窗格中调整背景的透明度；❷完成后单击窗格右上角的“关闭”按钮，如下图所示。

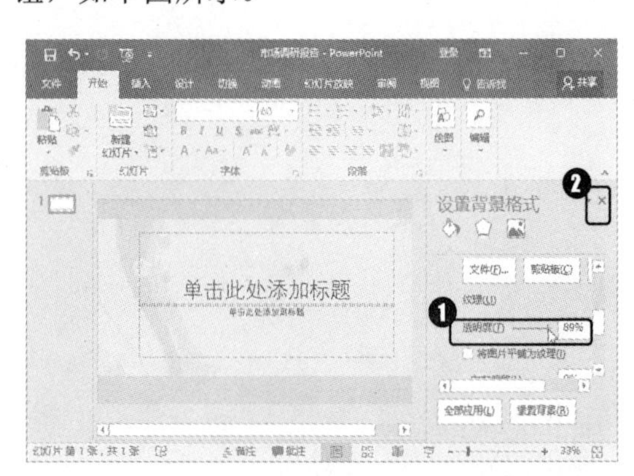

14.1.2 制作封面幻灯片

本例将使用图形制作幻灯片封面。当幻灯片中的图形较多时，选择和拖动图形会显得混乱和不便，这时可以将属于一个整体的多个对象进行组合，使之成为一个独立的对象，操作方法如下。

Step01: ❶默认选择第 1 张幻灯片，单击“开始”选项卡“幻灯片”组中的“版式”下拉按钮；❷在弹出的下拉列表中选择“空白”选项，如下图所示。

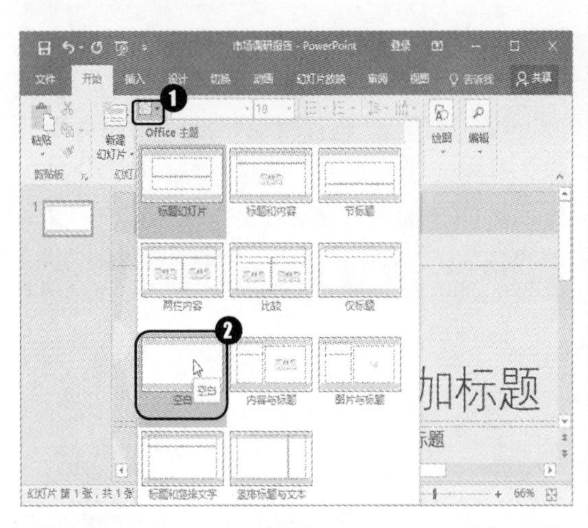

Step02: ❶在幻灯片中绘制出一个矩形，然后在矩形形状上单击鼠标右键；❷在弹出的快捷菜单中选择“设置形状格式”命令，如下图所示。

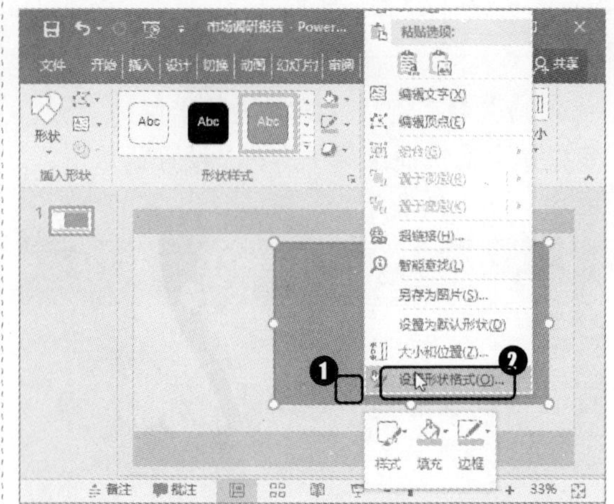

Step03: 打开“设置形状格式”窗格，❶在“填充”选项卡中选择“纯色填充”单选按钮；❷选择合适的颜色；❸拖动“透明度”滑块，调整形状的透明度，如下图所示。

Step04: 在幻灯片中插入横排文本框并设置合适的字体格式，如下图所示。

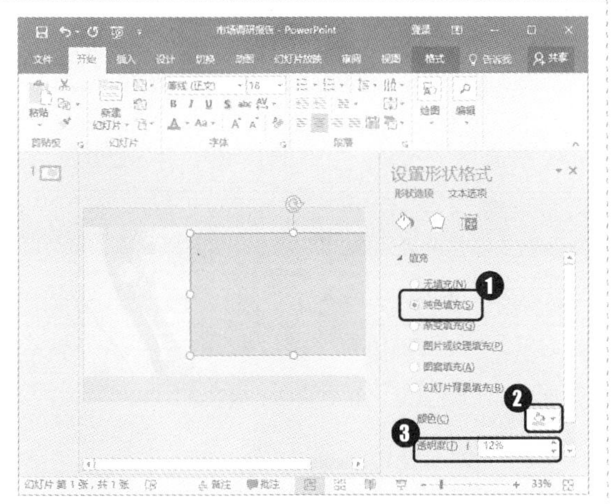

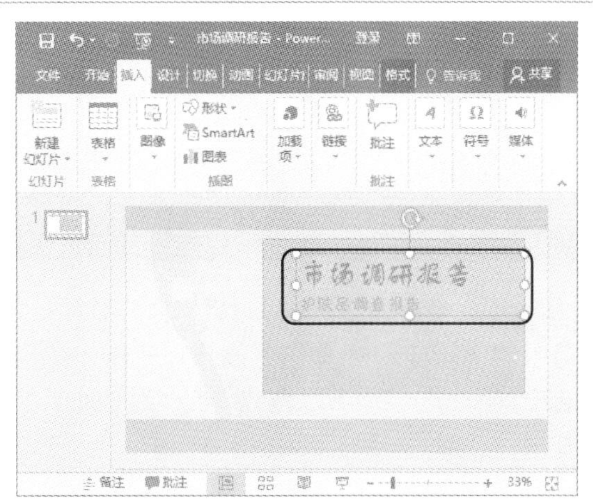

Step05: ❶在"插入"选项卡中单击"插图"组中的"形状"按钮；❷在弹出的下拉列表中选择"自由曲线"，如下图所示。

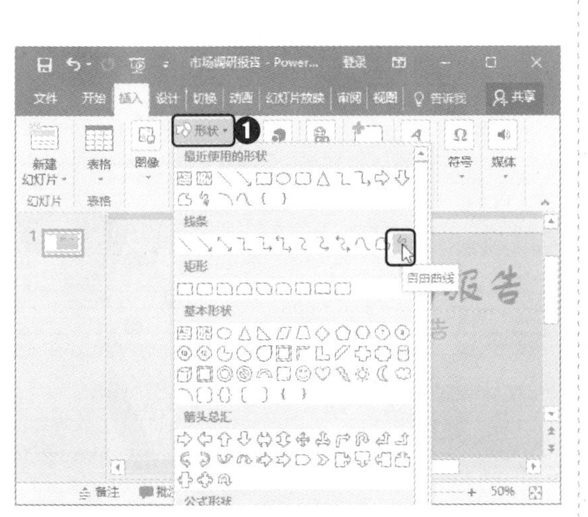

Step06: ❶绘制出一条自由曲线；❷选中该曲线，在"绘图工具-格式"选项卡的"形状样式"组中设置合适的形状样式，如下图所示。

Step07: ❶单击"绘图工具-格式"选项卡的"形状样式"组中的"形状轮廓"按钮；❷在弹出的下拉列表中依次选择"粗细"→"3 磅"选项，如右图所示。

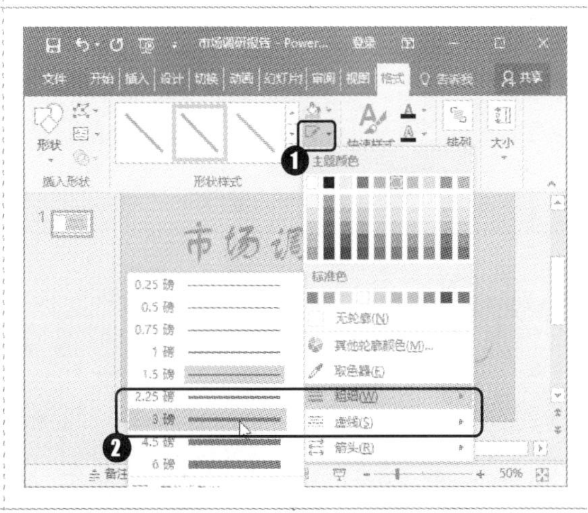

14.1.3 通过绘制形状制作目录

目录是幻灯片内容的浓缩，需要简单明了地向观看者表达幻灯片中的内容，本例使用形状来制作目录标题和内容，操作方法如下。

Step01: ❶单击“开始”选项卡“幻灯片”组中的“新建幻灯片”下拉按钮；❷在弹出的下拉列表中选择“空白”选项，如下图所示。

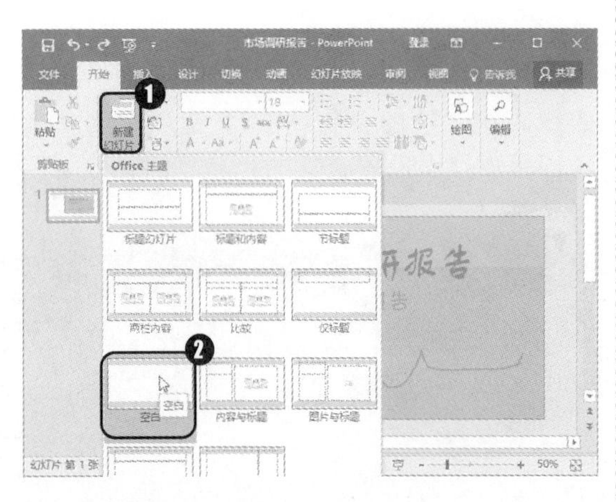

Step02: ❶绘制一个五边形；❷在“绘图工具-格式”选项卡的“形状样式”组中设置合适的形状样式，如下图所示。

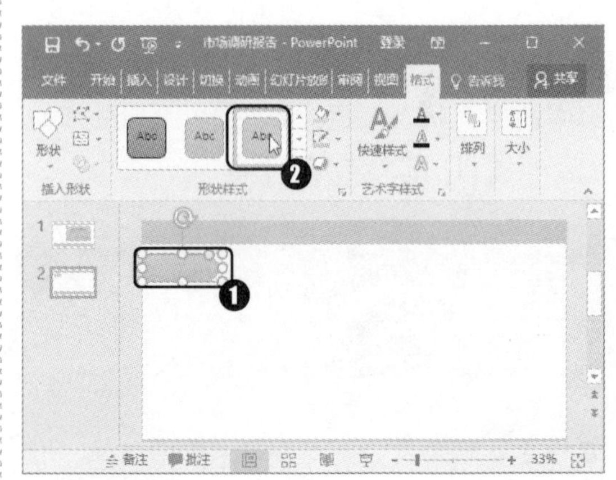

Step03: ❶在形状中添加文本框，在文本框内录入文本；❷在“开始”选项卡的“字体”组中设置文本格式，如下图所示。

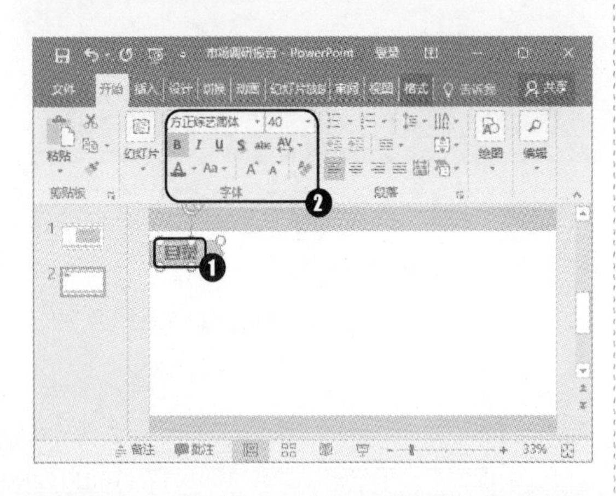

Step04: 在“插入”选项卡的“形状”下拉列表中选择“五边形”，如下图所示。

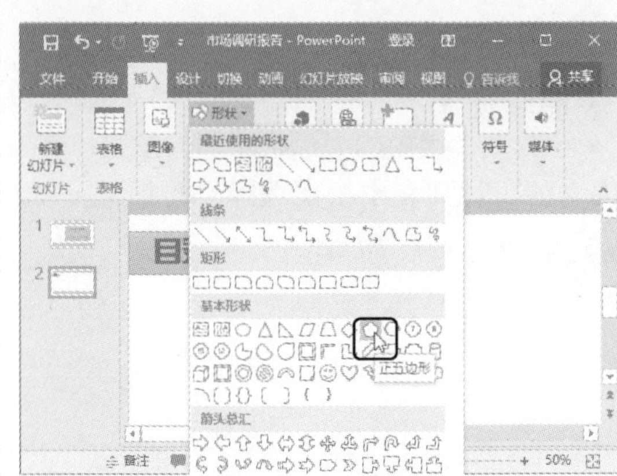

Step05: ❶在幻灯片中绘制五边形；❷在“绘图工具-格式”选项卡的“形状填充”下拉列表中设置填充颜色，如下图所示。

Step06: 在形状上单击鼠标右键，在弹出的快捷菜单中选择“编辑文字”命令，如下图所示。

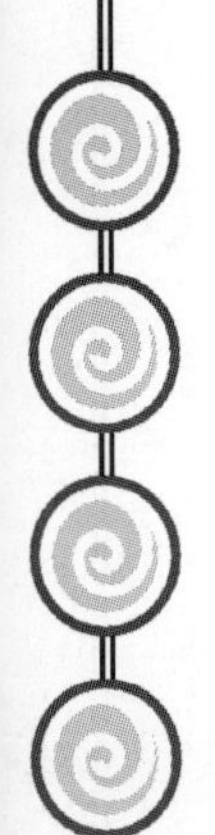

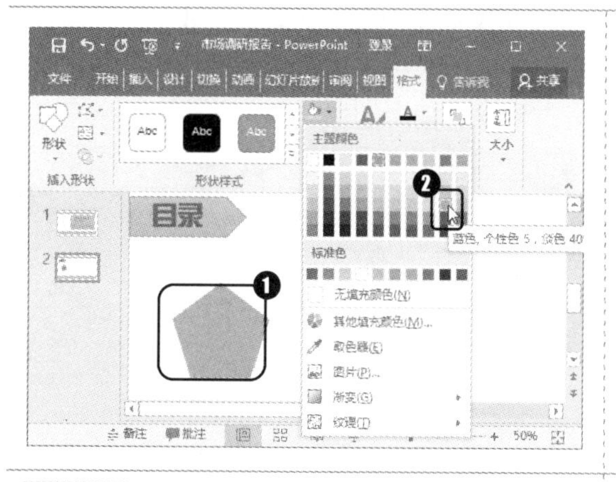

Step07: 在形状上输入目录文本，如下图所示。

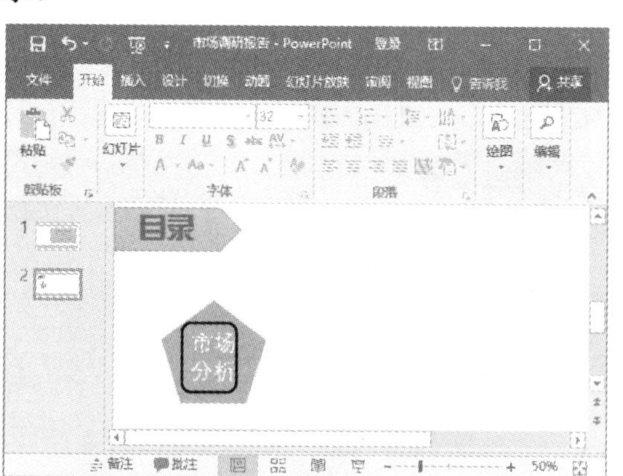

Step08: 复制形状，并分别设置形状颜色，再将文本更改为其他目录文本，如下图所示。

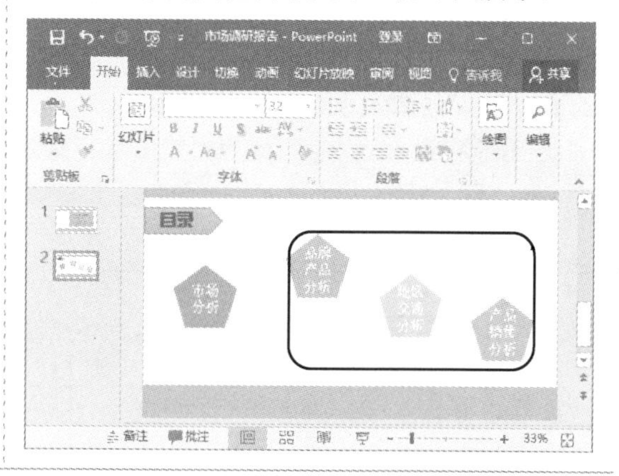

14.1.4　编辑幻灯片基本内容

封面页和目录页制作完成后就可以着手制作幻灯片内容页，制作报告类演示文稿的内容通常涉及形状的使用、图片的添加和编辑等操作。

Step01: ❶在第 3 张幻灯片中绘制出两条交叉的直线；❷在“绘图工具-格式”选项卡的“形状样式”组中设置直线填充色，如下图所示。

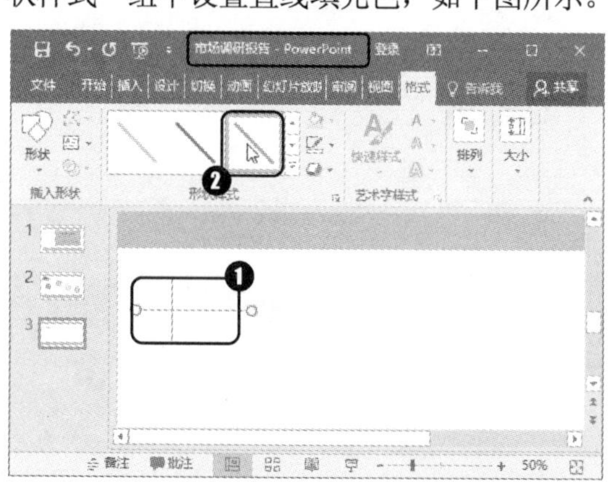

Step02: 在交叉直线的左上角绘制出一个文本框并添加标题编号内容，设置文本格式，如下图所示。

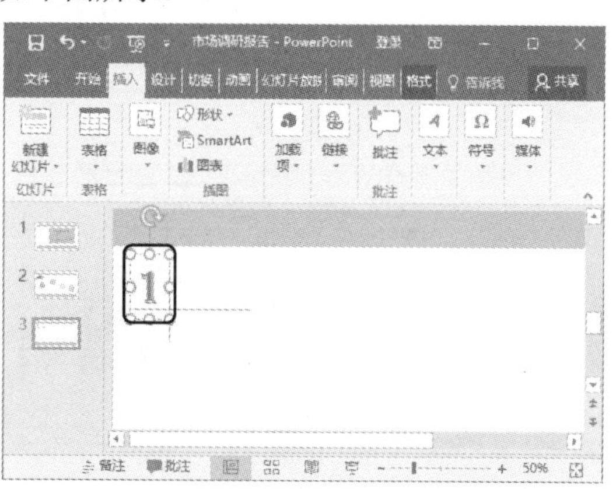

Step03: 在交叉直线的右下角绘制出一个文本框并添加标题内容文本，并设置文本格式，如下图所示。

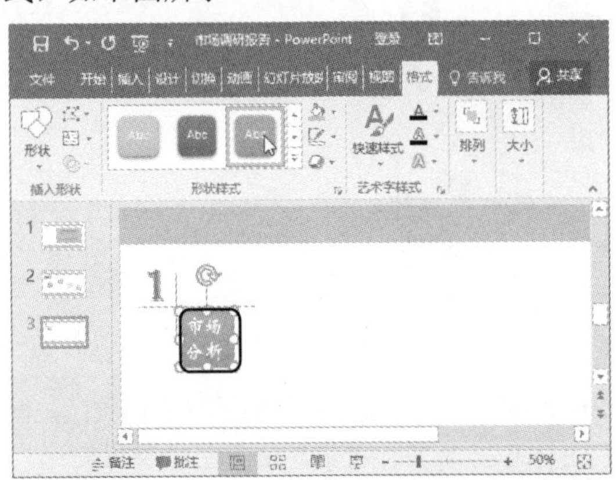

Step04: ❶选中所有对象，单击鼠标右键；❷在弹出的菜单中依次选择“组合”→“组合”命令，如下图所示。

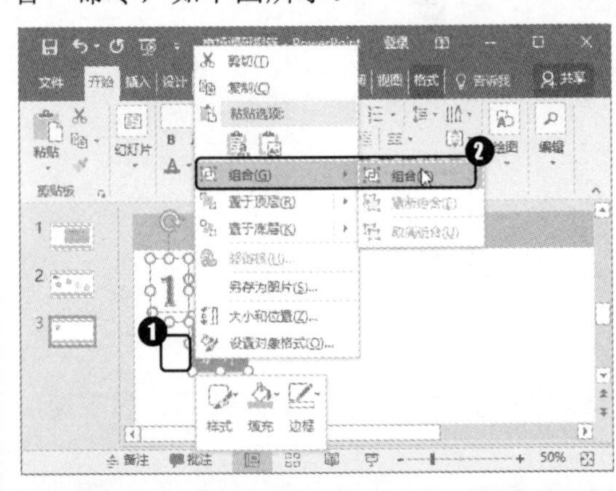

Step05: 在页面中添加文本内容，并为重要的数据设置强调效果，如下图所示。

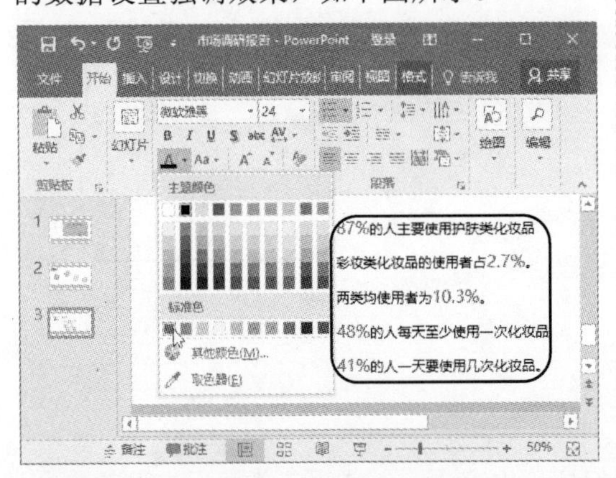

Step06: 单击“插入”选项卡“图像”组中的“图片”按钮插入图片内容，如下图所示。

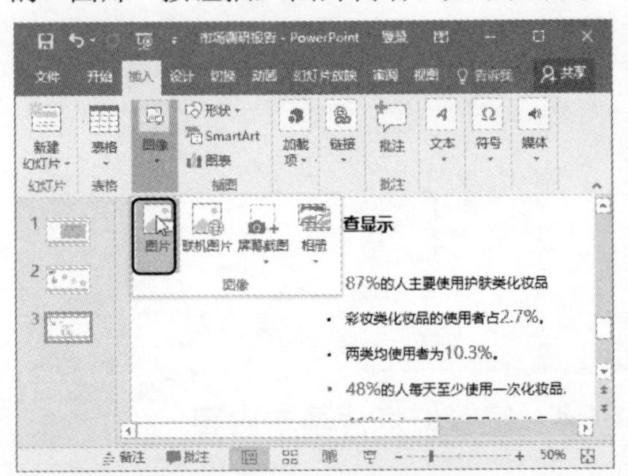

Step07: 插入图片后调整图片的大小，拖动图片到合适的位置，如下图所示。

Step08: ❶在“图片工具-格式”选项卡的“调整”组中单击“颜色”按钮；❷在弹出的下拉列表中设置图片颜色、饱和度及色调，如下图所示。

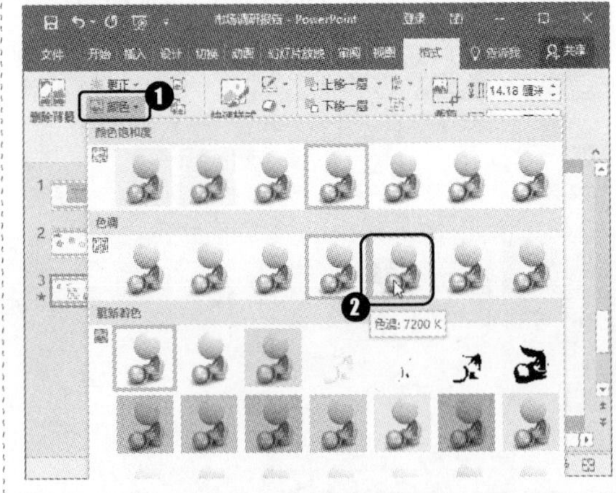

Step09: ❶在“图片工具-格式”选项卡的“排列”组中单击“下移一层”下拉按钮；❷在弹出的下拉列表中选择“置于底层”选项，如下图所示。

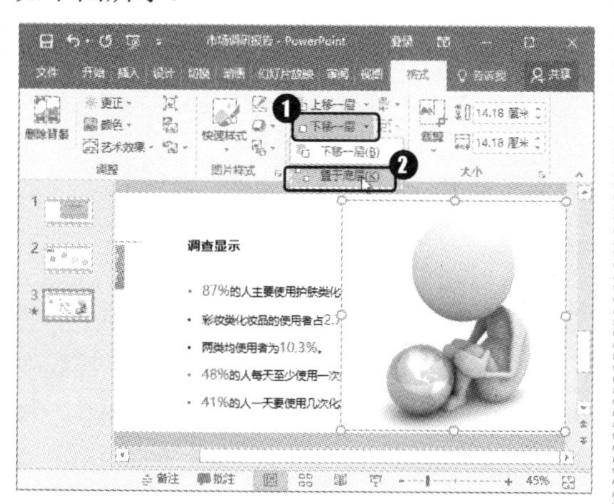

Step10: 使用相同的方法添加其他幻灯片内容，如下图所示。

4.1.5 插入图表统计数据

在制作幻灯片时，为了使数据表达更加直观，可以使用图表轻松地体现数据之间的关系下面以在演示文稿中创建图表为例进行讲解，具体操作方法如下。

Step01: ❶新建一张空白幻灯片；❷在之前的幻灯片中复制一个五边形形状，在其中输入合适的标题文字；❸在“插入”选项卡内单击“图表”按钮，如下图所示。

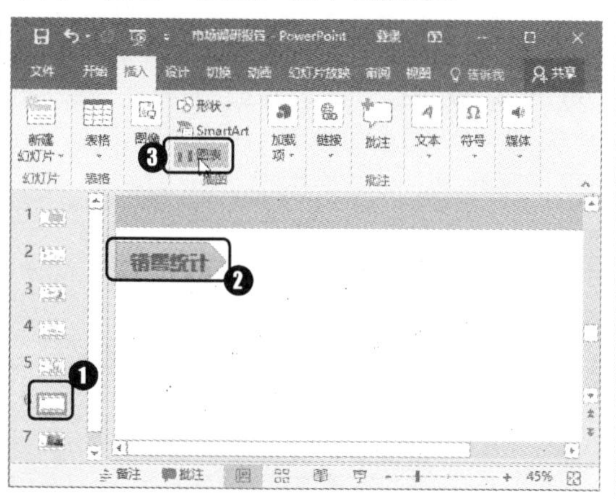

Step02: 打开“插入图表”对话框，❶在“柱形图”选项卡中选中“簇状柱形图”；❷单击“确定”按钮，如下图所示。

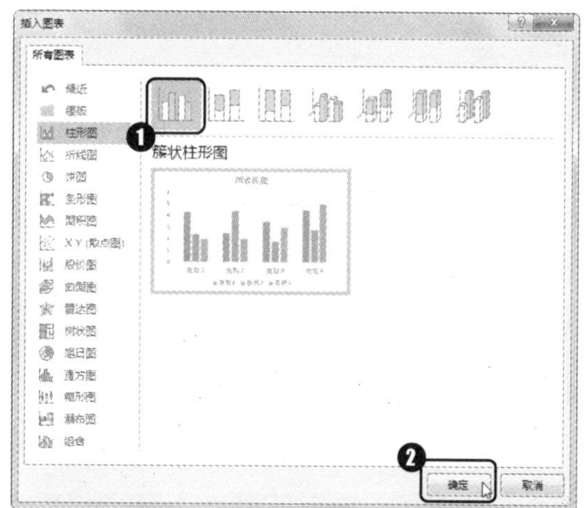

Step03: ❶系统自动启动 Excel 2016，在蓝色框线内的相应单元格中输入数据；❷单击 × 按钮，退出 Excel 2016，如下图所示。

Step04: 返回幻灯片编辑窗口，看到在相应占位符位置插入的图表，调整图表大小，如下图所示。

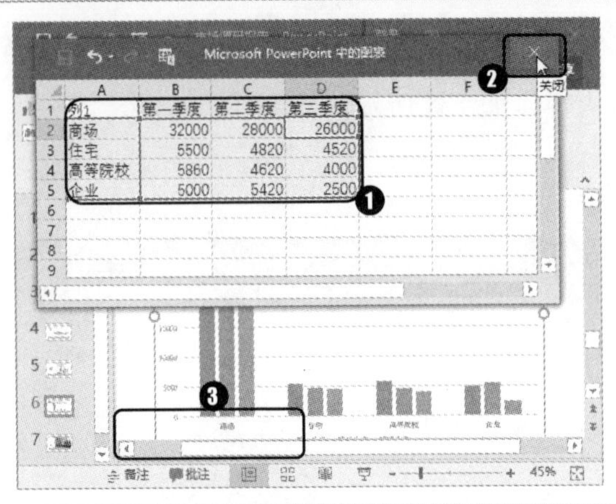

Step05: ❶选中图表；❷在“图表工具-设计”选项卡“图表样式”组中单击“更改颜色”下拉按钮；❸在弹出的下拉列表中选择合适的颜色样式，如下图所示。

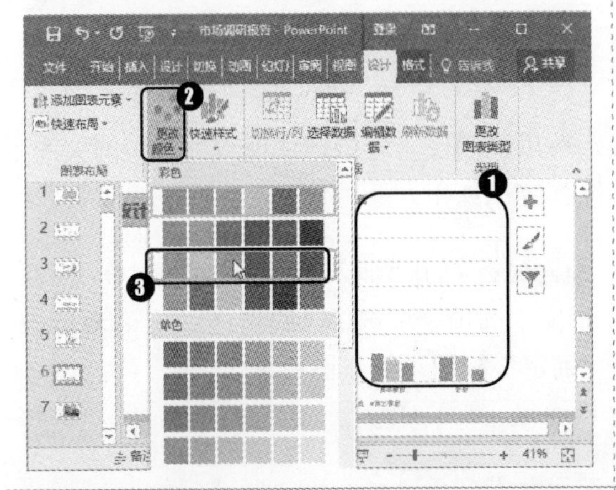

Step07: ❶在“图表工具-设计”选项卡的“图表布局”组中单击“添加图表元素”下拉按钮；❷在弹出的下拉列表中依次选择“趋势线”→“线性”选项，如下图所示。

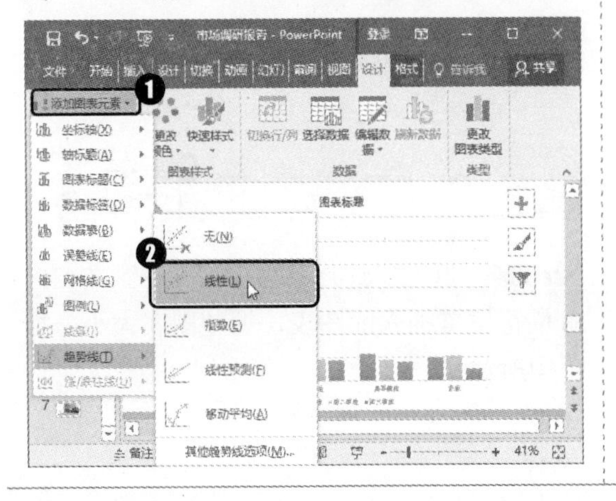

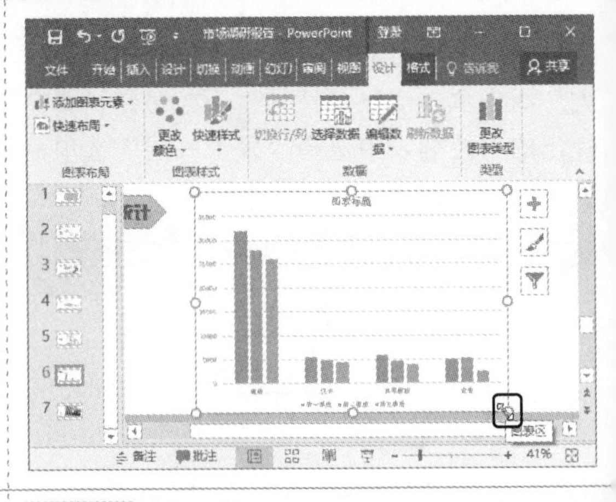

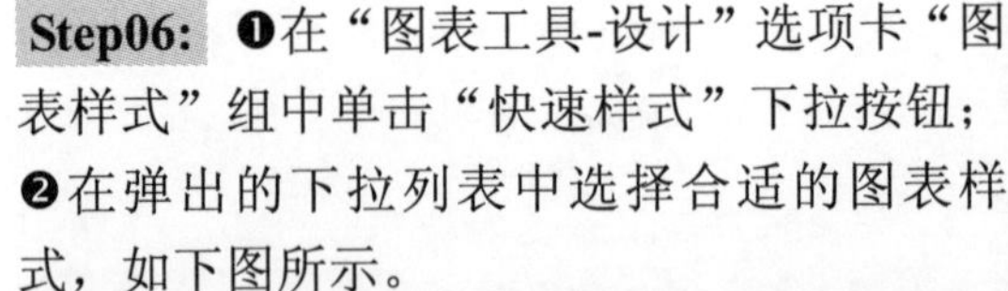

Step06: ❶在“图表工具-设计”选项卡“图表样式”组中单击“快速样式”下拉按钮；❷在弹出的下拉列表中选择合适的图表样式，如下图所示。

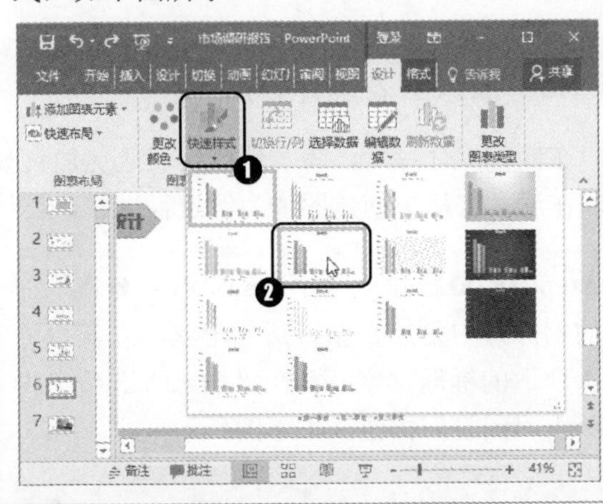

Step08: ❶在打开的“添加趋势线”对话框中选择需要添加趋势线的序列；❷单击“确定”按钮，如下图所示。

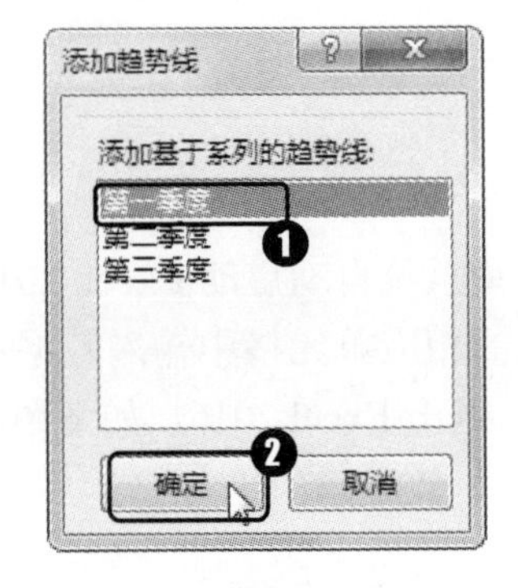

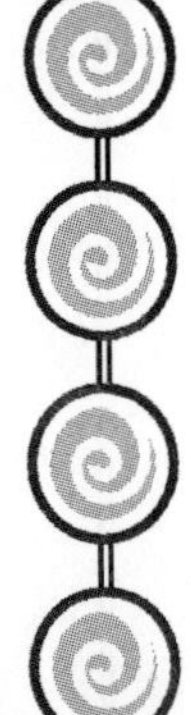

Step09: ❶选择图表标题，输入需要的标题内容；❷在“开始”选项卡的“字体”组中设置字体样式，如下图所示。

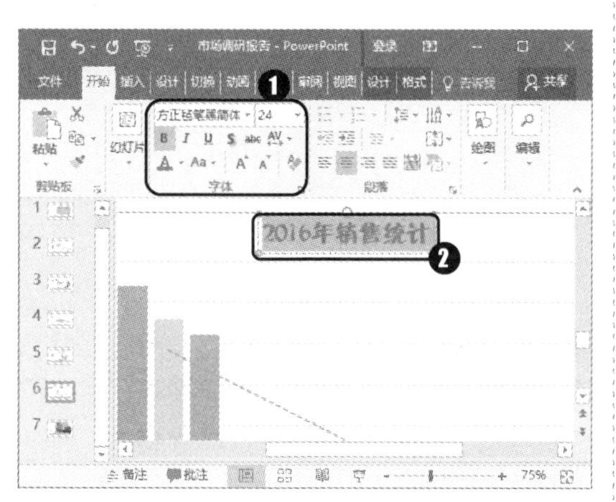

Step10: ❶在结束页插入图片；❷单击“图片工具-格式”选项卡“大小”组中的“裁剪”按钮，如下图所示。

Step11: 将鼠标光标移动到图片周围的裁剪控制点，当鼠标光标变为⊢时，按下鼠标左键不放，拖动鼠标设置裁剪区域，设置完成后按〈Enter〉键即可裁剪图片，如下图所示。

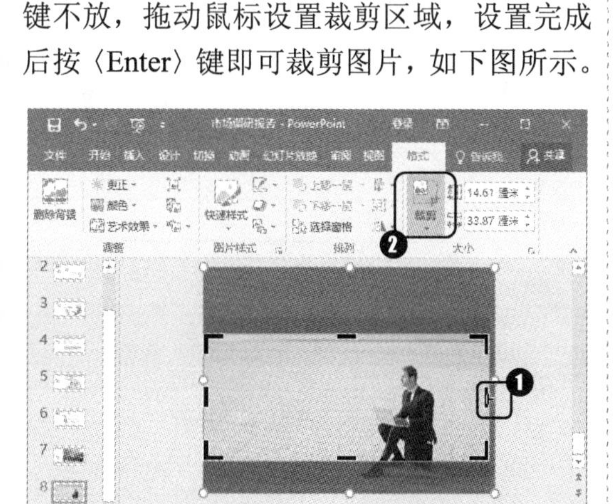

Step12: 在结束页添加文本框，输入结束语，并为其设置文本样式，如下图所示。

4.1.6　播放幻灯片

在幻灯片制作完成后，需要为其设置播放动画，操作方法如下。

Step01: ❶单击“切换”选项卡“切换到此幻灯片”组中的“切换效果”下拉按钮；❷在弹出的下拉列表中选择一种切换动画，如下图所示。

Step02: ❶单击“切换”选项卡“切换到此幻灯片”组中的“效果选项”下拉按钮；❷在弹出的下拉列表中选择动画效果，如下图所示。

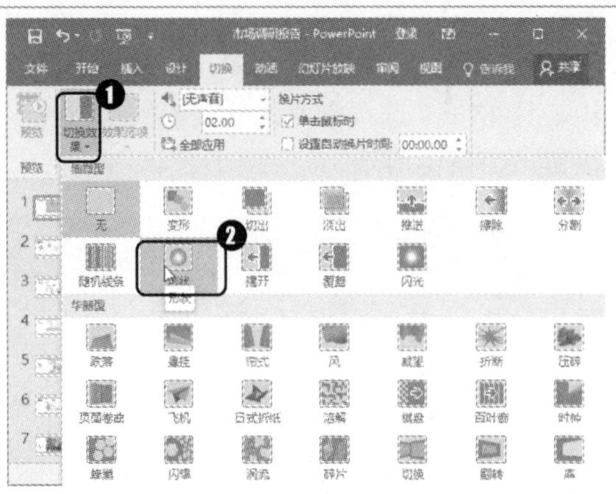

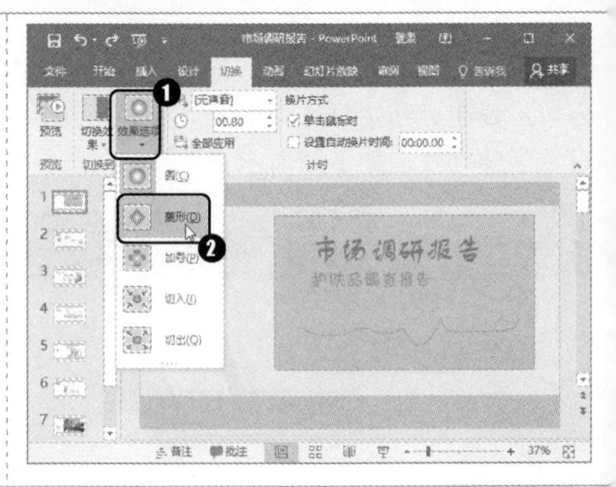

Step03: 单击“切换”选项卡“计时”组中的“全部应用”按钮，将切换效果应用于所有幻灯片，如下图所示。

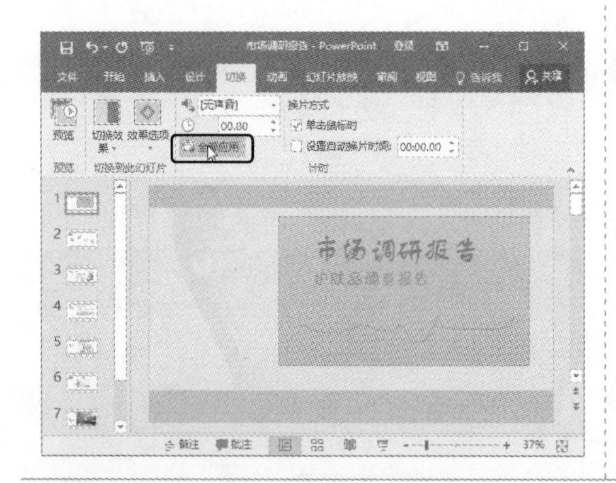

Step04: ❶选择第 2 张幻灯片；❷分别选择输入了目录内容的形状，并分别在“动画”选项卡的“动画”组中设置动画样式，如下图所示。

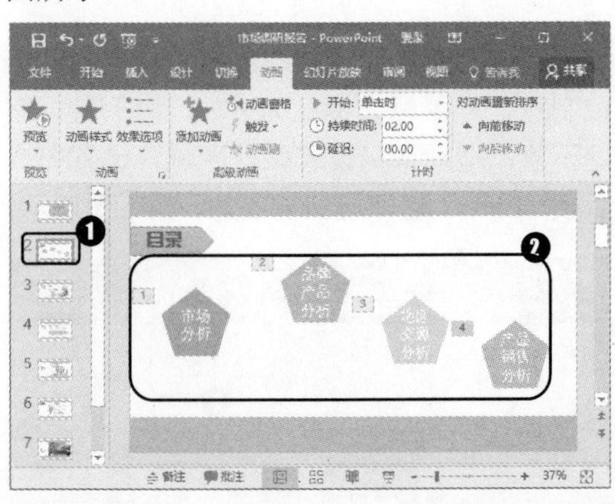

Step05: ❶选择第 1 张幻灯片；❷单击“幻灯片放映”选项卡“设置”组中的“隐藏幻灯片”按钮，如下图所示。

Step06: 单击“幻灯片放映”选项卡“开始放映幻灯片”组中的“从头开始”按钮，幻灯片即开始播放，如下图所示。由于隐藏了第一张幻灯片，播放时会从第 2 张幻灯片开始播放。

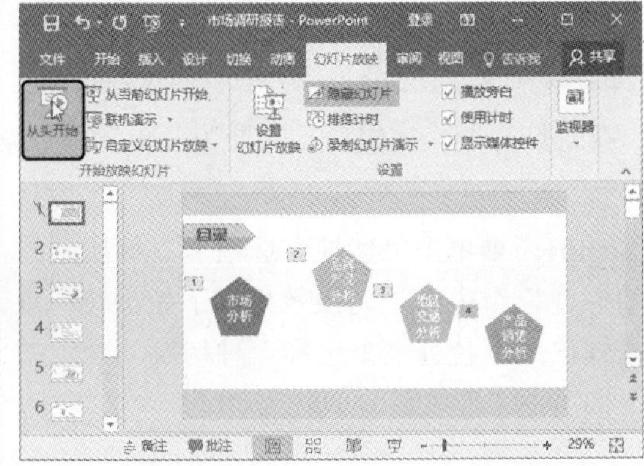

14.2　制作年度工作总结与计划 PPT

工作总结与计划是商务行政活动中使用范围很广的一种公文，机关、团体、企事业单位的各级机构，对一定时期的工作预告作安排和打算时，都要制定工作计划。对于规模较大的企业来说，人员多、部门多，所存在的问题也多，常常出现沟通不及时的情况，此时计划的重要性就体现出来了。本节将制作年度工作总结，对公司一整年的工作情况进行总结。该演示文稿可以让公司人员对本年度公司的营运情况、不足之处和来年的措施等有一个整体的了解，完成后的效果如下图所示。

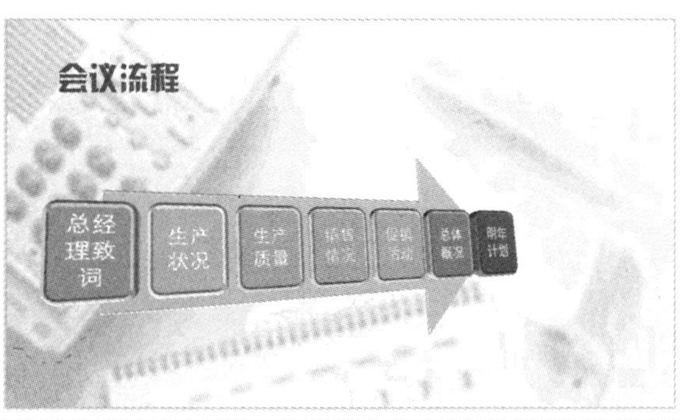

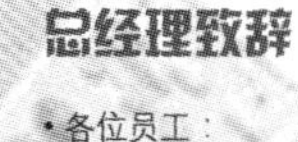

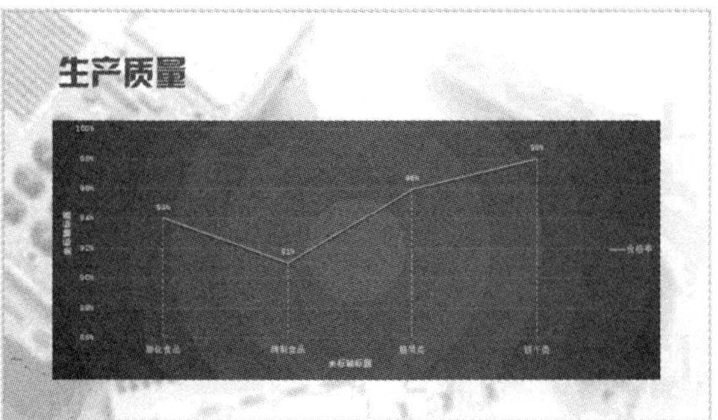

销售情况

名称	第1季度	第2季度	第3季度	第4季度	总计
膨化食品	98.3	96.7	99.3	93.2	387.5
腌制食品	87.6	88.2	83.9	89.2	348.9
糖果类	105.1	101.3	102	103.6	412
饼干类	76.5	77	78.1	80.7	312.3

同步文件

视频文件：视频文件\第 14 章\14-2.mp4

14.2.1　编辑幻灯片母版

为了统一格式，本例首先要设置幻灯片母版的背景图片，然后统一标题文本的样式，操作方法如下。

Step01: 新建一个名为“年度工作总结”的演示文稿，然后切换到“幻灯片母版”视图，❶在“幻灯片母版”选项卡中单击“背景”组中的“背景样式”下拉按钮；❷在弹出的下拉列表中选择“设置背景格式”选项，如下图所示。

Step02: 打开“设置背景格式”窗格，❶插入图片文件，填充幻灯片背景；❷单击“全部应用”按钮将背景应用到所有幻灯片母版中，如下图所示。

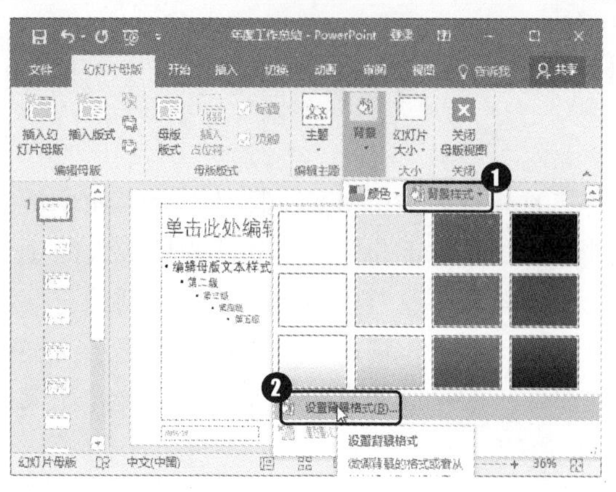

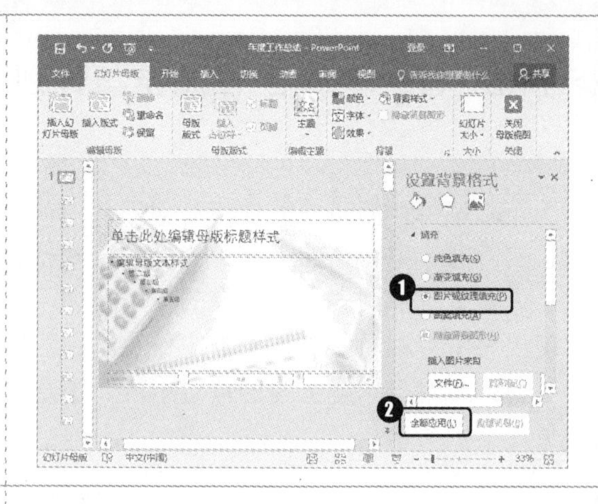

Step03: ❶选择第 2 张幻灯片母版；❷选择标题和副标题文本框；❸在“开始”选项卡的“字体”组中设置字体格式，如下图所示。

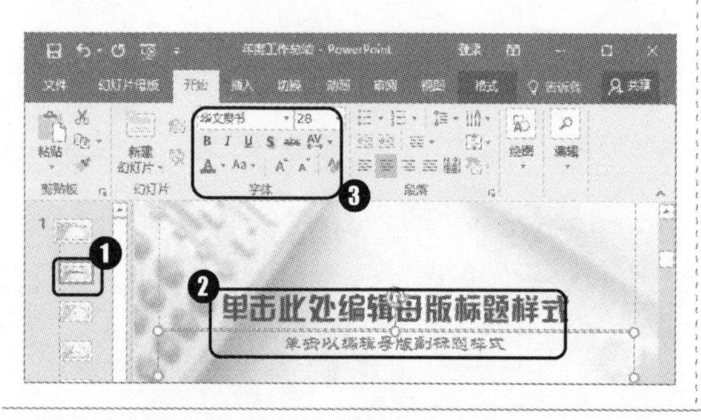

Step04: ❶选择第 3 张幻灯片母版；❷选择标题文本框；❸在“开始”选项卡的“字体”组中设置字体格式，然后关闭幻灯片母版，如下图所示。

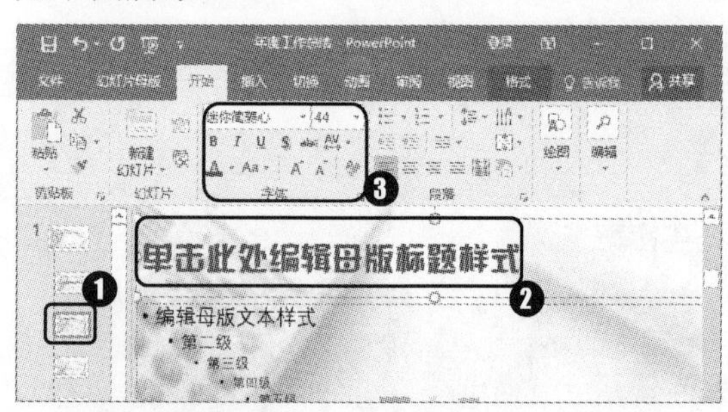

14.2.2 通过插入 SmartArt 图形制作目录页

使用 SmartArt 图形可以快速地制作出样式美观的目录页，操作方法如下。

Step01: 在封面页输入标题和副标题，如下图所示。

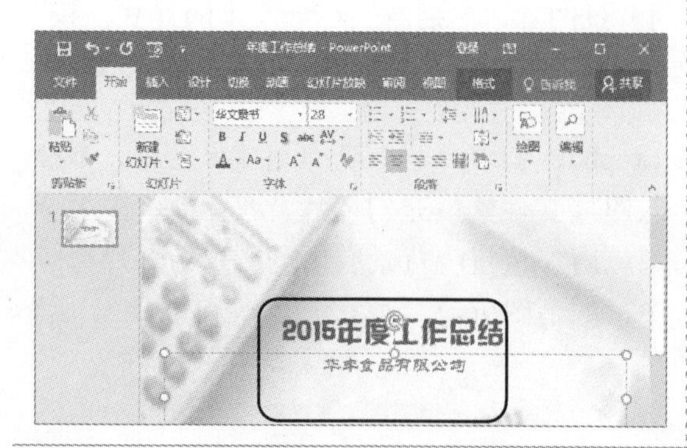

Step02: ❶选择第 1 张幻灯片，按〈Enter〉键新建一张幻灯片，默认格式为“标题和内容”版式；❷输入标题文本；❸单击内容占位符中的“插入 SmartArt 图形”图标，如下图所示。

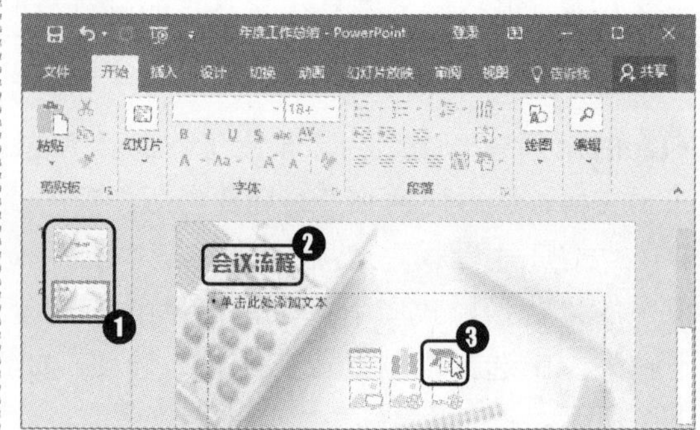

Step03: 打开“选择 SmartArt 图形”对话框，❶在列表框中选择“连续块状流程”图形；❷单击“确定”按钮，如下图所示。

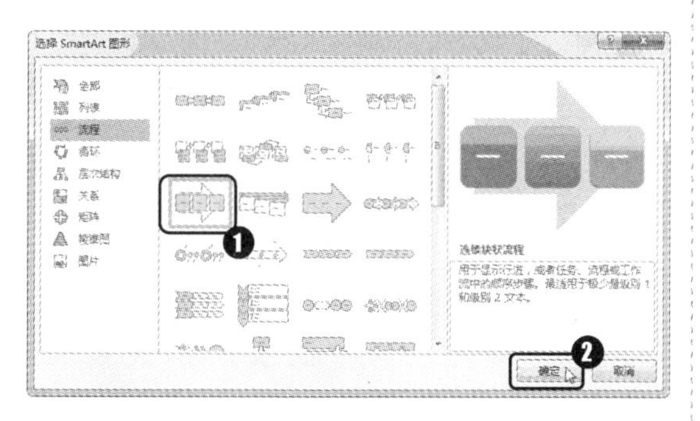

Step04: ❶选择其中的一个形状；❷单击“SmartArt 工具-设计”选项卡“创建图形”组中的“添加形状”下拉按钮；❸在弹出的下拉列表中选择在“后面添加形状”选项，如下图所示。

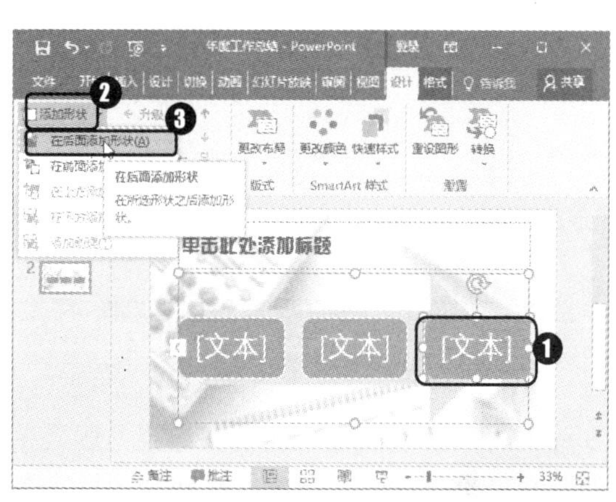

Step05: 在 SmartArt 图形中添加文本内容，如下图所示。

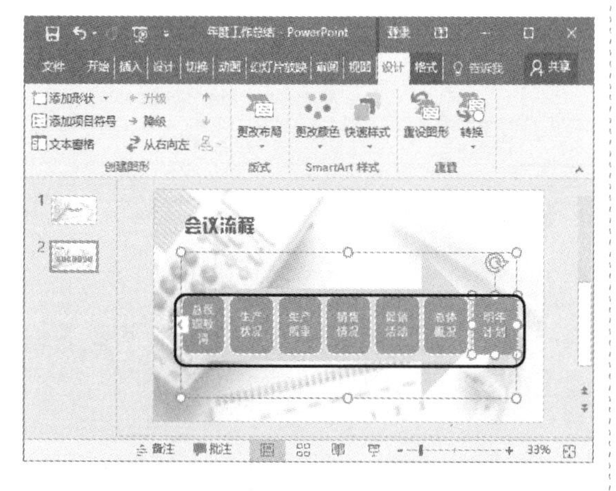

Step06: ❶单击“SmartArt 工具-设计”选项卡“SmartArt 样式”组中的“更改颜色”下拉按钮；❷在弹出的下拉列表中选择合适的颜色，如下图所示。

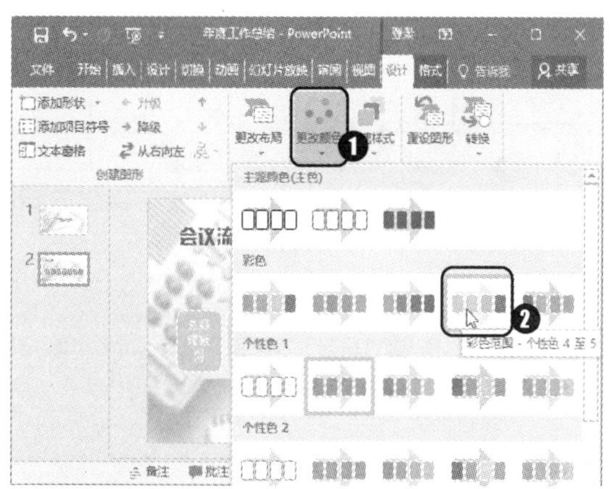

Step07: ❶单击“SmartArt 工具-设计”选项卡“SmartArt 样式”组中的“快速样式”下拉按钮；❷在弹出的下拉列表中选择合适的形状样式，如下图所示。

Step08: 设置完成后，效果如下图所示。

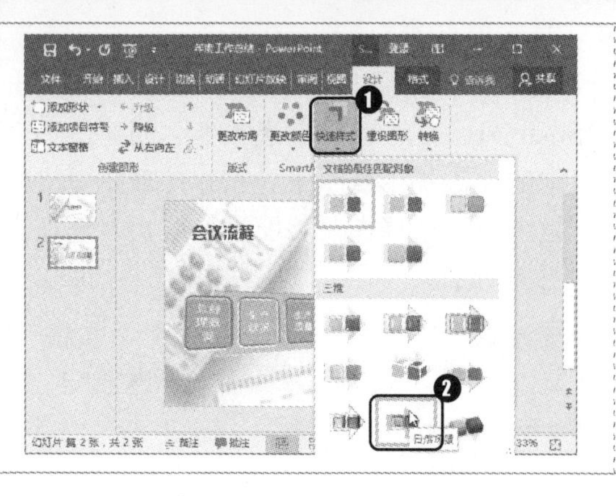

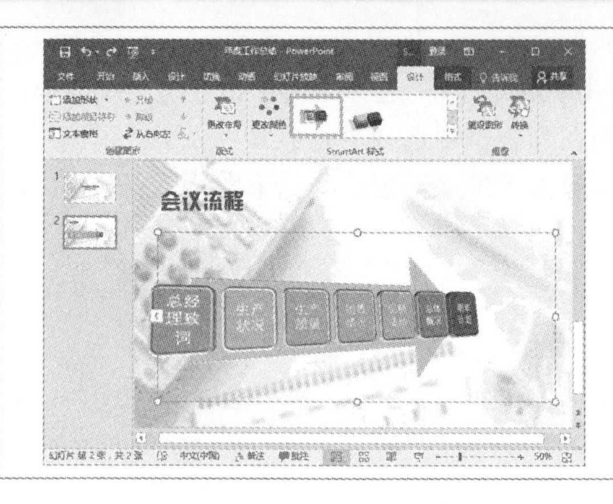

14.2.3 插入表格

表格可以向观看者直观地展示数据，将数据分门别类地放置在表格中，可以使表格数据一目了然，下面就在工作总结中插入表格。

Step01: ❶新建一张“标题和内容”版式的幻灯片；❷在占位符中输入标题和内容，如下图所示。

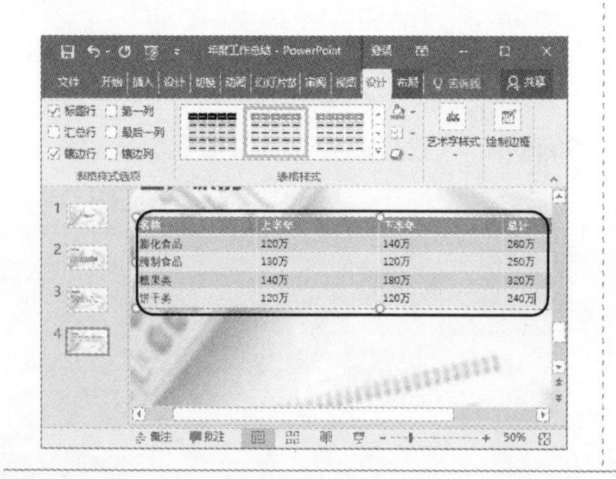

Step02: ❶新建一张“仅标题”版式的幻灯片；❷单击“插入”选项卡“表格”组中的“表格”下拉按钮；❸在弹出的下拉列表中选择 4×5 的表格，如下图所示。

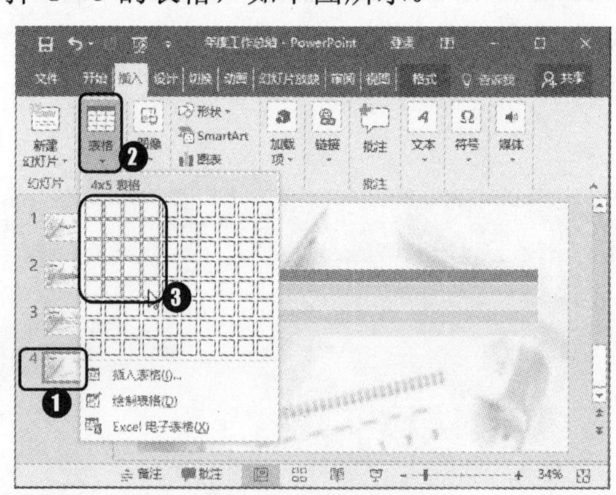

Step03: 在表格中输入数据内容，如下图所示。

Step04: 拖动表格四周的控制点，调整表格的大小，如下图所示。

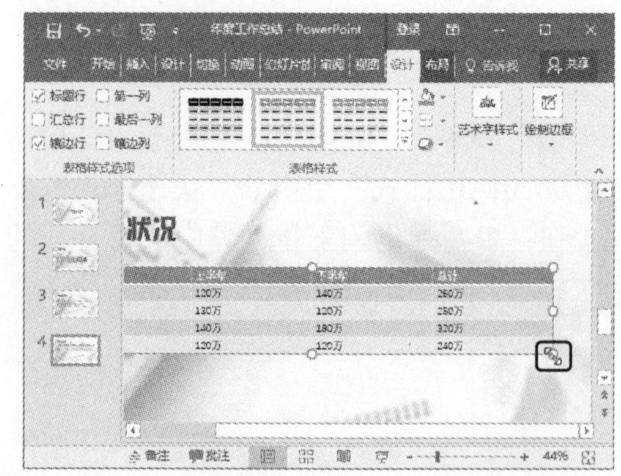

Step05: 在“开始”选项卡的“字体”组中分别设置表格第1行和第2~5行的字体格式，如下图所示。

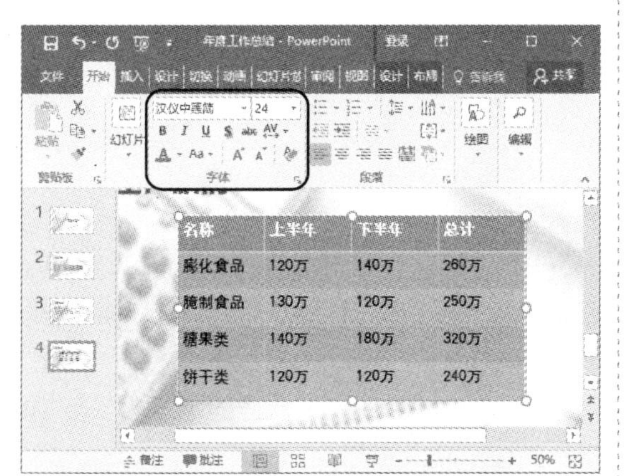

Step06: ❶选择所有表格内容；❷单击“开始”选项卡“段落”组中的“居中”按钮 ☰；❸单击“开始”选项卡“段落”组中的“对齐方向”下拉按钮；❹在弹出的下拉列表中选择“中部对齐”，如下图所示。

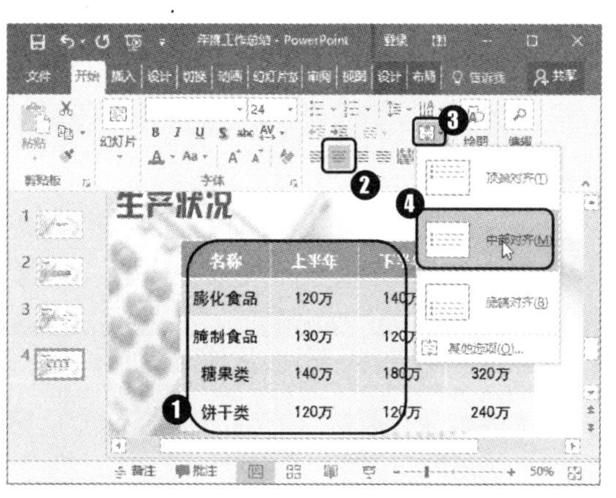

Step07: 在“表格工具-设计”选项卡的“表格样式”组中选择合适的表格样式，如下图所示。

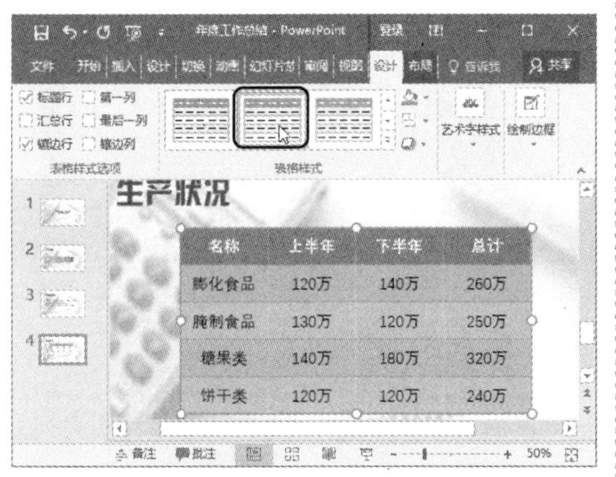

Step08: ❶在“表格工具-设计”选项卡的“表格样式”组中单击“效果”下拉按钮；❷在弹出的下拉列表中选择“单元格凹凸效果”选项；❸选择一种棱台样式，如下图所示。

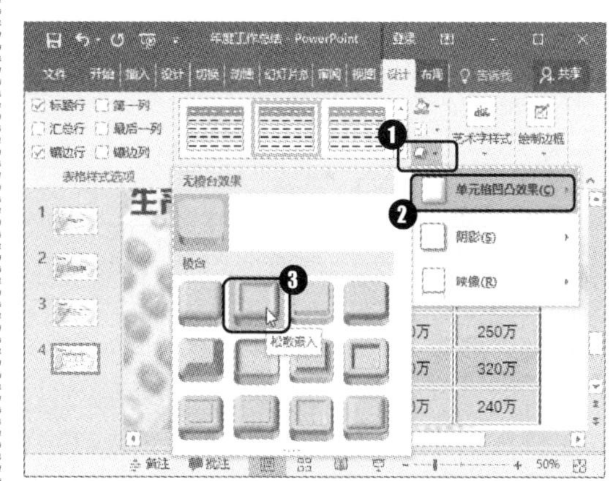

14.2.4　制作图表幻灯片

图表是以数据对比的方式来显示数据，可以轻松地体现出数据之间的关系，对于抽象的表格数据来说，图表显示更加直观。制作图表的操作方法如下。

Step01: ❶新建一张“标题和内容”版式的幻灯片，在标题文本框中输入标题文本；❷单击内容占位符中的“插入图表”图标，如下图所示。

Step02: 打开“插入图表”对话框，❶选择图表类型；❷单击“确定”按钮，如下图所示。

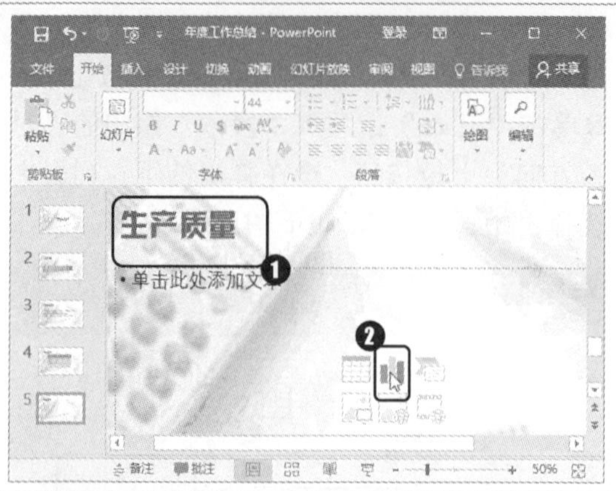

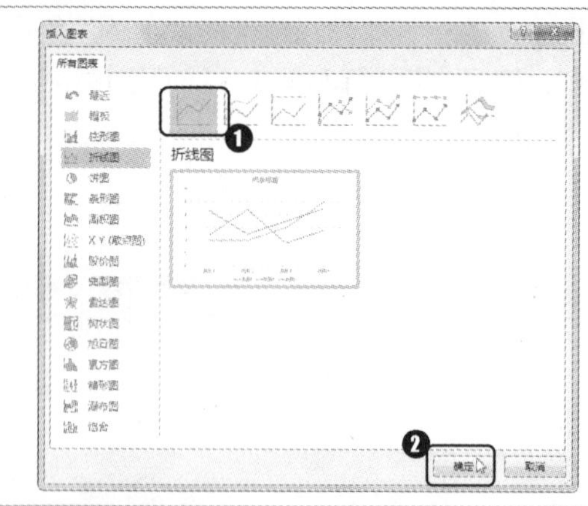

Step03: ❶系统自动启动 Excel 2016，在单元格中输入数据；❷选中不需要的单元格区域，然后单击鼠标右键；❸在弹出的快捷菜单中依次选择“删除”→“表列”命令；❹完成后单击 × 按钮，退出 Excel 2016，如下图所示。

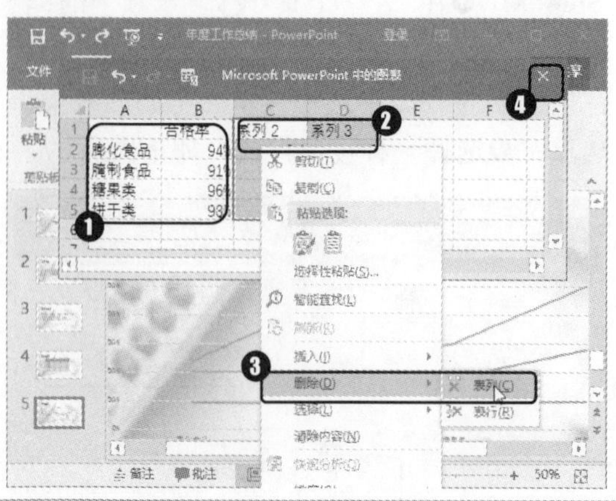

Step04: ❶返回幻灯片编辑页面，选择图表；❷在“图表工具-设计”选项卡“图表样式”组中单击“快速样式”下拉按钮；❸在弹出的下拉列表中选择合适的图表样式，如下图所示。

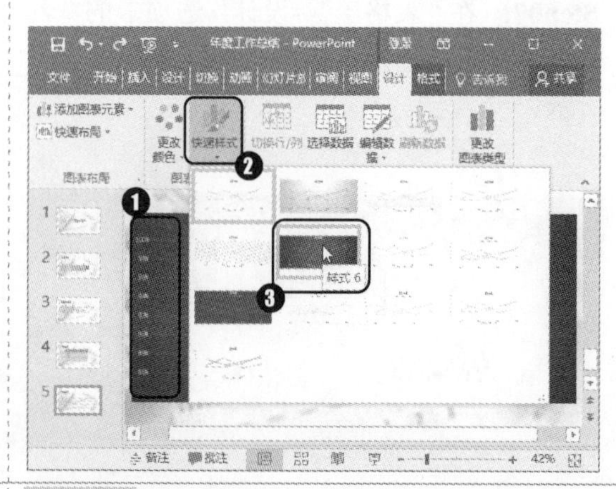

Step05: ❶在“图表工具-设计”选项卡“图表样式”组中单击“更改颜色”下拉按钮；❷在弹出的下拉列表中选择合适的颜色样式，如下图所示。

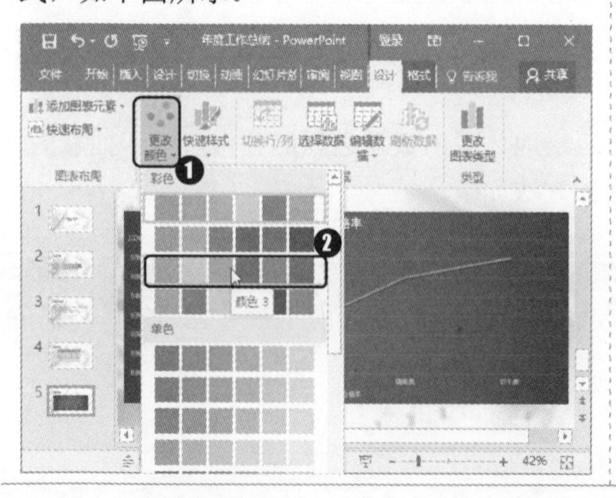

Step06: ❶在“图表工具-设计”选项卡“图表布局”组中单击“快速布局”下拉按钮；❷在弹出的下拉列表中选择一种图表布局，如下图所示。

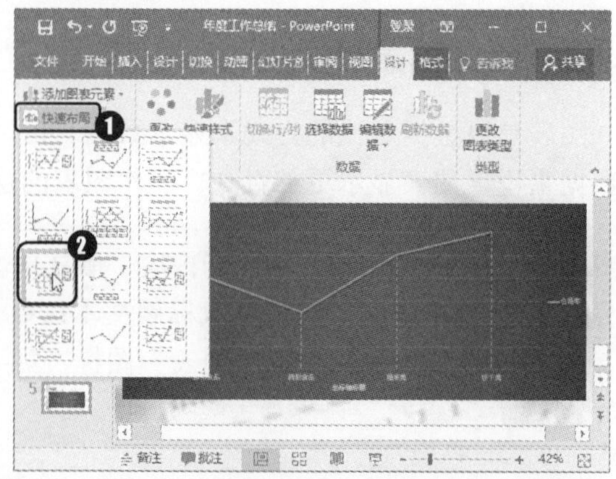

Step07: ❶在“图表工具-设计”选项卡“图表布局”组中单击“添加图表元素”下拉按钮；❷在弹出的下拉列表中依次选择“数据标签”→“上方”选项，如下图所示。

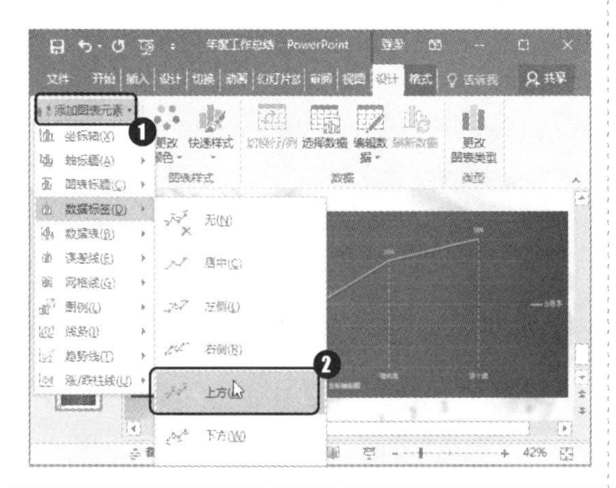

Step08: 使用前文所学的方法新建一张幻灯片，并制作“销售情况”表格，效果如下图所示。

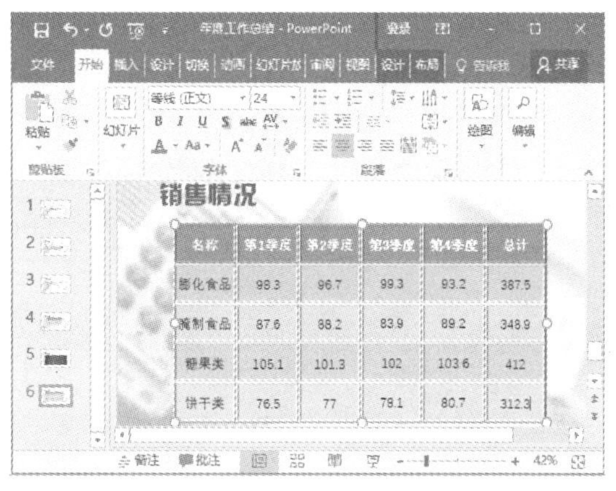

Step09: 新建幻灯片，插入 SmartArt 图形并设置快速样式，如下图所示。

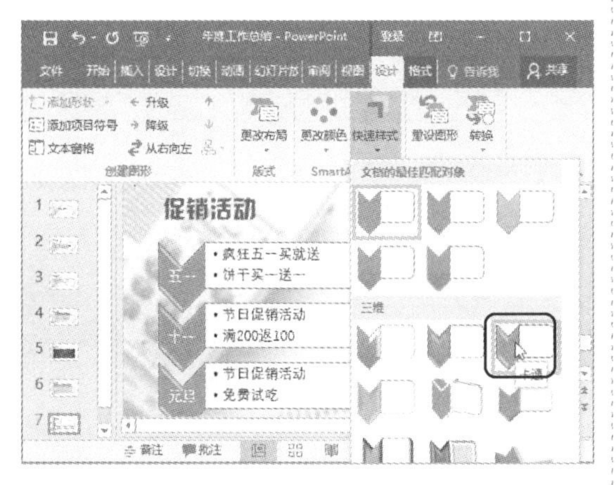

Step10: 为 SmartArt 图形设置主题颜色，效果如下图所示。

Step11: 在“SmartArt 工具-格式”选项卡的“艺术字样式”组中设置艺术字样式，如右图所示。

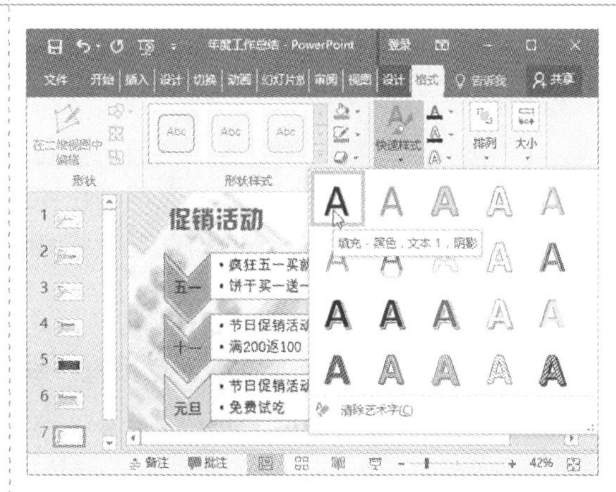

14.2.5 制作其他幻灯片和结束页

完成文档内容的排版后，还需要为文档设置封底效果。封底和封面的效果在设计上应该是和谐统一的，本例的封底效果也比较简单，具体的制作方法如下。

Step01: 新建一张“标题和内容”版式的幻灯片，在占位符中输入“总体概况”标题和内容文本，如下图所示。

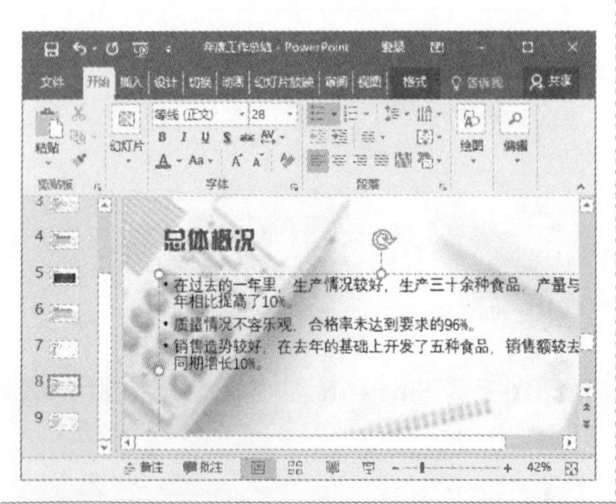

Step02: 新建一张“标题和内容”版式的幻灯片，在占位符中输入“明年计划”标题和内容文本，如下图所示。

Step03: 新建一张“标题幻灯片”版式的幻灯片，在占位符中输入结束页的内容，如右图所示。

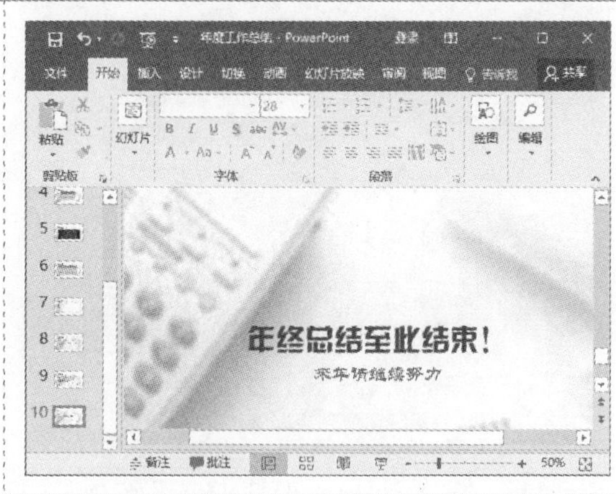

14.2.6 设置切换和播放效果

一个好的演示文稿，除了有丰富的文本内容之外，还要有合理的排版设计、鲜明的色彩搭配，以及得体的动画效果。在演示文稿制作完成后，使用动画效果为演示文稿中的对象赋予更丰富的视觉效果，可以更好地吸引观看者。具体操作方法如下。

Step01: ❶单击“切换”选项卡“切换到此幻灯片”组中的“切换效果”下拉按钮；❷在弹出的下拉列表中选择一种切换效果，如下图所示。

Step02: ❶单击“切换”选项卡“切换到此幻灯片”组中的“效果选项”下拉按钮；❷在弹出的下拉列表中选择切换效果的方向，如下图所示。

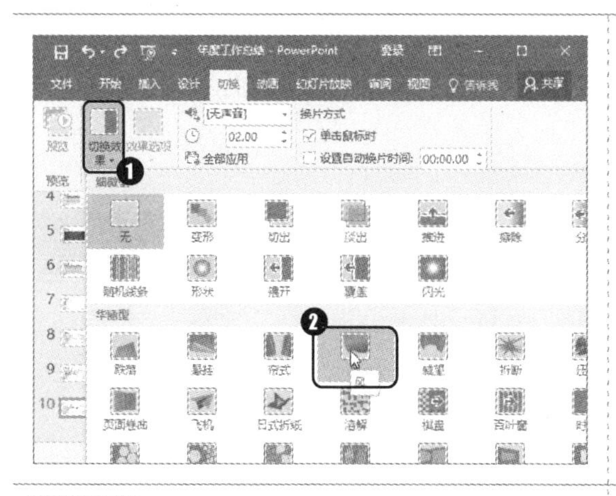

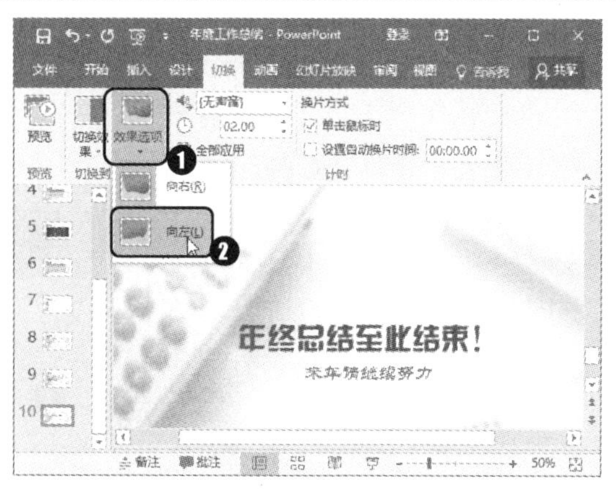

Step03: ❶在“切换”选项卡“计时”组中的“声音”下拉列表框中选择切换时的声音；❷单击“全部应用”按钮，如下图所示。

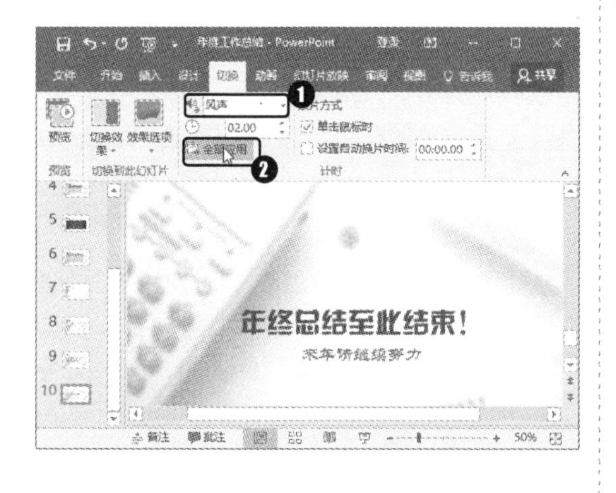

Step04: ❶选择第 2 张幻灯片，选中 SmartArt 图形；❷单击“动画”选项卡“动画”组中的“动画样式”下拉按钮；❸在弹出的下拉列表中选择“更多进入效果”选项，如下图所示。

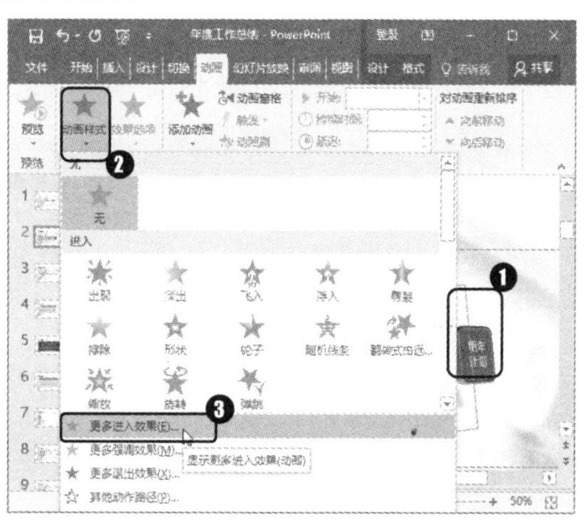

Step05: 打开“更改进入效果”对话框，❶在列表框中选择动画效果；❷单击“确定”按钮，如下图所示。

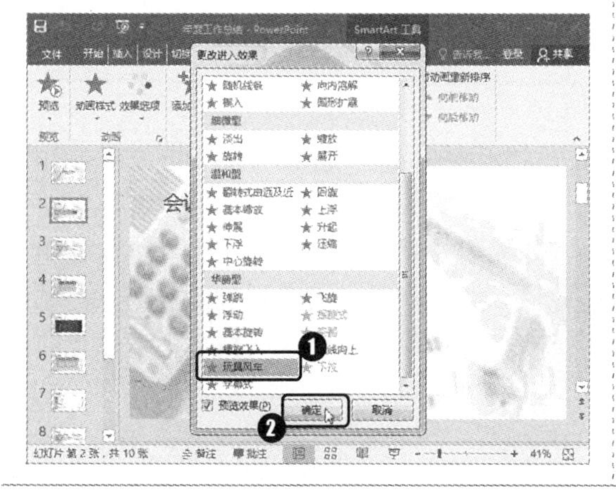

Step06: ❶单击“动画”选项卡“动画”组中的“效果选项”下拉按钮；❷在弹出的下拉列表中选择“逐个”选项，如下图所示。

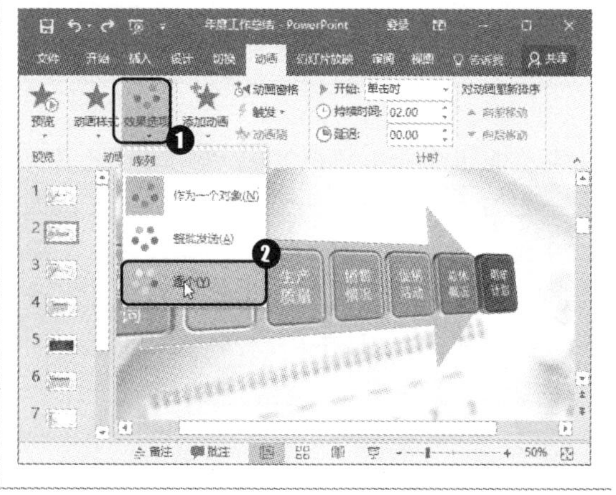

Step07: ❶选择第 7 张幻灯片中的 SmartArt 图形；❷单击“动画”选项卡“动画”组中的“动画样式”下拉按钮；❸在弹出的下拉列表中选择一种进入动画样式，如下图所示。

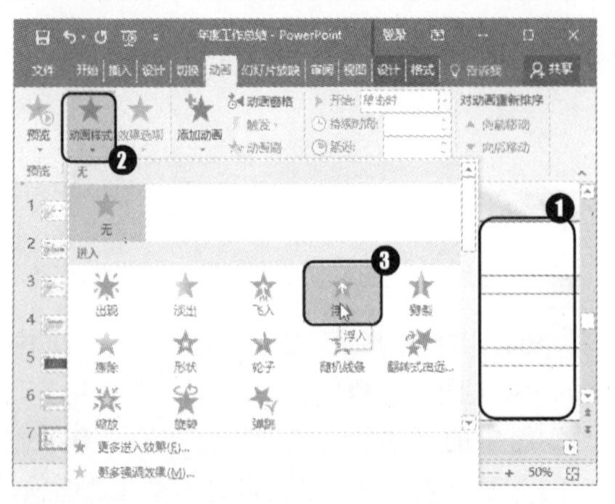

Step08: ❶单击“动画”选项卡“动画”组中的“效果选项”下拉按钮；❷在弹出的下拉列表中选择“逐个”选项，如下图所示。

Step09: ❶单击“动画”选项卡“高级动画”组中的“添加动画”下拉按钮；❷在弹出的下拉列表中选择一种退出样式，如下图所示。

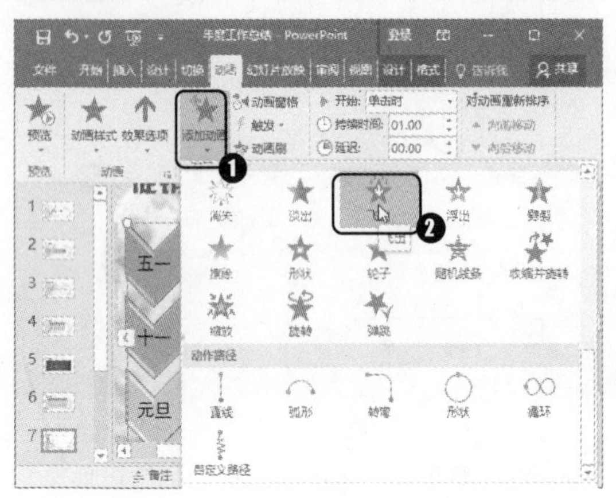

Step10: 单击“幻灯片放映”选项卡“开始放映幻灯片”组中的“从头开始”按钮，开始放映幻灯片，如下图所示。

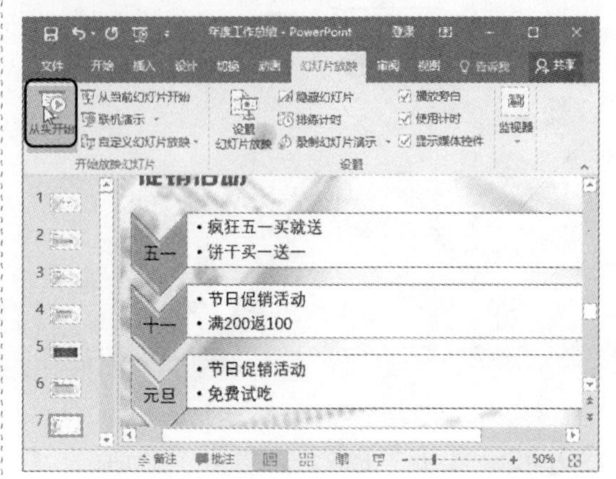

▷▷ 本章小结

本章的重点在于掌握使用 PowerPoint 2016 制作总结汇报演示文稿，读者主要应掌握制作演示文稿的幻灯片母版。总结和汇报演示文稿大多包含了大量的数据信息，但观看者并不需要知道详细数据，因此演示文稿中一般只展示汇总数据，如果需要展示详细数据，用户可以使用超链接的形式将数据插入演示文稿中。此外，读者还应该掌握一些美化演示文稿的技巧，例如图表、表格的美化，图片的插入与编辑，形状的应用技巧等，合理地应用这些技巧，可以让演示文稿的视觉效果更上一层楼。